水利水电工程现场管理人员一本通系列丛书

施工员一本通

本书编委会　编

中国建材工业出版社

图书在版编目(CIP)数据

施工员一本通/《水利水电工程现场管理人员一本通系列丛书》编委会编. —北京:中国建材工业出版社,2008.7(2016.9 重印)

(水利水电工程现场管理人员一本通系列丛书)

ISBN 978-7-80227-448-8

Ⅰ.施… Ⅱ.水… Ⅲ.①水利工程—工程施工②水力发电工程—工程施工 Ⅳ.TV5

中国版本图书馆 CIP 数据核字(2008)第 096358 号

施工员一本通

本书编委会 编

出版发行:中国建材工业出版社

地 址:北京市海淀区三里河路 1 号

邮 编:100044

经 销:全国各地新华书店

印 刷:北京紫瑞利印刷有限公司

开 本:850mm×1168mm 1/32

印 张:16

字 数:627 千字

版 次:2008 年 8 月第 1 版

印 次:2016 年 9 月第 5 次

定 价:42.00 元

本社网址:www.jccbs.com.cn

本书如出现印装质量问题,由我社市场营销部负责调换。电话:(010)88386906

对本书内容有任何疑问及建议,请与本书责编联系。邮箱:dayi51@sina.com

内 容 提 要

本书根据水利水电工程最新施工验收规范，结合现场施工要点编写而成，主要包括施工员基础知识、水利水电工程图绘制、工程施工组织设计、导流工程、土石方工程、爆破工程、地基处理、混凝土坝工程、地下建筑工程、堤防及疏浚工程、水闸和渠系建筑物工程、水电站与泵站、工程施工管理等内容。

本书内容新颖、体系完整，可作为水利水电工程施工技术人员参考用书。

施工员一本通

编 委 会

主　编：孙高磊

副主编：刘素梅　王明才

编　委：崔奉伟　吉春廷　李建军　李　勇
卢月林　孙晓军　田　芳　王翠玲
王庆生　王秋艳　王　胤　辛国静
张　谦　周春芳

前　言

水利水电工程一般是多目标开发的综合性工程，有着巨大的社会效益和经济效益，而且水利水电工程施工在江河上进行，受地形、地质、水文和气候条件影响较大。作为水利水电工程施工现场必备的管理人员（如：施工员、质量员、安全员、测量员、材料员、监理员等），他们的管理能力、技术水平的高低，直接关系到水利水电建设项目能否有序、高效率、高质量地完成。在工程施工新技术、新材料、新工艺得到广泛应用的今天，如何提高这些管理人员的管理能力和技术水平，充分发挥他们的能动性和创造性，把包括能源、原材料和设备在内的各种物资进行科学的组织、筹划和管理，用最少的人力、物力、财力和最短的时间把设计付诸实施，如何使工程施工做到安全、优质、快速和经济，是当前水利水电工程施工企业继续发展的重要课题。

为满足水利水电施工现场管理人员对技术业务知识的需求，我们组织有关方面的专家学者，从水利水电工程施工的需要和特点出发，编写出版了这套《水利水电工程现场管理人员一本通系列丛书》。丛书深入地探讨和发展了水利水电工程安全、优质、快速和经济的施工管理技术。

本套丛书主要包括以下分册：

1.《施工员一本通》

2.《质量员一本通》

3.《安全员一本通》

4.《材料员一本通》

5.《测量员一本通》

6.《监理员一本通》

7.《造价员一本通》

8.《资料员一本通》

本套丛书主要具有以下特点：

1. 丛书紧扣“一本通”的理念进行编写。主要对水利水电工程施工现场管理人员的工作职责、专业技术知识、业务管理和质量管理实施细则以及有关的专业法规、标准和规范等进行了介绍，融新材料、新技术、新工艺为一体，是一套拿来就能学、就能用的实用工具书。

2. 丛书从水利水电工程施工现场管理人员的需求出发，突出实用，在对管理理论知识进行阐述的同时，注重收集整理以往成功的工程施工现场管理经验，重点突出对施工管理人员实际工作能力的培养。

3. 丛书资料翔实、内容丰富、图文并茂、编撰体例新颖，注重对水利水电工程施工现场管理人员管理水平和专业技术知识的培养，力求做到文字通俗易懂、叙述的内容一目了然。

本套丛书的编写人员均是多年从事水利水电工程施工现场管理的专家学者，丛书是他们多年实际工作经验的总结与积累。本套丛书在编写过程中，参考或引用了有关部门、单位和个人的资料，得到了相关部门及部分水利水电工程施工单位的大力支持与帮助，在此一并表示衷心的感谢。由于编者的学识和水平有限，丛书中缺点及不当之处在所难免，敬请广大读者提出批评和指正。

编　者

目　录

第一章　施工员基础知识

第一节　施工员的地位与特征

一、施工员的地位

施工员是施工企业各项组织管理工作在基层的具体实践者，是完成建筑安装施工任务的最基层的技术和组织管理人员。

施工员是施工现场生产一线的组织者和管理者，在施工过程中具有极其重要的地位，具体表现在以下几个方面：

(1)施工员是单位工程施工现场的管理中心，是施工现场动态管理的体现者，是单位工程生产要素合理投入和优化组合的组织者，对单位工程项目的施工负有直接责任。

(2)施工员是协调施工现场基层专业管理人员、劳务人员等各方面关系的纽带，需要指挥和协调好预算员、质量检查员、安全员、材料员等基层专业管理人员相互之间的关系。

(3)施工员是其分管工程施工现场对外联系的枢纽。

(4)施工员对分管工程施工生产和进度等进行控制，是单位施工现场的信息集散中心。

施工员的独特地位决定了他与相关部门之间存在着密切的关系，主要表现在以下几个方面：

(1)施工员与工程建设监理。监理单位与施工单位存在着监理与被监理的关系，所以施工员应积极配合现场监理人员在施工质量控制、施工进度控制、工程投资控制等三方面所做的各种工作和检查，全面履行工程承包合同。

(2)施工员与设计单位。施工单位与设计单位之间存在着工作关系，设计单位应积极配合施工，负责交代设计意图，解释设计文件，及时解决施工中设计文件出现的问题，负责设计变更和修改预算，并参加工程竣工验收。同时，施工员在施工过程中发现了没有预料到的新情况，使工程或其中的任何部位在数量、质量和形式上发生了变化，应及时向上反映，由建设单位、设计单位和施工单位三方协商解决，办理设计变更与洽商。

(3)施工员与劳务关系。施工员是施工现场劳动力动态管理的直接责任者，负责按计划要求向项目经理或劳务管理部门申请派遣劳务人员，并签订劳务合同；按计划分配劳务人员，并下达施工任务单或承包任务书；在施工中不断进行劳动力平衡、调整，并按合同支付劳务报酬。

二、施工员的特征

水利水电工程施工的特性决定了施工员具有以下特征：

(1)施工员的工作场所在工地，施工员工作的对象是单位工程或分部分项工程。

(2)施工员从事的是基层专业管理工作，是技术管理和施工组织与管理工作。工作有很强的专业性和技术性。

(3)施工员的工作繁杂，在基层中需要管理的工作很多，项目经理和项目经理部各部门以及有关方面的组织管理意图都要通过基层施工员来实现。

(4)施工员的工作任务具有明确的期限和目标。

(5)施工员的工作负担沉重，条件艰苦，生活紧张。

第二节 施工员应具备的条件

一、施工员应具备的职业道德

加强施工行业职业道德建设，对于提高行业的质量和效益，树立行业新风，培养“有理想、有道德、有文化、有纪律”的施工队伍，建设社会主义精神文明具有重要意义。

施工员作为水利水电工程施工现场管理人员，应具备的职业道德可归纳为以下几点：

(1)施工员应以高度的责任感，对工程建设的各个环节根据技术人员的交底，做出周密、细致的安排，并合理组织好劳动力，精心实施作业程序，使施工有条不紊地进行，防止盲目施工和窝工。

(2)以对人民生命安全和国家财产极端负责的态度，时刻不忘安全和质量，严格检查和监督，把好关口。

(3)不违章指挥，不玩忽职守，施工做到安全、优质、低耗，对已竣工的工程要主动回访保修，坚持良好的施工后服务，信守合同，维护企业的信誉。

(4)施工员应严格按图施工，规范作业。不使用无合格证的产品和未经抽样检验的产品，不偷工减料，不在钢材用量、混凝土配合比、结构尺寸等方面做手脚，谋取非法利益。

(5)在施工过程中，时时处处要精打细算，降低能源和原材料的消耗，合理调度材料和劳动力，准确申报建筑材料的使用时间、型号、规格、数量，既保证供料及时，又不浪费材料。

(6)施工员应以实事求是、认真负责的态度准确签证，不多签或少签工程量和材料数量，不虚报冒领，不拖拖拉拉，完工即签证，并做好资料的收集和整理归档工作。

(7)做到施工不扰民，严格控制粉尘、施工垃圾和噪声对环境的污染，做到文明施工。

二、施工员应具备的专业知识

施工员应具备的专业知识具体应包括以下几个方面：

(1)掌握建筑制图原理、识图方法以及常用的建设工程测量方法。

(2)掌握常用建筑材料(包括水泥、钢材、木材、砂石等)的性能和质量标准。

(3)掌握一般施工结构的基本构造、建筑力学和简单施工计算方法。

(4)掌握一般工程施工的标准、规范和施工技术。

(5)掌握地基处理、基础施工的一般原理和方法。

(6)了解一定的工程机械知识。

(7)掌握一定的质量管理知识。

(8)掌握一定的经济与经营管理知识,能编制施工预算,能进行工程统计和现场经济活动分析。

(9)掌握一定的施工组织和科学的施工现场管理方法。

三、施工员应具备的工作能力

在实际工作中,施工员应具备的工作能力如下：

(1)能有效地组织、指挥人力、物力和财力进行科学施工,取得最佳的经济效益。

(2)能够对施工中的稳定性问题(包括缆风绳设置、脚手架架设、吊点设计等)进行鉴别,对安全质量事故进行初步的分析。

(3)能比较熟练地承担施工现场的测量、图纸会审和向工人交底的工作。

(4)能在不同地质条件下正确确定土方开挖、回填夯实、降水、排水等措施。

(5)能正确地按照国家施工规范进行施工,掌握施工计划的关键线路,保证施工进度。

(6)能根据施工要求,合理选用和管理建筑机具,具有一定的电工知识,科学管理施工用电。

(7)能运用质量管理方法指导施工,控制施工质量。

(8)能根据工程的需要,协调各工种、人员、上下级之间的关系,正确处理施工现场的各种社会关系,保证施工能按计划高效、有序地进行。

(9)能编制施工预算、进行工程统计、劳务管理、现场经济活动分析,对施工现场进行有效管理。

四、施工员应具备的身体素质

施工员长期工作在施工现场第一线,工作强度相当繁重,而且工作条件与生活条件也相对艰苦,因此,要求施工员必须具有强健的体格,充沛的精力,才能胜任其工作。

第三节　施工员的主要任务

在施工全过程中，施工员的主要任务是：结合多变的现场施工条件，将参与施工的劳动力、机具、材料、构配件和采用的施工方法等，科学地、有序地协调组织起来，在时间和空间上取得最佳组合，取得最好的经济效果，保质保量保工期地完成任务。

一、做好施工准备工作

施工员在施工现场应做好的施工准备工作主要包括：

1. 技术准备

(1)熟悉审查施工图纸、有关技术规范和操作规程，了解设计要求及细部、节点做法，并放必要的大样，做配料单，弄清有关技术资料对工程质量的要求。

(2)调查搜集必要的原始资料。

(3)熟悉或制订施工组织设计及有关技术经济文件对施工顺序、施工方法、技术措施、施工进度及现场施工总平面布置的要求；并清楚完成施工任务时的薄弱环节和关键工序。

(4)熟悉有关合同、招标资料及有关现行消耗定额等，计算工程量，弄清人、财、物在施工中的需求消耗情况，了解和制定现场工资分配和奖励制度，签发工程任务单、限额领料单等。

2. 现场准备

(1)现场“四通一平”(即水、电供应、道路、通讯通畅、场地平整)的检验和试用。

(2)进行现场抄平、测量放线工作并进行检验。

(3)根据进度要求组织现场临时设施的搭建施工；安排好职工的住、食、行等后勤保障工作。

(4)根据进行计划和施工平面图，合理组织材料、构件、半成品、机具继续进场，进行检验和试运转。

(5)安排做好施工现场的安全、防汛、防火措施。

3. 组织准备

(1)根据施工进度计划和劳力需要量计划安排，分期分批组织劳动力的进场教育和各工种技术工人的配备等。

(2)确定各工种工序在各施工段的搭接，流水、交叉作业的开工、完工时间；

(3)全面安排好施工现场的一、二线，前、后台，施工生产和辅助作业，现场施工和场外协作之间的协调配合。

二、进行工程施工技术交底

(1)施工任务交底。向工人班组重点交代清楚任务大小、工期要求、关键工序、交叉配合关系等。

(2)施工技术措施和操作要领交底。交代清楚与工程有关的技术规范、操作规程和重点施工部位、细部、节点的做法以及质量和技术措施。

(3)施工消耗定额和经济分配方式的交底。交代清楚各施工项目劳动工日、材料消耗、机械台班数量、经济分配和奖罚制度等。

(4)安全和文明施工交底。提出有关的防护措施和要求,明确责任。

三、进行有目标的组织协调控制

在施工过程中,依照施工组织设计和有关技术、经济文件以及当地的实际情况,围绕着质量、工期、成本等既定施工目标,在每一阶段、每一工序实施综合平衡、协调控制,使施工中的各项资源和各种关系能够配合最佳,以确保工程的顺利进行。为此,要抓好以下几个环节:

(1)检查班组作业前的各项准备工作。

(2)检查外部供应、专业施工等协作条件是否满足需要,检查进场材料和构件质量。

(3)检查工人班组的施工方法、施工操作、施工质量、施工进度以及节约、安全情况,发现问题,应立即纠正或采取补救措施解决。

(4)做好现场施工调度,解决现场劳动力、原材料、半成器,周转材料、工具、机械设备、运输车辆、安全设施、施工水电、季节施工、施工工艺技术及现场生活设施等出现的供需矛盾。

(5)监督施工中的自检、互检、交接检制度和工程隐检、预检的执行情况,督促做好分部分项工程的质量评定工作。

四、技术资料的记录和积累

在施工过程中,施工员应做好每项技术的记录和积累,主要包括:

(1)做好施工日志,隐蔽工程记录,填报工程完成量,办理预算外工料的签订。

(2)做好质量事故处理记录。

(3)混凝土砂浆试块试验结果,质量"三检"情况记录的积累工作,以便工程交工验收、决算和质量评定的进行。

第四节　施工员的职责、权利与义务

一、施工员的职责

在工程施工阶段,施工员代表施工单位与业主、分包单位联系、协商问题,协调施工现场的施工、设计、材料供应、工程预算等各方面的工作。施工员对项目经理负责,负责对工程项目的全面管理,保证工程的顺利完成。施工员的主要职责有:

(1)在项目经理领导下,深入施工现场,协助搞好施工监理,与施工班组一起复核工程量，提高工程量正确性。

(2)负责本工程项目的施工质量，对工程技术质量、安全工作负责。

(3)熟悉施工图纸，了解工程概况，绘制现场平面布置图，搞好现场布局。对设计要求、质量要求、具体作法要有清楚的了解和熟记，组织班组认真按图施工。

(4)全面负责本工程施工项目的施工现场勘察、测量、施工组织和现场交通安全防护设置等具体工作，组织班组努力完成开路口、路面破复、临时道路修筑等工程任务，对施工中的有关问题及时解决，向上报告并保证施工进度。

(5)参加图纸会审，审理和解决图纸中的疑难问题，碰到大的技术问题负责与业主和设计部门联系，妥善解决。坚持按图施工，分项工程施工前，应写出书面技术交底。

(6)参与班组技术交底、工程质量、安全生产交底、操作方法交底。严守施工操作规程，严抓质量，确保安全，负责对新工人上岗前培训，教育督促工人不违章作业。

(7)编制单位工程生产计划。填写施工日志和隐蔽工程的验收记录，配合质检员整理技术资料和施工质量管理，按时下达各部位混凝土配合比。

(8)对原材料、设备、成品或半成品、安全防护用品等质量低劣或不符合施工规范规定和设计要求的，有权禁止使用。

(9)按照安全操作规程规定和质量验收标准要求，组织班组开展质量、安全自检互检，努力提高工人技术素质和自我防护能力。对施工现场设置的交通安全设施和机械设备等安全防护装置经组织验收合格后方可进行工程项目的施工。

(10)认真做好隐蔽工程分部、分项及单位工程竣工验收签证工作，收集整理、保存技术的原始资料，办理工程变更手续。负责工程竣工后的决算上报。

(11)协助项目经理做好工程资料的收集、保管和归档。

二、施工员的权利

施工员应具备以下权利：

(1)在分部分项、单位工程施工中，在行政管理上(如对劳动人员组合、人员调动、规章制度等)有权处理和决定，发现问题，应及时请示和报告有关部门。

(2)根据施工要求，对劳动力、施工机具和材料等，有权合理使用和调配。

(3)对上级已批准的施工组织设计、施工方案和技术安全措施等文件，要求施工班组认真贯彻执行，未经有关人员同意，不得随意变动。

(4)对不服从领导和指挥，违反劳动纪律和违反操作规程人员，经多次说服教育不改者，有权停止其工作，并作出严肃处理。

(5)发现不按施工程序施工，不能保证工程质量和安全生产的现象，有权加以制止，并提出改进意见和措施。

(6)督促检查施工班组做好考勤日报，检查验收施工班组的施工任务书，发现问题进行处理。

三、施工员的义务

施工员具有以下义务：

(1)努力学习和认真贯彻建筑施工方针政策和有关部门规定，学习好国家和住房和城乡建设部等有关部门的技术标准、施工规范、操作规程和先进单位的施工经验，不断提高施工技术和施工管理水平。

(2)牢固树立“百年大计，质量第一”的思想，以为用户服务和对国家、对人民负责的态度，坚持工程回访和质量回访制度，虚心听取用户的意见和建议。

(3)对上级下达的各项经济技术指标，应积极、主动地组织施工人员完成任务。

(4)正确树立经济效益和社会效益、环境效益统一的观点。

(5)信守合同、协议，做到文明施工，保证工期，信誉第一，不留尾巴，工完场清。

(6)主动、积极做好施工班组的思想政治工作，关心职工生活。

第二章　水利水电工程图绘制

第一节　一般规定

一、图纸幅面

(1)图纸的基本幅面及图框尺寸应符合表 2-1 及图 2-1 的规定。

表 2-1　　**基本幅面及图框尺寸**　　(mm)

幅面代号	A0	A1	A2	A3	A4
$B\times L$	841×1189	594×841	420×594	297×420	210×297
c	10			5	
a	25				

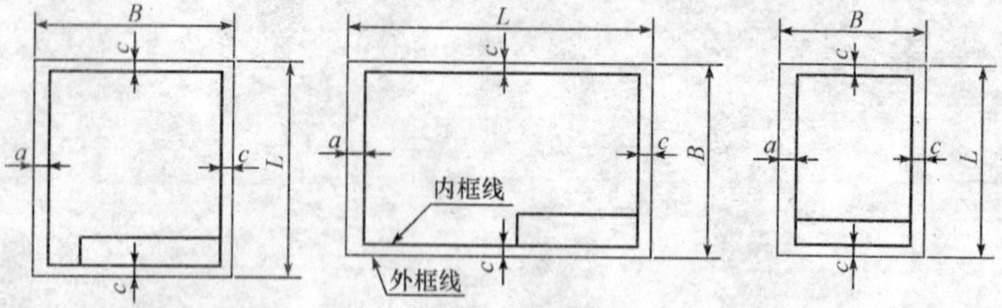

图 2-1　图　框

(2)图纸的短边不应加长，长边加长时应按短边整数倍加长。必要时，允许采用表 2-2 所规定的加长幅面。

表 2-2　　**图纸长边加长尺寸**　　(mm)

幅面代号	长边尺寸	长边加长后的尺寸						
A0	1189		1682	2523				
A1	841		1783	2378				
A2	594		1261	1682	2102			
A3	420		891	1189	1486	1783		2080
A4	297	630	841	1051	1261	1471	1682	1892

(3)无论图纸是否装订，均应画出周边线（幅面线）、图框线、标题栏。图框用粗实线绘制，线宽为 0.5～1.4mm。

(4)需要缩印的图纸，应在四个边上附对中标志。对中标志应在幅面中点处，线宽 0.35mm，对中标志宜伸入图框线以内 5mm。

(5)必要时图幅可分区。图幅分区数应是偶数，每对边分区应等分，分区线为绘在图框线和幅面线之间的细实线，每个分区长度应在 25～75mm 之间。分区顺序在上、下边沿左至右方向以直体阿拉伯数字依次编号，在左、右边框自上而下以直体拉丁汉语拼音字母次序编号，如图 2-2 所示。

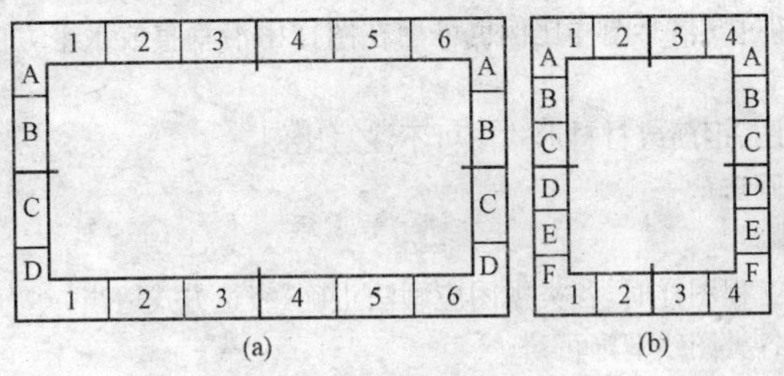

图 2-2　图幅分区及对中符号

(6)需要复制或缩放的图纸，应在图框线外一个边上附一段米制标尺，标尺长应为 100mm，分格应为 10mm。

二、图线

(1)常用比例系列一般可采用表 2-3 的规定。

表 2-3　　比例规定

缩小的比例	常用	1∶10	1∶2	1∶5	
		1∶10^n	1∶(2×10^n)	1∶(5×10^n)	
	可用	1∶1.5	1∶2.5	1∶3	1∶4
		1∶(1.5×10^n)	1∶(2.5×10^n)	1∶(3×10^n)	1∶(4×10^n)
放大的比例	常用	2∶1	5∶1	($10\times n$)∶1	
	可用	2.5∶1	4∶1		

(2)绘制同一物件或构件物的各个视图应采用相同比例，并在标题栏中填写。当需要用不同的比例时，必须另行标注。标注的形式，可在该图图名之后，或图名横线下方标注，字号应较图名字体小一号，如下：

$$\underline{\text{平面图 } 1:500}\text{ 或 }\frac{\text{平面图}}{1:500}$$

(3)对有缩放要求的图纸，应加绘比例尺图形标注，比例尺图形按图 2-3 所示绘制。

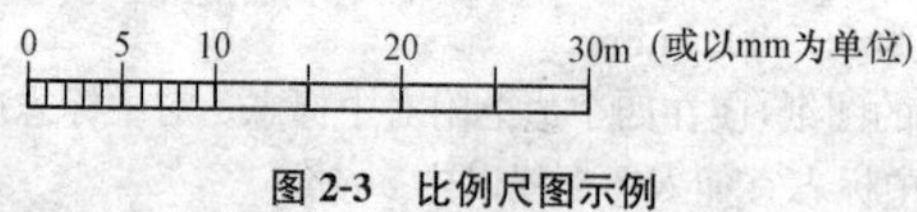

图 2-3　比例尺图示例

(4)当图形中孔的直径、薄片厚度、倒角尺寸、斜度、锥度等尺寸过小时(如:等于或小于 2mm),可不按比例而夸大画出,只需注明尺寸大小。

(5)必要时,允许在同一视图中沿垂直和水平方向标注不同的比例,但两个比例比值不应超过 5 倍。图样比例也可用在图样中沿垂直或水平方向加画比例尺的形式标注。

(6)表格图、钢筋或材料形式图可不注写比例。

三、图样画法

1. 一般规定

(1)绘制工程图样时,各类视图应画法正确,表达方式适当,并力求简明,便于制图和阅图,各类图线清晰可辨。

(2)建筑物或构件的图样,宜采用直接正投影法第一分角画法绘制,其投影方向视图布置见图 2-4。在同一幅图中,绘制各视图时,应保持视图的水平方向同高、上下视图相对应的关系。

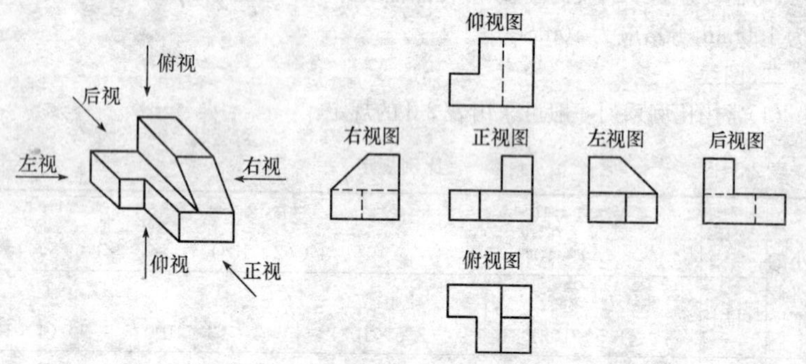

图 2-4　直接正投影法

(3)对某些建筑物或构件,当采用直接正投影法绘制不易表达时,可采用镜像正投影或视向投影法绘制。此时应在图名后标注“镜像”,见图 2-5。

(4)常用符号。

1)水流方向:图样中的水流方向可根据需要按图 2-6 所示符号式样绘制。其图线宽可取为 0.35～0.5mm,B 可取为 10～15mm。在布置图幅时,宜使河流水流方向自上而下,或自左向右。

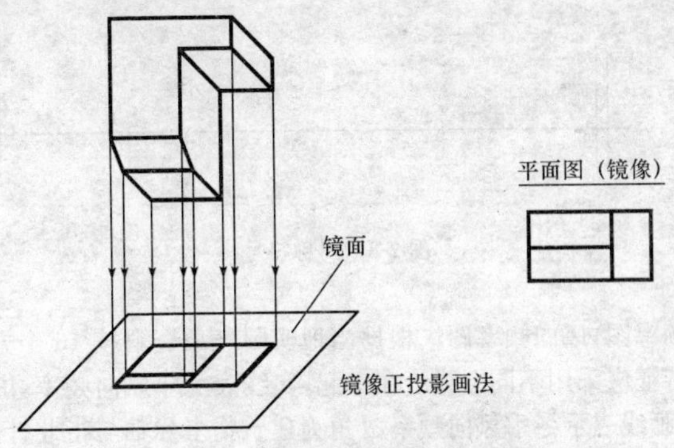

图 2-5　旋转及镜像投影图画法

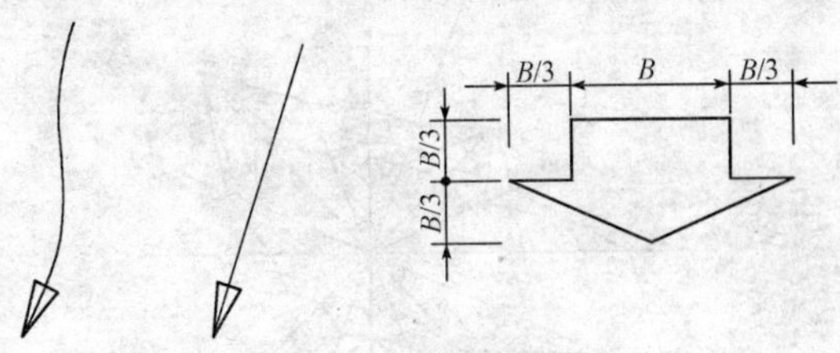

图 2-6　水流方向符号

2)平面图中的指北针：指北针可按图 2-7 所示式样选取绘制，图线宽取为 0.35mm，粗线宽为 0.5～0.7mm；B_1 可为 6mm，B 可为 16～20mm，B_0 可为 10～15mm，B_2 宜为 24mm。

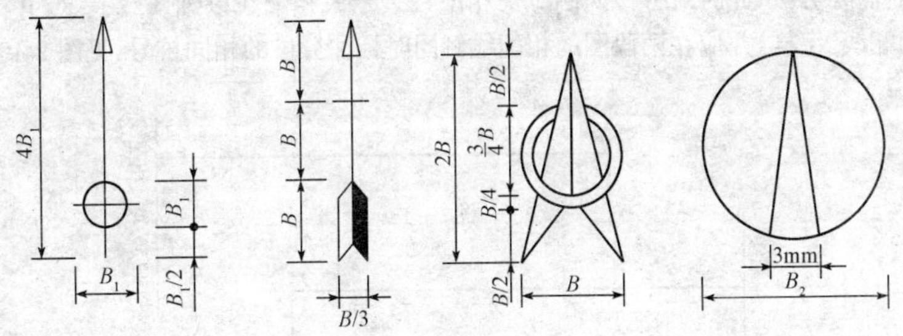

图 2-7　指北针符号

3)对称符号：图形的对称符号应按图 2-8 所示式样在其对称轴线的两端用细实线绘制。对称轴线两端的平行线长度宜为 6～10mm，平行线的间距约为 3mm。

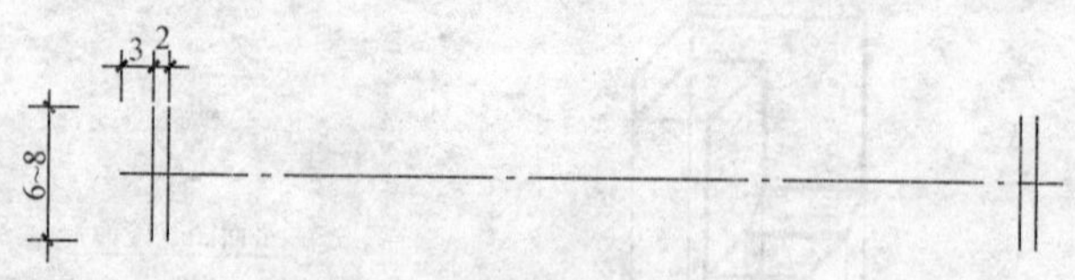

图 2-8　对称符号

4)风向频率图:风向频率图应根据当地实际气象资料按 16 个方向绘出。图中风向频率特征应采用不同图线绘在一起,实线表示年风向频率,虚线表示夏季风向频率,点画线表示冬季风向频率,θ 角为建筑物坐标轴与指北针的方向夹角,见图 2-9。

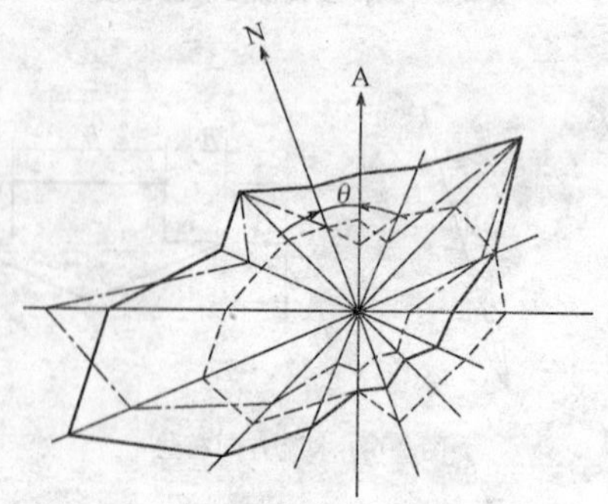

图 2-9　风向频率图画法

5)相配线:由于有时建筑物轴线很长,且须全长绘出,为在同一幅图中布置图样时需要分段,此时对分段两侧应加相配线表示。相配线以细实线表示,并标注"相配线"字样,并应在两段图的相配线侧同时标注分段的相同桩号,见图 2-10。

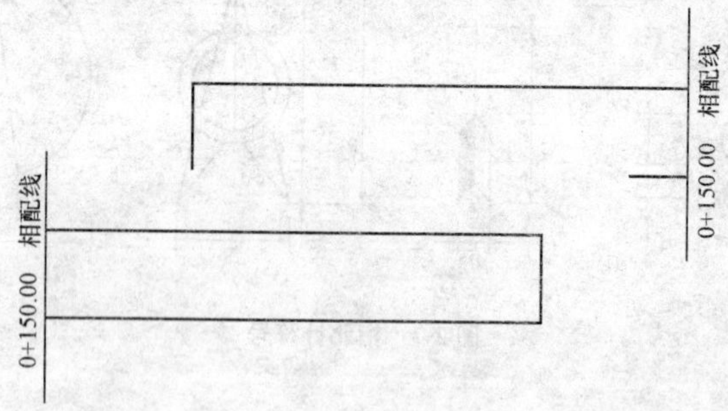

图 2-10　相配线画法

2. 视图

(1)视图一般只表示建筑物或构件可见的轮廓线，只在必要时以虚线绘出不可见轮廓。

(2)图件中每一视图均应标注其名称。视图名称一般标注在其图形上方，图名下方绘一粗横线，其长度应超出图名长度前后各 3～5mm。

(3)特殊视图。当需要不按基本视图投影方向绘制视图时，可绘特殊视图。此时必须在相关视图上用箭头指明投影方向、标注字母，同时在特殊视图上方标注“×向视图”或“×向(旋转)视图”。

(4)规定视向与河流水流方向一致，其左为左岸，其右为右岸。当视图与水流方向有关时，顺水流方向的视图称为上游立视(或展视)图，逆水流方向的称为下游立视图。

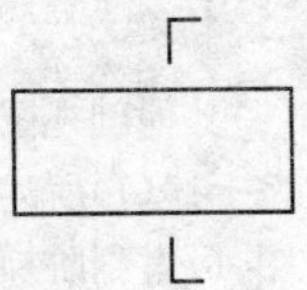

图 2-11　一个剖切面

3. 剖视图

(1)剖视图按下列方法剖切绘制：

1)用一个剖切面剖切，见图 2-11。

2)用两个或两个以上平行的剖切面剖切，见图 2-12。

3)用两个或两个以上相交的剖切面剖切，见图 2-13。

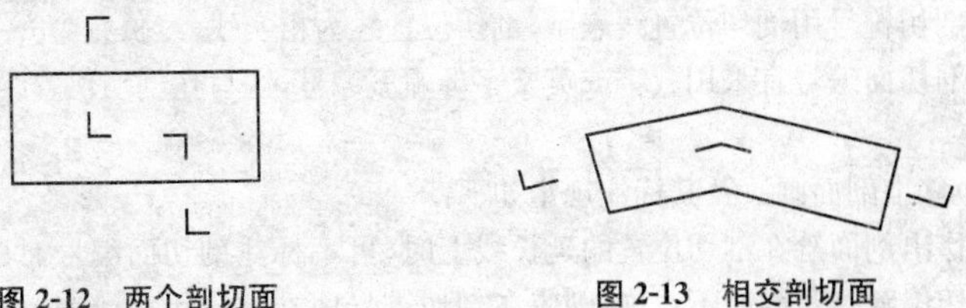

图 2-12　两个剖切面　　　　图 2-13　相交剖切面

(2)剖视图的剖切符号规定。

1)剖切符号由剖切面位置线和剖视方向线构成的一个直角组实线符号绘成。线宽宜为 0.7～1mm，剖切位置线长度宜为 5～10mm，剖视方向线长度宜为 4～6mm。剖切符号不宜与图样的图线接触。

2)剖视图剖切面的编号宜采用数字、英文字母或汉字干支排序命名。按顺序由左至右，由下至上连续编号，并注写在剖视方向线端部。

3)转折剖切位置线，线型及每肢长度同剖切位置线，在转折处若易与其他图线发生混淆时，应在转角外侧加注该剖切面相同的字母或数字编号。

4)剖视图上方应标注其所编号的图名。

(3)全剖视和半剖视。

用剖切面完全地剖开构筑物或构件所得的剖视图为全剖视图。

当物体具有左、右、上、下或两者全对称的平面时，可以以对称中心线为界，绘成半剖视，1/4 剖视，或一半为剖视、另一半为视图，或一半为第一剖视、另一半为第二剖视的半剖视图。半剖视的剖切画法及标注、比照与全剖视相同。

(4)局部剖视。

可以采用用剖切面局部剖开物件的方式绘成局部剖视图,如图 2-14 所示。

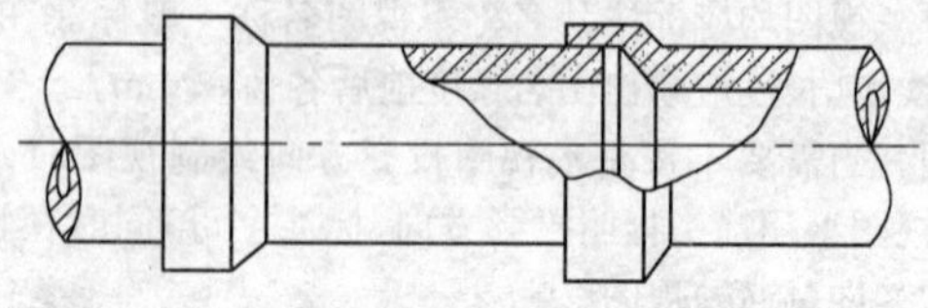

图 2-14 局部剖视图

(5)其他剖视图。

按上述(1)所述方法,采用两个或两个以上平行或相交的平面或曲面剖切的剖视图,可得到阶梯剖视、旋转剖视及其组合的复合剖视,其画法、剖切符标注、剖视图编号均按上述(2)中所述规定绘制。

4. 剖面图

(1)剖面图的剖切符号规定如下:

1)剖切符号用剖切位置线表示,剖切位置线为粗实线,线长宜为5～10mm。

2)剖切面编号宜采用数字或英文字母顺序编号,注写在剖切位置线投影方向的一侧。

(2)移出剖面画法及其标注规定如下:

1)移出剖面绘在剖切位置的延长线上时,可不标注剖切面编号,只以点画线表示剖切位置。若剖面不对称,则应在剖切符号两端加绘粗实线表示投影方向,如图 2-15 所示。

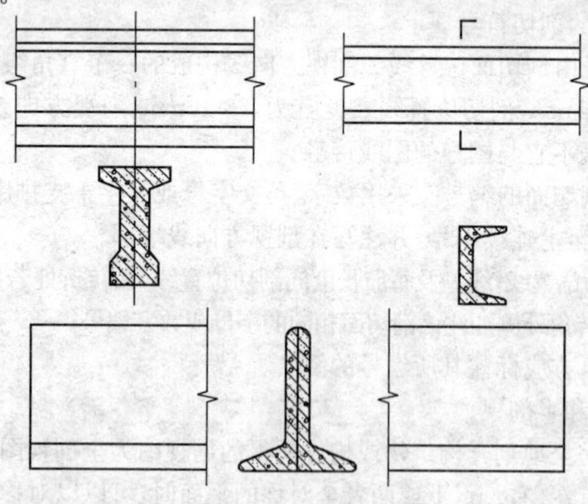

图 2-15 移出剖面画法

2)配置在图纸其他位置的移出剖面，应标注剖切位置线和编号，在剖面图的上方应标注剖面编号(即图名)并在剖面编号下标绘粗实线标记。

(3)重合剖面画法规定如下：

1)重合剖面的轮廓线用细实线绘制。当视图的轮廓线与重合剖面的图形重叠时，视图的轮廓线应不间断、完整画出。

2)对称的重合剖面可不标注，不对称的重合剖面应标注剖切投影方向，如图 2-16所示。

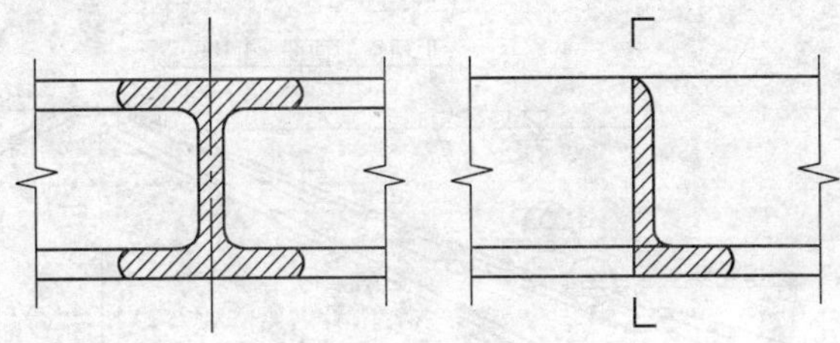

图 2-16　重合剖面

3)梁板剖面在结构平面图中使用重合剖面时，剖面涂阴影，如图 2-17 所示。

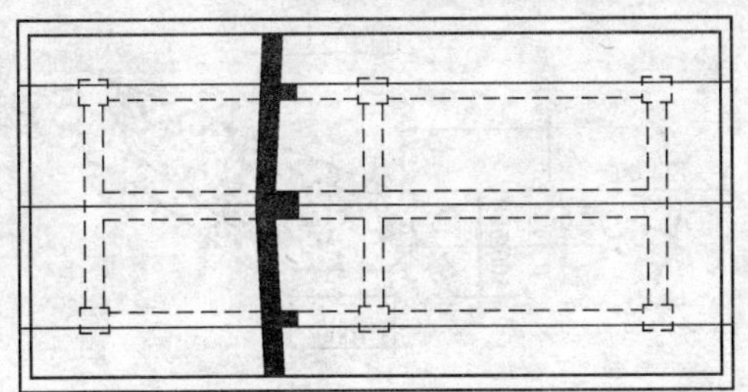

图 2-17　涂黑的重合剖面

5. 详图

(1)详图可根据需要画成视图、剖视图、剖面图。必要时可采用一组视图或剖面图完整地表达该被放大部分的结构。

(2)详图的标注：在被放大的部位用细实线圆弧圈出，用引出线指明详图的编号(如："详 A"、"详图××"等)，所另绘的详图用相同编号标注其图名，并注写放大后的比例，见图 2-18 和图 2-19。

6. 习惯画法及规定

(1)省略图的画法及规定。

1)当图形对称时，可以只画对称轴线一侧的半个视图、剖视或剖面，而省略另一半，但须在对称轴线上加对称符号，见图 2-20。

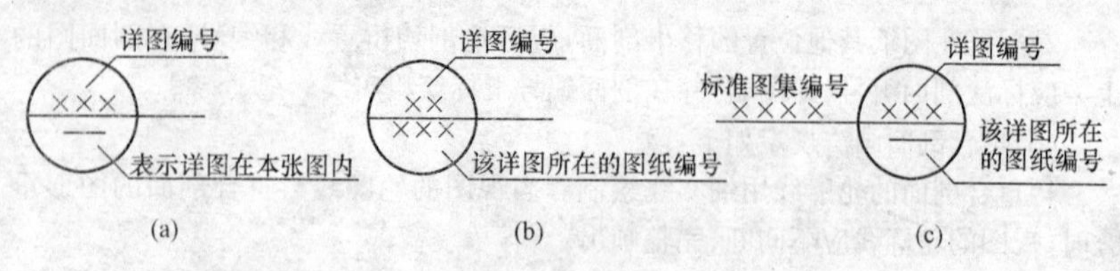

图 2-18　详图标注方法

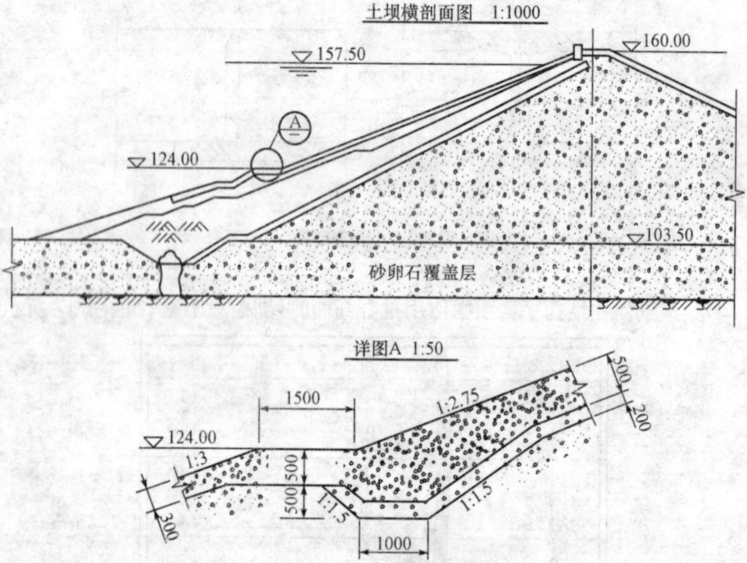

土坝横剖面图　1:1000

详图A　1:50

图 2-19　详图举例

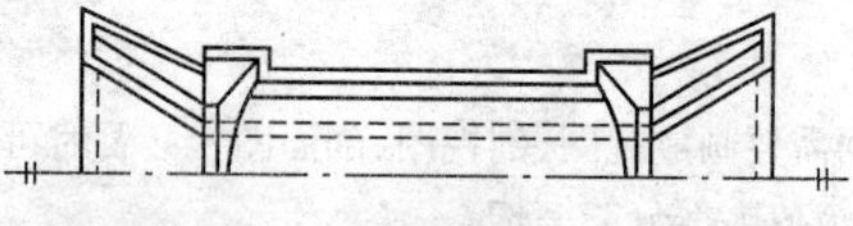

图 2-20　对称图形省略画法

2)根据不同设计阶段和实际表达的图形内容，视图、剖视图中对次要结构、机电设备、详细部分可省略不画，有必要时加详图符号另绘详图。

(2)简化画法及规定。

1)对图样中的某些机电设备可以简化绘制。如图 2-21 中的发电机、水轮机调速器、桥式起重机等。

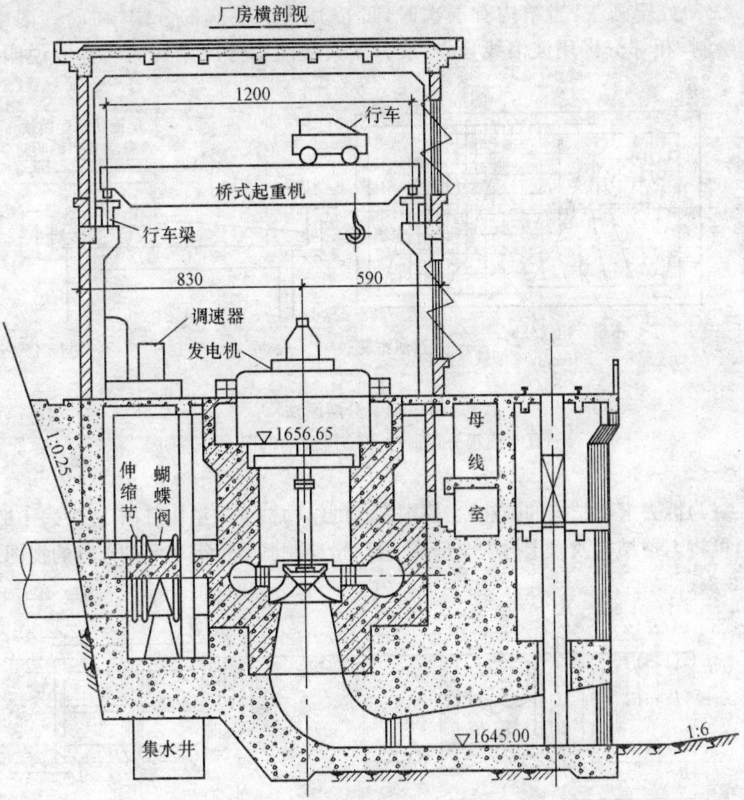

厂房横剖视

1200
行车
桥式起重机
行车梁
830
590
调速器
发电机
▽1656.65
1:0.25
伸缩节
蝴蝶阀
母线室
集水井
▽1645.00
1:6

图 2-21　机电设备简化画法

2)对于图样中成规律布置、结构相同的细小局部图形,可以简化绘制,或以符号代替,或只做标注,见图 2-22。

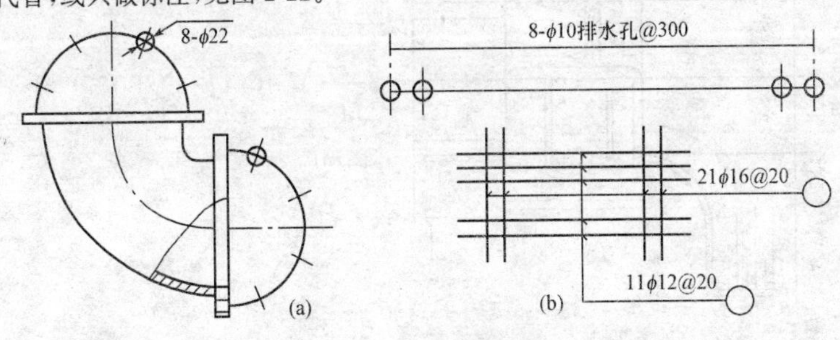

图 2-22　规律布置结构简化画法

(a)管接头小孔简化画法;(b)钢筋图画法

(3)分层画法:当结构有层次时,可按其构造层次的分层,在同一图中分区绘制,相邻分区用波浪线分界,或只用文字注明分层结构的名称或说明,见图 2-23。

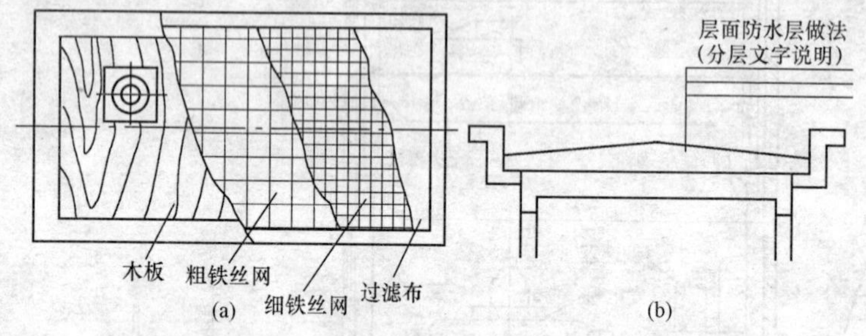

图 2-23　分层画法

(a)真空模板分层画法;(b)层面结构图文字说明

(4)拆去上覆结构的画法:当视图表达的结构被上覆结构遮挡,或为岩土遮盖时,可将上覆结构或岩土拆去全部或一部分,绘制其下所需表示的部分的视图,见图 2-24。

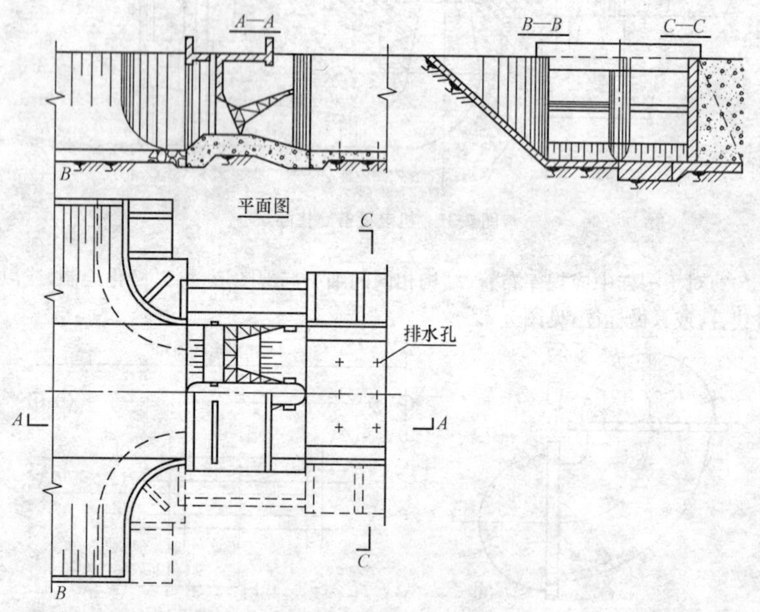

图 2-24　拆去上覆结构的画法

(5)合成视图:必要时可将展示、省略、简化、分层、拆覆视图用于同一幅图或视图中。特别是对于对称结构,可采用在对称中心两侧分别绘制相反或分层次的合成视图。如平板闸门中心线两侧绘制上、下游两个方向的视图。并列机组段,可分不同高程分别剖切发电机层、水轮机层、蜗壳层、尾水管层的剖切平面图等,见图 2-25。

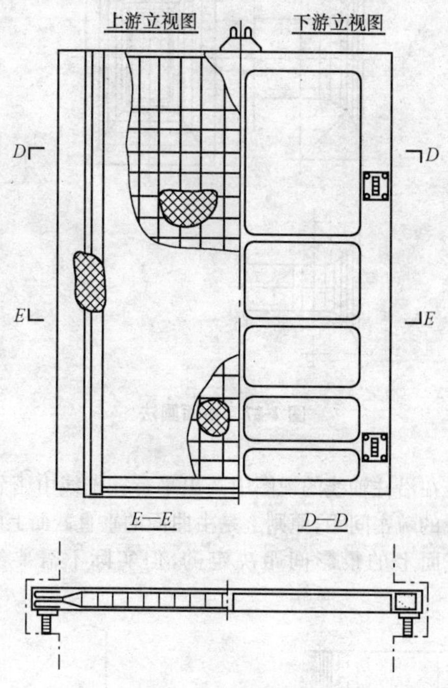

图 2-25　闸门的合成视图

(6)较长的图形简画法:当沿长度方向的开头为一致,或按同一规律变化时,可以用折断线分开绘制,省去其中部位的图形,见图 2-26。

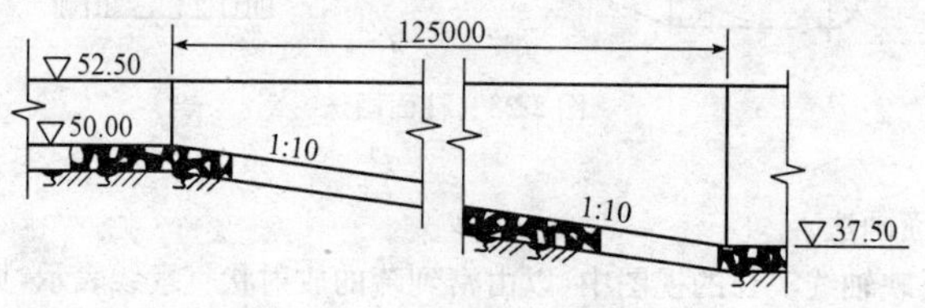

图 2-26　渠道断开简画法

7. 曲面画法

(1)结构或部件中曲面的视图,可用曲面上的素线或截面所截得的截交线来表达,曲面、素线和截交线均用细实线绘制,见图 2-27。

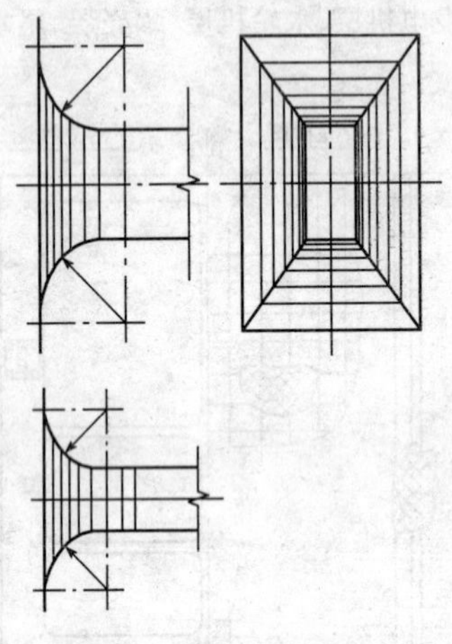

图 2-27　曲面画法

(2)柱面画法:在沿柱轴线的视图中画出平行柱轴线由密到疏(或由疏到密)的直素线表示。线的疏密间距,原则上是由曲面的垂直截面上的截曲线上等分的线段,在相应视平面上的投影间距决定的,但实际不需要绝对地严格绘制,见图 2-28。

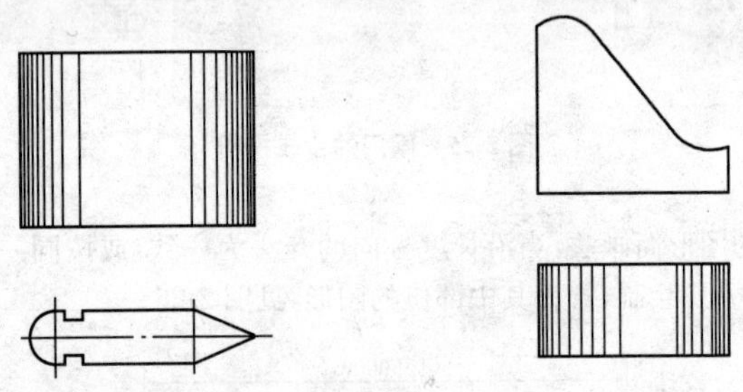

图 2-28　柱面画法

(3)锥面画法。

1)在反映轴线实长的视图中,以由密到疏的放射状直素线表示,见图 2-29。

2)在反映圆弧实形的视图中,以均匀的放射状直素线表示,如图 2-30 所示。

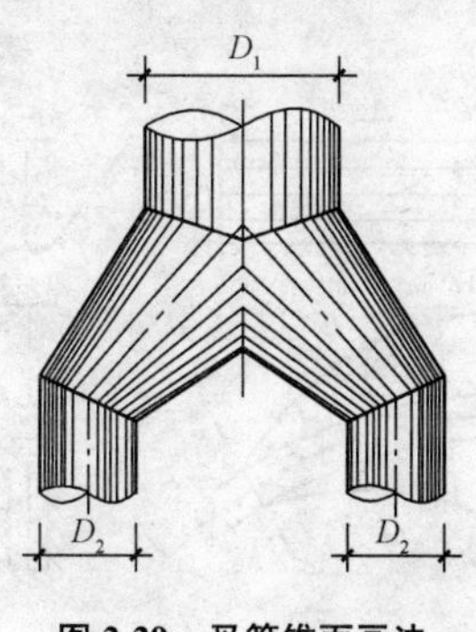

图 2-29　叉管锥面画法

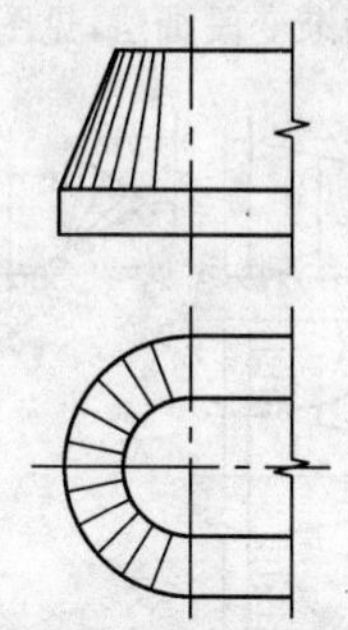

图 2-30　锥形墩头画法

(4)渐变段、扭曲面画法:斜平面渐变段和扭曲面构成的渐变段可用直素线法表示。

1)斜平面渐变段画法,见图 2-31。

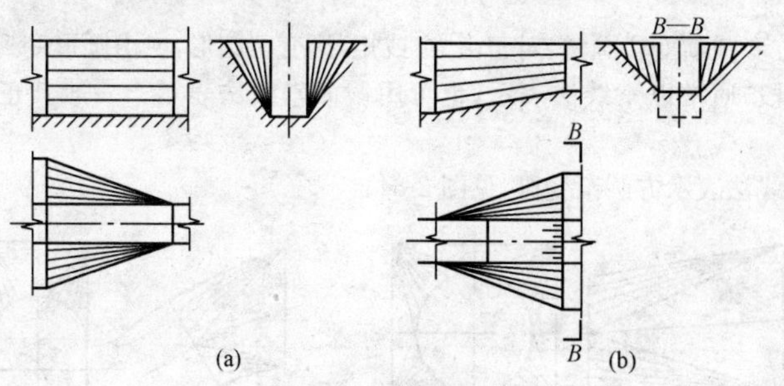

图 2-31　斜平面渐变段

2)扭锥面渐变段画法,见图 2-32。

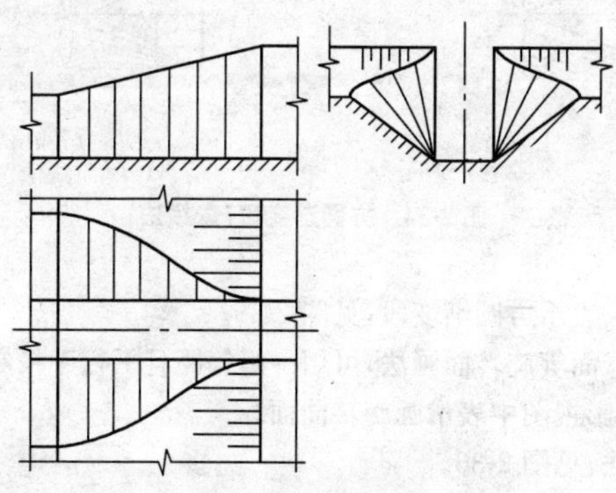

图 2-32　扭锥面渐变段

3)扭柱面渐变段画法,见图 2-33。

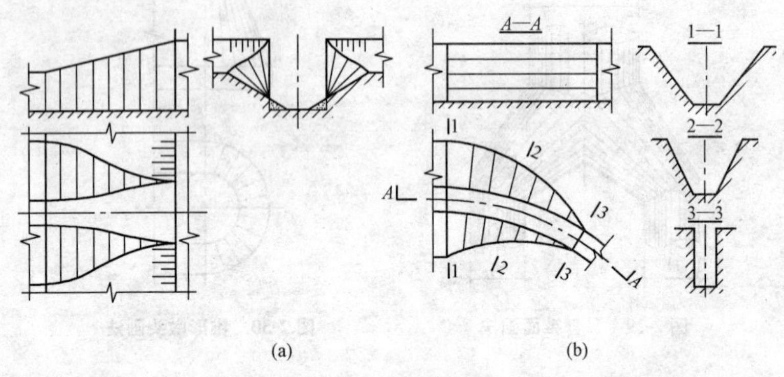

图 2-33　扭柱面渐变段

(5)方变圆渐变段画法:对于由方(或矩)形变至圆形,或由圆形变到方(或矩)形的渐变段,通常以素线法表示,也可用截面素线法表示。一般其正视图可以省略。

1)素线法表示方圆渐变段,见图 2-34。

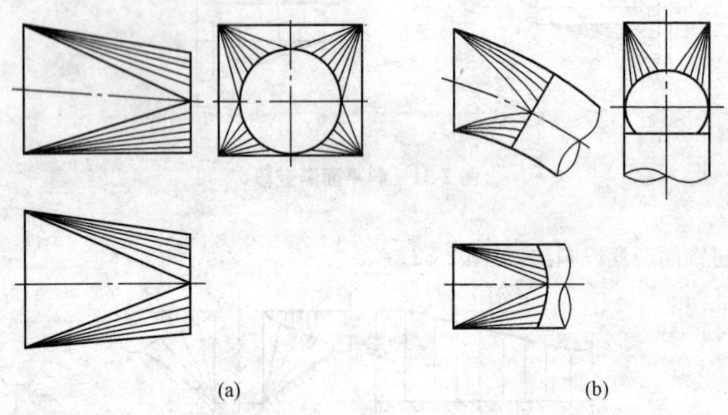

图 2-34　方圆渐变段(素线法)

2)截面素线法表示方圆渐变段,见图 2-35。

(6)圆环面、球面等旋转面画法,可用一组等距且平行于投影面的平面截交线作为曲素线,在投影视图中表示圆旋转曲面。

1)圆环面画法,见图 2-36。

2)球面画法,见图 2-37。

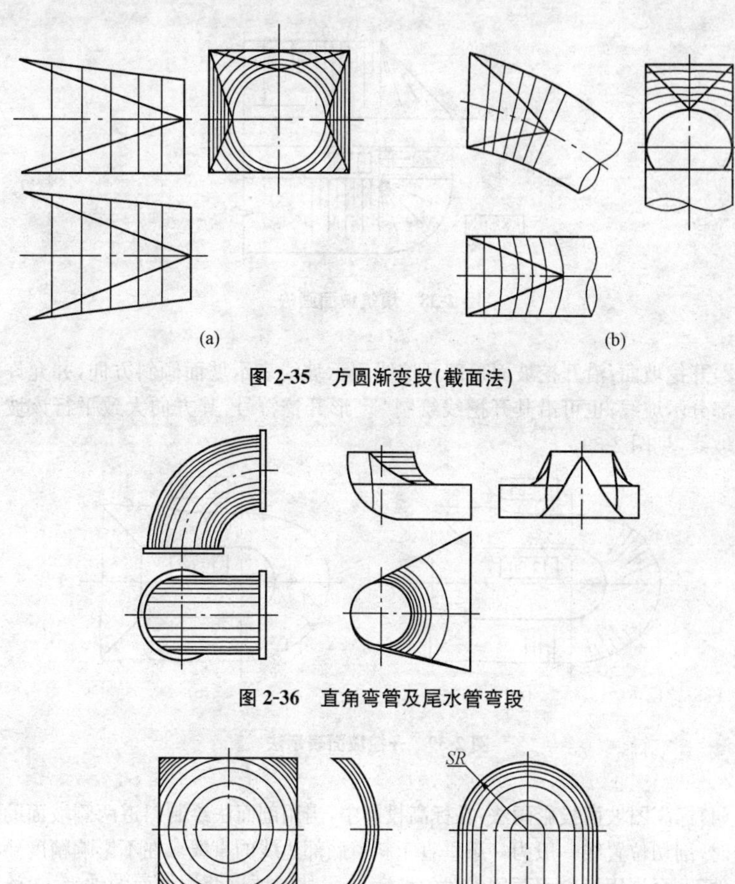

图 2-35　方圆渐变段(截面法)

图 2-36　直角弯管及尾水管弯段

图 2-37　球形阀门及直管闷头

8. 标高图

(1)标高以细实线绘制成地形等高线，每 5 条地形等高线的第 5 条取为计曲线，计曲线用中粗实线绘制。以整数为等高高差，其标高值的尾数应为 5 或 10 的整倍数，并符合地形图测绘规定。

(2)标高图中地形等高线高程数字的字头，应朝向高程增加的方向，必要时可按字头向上、向左注写。

(3)开挖和填筑坡面的画法如下：

1)填筑坡面：在其平面图、立面图中，沿填筑坡面顶部轮廓线，以示坡线表示坡面倾斜方向，并允许只绘出一部分示坡线，见图 2-38。

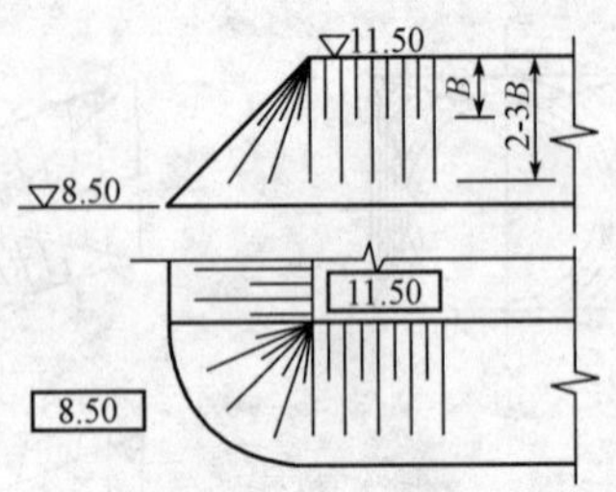

图 2-38　填筑坡面画法

2)开挖坡面:沿开挖坡面顶部开挖线用示坡线表示坡面倾斜方向,并允许只绘一部分示坡线;也可沿其开挖线绘制“Y”形开挖符号,其方向大致平行该坡面的示坡线,见图 2-39。

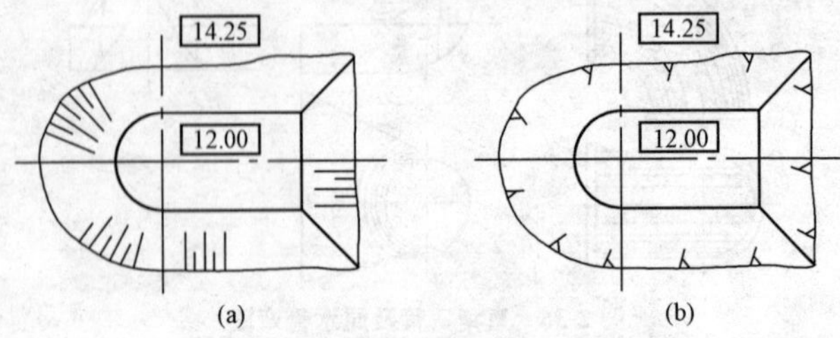

图 2-39　开挖坡面表示法

(4)标高图坡面投影画法:在标高投影中,当用剖面法绘制斜道两侧坡面的坡边线时,剖切位置线一般为一条垂直于斜道底部边线的直线。在不影响精度要求的条件下,允许用横剖面两侧斜线的坡度 i_1 代替斜坡道两侧坡面的坡度 i_0,绘制标高图中近似的坡边线,见图 2-40。

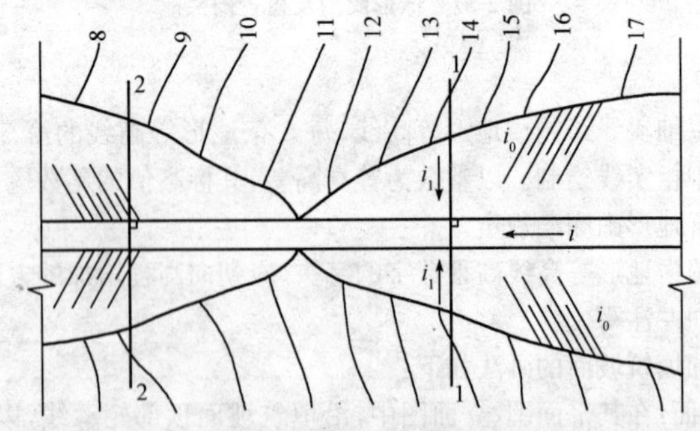

图 2-40　坡面法绘制坡边线

(5)标高投影的平面图与立面图应符合投影对应关系。立面图、剖视图不画地形等高线。当平面图中同时有填、挖两种坡面时,既可仅画出开挖坡面的剖视图,也可以同时画出开挖及填筑坡面的立面图,作为合成视图,见图 2-41。

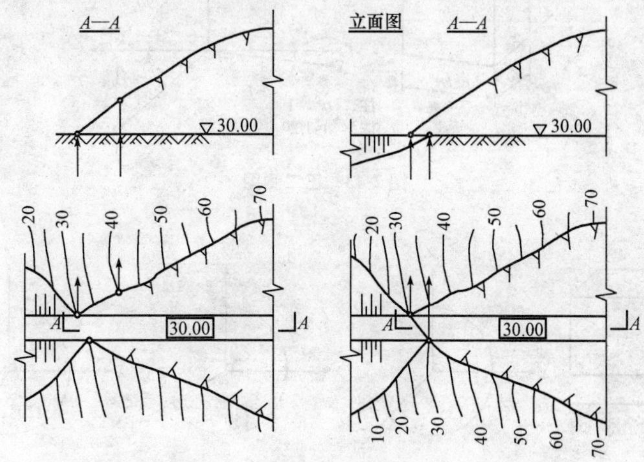

图 2-41 标高投影的剖视图和合成视图

9. 轴测图

(1)水电水利工程的轴测图可采用正等测、正二测及斜二测法绘制。各 X、Y、Z 轴轴向变形系数(p、q 和 r)按下列各图中的规定。

1)正等轴测法,简称正等测,见图 2-42。

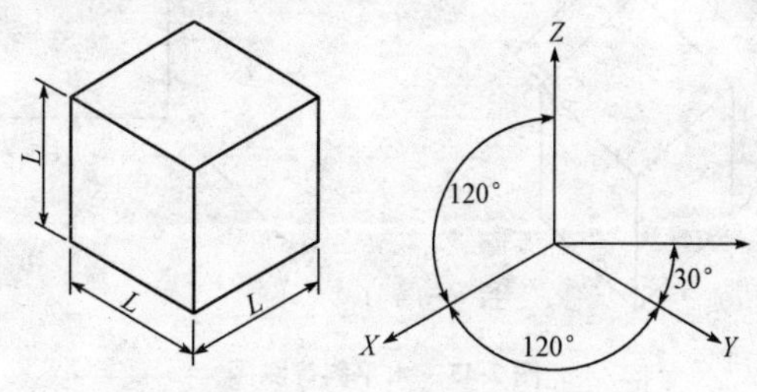

注1: $p=q=r=1$

注2: p、q、r为X、Y、Z轴向变形系数,以下同

图 2-42 正等测图

2)正二等轴测法,简称正二测,见图 2-43。

3)正面斜轴测法,包括斜等轴测和斜二轴测,见图 2-44。

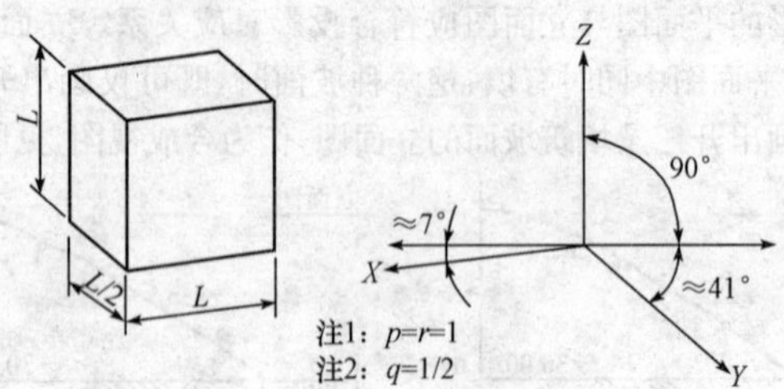

图 2-43　正二测图

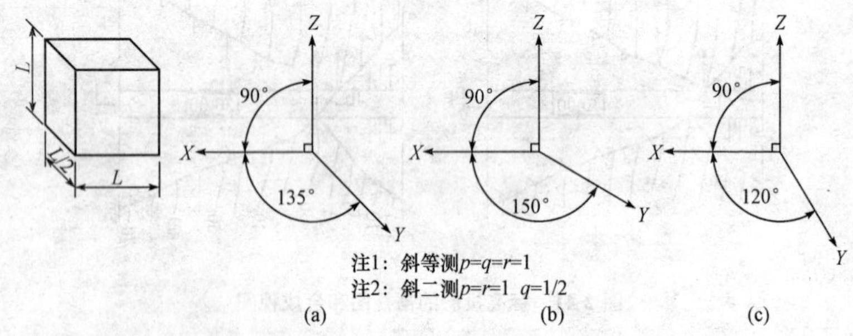

图 2-44　斜轴测图

4)水平斜轴测法，包括水平斜等测和水平斜二测，见图 2-45。

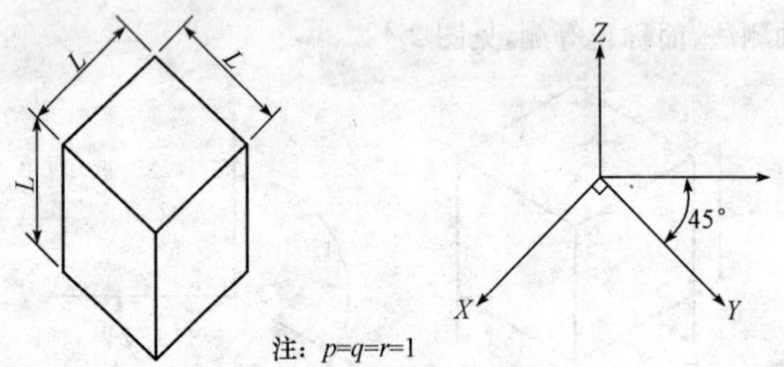

图 2-45　水平斜等测图

(2)轴测图的可见轮廓线宜用粗实线绘，不可见部分一般不绘出，必要时才以细虚线绘出所需部分。

(3)带剖视的轴测图断面上应画出表示其材料的图例线(见图 2-46)。剖面图图例线应按断面所在的坐标面的轴测方向绘制。如果以 45°斜线为材料图例时，应按图 2-47 规定画法绘制。

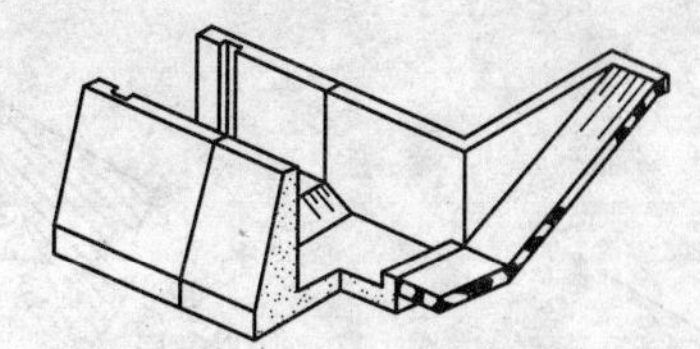

图 2-46　带剖视的轴测图

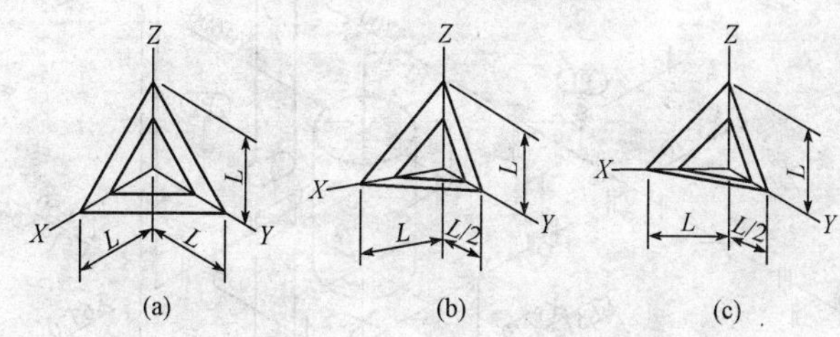

图 2-47　轴测图中剖面图例图法

(4)绘制止水薄片的接头结构轴测图时,宜采用虚线画出其不可见部分,见图 2-48。

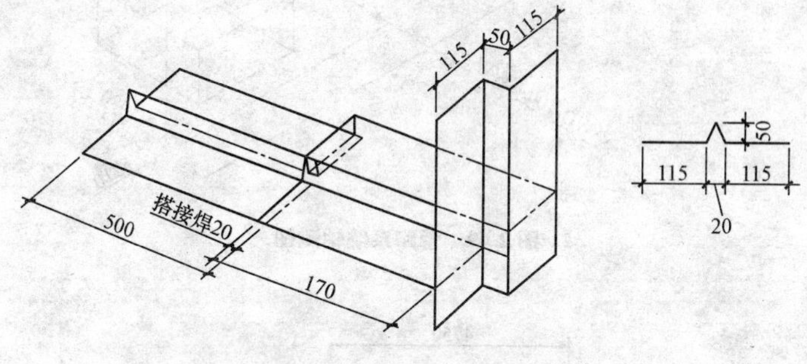

图 2-48　止水片接头画法

(5)对于油、气、水等管路系统,宜采用粗实线,单线绘制管路系统轴测图,且一般为等轴测示意图,见图 2-49。

四、尺寸注法

1. 尺寸标注四要素

(1)尺寸界限用细实线绘制,可自图形的轮廓线或中心线沿其延长线方向引出,或从轮廓线段的转折点引出。尺寸界线应与被标注的线段垂直。轮廓线、轴线或中心线也可以作为尺寸界线,见图 2-50。由轮廓线延长引出的尺寸界线与轮廓线之间宜留有 2～3mm 的间隙,并应超出尺寸线 2～3mm。

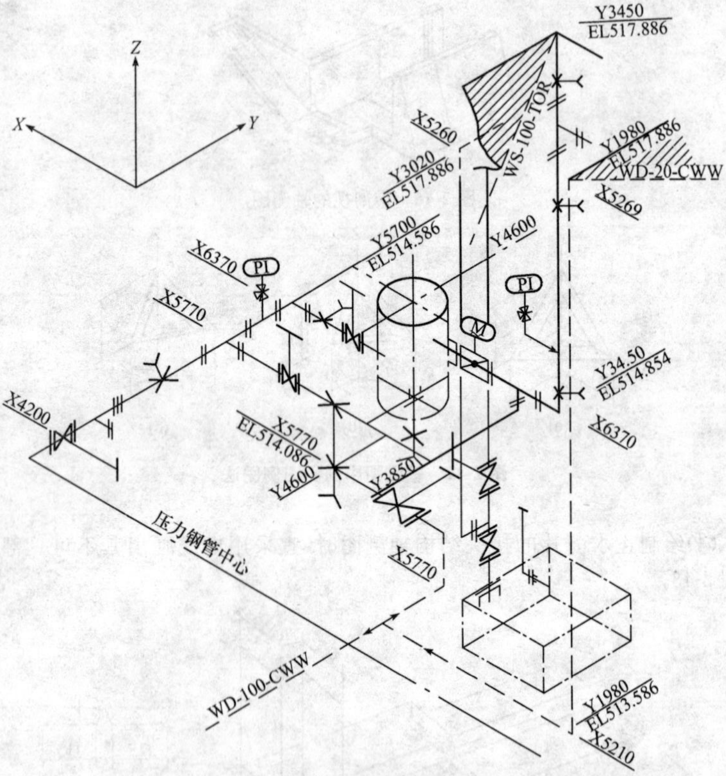

Z
X
Y
Y3450
EL517.886
X5260
WS-100-TOR
Y1980
EL517.886
WD-20-CWW
Y3020
EL517.886
X5269
Y5700
EL514.586
Y4600
X6370
PI
X5770
PI
M
Y34.50
EL514.854
X4200
X5770
EL514.086
Y4600
Y3850
X6370
压力钢管中心
X5770
WD-100-CWW
Y1980
EL513.586
X5210

图 2-49　管路系统轴测图

4750
R2125
500
D3250
400
2730
1900
500
1375
2000
9800

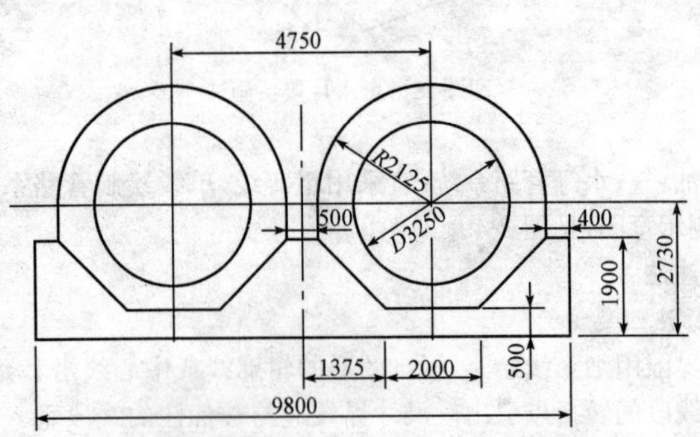

图 2-50　尺寸界线

(2)尺寸线用细实线绘制,其两端应指到尺寸界线。不能用图样中的轮廓线、轴线、中心线等其他图线及其延长线代替作为尺寸线。标注线性尺寸时,尺寸线必须与所标注的线段平行。

(3)尺寸起止符号

1)可采用箭头形式,见图 2-51。

2)也可以采用 45°细实线绘制的 h 为 3mm 的短画线,如图 2-52 所示。

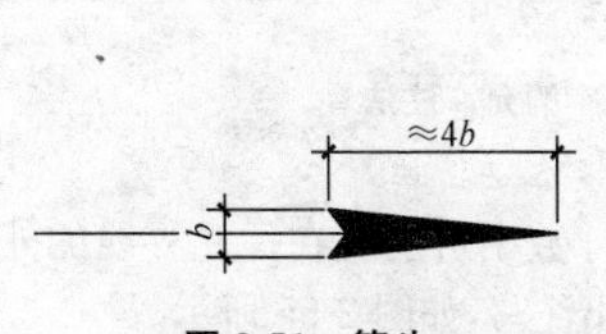

图 2-51　箭头

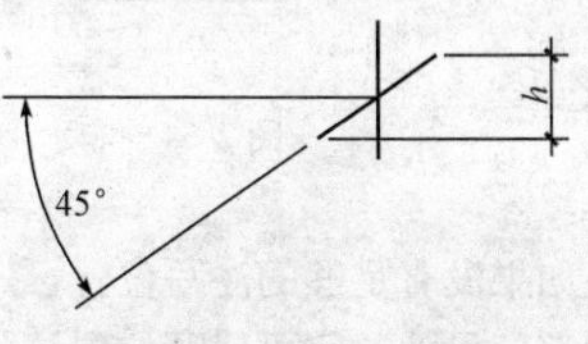

图 2-52　45°斜线尺寸起止符

3)当采用箭头为起止符号,而空间不够时,允许采用圆点代替箭头。标注圆弧半径、直径、角度、弧长时,一律采用箭头为尺寸起止符。

4)但同一张图中只能采用一种尺寸起止符号的形式。

(4)尺寸数字

1)线性尺寸的数字,可注写在尺寸线的上方,或在尺寸线的断开处,并与尺寸线平行。

2)尺寸数字不可被任何图线或符合所通过,若尺寸数字需要占位,则其他图线或符号应断开。

3)线性尺寸数字的标注,应避免在图示阴影线 30°范围内进行。可按图 2-53 所示的方向注写,当无法避免时,可按(a)、(b)图所示的形式引出,水平地标注。

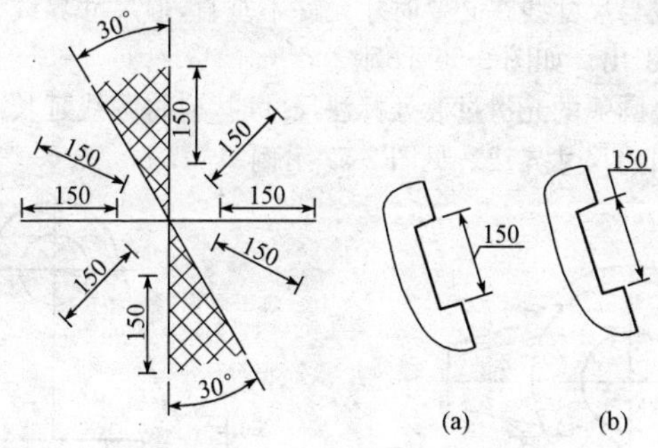

图 2-53　30°范围内尺寸的标注方法

4)对于非水平方向的尺寸,其数字还可水平地注写在尺寸线的中断处,如图 2-54所示。

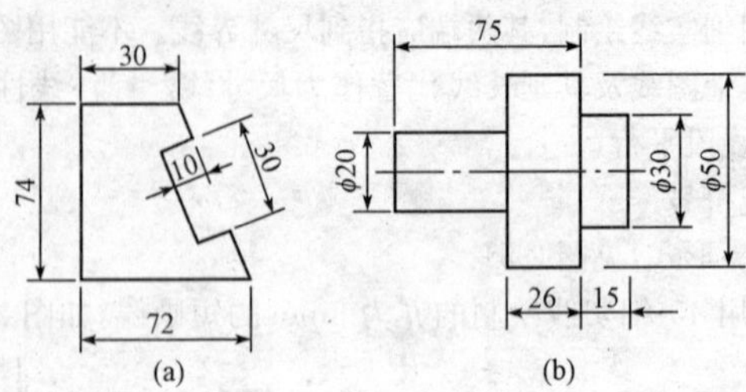

图 2-54 非水平方向尺寸数字的允许注法

5)如果没有足够的注写位置,最外边的尺寸数字可注写在尺寸界线的外侧,中间相邻的尺寸数字可错开位置注写,也可引出注写,如图 2-55 所示。

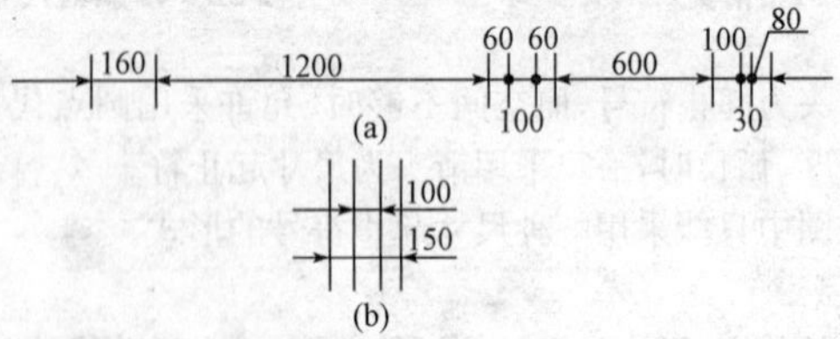

图 2-55 尺寸界线间距小时尺寸和箭头的标注方法

2. 线性尺寸的注法

(1)图样的尺寸宜标注在图样轮廓以外,不宜与图线、文字及图中符号、图例相交。

(2)尺寸界线与尺寸线在必要时才允许不垂直,但尺寸界线必须自被标注线段的两端平行地引出。如图 2-56 示例。

(3)在有连接圆弧的光滑过渡处标注尺寸时,应将图线延长或将圆弧切线延长相交,自交点引出尺寸界线。见图 2-57 示例。

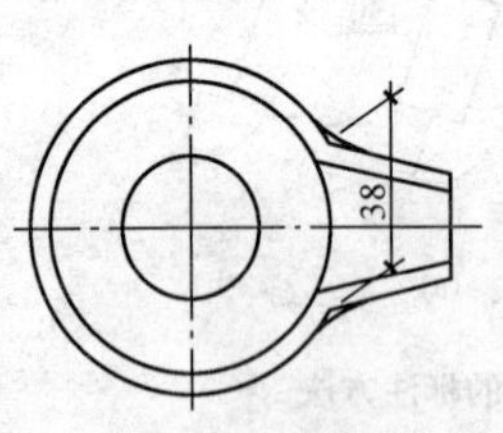

图 2-56 尺寸界线与尺寸线不垂直的示例

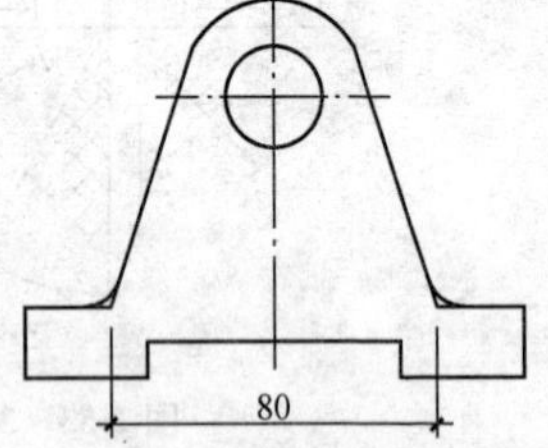

图 2-57 圆弧光滑过渡处尺寸界线的引出示例

(4)图样轮廓线以外的尺寸线，距图样最外轮廓线的距离不宜小于 10mm，但平行排列的尺寸线之间的距离可不小于 7mm，并且各层尺寸线间距宜保持一致。

(5)总尺寸的尺寸界线应靠近所指界的部位，中间的分尺寸的尺寸界线不应超出其外层的尺寸线。尺寸界线的长度应保持相等，见图 2-58 示例。

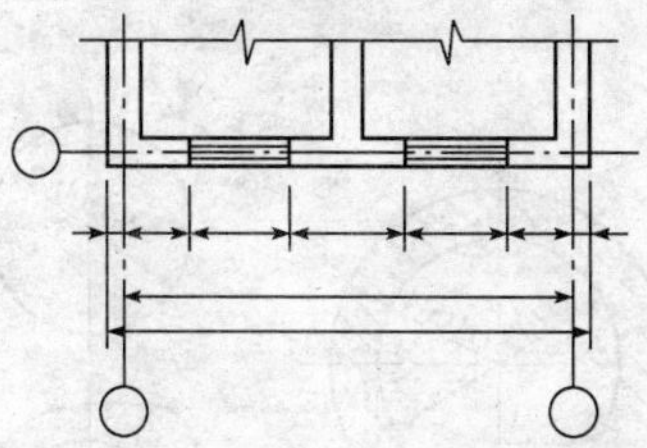

图 2-58　尺寸界线示例

(6)对称结构的图样，若只画出一半图形或略大于一半时，尺寸数字仍应注出构件的整体尺寸数，但只需画出一端的尺寸界线和尺寸起止符号，另一端尺寸线应超过对称中心线，见图 2-59 示例。

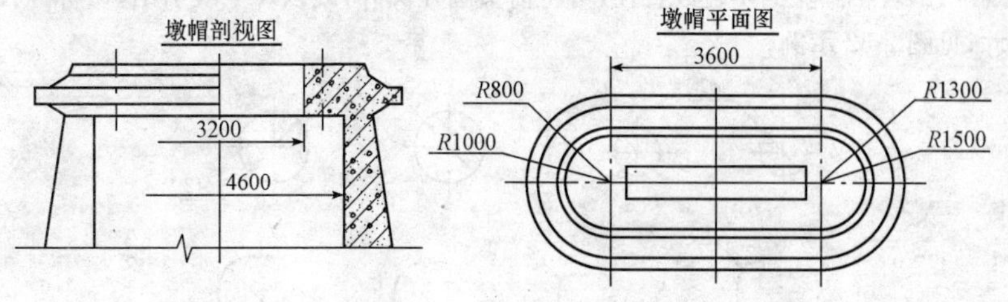

图 2-59　对称构件尺寸标注

(7)当建筑物或构件尺度较长而需折断绘出时，仍应注出其总尺寸。见图 2-60示例。

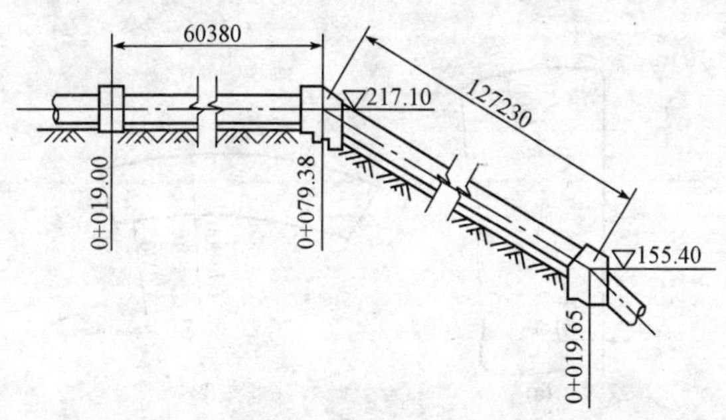

图 2-60　长系结构尺寸标注

3. 圆、圆弧尺寸和球的标注

(1)标注圆弧、球面的半径或直径时,尺寸线应通过圆心,箭头指到圆弧。在直径尺寸数字前加注符号“ϕ”(金属材料)或“D”(其他材料),在圆弧半径尺寸数值前加注符号“R”;标注球面直径时,其数值前加注“$S\phi$”,球面半径数值前加注“SR”,见图 2-61 示例。

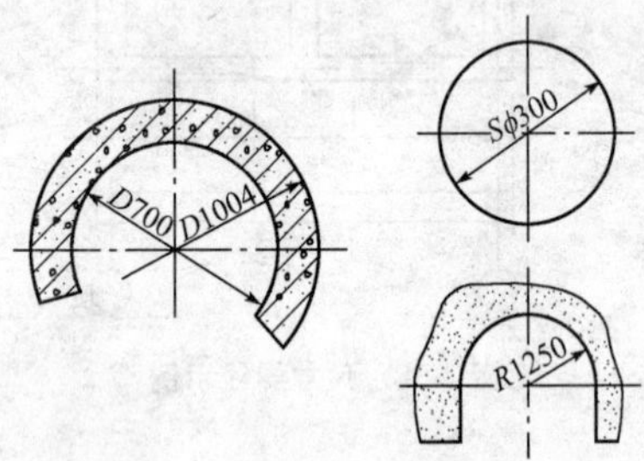

图 2-61　圆直径注法

(2)较小圆弧的半径或直径,可将箭头画在圆外,或以尺寸线引出,以标注尺寸,见图 2-62 示例。

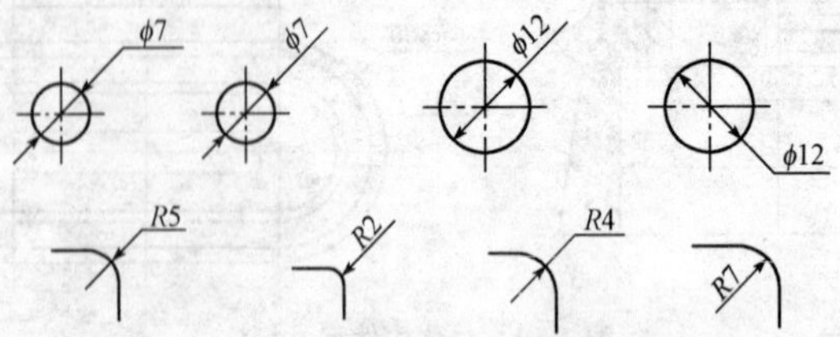

图 2-62　小圆直径、半径注法

(3)当圆弧的半径过长或圆心位置无法在图纸范围内标注时,可按图 2-63 的形式标注。

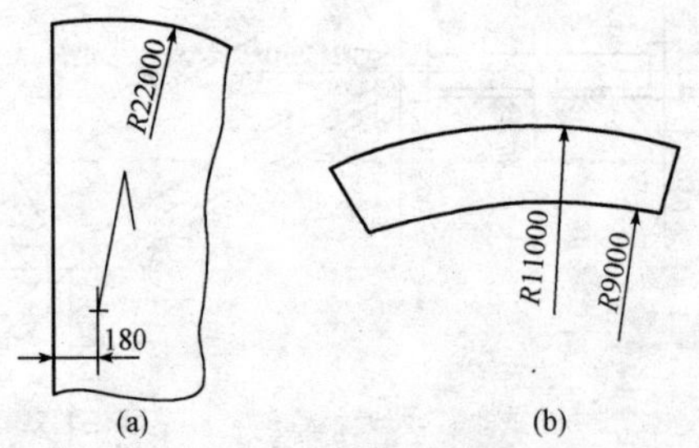

图 2-63　大圆弧半径注法

(4)标注弦长及弧长时,尺寸界线应垂直该弦及弧段所对应的弦。弦长的尺寸线应为与该弦平行的直线。弧长的尺寸线应绘成与此圆弧段同心的圆弧,尺寸数字上方应加符号"⌒",见图 2-64 示例。

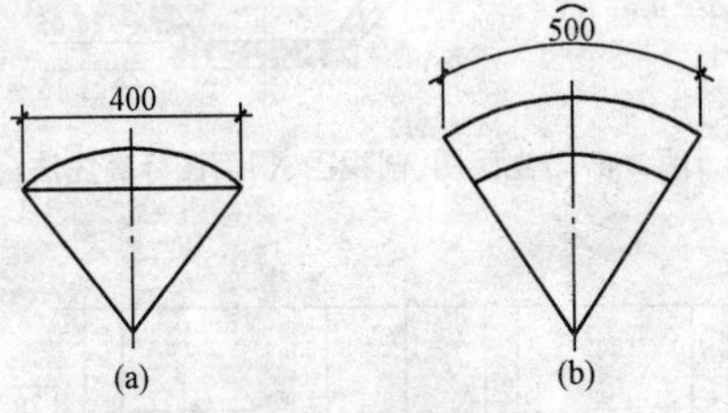

图 2-64　弦长、弧长的注法

4. 角度的尺寸标法

(1)标注角度的尺寸界线是角的两个边,角度的尺寸线是以该角顶点为圆心的圆弧线。角度的起止符号应以箭头表示,角度数字应水平方向注在尺寸线的外侧上方,也可引出标注。如没有足够位置画箭头,可用圆点代替,见图 2-65。

(2)当圆弧半径过大或图纸范围内无法标出圆心时,可按图 2-66 形式标出。

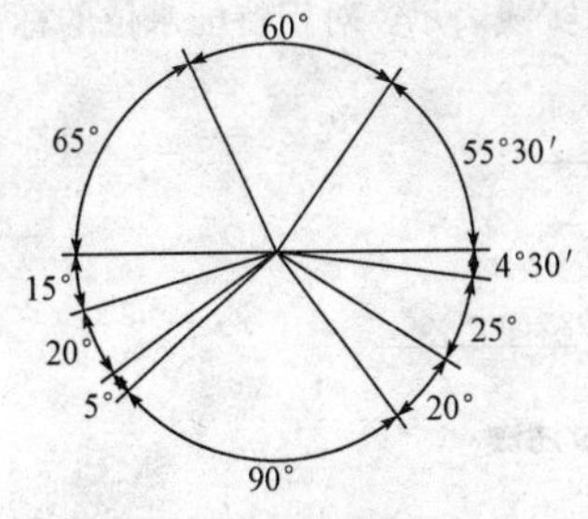

图 2-65　角度标注方法

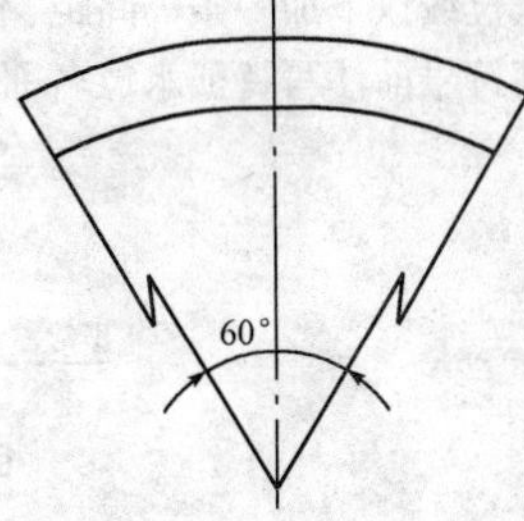

图 2-66　大圆弧度标注

5. 标高的标注

(1)在立视图和铅垂方向的剖视图、剖面图中,被标注高度的水平轮廓线或其引出线均可作为标高界线。标高符号采用图 2-67 所示的符号(为 45°等腰直角三角形),用细实线画出,其 h 约等于标高数字高度。标高符号的直角尖端必须指向标高界线,并与之接触。标高数字一律注写在标高符号的右边。

(2)平面图中标高应注在被注平面的范围内,当图形较小时,可将符号引出。平面图中标高符号采用矩形方框内注写标高数字的形式,方框用细实线画出,见图 2-68。

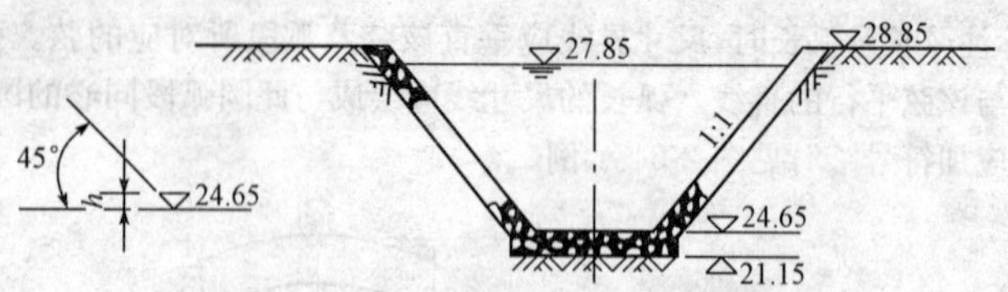

图 2-67　立面图、剖视图、剖面图标高注法

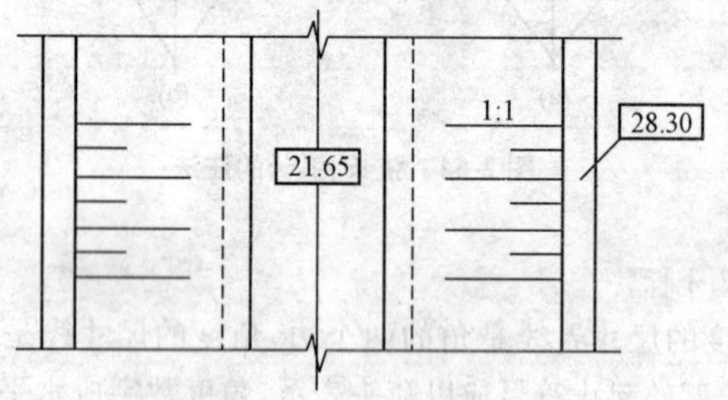

图 2-68　平面图中标高注法

(3)水面标高(简称水位)的符号如图 2-69 所示。在立面标高三角形符号所标的水位线以下加三条等间距、渐缩短的细实线表示。对于特征水位的标高,应在标高符号前注写特征水位名称。

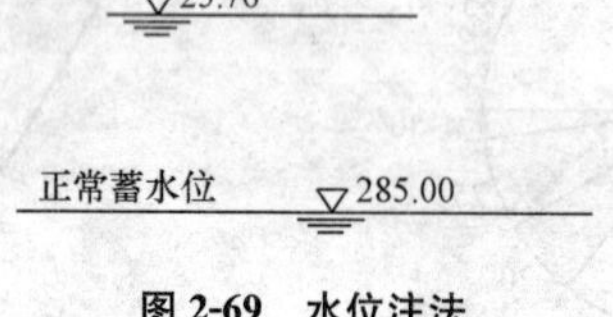

图 2-69　水位注法

(4)标高符号也可用在标高数字前加字母“EL”代号表示。此时该图的立面、平面及说明文字中必须统一用此字母代号“EL”加标高数字表示标高。

(5)标高数字以米为单位,应注写到小数点以后第三位。在总布置图中,可注写到小数点以后第二位。

(6)零点标高注成±0.000 或±0.00。负数标高的数字前必须加注“—”号。

第二节　水工建筑制图

一、制图一般规定

(1)水工建筑图的比例可按表 2-4 中的规定选用。

表 2-4 水工建筑图常用比例

图 类	比 例
规划图	1∶100000,1∶50000,1∶10000,1∶5000,1∶2000
枢纽总平面	1∶5000,1∶2000,1∶1000,1∶500,1∶200
地理位置图,地理接线图、对外交通图	按所取地图比例
施工总平面图	1∶5000,1∶2000,1∶1000,1∶500
主要建筑物布置图	1∶2000,1∶1000,1∶500,1∶200,1∶100
建筑物体形图	1∶500,1∶200,1∶100,1∶50
基础开挖图、基础处理图	1∶1000,1∶500,1∶200,1∶100,1∶50
结构图	1∶500,1∶200,1∶100,1∶50
钢筋图、一般钢结构图	1∶100,1∶50,1∶20
细部构造图	1∶20,1∶10,1∶5,1∶2

(2)水工建筑布置图必须绘出各主要建筑物的中心线或定位线,标注各建筑物之间、建筑物和原有建筑物关系的尺寸和建筑物控制点的大地坐标。

(3)水工建筑图尺寸标注的详细程度,应根据各设计阶段的不同和图样表达内容的详略程度而定。

(4)水工建筑图应有必要的文字说明,文字应简明扼要,正确表达设计意图,其位置宜放在图纸右下方。

(5)水工建筑图的视图、剖面图和详图,均应标注图名。必要时应在图名下方加注该图的视图剖切高程或位置桩号。

二、水工建筑与施工图

1. 枢纽总布置图和施工总平面图

(1)枢纽总布置图,一般应包括平面布置图、上下游立(展)视图和剖视(或剖面)图。

1)枢纽总布置图,应包括地形等高线、测量坐标网(在图的三个角点部位应在显著位置至少各标注一个标准坐标网值)、地质符号及其名称、河流名称和流向、指北针,枢纽中各建筑物及其名称,建筑物轴线及其方位角,沿建筑物轴线的桩号,建筑物主要尺寸、高程、地基开挖开口线、对外交通、绘图比例等。

2)枢纽总平面布置图应有主要技术经济指标表,主要工程量汇总表,主要控制点坐标表。必要时应有风向频率图。

3)依据设计附段要求的不同,建筑物平面图及纵剖面图的控制点(转弯点),

应标出转弯半径、中心夹角、切线长度、中心角对应的中心线曲线长度。

4)枢纽总布置图应在图的右下方注写必要的说明。对于有地形线的图，应说明测量日期、资料来源、坐标系、高程等。标有地质资料的图件，应说明资料来源的勘测单位和日期。

5)对于剖面和立面图，宜使剖面图的上游在图样的左边，剖面图有迎水面时，应标注上下游特征水位、典型泄流态水面曲线。对于涉及边坡开挖线的部位，应对开挖挖除部位用虚线注绘原地面线。涉及地质剖面应按图例要求绘制基岩顶面线、岩石风化界线、岩体名称、岩性分界线、地质构造线、地下水位线、相对不透水层界面线，当有基础处理措施时，绘出其处理措施界面线。对于泄水建筑物，应对不同建筑物分别加绘泄流能力曲线。

6)对复杂体形建筑物轮廓应加绘特征曲线或坐标表格，如拱坝平面或剖面特征轮廓、泄流面或喇叭口曲线、蜗壳和尾水管轮廓曲线及表格等。

(2)枢纽施工总平面布置图，一般应绘有施工场地、料场、堆渣场、施工工场设施、仓库、炸药库、场内外交通、风水电线路布置等生产、生活设施并标注名称、占地面积。图中水工建筑物的平面位置用细实线或虚线绘制，且施工总平面图中应标注河流名称、流向、指北针和必要的图例。

(3)枢纽总布置和施工总平面图除在标题栏内注写图名外，一般在图的上方或其他适当位置用较大字号和字体书写图名。所用字体应易于辨认。

(4)水电站厂房设计应专门绘制厂房布置图，其内容为：

1)厂区平面布置图应有发电厂心主要技术批标表、厂房对外交通路线布置、开关站及出线场(含主变压器)布置、油库及水池布置。

2)典型机组横剖面，包括主机间的尾水管、集水井、蜗壳、水轮机层、设有进水阀时的蝶(球)阀层、电缆层、发电机层、吊车梁、桥机及吊顶、屋架的布置、尾水平台各层及进出水口流道及闸门布置、地下电站的主变开关室、母线洞剖面布置。

3)机组纵剖面布置图，必要时尾水平台副厂房纵剖面。

4)发电机层、电缆层、水轮机层、蜗壳层、尾水管层各层平切面图，应含相应副厂房各层布置。发电机层应将安装场大件安置位置、吊车主副钩限制线、吊物孔、调速器、控制盘柜布置绘入。

5)副厂房各层平面、纵横剖面图。中控室应含中控室顶层照明、空调、吊顶及中控室内布置图。

6)地下厂房应包括主变室的纵横剖面及各层平面图。

7)安装场各层的平面及纵横剖面图。

8)地下厂房的三维轴侧立体示意图。

2. 建筑物体形图

(1)建筑物体形图应准确表示建筑物结构尺寸，复杂的细部应放大加绘详图。

体形图应分别示出混凝土浇筑分层分块，混凝土等级分区，一、二期混凝土分区体形以及预埋件等。

(2)建筑物的混凝土等级分区图，分区线应使用中粗线绘制，并绘出相应的图例或影线，标注混凝土的有关技术指标，并附图例说明，图例线用细实线绘制，如图 2-70 所示。

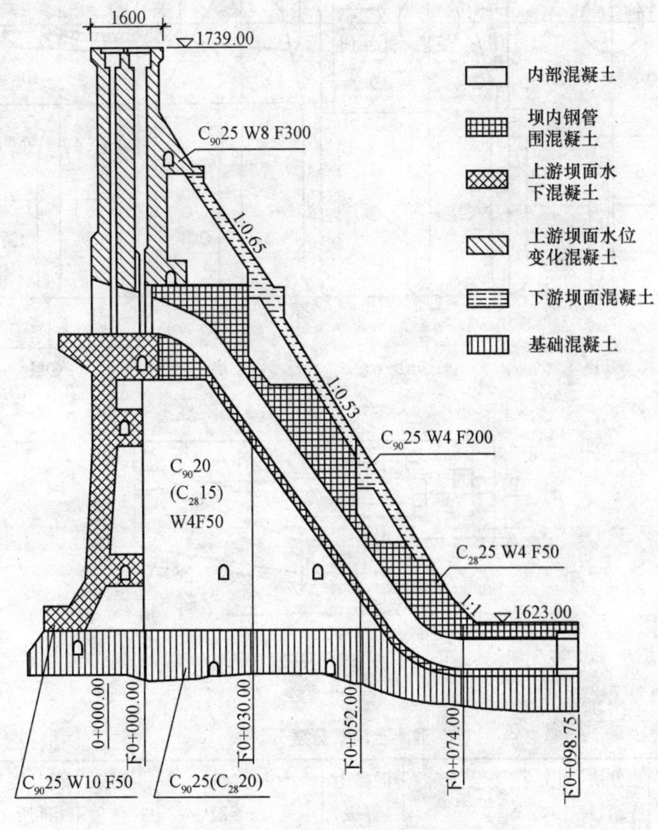

图 2-70　混凝土强度等级分区图

(3)混凝土浇筑分层分块图应注出各浇筑层和块的编号。浇筑层的编号可为带圆圈的阿拉伯数字；浇筑块的编号可为不带圆圈的阿拉伯数字，并且其字号应比层号数字小一号。层号和块号的配置形式如下：

混凝土每一浇筑层及其分块，应在平面图和剖视(或剖面)图中表达清楚，如图 2-71。混凝土浇筑分层分块图应附有分层分块表，见表 2-5。

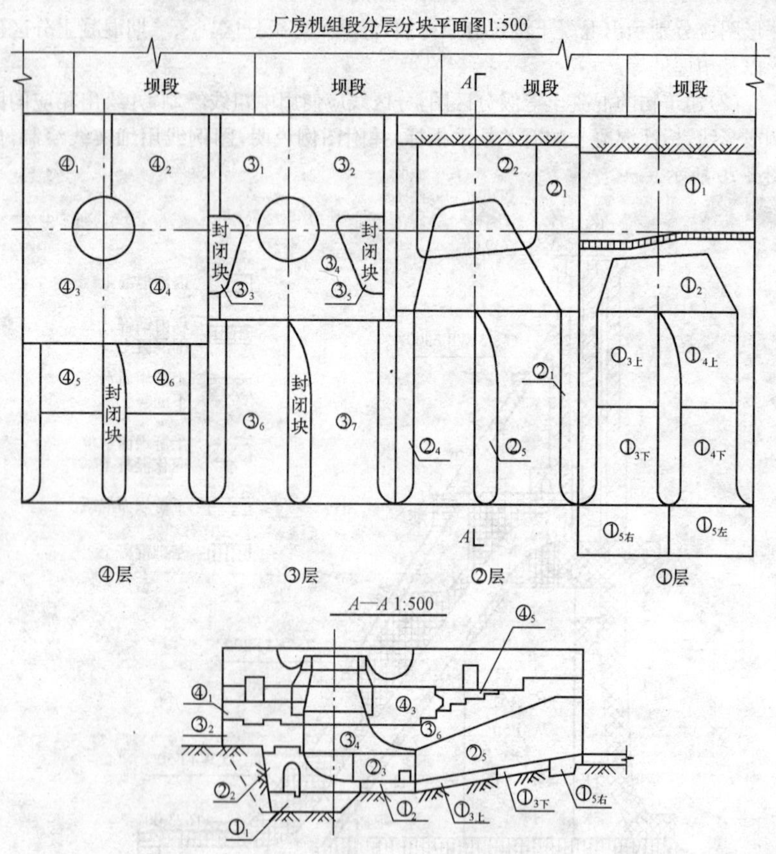

图 2-71 混凝土浇筑分层分块图

表 2-5 混凝土浇筑分层分块表

浇筑层	分块编号	浇筑量		混凝土等级	防渗抗冻等级		极限拉伸值	分块图中预埋件所在图号
		面积（m^2）	体积（m^3）		W	F		
①	①$_1$							
	①$_2$							
②	②$_1$							
	②$_2$							
⋮								

(4)体形图应包括如下细部结构部分：

1)止水的位置、材料、规格尺寸及止水基坑回填混凝土要求大样及缝面填缝用的材料及其厚度。

2)溢流面、闸门槽、压力钢管槽、水泵房等一、二期混凝土体形及埋件。发电进水口、泄洪底孔、表孔闸门埋件，通气孔体形、位置及埋件。预制构件槽埋件、预制构件结构、安装位置、编号等。

3)栏杆或灯柱预埋件、排水管、门库、电缆沟、门机轨道二期混凝土土槽、工业取水口等构筑物的体形、位置及预埋件。

(5)在体形图的右上或左上角应绘制表明本图结构物在整体建筑物或总布置图中位置的索引图。索引图可按体形图比例的 1/10 左右绘简图，并以斜影线明确标明本部体形的位置。

3. 水工结构图

(1)分缝结构图。

结构图和浇筑图中的坝体纵缝、分层分块缝、温度缝、防震缝等永久缝，应采用粗实线绘制，在详图中应标注缝的间距、缝宽尺寸和用文字注明缝中填料的名称。施工临时缝可用中粗虚线表示。

(2)土石坝剖面图填筑材料分区线，应采用中粗实线绘制，并注明各区材料的名称或分区料编号(用编号时应另列表说明)。当不影响表达设计意图时，可不画剖面材料图例，如图 2-72 所示。

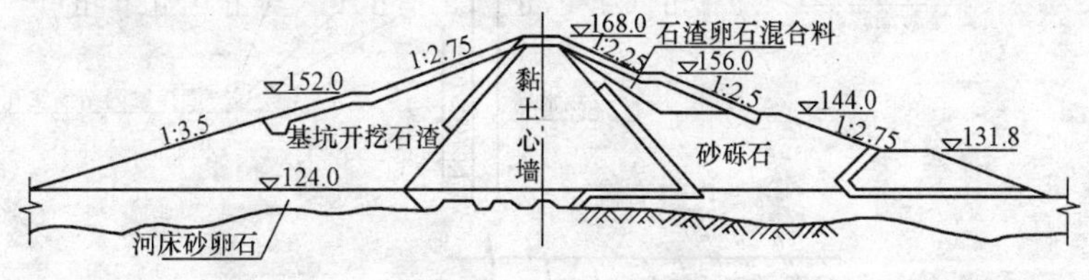

图 2-72　土坝横剖面图

(3)基础处理图。

基础处理的平面图和剖面图应绘出地质情况、工程处理措施、标注必要的尺寸和文字说明。可自定不同的处理措施的图例，在图中列出相应的图例说明。常用基础处理图要求如下：

1)断层处理图，见图 2-73。

坝基断层处理平面图
塑料止水带
键槽
上0+010.00
一期接触
固结灌浆孔
坝轴线0+000.00
下0+001.00
二期接触
固结灌浆孔
第一纵缝
下0+008.00
左0+146.00
左0+136.00
上0+023.00
上0+018.00纵缝
观测仪器
上0+020.00
上0+010.00
下0+010.00
断层塞中心纵剖面图
塑料止水带
键槽
坝轴线
冷却水管
第一纵缝
上0+023.00
上0+018.00
纵缝
上0+002.00
0+000.00
观测仪器
下0+008.00
坝外断层塞
接触灌浆孔
截水墙
上0+005.00
一期接触固结灌浆孔
I—I 剖面
截水墙
固结灌浆孔

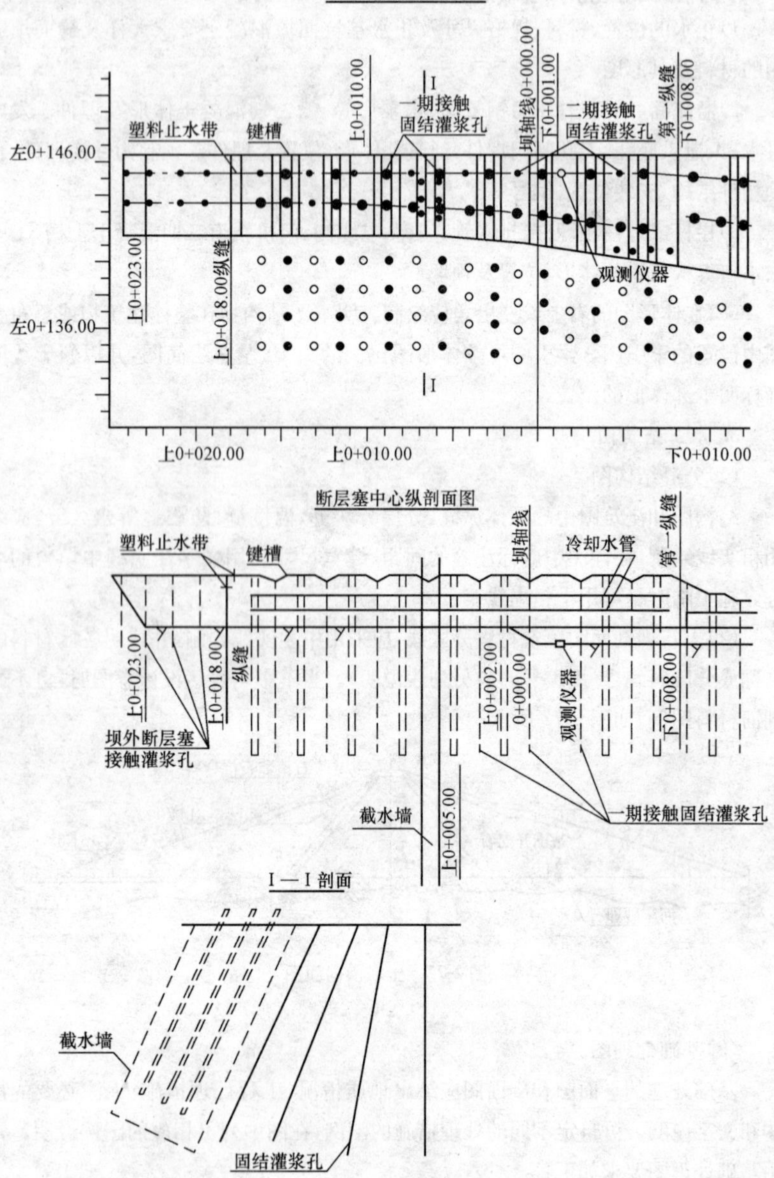

图 2-73　断层处理图

2)帷幕灌浆图,见图 2-74,应绘出平面、纵剖面图,纵剖面图应绘出地质情况、帷幕布孔、孔距、孔序,平面图应示出排、孔间距、孔序,图中说明应给出灌浆压力。

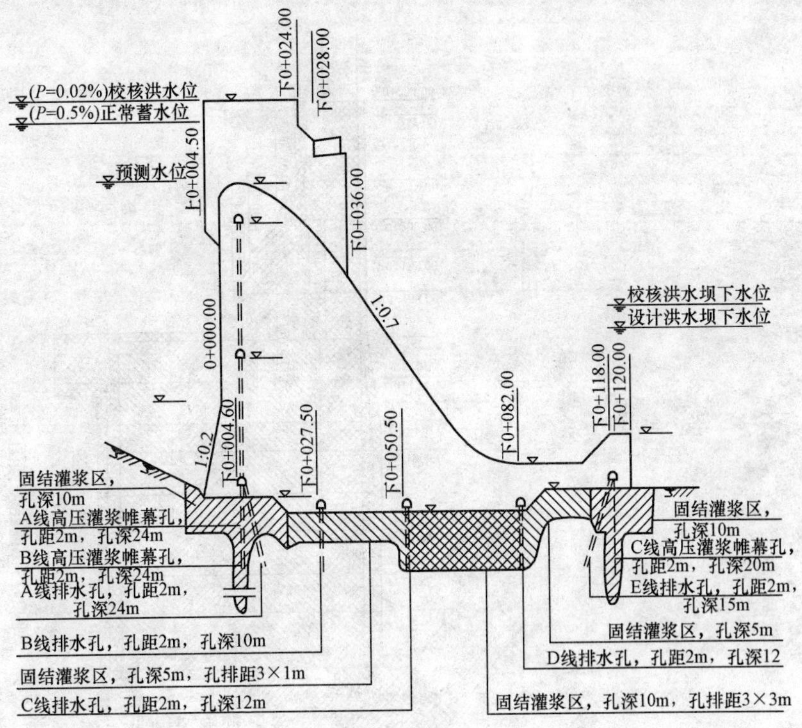

图 2-74　帷幕灌浆图

3)固结灌浆应有平面布孔分区图及典型剖面图,见图 2-75,应绘出排、孔间距、孔序及孔深分区。

(4)隧洞、渠道、溢洪道泄槽等建筑物的纵剖视或纵剖面图,须在图形下方对应列表标注沿轴线的桩号、高程、建筑物主要工程特性等,必要时应列注对应的地质情况描述。所列表格的垂直分栏线与所注建筑物分段,应成对应关系,如图 2-76所示。

(5)狭小剖面画法如下:

1)图样中,宽度等于或小于 2mm 的狭小面积的剖面,可以用涂黑代替建筑材料图例,如图 2-77 所示。

2)当剖面中相邻接两部分均需涂黑时,则应在两部分之间留出不小于 0.7mm 的空隙,如图 2-78 所示。

坝轴线
Ⅰ 固结灌浆孔，孔距3m，排距3m，孔深5m，梅花形排列
Ⅱ 固结灌浆孔，孔距3m，排距3m，孔深7m，梅花形排列
Ⅲ 固结灌浆孔，孔距3m，排距3m，孔深10m，梅花形排列
Ⅳ 固结灌浆孔，孔距3m，排距3m，孔深12m，梅花形排列

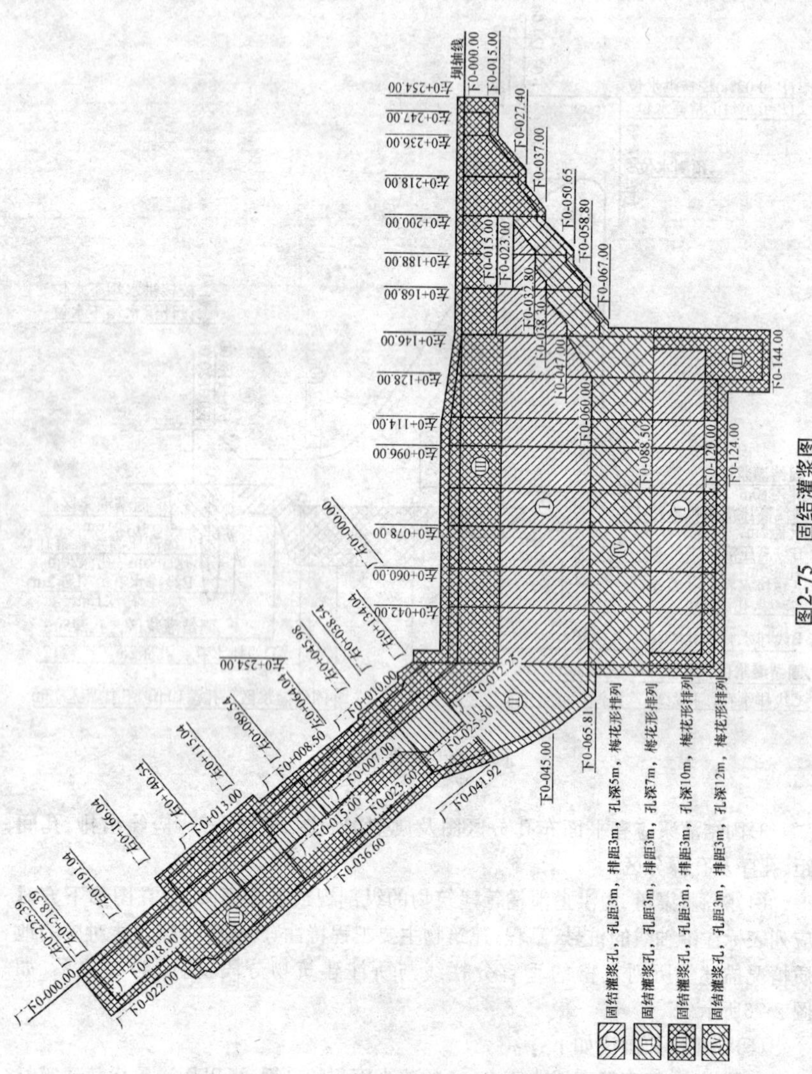

图2-75　固结灌浆图

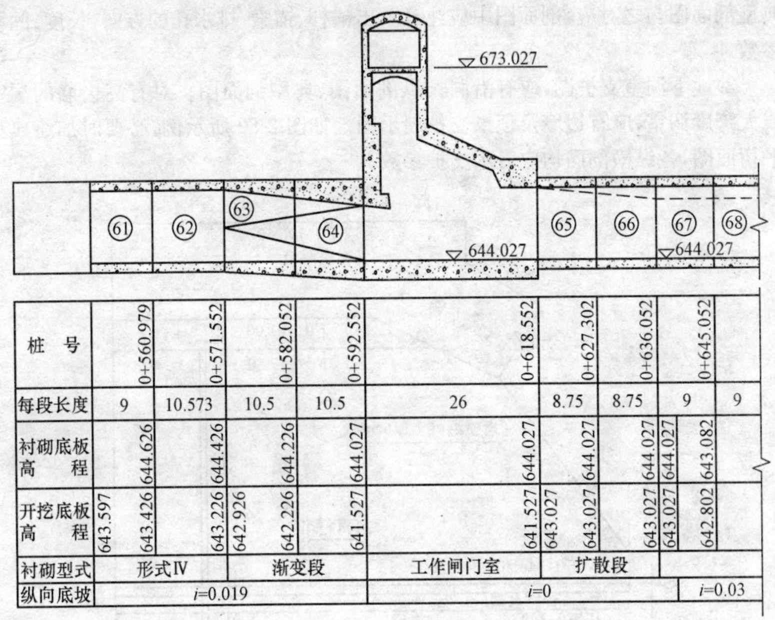

图 2-76 泄水洞纵剖视图

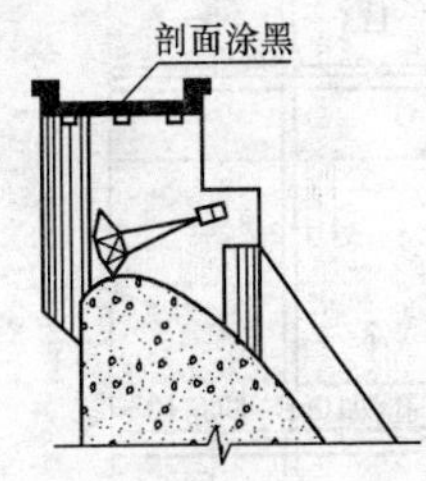

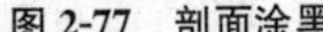

图 2-77 剖面涂黑

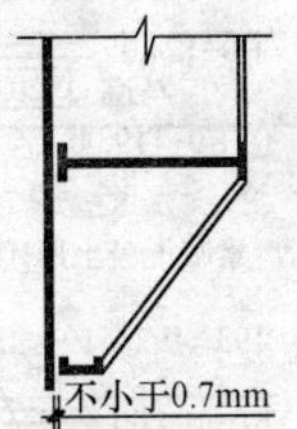

图 2-78 剖面中相邻部分涂黑时留间隙

3)当剖面不宜涂黑时，可不画建筑材料图例而用引出线以文字注明其材料名称，如图 2-79 所示。

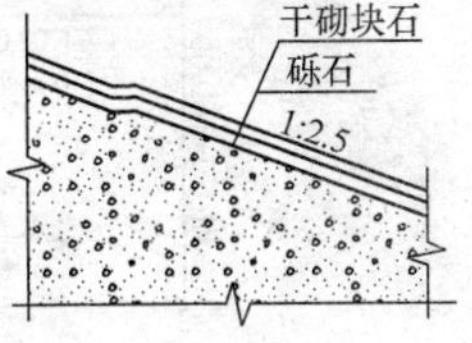

图 2-79 引出线标注

(6)开挖支护图。

1)边坡支护图，边坡支护应有力坡平面、典型剖面图，平面图中应以图例分别示出锚杆、喷混凝土、挂网、预应力锚索和排水孔的布置、参数，如图 2-80 和图 2-81 所示，各段边坡支护参数不同时，应有各分段典型剖面图与之对应，剖面图中应注意示出锚杆、锚索、排水孔的方向、长度、间距参数。

2)地下洞室支护图，应有沿洞长纵剖面图、典型剖面图。对有高边墙的洞室或大跨度洞室，应有边墙及顶拱支护展示图。如图 2-82 所示例，必要时加绘典型平切面图，各纵横剖面均应表示支护参数。

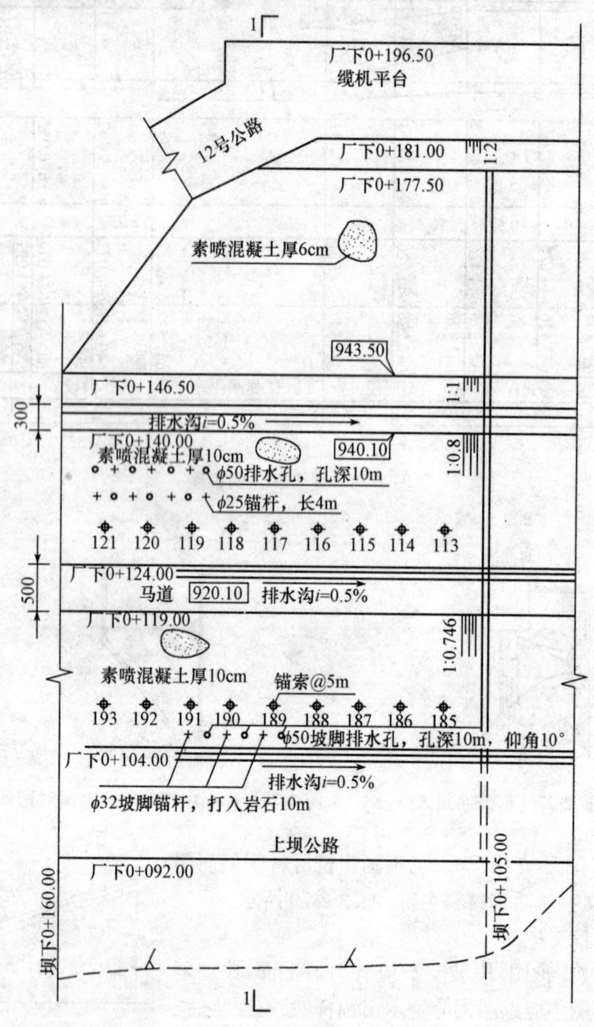

图 2-80　边坡支护平面图

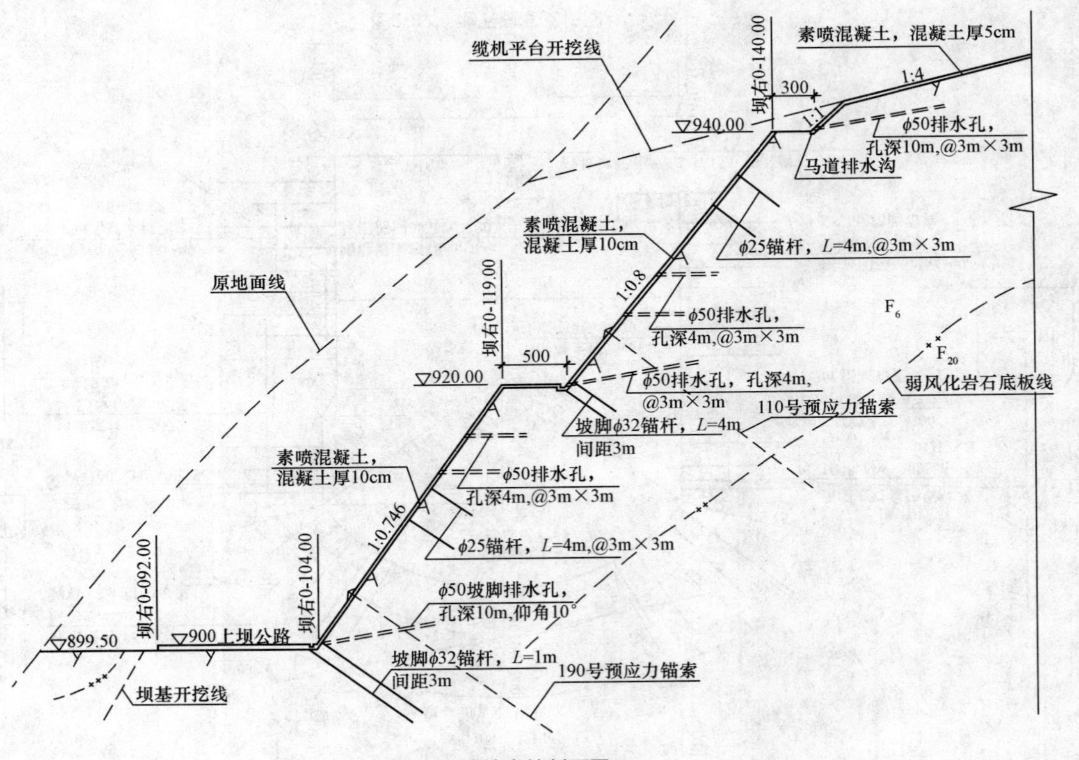

图2-81　边坡支护剖面图

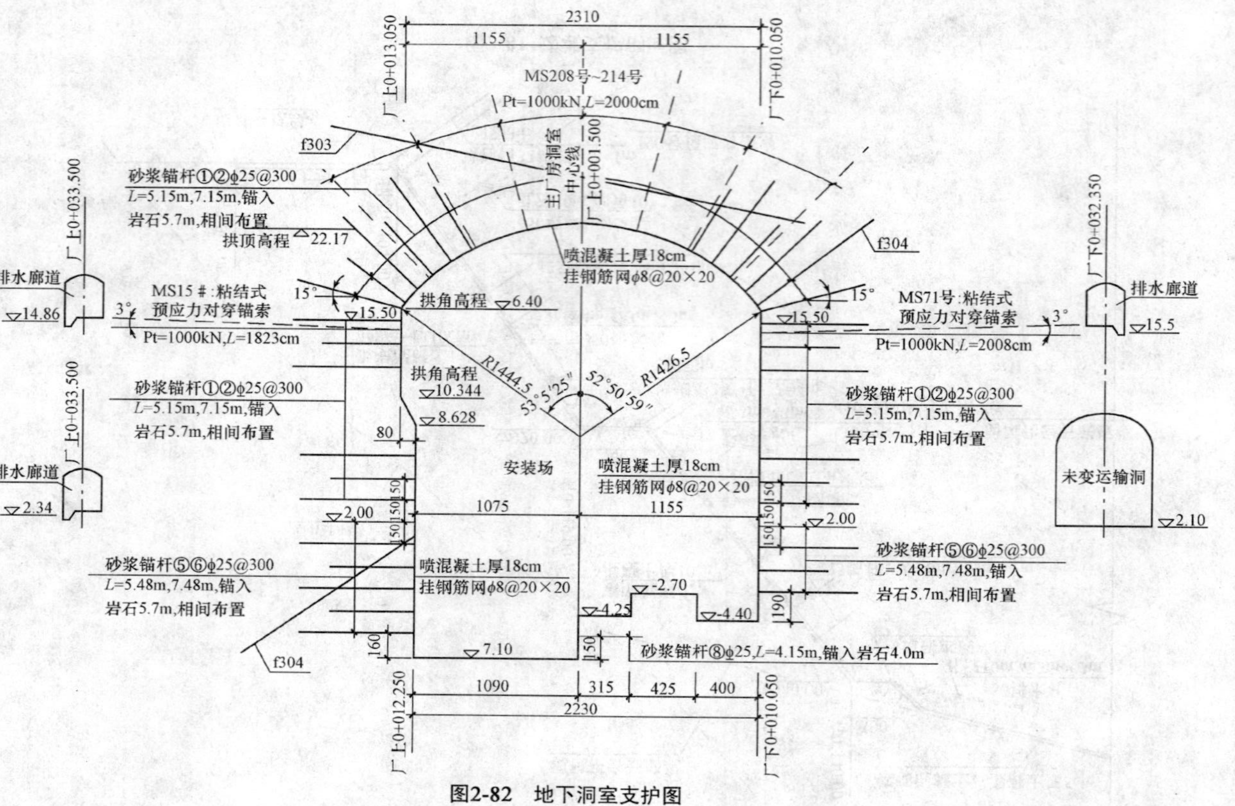

图2-82　地下洞室支护图

三、常用图例

1. 水工建筑与施工图例

水工建筑与施工图例见表 2-6。

表 2-6　　水工施工建筑物平面图例

序号	名称		图例
1	水库	大型	
		小型	
2	混凝土坝		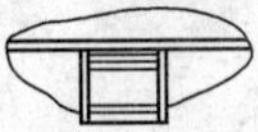
3	土石坝		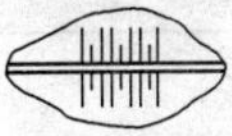
4	水闸		
5	水电站	大比例尺	
		小比例尺	
6	变电站		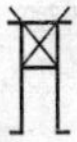
7	水力加工站、水库		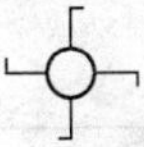
8	泵站		 **

续表

序号	名　称		图　例
9	水文站		Q
10	水位站		G
11	船闸		
12	升船机		
13	码头	栈桥式	
		浮式	
14	筏道		
15	鱼道		
16	溢洪道		
17	渡槽		
18	急流槽		
19	隧洞		

续表

序号	名　称	图　例
20	涵洞(管)	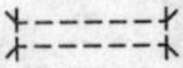 (大) (小)
21	斜井或平洞	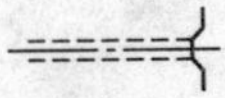
22	虹吸	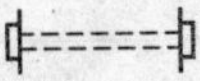 (大) (小)
23	跌水	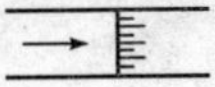
24	斗门	
25	谷坊	
26	鱼鳞坑	
27	喷液	
28	矶头	
29	丁坝	
30	险工段	

续表

序号	名称		图例
31	护岸		
32	挡土墙		
33	堤		
34	防浪墙	直墙式	
		斜坡式	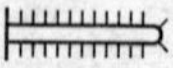
35	沟	明沟	
		暗沟	
36	渠		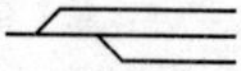
37	运河		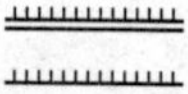
38	水塔		
39	水井		
40	水池		

续表

序号	名称		图例
41	沉沙池		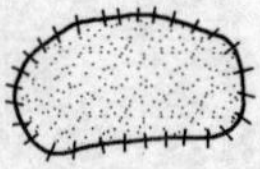
42	淤区		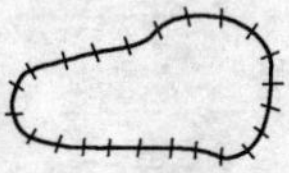
43	灌区		
44	分(蓄)洪区		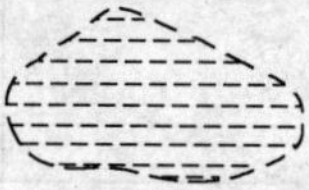
45	围垦区		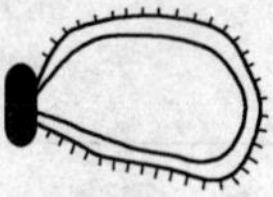
46	过水路面		
47	露天堆料场	散状	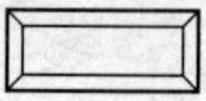
		其他材料	
48	高架式料仓		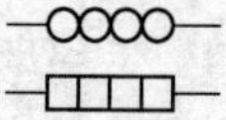
49	漏斗式贮仓	底卸式	
		侧卸式	

续表

序号	名　称		图　例
50	建筑物	新建	
		原有	
		计划	
		拆除	
		新建地下	
51	露天桥式起重机		
52	门式起重机	有外伸臂	
		无外伸臂	
53	架空索道		
54	斜坡卷扬机道		
55	斜坡栈桥（皮带廊等）		
56	露天电动葫芦	双排支架	
		单排支架	

续表

<table>
<tr><th>序号</th><th colspan="2">名　称</th><th>图　例</th></tr>
<tr><td>57</td><td colspan="2">铁路桥</td><td></td></tr>
<tr><td>58</td><td colspan="2">公路桥</td><td></td></tr>
<tr><td>59</td><td colspan="2">便桥、人行桥</td><td></td></tr>
<tr><td>60</td><td colspan="2">施工栈桥</td><td></td></tr>
<tr><td rowspan="3">61</td><td rowspan="3">道路</td><td>公路</td><td></td></tr>
<tr><td>大路</td><td></td></tr>
<tr><td>小路</td><td></td></tr>
<tr><td rowspan="2">62</td><td rowspan="2">铁路</td><td>正规铁路</td><td></td></tr>
<tr><td>轻便铁路</td><td></td></tr>
</table>

注：1. 序号 4 图例为水闸通用符号，当需区别水闸类型时可标注文字，如分洪闸、进水闸等。

2. 序号 8 图例为泵站通用符号，当需区别泵站类型时可标注文字，如机排站、水轮泵站。

2. 建筑构造与配件图例

水力发电与水利工程图样中由相关建筑构造及配件的绘制，应符合表 2-7 的规定。

表 2-7 建筑构造与配件图例

序号	名称		图例
1	栏杆	砖、石、混凝土	
		金属	
2	围墙	砖、石、混凝土	
		铁丝网	
3	孔洞	无盖板	
		有盖板	
4	墙预留孔		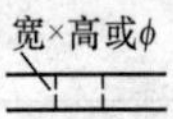 宽×高或ϕ
5	墙预留槽		 宽×高×深或φ
6	烟道		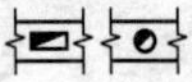
7	通风道		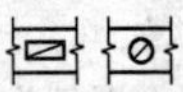

续表

序号	名　称		图　例
8	坡道	入口坡道	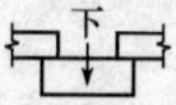
		长坡道	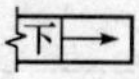
9	转梯		
10	爬梯		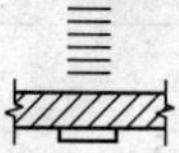
11	直梯		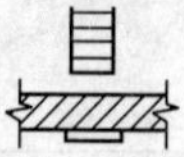
12	楼梯	底层	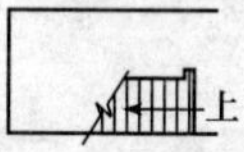
		中间	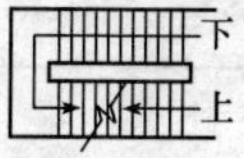
		顶层	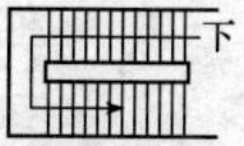
13	单扇门		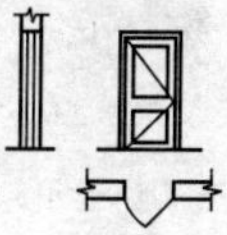
14	双扇门		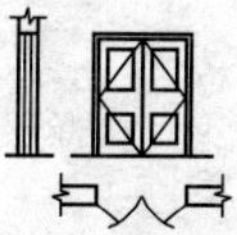

续表

序号	名　称	图　例
15	墙外双扇推拉门	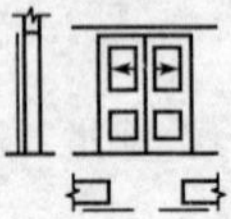
16	单扇双面弹簧门	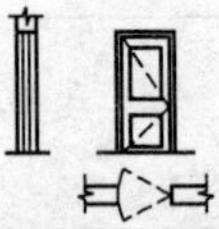
17	双扇双面弹簧门	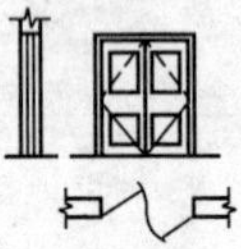
18	卷门	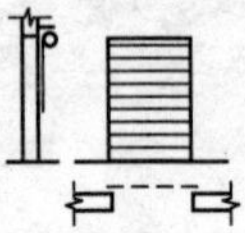
19	单层固定窗	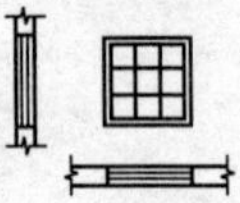
20	单层中悬窗	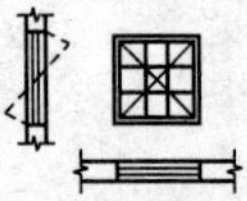
21	单层外开平开窗	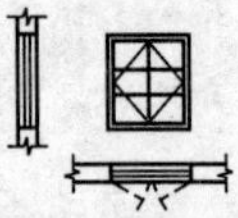

续表

序号	名 称	图 例
22	立转窗	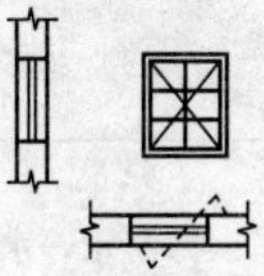
23	左右推拉窗	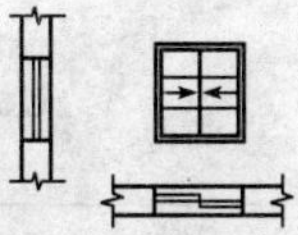
24	百叶窗	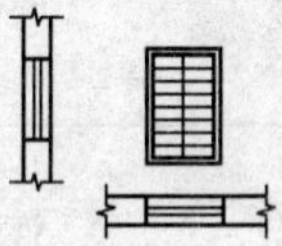
25	卫生间	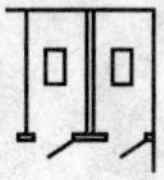

3. 采暖通风与空气调节图例

水力发电及水利工程图样中所需表达的采暖、通风与空气调节图例，应符合表 2-8 的规定。

表 2-8 采暖通风与空气调节图例

序号	名 称	图 例
1	通风机	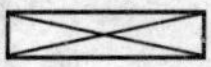
2	集气罐 （储气罐）	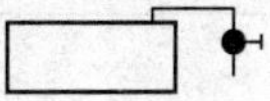
3	散热器	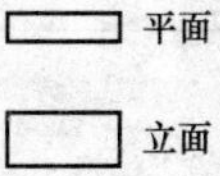 平面 立面

续表

序号	名　称	图　例
4	热交换器	
	水—水热交换器	
5	过滤器	
6	除污器	平面 立面
7	管道泵	
8	送风管	可见剖面 不可见剖面
	排风管	不可见剖面 可见剖面
	风管	
9	砖、混凝土风道	
10	异形管(天圆地方)	
11	三通	

续表

序号	名　称	图　例
12	弯头	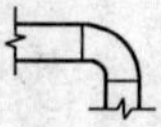
	带导流片弯头	
	消声弯头	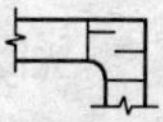
13	风管检查孔	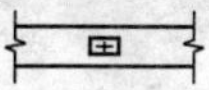
14	风管测定孔	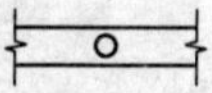
15	柔性接头	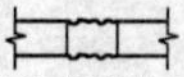 中间部分也适用于软风管
16	风帽	
17	插板阀	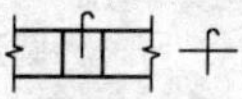
18	蝶阀	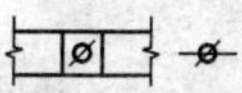
19	风管止回阀	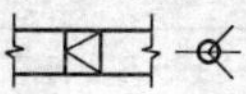
20	防火阀	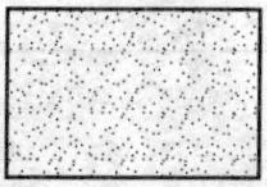

续表

序号	名称	图例
21	对开式多叶调节阀	
	电动对开多叶调节阀	M　M
	光圈式启动调节阀	
	三通调节阀	
22	送风口	
	回风口	
23	方形散流器	
	圆形散流器	
24	通风空调设备	带转动部分　不带转动部分
25	风机	
26	压缩机	

续表

序号	名称	图例
27	窗式空调器	
28	空气过滤器	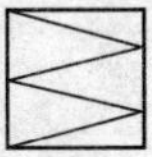
29	加湿器	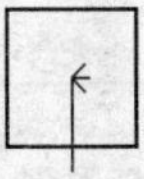
30	喷嘴及喷雾排管	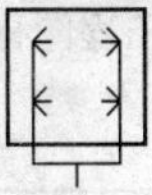
31	挡水板	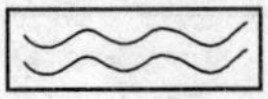
32	空气加热器	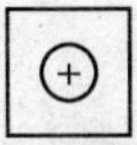
33	空气冷却器	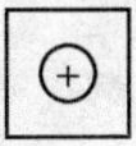
34	风机盘管	
35	减振器	
36	离心通风机	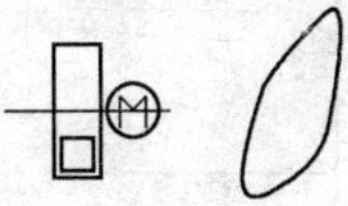
37	轴流通风机	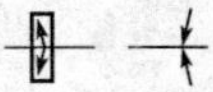

续表

序号	名　称	图　例
38	电加热器	
39	消音器	

4. 建筑材料图例

水电水利工程图样中，凡需表达建筑材料的部分，均应按表 2-9 的规定绘制。

表 2-9　　建筑材料图例

序号	名　称	图　例
1	岩石	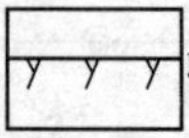 或 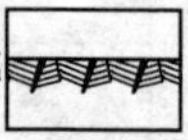
2	石材	
3	碎石	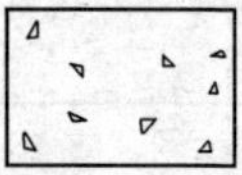
4	卵石	
5	砂卵石 砂砾石	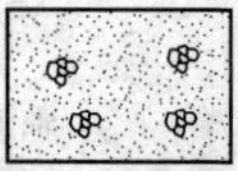

续表

序号	名称		图例
6	块石	堆石	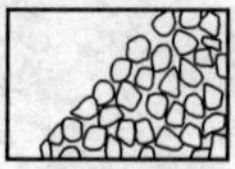
		干砌	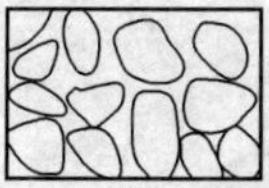
		浆砌	
7	条石	干砌	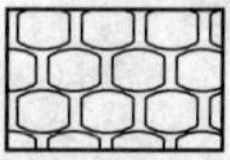
		浆砌	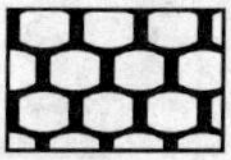
8	水、液体		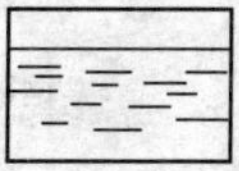
9	天然土壤		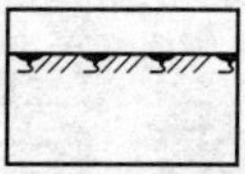

续表

序号	名　称	图　例
10	夯实土	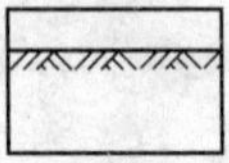
11	回填土	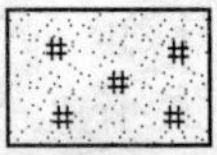
12	回填石渣	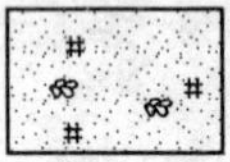
13	黏土	
14	混凝土	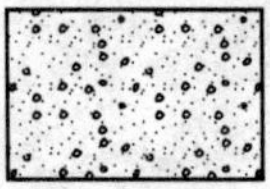
15	钢筋混凝土	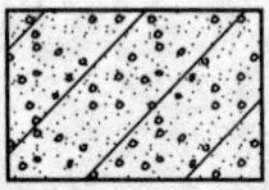
16	二期混凝土	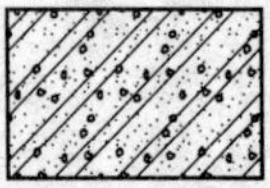

续表

序号	名　称	图　例
17	埋石混凝土	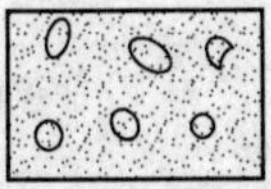
18	沥青混凝土	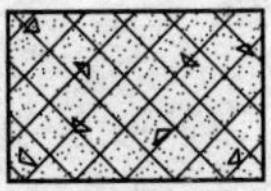
19	砂、灰土、 水泥砂浆	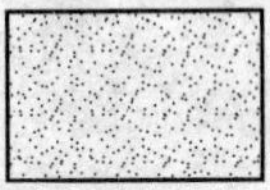
20	金属	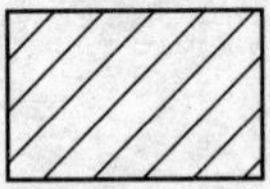
21	砖	
22	耐火砖、 耐火材料	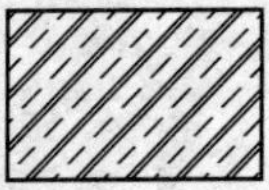
23	瓷砖或类似材料	

续表

序号	名称		图例
24	非承重空心砖		
25	木材	纵剖面	
		横剖面	
26	胶合板		
27	石膏板		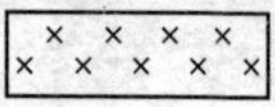
28	钢丝网水泥板		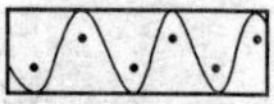
29	松散保温材料		

续表

序号	名 称	图 例
30	纤维材料	
31	多孔材料	
32	橡胶	
33	塑料	
34	防水或防潮材料	
35	玻璃、透明材料	
36	沥青砂垫层	

续表

序号	名　称	图　例
37	土工织物	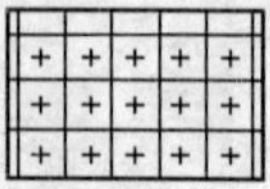
38	钢丝网水泥喷浆、钢筋网喷混凝土	(应注明材料)
39	金属网格	 或 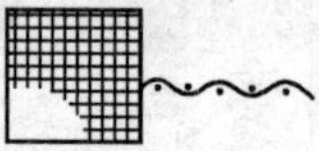
40	灌浆帷幕	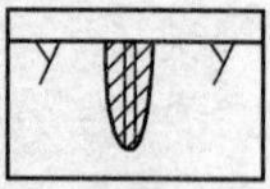
41	笼筐填石	 *
42	砂(土)袋	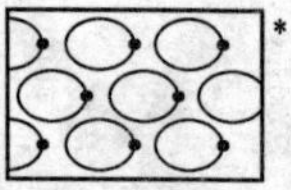 *
43	梢捆	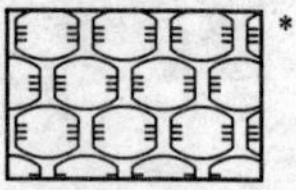 *

续表

序号	名　称		图　例
44	沉枕		
45	沉排	竹(柳)排	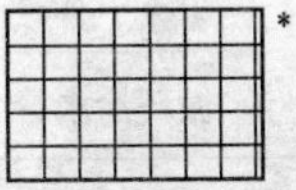 *
		软体排	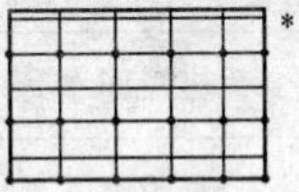 *
46	花纹钢板		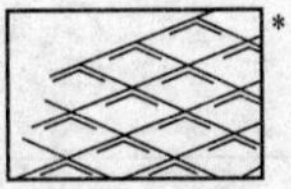 *
47	草皮		 *

注:1. 本表所列的图例在图样上使用时可以不必画满,仅局部表示即可。同一序号中,画有两个图例时,左图为表面视图,右图为剖面图例。只有一个图例时,仅为剖面图例。

2. 剖面图中,当不指明为何种材料时,可将图例"20"(金属)作为通用材料图例。

3. 图例"14"(混凝土)适用于素混凝土和少筋混凝土,也可适用于较大体积的钢筋混凝土建筑物的剖面。

4. 带有"＊"号的图例,仅适用于表面视图。

5. 给排水图例

(1)管道类别应以汉语拼音字母表示,并符合表 2-10 的要求。

表 2-10 管道图例

序号	名称	图例	备注
1	生活给水管	—— J ——	
2	热水给水管	—— RJ ——	
3	热水回水管	—— RH ——	
4	中水给水管	—— ZJ ——	
5	循环给水管	—— XJ ——	
6	循环回水管	—— Xh ——	
7	热媒给水管	—— RM ——	
8	热媒回水管	—— RMH ——	
9	蒸汽管	—— Z ——	
10	凝结水管	—— N ——	
11	废水管	—— F ——	可与中水源水管合用
12	压力废水管	—— YF ——	
13	通气管	—— T ——	
14	污水管	—— W ——	
15	压力污水管	—— YW ——	
16	雨水管	—— Y ——	
17	压力雨水管	—— YY ——	
18	膨胀管	—— PZ ——	
19	保温管		
20	多孔管		
21	地沟管		

续表

序号	名称	图例	备注
22	防护套管		
23	管道立管	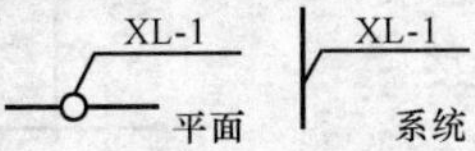 XL-1 平面　XL-1 系统	X:管道类别 L:立管 1:编号
24	伴热管		
25	空调凝结水管	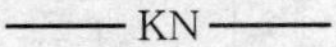 —— KN ——	
26	排水明沟	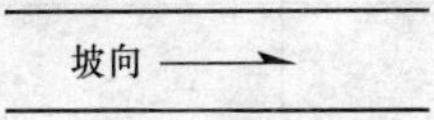 坡向 →	
27	排水暗沟	 坡向 →	

注:分区管道用加注角标方式表示,如 J_1,J_2,RJ_1,RJ_2,…

(2)管道连接的图例宜符合表 2-11 的要求。

表 2-11　管道连接图例

序号	名称	图例	备注
1	法兰连接	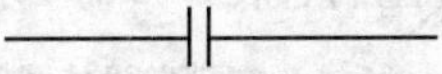	
2	承插连接		
3	活接头	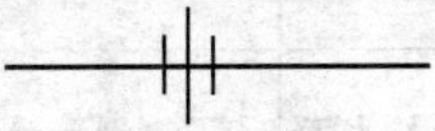	
4	管　堵		
5	法兰堵盖		

续表

序　号	名　　称	图　　例	备　　注
6	弯折管	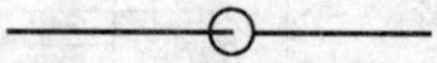	表示管道向后及向下弯转 90°
7	三通连接	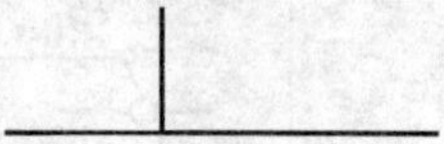	
8	四通连接	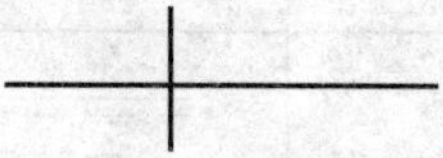	
9	盲　　板		
10	管道丁字上接	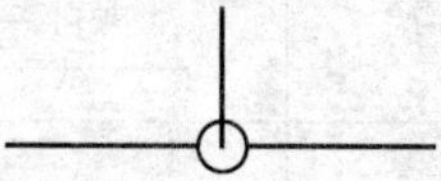	
11	管道丁字下接	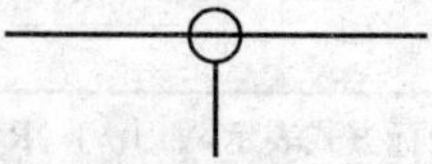	
12	管道交叉	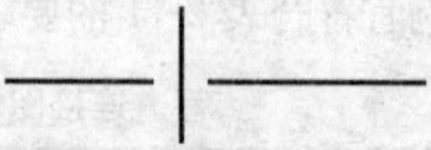	在下方和后面的管道应断开

(3)消防设施的图例宜符合表 2-12 的要求。

表 2-12　　消防设施图例

序　号	名　　称	图　　例	备　　注
1	消火栓给水管	——XH——	
2	自动喷水灭火给水管	——ZP——	
3	室外消火栓		
4	室内消火栓(单口)	 平面　系统	白色为开启面

续表

序号	名称	图例	备注
5	室内消火栓(双口)	 平面 系统	
6	水泵接合器	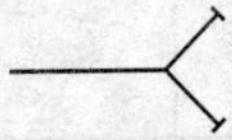	
7	自动喷洒头(开式)	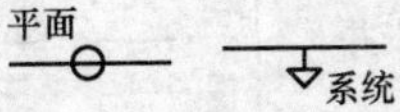 平面 系统	
8	自动喷洒头(闭式)	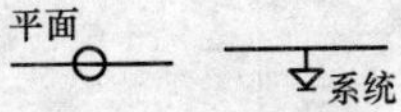 平面 系统	下喷
9	自动喷洒头(闭式)	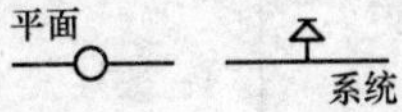 平面 系统	上喷

(4)小型给排水构筑物的图例宜符合表2-13的要求。

表2-13 小型给水排水构筑物图例

序号	名称	图例	备注
1	矩形化粪池	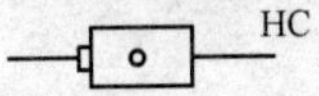 HC	HC为化粪池代号
2	圆形化粪池	 HC	
3	隔油池	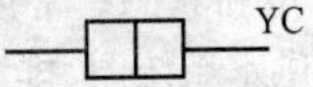 YC	YC为除油池代号
4	沉淀池	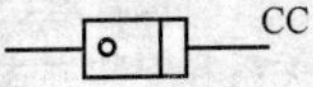 CC	CC为沉淀池代号
5	降温池	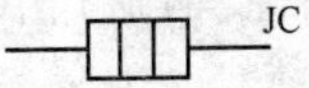 JC	JC为降温池代号
6	中和池	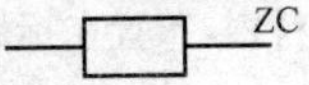 ZC	ZC为中和池代号

续表

序号	名称	图例	备注
7	雨水口		单口
			双口
8	阀门井检查井		
9	水封井		
10	跌水井		
11	水表井		

第三节　水力机械制图

一、水力机械图的种类

水力机械设计图通常分为系统图(原理图)、施工图、容器制作图及非标准零部件加工图三大类。

(1)系统图主要用来表示设备、装置、仪器、仪表及其连接管路等的基本组成和连接关系以及系统的作用和状态。常用的系统图有液压操作系统图、油系统图、压缩空气系统图、技术供水系统图、排水系统图、消防给水系统图、水力监视测量系统图等。

(2)施工图主要表达各种设备、管道、土建结构等的相互位置关系和详细尺寸或与土建基础之间的连接关系和安装方式等。施工图主要包括布置图(管路布置图、设备布置图)和设备基础图等。

(3)容器制作图及非标准零件加工图仅在电站施工安装中用于设备或零部件的制作。

二、水力机械图用设备材料

水力机械图用设备材料表,布置在标题栏上方,其内容和格式可选用以下两种形式,见图 2-83。

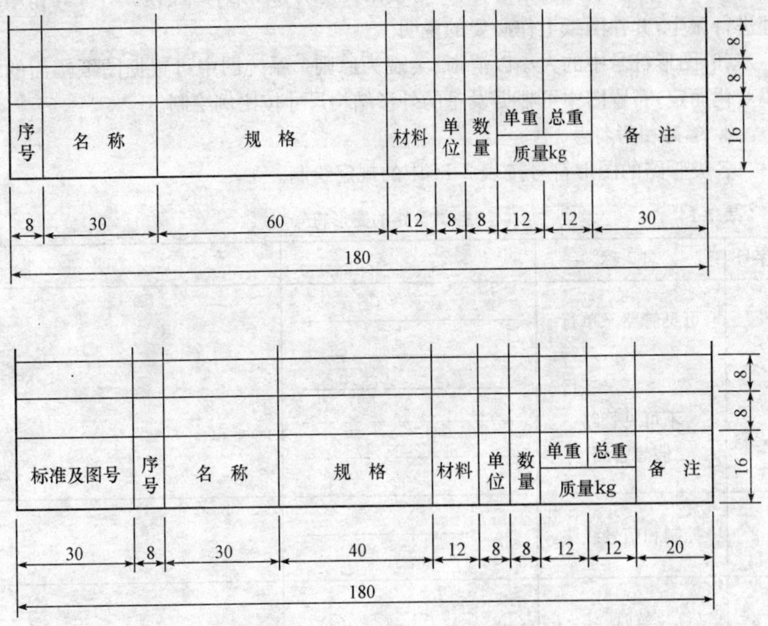

图 2-83　水力机械图设备材料表

三、水力机械图用图形符号

1. 水力机械图形符号使用规定

(1)绘图时,图形符号中的文字和指示方向不得单独旋转某一角度。

(2)用同一图形符号表示的仪表、设备,当其用途不同时,可在图形的右下角用大写英文名称的字头表示,如图 2-84 所示。

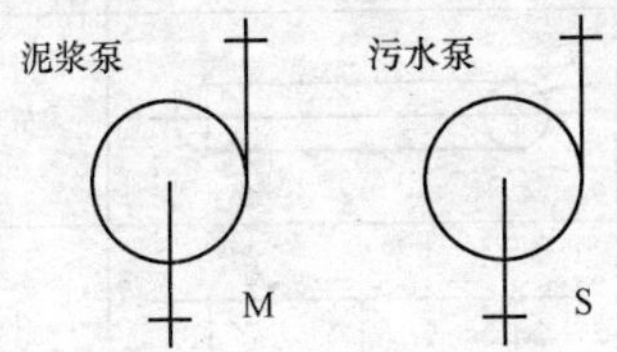

图 2-84　同一图形符号不同表示方法

(3)阀类中,常开、常闭是对机组处于正常运行的工作状态而言。

(4)元件的名称、型号和参数(如压力、流量、管径等),一般在系统图和布置图的设备材料表中表明。

(5)标准中未规定的图形符号,可根据其说明和图形符号的规律,按其作用原理进行派生,并在图纸上作必要的说明。

(6)图形符号中的大小以清晰、美观为原则。系统图中可根据图纸幅面的大小变化而定;布置图中可根据设备的外形结构尺寸按比例绘制。

2. 管路图形符号

各类管路的图形符号按表 2-14 中的规定绘制。

表 2-14 各类管路的图形符号

序号	名称	符号	说明
1	可见管路 单行 双行 三行 不可见管路 假想管路	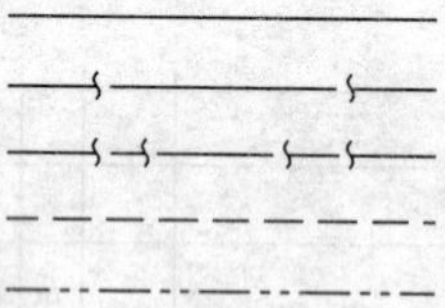	
2	控制和信号线路		
3	软管		
4	保护管	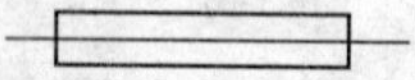	起保护管路的作用,防止撞击、剪切、污染等,如管路过缝处理等
5	保温管	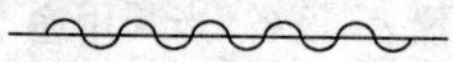	起隔热、防结露作用,如空气冷却器环形水管
6	套管		如穿墙、穿楼板套管等
7	多孔管	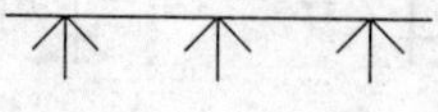	
8	交叉管	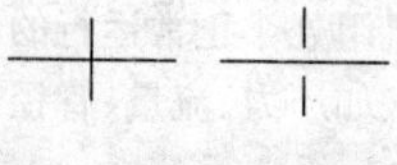	指两管交叉不连接。当需要表示两管路相对位置时,其下方或后方的管路应断开表示

续表

序号	名　称	符　　号	说　　明
9	相交管	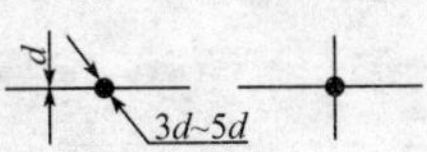 d　3d~5d	指两管路相交连接，连接点的直径为所连接管路符号线宽 d 的 3～5 倍
10	带接点和管路	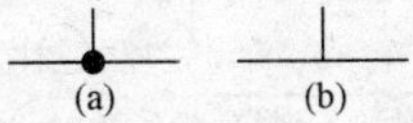 (a)　(b)	在系统图中宜采用(a)图
11	弯折管		表示管路朝向观察者弯成 90°
12	弯折管		表示管路背向观察者弯成 90°
13	介质方向	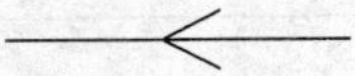	一般标注在靠近阀门的图形符号处
14	坡度	 1:500　3°	坡度符号

3. 管路连接符号

管路连接的一般形式按表 2-15 中的规定。

表 2-15　　管路连接图形符号

序　号	名　　称	符　　号
1	螺纹连接	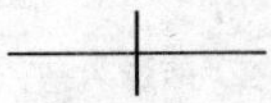
2	法兰连接	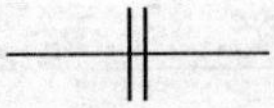
3	承插连接	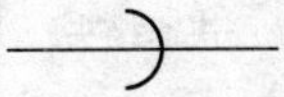
4	焊接连接	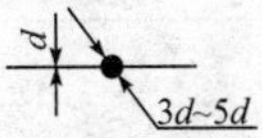 d　3d~5d

4. 管路附件图形符号

各类管路附件图形符号按表 2-16 中的规定绘制。

表 2-16　　管路附件图形符号

名　称		符　号
管件	弯管　仰视 主视 俯视	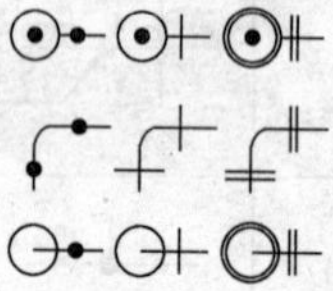 本项只列举了焊接、螺纹连接、法兰连接三种不同连接形式的弯管在三个方向的投影表示方式
	三通	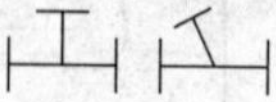
	四通	
	异径管	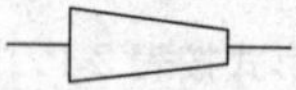
	活接头	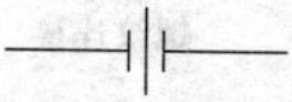
	快速接头	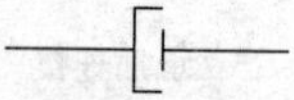
	软管接头	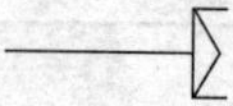

续表

名称		符号
管件	双承插管接头	
	外接头	
	内外螺纹接头	
	螺纹管幅	管幅螺纹为内螺纹
	堵头	堵头螺纹为外螺纹
	法兰盖	
	盲板	
伸缩器	套筒伸缩器	
	矩形伸缩器	
	弧形伸缩器	

续表

名称		符号
管架	管路支(托)架	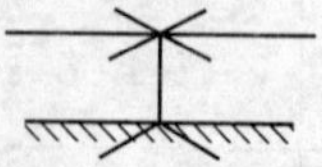
	管路吊架	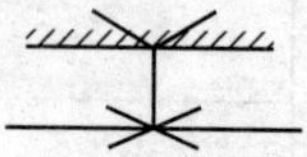
	水平管架	
	垂直管架	

注:伸缩器图形符号使用时应表示出与管路的连接形式。

5. 控制元件的图形符号

控制元件的图形符号按表 2-17 中的规定绘制。

表 2-17　　管路连接图形符号

序号	名称	符号
1	手动元件	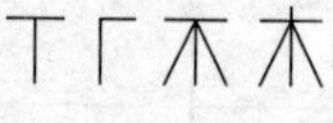
2	弹簧元件	
3	重锤元件	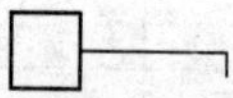
4	浮球元件	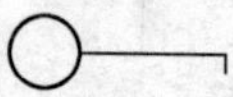
5	活塞(液压)元件	
6	电磁元件	

续表

序号	名 称	符 号
7	薄膜元件（不带弹簧）	
8	薄膜元件（带弹簧）	
9	电动元件	
10	遥 控	 至…

6. 系统图和综合布置图共同适用的图形符号

有关油、水、气、阀门、自动化元件及设备图形符号按表 2-18 中的规定绘制。

表 2-18 管路连接图形符号

序号	名 称	符 号	序号	名 称	符 号
1	闸阀		7	旋塞阀	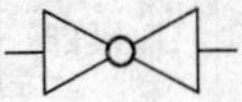
2	截止阀		8	止回阀	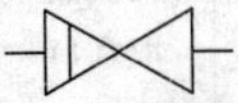
3	节流阀		9	三通阀	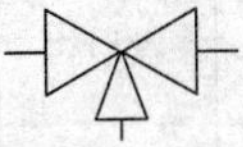
4	球阀		10	三通旋塞	
5	蝶阀	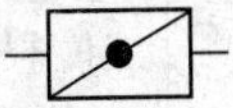	11	角阀	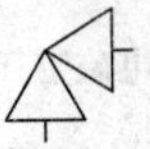
6	隔膜阀		12	弹簧式安全阀	

续表

序号	名　称	符　号	序号	名　称	符　号
13	重锤式安全阀	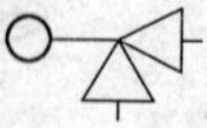	24	卧式电磁配压阀	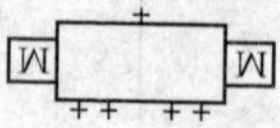
14	取样阀	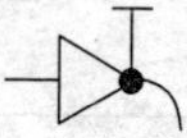	25	有扣碗地漏	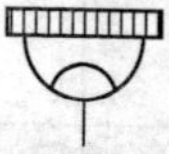
15	消火阀	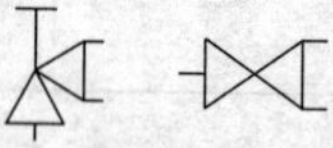	26	无扣碗地漏	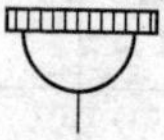
16	减压阀	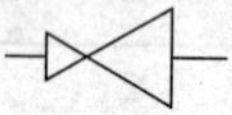	27	喷头	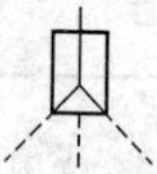
17	疏水阀	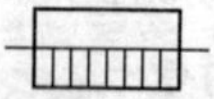	28	测点及测压环管	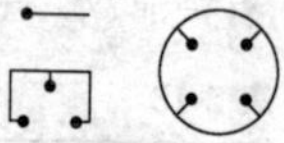
18	有底阀取水口		29	可调节流装置	
19	无底阀取水口		30	不可调节流装置	
20	盘形阀		31	取水口拦污栅	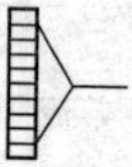
21	真空破坏阀		32	防冰喷头	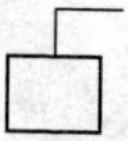
22	电磁空气阀	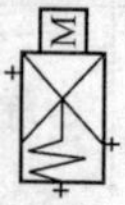	33	水位标尺	
23	立式电磁配压阀	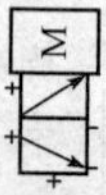	34	油呼吸器	

续表

序号	名　称	符　号	序号	名　称	符　号
35	过滤器（油、气）		42	压力油罐	
36	油水分离器（气水分离器）		43	储气罐	
37	冷却器（油、气、水）		44	潜水电泵	
38	油罐（户内、户外）		45	深井水泵	
39	卧式油罐		46	射流泵	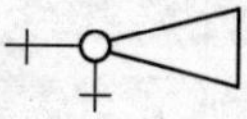
40	油(水)箱		47	制动器	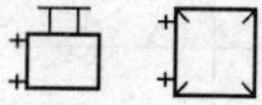
41	移动油箱				

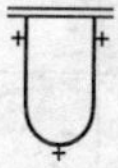

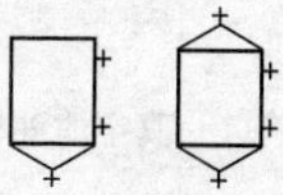

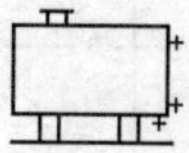

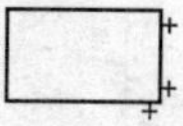

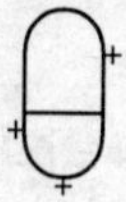

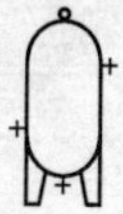

注：在需要表示阀门的开启、关闭状态时，在阀门符号的右上角用文字表示，常开阀用“ON”表示；常闭阀用“OFF”表示。表示常开的文字“ON”可省略不标注。

7. 系统图用图形符号

(1)设备及元件的图形符号按表 2-19 的规定绘制。

表 2-19　　**设备及元件图形符号**

序号	名　称	符　号	序号	名　称	符　号
1	液动滑阀（二位四通）	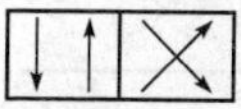	2	液动配压阀	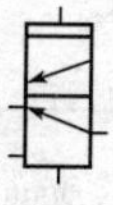

续表

序号	名　称	符　号	序号	名　称	符　号
3	事故配压阀		9	真空泵	
4	进水阀		10	离心水泵	
5	滤水器		11	真空滤油机	V
6	油泵		12	离心滤油机	
7	手压油阀	MO	13	压力滤油机	P
8	空气压缩机	气泵可统一用空气压缩机的符号	14	移动油泵	
			15	柜、箱（装置）	

(2)仪器、仪表的图形符号按表 2-20 的规定绘制。

表 2-20　　仪器、仪表的图形符号

序号	名　称	符　号	序号	名　称	符　号
1	剪断销信号器	B	15	水位计	
2	压差信号器	D	16	水位传感器	
3	单向示流信号器	F	17	指示型水位传感器	
4	双向示流信号器	F	18	二次显示仪表	
5	浮子式液位信号器	L	19	远传式压力表	
6	油水混合信号器	M	20	压力表	
7	转速信号器	N	21	触点压力表	
8	压力信号器	P	22	真空表	
9	位置信号器	S	23	压力真空表	
10	温度信号器	T	24	流量计	
11	电极式水位信号器	其他极的长短和数量按需要而定	25	压差流量计	
12	示流器		26	温度计	
13	压力传感器	P	27	机组效率测量装置	E
14	压差传感器	D			

四、水力机械图标注

1. 布置图中尺寸基准的规定

(1)主机及其附属设备(调速器、油压装置、高压油顶起装置、防飞逸装置、电制动装置、机组制动盘、进水阀等)的主要尺寸以机组中心线和机组坐标 X、Y 轴为尺寸基准进行标注。

(2)主、副厂房内的辅助设备(油、气、水、水力监视测量、机修设备等)以该设备所在的房间界线尺寸或相应桩号、高程为尺寸基准进行标注。

(3)管路布置图中允许用坐标方式标注尺寸,其原点位置规定在某台机组中心海拔零高程。

2. 管路中常用介质的类别代号

(1)管路中介质类别代号用两个英文字母来表示,第一个字母表示介质或用途类型。第二个字母表示用途方式,用相应的英文名称的第一或第二位大写字母表示。

(2)常用介质的类别代号见表 2-21。

表 2-21　设备及元件图形符号

序号	代号	名　称	英 文 名 称	说明
1	OH	高压操作油($p \geq$ 10MPa)	High Pressure Operating Oil	
2	OM	中压操作油($p=1.0\sim$ 10MPa)	Medium Pressure Operating Oil	
3	OR	回(排)油	Return Oil	
4	OS	供油	Oil Supply	
5	OL	漏油	Leakage Oil	
6	AH	高压气($p \geq 10$MPa)	High Pressure Compressed Air	
7	AM	中压气($p=1.0\sim$ 10MPa)	Medium Pressure Compressed Air	
8	AL	低气压 $p<1.0$MPa	Low Pressure Compressed Air	
9	AE	排气	Air Exhaust	
10	WS	技术供水	Technical Water supply	
11	WF	消防给水	Fire Water	
12	WD	排水	Water Drain	
13	MP	测量管路	Measuring Pipe	
14	CP	控制管路	Control Pipe	

3. 管路代号标注

(1)管路代号标注的一般形式如下:

[管中介质代号]-[管路直径]-[管路去向代号]

(2)管中介质代号和管路直径可单独使用。

(3)同一管路,需要在两幅以上图表达时,其管路去向代号应一致,并以管路流向终点的去向代号来表示。

4. 管路的直径标注

(1)无缝钢管、焊接钢管、有色金属管等管路,应采用“外径×壁厚”标注,如ϕ108×4,其中“ϕ”允许省略。

(2)水、煤气输送钢管、铸铁管、塑料管等应采用公称直径“DN”标注,如图 2-85所示。

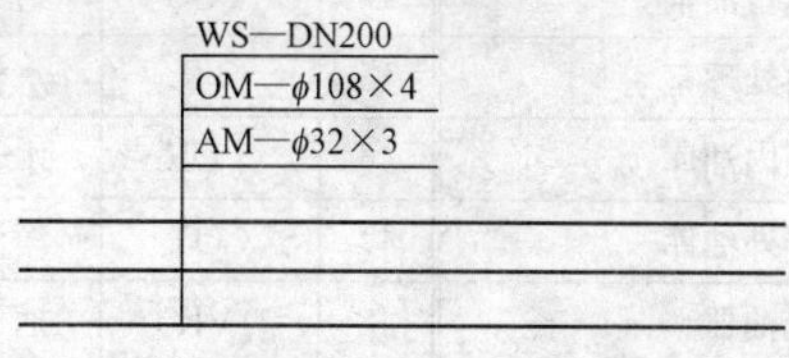

图 2-85 管路的直径标注

5. 管路去向代号

(1)管路去向代号按表 2-22 中的规定,未列入者可按其原则进行派生。

表 2-22 设备及元件图形符号

序号	去向代号	名 称	序号	去向代号	名 称
1	LB	安装场	11	GGB	发电机导轴承
2	AC	空气压缩机	12	GF	发电机层
3	AV	储气罐	13	GFR	发电机消防给水环管
4	BC	制动盘	14	GOF	重力加油箱
5	BRP	制动环管	15	GV	调速器
6	CWD	排水沟	16	GP	发电机机坑
7	SOT	污油桶	17	FH	消火栓
8	DPR	排水泵室	18	HIC	水力仪表柜
9	DSL	下游水位	19	IOS	绝缘油库
10	GAC	发电机空气冷却器	20	IVC	进水阀控制柜

续表

序号	去向代号	名　称	序号	去向代号	名　称
21	IVG	阀坑(室)	37	SCI	蜗壳进口
22	IVO	进水阀油压装置	38	SCF	蜗壳口
23	LOT	漏油装置	39	SS	轴封
24	MCG	调速器机械柜	40	TA	尾水
25	MT	主变压器	41	TB	推力轴承
26	OC	油冷却器	42	TF	水轮机层
27	OL	油化验室	43	TGB	水轮机导轴承
28	OOT	运行油桶	44	TOS	透平油库
29	OPR	油处理室	45	TP	水轮机机坑
30	ORI	厂内油库	46	TUR	水轮机
31	ORO	厂外油库	47	COT	净油桶
32	OSH	受油器	48	VR	通风机室
33	OT	油桶	49	WI	取水口
34	PG	管路廊道	50	WS	集水井
35	PT	管沟	51	WSR	供水泵室
36	PU	泵			

(2)管路去向可直接用文字表示，也可用代号表示。当采用管路去向代号标注管路去向时，其标注形式如下：

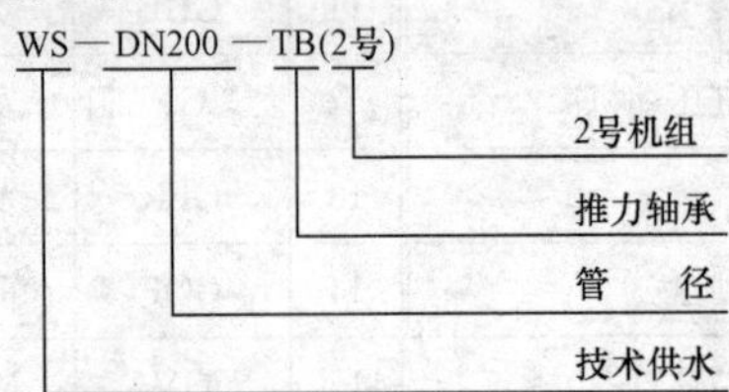

6. 管路标高

(1)需要规定安装高程的管路，应标注海拔标高。

(2)管路标高系统指其中心线的高程，以米(m)为单位。

(3)当需要同时表示几个不同的标高时，可按图 2-86 的方式标注。

(4)管路的标高符号采用等腰三角形表示，必要时也可用文字符号 EL 表示。

(5)有坡度要求的管路，应将标高标注在管段的始端、末端或转弯及交点处，如图 2-87 所示。

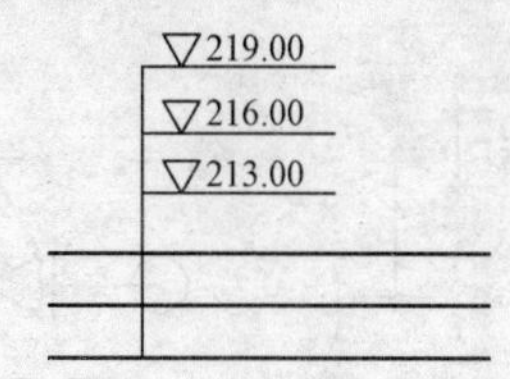

图 2-86　不同标高的标注方法

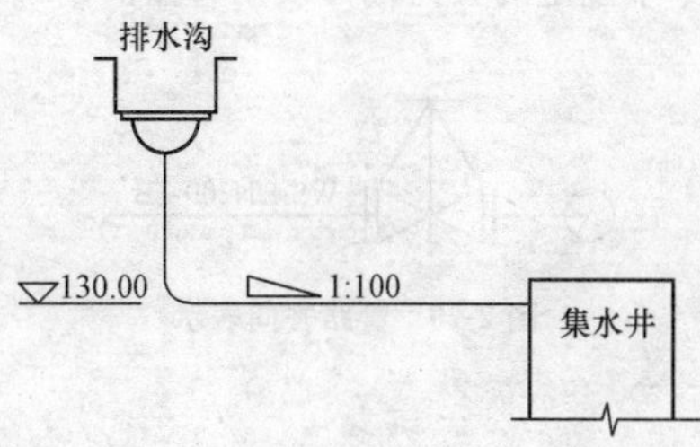

图 2-87　有坡度要求的管路标高标注方法

五、水力机械图的绘制

1. 绘制水力机械图的基本规定

(1)通过水轮机中心沿厂房长度方向的轴线为厂房的纵轴线,垂直于厂房的纵轴线为横轴线。

(2)机组坐标规定为:沿厂房纵轴方向为 X 轴,沿厂房横轴方向为 Y 轴。并规定厂房进水侧为 $+Y$。

(3)绘制布置图时,机组主要部件(包括压力钢管)按其结构尺寸简化绘制;管路宜采用单线绘制;其他元件及设备用符号或简图绘制。

2. 管路采用单线绘制的规定

(1)管路用单线绘制时,线条宽度采用(1～2)b。布置图中不同材料、不同管径和去向的管路。一律采用文字或代号标注加以区别。

(2)管路用单线绘制时,应考虑到管路连接件、安装的实际空间位置,以免相互干扰。

1)单线管路中阀门及管路附件、表计等的外形尺寸,应根据其实际尺寸,按比例采用规定的简化画法,一般用实线绘制,如图 2-88 所示。

2)复杂管路布置图中的局部详图,如管路交叉、管夹、管堵头、取水口等,当采用单线表达不清楚时,可用双线绘制。

3. 管路的中断画法

(1)管路在本图中中断,转至其他图上时,或由其他图转至本图时,其画法如图 2-89 所示。

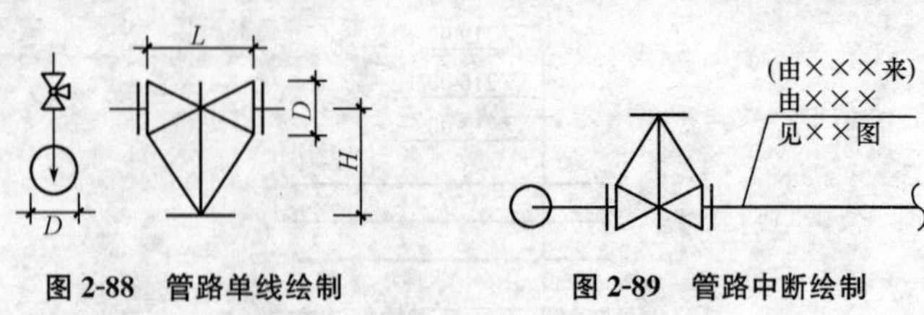

图 2-88 管路单线绘制　　图 2-89 管路中断绘制

(2)当采用表 2-22 中规定的去向代号表示管路的明确去向时,其画法采用图 2-90所示形式。

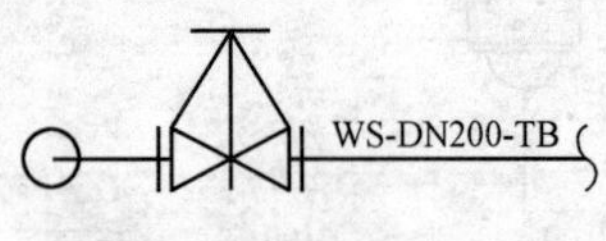

图 2-90 管路去向表示

第三章 工程施工组织设计

第一节 基 本 建 设

由于水利水电工程规模大，包含建筑群体种类多，牵涉范围广、质量要求高，地形条件复杂等。同时，它又受国家政策、科技、经济、生态环境等社会因素的影响。这样就难以严格按照单项工程、单位工程、分部工程和分项工程来明确划分。因此，如何科学合理的组织工程施工就成为水利水电建设的关键环节。

基本建设是指固定资产的建设，是建筑、安装的购置固定资产的流动及其相关的工作。是通过对建筑产品的施工、拆迁或整修等活动形成固定资产的过程。如国家预算内基建拨款、自筹资金、国内外基建信贷等。基本建设需要消耗大量的劳动力、建筑材料、施工机械设备，并需要多个具有独立责任的单位共同参与，是一个复杂的系统工程。

一、基本建设的内容

1. 建筑安装工程

建筑安装工程是基本建设的重要组成部分，包括建筑工程和设备安装工程。是工程建设通过勘测、设计、施工等生产性活动创造的建筑产品。

(1)建筑工程。它包括各种建筑物的修建、金属结构的安装，安装设备的基础建造等工作。

(2)建筑安装工程。它包括生产、运输、起重、输配电等需要安装的各种机电设备的装配、安装试车等工作。

2. 设备工器具购置

建设单位为建设项目需要自制造行业采购或自制达到固定资产标准的机电设备、工具、器具等的购置工作。

3. 其他基本建设工作

其他基本建设工作一般指不属于上述两项的基建工作，如勘测、设计、科学、试验、迁移赔偿、水库清理及生产准备等工作。

二、基本建设项目的划分

水利水电建设项目可划分为两种类型：水利枢纽、水电站、水库属于第一种类型；其他水利基建工程(如泵站、灌区、堤防、疏浚等)属于第二种类型。将水利水电枢纽工程(或拦河坝工程、泄洪工程)划分为建筑工程、机电设备及安装工程、金属结构设备及安装工程、临时工程、其他费用等五个部分，每部分从大到小又划分为一级项目、二级项目、三级项目等。一级项目相当于具有独立功能的单项工程，二级项目相当于单位工程，三级项目相当于分部、分项工程，如图 3-1 所示。

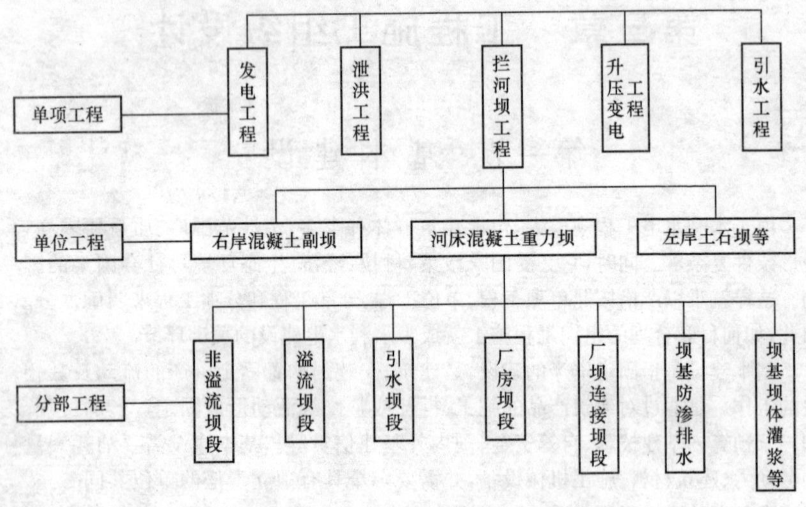

图 3-1 水利水电建设项目划分简图

1. 单项工程

单项工程是建设项目的组成部分。单项工程具有独立的设计文件，建成后可以独立发挥生产能力或效益。如发电工程、电站厂房、引水工程等都是单项工程。一个建设项目可以是一个单项工程也可以包含几个单项工程。

2. 单位工程

单位工程一般是指具有独立的设计文件，可以独立地组织施工，但完成后不能独立发挥生产能力的工程。它是单项工程的组成部分。如灌区工程中进水闸、分水闸、渡槽；水电站引水工程中的进水口、调压井等是单位工程。

3. 分部工程

分部工程是单位工程的组成部分，一般以建筑物的主要部位或工种来划分。如隧洞工程可分为开挖过程、衬砌工程等。混凝土坝工程可以分为非溢流坝段、溢流坝段、引水坝段、厂坝连接坝段、坝基及坝体接缝灌浆等分部工程。

4. 分项工程

分项工程是组成分部工程的由几个工种施工完成的最小综合体，也是建设项目最基本的组成单元和日常质量考核的基本单位。可依据设计结构、施工部署或质量考核要求把建筑物划分为层、块、区、段如混凝土浇筑仓等。

三、基本建设程序

1. 基本建设程序的特点

(1)工程工期长，耗资较大。水电建设项目施工中需要消耗大量的人力、物力和财力，在工程费用中占有较大的比例。同时，由于工程复杂和艰巨性，建设周期长。小型工程一般需要两三年，大型工程则长达十几年，例如长江三峡工程总工期达 17 年，装机容量 1820 万 kW，枢纽主体工程土石方开挖量约 10390 万 m^3，土石方填筑量约 3200 万 m^3，混凝土浇筑量约 2790 万 m^3，估算工程动态投资为 2039 亿元。

工程施工中要求综合平衡，协调各分部、单元工程量，认真分析和研究缩短工期、均衡施工强度等技术措施。

(2)建设地点固定，连续性施工。由于水电建设项目的特殊性，建设地点须经多方案选择和比较，并进行规划、设计和施工等工作。由于在河道中施工，需考虑施工导流、截流及水下作业等问题。

工程有较强季节性，根据基本建设程序，在建设实施阶段各个环节环环相扣紧密相连，特别对关键工序，需结合施工总体布置和施工组织设计，精心组织施工，科学管理，实现质量控制、进度控制和投资控制三大目标。

(3)建设项目单一性。水电建设项目有特定的目的和用途，需单独设计和单独建设。即使为相同规模的同类项目，由于工程地点、地区条件和自然条件如水文、气象等不同，造成设计和施工有一定差异，以确保建设项目满足使用功能和要求。

工程一般承担挡水、蓄水和泄水任务，对建筑物稳定、防渗、抗冲、抗冻和抗裂等性能有特殊要求，特别在地基处理中对地质条件复杂的地区和部位，需采取相应的施工方法和措施。

(4)涉及面广，地形复杂。水电建设项目一般为多目标综合开发利用，工程如水库、大坝、溢洪道、泄水建筑物、引水建筑物、电厂、船闸等，具有防洪、灌溉、发电、供水、航运等综合效益、涉及面广，地形复杂。需科学组织和编写施工组织设计，采用现代施工技术和科学的施工管理，优质高效地完成预期目标。

2. 水利水电工程基本建设程序

基本建设程序是指基本建设项目从决策、设计、施工到竣工验收全过程中各项工程所必须遵循的先后次序。

结合水利水电工程的特点和建设实践，水利水电工程基本建设程序的内容为：根据资源条件和国民经济长远发展规划进行流域或河段规划，提出建设项目建议书，进行可行性研究和项目评估决策，然后进行勘测设计，初步设计经过审批后，项目列入国家基本建设年度计划，并进行施工准备和设备、材料定货、采购，当开工报告批准后便可正式施工，建成后进行验收投产。

(1)项目建议书阶段。项目建议书由主管部门提出的建设项目的轮廓设想，主要是从宏观上衡量分析项目建设的必要性和可能性，即分析其建设条件是否具备，是否值得投入资金和人力，进行可行性研究。

项目建议书编制一般由政府委托有相应资格的设备单位承担，并按国家现行规定权限向主管部门申报审批。

(2)可行性研究阶段。可行性研究是通过调查、勘测、方案比较等工作,对建设项目在技术上和经济上是否可行进行科学分析和研究,提出评价意见,推荐最佳方案,是进行建设项目立项决策的依据可行性研究报告由项目法人(或筹备机构)组织编制,按国家现行规定的审批权限报批。

(3)设计阶段。设计工作一般分两阶段进行,即初步设计和施工图设计。对于重大工程建设项目或新型、特殊工程项目采用三阶段设计,即初步设计、技术设计和施工图设计。

1)初步设计。初步设计是根据批准的可行性研究报告和必要而准确的设计资料,对设计对象进行通盘研究,阐明拟建工程在技术上的可行性和经济上的合理性,规定项目的各项基本技术参数,编制项目的总概算。初步设计任务应择优选择有项目相应资格的设计单位承担,依照有关初步设计编制规定进行编制。

2)施工图设计。施工图设计阶段是在初步设计和技术设计的基础上,根据建筑安装工作的需要,针对各项工程的具体施工,绘制施工详图。

(4)施工准备阶段。项目在主体工程开工前,必须完成各项施工准备工作。其主要内容为编制建设项目实施计划、组织招标设计及设备物资采购、施工招标投标,组织和建设必需的生产、生活临时建筑工程等,完成施工用水、电、通信、路和场地平整工作。

(5)组织施工阶段。组织施工阶段是指主体工程的建设实施,项目法人按照批准的建设文件,组织工程建设、保证项目建设目标的实现。项目法人或其代理机构必须按审批权限,向主管部门提出主体工程开工申请报告,经批准后,主体工程方能正式开工。

施工单位须严格履行合同,和建设单位、设计单位、监理工程师密切配合。施工过程须按设计图纸严格进行,各个环节要相互协调,科学管理,确保工程质量。

(6)生产准备阶段。在建设项目施工进行的同时,建设单位应有计划有步骤地做好各项生产准备,为竣工后尽快投入使用创造条件。根据不同类型的工程要求,施工准备一般包括:生产组织准备、招收和培训人员、生产技术准备、物资准备及正常的生活设施准备等。

(7)竣工验收阶段。竣工验收阶段是工程完成建设目标的标志,是全面考核建设成果、检查设计和质量的重要步骤。竣工验收合格的项目即从基本建设转入生产或使用。

水利水电工程按照设计文件所规定的内容建成以后,在办理竣工验收以前,必须进行试运行。如灌溉渠道要进行放水试验;对水电站、抽水站要进行试运转和试生产,检查考核是否达到设计标准和施工验收中的质量要求。水利水电工程的验收程序分为阶段验收和竣工验收。

(8)后评估阶段。后评估是工程交付生产运行后一段时间内,一般经过1~2

年生产运行后，对项目的立项决策、设计、施工、竣工验收、生产运行等全过程进行系统评价的一种技术经济活动，是基本建设程序的最后一环。通过后评估达到肯定成绩、总结经验、研究问题、提高项目决策水平和投资效果的目的。评估的内容主要包括影响评价、经济效益评价、过程评价。前两种评估是从项目投产后运行结果来分析评价的。过程评估则是从项目的产项决策，设计、施工、竣工投产等全过程进行系统分析。

基本建设过程大致上可以分为三个时期，即前期工作时期、工程实施时期、竣工投产时期。从国内外的基本建设经验来看，关期工作最重要，一般占整个过程50%～60%的时间。前期工作搞好了，其后各阶段的工作就容易顺利完成。

同我国基本建设程序相比，国外通常也把工程建设的全过程分为三个时期，即投资前时期、投资时期、投资回收时期。内容主要包括：投资机会研究、初步可行性研究、可行性研究、项目评估、基础设计、原则设计、详细设计、招标发包、施工、竣工投产、生产阶段、工程后评估、项目终止等步骤。国外非常重视前期工作，建设程序与我国现行程序大同小异。

第二节　施工组织设计

施工组织设计是水利水电工程设计文件的重要组成部分，是编制工程投资估算、总概算和招、投标文件的主要依据，是工程建设和施工管理的指导性文件。在不同设计阶段，施工组织设计要求的工作深度有所不同。

一、施工组织设计的概念和任务

施工组织设计是指导一个拟建工程进行施工准备和组织实施施工的基本的技术经济文件。它的任务是要对具体的拟建工程（建筑群或单个建筑物）的施工准备工作和整个的施工过程，在人力和物力、时间和空间、技术和组织上，做出一个全面而合理、符合好、快、省、安全要求的计划安排。

二、施工组织设计的作用

施工组织设计就是针对施工安装过程的复杂性，用系统的思想并遵循技术经济规律，对拟建工程的各阶段、各环节以及所需的各种资源进行统筹安排的计划管理行为。它努力使复杂的生产过程，通过科学、经济、合理的规划安排，以达到建设项目能够连续、均衡、协调地进行施工，满足建设项目对工期、质量及投资方面的各项要求。又由于建筑产品的单件性，没有固定不变的施工组织设计适用于任何建设项目，所以，如何根据不同工程的特点编制相应的施工组织设计则成为施工组织管理中的重要一环。

施工组织设计的作用是对拟建工程施工的全过程实行科学管理提供重要手段。通过施工组织设计的编制，可以全面考虑拟建工程的各种具体条件，扬长避短地拟定合理的施工方案，确定施工顺序、施工方法、劳动组织和技术经济的组织措施，合理地统筹安排拟定施工进度计划，保证拟建工程按期投产或交付使用；也为拟建工程的设计方案在经济上的合理性，在技术上的科学性和在实施工程上的可能性进行论证提供依据；还为建设单位编制基本建设计划和施工企业编制施工计划提供依据。依据施工组织设计，施工企业可以提前掌握人力、材料和机具使用上的先后顺序，全面安排资源的供应与消耗；可以合理地确定临时设施的数量、规模和用途，以及临时设施、材料和机具在施工场地上的布置方案。具体表现在：

(1)施工组织设计是施工准备工作的一项重要内容，同时又是指导各项施工准备工作的依据。

(2)施工组织设计可体现实现基本建设计划和设计的要求，可进一步验证设计方案的合理性与可行性。

(3)施工组织设计为拟建工程所确定的施工方案，施工进度和施工顺序等，是指导开展紧凑、有秩序施工活动的技术依据。

(4)施工组织设计所提出的各项资源需要量计划，直接为物资供应工作提供数据。

(5)施工组织设计对现场所作的规划与布置，为现场的文明施工创造了条件，并为现场平面管理提供了依据。

(6)施工组织设计对施工企业的施工计划起决定和控制性的作用。施工计划是根据施工企业对建筑市场所进行科学预测和中标的结果，结合本企业的具体情况，制定出的企业不同时期应完成的生产计划和各项技术经济指标。而施工组织设计是按具体的拟建工程的开竣工时间编制的指导施工的文件。因此，施工组织设计与施工企业的施工计划两者之间有着极为密切、不可分割的关系。施工组织设计是编制施工企业施工计划的基础，反过来，制定施工组织设计又应服从企业的施工计划，两者是相辅相成、互为依据的。

(7)施工组织设计是统筹安排施工企业生产的投入与产出过程的关键和依据。建筑产品的生产和其他工业产品的生产一样，都是按要求投入生产要素，通过一定的生产过程，而后生产出成品，而中间转换的过程离不开管理。建筑施工企业也是如此，从承担工程任务开始到竣工验收交付使用止的全部施工过程的计划、组织和控制的基础就是科学的施工组织设计。

(8)通过编制施工组织设计，可充分考虑施工中可能遇到的困难与障碍，主动调整施工中的薄弱环节，事先予以解决或排除，从而提高了施工的预见性，减少了盲目性，使管理者和生产者做到心中有数，为实现建设目标提供了技术保证。

总之，通过施工组织设计，也就把施工生产合理地组织起来了，规定了有关施工活动的基本内容，保证了具体工程的施工得以顺利进行和完成。因此，施工组织设计的编制，是具体工程施工准备阶段中各项工作的核心，在施工组织与管理工作中占有十分重要的地位。

一个工程如果施工组织设计编制得好，能反映客观实际，能符合工程的全面要求，并且认真地贯彻执行了，施工就可以有条不紊地进行，使施工组织与管理工作经常处于主动地位，取得好、快、省、安全的效果。若没有施工组织设计或者施工组织设计脱离实际或者虽有质量优良的施工组织设计而未得到很好的贯彻执行，就很难正确地组织具体工程的施工，使工作经常处于被动状态，造成不良的后果，难以完成施工任务及其预定目标。

三、施工组织设计的分类

施工组织设计是一个总的概念，根据建设项目的类别、工程规模、编制阶段、编制对象和范围的不同，在编制的深度和广度上也有所不同。

(一)按编制阶段的不同分类

设计阶段
- 初步设计阶段──→施工组织规划设计
- 技术设计阶段──→施工组织总设计
- 施工图设计阶段──→单位工程施工组织设计

施工阶段
- 投标阶段──→综合指导性施工组织设计
- 中标后施工阶段──→实施性施工组织设计

(二)按编制对象范围的不同分类

施工组织设计按编制对象范围的不同可分为施工组织总设计、单位工程施工组织设计、分部分项工程施工组织设计三种。

1. 施工组织总设计

施工组织总设计是以一个建设项目或建筑群为编制对象，规划其施工全过程的全局性、控制性施工组织文件，是编制单位施工组织设计的依据。它一般由承包单位的总工程师主持，会同建设、设计和分包单位的工程师共同编制。

施工组织总设计的主要内容包括：工程概况，施工部署与施工方案，施工总进度计划，施工准备工作及各项资源需要量计划，施工总平面图，主要技术组织措施及主要技术经济指标等。

2. 单位工程施工组织设计

单位工程施工组织设计是以一个单位工程(一个建筑物或构筑物，一个交工系统)为编制对象，用以指导其施工全过程的各项施工活动的综合性技术经济文件。单位工程施工组织设计一般在施工图设计完成后，在拟建工程开工之前，由工程处的技术负责人主持下进行编制。

单位工程施工组织设计的主要内容包括：工程概况，施工方案与施工方法，施工进度计划，施工准备工作及各项资源需要量计划，施工平面图，主要技术组织措施及主要技术经济指标。

3. 分部分项工程施工组织设计

分部分项工程施工组织设计也叫分部分项工程作业设计。它是以分部(分项)工程为编制对象，由单位工程的技术人员负责编制，用以具体实施其分部(分项)工程施工全过程的各项施工活动的技术、经济和组织的综合性文件。一般对于工程规模大，技术复杂或施工难度大的建筑物或构筑物，在编制单位工程施工组织设计之后，常需对某些重要的又缺乏经验的分部(分项)工程再深入编制施工组织设计。例如深基础工程、大型结构安装工程、高层钢筋混凝土主体结构工程、地下防水工程等。

分部分项工程施工设计的主要内容包括：工程概况，施工方案，施工进度表，施工平面图以及技术组织措施等。

施工组织总设计、单位工程施工组织设计和分部分项工程施工组织设计之间有以下关系：施工组织总设计是对整个建设项目的全局性战略部署，其内容和范围比较概括；单位工程施工组织设计是在施工组织总设计的控制下，以施工组织总设计和企业施工计划为依据编制的，针对具体的单位工程，把施工组织总设计的内容具体化；分部分项工程施工组织设计是以施工组织总设计、单位工程施工组织设计和工程施工计划为依据编制的，针对具体的分部分项工程，把单位工程施工组织设计进一步具体化，它是专业工程具体的组织施工的设计。

在编制施工组织总设计时，可能对某些因素和条件尚未预见到，而这些因素或条件的改变可能影响整个部署。所以，在编制了各个局部的施工设计之后，有时还需要对全局性的施工组织总设计作必要的修正和调整。当然，在贯彻执行施工组织设计的过程中，也应随着工程施工的发展变化，及时给予修正和调整。

四、施工组织设计基本内容

施工组织设计的内容，就是根据不同工程的特点和要求，根据现有的和可能创造的施工条件，从实际出发，决定各种生产要素(材料、机械、资金、劳动力和施工方法等)的结合方式。

在不同设计阶段编制的施工组织设计文件，内容和深度不尽相同，其作用也不一样。一般说施工组织条件设计是概略的施工条件分析，提出创造施工条件和建筑生产能力配备的规划；施工组织总设计是对施工进行总体部署的战略性施工纲领；单位工程施工组织设计则是详尽的实施性的施工计划，用以具体指导现场施工活动。

任何施工组织设计都必须具有以下相应的基本内容：

(1)施工方法与相应的技术组织措施，即施工方案。

(2)施工进度计划。

(3)施工现场平面布置。

(4)各种资源需要量及其供应。

在这四项基本内容中，第(3)、(4)项主要用于指导准备工作的进行，为施工创造物质技术条件。人力、物力的需要量是决定施工平面布置的重要因素之一，而施工平面布置又反过来指导各项物质的因素在现场的安排。第(1)、(2)两项内容则主要指导施工过程的进行，规定整个的施工活动。施工的最终目的是要按照国家和合同规定的工期，优质、低成本地完成基本建设工程，保证按期投产和交付使用。因此，进度计划在组织设计中就具有决定性的意义，是决定其他内容的主导因素，其他内容的确定首先要满足它的要求、为它的需要服务，这样它也就成为施工组织设计的中心内容。从设计的顺序上看，施工方案又是根本，是决定其他所有内容的基础。它虽以满足进度的要求作为选择的首要目标，但进度最终也仍然要受到它的制约，并建立在这个基础之上。另一方面也应该看到，人力、物力的需要与现场的平面布置也是施工方案与进度得以实现的前提和保证，要对它们发生影响。因为进度安排与方案的确定必须从合理利用客观条件出发，进行必要的选择。所以，施工组织设计的这几项内容是有机地联系在一起的，它们互相促进，互相制约，密不可分。

至于每个施工组织设计的具体内容，将因工程的情况和使用的目的之差异，而有多寡、繁简与深浅之分。

一般地，施工组织总设计应包括以下内容：

(1)建设项目的工程概况。

(2)施工部署及主要建筑物或构筑物的施工方案。

(3)全场性施工准备工作计划。

(4)施工总进度计划。

(5)各项资源需要量计划。

(6)全场性施工总平面图设计。

(7)各项技术经济指标。

单位工程施工组织设计应包括以下内容：

(1)工程概况及其施工特点。

(2)施工方案的选择。

(3)单位工程施工准备工作计划。

(4)单位工程施工进度计划。

(5)各项资源需要量计划。

(6)单位工程施工平面图设计。

(7)质量、安全、节约及冬雨期施工的技术组织保证措施。

(8)主要技术经济指标。

分部分项工程施工组织设计应包括以下内容：

(1)分部分项工程概况及其施工特点的分析。

(2)施工方法及施工机械的选择。

(3)分部分项工程施工准备工作计划。

(4)分部分项工程施工进度计划。

(5)劳动力、材料和机具等需要量计划。

(6)质量、安全和节约等技术组织保证措施。

(7)作业区施工平面布置图设计。

五、施工组织设计的编制

1. 施工组织设计编制依据

(1)国家计划或合同规定的进度要求。

(2)工程设计文件,包括说明书、设计图纸、工程数量表、施工组织方案意见、总概算等。

(3)调查研究资料(包括工程项目所在地区自然经济资料、施工中可配备劳力、机械及其他条件)。

(4)有关定额(劳动定额、物资消耗定额、机械台班定额等)及参考指标。

(5)现行有关技术标准、施工规范、规则及地方性规定等。

(6)本单位的施工能力、技术水平及企业生产计划。

(7)有关其他单位的协议、上级指示等。

2. 施工组织设计编制原则

由于施工组织设计是指导建筑施工的纲领性文件,对搞好建筑施工起巨大的作用,所以必须十分重视并作好此项工作。根据我国几十年的经验,应遵循以下几项原则:

(1)认真贯彻国家工程建设的法律、法规、规程、方针和政策。

(2)严格执行工程建设程序,坚持合理的施工程序、施工顺序和施工工艺。在安排施工程序时,通常应当考虑以下几点:

1)要及时完成有关的准备工作(如砍伐树木,拆除已有的建筑物,清理场地,设置围墙,铺设施工需要的临时性道路以及供水、供电管网,建侦临时性工房、行政办公房屋、加工企业等),为正式施工创造良好条件。凡事预则立,不预则废。没有做好必要的准备就贸然施工,必然会造成现场的混乱。正式施工也不是要求所有一切准备工作都作好再开始,只要准备工作能够做到基本上满足开工需要即可。因此,准备工作视施工的需要,可以是一次完成或是分期完成。

2)正式施工时,条件具备时应该先进行全场性工程,然后再进行各个工程项目的施工。所谓全场性工程是指平整场地、铺设管网、修筑道路等。在正式施工之初完成这些工程,有利于工地内部的运输,利用永久性管网供水和排水,并便于现场平面的管理。在安排管线道路施工程序时,一般宜先场外、后场内,场外由远而近;先主干、后分支;地下工程要先深后浅,排水要先下游、再上游。

3)对于单个房屋和构筑物的施工顺序,既要考虑空间顺序,也要考虑工种之间顺序。空间顺序是解决施工流向的问题,它必须根据生产需要、缩短工期和保证工程质量的要求来决定。工种顺序是解决时间上的搭接问题,它必须做到保证质量,工种之间互相创造条件,充分利用工作面,争取时间。

4)可供施工期间使用的永久性建筑物(如道路、各种管网、仓库、宿舍、工场、办公房屋和饭厅等)可以尽先建造,以便减少暂设工程,节约投资。

(3)采用现代建筑管理原理、流水施工方法和网络计划技术,组织有节奏、均衡和连续地施工。

用流水作业方法组织施工，可以使工程施工连续地、均衡地、有节奏地进行，能够合理地使用人力、物力和财力，能多、快、好、省、安全地完成工程建设任务。

用网络计划技术编制施工进度计划，逻辑严密，主要矛盾突出，有利于应用电子计算机进行计划优化和及时调整，能对施工进度计划进行动态的管理。

(4)优先选用先进施工技术，科学确定施工方案；认真编制各项实施计划，严格控制工程质量、工程进度、工程成本和安全施工。

先进的施工技术是提高劳动生产率、改善工程质量、加快施工速度、降低工程成本的重要源泉。因此，在编制施工组织设计时，必须注意结合具体的施工条件，广泛地采用国内外的先进的施工技术，吸收先进工地和先进工作者的施工方法和劳动组织等方面所创造的经验。

拟定合理的施工方案，是保证施工组织设计贯彻上述各项原则和充分采用先进经验的关键。施工方案的优劣，在很大程度上决定着施工组织设计的质量。

拟定施工方案通常包括确定施工方法，选择施工机具，安排施工顺序和组织流水施工等方面内容。每项工程的施工都可能存在多种可能的方案供选择，在选择时要注意从实际条件出发，在确保工程质量和生产安全的前提下，使方案在技术上是先进的，在经济上是合理的。

(5)充分利用施工机械和设备，提高施工机械化、自动化程度，改善劳动条件，提高生产率。

建筑施工是消耗巨大社会劳动的物质生产部门之一。以机械化代替手工劳动，特别是大面积场地平整、大量土方、装卸、运输、吊装和混凝土制作等繁重劳动的施工过程实行机械化，可以减轻劳动强度、提高劳动生产率，有利于加快施工速度。

(6)扩大预制装配范围，提高建筑工业化程度；科学安排冬期和雨期施工，保证全年施工均衡性和连续性。

建筑施工的特点之一是露天作业，常受气候和季节条件的影响。冬期严寒和阴雨连绵，都不利于施工的进行。随着施工技术科学的不断发展，目前已经完全有可能在冬雨期照常进行施工，且不降低施工速度，但由于在冬雨期施工时，通常需要采取一些特殊的措施，需要增加一些费用，这些费用虽然可以通过工人窝工的减少，施工机具设备利用程度的提高，间接费用的节约等方面得到弥补，但仍然应当尽量减少这方面的费用，以免工程成本过分提高。为此，在安排施工进度时，应当注意季节性特点，恰当地安排冬雨期施工项目，以增加全年的施工日，并注意只有把那些确有必要的、不因冬雨期施工而过分复杂化和过分提高造价的工程，才列入冬雨期施工的范围。

(7)坚持“安全第一，预防为主”原则，确保安全生产和文明施工；认真做好生态环境和历史文物保护，严防建筑振动、噪声、粉尘和垃圾污染。

(8)合理布置施工平面图,尽量减少临时工程,减少施工用地,降低工程成本。尽量利用正式工程,原有或就近已有设施,做到暂设工程与既有设施相结合、与正式工程相结合。同时,要注意因地制宜,就地取材以求尽量减少消耗,降低生产成本。

暂设工程在施工结束之后就要拆除。因此,在编制施工组织设计时,必须十分注意尽量减少暂设工程的数量,以便节约投资,节约施工用地。为此,可以采取下列措施:

1)尽量利用原有的房屋和构筑物,满足施工的需要。

2)在安排施工顺序时,应当注意把可为施工服务的正式工程(包括房屋、车间、道路、管网等)尽量提前施工。

3)建筑构件应当尽量安排在地区内原有的加工企业生产,只在确有必要时,才在工地上自行建立加工厂。

4)广泛采用可以移动装拆的房屋和设备。

(9)优化现场物资储存量,合理确定物资储存方式,尽量减少库存量和物资损耗。

3. 施工组织设计编制步骤

(1)计算工程量。通常可以利用工程预算中的工程量。工程量计算准确,才能保证劳动力和资源需要量计算得正确和分层分段流水作业的合理的组织,故工程量必须根据图纸和较为准确的定额资料进行计算。如工程的分层分段按流水作业方法施工时,工程量也应相应的分层分段计算。同时,许多工程量在确定了方法以后可能还须修改,比如土方工程的施工由利用挡土板改为放坡以后,土方工程量即应增加,而支撑工料就将全部取消。这种修改可在施工方法确定后一次进行。

(2)确定施工方案。如果施工组织总设计已有原则规定,则该项工作的任务就是进一步具体化,否则应全面加以考虑。需要特别加以研究的是主要分部分项工程的施工方法和施工机械的选择,因为它对整个单位工程的施工具有决定性的作用。具体施工顺序的安排和流水段的划分,也是需要考虑的重点。与此同时,还要很好地研究和决定保证质量与安全和缩短技术性中断的各种技术组织措施。这些都是单位工程施工中的关键,对施工能否做到好快省安全有重大的影响。

(3)组织流水作业,排定施工进度。根据流水作业的基本原理,按照工期要求、工作面的情况、工程结构对分层分段的影响以及其他因素,组织流水作业,决定劳动力和机械的具体需要量以及各工序的作业时间,编制网络计划,并按工作日排出施工进度。

(4)计算各种资源的需要量和确定供应计划。依据采用的劳动定额和工程量及进度可以决定劳动量(以工日为单位)和每日的工人需要量。依据有关定额和工程量及进度,就可以计算确定材料和加工预制品的主要种类和数量及其供应计划。

(5)平衡劳动力、材料物资和施工机械的需要量并修正进度计划。根据对劳动力和材料物资的计算就可绘制出相应的曲线以检查其平衡状况。如果发现有过大的高峰或低谷,即应将进度计划作适当的调整与修改,使其尽可能趋于平衡,以便使劳动力的利用和物资的供应更为合理。

(6)设计施工平面图使生产要素在空间上的位置合理、互不干扰,加快施工进度。

六、施工组织设计的检查与调整

1. 施工组织设计检查

(1)主要指标完成情况的检查。施工组织设计的主要指标的检查,一般采用比较法。即把各项指标的完成情况同计划规定的指标相对比。检查的内容应该包括工程进度、工程质量、材料消耗、机械使用和成本费用等。把主要指标数额检查同其相应的施工内容、施工方法和施工进度的检查结合起来,发现其问题,为进一步分析原因提供依据。

(2)施工总平面图的检查。施工现场必须按施工总平面图要求建造临时设施,敷设管网和运输道路,合理地存放机具,堆放材料;施工现场要符合文明施工的要求;施工现场的局部断电、断水、断路等,必须事先得到有关部门批准;施工的每个阶段都要有相应的施工总平面图;施工总平面图的任何改变都必须有关部门批准。如果发现施工总平面图存在不合理性,要及时制定改进方案,报请有关部门批准,不断地满足施工进展的需要。施工总平面的检查应按建筑主管部门的规定执行。

2. 施工组织设计调整

施工组织设计的调整就是针对检查中发现的问题,通过分析其原因,拟定其改进措施或修订方案;对实际进度偏离计划进度的情况,在分析其影响工期和后续工作的基础上,调整原计划以保证工期;对施工(总)平面图中的不合理地方进行修改。通过调整,使施工组织设计更切合实际,更趋合理,以实现在新的施工条件下,达到施工组织设计的目标。

应当指出,施工组织设计的贯彻、检查和调整是贯穿工程施工全过程始终的经常性工作。

第三节　单位工程施工组织设计

单位工程施工组织设计是由施工承包单位工程项目经理编制的。是用以指导施工全过程施工活动的技术、组织、经济文件，它是施工前的一项重要准备工作，也是施工企业实现生产科学管理的重要手段。

一、单位工程施工组织设计的编制依据

编制单位工程施工组织设计，必须掌握和了解下述各项有关内容，作为编制时的基本依据。

(1)主管部门的批示文件及建设单位的要求：如上级机关对该项工程的有关批示文件和要求；建设单位的意见和对施工的要求；施工合同中的有关规定等。

(2)经过会审的图纸：包括单位工程的全部施工图纸、会审记录、设计变更及技术核定单、有关标准图，较复杂的建筑工程还要知道设备、电气、管道等设计图。如果是整个建设项目中的一个单位工程，还要了解建设项目的总平面布置等。

(3)施工企业年度生产计划对该工程的安排和规定的有关指标。如进度、其他项目穿插施工的要求等。

(4)施工组织总设计。本工程若为整个建设项目中的一个项目，应把施工组织总设计中的总体施工部署及对本工程施工的有关规定和要求作为编制依据。

(5)资源配备情况。如施工中需要的劳动力、施工机具和设备、材料、预制构件和加工品的供应能力和来源情况。

(6)建设单位可能提供的条件和水、电供应情况。如建设单位可能提供的临时房屋数量，水、电供应量，水压、电压能否满足施工要求等。

(7)施工现场条件和勘察资料。如施工现场的地形、地貌、地上与地下的障碍物、工程地质和水文地质、气象资料、交通运输道路及场地面积等。

(8)预算文件和国家规范等资料。工程的预算文件等提供了工程量和预算成本。国家的施工验收规范、质量标准、操作规程和有关定额是确定施工方案、编制进度计划等的主要依据。

(9)国家或行业有关的规范、标准、规程、法规、图集及地方标准和图集：如地基与基础工程施工及验收规范，建筑安装工程质量检验评定统一标准，建筑机械使用安全技术规程，混凝土质量控制标准，钢筋焊接及验收规范等等。

(10)有关的参考资料及类似工程施工组织设计实例。

二、单位工程施工组织设计的编制原则

(1)做好现场工程技术资料的调查工作。一切工程技术资料是编制单位工程

施工组织设计主要根据。原始资料必须真实，数据要可靠，特别是水文、地质、材料供应、运输以及水电供应的资料。每个工程各有不同的难点，组织设计中应着重在施工难点的资料收集。有了完整、确切的资料，就可根据实际条件制订方案和从中优选。

(2)合理安排施工程序。可将整个工程划分成几个阶段，例如：施工准备、基础工程、土方工程、主体结构工程、混凝土结构工程、灌浆工程等等。在各个施工阶段之间互相搭接，衔接紧凑，力求缩短工期。

(3)采用先进的施工技术和进行合理的施工组织。采用先进的施工技术是提高劳动生产率，保证工程质量，加快施工速度和降低工程成本的主要途径。应组织流水施工，采用网络计划技术安排施工进度。

(4)土建施工与设备安装应密切配合。某些工程的设备安装工程量较大，为了使整个工程提前投产，土建施工应为设备安装创造条件，提出设备安装进场时间。设备安装尽可能与土建搭接，在搭接施工时，应考虑到施工安全和对设备的污染，最好采用分区分段进行。水电卫生设备的安装，也应与土建交叉配合。

(5)施工方案应作技术经济比较。对主要工种工程的施工方法和主要机械的选择要进行多方案技术经济比较，选择经济合理、技术先进、切合现场实际的施工方案。

(6)确保工程质量和施工安全。在单位工程施工组织设计中，必须提出确保工程质量的技术措施和施工安全措施，尤其是新技术和本施工单位较生疏的工艺。

(7)特殊时期的施工方案。在施工组织中，雨期施工和冬期施工的特殊性应该给予体现，应有具体的应对措施。对使用农民工较多的工程，还应考虑农忙时劳动力调配的问题。

(8)节约费用和降低工程成本。合理布置施工平面图，能减少临时性设施和避免材料二次搬运，并能节约施工用地。安排进度时应尽量发挥建筑机械的工效和一机多用，尽可能利用当地资源，以减少运输费用；正确地选择运输工具，以降低运输成本。

(9)环境保护的原则。工程施工从某种程度上说就是对自然环境的破坏与改造。环境保护是我们可持续发展的前提。因此，在施工组织设计中应体现出对环境的保护的具体措施。

三、单位工程施工组织设计的编制程序

单位工程施工组织设计的编制程序如图 3-2 所示。

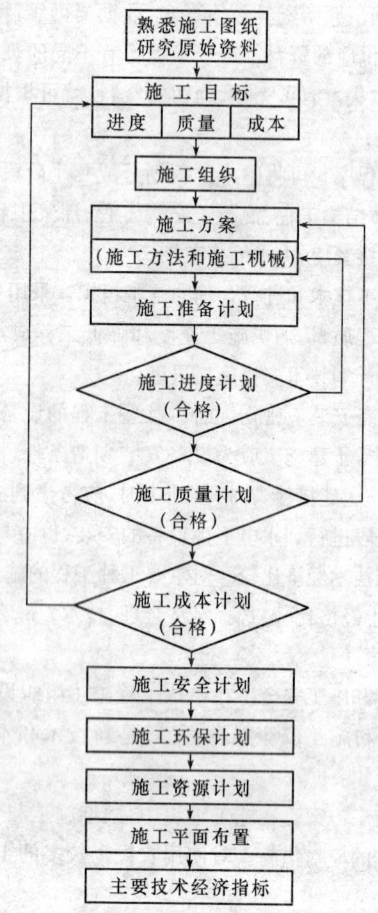

图 3-2　单位工程施工组织设计编制程序示意图

第四节　施工组织计划技术

一、流水作业法

（一）流水施工的概念与组织方式

在建设安装工程施工中，需要通过许多个施工过程，每一施工过程由一个或多个班组来完成，这样，在一个施工工地上，就有许多不同专业的班组参与施工，如何组织各班组协调工作，是施工组织中的最基本问题。

考虑水利水电工程项目的施工特点、工艺流程、资源利用、平面或空间布置等要求，其施工可以采用依次、平行、流水等组织方式。

1. 依次施工

依次施工方式是将拟建工程项目中的每一个施工对象分解为若干个施工过程，按施工工艺要求依次完成每一个施工过程；当一个施工对象完成后，再按同样的顺序完成下一个施工对象，以此类推，直至完成所有施工对象。

依次施工方式具有以下特点：

(1)没有充分地利用工作面进行施工，工期长。

(2)如果按专业成立工作队，则各专业队不能连续作业，有时间间歇，劳动力及施工机具等资源无法均衡使用。

(3)如果由一个工作队完成全部施工任务，则不能实现专业化施工，不利于提高劳动生产率和工程质量。

(4)单位时间内投入的劳动力、施工机具、材料等资源量较少，有利于资源供应的组织。

(5)施工现场的组织、管理比较简单。

【例 3-1】　现有四榀钢筋混凝土梁需要预制，共有三个施工过程，每个施工过程由相应的专业施工班组完成，其中每个施工过程的工程量指标如表 3-1 所示，如采用依次施工组织方式施工，则其施工进度计划如图 3-3 所示。

表 3-1　　**每榀梁的施工过程及其工程量指标**

施工过程	工程量		每班工人数	施工天数	班组工种
	数量	单位			
绑扎钢筋	2	t	4	1	钢筋工
立模板	1	m^2	3	1	木工
浇混凝土	1	m^3	13	1	混凝土工

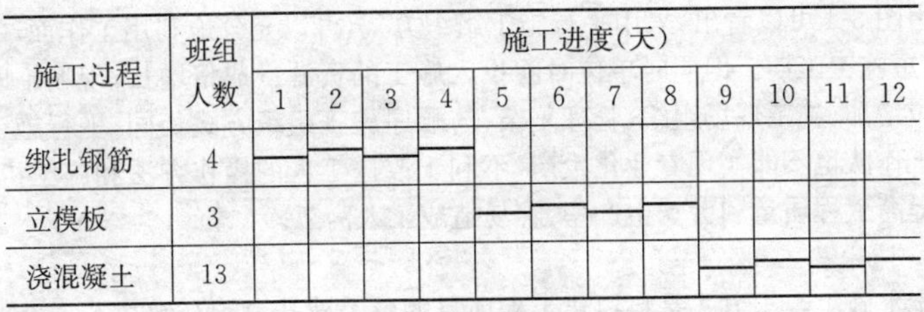

施工过程	班组人数	施工进度(天)											
		1	2	3	4	5	6	7	8	9	10	11	12
绑扎钢筋	4												
立模板	3												
浇混凝土	13												

图 3-3　依次施工

由图 3-3 可以看到，采用顺序施工组织方式时，组织管理工作比较简单，投入的劳动力较少，单位时间内投入的资源量比较少，有利于资源供应的组织工作，适用于规模较小，工作面有限的工程。其突出的问题是由于没有充分地利用工作面去争取时间，所以施工工期长；工作队不能实现专业化施工，不利于改进工人的操作方法和施工机具，不利于提高工程质量和劳动生产率；在施工过程中，由于工作面的影响很可能造成部分工人窝工。

2. 平行施工

平行施工方式是组织几个劳动组织相同的工作队，在同一时间、不同的空间，按施工工艺要求完成各施工对象。

平行施工方式具有以下特点：

(1)充分地利用工作面进行施工，工期短。

(2)如果每一个施工对象均按专业成立工作队，则各专业队不能连续作业，劳动力及施工机具等资源无法均衡使用。

(3)如果由一个工作队完成一个施工对象的全部施工任务，则不能实现专业化施工，不利于提高劳动生产率和工程质量。

(4)单位时间内投入的劳动力、施工机具、材料等资源量成倍地增加，不利于资源供应的组织。

(5)施工现场的组织、管理比较复杂。

【例 3-2】 在例 3-1 中，若采用平行施工组织方式进行施工，则其施工进度计划如图 3-4 所示。

施工过程	施工班组数	班组人数	进度(天)		
			1	2	3
绑扎钢筋	4	4			
立模板	4	3			
浇混凝土	4	13			

图 3-4 平行施工

由图 3-4 可以看出，采用平行施工组织方式，可以充分地利用工作面，争取时间、缩短施工工期。但同时单位时间投入施工的资源量成倍增长；现场临时设施也相应增加，施工现场组织、管理复杂；与顺序施工组织方式相同，平行施工组织方式工作队也不能实现专业化生产，不利于改进工人的操作方法和施工机具，不利于提高工程质量和劳动生产率，容易造成工人窝工。

3. 流水施工

流水施工组织方式是将拟建工程项目的整个建造过程分解成若干个施工过程，也就是划分成若干个工作性质相同的分部、分项工程或工序；同时将拟建工程项目在平面上划分成若干个劳动量大致相等的施工段；在竖向上划分成若干个施工层，按照施工过程分别建立相应的专业工作队；各专业工作队按照一定的施工顺序投入施工，在完成第一个施工段上的施工任务后，在专业工作队的人数、使用的机具和材料不变的情况下，依次地、连续地投入到第二、第三……直到最后一个施工段的施工，在规定的时间内，完成同样的施工任务；不同的专业工作队在工作时间上最大限度地、合理地搭接起来；当第一施工层各个施工段上的相应施工任务全部完成后，专业工作队依次地、连续地投入到第二、第三……施工层，保证拟建工程项目的施工全过程在时间上、空间上，有节奏、连续、均衡地进行下去，直到完成全部施工任务。

流水施工方式具有以下特点：

(1)尽可能地利用工作面进行施工，工期比较短。

(2)各工作队实现了专业化施工，有利于提高技术水平和劳动生产率，也有利于提高工程质量。

(3)专业工作队能够连续施工，同时使相邻专业队的开工时间能够最大限度地搭接。

(4)单位时间内投入的劳动力、施工机具、材料等资源量较为均衡，有利于资源供应的组织。

(5)为施工现场的文明施工和科学管理创造了有利条件。

【例 3-3】 在例 3-1 中，若采用流水施工组织方式进行施工，则其施工进度计划如图 3-5 所示。

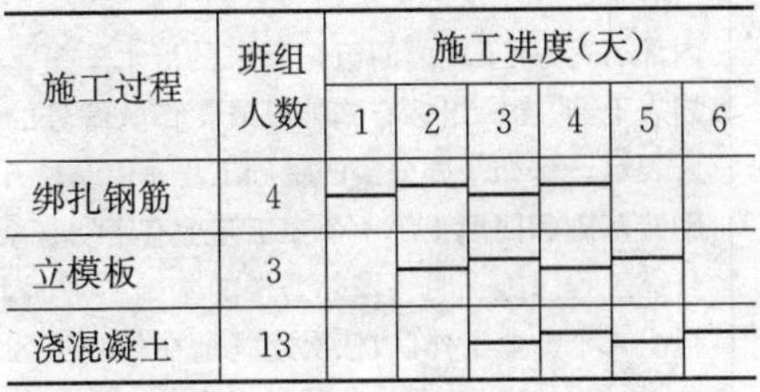

施工过程	班组人数	施工进度(天)					
		1	2	3	4	5	6
绑扎钢筋	4						
立模板	3						
浇混凝土	13						

图 3-5　流水施工

由图 3-5 可以看出，采用流水施工所需的工期比依次施工短，资源消耗的强度比平行施工少，最重要的是各专业班组能连续地、均衡地施工，前后施工过程尽可能平行搭接施工，能比较充分地利用施工工作面。

(二)流水施工技术经济效果

通过比较三种施工方式可以看出，流水施工方式是一种先进、科学的施工方式。由于在工艺过程划分、时间安排和空间布置上进行统筹安排，将会体现出优越的技术经济效果。具体可归纳为以下几点：

(1)由于流水施工的连续性，减少了专业工作的间隔时间，达到了缩短工期的目的，可使拟建工程项目尽早竣工，交付使用，发挥投资效益。

(2)便于改善劳动组织，改进操作方法和施工机具，有利于提高劳动生产率。

(3)专业化的生产可提高工人的技术水平，使工程质量相应提高。

(4)工人技术水平和劳动生产率的提高，可以减少用工量和施工临时设施的建造量，降低工程成本，提高利润水平。

(5)可以保证施工机械和劳动力得到充分、合理的利用。

(6)由于工期短、效率高、用人少、资源消耗均衡，可以减少现场管理费和物资消耗，实现合理储存与供应，有利于提高项目经理部的综合经济效益。

(三)流水施工分类

根据流水施工组织的范围不同，流水施工可分为分项工程流水施工、分部工程流水施工、单位工程流水施工和群体工程流水施工等几种形式(表 3-2)。前两种流水是流水施工组织的基本形式。在实际施工中，分项工程流水的效果不大，只有把若干个分项工程流水组织成分部工程流水，才能得到良好的效果。后两种流水实际上是分部工程流水的扩充应用。

表 3-2 流水施工的分类

序号	类别	说明
1	分项工程流水施工	分项工程流水施工也称为细部流水施工。它是在一个专业工种内部组织起来的流水施工。在项目施工进度计划表上，它由一组标有施工段或工作队编号的水平进度指示线段来表示，如浇筑混凝土的工作队依次连续地在各施工区域完成浇筑混凝土的工作
2	分部工程流水施工	分部工程流水施工也称为专业流水施工。它是在一个分部工程内部、各分项工程之间组织起来的流水施工。在项目施工进度计划表上，它由一组标有施工段或工作队编号的水平进度指示线段来表示。例如某办公楼的基础工程是由基槽开挖，做混凝土垫层，砌砖基础和回填土等 4 个在工艺上有密切联系的分项工程组成的分部工程。施工时将该办公楼的基础在平面上划分为几个区域，组织 4 个专业工作队，依次连续地在各施工区域中各自完成同一施工过程的工作，即为分部工程流水
3	单位工程流水施工	单位工程流水施工也称为综合流水施工。它是在一个单位工程内部、各分部工程之间组织起来的流水施工，在项目施工进度计划表上，它是若干组分部工程的进度指示线段，并由此构成一张单位工程施工进度计划
4	群体工程流水施工	群体工程流水施工亦称为大流水施工。它是在若干单位工程之间组织起来的流水施工。反映在项目施工进度计划上，是一张项目施工总进度计划表

(四)流水施工表达方式

流水施工的表达方式，主要有横道图和网络图两种方式。其中横道图有水平指示图表和垂直指示图表等方式。网络图有横道式流水网络图、流水步距式流水网络图、搭接式流水网络图和三维流水网络图等形式。具体见表 3-3 所示。

表 3-3　　流水施工的表达方式

<table>
<tr><th>序号</th><th>图名</th><th>表达方式名称</th><th>图　示</th><th>说　明</th></tr>
<tr><td>1</td><td>横道图</td><td>水平指示图表</td><td>
<table>
<tr><th rowspan="2"> 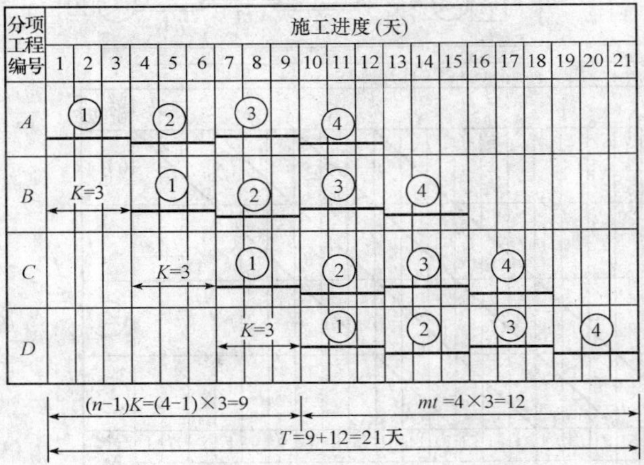分项工程编号</th><th colspan="21">施工进度 (天)</th></tr>
<tr><th>1</th><th>2</th><th>3</th><th>4</th><th>5</th><th>6</th><th>7</th><th>8</th><th>9</th><th>10</th><th>11</th><th>12</th><th>13</th><th>14</th><th>15</th><th>16</th><th>17</th><th>18</th><th>19</th><th>20</th><th>21</th></tr>
<tr><td>A</td><td colspan="3">1</td><td colspan="3">2</td><td colspan="3">3</td><td colspan="3">4</td><td colspan="9"></td></tr>
<tr><td>B</td><td colspan="3">K=3</td><td colspan="3">1</td><td colspan="3">2</td><td colspan="3">3</td><td colspan="3">4</td><td colspan="6"></td></tr>
<tr><td>C</td><td colspan="3"></td><td colspan="3">K=3</td><td colspan="3">1</td><td colspan="3">2</td><td colspan="3">3</td><td colspan="3">4</td><td colspan="3"></td></tr>
<tr><td>D</td><td colspan="6"></td><td colspan="3">K=3</td><td colspan="3">1</td><td colspan="3">2</td><td colspan="3">3</td><td colspan="3">4</td></tr>
</table>
$(n-1)K=(4-1)\times3=9$　　$mt=4\times3=12$
$T=9+12=21$天
</td><td>图中的横坐标表示流水施工的持续时间;纵坐标表示施工过程的名称或编号。n 条带有编号的水平线段表示 n 个施工过程或专业工作队的施工进度安排,其编号①、②……表示不同的施工段。
图中:
T——流水施工的计算总工期;
m——施工段的数目;
n——施工过程或专业工作队的数目;
t——流水节拍;
K——流水步距,此图 $K=t$</td></tr>
</table>

续表

序号	图名	表达方式名称	图示	说明
1	横道图	垂直指示图表	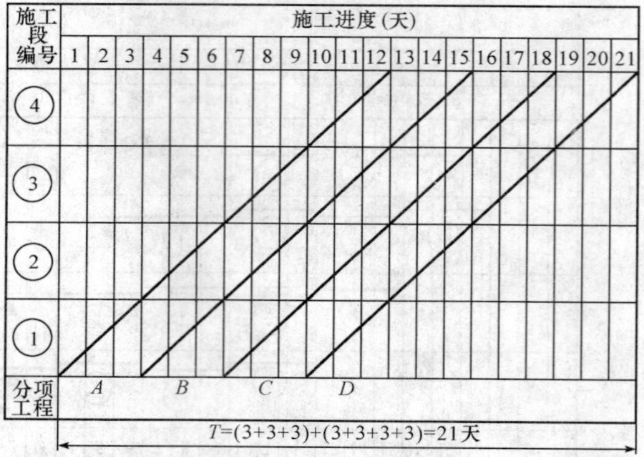 $T=(3+3+3)+(3+3+3+3)=21$天	图中的横坐标表示流水施工的持续时间；纵坐标表示流水施工所处的空间位置，即施工段的编号。n 条斜向线段表示 n 个施工过程或专业工作队的施工进度。 图中符号意义同上
2	网络图	横道式流水网络图	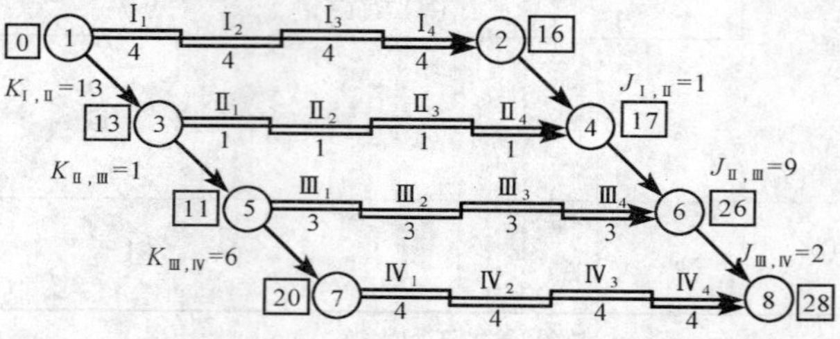	图中双黑错阶箭线表示施工过程进展状态，在箭线上面标有该过程编号和施工段编号，在箭线下面标有流水节拍。单黑箭线分别表示开始步距（$K_{j,j+1}$）和结束步距（$J_{j,j+1}$），带有编号的圆圈表示事件或结点

续表

序号	图名	表达方式名称	图　示	说　明
2	网络图	流水步距式流水网络图	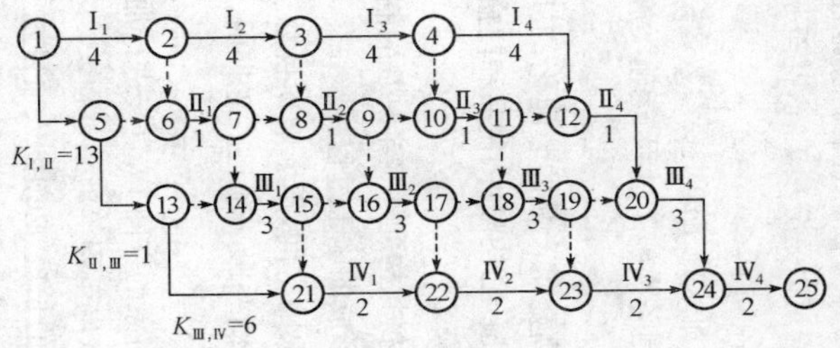	图中实箭线表示实工作，其上标有施工过程和施工段编号，其下标有流水节拍；虚箭线表示虚工作，即工作之间的制约关系，其持续时间为零，流水步距也由实箭线表示，并在其下面标出流水步距编号和数值
		搭接式流水网络图	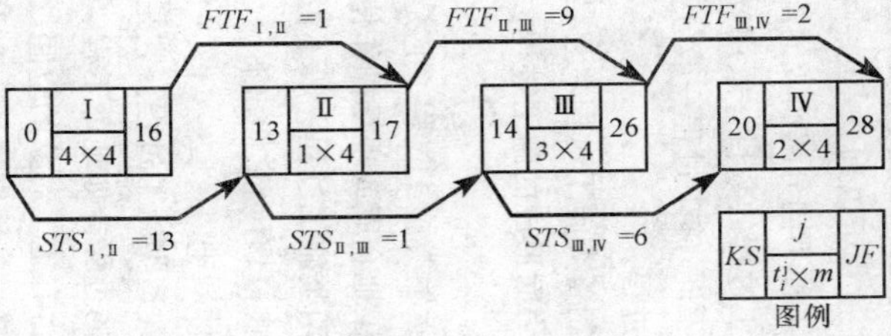	图中的大方框表示施工过程，其内标有施工过程编号、流水节拍、施工段数目、过程开始和结束时间；方框上面的实箭线表示相邻两个施工过程结束到结束的搭接时距，即结束步距；方框下面的实箭线表示相邻两个施工过程开始到开始的搭接时距，即流水步距

(五)流水施工参数

在组织流水施工时,用以表达流水施工在工艺流程、空间布置和时间排列等方面开展状态的数据,称为流水参数。它主要包括:工艺参数、空间参数和时间参数三类。

1. 工艺参数

工艺参数主要是指在组织流水施工时,用以表达流水施工在施工工艺方面进展状态的参数,通常包括施工过程和流水强度两个参数。

(1)施工过程。组织建设工程流水施工时,根据施工组织及计划安排需要而将计划任务划分成的子项称为施工过程。施工过程划分的粗细程度由实际需要而定,当编制控制性施工进度计划时,组织流水施工的施工过程可以划分得粗一些,施工过程可以是单位工程,也可以是分部工程。当编制实施性施工进度计划时,施工过程可以划分得细一些,施工过程可以是分项工程,甚至是将分项工程按照专业工种不同分解而成的施工工序。

施工过程的数目一般用 n 表示,它是流水施工的主要参数之一。根据其性质和特点不同,施工过程一般分为三类,即制备类施工过程、运输类施工过程和建造类施工过程。

1)制备类施工过程。它是指为了提高建筑产品的装配化、工厂化、机械化和生产能力而形成的施工过程。如砂浆、混凝土、构配件、制品和门窗框扇等的制备过程。

2)运输类施工过程。它是指将建筑材料、构配件、(半)成品、制品和设备等运到项目工地仓库或现场操作使用地点而形成的施工过程。

这两类施工过程一般不占有施工对象的空间,不影响项目总工期,在进度表上不反映;只有当它们占有施工对象的空间并影响项目总工期时,才列入项目施工进度计划中。

3)建造类施工过程。它是指在施工对象的空间上,直接进行加工最终形成建筑产品的过程。如地下工程、主体工程、水电工程等施工过程。

它占有施工对象的空间,影响着工期的长短,必须列入项目施工进度表上,而且是项目施工进度表的主要内容。

(2)流水强度。流水强度是指流水施工的某施工过程(专业工作队)在单位时间内所完成的工程量,也称为流水能力或生产能力。例如,浇筑混凝土施工过程的流水强度是指每工作班浇筑的混凝土立方数。

流水强度可用下式计算:

$$V_j = R_j S_j \tag{3-1}$$

式中 V_j——某施工过程(j)流水强度;

R_j——某施工过程的工人数或机械台数;

S_j——某施工过程的计划产量定额。

2. 空间参数

空间参数是指在组织流水施工时，用以表达流水施工在空间布置上开展状态的参数。通常包括工作面、施工段和施工层。

(1)工作面。

工作面是指供某专业工种的工人或某种施工机械进行施工的活动空间。工作面的大小，表明能安排施工人数或机械台数的多少。每个作业的工人或每台施工机械所需工作面的大小，取决于单位时间内其完成的工程量和安全施工的要求。工作面确定的合理与否，直接影响专业工作队的生产效率。因此，必须合理确定工作面。

(2)施工段。将施工对象在平面或空间上划分成若干个劳动量大致相等的施工段落，称为施工段或流水段。施工段的数目一般用 m 表示，它是流水施工的主要参数之一。

1)划分施工段的目的。划分施工段的目的就是为了组织流水施工。由于建设工程体形庞大，可以将其划分成若干个施工段，从而为组织流水施工提供足够的空间。在组织流水施工时，专业工作队完成一个施工段上的任务后，遵循施工组织顺序又到另一个施工段上作业，产生连续流动施工的效果。在一般情况下，一个施工段在同一时间内，只安排一个专业工作队施工，各专业工作队遵循施工工艺顺序依次投入作业，同一时间内在不同的施工段上平行施工，使流水施工均衡地进行。组织流水施工时，可以划分足够数量的施工段，充分利用工作面，避免窝工，尽可能缩短工期。

2)划分施工段的原则。

①主要专业工种在各个施工段所消耗的劳动量要大致相等，其相差幅度不宜超过10%～15%。

②在保证专业工作队劳动组合优化的前提下，施工段大小要满足专业工种对工作面的要求。

③施工段数目要满足合理流水施工组织要求，即 $m \geqslant n$。

④施工段分界线应尽可能与结构自然界线相吻合，如温度缝、沉降缝或单元界线等处；如果必须将其设在墙体中间时，可将其设在门窗洞口处，以减少施工留槎。

⑤多层施工项目既要在平面上划分施工段，又要在竖向上划分施工层，以组织有节奏、均衡、连续地流水施工。

(3)施工层。在组织流水施工时，为满足专业工种对操作高度要求，通常将施工项目在竖向上划分为若干个作业层，这些作业层均称为施工层。如砌砖墙施工层高为1.2m，装饰工程施工层多以楼层为准。

3. 时间参数

时间参数是指在组织流水施工时，用以表达流水施工在时间排列上所处状态的参数。包括：流水节拍、流水步距、平行搭接时间、技术间歇时间和组织间歇时间等五种。

(1)流水节拍。流水节拍是指在组织流水施工时，每个专业工作队在各个施工段上完成相应的施工任务所需要的工作持续时间。通常以 t_i 表示，它是流水施工的基本参数之一。

流水节拍的大小，可以反映出流水施工速度的快慢、节奏感的强弱和资源消耗量的多少。

影响流水节拍数值大小的因素主要有：项目施工时所采取的施工方案，各施工段投入的劳动力人数或施工机械台数，工作班次，以及该施工段工程量的多少。为避免工作队转移时浪费工时，流水节拍在数值上最好是半个班的整倍数。其数值的确定，可按以下各种方法进行：

1)定额计算法。本算法是根据各施工段的工程量、能够投入的资源量(工人数、机械台数和材料量等)，按式(3-2)进行计算：

$$t_i^j=\frac{Q_i^j}{S_jR_jN_j}=\frac{P_i^j}{R_jN_j} \tag{3-2}$$

式中 t_i^j——专业工作队(j)在某施工段(i)上的流水节拍；

Q_i^j——专业工作队(j)在某施工段(i)上的工程量；

S_j——专业工作队(j)的计划产量定额；

R_j——专业工作队(j)的工人数或机械台数；

N_j——专业工作队(j)的工作班次；

P_i^j——专业工作队(j)在某施工段(i)上的劳动量。

2)经验估算法。对于采用新结构、新工艺、新方法和新材料等没有定额可循的工程项目，可以根据以往的施工经验估算流水节拍。

3)工期计算法。对某些施工任务在规定日期内必须完成的工程项目，往往采用倒排进度法。具体步骤如下：

①根据工期倒排进度，确定某施工过程的工作持续时间。

②确定某施工过程在某施工段上的流水节拍。若同一施工过程的流水节拍不等，则用估算法；若流水节拍相等，则按式(3-3)进行计算：

$$t=\frac{T}{m} \tag{3-3}$$

式中 t——流水节拍；

T——某施工过程的工作持续时间；

m——某施工过程划分的施工段数。

(2)流水步距。流水步距是指组织流水施工时，相邻两个施工过程(或专业工作队)相继开始施工的最小间隔时间。流水步距一般用 $K_{j,j+1}$ 来表示，其中 $j(j=1,2,\cdots,n-1)$ 为专业工作队或施工过程的编号。它是流水施工的主要参数之一。

流水步距的数目取决于参加流水的施工过程数。如果施工过程数为 n 个，则流水步距的总数为 $n-1$ 个。

流水步距的大小取决于相邻两个施工过程（或专业工作队）在各个施工段上的流水节拍及流水施工的组织方式。确定流水步距时，一般应满足以下基本要求：

1）各施工过程按各自流水速度施工，始终保持工艺先后顺序。

2）各施工过程的专业工作队投入施工后尽可能保持连续作业。

3）相邻两个施工过程（或专业工作队）在满足连续施工的条件下，能最大限度地实现合理搭接。

根据以上基本要求，在不同的流水施工组织形式中，可以采用不同的方法确定流水步距。

（3）平行搭接时间。在组织流水施工时，有时为了缩短工期，在工作面允许的条件下，如果前一个专业工作队完成部分施工任务后，能够提前为后一个专业工作队提供工作面，使后者提前进入前一个施工段，两者在同一施工段上平行搭接施工，这个搭接时间称为平行搭接时间或插入时间，通常以 $C_{j,j+1}$ 表示。

（4）技术间歇时间。在组织流水施工时，除要考虑相邻专业工作队之间的流水步距外，有时根据建筑材料或现浇构件等的工艺性质，还要考虑合理的工艺等待间歇时间，这个等待时间称为技术间歇时间。如混凝土浇筑后的养护时间、砂浆抹面和油漆面的干燥时间等。技术间歇时间以 $Z_{j,j+1}$ 表示。

（5）组织间歇时间。组织间歇时间是指在流水施工中，由于施工技术或施工组织的原因，造成在流水步距以外增加的间歇时间。如墙体砌筑前的墙身位置弹线，施工人员、机械转移，回填土前的地下管道检查验收等等。组织间歇时间以 $G_{j,j+1}$ 表示。

（六）流水施工基本方式

1. 等节奏专业流水施工

等节奏专业流水施工是指在组织流水施工时，如果所有的施工过程在各个施工段上的流水节拍彼此相等，这种流水施工组织方式称为等节奏专业流水施工，也称为固定节拍流水施工或全等节拍流水施工或同步距流水施工。

（1）等节奏专业流水施工特点。

1）所有施工过程在各个施工段上的流水节拍均相等。

2）相邻施工过程的流水步距相等，且等于流水节拍。

3）专业工作队数等于施工过程数，即每一个施工过程成立一个专业工作队，由该队完成相应施工过程所有施工段上的任务。

4）各个专业工作队在各施工段上能够连续作业，施工段之间没有空闲时间。

（2）等节奏专业流水施工组织步骤。

1）确定施工起点及流向，分解施工过程。

2)确定施工顺序,划分施工段。

划分施工段时,其数目 m 的确定如下:

①无层间关系或无施工层时,取 $m=n$。

②有层间关系或有施工层时,施工段数目 m 分下面两种情况确定:

a. 无技术和组织间歇时,取 $m=n$。

b. 有技术和组织间歇时,为了保证各专业工作队能连续施工,应取 $m>n$。此时,每层施工段空闲数为 $m-n$,一个空闲施工段的时间为 t,则每层的空闲时间为:

$$(m-n)\cdot t=(m-n)\cdot K$$

若一个楼层内各施工过程间的技术、组织间歇时间之和为 $\sum Z_1$,楼层间技术、组织间歇时间为 Z_2。如果每层的 $\sum Z_1$ 均相等,Z_2 也相等,而且为了保证连续施工,施工段上除 $\sum Z_1$ 和 Z_2 外无空闲,则:

$$(m-n)\cdot K=\sum Z_1+Z_2$$

所以,每层的施工段数 m 可按式(3-4)确定:

$$m=n+\frac{\sum Z_1}{K}+\frac{Z_2}{K} \tag{3-4}$$

如果每层的 $\sum Z_1$ 不完全相等,Z_2 也不完全相等,应取各层中最大的 $\sum Z_1$ 和 Z_2,并按式(3-5)确定施工段数:

$$m=n+\frac{\max\sum Z_1}{K}+\frac{\max Z_2}{K} \tag{3-5}$$

3)确定流水节拍,此时 $t_i^j=t$。

4)确定流水步距,此时 $K_{j,j+1}=K=t$。

5)计算流水施工工期:

①有间歇时间的固定节拍流水施工。所谓间歇时间,是指相邻两个施工过程之间由于工艺或组织安排需要而增加的额外等待时间,包括工艺间歇时间($G_{j,j+1}$)和组织间歇时间($Z_{j,j+1}$)。对于有间歇时间的固定节拍流水施工,其流水施工工期 T 可按式(3-6)计算:

$$\begin{aligned}T&=(n-1)t+\sum G+\sum Z+m\cdot t\\&=(m+n-1)t+\sum G+\sum Z\end{aligned} \tag{3-6}$$

式中,符号如前所述。

②有提前插入时间的固定节拍流水施工。所谓提前插入时间($C_{j,j+1}$),是指相邻两个专业工作队在同一施工段上共同作业的时间。在工作面允许和资源有保证的前提下,专业工作队提前插入施工,可以缩短流水施工工期。对于有提前插入时间的固定节拍流水施工,其流水施工工期 T 可按式(3-7)计算:

$$\begin{aligned}T&=(n-1)t+\sum G+\sum Z-\sum C+m\cdot t\\&=(m+n-1)t+\sum G+\sum Z-\sum C\end{aligned} \tag{3-7}$$

式中，符号如前所述。

6)绘制流水施工指示图表。

(3)等节奏专业流水施工应用实例：

【例 3-4】　某工程由 A、B、C、D 四个分项工程组成，它在平面上划分为四个施工段，各分项工程在各个施工段上的流水节拍均为 3 天。试编制流水施工方案。

【解】　根据题设条件和要求，该题只能组织全等节拍流水。

1)确定流水步距：

$$K=t=3\text{ 天}$$

2)确定计算总工期：

$$T=(4+4-1)\times 3=21\text{ 天}$$

3)绘制流水施工指示图表。

如图 3-6 所示。

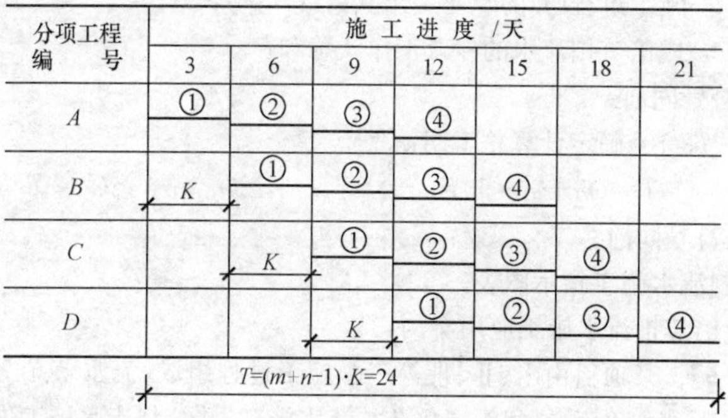

分项工程编号	施工进度/天 3	6	9	12	15	18	21
A	①	②	③	④			
B	K	①	②	③	④		
C		K	①	②	③	④	
D			K	①	②	③	④

$T=(m+n-1)\cdot K=24$

图 3-6　等节奏专业流水施工进度

2. 成倍节拍流水施工

在组织流水施工时，如果同一施工过程在各个施工段上的流水节拍彼此相等，而不同施工过程在同一施工段上的流水节拍之间存在一个最大公约数，为加快流水施工速度，可按最大公约数的倍数确定每个施工过程的专业工作队，这样便构成了一个工期最短的成倍节拍流水施工方案。

(1)成倍节拍流水施工特点。

1)同一施工过程在其各个施工段上的流水节拍均相等；不同施工过程的流水节拍不等，但其值为倍数关系。

2)相邻施工过程的流水步距相等，且等于流水节拍的最大公约数(K)。

3)专业工作队数大于施工过程数，即有的施工过程只成立一个专业工作队，而对于流水节拍大的施工过程，可按其倍数增加相应专业工作队数目。

4)各个专业工作队在施工段上能够连续作业，施工段之间没有空闲时间。

(2)成倍节拍流水施工组织步骤。

成倍节拍流水的建立步骤如下：

1)确定施工起点流向，划分施工段。

2)分解施工过程，确定施工顺序。

3)按以上要求确定每个施工过程的流水节拍。

4)按式(3-8)确定流水步距：

$$K_b=\text{最大公约数}\{\text{各过程流水节拍}\} \tag{3-8}$$

式中 K_b——成倍节拍流水的流水步距。

5)按式(3-9)确定专业工作队数目：

$$\left.\begin{aligned} b_j &= t_i^j/K_b \\ n_1 &= \sum_{j=1}^{n} b_j \end{aligned}\right\} \tag{3-9}$$

式中 b_j——施工过程(j)的专业工作队数目，$n\geqslant j\geqslant 1$；

n_1——成倍节拍流水的专业工作队总和。

其他符号同前。

6)按式(3-10)确定计算总工期：

$$T=(m+n_1-1)K_b+\sum Z_{j,j+1}+\sum G_{j,j+1}-\sum C_{j,j+1} \tag{3-10}$$

式中，符号同前。

7)绘制流水施工指示图表。

(3)成倍节拍流水施工应用实例：

【例 3-5】 某项目由Ⅰ、Ⅱ、Ⅲ等三个施工过程组成，流水节拍分别为 $t^{\mathrm{I}}=2$ 天，$t^{\mathrm{II}}=6$ 天，$t^{\mathrm{III}}=4$ 天，试组织成倍节拍流水施工，并绘制流水施工进度图。

【解】 1)按式(3-8)确定流水步距 K_b＝最大公约数{2,6,4}＝2 天。

2)由式(3-8)求专业工作队数：

$$b_{\mathrm{I}}=\frac{t^{\mathrm{I}}}{K_b}=\frac{2}{2}=1\text{ 个}$$

$$b_{\mathrm{II}}=\frac{t^{\mathrm{II}}}{K_b}=\frac{6}{2}=3\text{ 个}$$

$$b_{\mathrm{III}}=\frac{t^{\mathrm{III}}}{K_b}=\frac{4}{2}=2\text{ 个}$$

$$n_1=\sum_{j=1}^{3}b_j=1+3+2=6\text{ 个}$$

3)求施工段数：

为了使各专业工作队都能连续工作，取

$$m=n_1=6\text{ 段}$$

4)计算总工期：

$$T=(6+6-1)\times 2=22\text{ 天}$$

或 $$T=(r\cdot n-1)\cdot K_b=(6-1)\times 2+3\times 4=22\text{ 天}$$

5)绘制流水施工进度图,如图 3-7 所示。

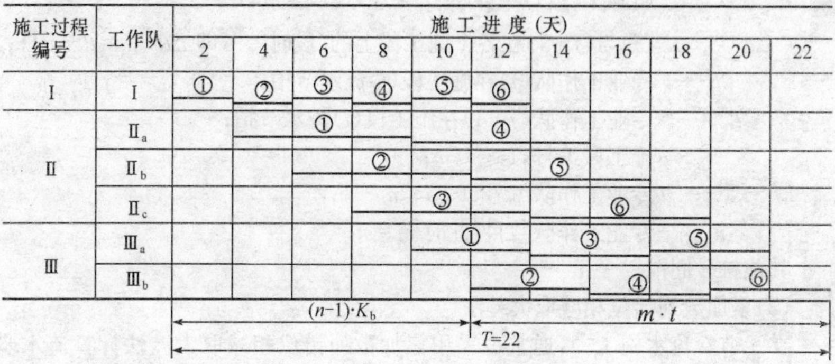

施工过程编号	工作队	2	4	6	8	10	12	14	16	18	20	22
Ⅰ	Ⅰ	①	②	③	④	⑤	⑥					
Ⅱ	$Ⅱ_a$			①			④					
	$Ⅱ_b$				②			⑤				
	$Ⅱ_c$					③			⑥			
Ⅲ	$Ⅲ_a$						①		③	⑤		
	$Ⅲ_b$							②	④		⑥	

$(n-1)\cdot K_b$　　$m\cdot t$　　$T=22$

图 3-7　成倍节拍流水施工进度图

3. 无节奏流水施工

在组织流水施工时,经常由于工程结构形式、施工条件不同等原因,使得各施工过程在各施工段上的工程量有较大差异,或因专业工作队的生产效率相差较大,导致各施工过程的流水节拍随施工段的不同而不同,且不同施工过程之间的流水节拍又有很大差异。这时,流水节拍虽无任何规律,但仍可利用流水施工原理组织流水施工,使各专业工作队在满足连续施工的条件下,实现最大搭接。这种无节奏流水施工方式是建设工程流水施工的普遍方式。

(1)无节奏专业流水施工特点。

1)每个施工过程在各个施工段上的流水节拍,不尽相等。

2)在多数情况下,流水步距彼此不相等,而且流水步距与流水节拍二者之间存在着某种函数关系。

3)各专业工作队都能连续施工,个别施工段可能有空闲。

(2)无节奏专业流水施工组织步骤。

1)确定施工起点流向,划分施工段。

2)分解施工过程,确定施工顺序。

3)确定流水节拍。

4)按式(3-11)确定流水步距:

$$K_{j,j+1}=\max\{k_i^{j,j+1}=\sum_{i=1}^{i}\Delta t_i^{j,j+1}+t_i^{j+1}\} \qquad (3\text{-}11)$$

$$(1\leqslant j\leqslant n_1-1;1\leqslant i\leqslant m)$$

式中 $K_{j,j+1}$——专业工作队(j)与$(j+1)$之间的流水步距；

max——取最大值；

$k_i^{j,j+1}$——(j)与$(j+1)$在各个施工段上的“假定段步距”；

$\sum_{i=1}^{i}$——由施工段(1)至(i)依次累加，逢段求和；

$\Delta t_i^{j,j+1}$——(j)与$(j+1)$在各个施工段上的“段时差”，即 $\Delta t_i^{j,j+1}=t_i^j-t_i^{j+1}$；

t_i^j——专业工作队(j)在施工段(i)流水节拍；

t_i^{j+1}——专业工作队$(j+1)$在施工段(i)流水节拍；

i——施工段编号，$1\leqslant i\leqslant m$；

j——专业工作队编号，$1\leqslant j\leqslant n_1-1$；

n_1——专业工作队数目，此时 $n_1=n$。

其他符号同前。

(3)累加数列错位相减取大差法。

在无节奏流水施工中，通常也采用累加数列错位相减取大差法计算流水步距。由于这种方法是由潘特考夫斯基(译音)首先提出的，故又称为潘特考夫斯基法。这种方法简捷、准确，便于掌握。

累加数列错位相减取大差法的基本步骤如下：

1)对每一个施工过程在各施工段上的流水节拍依次累加，求得各施工过程流水节拍的累加数列。

2)将相邻施工过程流水节拍累加数列中的后者错后一位，相减后求得一个差数列。

3)在差数列中取最大值，即为这两个相邻施工过程的流水步距。

4)按式(3-12)确定计算总工期：

$$T=\sum_{j=1}^{n_1}K_{j,j+1}+\sum_{i=1}^{m}t_i^{n_1}+\sum Z_{j,j+1}+\sum G_{j,j+1}-\sum C_{j,j+1} \tag{3-12}$$

式中 T——流水施工方案的计算总工期；

$t_i^{n_1}$——最后一个专业工作队(n_1)在各个施工段上的流水节拍。

其他符号同前。

5)绘制流水施工指示图表。

二、网络计划技术

网络图(network diagram)是由箭头和节点组成的，用来表示工作流程的有向、有序的网状图形。常见的网络图分为单代号网络图和双代号网络图两种。在网络图上加注工作的时间参数而编成的进度计划，称为网络计划(network plan)。应用网络技术，将一个工程项目的各个工序(工作、活动)用箭杆或节点表示，依其先后顺序和相互关系绘成网络图；再通过各种计算找出网络图中的关键工序、关键线路和工期，求出最优计划方案，并在计划执行过程中进行有效的控制和监督，以保证最合理地使用人力、物力、财力，充分利用时间和空间，多快好省地完成任务。

(一)网络计划的基本概念

1. 工艺关系和组织关系

(1)工艺关系。生产性工作之间由工艺过程决定的、非生产性工作之间由工作程序决定的先后顺序关系称为工艺关系。如图 3-8 所示,支模Ⅰ→钢筋Ⅰ→浇筑Ⅰ为工艺关系。

(2)组织关系。工作之间由于组织安排需要或资源(劳动力、原材料、施工机具等)调配需要而规定的先后顺序关系称为组织关系。如图 3-8 所示,支模Ⅰ→支模Ⅱ;钢筋Ⅰ→钢筋Ⅱ等为组织关系。

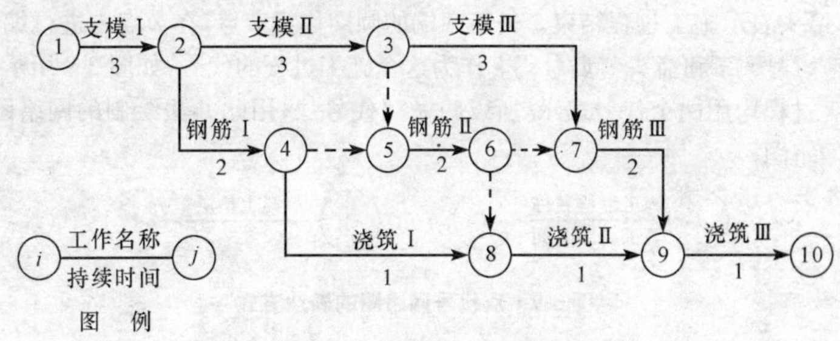

图 3-8　某现浇工程网络图

2. 紧前工作、紧后工作和平行工作

(1)紧前工作。在网络图中,相对于某工作而言,紧排在该工作之前的工作称为该工作的紧前工作。在双代号网络图中,工作与其紧前工作之间可能有虚工作存在。如图 3-8 所示,支模Ⅰ是支模Ⅱ在组织关系上的紧前工作;钢筋Ⅰ和钢筋Ⅱ之间虽然存在虚工作,但钢筋Ⅰ仍然是钢筋Ⅱ在组织关系上的紧前工作。支模Ⅰ则是钢筋Ⅰ在工艺关系上的紧前工作。

(2)紧后工作。在网络图中,相对于某工作而言,紧排在该工作之后的工作称为该工作的紧后工作。在双代号网络图中,工作与其紧后工作之间也可能有虚工作存在。如图 3-8 所示,钢筋Ⅱ是钢筋Ⅰ在组织关系上的紧后工作;浇筑Ⅰ是钢筋Ⅰ在工艺关系上的紧后工作。

(3)平行工作。在网络图中,相对于某工作而言,可以与该工作同时进行的工作即为该工作的平行工作。如图 3-8 所示,钢筋Ⅰ和支模Ⅱ互为平行工作。

3. 先行工作和后续工作

(1)先行工作。相对于某工作而言,从网络图的第一个节点(起点节点)开始,顺箭头方向经过一系列箭线与节点到达该工作为止的各条通路上的所有工作,都称为该工作的先行工作。如图 3-8 所示,支模Ⅰ、钢筋Ⅰ、浇筑Ⅰ、支模Ⅱ、钢筋Ⅱ均为浇筑Ⅱ的先行工作。

(2)后续工作。相对于某工作而言，从该工作之后开始，顺箭头方向经过一系列箭线与节点到网络图最后一个节点(终点节点)的各条通路上的所有工作，都称为该工作的后续工作。如图 3-8 所示，钢筋Ⅰ的后续工作有浇筑Ⅰ、钢筋Ⅱ和浇筑Ⅱ。

(二)双代号网络计划

双代号网络图是目前应用较为普通的一种网络计划形式，它用圆圈箭线表达计划内所要完成的各项工作的先后顺序和相互关系。其中箭线表示一个施工过程，施工过程名称写在箭线上面，施工持续时间写在箭线下面，箭尾表示施工过程开始，箭头表示施工过程结束。矢箭两端的圆圈称为节点，在节点内进行编号，用箭尾节点号码 i 和箭头节点号码 j 作为这个施工过程的代号，如图 3-9 所示，由于各施工过程均用两个代号表示，所以叫做双代号法，用此办法绘制的网络图叫双代号网络图。

图 3-9 双代号网络图的表达方式

1. 双代号网络图的组成

双代号网络图是由工作、节点和线路三个基本要素组成的。

(1)工作。工作是指能够独立存在的实施性活动。如工序、施工过程或施工项目等实施性活动。

工作可分为：需要消耗时间和资源的工作、只消耗时间而不消耗资源的工作和不消耗时间及资源的工作三种。前两种为实工作，最后一种为虚工作；工作表示方法，如图 3-10 所示。

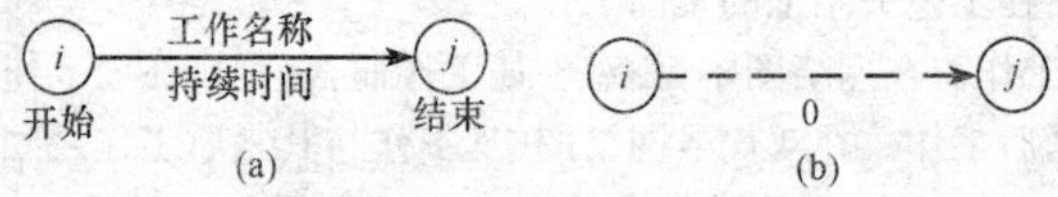

图 3-10 工作示意图

(a)实工作；(b)虚工作

工作根据一项计划(或工程)的规模不同其划分的粗细程度、大小范围也有所不同。如对于一个规模较大的建设项目来讲，一项工作可能代表一个单位工程或一个构筑物；如对于一个单位工程，一项工作可能只代表一个分部或分项工作。表示工作的箭线的长度和方向，在无时间坐标的网络图中，原则上可以任意画，但必须满足网络逻辑关系。箭线的长度按美观和需要而定，其方向尽可能由左向右画出，箭线优先选用水平走向。在有时间坐标的网络图中，其箭线长度必须根据完成该项工作所需持续时间的大小按比例绘制。

(2)节点。在网络图中箭线的出发和交汇处通常画上圆圈,用以标志该圆圈前面一项或若干项工作的结束和允许后面一项或若干项工作的开始的时间点称为节点(也称为结点、事件)。

1)在网络图中,节点不同于工作,它只标志着工作的结束和开始的瞬间,具有承上启下的衔接作用,而不需要消耗时间或资源。

2)节点分起点节点、终点节点、中间节点。网络图的第一个节点为起节点,表示一项计划的开始;网络图的最后一个节点称为终节点,它表示一项计划的结束;其余节点都称为中间节点,任何一个中间节点既是其紧前各施工过程的结束节点,又是其紧后各施工过程的开始节点。

3)网络图中的每一个节点都要编号。编号的顺序是:每一个箭线的箭尾节点代号 i 必须小于箭头节点代号 j,且所有节点代号不能重复出现,如图 3-11 所示。

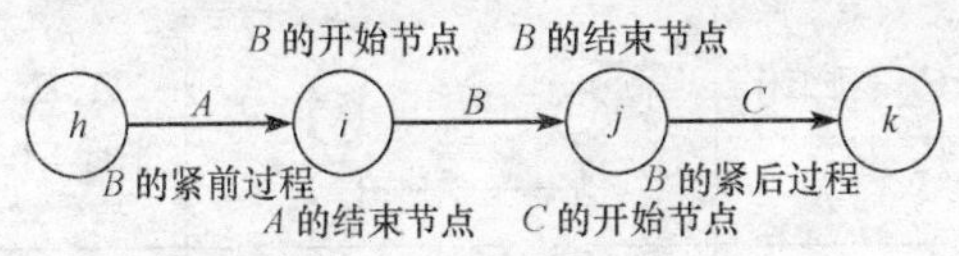

图 3-11 开始节点与结束节点

(3)线路。网络图中从起点节点开始,沿箭线方向连续通过一系列箭线与节点,最后到达终点节点所经过的通路,称为线路。每一条线路都有自己确定的完成时间,它等于该线路上各项工作持续时间的总和,称为线路时间。

根据每条线路的线路时间长短,可将网络图的线路区分为关键线路和非关键线路两种。

关键线路是指网络图中线路时间最长的线路,其线路时间代表整个网络图的计算总工期。关键线路至少有一条,并以粗箭线或双箭线表示。关键线路上的工作,都是关键工作,关键工作都没有时间储备。

在网络图中关键线路有时不止一条,可能同时存在几条关键线路,即这几条线路上的持续时间相同且是线路持续时间的最大值。但从管理的角度出发,为了实行重点管理,一般不希望出现太多的关键线路。

关键线路并不是一成不变的。在一定的条件下,关键线路和非关键线路可以相互转化。例如当采用了一定的技术组织措施,缩短了关键线路上各工作的持续时间就有可能使关键线路发生转移,使原来的关键线路变成非关键线路,而原来的非关键线路却变成关键线路。

位于非关键线路的工作除关键工作外,其余称为非关键工作,它具有机动时间(即时差),非关键工作也不是一成不变的,它可以转化为关键工作;利用非关键工作的机动时间可以科学的、合理的调配资源和对网络计划进行优化。

2. 双代号网络图的绘制

在网络计划中，正确的表示各工作间的逻辑关系是一个核心问题。那么什么是逻辑关系呢？逻辑关系就是各工作在进行作业时，客观上存在的一种先后顺序关系。工作的逻辑关系分析是根据施工工艺和施工组织的要求，确定各道工作之间的相互依赖和相互制约的关系，以方便绘制网络图。

双代号网络图逻辑关系的表达可参照表 3-4 进行。

表 3-4　双代号网络图中各工作逻辑关系表示方法

序号	工作之间的逻辑关系	网络图中表示方法	说　明
1	有 A、B 两项工作，按照依次施工方式进行	 A　B	B 工作依赖着 A 工作，A 工作约束着 B 工作的开始
2	有 A、B、C 三项工作同时开始	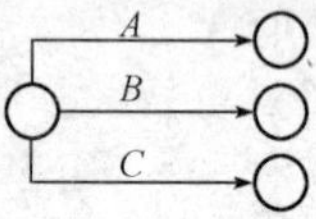 A　B　C	A、B、C 三项工作称为平行工作
3	有 A、B、C 三项工作同时结束	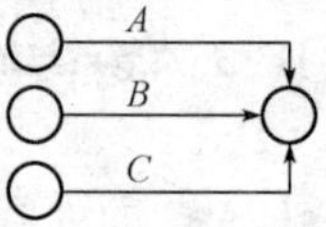 A　B　C	A、B、C 三项工作称为平行工作
4	有 A、B、C 三项工作，只有在 A 完成后，B、C 才能开始	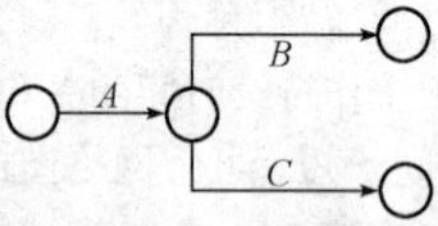 A　B　C	A 工作制约着 B、C 工作的开始。B、C 为平行工作
5	有 A、B、C 三项工作，C 工作只有在 A、B 完成后才能开始	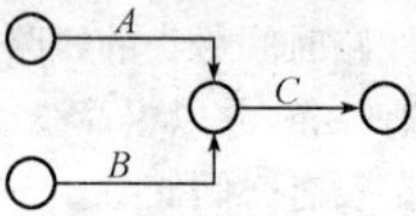 A　C　B	C 工作依赖着 A、B 工作。A、B 为平行工作
6	有 A、B、C、D 四项工作，只有当 A、B 完成后，C、D 才能开始	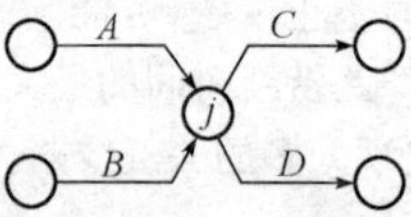 A　C　j　B　D	通过中间事件 j 正确地表达了 A、B、C、D 之间的关系
7	有 A、B、C、D 四项工作，A 完成后 C 才能开始，A、B 完成后 D 才开始	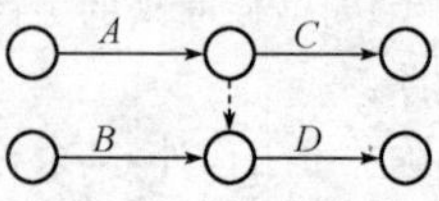 A　C　B　D	D 与 A 之间引入了逻辑连接（虚工作）只有这样才能正确表达它们之间的约束关系

续表

序号	工作之间的逻辑关系	网络图中表示方法	说　明
8	有 A、B、C、D、E 五项工作，A、B 完成后 C 开始，B、D 完成后 E 开始	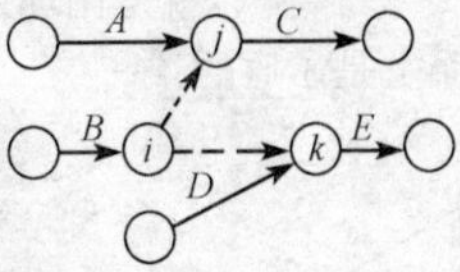	虚工作 $i-j$ 反映出 C 工作受到 B 工作的约束；虚工作 $i-k$ 反映出 E 工作受到 B 工作的约束
9	有 A、B、C、D、E 五项工作，A、B、C 完成后 D 才能开始，B、C 完成后 E 才能开始	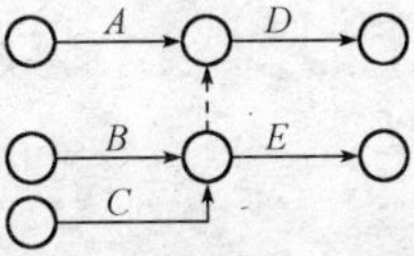	这是前面序号 1、5 情况通过虚工作连接起来，虚工作表示 D 工作受到 B、C 工作制约
10	A、B 两项工作分三个施工段，平行施工	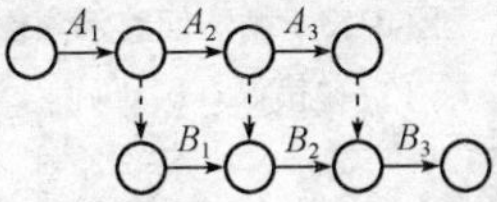	每个工种工程建立专业工作队，在每个施工段上进行流水作业，不同工种之间用逻辑搭接关系表示

(1)网络图必须按照已定的逻辑关系绘制。由于网络图是有向、有序网状图形，所以其必须严格按照工作之间的逻辑关系绘制，这同时也是为保证工程质量和资源优化配置及合理使用所必需的。例如，已知工作之间的逻辑关系如表 3-5 所示，若绘出网络图 3-12(a)则是错误的，因为工作 A 不是工作 D 的紧前工作。此时，可用虚箭线将工作 A 和工作 D 的联系断开，如图 3-12(b)所示。

表 3-5　逻辑关系表

工作	A	B	C	D
紧前工作	—	—	A、B	B

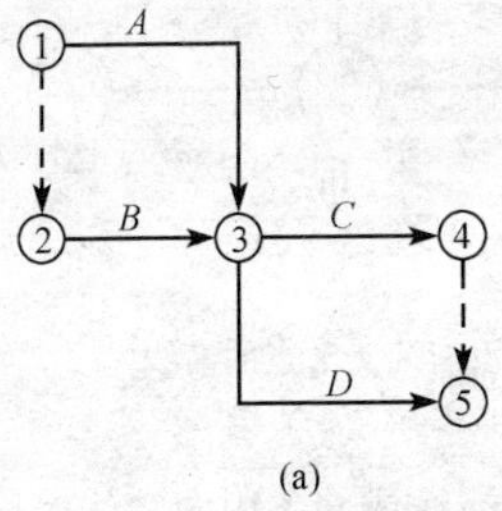

(a)

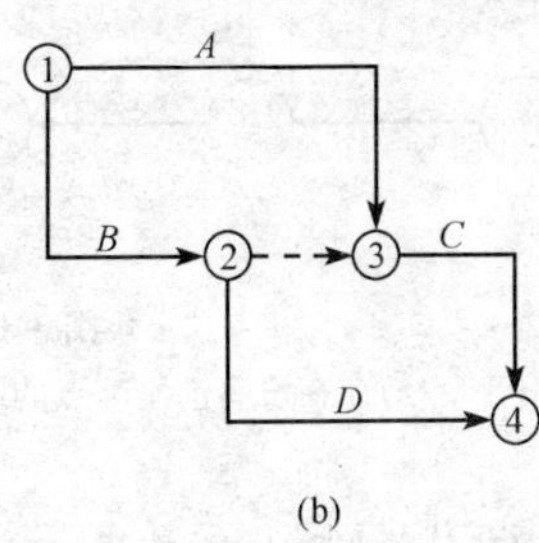

(b)

图 3-12　网络图

(a)错误画法；(b)正确画法

(2)在网络图中不允许出现循环回路。在网络图中，从一个节点出发沿着某一条线路移动，又回到原出发节点，即在网络图中出现了闭合的循环路线，称为循环回路。如图 3-13(a)中的 2—3—5—2，就是循环回路。它表示的网络图在逻辑关系上是错误的，在工艺关系上是矛盾的。

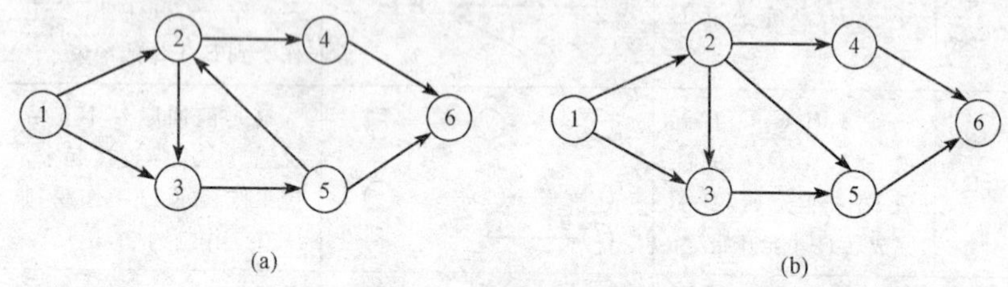

图 3-13 循环回路示意图

(a)错误；(b)正确

(3)网络图中严禁出现双向箭头和无箭头的连线。图 3-14 所示即为错误的工作箭线画法，因为工作进行的方向不明确，因而不能达到网络图有向的要求。

图 3-14 错误的工作箭线画法

(a)双向箭头；(b)无箭头

(4)网络图中严禁出现没有箭尾节点的箭线和没有箭头节点的箭线。图 3-15 即为错误的画法。

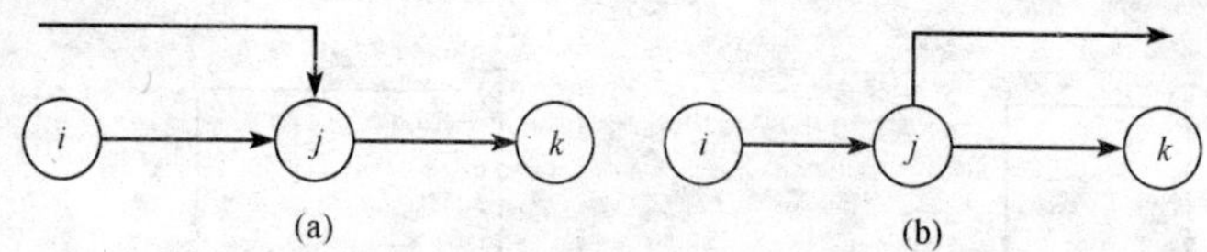

图 3-15 错误的画法

(a)存在没有箭尾节点的箭线；(b)存在没有箭头节点的箭线

(5)当双代号网络图的某些节点有多条外向箭线或多条内向箭线时，在保证一项工作有唯一的一条箭线和对应的一对节点编号前提下，允许使用母线法绘图。箭线线型不同，可在从母线上引出的支线上标出，如图 3-16。

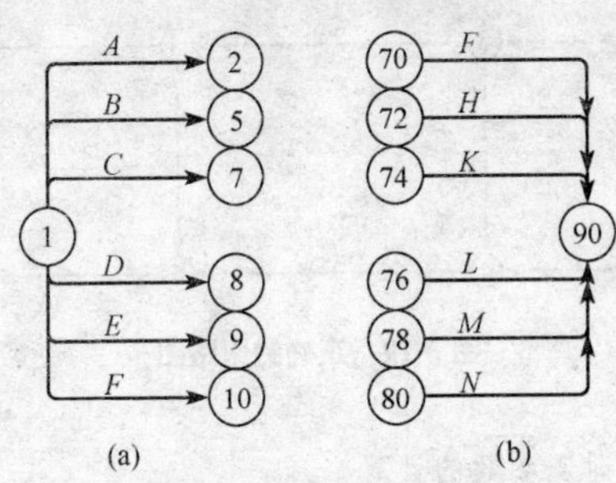

图 3-16　母线法绘图

(a)有多条外向箭线时母线法绘图;(b)有多条内向箭线时母线法绘图

(6)绘制网络图时,箭线不宜交叉,当交叉不可避免时,可用过桥法或指向法,见图 3-17。

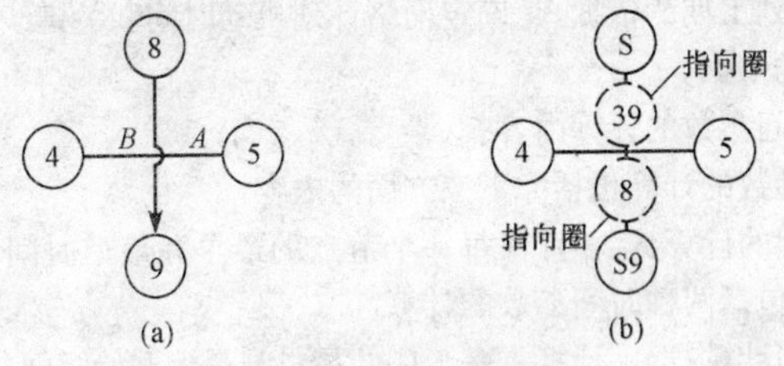

图 3-17　箭线交叉的表示方法

(a)过桥法;(b)指向法

(7)双代号网络图是由许多条线路组成的、环环相套的封闭图形,只允许有一个起点节点和一个终点节点,而其他所有节点均是中间节点(既有指向它的箭线,又有背离它的箭线)。图 3-18 所示网络图中有两个起点节点①和②,两个终点节点⑦和⑧。该网络图的正确画法如图 3-19 所示,即将节点①和②合并为一个起点节点,将节点⑦和⑧合并为一个终点节点。

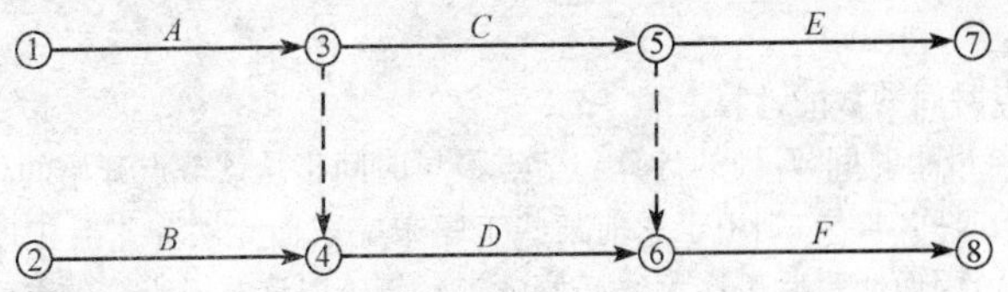

图 3-18　存在多个起点节点和多个终点节点的错误网络图

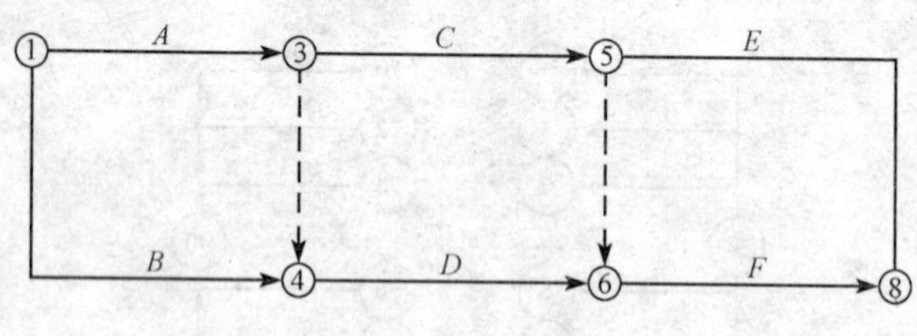

图 3-19 正确的网络图

3. 双代号网络图时间参数的计算

分析和计算网络计划的时间参数,是网络计划方法的一项重要技术内容。通过计算网络计划的时间参数,可以确定完成整个计划所需要的时间——计划的推算工期;明确计划中各项工作的起止时间限制,分析计划中各项工作对整个计划工期的不同影响,从工期的角度区分出关键工作与非关键工作;计算出非关键工作的作业时间有多少机动性(作业时间的可伸缩度)。所以计算网络计划的时间参数,是确定计划工期的依据,是确定网络计划机动时间和关键线路的基础,是计划调整与优化的依据。

(1)网络时间参数的计算内容。

网络时间参数的计算包括如下三方面的内容:

1)节点时间的计算:逐一计算每一个节点的最早和最迟时间(时刻),同时得到计划总工期,包括两种时间参数的计算。

2)工序时间计算:逐一计算每一工序的最早与最迟开始时间(时刻)和最早与最迟完成时间(时刻),包括四种时间参数的计算。

3)时差(机动时间)计算:时差有多种类型,这里我们介绍工序总时差、工序自由时差和工序专用时差等三种时间参数的计算。

(2)网络时间参数的计算方法。

网络计划时间参数计算的方法有很多种,如分析计算法、图上计算法、表上计算法和电算法等。下面对其中的分析计算法、图上计算法、表上计算法等手算法加以介绍。

1)分析计算法。分析计算法是根据各项时间参数计算公式,列式计算时间参数的方法。

①节点时间参数的计算。

a. 节点最早时间(ET)的计算。节点最早时间指从该节点开始的各工序可能的最早开始时间(再早,则由于紧前某些工序未完成而无法为紧后工序提供作业面或作业队,因而使紧后工序无法开始施工),等于以该节点为结束点的各工序可能最早完成的时间的最大值。节点最早时间可以统一表明以该节点为开始节点的所有工序最早的可能开工时间。

节点 i 的最早时间 ET_i 应从网络计划的起点节点开始，顺着箭线方向，依次逐项计算，并应符合下列规定：

(a)起点节点 i 如未规定最早时间 ET_i 时，其值应等于零，即：

$$ET_i = 0 \quad (i=1) \tag{3-13}$$

(b)当节点 j 只有一条内向箭线时，其最早时间为

$$ET_j = ET_i + D_{i-j} \tag{3-14}$$

(c)当节点 j 有多条内向箭线时，其最早时间 ET_j 应为

$$ET_j = \max\{ET_i + D_{i-j}\} \tag{3-15}$$

式中　ET_j——工作 $i-j$ 的完成节点 j 的最早时间；

ET_i——工作 $i-j$ 的开始节点 i 的最早时间；

D_{i-j}——工作 $i-j$ 的持续时间。

b. 节点最迟时间(LT)的计算。节点最迟时间是指以某一节点为结束点的所有工序必须全部完成的最迟时间，也就是在不影响计划总工期的条件下，该节点必须完成的时间，由于它可以统一表示到该节点结束的任一工序必须完成的最迟时间，但却不能统一表明从该节点开始的各不同工序最迟必须开始的时间，所以也可以把它看作节点的各紧前工序最迟必须完成时间。

(a)节点 i 的最迟时间 LT_i 应从网络计划的终点节点开始，逆着箭线方向依次逐项计算，当部分工作分期完成时，有关节点的最迟时间必须从分期完成节点开始逆向逐项计算。

(b)终点节点 n 的最迟时间 LT_n 应按网络计划的计划工期 T_p 确定，即：

$$LT_n = T_p \tag{3-16}$$

分期完成节点的最迟时间应等于该节点规定的分期完成时间。

(c)其他节点 i 的最迟时间 LT_i 应为：

$$LT_i = \min\{LT_j - D_{i-j}\} \tag{3-17}$$

式中　LT_i——工作 $i-j$ 开始节点 i 的最迟时间；

LT_j——工作 $i-j$ 完成节点 j 的最迟时间；

D_{i-j}——工作 $i-j$ 的持续时间。

②工序时间参数的计算。工序时间是指各工序的开始时间和完成时间，共有四种，即最早可能开始时间，最早可能完成时间，最迟必须开始时间，最迟必须完成时间。

工序时间是以工序为对象计算的。计算工序时间必须包括网络图中的所有工序，对虚工序最好也进行计算，否则容易产生错误，给以后分析时差带来不便。

a. 工序最早开始时间(ES)的计算。工序的最早开始时间指各紧前工序(紧排在本工序之前的工作)全部完成后，本工序有可能开始的最早时刻。工序 $i-j$ 的最早开始时间 ES_{i-j} 的计算应符合下列规定：

(a)工序 $i-j$ 的最早开始时间 ES_{i-j} 应从网络计划的起点节点开始，顺着箭

线方向依次逐项计算。

(b)以起点节点 i 为箭尾节点的工序 $i-j$，当未规定其最早开始时间 ES_{i-j} 时，其值应等于零，即：

$$ES_{i-j}=0 \quad (i=1) \tag{3-18}$$

(c)当工序 $i-j$ 只有一项紧前工序 $h-i$ 时，其最早开始时间 ES_{i-j} 应为：

$$ES_{i-j}=ES_{h-i}+D_{h-i} \tag{3-19}$$

(d)当工序 $i-j$ 有多个紧前工作时，其最早开始时间 ES_{i-j} 应为

$$ES_{i-j}=\max\{ES_{h-i}+D_{h-i}\} \tag{3-20}$$

式中 ES_{i-j}——工序 $i-j$ 的最早开始时间；

ES_{h-i}——工序 $i-j$ 的紧前工序 $h-i$ 的最早开始时间；

D_{h-i}——工序 $i-j$ 的紧前工序 $h-i$ 的持续时间。

b. 工序最早完成时间(EF)的计算。工序最早完成时间指各紧前工序完成后，本工序有可能完成的最早时刻。工序 $i-j$ 的最早完成时间 EF_{i-j} 应按下式进行计算：

$$EF_{i-j}=ES_{i-j}+D_{i-j} \tag{3-21}$$

c. 工序最迟开始时间(LS)的计算。工序的最迟开始时间指在不影响整个任务按期完成的前提下，工序必须开始的最迟时刻。

工序 $i-j$ 的最迟开始时间 LS_{i-j} 应按下式计算：

$$LS_{i-j}=LF_{i-j}-D_{i-j} \tag{3-22}$$

d. 工序最迟完成时间(LF)的计算。工序最迟完成时间指在不影响整个任务按期完成的前提下，工序必须完成的最迟时刻。

(a)工序 $i-j$ 的最迟完成时间 LF_{i-j} 应从网络计划的终点节点开始，逆着箭线方向依次逐项计算。

(b)以终点节点($j=n$)为箭头节点的工序的最迟完成时间 LF_{i-n}，应按网络计划的计划工期 T_p 确定，即：

$$LF_{i-n}=T_p \tag{3-23}$$

(c)其他工序 $i-j$ 的最迟完成时间 LF_{i-j}，应按下式计算：

$$LF_{i-j}=\min\{LF_{j-k}-D_{j-k}\} \tag{3-24}$$

式中 LF_{i-k}——工序 $i-j$ 的各项紧后工序 $j-k$ 的最迟完成时间；

D_{j-k}——工序 $i-j$ 的各项紧后工序(紧排在本工序之后的工序)的持续时间。

③时差计算。

时差就是一个工序在施工过程中可以灵活机动使用而又不致影响总工期的一段时间。在双代号网络图中，节点是前后工序的交接点，它本身是不占用任何时间的，所以也就无时差可言。讲时差就是指工序的时差，只有工序才有时差。任何一个工序都只能在下述两个条件所限制的时间范围内活动：

a. 工序有了应有的工作面和人力、设备，因而有了可能开始工作的条件。

b. 工序的最后完工不致影响其紧后工序按时完工，从而得以保证整个工作按期完成。

下面介绍一下较常用的工序总时差、自由时差：

(a)总时差(TF)的计算。在网络图中，工序只能在最早开始时间与最迟完成时间内活动。在这段时间内，除了满足本工序作业时间所需之外还可能有富裕的时间，这富裕的时间是工序可以灵活机动的总时间，称作工序的总时差。由此可知，工序的总时差是不影响本工序按最迟开始时间开工而形成的机动时间，其计算公式为

$$TF_{i-j}=LF_{i-j}-EF_{i-j}=LS_{i-j}-ES_{i-j}$$
$$=LT_j-(ET_i+D_{i-j}) \qquad (3\text{-}25)$$

式中　TF_{i-j}——工作 $i-j$ 的总时差。

其余符号同前。

(b)自由时差(FF)的计算。自由时差就是在不影响其紧后工作最早开始时间的条件下，某工序所具有的机动时间。某工序利用自由时差，变动其开始时间或增加其工作持续时间均不影响其紧后工作的最早开始时间。

工序自由时差的计算应按以下两种情况分别考虑：

对于有紧后工序的工作，其自由时差等于本工序之紧后工作最早开始时间减本工序最早完成时间所得之差的最小值，即：

$$FF_{i-j}=\min\{ES_{j-\mathrm{k}}-EF_{i-j}\}$$
$$=\min\{ES_{j-\mathrm{k}}-ES_{i-j}-D_{i-j}\} \qquad (3\text{-}26)$$

式中　FF_{i-j}——工序 $i-j$ 的自由时差。

其余符号意义同前。

对于无紧后工序的工作，也就是以网络计划终点节点为完成节点的工作，其自由时差等于计划工期与本工作最早完成时间之差，即：

$$FF_{i-n}=T_{\mathrm{p}}-EF_{i-n}=T_{\mathrm{p}}-ES_{i-n}-D_{i-n} \qquad (3\text{-}27)$$

式中　FF_{i-n}——以网络计划终点节点 n 为完成节点的工作 $i-n$ 的自由时差；

T_{p}——网络计划的计划工期；

EF_{i-n}——以网络计划终点节点 n 为完成节点的工作 $i-n$ 的最早完成时间；

ES_{i-n}——以网络计划终点节点 n 为完成节点的工作 $i-n$ 的最早开始时间；

D_{i-n}——以网络计划终点节点 n 为完成节点的工作 $i-n$ 的持续时间。

需要指出的是，对于网络计划中以终点节点为完成节点的工作，其自由时差与总时差相等。此外，由于工作的自由时差是其总时差的构成部分，所以，当工作的总时差为零时，其自由时差必然为零，可不必进行专门计算。

④关键线路和关键工作确定。

在网络计划中，总时差最小的工作为关键工作。特别当网络计划的计划工期等于计算工期时，总时差为零的工作就是关键工作。

找出关键工作之后，将这些关键工作首尾相连，便构成从起点节点到终点节点的通路，位于该通路上各项工作的持续时间总和最大，这条通路就是关键线路。在关键线路上可能有虚工作存在。

关键线路一般用粗箭线或双线箭线标出，也可以用彩色箭线标出。关键线路上各项工作的持续时间总和应等于网络计划的计算工期，这一特点也是判别关键线路是否正确的准则。

2)图上计算法。图算法是按照各项时间参数计算公式的程序，直接在网络图上计算时间参数的方法。由于计算过程在图上直接进行，不需列计算公式，既快又不易出错，计算结果直接标注在网络图上，一目了然，同时也便于检查和修改，故此比较常用。

①各种时间参数在图上的表示方法。

节点时间参数通常标注在节点的上方或下方，其标注方法如图 3-20(a)所示。工作时间参数通常标注在工作箭线的上方或左侧，如图 3-20(b)所示。

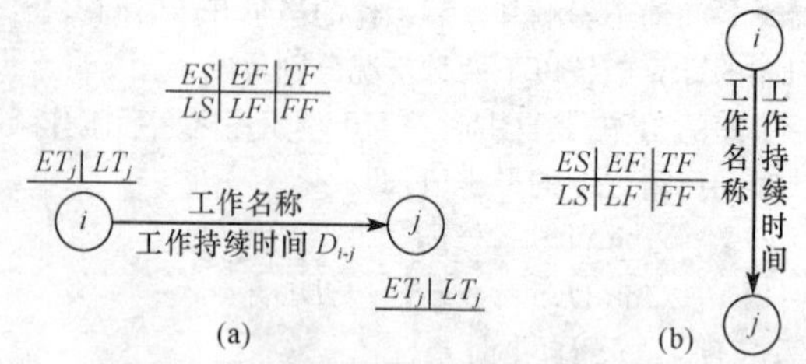

图 3-20 双代号网络图时间参数标注方法

②计算方法。

a. 计算节点最早时间(ET)。与分析计算法一样，从起点节点顺箭头方向逐节点计算，起点节点的最早时间规定为 0，其他节点的最早时间可采用"沿线累加、逢圈取大"的计算方法。也就是从网络的起点节点开始，沿着每条线路将各工序的作业时间累加起来，在每一个圆圈(即节点)处选取到达该圆圈的各条线路累计时间的最大值，这个最大值就是该节点最早的开始时间。终点节点的最早时间是网络图的计划工期，为醒目起见，将计划工期标在终点节点边的方框中。

b. 计算节点最迟时间(LT)。与分析计算法一样，从终点节点逆箭头方向逐节点计算，终点节点最迟时间的规定等于网络图的计划工期，其他节点的最迟时间可采用"逆线累减、逢圈取小"的计算方法。也就是从网络图的终点节点开始逆着每条线路将计划总工期依次减去各工序的作业时间，在每一圆圈处取其后续线路累减时间的最小值，就是该节点的最迟时间。

c. 工序时间参数与时差的计算方法与顺序和分析计算法相同，计算时将计算结果填入图中相应位置。

3)表上计算法。表算法是采用各项时间参数计算表格，按照时间参数相应计算公式和程序，直接在表格上进行时间参数计算的方法。表算法的规律性很强，其计算过程很容易用算法语言进行描述，是由手算法向电算法过渡的一种方法。当手头没有现成的计算软件时，比较容易自己编制电算程序，进行电算。

现以图 3-21 的网络计划为例，说明表上计算法的步骤(表 3-6)。

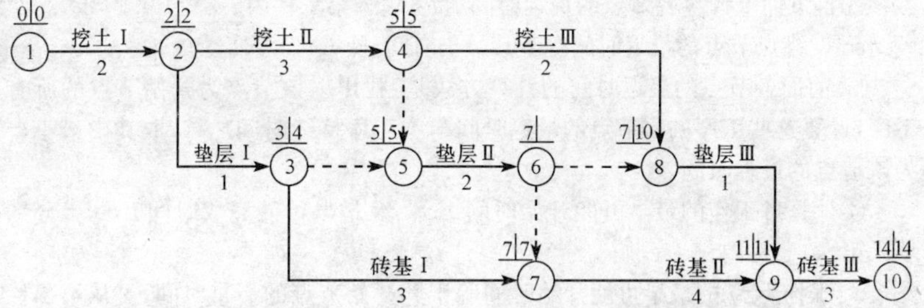

图 3-21　网络图节点时间参数的计算

表 3-6　　　　　　　　　　　　表上计算法

节点号码	ET_i	LT_i	工序代码	D_{i-j}	ES_{i-j}	EF_{i-j}	LS_{i-j}	LF_{i-j}	TF_{i-j}	FF_{i-j}
1	0	0	1—2	2	0	2	0	2	0	0
2	2	2	2—3	1	2	3	3	4	1	0
			2—4	3	2	5	2	5	0	0
3	3	4	3—5	0	3	3	5	5	2	2
			3—7	3	3	6	4	7	1	1
4	5	5	4—5	0	5	5	5	5	0	0
			4—8	2	5	7	8	10	3	0
5	5	5	4—6	2	5	7	5	7	0	0
6	7	7	6—7	0	7	7	7	7	0	0
			6—8	0	7	7	10	10	3	0
7	7	7	7—9	4	7	11	7	11	0	0
8	7	10	8—9	1	7	8	10	11	3	3
9	11	11	9—10	3	11	14	11	14	0	0
10	14	14								

①将网络图各项填入表中的相应栏目：

将节点号填入第一栏，工序填入第四栏，工序的持续时间填入第五栏。

②自上而下计算各节点的最早时间 ET_i，填入第二栏内。

a. 设起节点的最早时间为 D。

b. 其后各节点的最早时间的计算方法是：找出以此节点为尾节点的所有工序，计算这些工序的开始节点与本工序持续时间之和，取其中最大者为该节点的最早时间。

③自下而上计算各节点的最迟时间 LT_i，填入第三栏内。

a. 设终点节点的最迟时间等于其最早时间，即 $LT_n=ET_n$。

b. 前面各节点的最迟时间的计算方法是：找出以该节点为开始节点的所有工序，计算这些工序的尾节点的最迟时间与本工序持续时间之差，取其中最小者为该节点的最迟时间。

④计算各工作的最早可能开始时间 ES_{i-j} 及最早可能完成时间 EF_{i-j}，分别填入第六、七栏内。

a. 工作 $i-j$ 的最早可能开始时间等于其开始节点的最早时间，可从第二栏相应节点中查出。

b. 工作 $i-j$ 的最早可能完成时间等于其最早可能开始时间加上工作的持续时间，可以从第六栏的工作最早可能开始时间加上该行第五栏的工作持续时间求得。

⑤计算各工作的最迟必须完成时间 LF_{i-j} 和最迟必须开始时间 LS_{i-j}，分别填入第八、九栏。

a. 工作的最迟必须完成时间等于其结束节点的最迟时间，可从第三栏相应节点中找出。

b. 工作的最迟必须开始时间等于其最迟必须完成时间减去工作持续时间，可将第九栏的工作最迟必须完成时间减去第五栏的工作持续时间求得。

⑥计算工作的总时差 TF_{i-j} 填入第十栏。

工作的总时差等于其最迟必须开始时间减去最早可能开始时间，可将第八栏的 LS_{i-j} 减去对应第六栏的 ES_{i-j} 而得。

⑦计算各工作的自由时差 FF_{i-j} 填入第十一栏。

工作的自由时差等于其紧后工作的最早可能开始时间 ES_{j-k} 减去本工作的最早可能完成时间 EF_{i-j}。

(三)单代号网络计划

单代号网络计划是在工作流程图的基础上演绎而成的网络计划形式。由于它具有绘图简便、逻辑关系明确、易于修改等优点，因此，在国内外日益受到普遍重视。其应用范围和表达功能也在不断发展和壮大。单代号网络图与双代号网络图一样，均由节点和箭线两种基本符号组成。所不同的是，单代号网络图用节点表示工序，用箭线表达工序之间的逻辑关系。在单代号网络图中，每一个节点表示一道工序，且有惟一的一个编号，因此可用一个节点编号表示惟一的一道工序。

1. 单代号网络图的组成

普通单代号网络图是由工作和线路两个基本要素组成。

(1)工作。在单代号网络图中，工作由结点及其关联箭线组成。通常将结点画成一个大圆圈或方框形式，其内标注工作编号、名称和持续时间。关联箭线表示该工作开始前和结束后的环境关系，如图 3-22 所示。

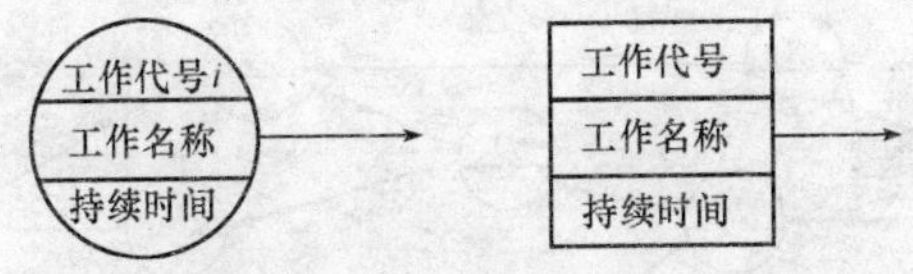

图 3-22 单代号网络图中工作的表示方法

(2)线路。线路是由起点节点出发，顺着箭线方向到达终点节点的，中间经由一系列节点和箭线所组成的通道，这些通道均称为线路。在单代号网络图中，线路也分为关键线路和非关键线路两种，它们的性质与双代号网络图相应线路性质一致。

2. 单代号网络图的绘制

(1)正确的表达工作之间相互制约和相互依赖的关系，在单代号网络图中，工作之间逻辑关系的表示方法比较简单。如表 3-7 是用单代号表示的几种常见的逻辑关系。

表 3-7 单代号网络图逻辑关系表示方法

序号	工作间的逻辑关系	单代号网络图的表示方法
1	A、B、C 三项工作依次完成	A B C
2	A、B 完成后进行 D	A B D
3	A 完成后，B、C 同时开始	A B C
4	A 完成后进行 C A、B 完成后进行 D	A C B D

(2)网络图中不允许出现循环回路。

(3)网络图中不允许出现有重复编号的工作,一个编号只能代表一项工作。

(4)网络图中不允许出现双箭线或无箭头的线段。

(5)在单目标网络图中只允许有一个终点节点和一个起点节点。

当网络图中有多项开始工作和多项结束工作时,应在网络图的两端分别设置一项虚工作,作为网络图的起点节点和终点节点,如图 3-23 所示。其他再无任何虚工作。

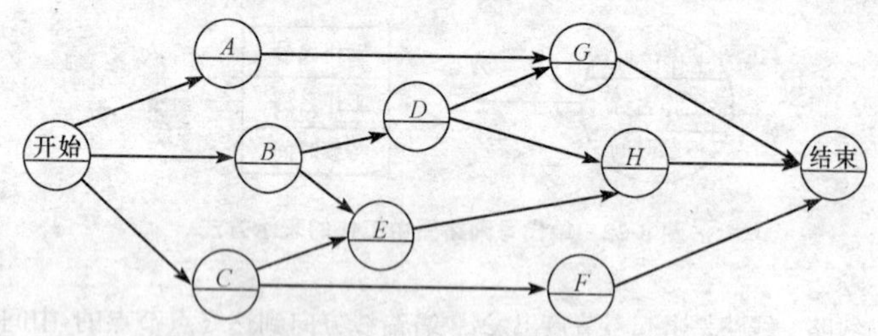

图 3-23　带虚拟起点节点和终点节点的网络图

3. 单代号网络图时间参数计算

因为单代号网络图的节点代表工作,所以单代号网络计划没有节点时间参数而只有工作时间参数和工作时差。即工作 i 的最早开始时间(ES_i),最早完成时间(EF_i),最迟开始时间(LS_i),最迟完成时间(LF_i),总时差(TF_i)和自由时差(FF_i)。单代号网络计划的时间参数计算的方法和顺序与双代号网络计划的工作时间参数计算相同,同样,单代号网络计划时间参数计算的基础也是必须首先确定工作的作业持续时间。

(1)工作最早可能开始和结束时间计算。

1)工作 i 的最早开始时间 ES_i 应从网络计划的起点节点开始,顺着箭线方向依次逐项计算。

2)起点节点 i 的最早开始时间 ES_i 如无规定时,其值应等于零,即

$$ES_i=0(i=1) \tag{3-28}$$

3)各项工作最早开始和结束时间的计算公式为

$$\left.\begin{aligned} ES_j&=\max\{ES_i+D_i\}=\max\{EF_i\} \\ EF_j&=ES_j+D_j \end{aligned}\right\} \tag{3-29}$$

式中 ES_j——工作(j)最早可能开始时间;

EF_j——工作(j)最早可能结束时间;

D_j——工作(j)的持续时间;

ES_j——前导工作(i)最早可能开始时间;

EF_i——前导工作(i)最早可能结束时间;

D_i——前导工作(i)的持续时间。

(2)相邻两项工作之间时间间隔的计算。

相邻两项工作之间存在着时间间隔，i工作与j工作的时间间隔记为$LAG_{i,j}$。时间间隔指相邻两项工作之间，后项工作的最早开始时间与前项工作的最早完成时间之差，其计算公式为：

$$LAG_{i,j}=ES_j-EF_i \tag{3-30}$$

式中 $LAG_{i,j}$——工作i与其紧后工作j之间的时间间隔；

ES_j——工作i的紧后工作j的最早开始时间；

EF_i——工作i的最早完成时间。

(3)工作总时差的计算。

工作总时差的计算应从网络计划的终点节点开始，逆着箭线方向按节点编号从大到小的顺序依次进行。

1)网络计划终点节点n所代表的工作的总时差(TF_n)应等于计划工期T_p与计算工期T_c之差，即：

$$TF_n=T_p-T_c \tag{3-31}$$

当计划工期等于计算工期时，该工作的总时差为零。

2)其他工作的总时差应等于本工作与其各紧后工作之间的时间间隔加该紧后工作的总时差所得之和的最小值，即：

$$TF_i=\min\{LAG_{i,j}+TF_j\} \tag{3-32}$$

式中 TF_i——工作i的总时差；

$LAG_{i,j}$——工作i与其紧后工作j之间的时间间隔；

TF_j——工作i的紧后工作j的总时差。

(4)自由时差的计算。

工作i的自由时差FF_i的计算应符合下列规定：

1)终点节点所代表的工作n的自由时差FF_n应为：

$$FF_n=T_p-EF_n \tag{3-33}$$

式中 FF_n——终点节点n所代表的工作的自由时差；

T_p——网络计划的计划工期；

EF_n——终点节点n所代表的工作的最早完成时间(即计算工期)。

2)其他工作i的自由时差FF_i应为

$$FF_i=\min\{LAG_{i,j}\} \tag{3-34}$$

(5)工作最迟完成时间和最迟开始时间的计算。

1)工作i的最迟完成时间LF_i应从网络计划的终点节点开始，逆着箭线方向依次逐项计算。当部分工作分期完成时，有关工作的最迟完成时间应从分期完成的节点开始，逆项逐项计算。

2)终点节点所代表的工作n的最迟完成时间LF_n，应按网络计划的计划工期

T_p 确定，即：

$$LF_n = T_p \tag{3-35}$$

3）其他工作 i 的最迟完成时间 LF_i 应为

$$LF_i = \min\{LS_j\} \tag{3-36}$$

或

$$LF_i = EF_i + TF_i \tag{3-37}$$

式中 LF_i——工作 j 的紧前工作 i 的最迟完成时间；

LS_j——工作 i 的紧后工作 j 的最迟开始时间；

EF_i——工作 i 的最早完成时间；

TF_i——工作 i 的总时差。

（6）工作 i 的最迟开始时间的计算公式

$$LS_i = LF_i - D_i \tag{3-38}$$

式中 LS_i——工作 i 的最迟开始时间；

LF_i——工作 i 的最迟完成时间；

D_i——工作 i 的作业持续时间。

（7）关键线路的确定。

1）利用关键工作确定关键线路。如前所述，总时差最小的工作为关键工作。将这些关键工作相连，并保证相邻两项关键工作之间的时间间隔为零而构成的线路就是关键线路。

2）利用相邻两项工作之间的时间间隔确定关键线路。从网络计划的终点节点开始，逆着箭线方向依次找出相邻两项工作之间时间间隔为零的线路就是关键线路。

第五节 施工现场平面布置

一、施工平面图设计要求

1. 施工总平面图设计

施工总平面图设计内容及要求见表 3-8。

表 3-8 **施工总平面图设计**

序号	项 目	内容及要求
1	施工总平面图的设计依据	（1）设计资料。 （2）调查收集到的地区资料。 （3）施工部署和主要工程施工方案。 （4）施工总进度计划。 （5）资源需要量表。 （6）建筑工程量计算参考资料

续表

序号	项　目	内 容 及 要 求
2	施工总平面图设计的主要内容	(1)施工用地范围。 (2)一切地上和地下的已有和拟建的建筑物、构筑物及其他设施的平面位置与尺寸。 (3)永久性与非永久性坐标位置,必要时标出建筑场地的等高线。 (4)场内取土和弃土的区域位置。 (5)为施工服务的各种临时设施的位置。这些设施包括: 1)各种运输业务用的建筑物和运输道路; 2)各种加工厂、半成品制备站及机械化装置等; 3)各种建筑材料、半成品及零件的仓库和堆置场; 4)行政管理及文化生活福利用的临时建筑物; 5)临时给水排水管线、供电线路、管道等; 6)保安及防火设施
3	施工总平面图设计的原则	施工总平面图是建设项目或群体工程的施工布置图,由于栋号多、工期长、施工场地紧张及分批交工的特点,使施工平面图设计难度大,应当坚持以下原则: (1)在满足施工要求的前提下布置紧凑,少占地,不挤占交通道路。 (2)最大限度地缩短场内运输距离,尽可能避免二次搬运。物料应分批进场,大件置于起重机下。 (3)在满足施工需要的前提下,临时工程的工程量应该最小,以降低临时工程费,故应利用已有房屋和管线,永久工程前期完工的为后期工程使用。 (4)临时设施布置应利于生产和生活,减少工人往返时间。 (5)充分考虑劳动保护、环境保护、技术安全、防火要求等
4	施工总平面图的设计步骤	施工总平面图的设计步骤应是:引入场外交通道路→布置仓库→布置加工厂和混凝土搅拌站→布置内部运输道路→布置临时房屋→布置临时水电管线网和其他动力设施→绘制正式的施工总平面图

续表

序号	项目		内容及要求
5	施工总平面图的设计要求	场外交通道路的引入与场内布置	(1)一般大型工业企业都有永久性铁路建筑，可提前修建为工程服务，但应恰当确定起点和进场位置，考虑转弯半径和坡度限制，有利于施工场地的利用。 (2)当采用公路运输时，公路应与加工厂、仓库的位置结合布置，与场外道路连接，符合标准要求。 (3)当采用水路运输时，卸货码头不应少于2个，宽度不应小于2.5m，江河距工地较近时，可在码头附近布置主要加工厂和仓库
		仓库的布置	一般应接近使用地点，其纵向宜与交通线路平行，装卸时间长的仓库应远离路边
		加工厂和混凝土搅拌站的布置	总的指导思想是应使材料和构件的运输量小，有关联的加工厂适当集中
		内部运输道路的布置	(1)提前修建永久性道路的路基和简单路面为施工服务；临时道路要把仓库、加工厂、堆场和施工点贯穿起来。 (2)按货运量大小设计双行环行干道或单行支线，道路末端要设置回车场。路面一般为土路、砂石路或礁碴路。 (3)尽量避免临时道路与铁路、塔轨交叉，若必须交叉，其交叉角宜为直角，至少应大于30°
		临时房屋的布置	(1)尽可能利用已建的永久性房屋为施工服务，不足时再修建临时房屋。临时房屋应尽量利用活动房屋。 (2)全工地行政管理用房宜设在全工地入口处。工人用的生活福利设施，如商店、俱乐部等，宜设在工人较集中的地方，或设在工人出入必经之处。 (3)工人宿舍一般宜设在场外，并避免设在低洼潮湿地及有烟尘不利于健康的地方。 (4)食堂宜布置在生活区，也可视条件设在工地与生活区之间

续表

序号	项目		内容及要求
5	施工总平面图的设计要求	临时水电管网和其他动力设施的布置	(1)尽量利用已有的和提前修建的永久线路。 (2)临时总变电站应设在高压线进入工地处，避免高压线穿过工地。 (3)临时水池、水塔应设在用水中心和地势较高处。管网一般沿道路布置，供电线路应避免与其他管道设在同一侧。主要供水、供电管线采用环状，孤立点可设枝状。 (4)管线穿过道路处均要套以铁管，一般电线用 $\phi51 \sim \phi76$ 管，电缆用 $\phi102$ 管，并埋入地下0.6m处。 (5)过冬的临时水管须埋在冰冻线以下或采取保温措施。 (6)排水沟沿道路布置，纵坡不小于0.2%，通过道路处须设涵管，在山地建设时应有防洪设施。 (7)消火栓间距不大于120m，距拟建房屋不小于5m，不大于25m，距路边不大于2m。 (8)各种管道间距应符合规定要求

2. 单位工程施工平面图设计

单位工程施工平面图设计要求及要点见表3-9。

表3-9 单位工程施工平面图设计

序号	项目	内容及要求
1	设计要求	布置紧凑，占地要省，不占或少占农田；短运输，少搬运；临时工程要在满足需要的前提下，少用资金；利于生产、生活、安全、消防、环保、市容、卫生、劳动保护等，符合国家有关规定和法规
2	设计步骤	设计步骤：确定起重机的位置→确定搅拌站、仓库、材料和构件堆场、加工厂的位置→布置运输道路→布置行政管理、文化、生活、福利用临时设施→布置水电管线→计算技术经济指标

续表

序号	项目		内容及要求
3	设计要点	起重机械布置	井架、门架等固定式垂直运输设备的布置，要结合建筑物的平面形状、高度、材料、构件的重量，考虑机械的负荷能力和服务范围，做到便于运送，便于组织分层分段流水施工，便于楼层和地面的运输，运距要短。 塔式起重机的布置要结合建筑物的形状及四周的场地情况布置。起重高度、幅度及起重量要满足要求，使材料和构件可达到建筑物的任何使用地点。路基按规定进行设计和建造。 履带吊和轮胎吊等自行式起重机的行驶路线要考虑吊装顺序、构件重量、建筑物的平面形状、高度、堆放场位置以及吊装方法，避免机械能力的浪费
		运输道路的修筑	应按材料和构件运输的需要，沿着仓库和堆场进行布置，使之畅行无阻。宽度要符合规定，单行道不小于 3～3.5m，双车道不小于 5.5～6m。木材场两侧应有 6m 宽通道，端头处应有 12m×12m 回车场。消防车道不小于 3.5m
		供水设施的布置	临时供水首先要经过计算、设计，然后进行设置，其中包括水源选择、取水设施、贮水设施、用水量计算（生产用水、机械用水、生活用水、消防用水）、配水布置、管径的计算等。单位工程施工组织设计的供水计算和设计可以简化或根据经验进行安排。一般 5000～10000m^2 的建筑物施工用水主管径为 50mm，支管径为 40mm 或 25mm。消防用水一般利用城市或建设单位的永久消防设施
		临时供电设施	临时供电设计，包括用电量计算、电源选择、电力系统选择和配置。用电量包括电动机用电量、电焊机用电量、室内和室外照明容量

二、临时建筑布置

临时建筑可分为行政、生活临时用房和临时仓库、加工厂等。

(一)临时行政、生活用房

1. 临时行政、生活用房分类

(1)行政管理和辅助用房:包括办公室、会议室、门卫、消防站、汽车库及修理车间等。

(2)生活用房:包括职工宿舍、食堂、卫生设施、工人休息室、开水房等。

(3)文化福利用房:包括医务室、浴室、理发室、文化活动室、小卖部等。

2. 临时行政、生活用房的布置原则

临时行政、生活用房的布置应尽量利用永久性建筑,延缓现场原有建筑的拆除,尽量采用活动式临时房屋,可根据施工不同阶段利用已建好的工程建筑,应视场地条件及周围环境条件对所设临时行政、生活用房进行合理地取舍。

在大型工程和场地宽松的条件下,工地行政管理用房宜设在工地入口处或中心地区,现场办公室应靠近施工地点,生活区应设在工人较集中的地方和工人出入必经地点,工地食堂和卫生设施应设在不受影响且有利于文明施工的地点。

在市区内的工程,往往由于场地狭窄,应尽量减少临时建设所设项目,且尽量沿场地周边集中布置,一般只考虑设置办公室、工人宿舍或休息室、食堂、门卫和卫生设施等。

3. 确定临时行政、生活用房面积

各类临时用房及使用人数确定后,可根据表 3-10、现行定额或实际经验数值,确定临时建筑所需用的面积。计算公式如下:

$$A=N\times P \tag{3-39}$$

式中 A——建筑面积;

N——人数;

P——建筑面积定额。

表 3-10　　行政、生活、福利临时建筑参考指标

临时房屋名称	指标使用方法	参考指标(m^2/人)
一、办公室	按干部人数	3～4
二、宿舍	按高峰年(季)职工平均人数	2.5～3.5
单层通铺	(扣除不在工地住宿人数)	2.5～3
双层床		2.0～2.5
单层床		3.5～4
三、家属宿舍		16～25m^2/户
四、食堂	按高峰年职工平均人数	0.5～0.8
五、食堂兼礼堂	按高峰年职工平均人数	0.6～0.9
六、其他		
医务室	按高峰年职工平均人数	0.05～0.07

续表

临时房屋名称	指标使用方法	参考指标(m^2/人)
浴　室	按高峰年职工平均人数	0.07～0.1
理发室	按高峰年职工平均人数	0.01～0.03
浴室兼理发室	按高峰年职工平均人数	0.08～0.1
俱乐部	按高峰年职工平均人数	0.1
小卖店	按高峰年职工平均人数	0.03
招待所	按高峰年职工平均人数	0.06
托儿所	按高峰年职工平均人数	0.03～0.06
子弟小学	按高峰年职工平均人数	0.06～0.08
其他公用	按高峰年职工平均人数	0.05～0.10
七、现场小型设施		
开水房		10～40m^2
厕　所	按高峰年职工平均人数	0.02～0.07
工人休息室	按高峰年职工平均人数	0.15

(二)临时仓库、加工厂

1. 现场仓库的形式

现场仓库按其储存材料的性质和重要程度,可采用露天堆场、半封闭式(棚)或封闭式(仓库)三种形式。

(1)露天堆场。用于不受自然气候影响而损坏质量的材料。如砂、石、砖、混凝土构件。

(2)半封闭式(棚)。用于储存防止雨、雪、阳光直接侵蚀的材料。如堆放油毡、沥青、钢材等。

(3)封闭式(库)。用于受气候影响易变质的制品、材料等。如水泥、五金零件、器具等。

2. 仓库的布置

仓库应尽量利用永久性仓库为现场服务。应布置在使用地点,位于平坦、宽敞、交通方便之处,距各使用地点要比较适中,使之距各使用地点的运输造价或运输吨公里最小。且应考虑材料运入方式(铁路、船运、汽运)及应遵守安全技术和防火规定。

一般材料仓库应邻近公路和施工地区布置;钢筋木材仓库应布置在其加工厂附近;水泥库、砂石堆场则布置在搅拌站附近;油库、氧气库和电石库、危险品库宜布置在僻静、安全之处；大型工业企业的主要设备的仓库一般应与建筑材料仓库分开设置；易燃材料的仓库要设在拟建工程的下风方向；车库和机械站应布置在现场入口处。

3. 仓库材料储备量

确定材料的储备量，要在保证正常施工的前提下，不宜储存过多，减少仓库占地面积，降低临时设施费用。通常的储备量应根据现场条件、材料的供需要求、运输条件和资金的周转情况等来确定，同时要考虑季节性施工的影响（如雨期、冬期运输条件不便，可多储备一些）。

在求得计划期间内材料的需用量后，其储备量可按储备期计算：

$$P=\frac{K_1 T_i Q}{T} \tag{3-40}$$

式中 P——材料的储备量；

K_1——材料使用不均匀系数，见表 3-11；

T_i——某种材料的储备期（天），见表 3-12；

Q——某种材料的计划用量（m^3，t 等）；

T——某种材料的施工天数。

表 3-11 材料使用的不均匀系数

序号	材料名称	材料使用不均匀系数	
		K_1	K_2
1	砂子	1.2～1.4	1.5～1.8
2	碎、卵石	1.2～1.4	1.6～1.9
3	石灰	1.2～1.4	1.7～2.0
4	砖	1.4～1.8	1.6～1.9
5	瓦	1.6～1.8	2.2～2.5
6	块石	1.5～1.7	2.5～2.8
7	炉渣	1.4～1.6	1.7～2.0
8	水泥	1.2～1.4	1.3～1.6
9	型钢及钢板	1.3～1.5	1.7～2.0
10	钢筋	1.2～1.4	1.6～1.9
11	木材	1.2～1.4	1～1
12	沥青	1.3～1.5	1.8～2.1
13	卷材	1.5～1.7	2.4～2.8
14	玻璃	1.2～1.4	2.7～3.0

表 3-12　　仓库面积计算数据参考资料

序号	材料名称	单位	储备天数	每 1m² 储存量	堆置高度 (m)	仓库类型
1	钢　材	t	40～50	1.5	1.0	
	工槽钢	t	40～50	0.8～0.9	0.5	露　天
	角　钢	t	40～50	1.2～1.8	1.2	露　天
	钢筋(直筋)	t	40～50	1.8～2.4	1.2	露　天
	钢筋(盘筋)	t	40～50	0.8～1.2	1.0	库或棚约占 20%
	钢　板	t	40～50	2.4～2.7	1.0	露　天
	钢管 ϕ200 以上	t	40～50	0.5～0.6	1.2	露　天
	钢管 ϕ200 以下	t	40～50	0.7～1.0	2.0	露　天
	钢　轨	t	20～30	2.3	1.0	露　天
	铁　皮	t	40～50	2.4	1.0	库或棚
2	生　铁	t	40～50	5	1.4	露　天
3	铸铁管	t	20～30	0.6～0.8	1.2	露　天
4	暖气片	t	40～50	0.5	1.5	露天或棚
5	水暖零件	t	20～30	0.7	1.4	库或棚
6	五　金	t	20～30	1.0	2.2	库
7	钢丝绳	t	40～50	0.7	1.0	库
8	电线电缆	t	40～50	0.3	2.0	库或棚
9	木　材	m³	40～50	0.8	2.0	露　天
	原　材	m³	40～50	0.9	2.0	露　天
	成　材	m³	30～40	0.7	3.0	露　天
	枕　木	m³	20～30	1.0	2.0	露　天
	灰板条	千根	20～30	5	3.0	棚
10	水　泥	t	30～40	1.4	1.5	库
11	生石灰(块)	t	20～30	1～1.5	1.5	棚
	生石灰(袋装)	t	10～20	1～1.3	1.5	棚
	石　膏	t	10～20	1.2～1.7	2.0	棚
12	砂、石子(人工堆置)	m³	10～30	1.2	1.5	露　天
	砂、石子(机械堆置)	m³	10～30	2.4	3.0	露　天
13	石　块	m³	10～20	1.0	1.2	露　天
14	红　砖	千块	10～30	0.5	1.5	露　天
15	耐火砖	t	20～30	2.5	1.8	棚
16	黏土瓦、水泥瓦	千块	10～30	0.25	1.5	露　天
17	石棉瓦	张	10～30	25	1.0	露　天
18	水泥管、陶土管	t	20～30	0.5	1.5	露　天
19	玻　璃	箱	20～30	6～10	0.8	棚或库

续表

序号	材料名称	单位	储备天数	每 $1m^2$ 储存量	堆置高度（m）	仓库类型
20	卷　材	卷	20～30	15～24	2.0	库
21	沥　青	t	20～30	0.8	1.2	露　天
22	液体燃料润滑油	t	20～30	0.3	0.9	库
23	电　石	t	20～30	0.3	1.2	库
24	炸　药	t	10～30	0.7	1.0	库
25	雷　管	t	10～30	0.7	1.0	库
26	煤	t	10～30	1.4	1.5	露　天
27	炉　渣	m^3	10～30	1.2	1.5	露　天
28	钢筋混凝土构件	m^3				
	板	m^3	3～7	0.14～0.24	2.0	露　天
	梁、柱	m	3～7	0.12～0.18	1.2	露　天
29	钢筋骨架	t	3～7	0.12～0.18	—	露　天
30	金属结构	t	3～7	0.16～0.24	—	露　天
31	铁件	t	10～20	0.9～1.5	1.5	露天或棚
32	钢门窗	t	10～20	0.65	2	棚
33	木门窗	m^3	3～7	30	2	棚
34	木屋架	m^3	3～7	0.3	—	露　天
35	模　板	m^3	3～7	0.7	—	露　天
36	大型砌块	m^3	3～7	0.9	1.5	露　天
37	轻质混凝土制品	m^3	3～7	1.1	2	露　天
38	水、电及卫生设备	t	20～30	0.35	1	棚库各约占 1/4
39	工艺设备	t	20～30	0.6～0.8	—	露天约占 1/2
40	多种劳保用品	件		250	2	库

注：1. 当采用散装水泥时设水泥罐，其容积按水泥周转量计算，不再设集中水泥库；

2. 块石、砖、水泥管等以在建筑物附近堆放为原则，一般不设集中堆场。

4. 仓库面积的确定

(1)按材料储备量计算：

$$F=\frac{P}{q\cdot K_2} \tag{3-41}$$

式中　F——仓库总面积(m^2)；

P——材料的储备量(m^3,t 等)；

q——每 $1m^2$ 仓库面积上存放材料数量，见表 3-12；

K_2——仓库面积利用系数，见表 3-11。

(2)按系数计算：

$$F=\varphi \cdot m \tag{3-42}$$

式中 F——仓库总面积(m^2);

φ——系数,见表 3-13;

m——计算基数,见表 3-13。

表 3-13 按系数计算仓库面积参考资料

序号	名　称	计算基数	单位	系数(φ)	备注
1	仓库(综合)	按年平均全员人数(工地)	m^2/人	0.7～0.8	陕西省一局统计手册
2	水泥库	按当年水泥用量的 40%～50%	m^2/t	0.7	黑龙江、安徽省用
3	其他仓库	按当年工作量	m^2/万元	1～1.5	
4	五金杂品库	按年建安工作量计算时	m^2/万元	0.1～0.2	
		按年平均在建面积计算时	m^2/百 m^2	0.5～1	原华东院施工组织设计手册
5	土建工具库	按高峰年(季)平均全员人数	m^2/人	0.1～0.2	建研院、一机部一院资料
6	水暖器材库	按年平均在建建筑面积	m^2/百 m^2	0.2～0.4	建研院、一机部一院资料
7	电器器材库	按年平均在建建筑面积	m^2/百 m^2	0.3～0.5	建研院、一机部一院资料
8	化工油漆危险品仓库	按年建安工作量	m^2/万元	0.05～0.1	
9	三大工具堆场	按年平均在建建筑面积	m^2/百 m^2	1～2	
	(脚手、跳板、模板)	按年建安工作量	m^2/万元	0.3～0.5	

三、运输道路的布置

施工运输道路应按材料和构件运输的需要,应沿仓库和堆场进行布置,使之畅通无阻。

(一)施工道路的技术要求

1. 道路的最小宽度、最小转弯半径

道路的最小宽度和转弯半径见表 3-14、表 3-15。架空线及管道下面的道路,其通行空间宽度应比道路宽度大 0.5m,空间高度应大于 4.5m。

表 3-14 施工现场道路最小宽度

序　号	车辆类别及要求	道路宽度(m)
1	汽车单行道	不小于 3.0
2	汽车双行道	不小于 6.0
3	平板拖车单行道	不小于 4.0
4	平板拖车双行道	不小于 8.0

2. 道路的做法

一般砂质土可采用碾压土路办法。当土质黏或泥泞、翻浆时,可采用加骨料碾压路面的方法,骨料应尽量就地取材,如碎砖、炉渣、卵石、碎石及大石块等。

为了排除路面积水，保证正常运输，道路路面应高出自然地面0.1～0.2m，雨量较大的地区，应高出0.5m左右，道路的两侧设置排水沟，一般沟深和底宽不小于0.4m。

表 3-15　施工现场道路最小转弯半径

车辆类型	路面内侧的最小曲线半径(m)		
	无拖车	有一辆拖车	有二辆拖车
小客车、三轮汽车	6		
一般二轴载重汽车	单车道 9 双车道 7	12	15
二轴载重汽车 重型载重汽车	12	15	18
起重型载重汽车	15	18	21

(二)施工道路的布置要求

(1)应满足材料、构件等的运输要求，使道路通到各个仓库及堆场，并距离其装卸区越近越好，以便装卸。

(2)应满足消防的要求，使道路靠近建筑物、木料场等易发生火灾的地方，以便车辆能开到消火栓处。消防车道宽度不小于3.5m。

(3)为提高车辆的行驶速度和通行能力，应尽量将道路布置成环路。如不能设置环形路，则应在路疫设置掉头场地。

(4)应尽量利用已有道路或永久性道路。根据建筑总平面图上永久性道路的位置，先修筑路基，作为临时道路。工程结束后，再修筑路面。

(5)施工道路应避开拟建工程和地下管等地方。否则工程后期施工时，将切断临时道路，给施工带来困难。

第四章　导流工程

第一节　施工导流

一、施工导流的基本方法

施工导流的方法有全段围堰法导流和分段围堰法导流。实际工程中，导流方法不但影响导流工程的规模和造价，且与枢纽布置、主体工程施工部署、施工工期密切相关，有时还受施工条件及施工技术水平的制约。

在选择和确定导流的方法时，应适应河流水文特性和地形、地质条件，满足通航、过木、排冰、供水等要求，尽可能利用永久泄水建筑物，以减少导流工程量和投资；同时，河道截流、坝体度汛、封堵及蓄水等环节应合理衔接，确保工程安全施工。

(一)全段围堰法导流

全段围堰法导流又称河床外导流，即在河床主体工程的上下游各修建一条拦河围堰，使上游来水通过预先修建的临时或永久泄水建筑物如明渠、隧洞等泄向下流。主体建筑物在排干的基坑中进行施工，在主体工程建成或接近建成时再封堵临时泄水道。在坡降很陡的山区河道施工时，若泄水建筑物出口处的水位低于基坑处河床高程时，可不修建下游围堰。

这种方法的优点是主体工程施工受水流干扰小，工作面较大，有利高速施工，河床内的建筑物可在一次围堰的围护下建造，如能利用水利枢纽中的永久泄水建筑物导流，可以大大节约工程投资。

全段围堰法导流按泄水建筑物的类型一般可分为隧洞导流、明渠导流和涵管导流。

1. 隧洞导流

隧洞导流就是上下游围堰一次拦断河床形成基坑，保护主体建筑物干地施工，天然河道水流全部通过导流隧洞向下游宣泄的一种导流方式。

(1)适用条件。隧洞导流适用于导流流量不大，坝址河床狭窄，两岸地形陡峻的地区。如河床两岸或一岸的地形、地质条件较好，可以采用隧洞导流的方式。

(2)隧洞导流水力计算。隧洞导流的水力计算可分为压力流计算和无压流计算两种。

1)隧洞压力流计算。隧洞压力流的计算简图如图 4-1 所示。

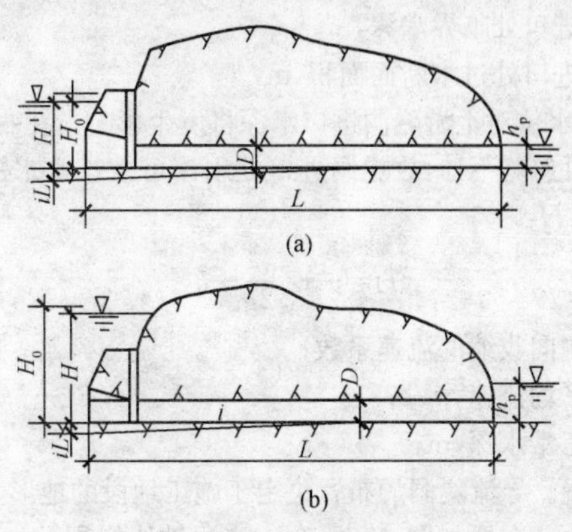

图 4-1　隧洞压力流计算简图

(a)自由出流；(b)淹没出流

上游从进口底坎算起计入行近流速的水深 H_0 可按下式计算：

$$H_0=h_p+\frac{v^2}{2g}(1+\sum\xi)+\left(\frac{v^2}{C^2R}-i\right)L \tag{4-1}$$

式中　h_p——下游计算水深(根据隧洞出口处河流的水位流量关系曲线得出：当下游水位低于洞顶，为自由出流时，h_p 可按 0.85D 计算；当下游水位高于洞顶，为淹没出流时，h_p 按实际水深计算，D 为隧洞直径)，m；

v——洞内平均流速，m/s；

$\sum\xi$——局部水头损失系数总和；

C——谢才系数，$m^{1/2}/s$；

R——隧洞水力半径，m；

i——隧洞底坡；

L——隧洞长度，m。

2)隧洞无压流计算。当隧洞为无压流时，水流流态有急流和缓流两种。

①急流。下游水位对上游隧洞进口水深不发生影响，上游水深 H_0 可按非淹没宽顶堰公式计算：

$$H_0=\left(\frac{Q}{mb/\sqrt{2g}}\right)^{2/3} \tag{4-2}$$

$$b=\frac{A_c}{h_c} \tag{4-3}$$

式中　m——流量系数，采用 0.32～0.38；

b——隧洞进口处水面的计算宽度，m；

h_c——隧洞进口处临界水深，m；

A_c——隧洞进口处过水断面面积，m^2。

②缓流。下游水位对上游隧洞进口水深将发生影响。在一般情况下，隧洞长度较长，这种情况可忽略不计，故隧洞进口处水深可按正常水深计算。按下式可近似求得上游水深 H：

$$H=\frac{1}{\varphi^2}\times\frac{v^2}{2g}+h_0 \tag{4-4}$$

式中 φ——考虑侧向收缩的流速系数；

v——洞内平均流速，m/s；

h_0——洞内正常水深，m。

(3)隧洞的布置。导流隧洞的布置决定于施工地段的地形、地质、枢纽布置以及水流条件等因素，其布置如图 4-2 所示。隧洞轴线周围的地质条件应当良好，以确保隧洞施工和运行的安全。通常情况下，隧洞轴线宜按直线布置，如有转弯，则转弯半径不小于 5 倍洞径(或洞宽)，转角不宜大于 60°，弯道首尾应设直线段，长度不应小于 3～5 倍的洞径(或洞宽)；进出口引渠轴线与河流主流方向夹角宜小于 30°。

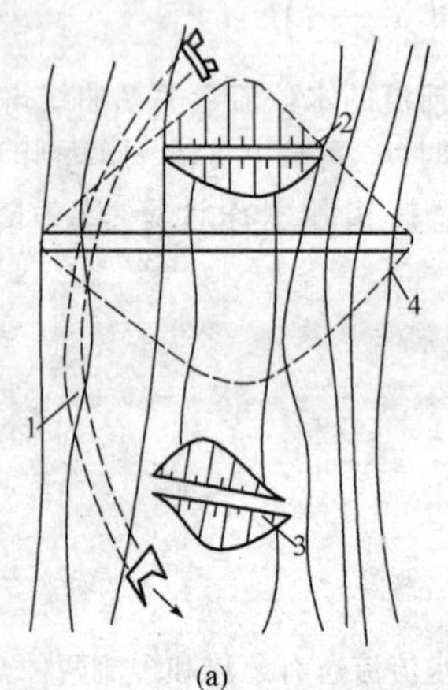

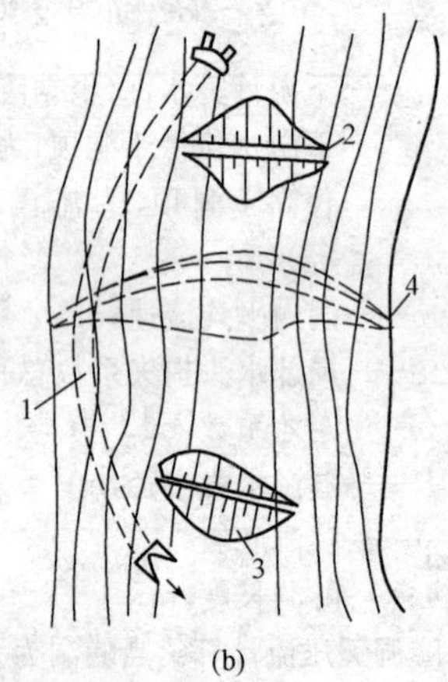

图 4-2 隧洞导流示意图

(a)土石坝枢纽；(b)混凝土坝枢纽

1—导流隧洞；2—上游围堰；3—下游围堰；4—主坝

隧洞间净距、隧洞与永久建筑物间距、洞脸与洞顶围岩厚度均应满足结构和应力要求。隧洞进出口位置应保证水力学条件良好，并伸出堰外坡脚一定距离，一般距离应大于 50m，以满足围堰防冲要求。进口高程多由截流控制，出口高程由下游消能控制，洞底按需要设计成缓坡或陡坡。

(4)导流隧洞断面。导流隧洞断面形式取决于地质条件、隧洞工作状况(有压或无压)及施工条件，其断面尺寸的大小与设计流量、地质和施工条件有关，洞径应控制在施工技术和结构安全允许范围内。目前国内单洞断面尺寸多在 200m^2 以内，泄流量不超过 2000～2500m^3/s。常用的断面形式有圆形、马蹄形和方圆形，见图 4-3。圆形多用于高水头处，马蹄形多用于地质条件不良处，方圆形有利于截流和施工。国内外导流隧洞采用方圆形为多。

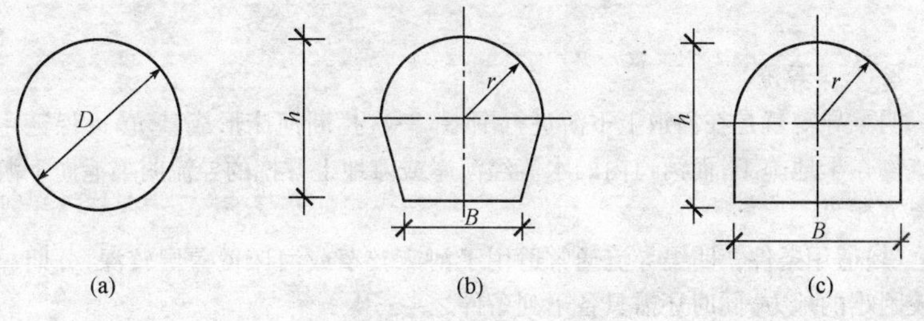

图 4-3　隧洞断面形式

(a)圆形；(b)马蹄形；(c)方圆形

(5)隧洞糙率值的选择。在隧洞洞身的设计中，对糙率值的选择至为重要。糙率值的大小直接影响到断面的大小；而影响糙率值大小的因素主要有隧洞洞身是否衬砌、衬砌的材料和施工质量、开挖的方法和质量等。设计时根据具体条件，查阅有关手册，选取设计的糙率值；对重要的导流隧洞工程，应通过水工模型试验验证其糙率的合理性。通常情况下，一般混凝土衬砌糙率值为 0.014～0.017；不衬砌隧洞的糙率变化较大，光面爆破时为 0.025～0.032，一般炮眼爆破时为 0.035～0.044。为降低糙率，应推广光面爆破，以提高泄量，降低隧洞造价。一般地，糙率 n 值减少 7%～15%，可使隧洞造价降低 2%～6%。对于一般临时导流隧洞，若地质条件良好，可不作专门衬砌。

(6)隧洞泄水设计。由于隧洞的泄水能力有限，汛期洪水宣泄常需另找出路，如允许基坑淹没或与其他导流建筑物联合泄流。隧洞是造价昂贵和施工复杂的地下建筑物，所以导流隧洞应尽量与泄洪洞、引水洞、尾水洞、放空洞等永久隧洞相结合。但是，由于永久隧洞的进口高程通常较高，而导流隧洞的进口高程通常较低，此时，可开挖一段低高程的导流隧洞与永久隧洞低高程部分相连，导流任务完成后将导流隧洞进口堵塞，不影响永久隧洞运行。这种布置方式俗称“龙抬头”，例如我国云南毛家村水库的导流隧洞就与永久泄洪隧洞结合起来进行布置(图 4-4)。只有当条件不允许时，才专为导流开挖隧洞，导流任务完成后还需将它堵塞。

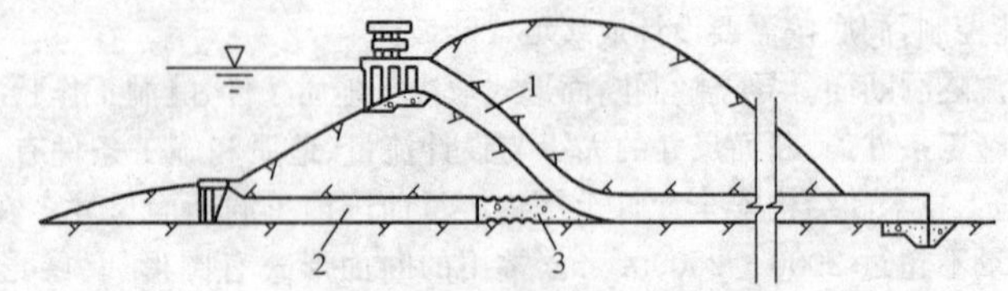

图 4-4　云南毛家村水库导流隧洞与永久隧洞结合布置

1—永久隧洞；2—导流隧洞；3—混凝土堵头

2. 明渠导流

明渠导流就是在河道上下游进行围堰，一次拦断河床形成基坑，以保证主体建筑物在干地施工；而河道内的水流经河岸或滩地上开挖的导流明渠泄向下游的导流方式。

(1)适用条件。明渠导流通常适用于河床较窄或河床覆盖层较深，分期导流比较困难的地方，同时还需具备下列条件之一：

1)河床一岸有较宽的台地、垭口或古河道；

2)导流流量大，地质条件不适于开挖导流隧洞；

3)施工期间有通航、排水、过水等要求；

4)总工期紧，不具备洞挖经验和设备。

在导流方案比较过程中，如果既可采用明渠导流又可采用隧洞导流，一般倾向于明渠导流；对于施工期间河道有通航、过木和排冰要求的，采用明渠导流的方式更为有利。采用明渠导流时，可采用大型开挖设备，加快施工进度，以利于主体工程的提前开工。

(2)明渠的布置。导流明渠的布置一定要保证水流顺畅，泄水安全，施工方便，缩短轴线，减少工程量。通常有两种形式，即在岸坡上和滩地上布置明渠，如图 4-5 所示。

1)导流明渠轴线的布置。导流明渠应布置在较宽台地、垭口或古河道一岸；渠身轴线要伸出上下游围堰外坡脚，水平距离要满足防冲要求，一般 50～100m；明渠进出口应与上下游水流相衔接，与河道主流的交角以 30°为宜；为保证水流畅通，明渠转弯半径应大于 5 倍渠底宽；明渠轴线布置应尽可能缩短明渠长度和避免深挖方。

2)明渠进出口位置和高程的确定。明渠进出口力求不冲、不淤和不产生回流，可通过水工模型试验调整进出口形状和位置，以达到这一目的；进口高程按截流设计选择，出口高程一般由下游消能控制；进出口高程和渠道水流流态应满足施工期通航、过木和排冰要求；在满足上述条件下，尽可能抬高进出口高程，以减少水下开挖量。

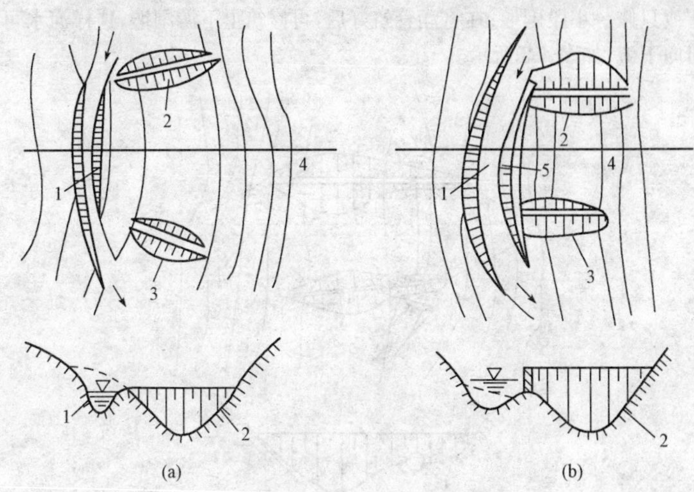

图 4-5　明渠导流示意图

(a)在岸坡上开挖的明渠；(b)在滩地上开挖并设有导墙的明渠

1—导流明渠；2—上游围堰；3—下游围堰；4—坝轴线；5—明渠外导墙

(3)导流明渠断面设计

1)明渠断面尺寸的确定。明渠断面尺寸由设计导流流量控制，并受地形地质和允许抗冲流速影响，应按不同的明渠断面尺寸与围堰的组合，通过综合分析确定。

2)明渠断面形式的选择。明渠断面一般设计成梯形，渠底为坚硬基岩时，可设计成矩形。有时为满足截流和通航不同目的，也有设计成复式梯形断面。

3)明渠糙率的确定。明渠糙率大小直接影响到明渠的泄水能力，而影响糙率大小的因素有：衬砌的材料、开挖的方法、渠底的平整度等，可根据具体情况查阅有关手册确定，对大型明渠工程，应通过模型试验选取糙率。

(4)明渠封堵。导游明渠结构布置应考虑后期封堵要求。当施工期有通航、放木和排冰任务，明渠较宽时，可在明渠内预设闸门墩，以利于后期封堵。施工期无通航、过木和排冰任务时，应于明渠通水前，将明渠坝段施工到适当高程，并设置导流底孔和坝面缺口使二者联合泄流。

3. 涵管导流

涵管一般为钢筋混凝土结构，多用在修筑土坝、堆石坝工程中。由于涵管的泄水能力较小，因此，一般用于流量较小的河流上或者只用来担负枯水期的导流任务。

通常情况下，涵管布置在河岸岩滩上，且位于枯水位以上。在枯水期可以不修围堰或只修一小段围堰;在将涵管筑好后,再修筑上下游围堰,这样河水可经过涵管泄向下流,如图 4-6 所示。

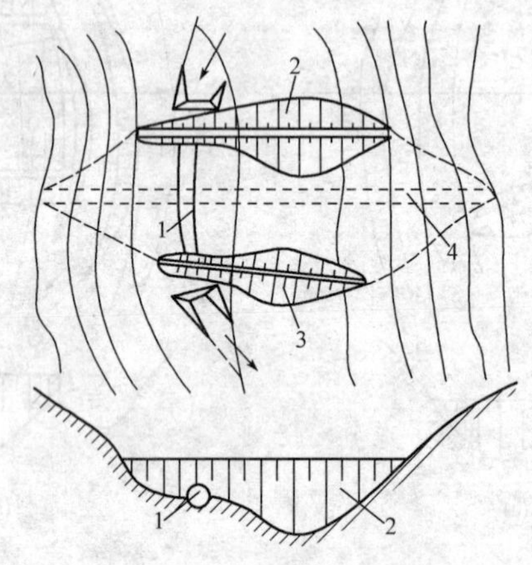

图 4-6 涵管导流示意图

1—导流涵管;2—上游围堰;3—下游围堰;4—土石坝

如果有永久涵管可以利用或修建隧洞比较困难时,可采用涵管导流的方式。在某些情况下,可在建筑物基岩中开挖沟槽,必要时予以衬砌,然后封上混凝土或钢筋混凝土顶盖,形成涵管。利用这种涵管导流往往可以获得经济可靠的效果。

为了防止涵管外壁与坝身防渗体之间的渗流,通常在涵管外壁每隔一定距离设置截流环,以延长渗径,降低渗透坡降,减少渗流的破坏作用。此外必须严格控制涵管外壁防渗体的压实质量。涵管管身的温度缝或沉陷缝中的止水必须认真施工。

(二)分段围堰法导流

分段围堰法导流,也称分期围堰法或河床内导流,是用围堰将建筑物分段分期围护起来进行施工的方法。以二期导流施工为例,如图 4-7 所示,首先在右岸进行第一期工程的施工,水流由左岸的束窄河床向下游宣泄。一般情况下,在修建第一期工程时,为使水电站、船闸早日投入运行,满足初期发电和通航的要求,应优先考虑建造水电站、船闸,并在建筑物内预留底孔或缺口,以满足后期导流的需要。这样,到第二期工程施工时,水流就通过船闸、预留底孔或缺口等向下游宣泄。

1. 分段与分期

所谓分段就是在空间上用围堰将建筑物分为若干施工段进行施工;所谓分期就是在时间上将导流分为若干时期。工程导流的分期数和围堰的分段数,应由河床的特性、枢纽及导流建筑物的布置来综合确定。

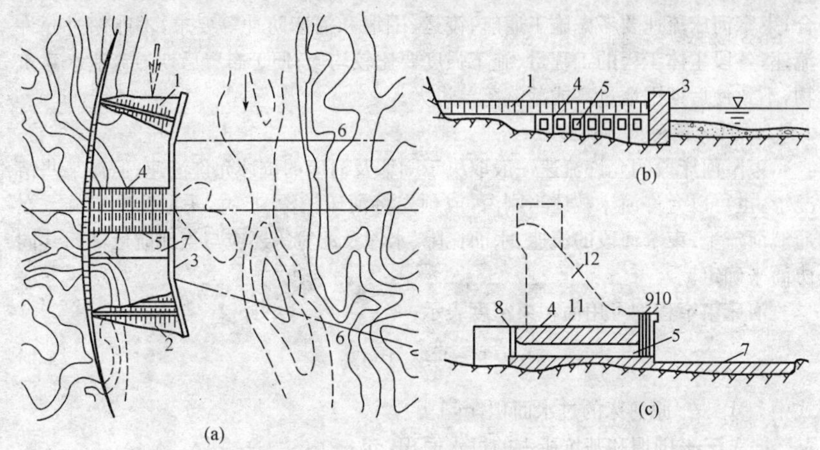

图 4-7　分段围堰法导流

(a)平面图；(b)下游立视图；(c)导流底孔纵断面图

1—一期上游横向围堰；2—一期下游横向围堰；3—一、二期纵向围堰；4—预留缺口；5—导流底孔；6—二期上下游围堰轴线；7—护坦；8—封堵闸门槽；9—工作闸门槽；10—事故闸门槽；11—已浇筑的混凝土坝体；12—未浇筑的混凝土坝体

在同一导流分期中，建筑物可以在一段围堰内施工，也可以同时在两段围堰中施工。段数分得愈多，围堰工程量愈大，施工也愈复杂；但是，期数分得愈多，工期可能拖得愈长，因此，在工程实践中，以二段二期导流用得最多。只有在比较宽阔的通航河道上施工，在不允许断航或其他特殊情况下，才采用多段多期的导流方法。施工中，常用的导流分期和围堰分段见图 4-8。

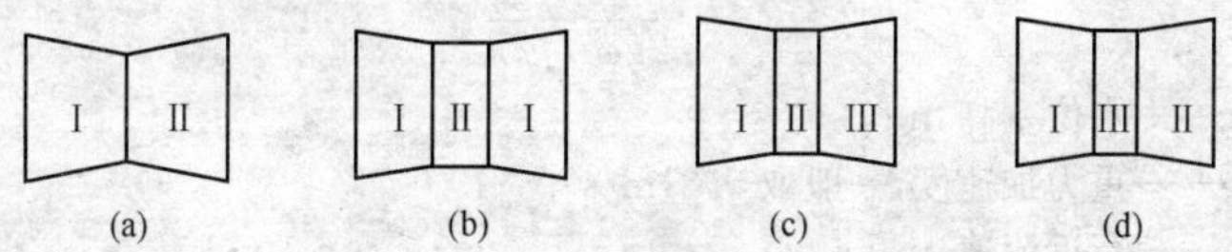

图 4-8　导流分期与围堰分段示意图

(a)两段两期；(b)三段两期；(c)、(d)三段三期

2. 纵向围堰位置的确定

采用分段围堰法导流时，纵向围堰位置的确定，是选择河床束窄程度的关键，因此，在确定纵向围堰的位置或选择河床的束窄程度时，应重视下列问题：充分利用河心洲、小岛等有利地形条件；纵向围堰尽可能与导墙、隔墙等永久建筑物相结

合；束窄河床流速要考虑施工通航、筏运、围堰和河床防冲等要求，不能超过允许流速；各段主体工程的工程量、施工强度要比较均衡；便于布置后期导流泄水建筑物，不致使后期围堰过高或截流落差过大。

3. 束窄段河床的流速

束窄河床段的允许流速一般取决于围堰及河床的抗冲允许流速；但在某些情况下，也可以允许河床被适当刷深，或预先将河床挖深、扩宽，采取防冲措施。在通航河流上，束窄河段的流速、水面比降、水深及河宽等还应与当地航运部门共同协商来确定。

河床束窄程度可用面积束窄度表示：

$$K=\frac{A_2}{A_1}\times 100\% \tag{4-5}$$

式中 A_1——原河床的过水面积，m^2；

A_2——围堰和基坑所占的过水面积，m^2；

K——面积束窄度，一般情况下，其取值范围在40%～70%之间。

那么，束窄段河床的平均流速，可按下式计算：

$$v_c=\frac{Q}{\varepsilon(A_1-A_2)} \tag{4-6}$$

式中 v_c——束窄段河床的平均流速，m/s；

Q——导流设计流量，m^3/s；

ε——侧收缩系数，通常情况下，单侧收缩时采用0.95，两侧收缩时采用0.90。

4. 束窄段水力计算

在前期导流阶段，由于围堰将河床束窄，改变了河床内原来的水流状态，这样在束窄段前产生水位壅高，如图4-9所示。产生的水位壅高，可依据下式计算确定：

$$z=\frac{v_c^2}{2g\varphi^2}-\frac{v_0^2}{2g} \tag{4-7}$$

式中 z——水位壅高，m；

g——重力加速度，一般取9.81m/s^2；

v_0——行近流速，m/s；

φ——流速系数，随围堰的平面布置形式而定，当平面布置为矩形时 φ=0.75～0.85；为梯形时 φ=0.80～0.85；有导流墙时 φ=0.85～0.90。

5. 分段围堰导流方法

分段围堰法导流一般适用于河床宽、流量大、工期较长的工程，尤其适用于通航河流和冰凌严重的河流。前期利用被束窄的原河道导流；后期则通过事先修建的泄水道进行导流。

该导流方法的导流费用较低，在国内外一些大、中型水利水电工程中多被采用。常见的泄水道有底孔和坝体缺口等。

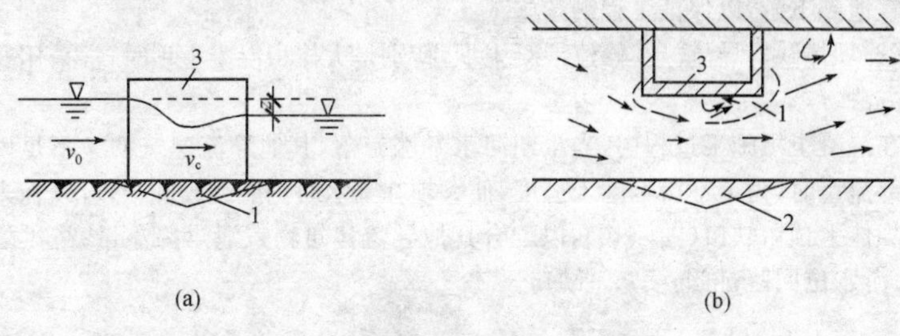

(a)　　　　(b)

图 4-9　分段围堰束窄段水力计算图

(a)剖面图;(b)平面图

1、2—冲刷地段;3—围堰

(1)底孔导流。该导流方法在分段分期修建混凝土坝时用得比较普遍,其优点是在挡水建筑物上部施工时,可以不受水流的干扰,有利于均衡连续施工,这对修建高坝特别有利,若坝体内有永久底孔可以利用时,则更为理想;其缺点是由于坝体内部设置了临时底孔造成钢材用量的增加,并用导流的流量往往不大,同时,在导流过程中,底孔易被漂浮物堵塞。封堵时,由于水头较高,安放闸门及止水等工作均较困难;如果封堵质量不好,会削弱坝的整体性,还可能漏水。

1)临时底孔尺寸。底孔导流时,应事先在混凝土坝体内修建临时或永久底孔。采用临时底孔时,底孔的尺寸、数目和布置应通过相应的水力学计算决定,其中底孔的尺寸在很大程度上取决于其担负的任务(导流、过木、过船、过鱼),以及水工建筑物的结构特点和封堵闸门设备的类型;

2)临时底孔断面。临时底孔的断面多采用矩形,有时也采用有圆角的矩形。根据水工结构要求,底孔孔口尺寸应尽量小些;若导流流量较大或有其他要求时,也可采用尺寸较大的底孔,如表 4-1 所示。

表 4-1　　水利水电工程导流底孔尺寸

工程名称	底孔尺寸(宽×高,m×m)	工程名称	底孔尺寸(宽×高,m×m)
新安江(浙江)	10×13	石泉(陕西)	7.5×10.41
黄龙滩(湖北)	8×11	白山(吉林)	9×14.2

3)底孔布置。临时底孔的布置应满足截流、围堰工程及其封堵等要求。如底坎高程布置较高,则截流落差较大,围堰较高;在封堵时,由于水头较低,封堵则相对容易些。一般底孔的底坎高程应布置在枯水位之下,以保证枯水期泄流。当底孔数目较多时,可以布置在不同高程,封堵时从高程最低的底孔开始,这样可以减少封堵时闸门所承受的水压力。这样,在导流时,可让全部或部分导流流量通过

底孔宣泄到下游，以保证工程继续施工。

(2)坝体缺口导流。在修建混凝土坝，特别是大体积混凝土坝时，常采用这种导流方法。

在混凝土坝施工过程中，当汛期河水暴涨暴落，其他导流建筑物又不足以宣泄全部流量时，为了不影响施工进度，使大坝在涨水时仍能继续施工，可以在未建成的坝体上预留缺口(图 4-10)，以配合其他导流建筑物宣泄洪峰流量；待洪峰过后，上游水位回落，再继续修筑缺口。

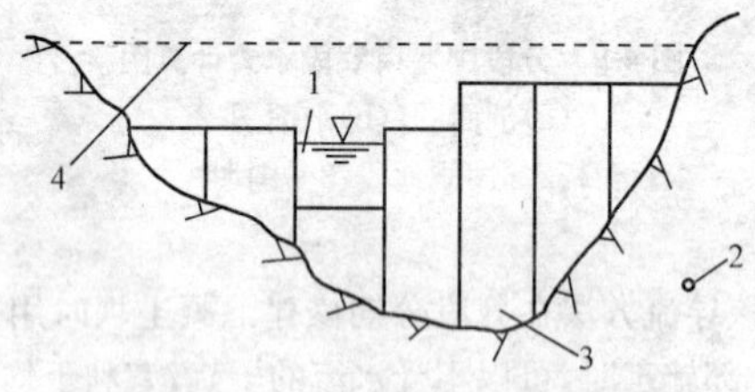

图 4-10　坝体缺口过水示意图

1—过水缺口；2—导流隧洞；3—坝体；4—坝顶

坝体预留缺口的宽度和高度取决于导流设计流量、其他泄水建筑物的泄水能力、建筑物的结构特点和施工条件等。采用底坎高程不同的缺口时，高低缺口单宽流量相差过大可能引起高缺口向低缺口的侧向泄流。为避免这种压力分布不均匀的斜向卷流，需要适当控制高低缺口间的高差。根据柘溪工程的经验，其高差以不超过 4～6m 为宜。

上述两种导流方式一般只适用于混凝土坝，特别是重力式混凝土坝。至于土石坝或非重力式混凝土坝，采用分段围堰法导流，常与隧洞导流、明渠导流等河床外导流方式相结合。

二、导流方案的选择

(一)导流方案概念

导流方案就是不同导流时段不同导流方法的组合。

对于一项水利水电枢纽工程的施工，从开工到完建往往不是采用单一的导流方法，而是几种导流方法组合起来配合运用，以取得最佳的技术经济效果。例如，三峡工程采用分期导流方式，分三期进行施工，第一期土石围堰围护右岸岔河，江水和船舶从主河槽通过；第二期围护主河槽，江水经导流明渠泄向下游；第三期修建碾压混凝土围堰拦断明渠，江水经由泄洪坝段的永久深孔和 22 个临时导流底孔下泄。

(二)影响导流方案选择的因素

合理的导流方案必须在周密地研究各种影响因素的基础上，拟定几个可能的方案，通过技术经济比较，从中选择技术经济指标优越的方案。由于导流方案的选择受以下几种因素的影响，因此，在选择导流方案时必须予以充分考虑。

1. 河流水文特征

在选择导流方案时，首先应当考虑河流的水文特征，比如河流的流量大小、水位变化的幅度、全年流量的变化情况、枯水期的长短、汛期洪水的延续时间、冬期的流冰及冰冻情况等。

一般来说，对于河床单宽流量大的河流，宜采用分段围堰法导流。对于水位变化幅度大的山区河流，可采用允许基坑淹没的导流方法，在一定时期内通过过水围堰和淹没基坑来宣泄洪峰流量。对于枯水期较长的河流，充分利用枯水期安排工程施工是完全必要的。但对于枯水期不长的河流，如果不利用洪水期进行施工，就会拖延工期。对于流冰的河流，应充分注意流冰的宣泄问题，以免流冰壅塞，影响泄流，造成导流建筑物失事。

2. 河流地质条件

河流导流方案的选择和导流建筑物的布置，与河流两岸及河床的地质条件有直接的关系。若河流两岸或一岸岩石坚硬、风化层薄、且有足够的抗压强度时，则有利于选用隧洞导流。如果岩石的风化层厚且破碎，或有较厚的沉积滩地，则适合于采用明渠导流。

在采用分段围堰导流时，由于河床的束窄，减小了过水断面的面积，使水流流速增大，这时为了河床不受过大的冲刷，避免把围堰基础淘空，应根据河床地质条件来决定河床可能束窄的程度。对于岩石河床，抗冲刷能力较强，河床允许束窄程度较大，甚至可达到88%，流速有增加到7.5m/s。但对覆盖层较厚的河床，抗冲刷能力较差，其束窄程度都不到30%，流速仅允许达到3.0m/s。

此外，河流两岸及河床的地质条件还与围堰形式的选择，基坑能否允许淹没以及能否利用当地材料修筑围堰等密切相关。同时，水文地质条件还对基坑排水工作有很大的关系。

3. 施工现场的地形条件

施工现场的地形条件，也对导流方案的选择有很大的影响。在河段狭窄两岸陡峻、山岩坚实的地区，宜采用隧洞导流；平原河道，河流的两岸或一岸比较平坦，或有河湾、老河道可资利用时，则宜采用明渠导流；对于河床宽阔的河流，尤其在施工期间有通航、过木要求的情况，宜采用分段围堰法导流；如河床中有天然岛屿或沙洲时，采用分段围堰法导流，更有利于导流围堰的布置，特别是纵向围堰的布置。例如三峡工程利用长江中的中堡岛来布置一期纵向围堰，取得了良好的技术经济效果。

4. 水工建筑物的形式及其布置特点

水工建筑物的形式和布置与导流方案相互影响，在拟定或选定导流方案时，应充分考虑水工建筑物的形式及其布置特点。一般情况下，在设计永久泄水建筑物的断面尺寸和拟定其布置方案时，应该充分考虑施工导流的要求。如果枢纽组成中有隧洞、渠道、涵管、泄水孔等永久泄水建筑物，在选择导流方案时应该尽可能加以利用。

在选择挡水建筑物的形式时，由于土坝、土石混合坝和堆石坝的抗冲能力小，除采用特殊措施外，一般不允许从坝身过水，所以多利用坝身以外的泄水建筑物如隧洞、明渠等或坝身范围内的涵管来导流，施工时通常要求在一个枯水期内将坝身抢筑到拦洪高程以上，以免水流漫顶，发生事故；至于混凝土坝，特别是混凝土重力坝，由于抗冲能力较强，允许流速达到 25m/s，故不但可以通过底孔泄流，还可以通过未完建的坝身过水，因此导流方案选择较为灵活。

在采用分段围堰法修建混凝土坝枢纽时，应充分利用水电站与混凝土坝之间或混凝土坝溢流段和非溢流段之间的隔墙，以降低导流建筑物的造价。在这种情况下，对于第二期工程所修建的混凝土坝，应该核算它是否能够布置二期工程导流建筑物（底孔、预留缺口）。例如，三门峡水利枢纽溢流坝段的宽度主要就是由二期导流条件所控制的，与此同时，为了防止河床冲刷过大，还应核算河床的束窄程度，保证有足够的过水断面来宣泄施工导流流量。

5. 施工期间河流的综合利用

在选择河流的导流方案时，应充分考虑到施工期间河流的综合利用，如河流的通航、筏运、渔业、供水、灌溉或水电站的运转等。

对于通航的河流，大多采用分段围堰法导流，不仅要求河流在束窄以后，河宽仍能便于船只的通行，而且要求水深与船只吃水深度相适应，束窄断面的最大流速一般不得超过 2.0m/s，特殊情况需与当地航运部门协商研究确定；对于浮运木筏或散材的河流，在施工导流期间，要避免木材拥塞泄水建筑物或者堵塞束窄河床。

在施工中后期，水库拦洪蓄水时，在满足下游供水、灌溉用水和水电站运行的要求的同时，为了保证渔业的要求，还应修建临时的过鱼设施，以便鱼群能回游。

6. 施工进度和施工方法

在水利水电枢纽施工导流过程中，对施工进度起控制作用的关键性时段主要有：导流建筑物的完工期限、截断河床水流的时间、坝体拦洪的期限、封堵临时泄水建筑物的时间以及水库蓄水发电的时间等。由于各项工程的施工方法和施工进度直接影响到各时段中导流任务的合理性和可能性，因此，在选择导流方案时必须充分考虑到施工和进度和施工方法，三者紧密相连，密不可分。通常根据导流方案来安排控制性进度，并进而确定施工方法。

7. 施工场地的布置

导流方案的选择与施工场地的布置亦相互影响，例如，在混凝土坝施工中，当混凝土生产系统布置在一岸时,以采用全段围堰法导流为宜。若采用分段围堰法导流,则应以混凝土生产系统所在的一岸作为第一期工程,因为这样两岸的交通运输问题比较容易解决。

在选择导流方案时,除了综合考虑以上各方面因素以外,还应使主体工程尽可能及早发挥效益,简化导流程序,降低导流费用,使导流建筑物既简单易行,又适用可靠。

(三)导流方案比较

导流方案的比较选择,应在同精度,同深度的几种可行性方案中进行。首先研究分析采用何种导流方法,然后再研究什么类型,在此基础上进行全面分析,排除其中明显不合理的方案,保留可行方案或可能的组合方案。以四川白龙江宝珠寺水电站的导流方案比较为例:

四川白龙江宝珠寺水电站工程是以发电为主,兼有灌溉、防洪等效益的综合利用大型水电工程。挡水建筑物为混凝土重力坝,坝顶长 524.48m,最大坝高 132m,水电站厂房为坝后式,属Ⅰ级建筑物。

1. 水文资料分析

根据水文资料分析,河流为山区型,洪水涨落变化大,一次洪水过程一般为 1~3d。汛期在 7~8 月份,实测最大洪水流量为 11300m^3/s,其 10%频率的最大洪水流量为 7800m^3/s,5%频率为 9570m^3/s;1%频率为 1300m^3/s。河流多年含沙量为 2.04kg/m^3,汛期平均含沙量为2.72kg/m^3,实测最大含沙量为 169kg/m^3。

2. 拟定导流比较方案

在施工组织设计中,共拟定了五个导流比较方案,分别为:

(1)全段围堰隧洞导流。

(2)右岸隧洞、过水围堰、底孔导流。

(3)坝体临时断面挡水、右岸小明渠导流。

(4)右岸隧洞及左岸明渠导流。

(5)右岸大明渠导流、高围堰挡水。

3. 导流方案的分析比较

针对上述五种导流方案,经过分析比较,考虑到地质条件差、工程量大及投资大等因素,不宜开挖专用的导流隧洞,宜采用明渠导流。由于明渠所处河段正位于河湾段,上游天然河道的主流位于右岸,至明渠进口处,转向左岸。根据水流情况,明渠宜布置在左岸。但由于地质条件限制,左岸明渠需高边坡开挖达 140m,且岩层倾向与坡向接近一致,边坡稳定条件更差,相应的处理工程量较大;而右岸岩层倾向下游偏内,对边坡稳定有利,故选定明渠布置于右岸。若汛期基坑过水,工期又难以保证,故最后决定采用右岸大明渠导流、高围堰挡水的方案,见图 4-11。

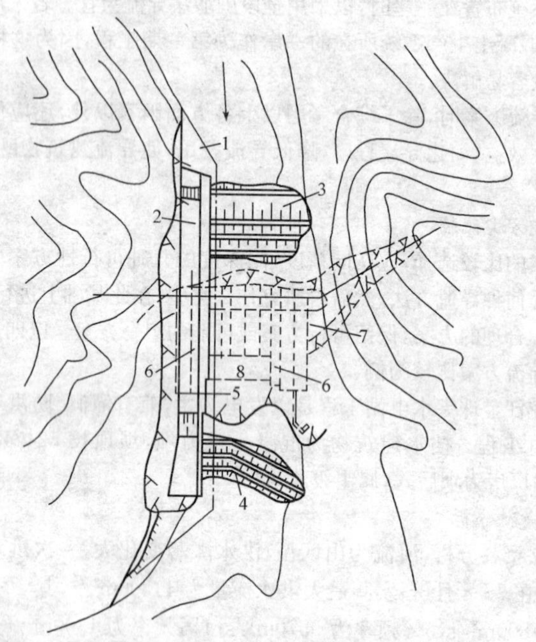

图 4-11　四川宝珠寺水电站分期导流布置图

1—第一期围堰轴线；2—导流明渠；3—第二期上游围堰；4—第二期下游围堰；5—纵向围堰；6—导流底孔；7—混凝土重力坝；8—厂房

4. 导流施工进度控制

第一期工程。在第一期围堰围护下，修建右岸宽 35m 的导流明渠，河水由左岸束窄不多的河床下泄。工期自第 2 年 7 月起至第 4 年 11 月第二期上游围堰截流、右岸导流明渠过水为止。

第二期工程：左岸河床截流，并修筑拦挡 5%频率全年洪水的高围堰，河水全部经由导流明渠宣泄。左岸河床坝段混凝土浇筑超过第二期围堰高程后，拆除第二期围堰。工期自第 4 年 11 月左岸上游围堰合龙起至第 7 年 11 月右岸明渠截流、左岸坝体永久底孔开始泄水止。

后期工程。明渠坝段在第 8 年 5 月前加高至 518m 高程；汛期由明渠坝段 518m 高程的预留缺口及 485m 高程 2 个 5m×10m 临时底孔泄洪；汛后明渠坝段继续加高，由永久底孔泄流。工期自第 7 年 12 月起至第 8 年 11 月止。

完建期。此时坝体已浇筑至相当高程，第 8 年 11 月下旬至 12 月中旬，最后一个底孔闸门沉放，开始蓄水发电。

三、导流设计流量的确定

导流设计流量是选择导流方案，设计导流建筑物的重要依据。目前，导流设计流量是按照导流时段根据导流标准确定的。

(一)导流标准

导流标准是选择导流设计流量进行施工导流设计的标准，它包括初期导流标准、坝体拦洪度汛标准、孔洞封堵标准等。

导流标准的高低实质上是风险度大小的问题。它不但与工程所在地的水文气象特性、水文系列长短、导流工程运用时间长短直接相关，也取决于导流建筑物、主体工程及遭遇超设计标准洪水时可能对工程本身和下游地区带来损失的大小。同时还受地形地质条件及各种施工条件的制约。

目前，导流设计流量就是按照导流时段根据导流标准确定的。施工前，若能预报整个施工期的水情变化，据以拟定导流设计流量，最符合经济与安全的原则。

1. 导流建筑物级别

根据《水利水电工程施工组织设计规范》(SL 303—2004)的规定，在确定导流设计标准时，应首先根据导流建筑物所保护的对象、失事后果、使用年限和工程规模等因素划分导流建筑物的级别，见表 4-2，然后再根据导流建筑物的级别和类型来确定导流标准。导流建筑物洪水标准划分见表 4-3。

表 4-2　　导流建筑物级别划分

项目 级别	保护对象	失事后果	使用年限(年)	围堰工程规模	
				堰高(m)	库容(亿 m³)
3	有特殊要求的 1 级永久建筑物	淹没重要城镇、工矿企业、交通干线或推迟工程总工期及第一台(批)机组发电，造成重大灾害和损失	>3	>50	>1.0
4	1、2 级永久建筑物	淹没一般城镇、工矿企业、或影响工程总工期及第一台(批)机组发电而造成较大经济损失	1.5～3	15～50	0.1～1.0
5	3、4 级永久建筑物	淹没基坑，但对总工期及第一台(批)机组发电影响不大，经济损失较小	<1.5	<15	<0.1

注：表中导流建筑物包括挡水和泄水建筑物，两者级别相同。

表 4-3　导流建筑物洪水标准划分

导流建筑物类型	导流建筑物级别		
	3	4	5
	洪水重现期(年)		
土　石	50～20	20～10	10～5
混凝土	20～10	10～5	5～3

注:在下述情况下,导流建筑物洪水标准可用表中上限值:

1. 河流水文实测资料系列较短(小于 20 年),或工程处于暴雨中心区。
2. 采用新型围堰结构形式。
3. 处于关键施工阶段,失事后可能导致严重后果。
4. 工程规模、投资和技术难度用上限值和下限值相差不大。

施工期可能遭遇的洪水是一个随机事件,如果标准太低,则不能保证工程的施工安全,反之则使工程设计规模过大,不仅导致施工费用增加,还可能因规模太大而无法按期完工。因此,在确定导流建筑物的级别时,如导流建筑物分属不同级别,应以其中最高级别为准。对于不同级别的导流建筑物或同级导流建筑物的结构形式不同,应分别确定洪水标准、堰顶超高值和结构设计安全系数;但对于三级导流建筑物,至少应有两项指标符合要求。

导流建筑物级别应根据不同的施工阶段进行划分,但对于同一施工阶段中的各导流建筑物的级别应根据其不同作用划分;各导流建筑物的洪水标准必须相同,一般以主要挡水建筑物的洪水标准为准;利用围堰挡水发电时,围堰级别可提高一级,但必须经过技术经济论证;导流建筑物与永久建筑物结合时,结合部分结构设计应采用永久建筑物级别标准。

2. 坝体施工期临时度汛洪水标准

施工中后期的施工导流,往往需要由坝体挡水或拦洪。当坝体筑高到不需围堰保护时,其临时度汛洪水标准应根据坝型及坝前拦洪库容,按表 4-4 规定执行。

表 4-4　坝体施工期临时度汛洪水标准

坝　型	拦洪库容(亿 m^3)		
	>1.0	1.0～0.1	<0.1
	洪水重现期(年)		
土　石	>100	100～50	50～20
混凝土	>50	50～20	20～10

3. 导流泄水建筑物封堵后坝体度汛洪水标准

导流泄水建筑物封堵后,如永久泄洪建筑物尚未具备设计泄洪能力,坝体度汛洪水标准的确定,应对坝体施工和运行要求进行分析后,按表 4-5 规定执行。

汛前坝体上升高度应满足拦洪要求，帷幕灌浆及接缝灌浆高程应满足蓄水要求。

表 4-5　　导流泄水建筑物封堵后坝体度汛洪水标准

大坝类型		大坝级别		
		1	2	3
		洪水重现期(年)		
土石	设计	500～200	200～100	100～50
	校核	1000～500	500～200	200～100
混凝土	设计	200～100	100～50	50～20
	校核	500～200	200～100	100～50

导流泄水建筑物的封堵时间应在满足水库拦洪蓄水要求的前提下，根据施工总进度确定。封堵下闸的设计流量可用封堵时段 5～10 年重现期的月或旬平均流量，或按实测水文统计资料分析确定。封堵工程施工阶段的导流设计标准，可根据工程的重要性、失事后果等因素在该时段5～20 年重现期进行选择确定。

(二)导流时段划分

导流时段就是按照导流程序所划分的各个施工阶段的延续时间。导流时段的划分实质上就是解决主体建筑物在整个施工过程中各个时段的水流控制问题，也就是确定工程施工顺序、施工期间不同时段宣泄不同的导流流量的方式，以及与之相适应的导流建筑物的高程和尺寸。因此导流时段的确定，与主体建筑物形式、导流方式、施工进度等有关。

导流建筑物是为主体工程施工服务的。因此服务时间越短，标准越低越经济。根据河床的水文特性，一般可划分为枯水期、中水期、洪水期(如图 4-12)。如安排导流建筑物只在枯水期内工作，则因流量小、水位低，导流建筑物工程量不大，可以获得较大的经济效益；但也不能只追求经济效益而有碍于主体工程的施工，因此，合理的划分导流时段，明确不同时段导流建筑物的工作条件，是既安全又经济地完成导流任务的基本要求。

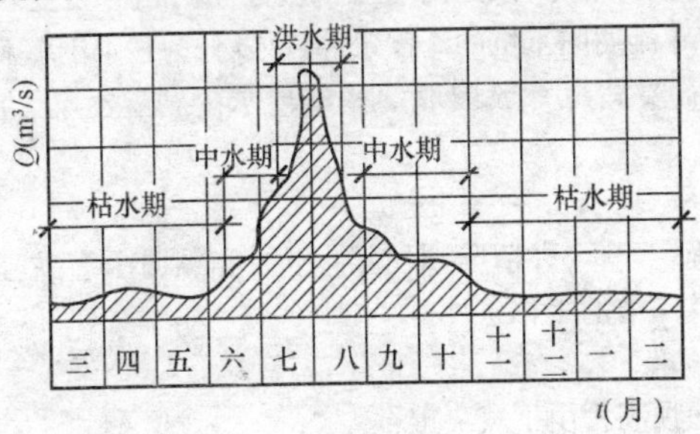

图 4-12　全年流量变化过程线

1. 土石坝、堆石坝导流时段划分

一般土石坝、堆石坝等不允许坝顶溢流，如在一个枯水期不能建成拦洪时，导流时段就要考虑以全年为标准，其导流设计流量就应以年最大洪水的一定频率来设计；如能争取让土坝在汛前修到临时拦洪断面，则可缩短围堰使用期限，降低围堰高度，减少围堰工程量，这样导流时段可按不包括汛期的施工时段为标准，导流设计流量即为该时段按某导流标准的设计频率计算得到的最大流量。

若土石坝、堆石坝在施工期间坝体泄洪，应通过水力计算或经水工模型试验专门论证确定坝体堆筑高度、过流断面形式、水力学条件及相应的防护措施。

2. 混凝土坝、浆砌石坝导流时段划分

对于混凝土坝、浆砌石坝等施工期允许坝顶溢流的建筑物，可考虑洪峰来时，让未建成的主体工程过水，部分或全部工程停工，待洪水过后再继续施工。

选择的导流设计流量越低，基坑的年淹没次数就越多、年有效施工天数就越少，相应的基坑淹没损失就越大，而导流建筑物的费用则越低；反之，则基坑淹没损失就越小，而导流建筑物的费用则越高。

在采用允许基坑淹没的导流方案时，应注意对未建成的主体工程及施工设施的保护，如电站厂房、已开挖基坑、建在基坑内部的拌合站等。

第二节　围 堰 工 程

围堰是保护大坝或厂房等水工建筑物干地施工的必要挡水建筑物，一般属于临时性工程，但也有与主体工程结合而成为永久工程的一部分；如果在导流任务结束后，围堰对永久建筑物的运行有妨碍或没有考虑作为永久建筑物的一部分时，应予拆除。

一、围堰的分类

按围堰使用的材料，可以分为土石围堰、混凝土围堰、草土围堰、木笼围堰、竹笼围堰和钢板桩格形围堰等；按照围堰与水流方向的相对位置，可以分为横向围堰和纵向围堰；按导流期间基坑的淹没条件，可以分为过水围堰和不过水围堰，其中过水围堰除了需要满足一般围堰的基本要求外，还要满足堰顶过水的专门要求。

二、围堰的高程

围堰高程的确定，有 3 种情况，即上游、下游和纵向围堰高程的确定，它取决于导流设计流量及围堰的工作条件。

1. 下游围堰高程

下游围堰的堰顶高程由下式决定：

$$H_{下}=h_{下}+\delta+h_{a} \tag{4-8}$$

式中　$H_{下}$——下游围堰堰顶高程，m；

$h_{下}$——下游水面高程，m；

δ——围堰的安全超高(对于过水围堰可不予考虑，对于不过水围堰采用表 4-6 中的数值)，m；

h_a——波浪爬高，m。

表 4-6　不过水围堰堰顶安全超高下限值　(m)

围堰型式	围堰级别	
	3	4～5
土石围堰	0.7	0.5
混凝土围堰	0.4	0.3

2. 上游围堰高程

上游围堰的堰顶高程由下式决定：

$$H_{上}=h_{下}+Z+\delta+h_a \tag{4-9}$$

式中　$H_{上}$——上游围堰堰顶高程，m；

Z——上下游水位差，m。

3. 纵向围堰高程

纵向围堰的堰顶高程，要与束窄河床中宣泄导流设计流量时的水面曲线相适应，其上游部分与上游围堰同高，下游部分与下游围堰同高，中间纵向围堰的顶面往往作成阶梯形式或倾斜状。

三、围堰的平面布置

围堰的平面布置是一个很重要的问题，一般应按导流方案、主体工程轮廓和对围堰提出的要求而定。如果布置不当，围护基坑的面积过大，就会增加施工排水设备的容量；面积过小，则会影响主体建筑物的施工，更有甚者会造成水流宣泄不畅顺，冲刷围堰及其基础；纵向围堰的平面布置更是关系到各时段的水流宣泄和围堰、岸坡的冲刷问题。

(一)确定堰内基坑范围

围堰内基坑范围大小主要取决于主体工程的轮廓和相应的施工方法。通常基坑坡趾距离主体工程轮廓的距离不应小于 20～30m，以便布置排水设施、交通运输道路、堆放材料和模板等(图 4-13)。

当纵向围堰不作为永久建筑物的一部分时，基坑坡趾距离主体工程轮廓的距离一般不小于 2.0m，以便布置排水导流系统和堆放模板，如果无此要求，只需留 0.4～0.6m[图 4-13(c)]。

为了保证基坑开挖和主体建筑物的正常施工，基坑范围应当留有一定富余。

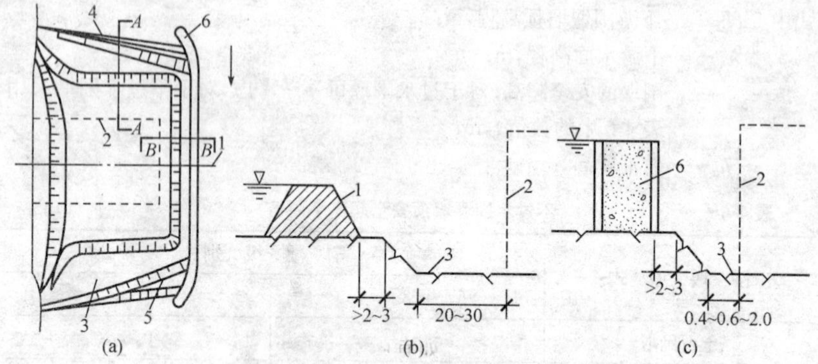

图 4-13　围堰布置与基坑范围示意图(单位:m)

(a)平面图;(b)A—A 剖面;(c)B—B 剖面

1—主体工程轴线;2—主体工程轮廓;3—基坑;4—上游横向围堰;5—下游横向围堰;6—纵向围堰

(二)围堰外形轮廓布置

1. 上下游横向围堰布置

无论是全段围堰法导流还是分段围堰法导流,上下游横向围堰的位置都取决于主体工程的轮廓。全段围堰法导流的横向围堰一般都垂直于河流方向,以将围堰的工程量降到最低。

分期导流时,上、下游围堰一般不与河床中心线垂直,围堰的平面布置常呈梯形,既可使水流顺畅,同时也便于运输道路的布置和衔接。当采用一次拦断法导流时,上、下游围堰不存在突出的绕流问题,为了减少工程量,围堰多与主河道垂直。

2. 纵向围堰布置

纵向围堰位置的确定,应在分析水工枢纽布置、纵向围堰所处地形、地质和水力学条件、通航、筏运、进入基坑的交通道路及各段主体工程施工强度等因素后确定。

(1)河床束窄度。在分期导流方式中,纵向围堰布置与施工是其关键问题,选择纵向围堰位置,实际上就是要确定适宜的河床束窄度。河床允许束窄度主要与河床地质条件和通航要求有关。对于非通航河道,如河床易冲刷,一般均允许河床产生一定程度的变形,只要能保证河岸、围堰堰体和基础免受淘刷即可。岩石河床允许束窄度主要视岩石的抗冲流速而定。

对于束窄河床段的允许流速,一般取决于围堰及河床的抗冲允许流速,通常情况下允许达到 3m/s 左右。

对于一般性河流和小型船舶,当缺乏具体研究资料时,当流速小于 2.0m/s

时，机动木船可以自航；当流速小于3.0～3.5m/s，且局部水面集中落差不大于0.5m时，拖船可自航。

(2)位置选择。在选择纵向围堰位置时，除了必须考虑河床束窄度及束窄河床允许流速之外，还应考虑其他相关因素，如河心洲、浅滩、小岛、基岩露头等地形地质条件，这些都是可供布置纵向围堰的有利条件，同时，应尽可能利用厂坝、厂闸、闸坝等建筑物之间的隔水导墙作为纵向围堰的一部分。例如，葛洲坝工程就是利用厂闸导墙，三峡、三门峡、丹江口则利用厂坝导墙作为二期纵向围堰的一部分。

(3)有利于施工布局。各期基坑中的施工强度应尽量均衡，一期工程施工强度可比二期低些，但不宜相差太悬殊；如有可能，分期分段数应尽量少一些。导流布置在满足总工期要求的同时，应考虑一期基坑中能否布置下导泄二期导流流量的泄水建筑物；由一期转入二期施工时的截流落差是否太大等导流过水要求。

在布置围堰时，应尽量利用有利的地形，以减少围堰的工程量。有时为照顾个别建筑物施工的需要或避开岸边较大的溪沟，而将围堰布置成折线形。如果天然河槽呈对称形状，没有明显有利的地形地质条件可供利用时，可以通过经济比较方法选定纵向围堰的适宜位置，使一、二期总的导流费用最小。对于一些重要的大中型水利水电工程的围堰布置，还应结合导流方案，必要时可通过水工模型试验来确定。

四、围堰的构造及施工

(一)土石围堰

土石围堰是水利水电工程中采用最为广泛的一种围堰形式，可分为不过水土石围堰和过水土石围堰。

1. 不过水土石围堰

不过水土石围堰是用当地材料填筑而成的围堰，不仅可以就地取材和充分利用开挖弃料作围堰填料，而且构造简单，施工方便，易于拆除，工程造价低，可以在流水中、深水中、岩基或有覆盖层的河床上修建。但其工程量较大，堰身沉陷变形也较大，如柘溪水电站的土石围堰一年中累计沉陷量最大达401mm，为堰高的1.75%，一般为0.8%～1.5%。

若当地有足够数量的渗透系数小于10^{-4}cm/s的防渗料时，不过水土石围堰可以采用图4-14(a)、(b)两种形式，其中图4-14(a)适用于基岩河床；图4-14(b)适用于覆盖层厚度不大的场合；若当地没有足够数量的防渗料或覆盖层较厚时，土石围堰可以采用图4-14(c)、(d)两种形式，用混凝土防渗墙、高喷墙、自凝灰浆墙或帷幕灌浆来解决基础和堰身的防渗问题。

因土石围堰断面较大，一般用于横向围堰，但在宽阔河床的分期导流中，由于围堰束窄河床增加的流速不大，也可作为纵向围堰，但需注意防冲设计，以保围堰安全。

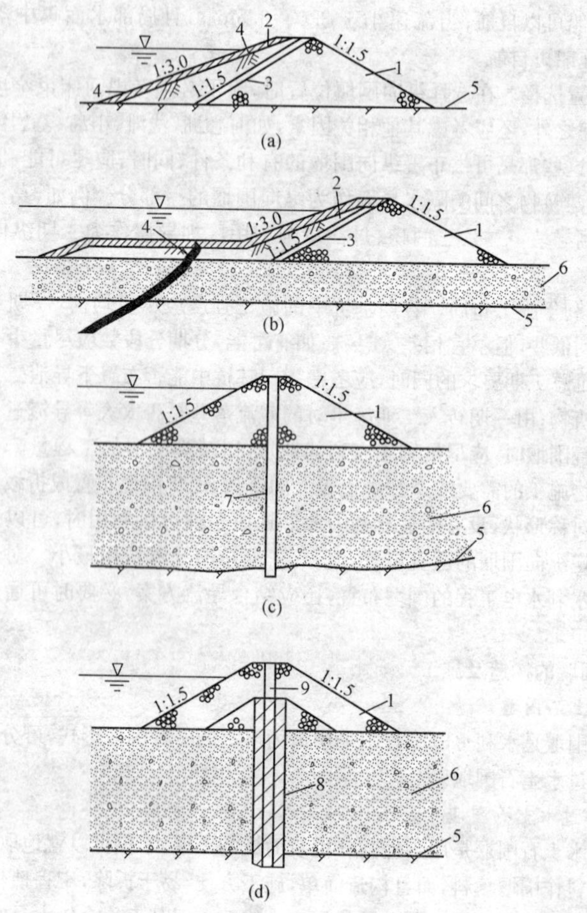

图 4-14　不过水土石围堰

(a)斜墙式；(b)斜墙带水平铺盖式；(c)垂直防渗墙式；(d)帷幕灌浆式

1—堆石体；2—黏土斜墙、铺盖；3—反滤层；4—护面；5—隔水层；

6—覆盖层；7—垂直防渗墙；8—帷幕灌浆；9—黏土心墙

土石围堰的施工分为水上、水下两部分。水上部分的施工与一般土石坝相同，可采用分层填筑、碾压施工的方法，并适时安排防渗墙施工；水下部分的施工，石渣、堆石体的填筑可采用进占法，也可采用各种驳船抛填水下材料。

2. 过水土石围堰

在洪水期流量大，历时短，而枯水期流量很小，水位暴涨暴落、变幅很大的河流上施工时，常采用允许基坑淹没的导流方式，在此情况下，就要求围堰的堰体必须允许过水，如果土石围堰是散粒体结构，则不允许堰体溢流。因为土石围堰过水时，一般受到两种破坏作用：一种是水流沿下游坡面下泄，动能不断增加，冲刷堰体表面；另一种是由于过水时水流渗入堆石体所产生的渗透压力，引起下游坡面连同堰顶一起深层滑动，最后导致溃堰的严重后果，因此，对过水土石围堰的下游坡面及堰脚应采取可靠的加固保护措施。

目前，经常采用的过水围堰有大块石护面、钢筋石笼护面、加筋护面及混凝土板护面等，应用较普遍的是混凝土板护面。

(1)混凝土板护面过水土石围堰。

1)混凝土护面板分类。常用的混凝土护面板按施工方式可分为现浇混凝土护面板和预制混凝土护面板；按面板截面形式可分为矩形板和楔形板；按面板连接方式可分为重叠搭接式和平顺连接式；按面板上有无排水设施可分为带排水孔面板和不带排水孔面板；

2)混凝土护面板施工。混凝土护面板的安装或浇筑应错缝、跳仓，施工顺序应从下游面坡脚向堰顶进行。混凝土护面板与围堰下游坡之间一般需设置垫层，以削减板下水流压强，有利于面板的平整与稳定。对于面板形式、厚度、围堰下游坡度、垫层、堰角保护形式和范围以及围堰整体的稳定性能，除了参考工程经验和进行有关的计算以外，一般应通过水工模型试验确定，如江西上犹江水电站采用的混凝土板护面过水围堰，见图 4-15。它的堰体是由维持堰体稳定的堆石体、防止渗透的黏土斜墙、满足过水要求的混凝土护面板，以及维持堰体和护面板抗冲稳定的混凝土挡墙等部分所构成。设计最大过堰流速 15m/s，面板厚 3m，单宽流量$40m^3/(s \cdot m)$。

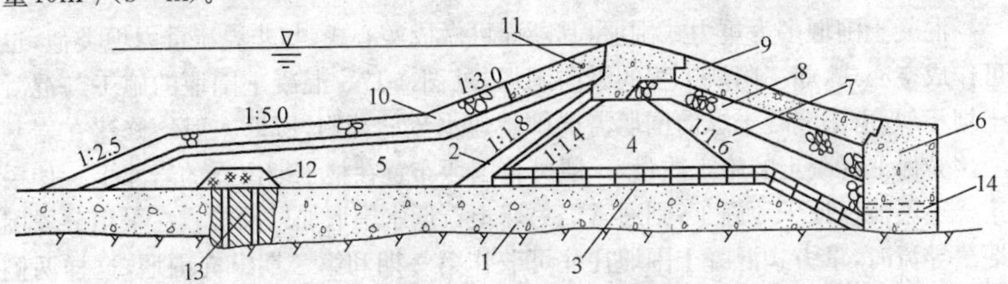

图 4-15　江西上犹江水电站混凝土板护面过水土石围堰

1—砂砾石地基；2—反滤层；3—柴排护底；4—堆石体；5—黏土防渗斜墙；6—毛石混凝土挡墙；7—回填块石；8—干砌块石；9—混凝土护面板；10—块石护面；11—混凝土护面板；12—黏土顶盖；13—水泥灌浆；14—排水孔

(2)加筋过水土石围堰。加筋过水土石围堰就是在围堰的下游坡面上铺设钢筋网，在下游部分堰体内埋设水平向主锚筋，以防止坡面块石被冲走，以防下游坡连同堰顶一起滑动，见图 4-16。

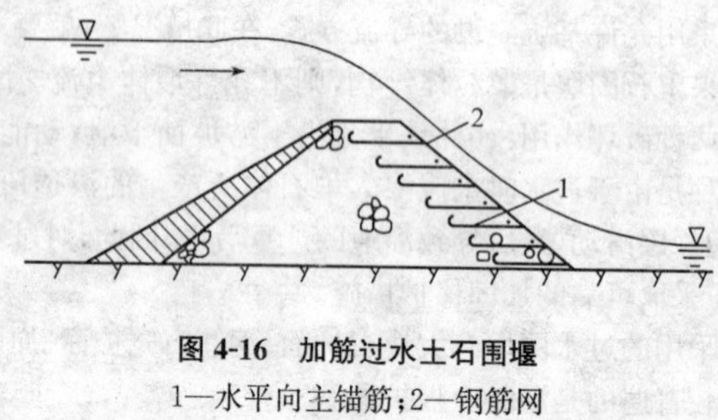

图 4-16　加筋过水土石围堰

1—水平向主锚筋;2—钢筋网

1)钢筋网。钢筋网由纵向主筋、横向构造筋及横向加筋等组成。一般纵向主筋 $\phi6$～$\phi30$,间距 100～450mm;横向构造筋 $\phi8$～$\phi25$,间距150～225mm;横向加筋 $\phi20$～$\phi30$,间距 1500～3000mm。纵向主筋与横向构造筋形成钢筋网,以框住坡面块石,以免被水冲走,横向加筋应放置在纵向加筋的下面,以防止钢筋网隆起,被水流挟带的杂物所切断。

2)水平向主锚筋。水平向立锚筋安置在堰体内,一般采用 $\phi20$～$\phi38$,其垂直间距为 1500～3000mm,水平间距为 230～1500mm,水平向主锚筋可事先预制,然后在现场进行装配。

(二)混凝土围堰

混凝土围堰是用常态混凝土或碾压混凝土建筑而成。混凝土围堰宜建在岩石地基上,其特点是抗冲与抗渗能力大,挡水水头高,底宽小,易于与永久混凝土建筑物相连接,并且堰顶可溢流。常见的混凝土围堰的结构形式有重力式和拱形等。

1. 重力式混凝土围堰

混凝土围堰多为重力式围堰,其断面可做成实心式,与非溢流重力坝类似,也可作成空心式,如三门峡工程的纵向围堰,见图 4-17。混凝土围堰的施工与混凝土坝相似,由于混凝土纵向围堰需抗御高速水流的冲刷,所以一般均修建在岩基上。为保证混凝土的施工质量,一般可将围堰布置在枯水期出露的岩滩上。如果这样还不能保证干地施工,则通常需另修土石低水围堰加以围护。在采用分段围堰法导流时,重力式混凝土围堰往往可兼作第一期和第二期纵向围堰,这样两侧均能挡水,还能作为永久建筑物的一部分,如隔墙、导墙等。

2. 拱型混凝土围堰

拱型混凝土围堰一般适用于两岸陡峻、岩石坚实的山区河流,常采用隧洞及允许基坑淹没的导流方案。

围堰的拱座修筑在枯水期的水面以上。在对围堰进行基础处理时,如河床的覆盖层较薄时需进行水下清基;若覆盖层较厚,则可灌注水泥浆防渗加固。堰身的混凝土浇筑则要进行水下施工,难度较高。在拱基两侧要回填部分砂砾料以利灌浆,形成阻水帷幕,见图 4-18。

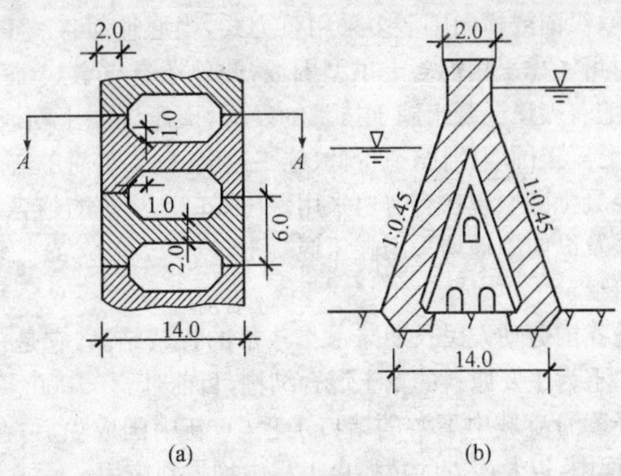

图 4-17　三门峡工程的纵向围堰(单位:m)

(a)平面图;(b)$A—A$ 剖面

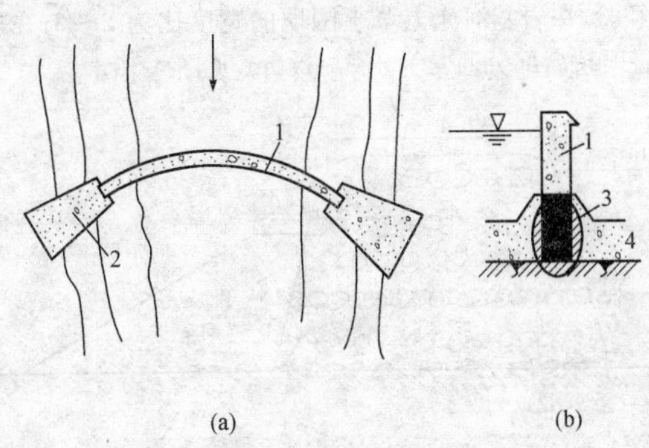

图 4-18　拱型混凝土围堰

(a)平面图;(b)横断面图

1—拱身;2—拱座;3—灌浆帷幕;4—覆盖层

由于拱形混凝土围堰利用了混凝土抗压强度高的特点,与重力式相比,断面较小,可节省混凝土工程量。近年,国内贵州省的乌江渡、湖南省凤滩等水利水电工程即采用了拱型混凝土围堰作为横向围堰,但多数还是以重力式围堰作纵向围堰,如我国的三门峡、丹江口、三峡工程的混凝土纵向围堰均为重力式混凝土围堰。

混凝土围堰一般需要在低水土石围堰保护下干地施工,也可创造条件在水下浇筑混凝土或预埋骨料灌浆。当水利枢纽中有导流墙时,可以结合作纵向围堰使用。实际工程中,纵向或横向围堰多采用重力式,当堰址河谷峡窄且堰基和两岸地质条件良好时可考虑采用混凝土拱型围堰,此外还有支墩式、框格式混凝土围堰。近些年来,随着碾压混凝土施工技术的发展,碾压混凝土围堰也得到了较好的应用,与常规混凝土围堰相比,造价低、施工速度慢、工艺简单,有条件时应优先考虑。重力式混凝土围堰现在有普遍采用碾压混凝土浇筑的趋势,如三峡工程三期上游横向围堰及纵向围堰均采用碾压混凝土。

(三)草土围堰

草土围堰是我国劳动人民长期与水作斗争的智慧结晶,它是一种以麦草、稻草、芦柴、柳枝和土为主要原料的草土混合结构,目前,已有2000多年的历史。这种围堰主要用于黄河流域中下游的堵口工程中,新中国成立后,在青铜峡、盐锅峡、八盘峡等工程中,以及南方的黄坛口工程中均得到应用。

1. 围堰断面

草土围堰的断面尺寸除了应满足抗滑、抗渗、抗倾覆等要求外,还应考虑施工过程中运草、运土等要求,通常情况下为矩形或梯形,边坡坡比为1∶0.2～1∶0.3。根据实践经验,在岩基河床上草土围堰的宽度比为2～3;在软基河床上宽度比为4～5。堰顶超高部分通常为1.5～2.0m,见图4-19。

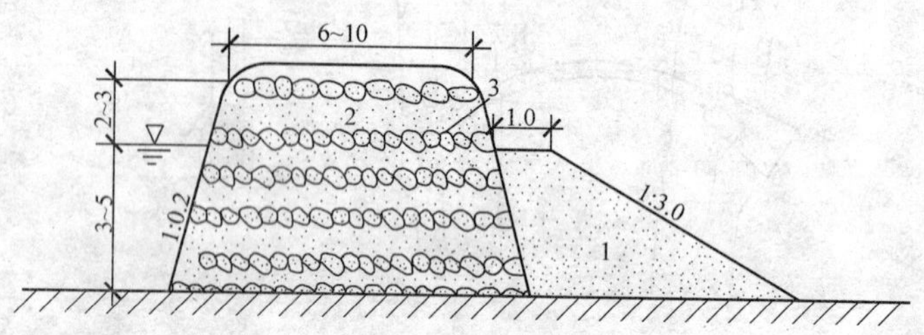

图4-19 草土围堰断面(单位:m)

1—戗土;2—土料;3—草捆

2. 草捆制作

草土围堰多用捆草法修建,故而草捆的制作至为重要。通常情况下,是将麦草或稻草做成长1.2～1.8m、直径0.5～0.7m、重约10kg的单个草捆,然后将两个草捆靠齐压扁,用长6～8m、直径4～5m的粗草绳系紧即可。

3. 草捆施工

草土围堰的施工方法比较特殊,就其实质来说也是一种进占法。按其所用草料形式的不同,可以分为散草法、捆草法、埽捆法三种。按其施工条件可分为水中填筑和干地填筑两种。实践中的草土围堰,普遍采用捆草法施工,如图4-20所示。

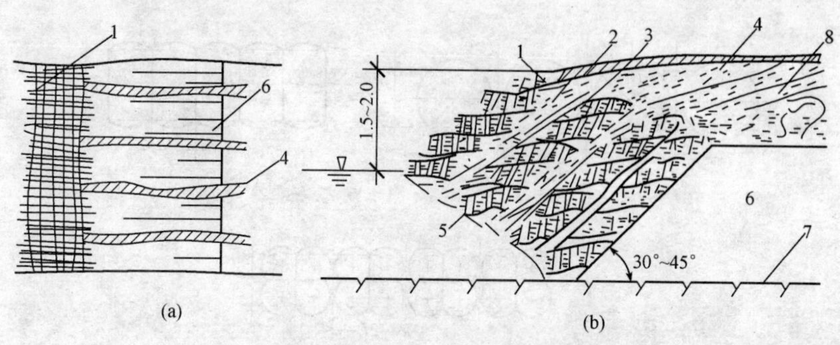

图 4-20 草土围堰施工示意图(单位:m)

(a)围堰进占平面图;(b)围堰进占纵断面图

1—草捆;2—铺土层;3—散草;4—草绳;5—飘浮楔形体前沿;

6—已建堰体或岸坡;7—河底;8—散草铺土加高

用捆草法修建围堰时,即把草做成草捆,然后一层草捆一层土料在水中进占而成。在进占前,应先清理岸边,将每两束草捆用草绳扎绑紧,并使草绳留出足够的长度,然后将草捆垂直于岸边并排铺放。待第一排草捆沉入水中 1/3～1/2 草捆长时,将草绳固定在岸边,以便与后铺的草捆互相连接,然后再在第一层草捆上后退压放第二层草捆,层间搭接可按水深大小搭叠 1/3～1/2 草捆长,如此逐层压放草捆,使其形成一个坡角约为 35°～45°的斜坡,直至高出水面 1.0m 为止。随后在草捆层的斜坡上铺一层厚 0.25～0.3m 的散草,填补草捆间的空隙,再在散草上铺一层厚 0.25～0.3m 的土料并用人工踏实,这样就完成了堰体压草、铺散草和铺土作业的一个工作循环,依此循环继续进行,堰体即可向前进占,后部堰体也渐渐沉入河底。堰体高出水面后,立即铺土夯实,将围堰加高至设计高程。

草土围堰施工简单,速度快、取材容易、造价低、拆除也方便,具有一定的抗冲、抗渗能力,堰体自重较小,特别适用于软土地基。但这种围堰不能承受较大的水头,所以仅限水深不超过 6m、流速不超过 3.5m/s,使用期二年以内的工程。

(四)钢板桩格形围堰

钢板桩格型围堰是重力式挡水建筑物,由一系列彼此相接的格体形成外壳,然后在内填以土料构成,按照格体的平面形状,可分为圆筒形格体、扇形格体和花瓣形格体,如图 4-21 所示。这些形式适用于不同的挡水高度,应用较多的是圆筒形格体。

1. 格体

格体是一种由土和钢板桩的组合结构,由横向拉力强的钢板桩联锁围成一定几何形状的封闭系统,许多钢板桩之间是通过锁口互相连接而成的,钢板桩的锁口通常有握裹式、互握式和倒钩式三种,见图 4-22。

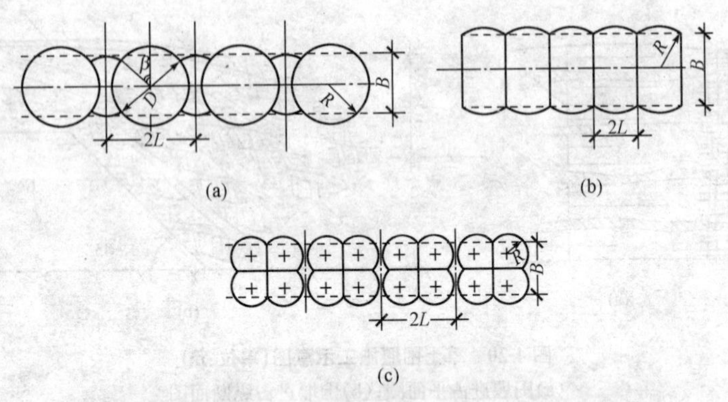

图 4-21　钢板桩格型围堰平面形式

(a)圆筒形格体;(b)扇形格体;(c)花瓣形格体

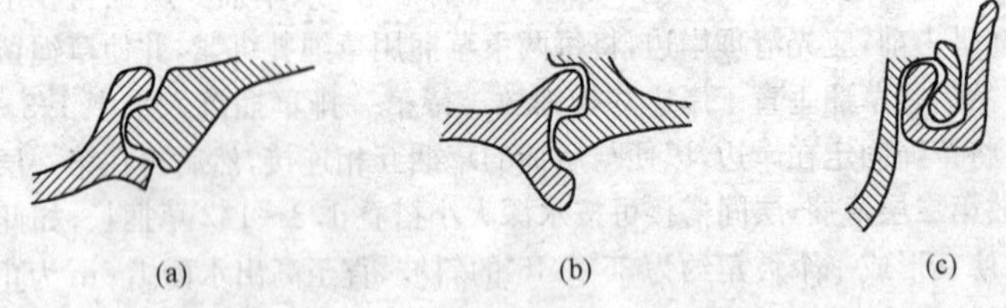

图 4-22　钢板桥桩锁口示意图

(a)握裹式;(b)互握式;(c)倒钩式

钢板桩在格形结构中,板桩长度方向的弯曲强度不是主要的,应考虑的是板桩横向锁口抗拉强度。格体通常是采用直腹形板桩,也称一字形板桩。

2. 格形围堰的布置

格形围堰的布置首先需确定标准格体尺寸,通常采用同一尺寸的标准格体。格体可以沿直线或曲线布置。格体定线时需考虑到格体板桩间的固有联锁关系;格体与河岸、格体与已建水工建筑物或其他形式围堰的连接方式。

格形围堰格体本身一般不需采用专门的防渗措施。为减少岩基上格体渗漏或防止格体填料从底部漏失掉,迎水面板桩必须打进基岩内 0.3～0.6m。一般在迎水侧板桩外面浇 0.5m 厚水下混凝土或用水泥砂袋封底。基岩渗漏常用灌浆处理。

为降低格体内浸润线高程,格体需采取排水措施。一般是在背水侧板桩上开 30mm 直径排水孔,垂直间距 0.5～1m,水平间距 1.2～2m(即在第三根或第五根板桩上开孔）。格体填料的透水性较差时必须采取强制性排水措施，在填料底部设置排水层。

3. 格体内部填料

格体内应填充透水性强的填料，这样填料可以依靠水的重力流动通过排水孔来满足排水要求，同时，填料必须耐冲刷，并具有很高的抗剪强度和抗滑重度。施工中，常用的填料有砂、砂卵石或石渣等。在向格体内进行填料时，必须保持各格体内的填料表面大致均衡上升，因高差太大会使格体变形。

4. 格形围堰施工

格形围堰的施工工序依次是定位、打设模架支柱、模架就位、安插钢板桩、打设钢板桩、填充料碴、取出模架及其支柱和填充料碴到设计高度等。对于鼓形格形围堰的鼓形格体，可以通过延长隔墙的方式来增加围堰的有效高度，这样钢板桩的用量较少，板桩的拼装和插打比较容易，但每个格体不能单独稳定，也不能单独回填，仅能在平衡的水流中施工。而花瓣形格形围堰的每个格体均是一独立稳定的单元。花瓣形格体本身可用十字隔墙加固，只是所需板桩的数量较多。

5. 圆筒形格体钢板桩围堰

圆筒形格体钢板桩围堰是由“一字形”钢板桩拼装而成，由一系列主格体和联弧段所构成。根据经验，圆筒形格体的直径 D 一般为挡水高度 H 的 0.9～1.4 倍，平均宽度 B 为 0.85D，见图 4-23。圆筒形格体钢板桩围堰一般适用的挡水高度小于 15～18m，可以建在岩基或非岩基上，也可作过水围堰用。

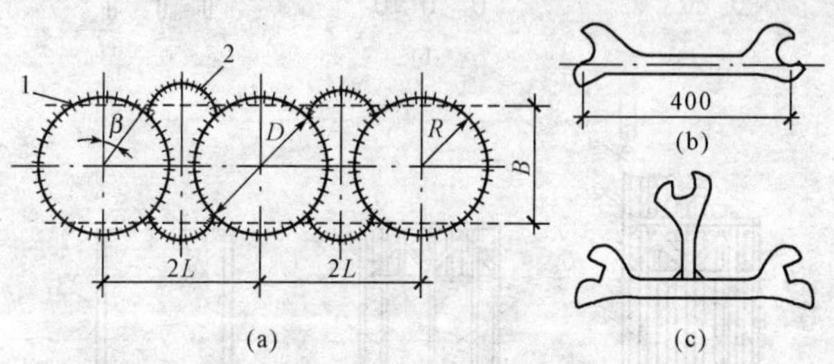

图 4-23　圆筒形格体钢板桩围堰(单位：mm)

(a)平面图；(b)“一字形”钢板桩；(c)钢板桩异形接头

1—主格体；2—联弧段

(1)设计要求。由于圆筒形格体钢板桩围堰不是一个刚性体，而是一个柔性结构，在格体挡水时会产生变位（图 4-24），填料沿格体轴线的垂直平面（图 4-24 中 A—A 平面）发生错动，可通过提高填料本身的抗剪强度以及填料与钢板桩之间的抗滑力，来提高格体的抗剪稳定性；此外，钢板桩的锁口由于受到填料的侧压力而会产生拉力，因此，圆筒形格体钢板桩围堰的设计，除了应按水工建筑物一般要求，核算抗滑、抗倾覆稳定及地基强度外，尚需核算格体轴线垂直平面上的抗剪稳定性和钢板桩锁口的抗拉强度等。

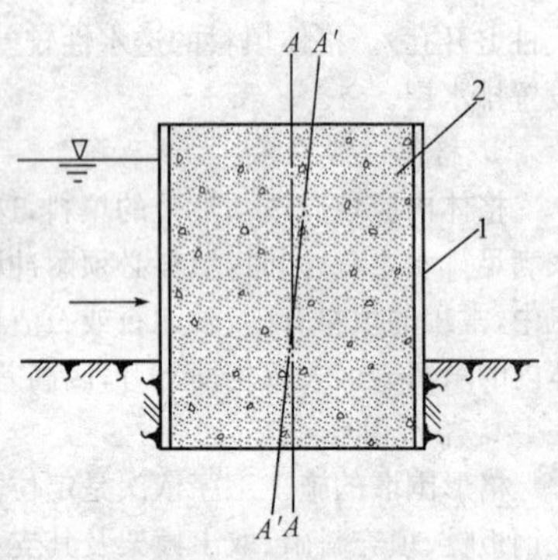

图 4-24　格体挡水时变位示意图
1—钢板桩；2—填料

(2)围堰修建。圆筒形格体钢板桩围堰的修建是由定位、打设模架支柱、模架就位、安插钢板桩、填充料渣、取出模架及其支柱和填充料渣到设计高度等工序组成的(图 4-25)。圆筒形格体钢板桩围堰一般需在流水中修筑，受水位变化和水面波动的影响较大，施工难度较高。由于圆筒形格体围堰每个格体为独立稳定单元，故而施工时每个格体可以单独回填；而已建的格体又可以作为相邻格体的施工平台，在急流中可以随建随填。

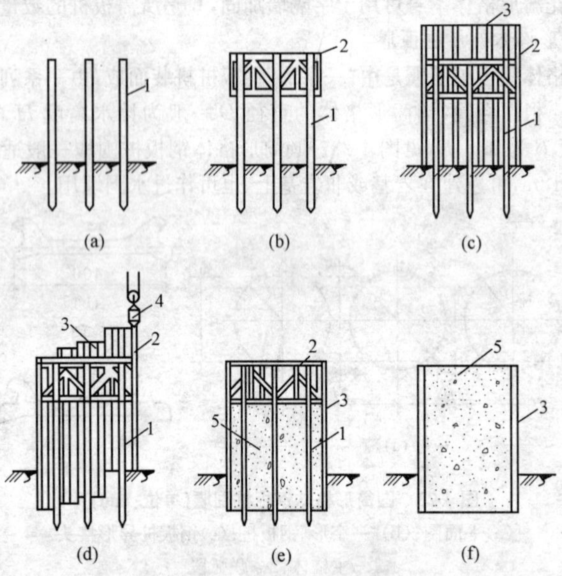

图 4-25　圆筒形格体钢板桩围堰施工程序图
(a)定位、打设模架支柱；(b)模架就位；(c)安插钢板桩；
(d)打设钢板桩；(e)填充料渣；(f)取出模架及其支柱和填充料渣到设计高程

钢板桩格型围堰具有坚固、抗冲、抗渗、围堰断面小，便于机械化施工；钢板桩的回收率高，可达 70%以上；尤其适用于束窄度大的河床段作为纵向围堰，但由于需要大量的钢材，且施工技术要求高，我国目前仅应用于大型工程中。

(五)刺墙构造

刺墙有木板刺墙和混凝土刺墙两种，用来处理围堰的接头。

围堰的接头是指围堰与围堰、围堰与其他建筑物及围堰与岸坡等的连接处。围堰的接头处理与其他水工建筑物接头处理的要求并无多大区别，所不同的是由于围堰是临时建筑物，使用期不长，因此接头处理措施可适当简便，采用刺墙形式是其最好的选择。

通常情况下，为了降低造价，方便施工和拆除，土石围堰与混凝土纵向围堰的接头，通常采用刺墙形式插入土石围堰的塑性防渗体中，并接接头的防渗体断面扩大，以保证在任一高程处均能满足绕流渗径长度要求。纵向围堰和横向围堰的基础部位采用混凝土刺墙，基础上面采用木板刺墙，如图 4-26 所示。木板刺墙由两层 25mm 厚的木板构成，木板中间夹两层沥青油膏及一层油毛毡。木板刺墙与混凝土纵向围堰的连接处设厚 2mm 的白铁片止水；与混凝土刺墙的接触处则用一层油毛毡和二层沥青麻布，以增加绕流渗径，防止引起有害的集中渗漏。

对于土石围堰与岸坡的接头处理，主要是通过扩大接触面和嵌入岸坡的方法，以延长塑性防渗体的接触，防止集中绕渗破坏。

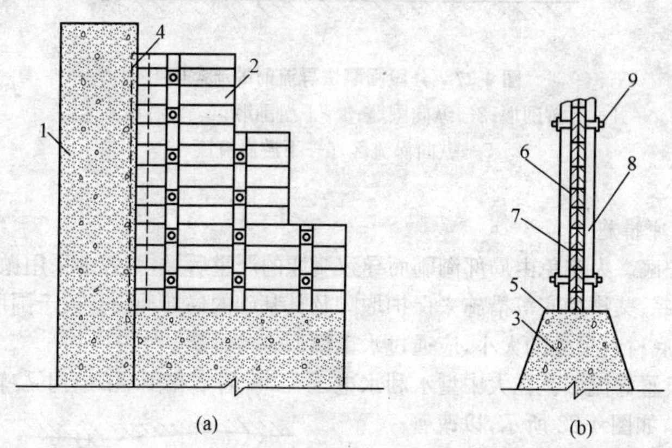

图 4-26　刺墙构造简图

(a)正视图；(b)横断面图

1—混凝土纵向围堰；2—木板刺墙；3—混凝土刺墙；4—白铁片止水；5—一层油毛毡和二层沥青麻布；6—木板；7—两层沥青油膏及一层油毛毡；8—木围囹；9—螺栓

五、围堰防护

围堰的防护主要是指围堰的防冲和防渗，是保证围堰正常工作的关键。

(一)围堰的防冲

围堰遭受冲刷在很大程度上与其平面布置有关,一般土石围堰在流速超过3.0m/s时,会发生冲刷现象,尤其在采用分段围堰法导流时,若围堰布置不当,在束窄河段的进出口和纵向围堰会出现严重的涡流,淘刷围堰及其基础,从而导致围堰失事。

1. 冲刷原理

在采用分段围堰法导流时,水流进入围堰区受到束窄,流出围堰区又突然扩大,这样就不可避免地在河底引起动水压力的重新分布,流态发生急剧改变。此时在围堰的上下游转角处产生局部压力差,局部流速显著增高,形成螺旋状的底层涡流,流速方向自上而下,从而淘刷堰脚及基础,如图 4-27 所示。

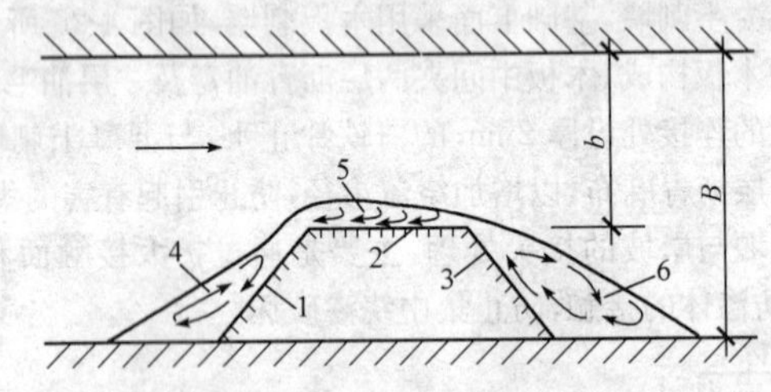

图 4-27　分段围堰法导流时的流态图

1—上游围堰;2—纵向围堰;3—下游围堰;4—上游涡流区;5—纵向涡流区;6—下游涡流区

2. 防冲措施

(1)护底。为避免由局部淘刷而导致溃堰的严重后果,一般多采用抛石护底、铅丝笼护底、柴排护底等措施来保护堰脚及其基础的局部冲刷。关于围堰区护底范围及护底材料尺寸的大小,应通过水工模型试验确定。

(2)设置导流墙。在大中型水利水电工程中,通常在围堰的上下游转角处设置导流墙,如图 4-28 所示,以改善束窄河段进出口的水流条件,力求使水流平顺地进、出束窄河段。在设置导流墙后,河底最大局部流速有所增加,但混凝土的抗冲能力较高,不至于有发生冲刷破坏的危险。如果考虑以纵向围堰作为永久建筑物的隔墩或导墙的一部分,则一般采用混凝土结构,导墙实质

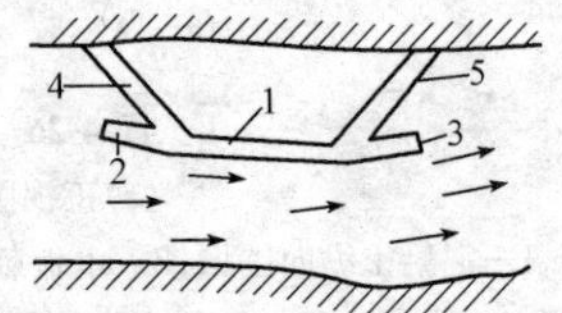

图 4-28　导流墙和围堰布置图

1—纵向围堰;2—上游导流墙;3—下游导流墙;4—上游横向围堰;5—下游横向围堰

上是混凝土纵向围堰分别向上、下游的延伸。如果采用土石纵向围堰，则应对围堰水面以下的堰体进行有效的保护。

（二）围堰的防渗

土石围堰的防渗一般采用斜墙、斜墙接水平铺盖、垂直防渗墙或灌浆帷幕等措施，其基本防渗要求和一般挡水建筑物没有太大的区别。由于围堰一般需在水中修筑，因此必须保证斜墙和水平铺盖的水下施工质量。

土石围堰的防渗斜墙和水平铺盖，通常采用人工抛填的方法进行施工。施工时，应注意控制滑坡、颗粒分离及坡面的平整情况，要求填土密实度均匀，防渗性能良好，干密度均在 1.45g/m^3 以上，并无显著分层沉积现象，土坡稳定。上部坡高 8～9m 范围内，坡度约为 1∶2.5～1∶3.0；下部坡度较缓，一般均在 1∶4.0 以上。抛填三个月后，可取样进行试验，查看其是否达到上述要求。

尽管斜墙和水平铺盖的水下施工难度较高，只要施工方法选择得当，还是能够保证质量的。

六、围堰的拆除

围堰是临时建筑物，导流任务完成以后，应按设计要求进行拆除，以免影响永久建筑物的施工及运行。

围堰的拆除应当符合设计要求。在采用分段围堰法导流时，第一期横向围堰的拆除如果不合要求，势必会增加上、下游水位差，增加截流料物的重量及数量，从而增加截流难度。如果下游横向围堰拆除不干净将会抬高尾水位，影响水轮机的利用水头，从而降低了水轮机出力，造成不应有的损失。

1. 土石围堰拆除

土石围堰相对说来断面较大，拆除工作一般是在运行期限的最后一个汛期过后，随上游水位的下降，逐层拆除围堰的背水坡和水上部分。但必须保证依次拆除后所残留的断面，能继续挡水和维持稳定，以免发生安全事故，使基坑过早淹没，影响施工。土石围堰的拆除一般可用挖土机或爆破开挖等方法。

2. 草土围堰拆除

草土围堰的拆除比较容易，一般水上部分用人工拆除，水下部分可在堰体开挖缺口，让其过水冲毁或用爆破法炸除。

3. 混凝土围堰拆除

混凝土围堰的拆除，一般只能用爆破法炸除，但应注意，必须使主体建筑物或其他设施不受爆破危害。

4. 钢板桩格型围堰拆除

钢板桩格型围堰的拆除，首先要用抓斗或吸石器将填料清除，然后用拔桩机起拔钢板桩。

第三节 截流工程

河道截流是大中型水利水电工程施工中的关键环节之一，不仅直接影响工期和造价，而且将影响整个工程的全局。在导流泄水建筑物建成后，应抓住有利时机，迅速截断河床水流，使河水经导流泄水建筑物下泄，以确保工程各环节顺利进行。

一、截流过程

所谓截流就是指在导流泄水建筑物接近完工时，以进占的方式自两岸或一岸建筑戗堤，以形成龙口，然后将龙口防护起来。待导流泄水建筑物完工以后，抓住有利时机，以最短时间将龙口堵住，从而截断河流的过程。

河道截流一般包括戗堤进占、龙口裹头及护底、合龙、闭气等工作。

(1)戗堤进占是指在河床的一侧或两侧向河床中填筑截流戗堤，这种向水中筑堤的工作叫进占。

(2)戗堤进占到一定程度，河床束窄，形成流速较大的泄水缺口叫龙口。为了保证龙口两侧堤端和底部的抗冲稳定，通常采用工程防护措施，如抛投大块石、铅丝笼等，这种防护堤端叫裹头。龙口一般选在河流水深较浅，覆盖层较薄或基岩部位，以降低截流难度。

(3)合龙是指封堵龙口的工作。在合龙开始以前，如果龙口河床或戗堤端部容易被冲毁，则须采取防冲措施对龙口加固，如对龙口河床进行护底、对戗堤端部作裹头处理等。

(4)合龙以后，龙口部位的戗堤虽已高出水面，但其本身依然漏水，因此须在其迎水面设置防渗设施。在戗堤全线上设置防渗体的工作叫闭气。截流以后，再对戗堤进行加高培厚，直至达到围堰设计要求。在施工导流中，只有截断原河床水流，才能把河水引向导流泄水建筑物下泄。截流戗堤一般与围堰相结合，因此截流工作实际上是在河床中修筑横向围堰工作的一部分，见图 4-29。由此可见，截流在施工导流中占有重要的地位，如果截流不能按时完成，就会延误整个河床部分建筑物的开工日期；如果截流失败，失去了以水文年计算的良好截流时机，则可能拖延工期达一年，在通航河流上甚至严重影响航运。

为了成功截流，必须充分掌握河流的水文特性和河床的地形、地质条件，掌握在截流过程中水流的变化规律及其对截流的影响。同时，必须在非常狭小的工作面上以相当大的施工强度在较短的时间内进行截流的各项工作，为此必须严密组织施工。对于大型或重要的截流工程，事先必须进行周密的设计和水工模型试验，对截流工作作出充分的论证。

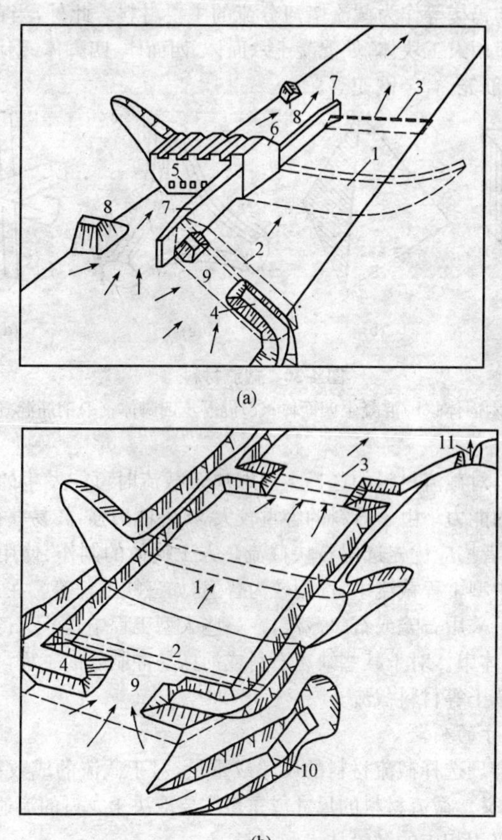

图 4-29 截流布置示意图

(a)采用分段围堰底孔导流时的布置;(b)采用全段围堰隧洞导流时的布置

1—大坝基坑;2—上游围堰;3—下游围堰;4—戗堤;5—底孔;6—已浇混凝土坝体;

7—二期纵向围堰;8—一期围堰的残留部分;9—龙口;

10—导流隧洞进口;11—导流隧洞出口

二、截流材料

(一)截流材料的选择

河道截流时,应本着就地取材的原则,尽可能采用当地材料。由于我国地域广阔,南北差异很大,各地所采用的截流材料也不尽相同。在黄河上,长期以来用梢料、麻袋、草包、石料、土料等作为堤防溃口的截流堵口材料；而在南方，则常用卵石竹笼、砾石和杩槎等作为截流堵河分流的主要材料。此外，当截流水力条件较差时，还必须使用人工块体，如混凝土六面体、四面体、四脚体、钢筋混凝土构架（图 4-30）以及钢筋笼、合金网兜等。

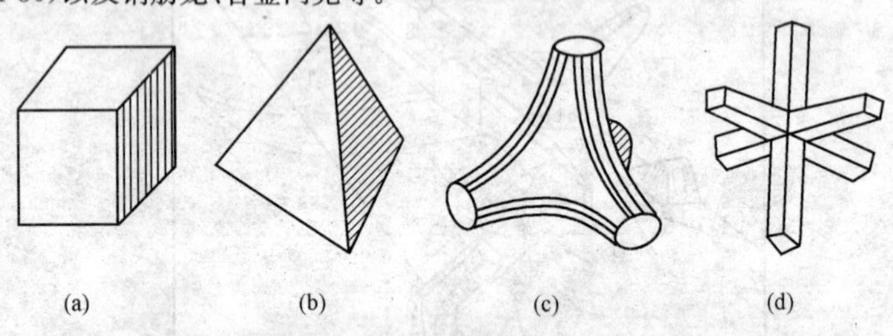

图 4-30　截流材料

(a)混凝土六面体；(b)混凝土四面体；(c)混凝土四脚体；(d)钢筋混凝土构架

截流施工中，对截流材料的选择主要取决于截流时可能发生的流速及开挖、起重、运输设备的能力。由于石料的容重较大，抗冲能力强，较易获得且也比较经济，因此，有条件者均应优先选用石块截流。人工块体的制作、使用较为方便，抗冲能力强，在大中型工程截流中，选用较为普遍，如三峡工程等。在龙口水力条件不利的条件下，可采用石笼或石串截流；在一些大型工程中，除了石笼、石串外，也可采用混凝土块体串。对于某些缺乏石料或河床易冲刷处的工程，也可根据当地条件采用梢捆、草土等材料截流。

（二）材料尺寸的确定

在截流中，合理选择截流材料的尺寸或重量，对于截流的成败和截流费用的节省具有重大意义。截流材料的尺寸或重量主要取决于龙口的流速，根据龙口的流速、流态变化采用相应的抛投技术和材料。

采用块石和混凝土块体截流时，所需材料尺寸可通过水力计算初步确定，同时考虑工程可能拥有的起重运输设备的能力，以确定材料尺寸。

1. 立堵截流

立堵截流时截流材料抵抗水流冲动的流速，可按下式估算：

$$v=K\sqrt{2g\frac{\gamma_1-\gamma}{\gamma}D} \tag{4-10}$$

式中　v——水流流速，m/s；

K——综合稳定系数；

g——重力加速度，m/s^2；

γ_1——石块的密度，kg/m^3；

γ——水的密度，kg/m^3；

D——石块折算成球体的化引直径，m。

2. 平堵截流

平堵截流的水力计算方法，与立堵法类似。采取抛石平堵截流时，抛石平堵截流所形成的戗堤断面在开始阶段为等边三角形，此时使石块发生移动所需要的最小流速为：

$$v_{\min}=K_1\sqrt{2gD\frac{\gamma_1-\gamma}{\gamma}} \tag{4-11}$$

式中　K_1——石块在石堆上的抗滑稳定系数，取 $K_1=0.9$。

当龙口流速增加，石块发生移动之后，戗堤断面逐渐变成梯形，此时石块不致发生滚动的最大流速为：

$$v_{\max}=K_2\sqrt{2gD\frac{\gamma_1-\gamma}{\gamma}} \tag{4-12}$$

式中　K_2——石块在石堆上的抗倾稳定系数，取 $K_2=1.2$。

由于，平堵、立堵截流的水力条件非常复杂，上述计算只能作为初步依据，对于大、中型及重要的水利水电工程，必须进行截流模型试验，并在试验的基础上，考虑类似工程经验，作为修改截流设计的依据。

3. 适用流速

无论是平堵截流，还是立堵截流，各种不同截流材料的适用流速也各不相同。材料的适用流速，即截流材料抵抗水流冲动的经验流速，见表 4-7。

表 4-7　　截流材料的适用流速

截流材料	适用流速(m/s)	截流材料	适用流速(m/s)
土　料	0.5～0.7	3t 重大块石或钢筋石笼	3.5
20～30kg 重石块	0.8～1.0	4.5t 重混凝土六面体	4.5
50～70kg 重石块	1.2～1.3	5t 重大石块，大石串或钢筋石笼	4.5～5.5
麻袋装土(0.7m×0.4m×0.2m)	1.5		
ϕ0.5×2m 装石竹笼	2.0	12～15t 重混凝土四面体	7.2
ϕ0.6×4m 装石竹笼	2.5～3.0	20t 重混凝土四面体	7.5
ϕ0.8×6m 装石竹笼	3.5～4.0	ϕ1.0×15m 柴石枕	约 7～8

(三)截流材料的储备

1. 备料量计算

备料量的计算，可以设计戗堤体积为准，另外还得考虑各项损失，如堆存、运输中的损失，水流冲失，戗堤沉陷以及可能发生比设计更坏的水力条件而预留的备用量等。平堵截流的设计戗堤体积计算比较复杂，可按戗堤不同阶段的轮廓计算其备料量；立堵截流戗堤断面为梯形，设计戗堤体积计算较简单，戗堤顶宽可视截流施工需要而定，一般为 10～18m，可保证 2～3 辆汽车同时卸料。

2. 备料数量

备料量的多少取决于对流失量的估计。实际工程中备料量与设计用量之比多在 1.3～1.5 之间，个别工程可达到 2.0，但在实践中，常因估计不准致使截流材料备料量均超过实际用量，少者多余 50%，多则达 400%，尤其是人工块体大量多余，造成浪费。究其原因，主要是截流模型试验的推荐值本身就包含了一定安全裕度，截流设计提出的备料量又有增加，而施工单位在备料时往往在此基础上又留有余地；水下地形不太准确，在计算戗堤体积时，常从安全角度考虑取偏大值；设计截流流量通常大于实际出现的流量等，因此，初步设计时备料系数不必取得过大，实际截流前夕，可根据水情变化适当调整。

三、截流时间及设计流量

（一）截流时间

截流时间也称截流时段，其选择主要取决于水文气象条件、航运条件、施工工期及控制性进度、后续工程的施工安排、截流施工能力和水平等因素，其不仅影响到截流本身能否顺利进行，而且直接影响工程施工布局。

截流应选在枯水期进行，此时流量小，不仅易于断流，耗费材料少，而且有利于后期围堰的加高培厚。至于截流选在枯水期什么时间，首先要保证截流以后，全年挡水围堰能在汛期到来以前修建到拦洪水位以上。截流时间应尽量提前，一般安排在枯水期的前期，使截流以后有足够时间来完成围堰的后期工程及基坑内工作。在有通航要求的河道上进行截流，截流日期最好选择在对航运影响较小的时段内。一般来说，截流宜安排在 10～11 月，南方一般不迟于 12 月底，在北方有冰凌的河流上，截流不宜在流冰期进行。

国内一些工程截流一般安排在当年汛末至第二年汛前的非汛期进行。

（二）截流设计流量

截流流量是截流设计的依据，如选择不当，将使截流规模如龙口尺寸、投抛料尺寸及数量设计过大造成浪费；或规模设计过小造成被动，影响整个施工全局。

截流标准一般采用截流时段重现期 5～10 年的月或旬平均流量。如水文资料不足，可用短期的水文观测资料或根据条件类似的工程来选择截流设计流量。同时，须根据当地的实际情况和水文预报加以修正，作为指导截流施工的依据。

此外，在截流开始前，导流建筑物应已完工，已具备过水条件。并已完成截流所需的材料、设备、人员、交通道路等准备工作。

四、龙口

(一)龙口的位置

龙口的位置,对截流工作的顺利进行至为重要。一般说来,龙口应设置在河床主流部位,方向力求与主流顺直,使截流前河水能较顺畅地经由龙口下泄。有时,为了使截流时的水流较为平顺,常在龙口上,下游顺着河流的流势,按流量的大小开挖引河,此时,龙口可设在河滩上。这样一些准备工作就不必在深水中进行,对确保施工进度和施工质量较为有利。

龙口附近应有较宽阔的场地,以便布置截流运输线路和制作、堆放截流材料。为避免截流时因流速增大而引起过分冲刷,龙口应设在耐冲河床上,否则,也可设在覆盖层上,并采取相应的加固措施。

(二)龙口的宽度

为减少合龙工程量,缩短截流延续时间,龙口的宽度应尽可能地窄一些,但不能因此而引起河水对龙口及其下游河床的冲刷。同时,为了提高龙口的抗冲能力,保证戗堤安全,必要时可对龙口采取相应的保护措施。

龙口常用的保护措施有护底和裹头。裹头多用于平堵戗堤两端或立堵进占端对面的戗堤,是用石块、钢筋石笼、黏土麻袋或草包、竹笼、柴石枕等把戗堤的端部保护起来,以防被水流冲塌。而护底一般采用抛石、沉排、竹笼、柴石枕等对龙口进行保护。通常情况下,龙口宽度及其防护措施,可根据相应的流量及龙口的抗冲流速来确定。在通航河道上,如截流准备期间的通航设施尚未投入使用时,船只仍需由龙口通过,此时龙口宽度不能太窄,流速也不能太大,以免影响航运,如葛洲坝工程,由于通航时流速不能大于 3.0m/s,所以葛洲坝工程的龙口宽度为 220m。

五、截流水力计算

(一)截流水量平衡

在截流过程中,上游来水量也就是截流设计流量,将分别经由龙口、分流建筑物及戗堤的渗漏下泄,并有一部分拦蓄在水库中。截流过程中,若库容不大,拦蓄在水库中的水量可以忽略不计,对于立堵法截流,当渗漏不严重时,也可忽略经由戗堤渗漏的流量,这样截流时的水量平衡方程为:

$$Q_0 = Q_1 + Q_2 \tag{4-13}$$

式中　Q_0——截流设计流量,m^3/s;

Q_1——分流建筑物的泄流量,m^3/s;

Q_2——龙口泄流量,可按宽顶堰计算,m^3/s。

随着截流戗堤的不断进占,龙口逐渐被束窄,因此分流建筑物和龙口的泄流量也随之变化,但二者之和恒等于截流设计流量。其变化规律是:截流开始时,大部分截流设计流量经由龙口泄流,随着截流戗堤的进占,龙口断面不断缩小,上游水位不断上升;当上游水位高出泄水建筑物以后,经由龙口的泄流量越来越小,而经由分流建筑物的泄流量则越来越大;龙口合龙闭气以后,截流设计流量全部经由分流建筑物泄流。

(二)水力计算方法

截流水力计算的目的是通过图解法或电算法来确定龙口诸水力参数的变化规律,主要确定截流过程中龙口各水力参数,如单宽流量 q、落差 z 及流速 v 等的变化规律;并由此确定截流材料的尺寸或重量及相应的数量等。

1. 图解法

采用图解法进行截流水力计算时,可先绘制上游水位 H_u 与分流建筑物泄流量的关系曲线和上游水位与不同龙口宽度 B 的泄流量曲线簇,见图 4-31。在绘制曲线时,下游水位视为常量,可根据截流设计流量在下游水位流量关系曲线上查得。这样,在同一上游水位情况下,当分流建筑物泄流量与某宽度龙口泄流量之和为 Q_0 时,即可分别得到 Q_1 和 Q_2。

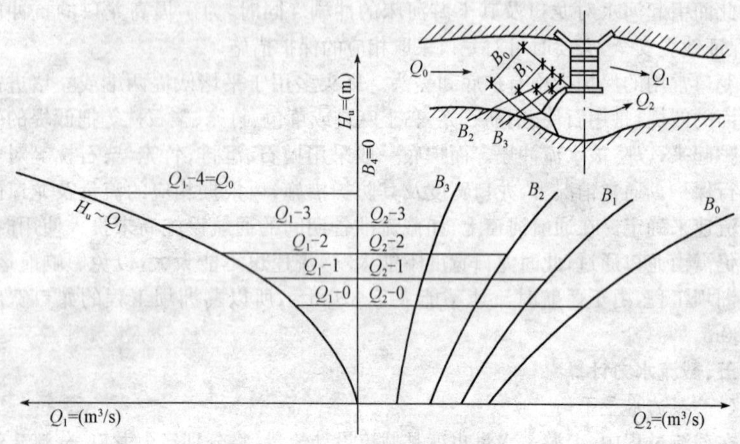

图 4-31 Q_1 与 Q_2 图解法

2. 电算法

用电算法求解时,首先,计算上游水位与分流建筑物泄流量的关系和上游水位与不同龙口宽度 B 的泄流量关系;然后,假定一个上游水位,用差值算法分别求得 Q_1、Q_2,如果满足 $Q_0=Q_1+Q_2$,则所假定的上游水位正确,否则应重新假定上游水位,直到满足条件为止。

根据以上方法,可同时求得不同龙口宽度下的上游水位 H_u 和 Q_1、Q_2 值,由此再通过水力学计算即可求得截流过程中龙口诸水力参数,其变化规律如图 4-32 所示。

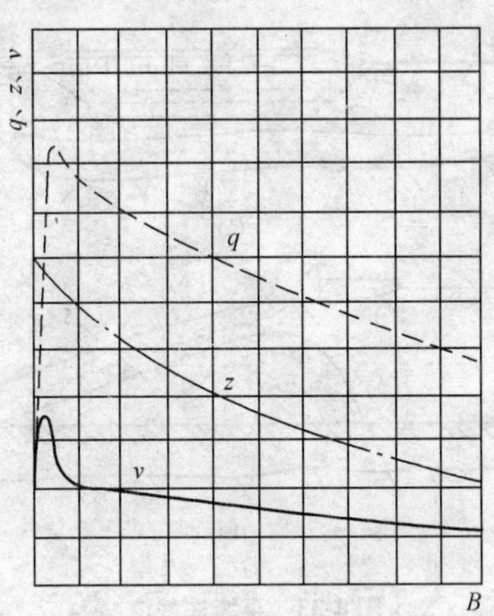

图 4-32 龙口诸水力参数变化规律图

q——龙口单宽流量；B——龙口宽度；

z——龙口上下游水位差；v——龙口流速

六、截流基本方法

河道截流有立堵法、平堵法、立平堵法、平立堵法、下闸截流以及定向爆破截流等多种方法，但基本方法为立堵法和平堵法两种。在选择截流方法时，应充分分析河道的水力学参数、施工条件和难度、抛投物数量和性质，并进行必要的技术经济比较。

（一）平堵截流法

采用平堵法截流时，需事先在龙口架设浮桥或栈桥，自由卸汽车或其他运输工具，沿龙口全线从浮桥或栈桥上均匀、逐层抛填截流材料。一般先下小料，随着流速增加，逐渐抛投大块料，使堆筑戗堤均匀地在水下上升，直至高出水面，截断河床。见图 4-33。

平堵法截流时，龙口的单宽流量较小，出现的最大流速较低，且流速分布比较均匀，截流材料单个重量也较小，截流时工作前线长，抛投强度较大，施工进度较快。平堵法截流通常适用在软基河床上。特别适用于易冲刷的地基上。

由于平堵法截流需架设浮桥及栈桥，对机械化施工有利，因而投抛强度大，容易截流施工；但在深水高速的情况下，架设浮桥，建造栈桥比较困难。一般说来，由于平堵法需架栈桥或浮桥，在通航河道上还会妨碍船舶航行，而且技术复杂、费用较高，因此，我国大型工程中除大伙房、二滩等少数工程外，都采用立堵截流。

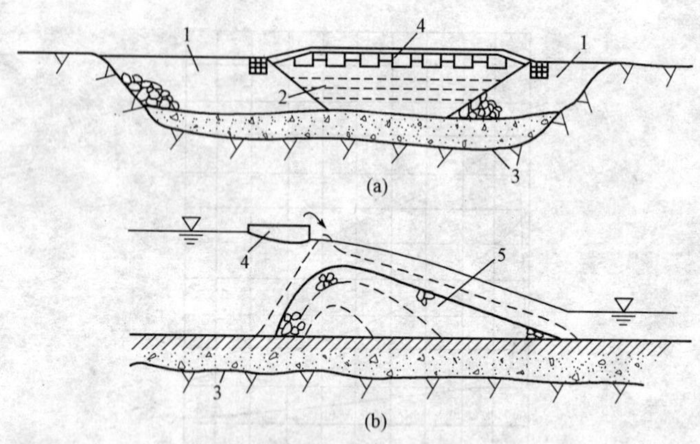

图 4-33　平堵法截流

(a)立面图;(b)横断面图

1—截流戗堤;2—龙口;3—覆盖层;4—浮桥;5—截流体

(二)立堵截流法

立堵截流法是用自卸汽车或其他运输工具运来抛投料,从龙口一端向另一端或从两端向中间抛投进占,逐渐束窄龙口,直至全部拦断,见图 4-34。立堵在截流过程中所发生的最大流速,单宽流量都较大,加以所生成的楔形水流和下游形成的立轴漩涡,对龙口及龙口下游河床将产生严重冲刷,因此不适用于地质不好的河道上截流,否则需要对河床作妥善防护。根据国内外截流工程的实践和理论研究,立堵法截流一般适用于大流量、岩基或覆盖层较薄的岩基河床。对于软基河床只要护底措施得当,采用立堵法截流也同样有效。

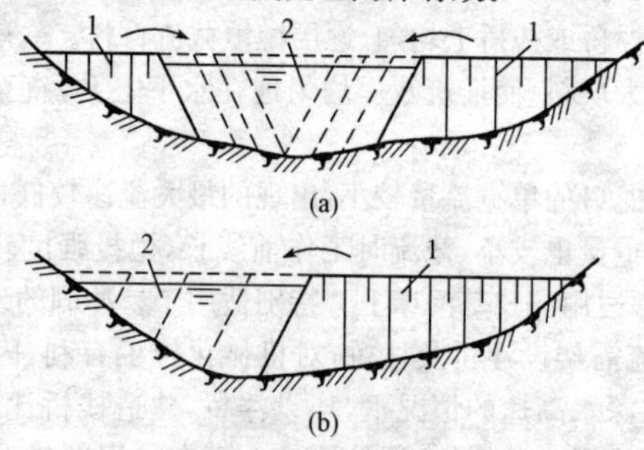

图 4-34　立堵截流法

(a)双向进占;(b)单向进占

1—截流戗堤;2—龙口

立堵法截流是我国的一种传统方法，在大、中型截流工程中，一般都采用立堵法截流，如著名的三峡工程大江截流和三峡工程三期导流明渠截流。由于它不需要在龙口架设浮桥或栈桥，较之平堵法截流，其准备工作比较简单，且费用较低，已在国内外得到了广泛的应用，成为截流的主要方法。

(三)其他截流法

平堵和立堵截流是最常用的截流方法，除此之外，还有混合堵、爆破截流和下闸截流等。

1. 混合堵

混合堵是采用立堵与平堵相结合的方法，有先平堵后立堵和先立堵后平堵两种。用得比较多的是首先从龙口两端下料，保护戗堤头部，同时进行护底工程并抬高龙口底槛高程到一定高度，最后用立堵截断河流。

混合堵和平堵、立堵都属于抛投块料截流，适用于大流量、大落差的河道上的截流，其特点是在龙口抛投石块或人工块体(混凝土方块、混凝土四面体、铅丝笼、竹笼、柳石枕、串石等)堵截水流，迫使河水经导流建筑物下泄。

2. 爆破截流

在坝址处于峡谷地区、岩石坚硬、岸坡陡峻、交通不便或缺乏运输设备时，可采用定向爆破截流。在合龙时，为了瞬间抛入龙口大量材料封闭龙口，除了用定向爆破岩石外，还可在河床上预先浇筑巨大的混凝土块体，将其支撑体用爆破法炸断，使块体落入水中，将龙口封闭。

七、截流技术措施

截流工程是整个水利枢纽施工的关键，直接影响工程的施工进度。而影响截流工程成功与否的因素，主要取决于河流的流量、泄水条件、龙口的落差、流速、地形地质条件、材料供应情况及施工方法和施工设备等。因此，必须采取相应的技术措施，减少截流施工的难度，以利于截流工程的顺利进行。

(一)加大河道分流量

河道的分流量直接影响到截流过程中龙口的流量、落差和流速，因此，应在确保泄水建筑物上下游引渠开挖和上下游围堰拆除的质量的情况下，合理确定导流建筑物尺寸、断面形式和底高程。在截流开始前，应修好导流泄水建筑物，并作好过水准备。在永久泄水建筑物泄流能力不足时，可以专门修建截流分水闸或其他形式泄水道帮助分流，以增大截流建筑物的泄水能力。

(二)改善龙口水力条件

尽管龙口合龙所需的时间往往很短，一般从数小时到几天，但是龙口流速较急，落差较大，极易产生冲刷等现象，因此必须采取措施改善龙口的水力条件。常用的措施有以下几种：

1. 宽戗截流

所谓宽戗截流就是增大戗堤宽度，以分散水流落差，从而改善龙口水流条件。

增大戗堤宽度，致使工程量也随之大为增加，虽可以分散水流落差，改善龙口水流条件，但是进占前线宽，要求投抛强度大，所以只有当戗堤可以作为坝体(土石坝)的一部分时，才宜采用。

2. 双戗或三戗截流

采用双戗或三戗截流，其原理是利用各戗对河道的进占，从而达到分摊落差，改善龙口水力条件，减轻截流施工难度的目的。常见的进占方式有上下戗轮换进占、双戗固定进占和以上两种进占方式混合使用；也有以上戗进占为主，由下戗配合进占一定距离，局部壅高上戗下游水位，减少上戗进占的龙口落差和流速，借此时机抓紧施工。

采用双戗或三戗截流，虽可以起到分摊落差，减轻截流难度，但二线施工，尤其是三线施工，施工组织也较单戗截流复杂得多；同时，二戗堤的施工进度要求甚是严格，不易指挥，应根据具体情况采取相应的措施。若在地基较软的河段采取双戗截流时，若双线进占龙口均要求护底，则大大增加了护底的工程量。

此时，对于某些水位较深，流量较大，河床基础覆盖层较厚的河道，常采取在龙口部位一定范围抛投一些适宜的填料，以抬高河床底部的高程，从而达到减少截流抛投强度，降低龙口流速的目的。有人将这种方法称为平抛垫底，由于这种方法较为经济合理，故而在施工中常被采用。

(三)增大施工强度

加大截流施工强度常采用的措施有加大材料供应量、改进施工方法、增加施工设备投入等。加大材料的供应量，同时还须增大抛投料的稳定性，减少块料流失，多采用特大块石、葡萄串石、钢构架石笼、混凝土块体等抛投材料。有时，为了加大抛投料的稳定性，可在龙口下游平行于戗堤轴线设置一排拦石坎来保证抛投料的稳定，防止抛投料的流失。而加大截流施工强度，加快施工速度，不仅可以减少龙口的流量和落差，降低截流施工难度，同时还可减少投抛料的流失，节省投资成本。

河道截流工程完成后，还需要继续加高围堰，以完成基坑的排水、清基和基础处理等工作，并把围堰或永久建筑物在汛期前抢修到一定高程以上。

第四节 基坑排水

在地下水位以下开挖基坑时，要排除地下水和基坑中的积水，保证挖方在较干状态下进行。一般工程的基础施工中，多采用明沟集水井抽水、井点排水或两者相结合的办法排除地下水。

一、明沟集水井排水法

当基坑开挖遇到地下水和地表水(雨水)时，应在基坑内随同挖方一起设置集水沟，其截面尺寸不小于 0.2m×0.5m，沟底低于挖土面 0.5m 以上，并向集水坑方向保持2‰～5‰的纵坡。每隔30～40m设一个集水坑,集水坑直径不小于0.8m,坑底低于集水沟底0.7～1.0m。集水沟和集水坑应随挖土逐层加深,挖至设计标高后,坑底应低于基坑底1～2m。集水坑可用荆笆、竹篾、编筐或木笼围护,坑底宜铺设30cm左右厚度的滤料(碎石、粗砂),以防止泥砂堵塞吸水龙头。抽水时应有专人负责维护集水沟和集水坑,使其不淤、不堵,能不停地将水排出。集水沟集水坑排水法如图4-35所示。

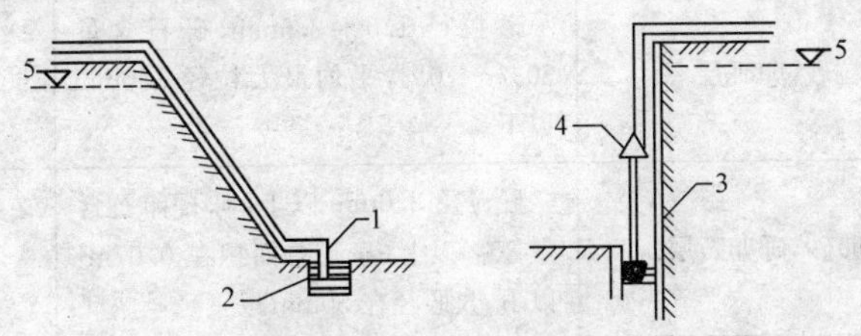

图4-35　集水沟集水坑排水法

1—水泵;2—集水坑;3—坑壁;4—水泵;5—地下水位

集水沟集水坑排水法的抽水设备有潜水泥浆泵、活塞泵、离心泵或隔膜泵等。

基坑内总渗水量可按以下公式估算:

$$Q=F_1q_1+F_2q_2 \tag{4-14}$$

式中　Q——基坑总渗水量(m^3/h);

F_1——基坑底面积(m^2);

q_1——基坑底面平均渗水系数[$m^3/(m^2\cdot h)$],q_1数值见表4-8;

F_2——基坑侧面面积(m^2);

q_2——基坑侧面平均渗水系数[$m^3/(m^2\cdot h)$],q_2数值见表4-9。

表4-8　　基坑底面平均渗水系数 q_1

序号	土类	土的特征及粒径	渗透量($m^3/m^2\cdot h$)
1	细亚砂土,松软黏砂土	基坑外侧有地表水,内侧为岸边干地;土的天然含水量<20%,土粒径<0.05mm	0.14～0.18
2	有裂隙的碎石岩层、较密实黏性土	多裂隙透水的岩层,有孔隙水的粒性土层	0.15～0.25
3	细砂黏土、大孔性土层,紧密砾石土	细砂粒径0.05～0.25mm,大孔土重800～950kg/m^3,砾石土孔隙率在20%以下	0.16～0.32

续表

序号	土　类	土的特征及粒径	渗透量 ($m^3/m^2 \cdot h$)
4	中粒砂，砾砂层	砂粒径 0.25～1.0mm，砾石含量30%以下，平均粒径 10mm 以下	0.24～0.8
5	粗粒砂，卵砾层	砂粒径 1.0～2.5mm，砾石含量30%～70%，平均最大粒径 150mm以下	0.8～3.0
6	砾卵砂，砾卵石层	砂粒径 2.0mm 以上，砾石卵石含量 30%以上（泉眼总面积在 $0.07m^2$ 以下，泉眼径在 50mm 以下）	2.0～4.0
7	漂石、卵石土有泉眼或砂砾石有较大泉眼	石粒平均径 50～200mm，或有个别大孤石在 $0.5m^3$ 以下，泉眼径在 300mm 以下（泉眼总面积在 $0.15m^2$ 以下）	4.0～8.0
8	砾石，卵石，漂石粗砂，泉眼较多		>8.0

注：表中渗透量：无地表水时用低限；地表水深 2～4m，土中有孔隙时用中限；地表水深>4m、松软土时用高限。

表 4-9　　基坑侧面平均渗水系数 q_2

1	敞口放坡开挖基坑或土围堰	按表 4-8 同类土质的渗水系数的 20%～30%计
2	木板桩或石笼填土心墙围堰	按表 4-8 同类土质的渗水系数 10%～20%计
3	挡土板或单层草袋围堰	按表 4-8 同类土质的渗水系数 10%～20%计
4	钢板桩、沉箱及混凝土护壁	按表 4-8 同类土质的渗水系数的 0%～5%计
5	竹、木笼围堰、马槎堰	按表 4-8 同类土质的渗水系数的 15%～30%计

二、井点排水法

井点排水法适用于粉、细砂、地下水位较高、有承压水、挖基较深、坑壁不易稳定的土质基坑。井点类别的选择，宜按照土壤的渗透系数、要求降低水位深度以及工程特点而定，见表 4-10。在无砂的黏质土中不宜使用。井点排水法注意以下几点：

表 4-10　　各种井点法的适用范围

井点类别	土壤渗透系数（m/d）	降低水位深度（m）	井点类别	土壤渗透系数（m/d）	降低水位深度（m）
一级轻型井点法	0.1～80	3～6	电渗井点法	<0.1	5～6
二级轻型井点法	0.1～80	6～9	管井井点法	20～200	3～5
喷射井点法	0.1～50	8～20	深井泵法	10～80	>15
射流泵井点法	0.1～50	<10			

注：1. 降低土层中地下水位时，应将滤水管埋设于透水性较大的土层中。

2. 井点管的下端滤水长度应考虑渗水土层的厚度，但不得小于 1m。

(1)井管的成孔可根据土质分别用射水成孔、冲击钻机、旋转钻机及水压钻探机成孔。井点降水曲线至少应深于基底设计标高 0.5m。

(2)井点的布置应随基坑形状与大小、土质、地下水位高低与流向、降水深度等要求而定。

(3)降低底层土中地下水位时，应尽可能将滤水管埋设在透水性好的土层中。

(4)在水位降低的范围内设置观测孔，其数量视工程情况而定。

(5)应对整个井点系统加强维护和检查，保证不间断地抽水。

(6)应考虑水位降低区域构筑物可能产生的附加沉降，并应做好沉降观测，必要时要采取防护措施。

井点排水基坑内的运动状况与集水坑不同，基坑排除坑壁水时，水向中间渗流，坑底以下的水向上渗流。因此，基坑周围和坑底的土颗粒会有流失而使土变松；井点水流向与之相反，坑壁和坑底的土不但不会变松，反而变得密实。对渗水性强的地层，应设法利用一个基坑抽水而使邻近几个基坑的水位降低。

三、轻型井点法排水

1. 井点设备

轻型井点设备由管路系统和抽水系统组成。管路系统（见图 4-36）包括过滤管、井点管、弯联管和集水总管等。

过滤管是井点设备的重要组成部分，构造合理与否对抽水效果影响甚大。过滤管直径与井点管直径相同，过滤管长度为 1～1.5m，管壁有直径为 13～19mm 的钻孔，孔距为 30～40mm，外包两层滤管，以防止土粒随地下水被抽走。

井点管采用直径为 38～50mm 的钢管，集水总管采用直径为 100～127mm 的钢管。

2. 井点布置

井点布置根据基坑平面尺寸、土质和地下水的流向，以及降低水位深度的要求而定。当降水深度不超过 6m 时，可采用单排线状或环形井点布置，井点管应距基坑壁 1.5～2.0m。当降水深度超过 6m 时，应采用二级井点降水，见图 4-37。

井点管下端的滤管，必须埋入透水层内。

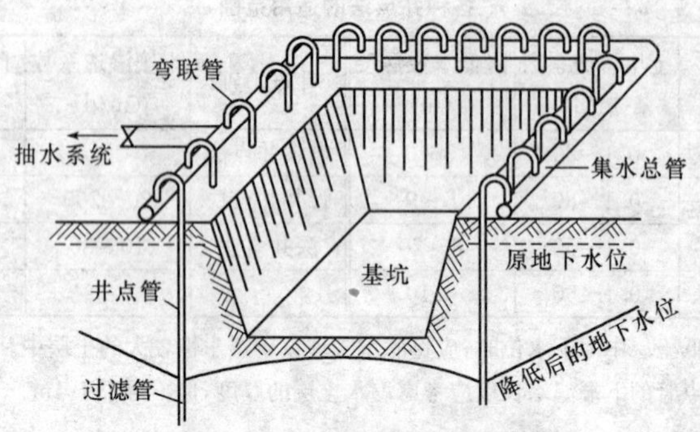

图 4-36　轻型井点布置示意图

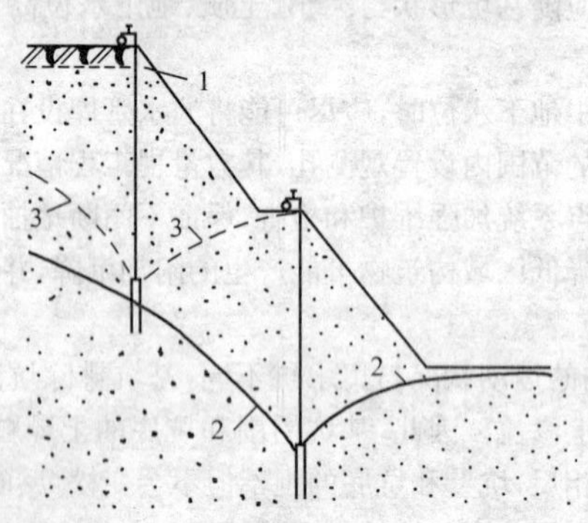

图 4-37　二级轻型井点系统的布置

1—正常地下水位；2—当从第二级抽水时地下水的降落曲线；

3—当从第一级抽水时地下水的降落曲线

3. 井点管的埋设

井点管的埋设，常用的方法有以下三种：

(1)当井点管管端设有射水用的球阀时，可直接利用井点管水冲埋设。

(2)用冲水管冲孔或钻孔后再将井点管沉入埋设。

(3)用带套管的水冲法或震动水冲法下沉。

埋设井管的孔径为 30cm，井点管插入后，四周用粗砂填充以利滤水，距地面 1.5m 范围内用黏土封口，以防漏气。

4. 井点涌水量计算

井底达到不透水层且地下水无压力时，基坑周围各井点的涌水量总和按以下近似公式计算：

$$Q=\frac{1.366K(2H-S)S}{\lg R-\lg r}\quad (m^3/d) \tag{4-15}$$

式中　Q——井点系统总涌水量(m^3/d)；

K——土的渗透系数，按表 4-11 和表 4-12 采用；

H——含水层厚度(m)；

S——水位降低值(m)；

R——抽水影响半径(m)；按表 4-13 采用；

r——基坑假想半径(m)，按下式计算：

$$r=\sqrt{\frac{F}{\pi}}$$

式中 F 为井群所包围的面积(m^2)，π 为圆周率。

式中有关参数关系见图 4-38。

表 4-11　　土层渗透系数经验近似数值

土质名称	K(m/d)	土质名称	K(m/d)
黏　　土	<0.001	细　　砂	1～5
重砂黏土	0.001～0.05	中　　砂	5～20
轻砂黏土	0.05～0.1	粗　　砂	20～50
黏砂土	0.1～0.5	砾　　石	50～150
黄　　土	0.25～0.5	卵　　石	100～500
粉　　砂	0.5～1.0	漂石(无砂质充填)	500～1000

注：按土的细颗粒多少、黏土含量、密实程度选用低高值。

表 4-12　　按土质颗粒大小的渗透系数

土　质　分　类	K(m/d)
黏土质粉砂 0.01～0.05mm 颗粒占多数	0.5～1.0
均质粉砂 0.01～0.05mm 颗粒占多数	1.5～5.0
黏土质细砂 0.1～0.25mm 颗粒占多数	1.0～1.5
均质细砂 0.1～0.25mm 颗粒占多数	2.0～2.5
黏土质中砂 0.25～0.5mm 颗粒占多数	2.0～2.5
均质中砂 0.25～0.5mm 颗粒占多数	35～50
黏土质粗砂 0.5～1.0mm 颗粒占多数	35～40
均质粗砂 0.5～1.0mm 颗粒占多数	60～75
砾石	100～125

表 4-13　影响半径 R 值表

土的种类	粒径（mm）	所占重量（%）	R（m）	土的种类	粒径（mm）	所占重量（%）	R（m）
极细砂	0.05～0.1	<70	25～50	极粗砂	1.0～2.0	>50	400～500
细　砂	0.1～0.25	>70	50～100	小砾石	2.0～3.0	—	500～600
中　砂	0.25～0.5	>50	100～200	中砾石	3.0～5.0	—	600～1500
粗　砂	0.5～1.0	>50	200～400	大砾石	5.0～10.0	—	1500～3000

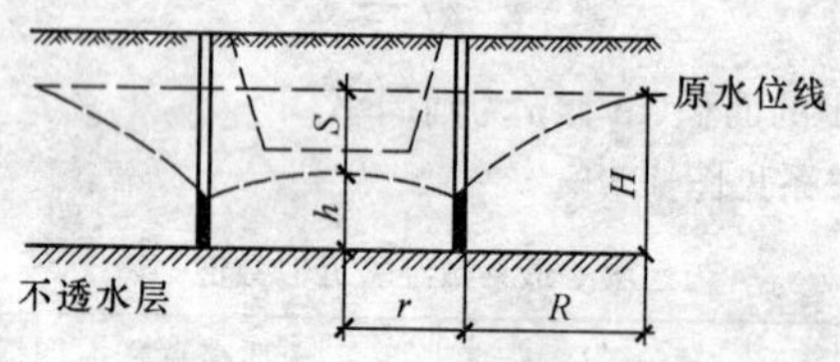

图 4-38　各参数关系图

四、帷幕法排水的要求

帷幕法是在基坑边线外设置一圈隔水幕，用以隔断水源，减少渗流水量，防止流砂、突涌、管涌、潜蚀等地下水的作用。其方法有深层搅拌桩隔水墙、压力注浆、高压喷射注浆、冻结围幕法等，采用时均应进行具体设计并符合有关规定。

第五章　土石方工程

第一节　土的分级与工程性质

水利水电工程中，土石方工程的应用非常广泛，有些水工建筑物如土石坝、堤防、渠道等，均涉及土石方工程，其基本施工类型是挖方和填方；基本施工过程是开挖、运输和填筑。

一、土石分级

(一)土的分级

在水利水电工程施工中，根据开挖的难易程度，将土壤分为Ⅰ～Ⅳ级，见表5-1。不同级别的土应采用不同的开挖方法，且施工挖掘时所消耗的劳动量和单价亦不同。

表 5-1　　**土的分级表**

土壤级别	土壤名称	自然湿密度 (kg/m³)	可松性系数		外形特征	开挖方法
			K_1	K_2		
Ⅰ	砂　土 种植土	1650～1750	1.08～1.17	1.01～1.03	疏松，黏结力差或容易透水，略有黏性	用锹（有时略加脚踩）开挖
Ⅱ	壤　土 淤　泥 含根种植土	1750～1850	1.14～1.28	1.02～1.05	开挖能成块并易打碎	用锹并用脚踩开挖
Ⅲ	黏　土 干燥黄土 干淤泥 含砾质黏土	1800～1950	1.24～1.30	1.04～1.07	黏手，干硬，看不见砂砾	用镐、三齿耙或铁锹并用力加脚踩开挖
Ⅳ	坚硬黏土 砾质黏土 含卵石黏土	1900～2100	1.26～1.32	1.06～1.09	土壤结构坚硬，将土分裂后成块状或含黏粒、砾石较多	用镐、三齿耙等工具开挖

(二)岩石的分级

水利水电工程施工中，根据岩石坚固系数的大小进行分级，通常分为 12 级，见表 5-2。

表 5-2　　岩石的分级表

岩石级别	岩石名称	天然湿度下平均密度(kg/m³)	凿岩机钻孔(min/m)	极限抗压强度 R (MPa)	坚固系数 f
Ⅴ	(1)硅藻土及软的白垩岩； (2)硬的石炭纪的黏土； (3)胶结不紧的砾岩； (4)各种不坚实的页岩	1550 1950 900～2200 2000		20 以下	1.5～2.0
Ⅵ	(1)软的有孔隙的节理多的石灰岩及贝壳石灰岩； (2)密实的白垩岩； (3)中等坚实的页岩； (4)中等坚实的泥灰岩	1200 2600 2700 2300		20～40	2.0～4.0
Ⅶ	(1)水成岩、卵石经石灰质胶结而成的砾岩； (2)风化的节理多的黏土质砂岩； (3)坚硬的泥质页岩； (4)坚实的泥灰岩	2200 2200 2800 2500		40～60	4.0～6.0
Ⅷ	(1)角砾状花岗岩； (2)泥灰质石灰岩； (3)黏土质砂岩； (4)云母页岩及砂质页岩； (5)硬石膏	2300 2300 2200 2300 2900	6.8 (5.7～7.7)	60～80	6.0～8.0
Ⅸ	(1)强风化的花岗岩、片麻岩及正长岩； (2)滑石质的蛇纹岩； (3)密实的石灰岩； (4)水成岩、卵石经硅质胶结的砾岩； (5)砂岩； (6)砂质石灰质的页岩	2500 2400 2500 2500 2500 2500	8.5 (7.8～9.2)	80～100	8.0～10.0

续表

岩石级别	岩　石　名　称	天然湿度下平均密度（kg/m³）	凿岩机钻孔（min/m）	极限抗压强度 R（MPa）	坚固系数 f
Ⅹ	(1)白云岩； (2)坚实的石灰岩； (3)大理石； (4)石灰质胶结的致密的砂岩； (5)坚硬的砂质页岩	2700 2700 2700 2600 2600	10 (9.3～10.8)	100～120	10～12
Ⅺ	(1)粗粒花岗岩； (2)特别坚实的白云岩； (3)蛇纹岩； (4)火成岩、卵石经石灰质胶结的砾岩； (5)石灰质胶结的坚实的砂岩； (6)粗粒正长岩	2800 2900 2600 2800 2700 2700	11.2 (10.9～11.5)	120～140	12～14
Ⅻ	(1)有风化痕迹的安山岩及玄武岩； (2)片麻岩，粗面岩； (3)特别坚硬的石灰岩； (4)火成岩、卵石经硅质胶结的砾岩	2700 2600 2900 2900	12.2 (11.6～13.3)	140～160	14～16
XIII	(1)中粗花岗岩； (2)坚实的片麻岩； (3)辉绿岩； (4)玢岩； (5)坚实的粗面岩； (6)中粒正长岩	3100 2800 2700 2500 2800 2800	14.1 (13.4～14.8)	160～180	16～18
XIV	(1)特别坚实的细粒花岗； (2)花岗片麻岩； (3)闪长岩； (4)最坚实的石灰岩； (5)坚实的玢岩	3300 2900 2900 3100 2700	15.6 (14.9～18.2)	180～200	18～20

续表

岩石级别	岩石名称	天然湿度下平均密度（kg/m³）	凿岩机钻孔（min/m）	极限抗压强度 R（MPa）	坚固系数 f
XV	(1)安山岩、玄武岩、坚实的角闪岩； (2)最坚实的辉绿岩及闪长岩； (3)坚实的辉长岩及石英岩	3100 2900 2800	20 (18.3～24)	200～250	20～25
XVI	(1)钙钠长石玄武岩的橄榄石质玄武岩； (2)特别坚实的辉长岩、辉绿岩、石英岩及玢岩	3300 3000	24以上	250以上	25以上

二、土的工程性质

土的主要工程特性有表观密度、含水量、可松性、自然倾斜角等，对土方工程的施工方法及工程进度影响较大。

(一)表观密度

土壤的表观密度就是单位体积土壤的质量，是体现黏性土密实程度的指标，常用它来控制黏性土的压实质量。

土壤保持其天然组织、结构和含水量时的表观密度称为自然表观密度；单位体积湿土的质量称为湿表观密度；单位体积干土的质量称为干表观密度。

(二)含水量

含水量是土壤中水的质量与干土质量的百分比。它表示了土壤空隙中含水的程度，含水量的大小直接影响黏性土的压实质量。含水量过大会给施工带来困难，如回填夯实时，若土料呈饱和状态，会产生橡皮土的现象。工程中回填土料应使土的含水量处于最佳含水量范围之内。

$$W=\frac{G_1-G_2}{G_2}\times 100\% \tag{5-1}$$

式中 G_1——含水状态时土的质量，kg；

G_2——土烘干后的质量，kg。

(三)可松性

土的可松性是指在自然状态下的土经过开挖，体积会因土体松散而增大，以后虽经回填夯压仍不能恢复原状的性质。土的可松性以可松性系数表示：

$$K_P=\frac{V_2}{V_1};\qquad K'_P=\frac{V_3}{V_1} \tag{5-2}$$

式中　V_1——开挖前土的自然体积；

V_2——开挖后土的松散体积；

V_3——经填夯压实后的体积；

K_P——最初可松性系数；

K'_P——最终可松性系数。

有关土的可松性系数见表 5-3。

表 5-3　　各种土的可松性参考数值

土的类别	体积增加百分比		可松性系数	
	最初	最终	K_P	K'_P
一类(种植土除外)	8～17	1～2.5	1.08～1.17	1.01～1.03
一类(种植性土、泥炭)	20～30	3～4	1.20～1.30	1.03～1.04
二类	14～28	1.5～5	1.14～1.28	1.02～1.05
三类	24～30	4～7	1.24～1.30	1.04～1.07
四类(泥灰岩、蛋白石除外)	26～32	6～9	1.26～1.32	1.06～1.09
四类(泥灰岩、蛋白石)	33～37	11～15	1.33～1.37	1.11～1.15
五～七类	30～45	10～20	1.30～1.45	1.10～1.20
八类	45～50	20～30	1.45～1.50	1.20～1.30

注：最初体积增加百分比$=\frac{V_2-V_1}{V_1}\times 100\%$；最后体积增加百分比$=\frac{V_3-V_1}{V_1}\times 100\%$。

(四)压缩性

移挖作填或借土回填，一般的土经挖运、填压以后，都有压缩，在核实土方量时，一般可按填方断面增加 10%～20%的方数考虑，一般土的压缩率见表 5-4。

表 5-4　　土的压缩系数 K 的参考表

土的类别		土的压缩率	每 $1m^3$ 松散土压实后的体积(m^3)
一、二类土	种植土	20%	0.80
	一般土	10%	0.90
	砂土	5%	0.95
三类土	天然湿度黄土	12%～17%	0.85
	一般土	5%	0.95
	干燥坚实黄土	5%～7%	0.94

注：1. 深层埋藏的潮湿胶土，开挖暴露后水分散失，碎裂成 2～5cm 的小块，不易压碎，填筑压实后，有 5%的涨余。

2. 胶粘密实砂砾土及含有石量接近 20%的坚实粉质黏土或粉质砂土有 3%～5%涨余。

用原状土和压缩后干土质量密度计算压缩率为：

$$土压缩率=\frac{\rho-\rho_d}{\rho_d}\times100\% \tag{5-3}$$

式中 ρ——压实后的干土质量密度(g/cm^3)；

ρ_d——原状土的干土质量密度(g/cm^3)。

也可用最大密实度时的干土质量密度 ρ_{max}(g/cm^3)与压实系数 K 值计算压缩率：

$$土压缩率=\frac{K\rho_{max}-\rho_d}{\rho_d}\times100\% \tag{5-4}$$

(五)渗透性

土的渗透性是指土体被水透过的性能，它与土的密实度有关。一般取决于土的形成条件、颗粒级配、胶体颗粒含量和土的结构等因素。

渗透水流在碎石土、砂土和粉土中多呈层流状态，其运动速度服从达西定律。达西定律表达式为：

$$V=KI \tag{5-5}$$

式中 V——渗透水流的速度，m/d；

K——渗透系数，m/d；

I——水力坡度。

(六)动水压力和流砂

动水压力表达式为：

$$G_D=I\gamma_w \tag{5-6}$$

式中 G_D——动水压力(渗透力)，kN/m^3；

I——水力坡度；

γ_w——水的密度，kN/m^3。

动水压力的大小与水力坡度成正比，其作用方向与水流方向相同。当动水压力等于或大于土的浸水重度时，土颗粒失去自重，处于悬浮状态，随渗流的水一起流动，此现象即流砂。在一定动水压力作用下，松散而饱和的细砂和粉砂易产生流砂。

(七)自然倾斜角

自然堆积土壤的表面与水平面间所形成的角度，称为土的自然倾斜角。挖方与填方边坡的大小与土壤的自然倾斜角有关。

土方的边坡开挖应采取自上而下、分区、分段、分层的方法依次进行，不允许先下后上切脚开挖；坡面开挖时，应根据土质情况，间隔一定的高度设置永久性戗台，戗台宽度视用途而定。

三、土石方平衡调配

水利水电工程施工，一般有土石方开挖料、土石方填筑料以及其他用料。土石方平衡调配就是对土石方开挖料、填筑料和其他用料三者之间的关系，进行综合协调处理。

对土石方进行平衡调配时，必须根据现场具体情况、有关技术资料、工期要求、土石方施工方法与运输方法综合考虑，经计算比较，来选择经济合理的调配方案。对于开挖的土石料的利用和弃置，不仅有数量的平衡（即空间位置上的平衡）要求，还有时间的平衡要求，同时还要考虑质量和经济效益等。

(一)平衡调配原则

土石方平衡调配的基本原则是在进行土石方调配时要做到料尽其用、时间匹配和容量适度。在开挖的土石料中，一般有废料，还可能有剩余料等，因此要设置堆料场和弃料场。堆料场和弃渣场的设置应容量适度，尽可能少占地。开挖区与弃渣场应合理匹配，以使运费最少。土石方开挖应与用料在时间上尽可能相匹配，以保证施工高峰用料。开挖的土石料应尽可能用来作坝体和堰体的填料、混凝土骨料或平整场地的填料。前两种利用质量要求较高，场地平整填料一般没有太多的质量要求。

土石方平衡调配，还应保证工程质量，便于管理，便于施工；应充分考虑挖填进度要求，物料储存条件，且留有余地，妥善安排弃料，做到保护环境。

(二)平衡调配方法

实际工程中，为了充分利用开挖料，减少二次转运的工程量，土石方调配需考虑多种因素，如围堰填筑时间、土石坝填筑时间和高程、厂前区管道施工工序、围堰拆除方法、弃渣场地（上游或下游）、运输条件（是否过河、架桥时间）等。

土石调配可按线性规划进行；对于基坑和弃料场不太多时，可用简便的“西北角分配法”求解最优调配数值。

(三)填挖料平衡计算

根据建筑物设计填筑工程量统计各料种填筑方量。根据建筑物设计开挖工程量、地质资料、建筑物开挖料可用不可用分选标准，并进行经济比较，确定并计算可用料和不可用料数量；根据施工进度计划和渣料存储规划，确定可用料的直接上坝数量和需要存储的数量；根据折方系数、损耗系数，计算各建筑物开挖料的设计使用数量（含直接上坝数量和堆存数量）、舍弃数量和由料场开采料的数量，进行挖、填、堆、弃综合平衡。

(四)土石方调度优化

土石方调度优化的目的，是找出总运输量最小的调度方案，从而达到运输费用最低，降低工程造价。土石方调度是一个物资调动问题，可用线性规划等方法进行优化处理。对于大型土石坝，可进行土石方平衡及坝体填筑施工动态仿真，优化土石方调配，论证调度方案的经济性、合理性和可行性。

第二节　土方开挖与运输

一、土方开挖与运输机械

水利水电工程施工中，土方开挖工程从开挖手段上可分为人工开挖、机械开挖两种，一般多采用机械开挖法。

土方开挖中所用机械主要有挖掘机械和铲运机械。挖掘机械主要是完成挖掘工作，并将所挖土料卸在机身附近或装入运输工具。铲运机械同时具有运输和摊铺功能。

(一)挖掘机

挖掘机是一种常用的土方挖掘机械，按行走方式分为履带式和轮胎式两种；按工作装置不同，可分为正铲和反铲；按铲土斗的数量，可以分为单斗挖掘机和多斗挖掘机。

1. 单斗挖掘机

单斗挖掘机是仅有一个铲土斗的循环作业的施工机械，在土石方工程施工中最常见。它是由行走装置、动力装置和工作装置三部分组成的，按其行走机构的不同，可分为履带式和轮胎式；按其传动方式不同，分机械传动和液压传动两种；按工作装置不同分为正铲、反铲、拉铲和抓铲等(图 5-1)。

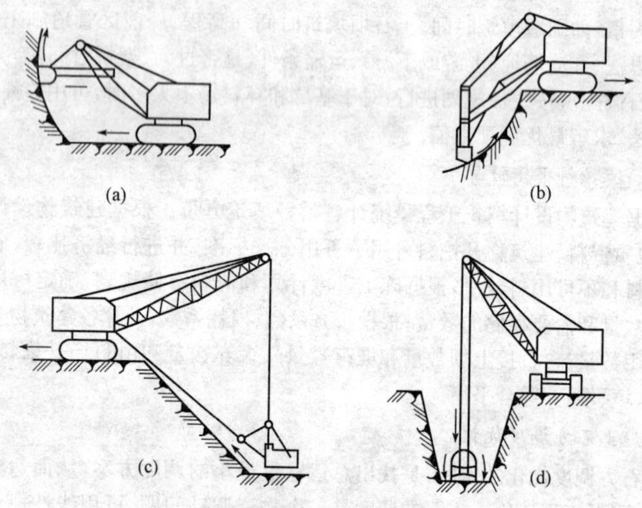

图 5-1　单斗挖掘机

(a)正铲；(b)反铲；(c)拉铲；(d)抓铲

(1)正铲挖掘机。

1)正向开挖,侧向装土法。正铲向前进方向挖土,汽车位于正铲的侧向装车[图 5-2(a)、(b)]。本法铲臂卸土回转角度最小(<90°)。装车方便,循环时间短,生产效率高。用于开挖工作面较大,深度不大的边坡、基坑(槽)、沟渠和路堑等,为最常用的开挖方法。

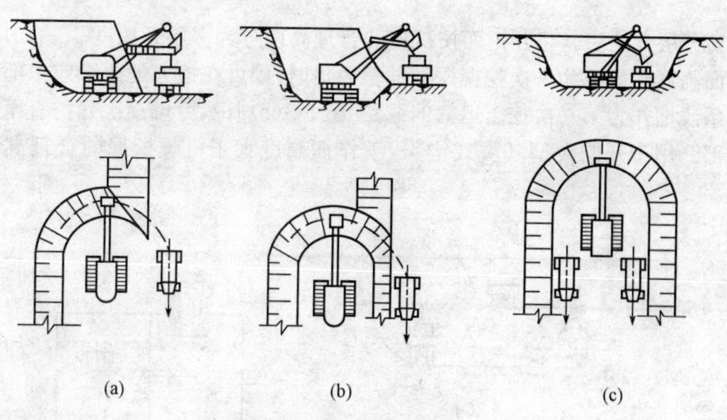

图 5-2　正铲挖掘机开挖方式

(a)、(b)正向开挖,侧向装土;(c)正向开挖,后方装土

2)正向开挖,后方装土法。正铲向前进方向挖土,汽车停在正铲的后面[图 5-2(c)]。本法开挖工作面较大,但铲臂卸土回转角度较大(在 180°左右),且汽车要侧向行车,增加工作循环时间,生产效率降低(回转角度 180°,效率约降低 23%,回转角度 130°,约降低 13%)。用于开挖工作面较小且较深的基坑(槽)、管沟和路堑等。

正铲经济合理的挖土高度见表 5-5。

表 5-5　正铲开挖高度参考数值　(单位:m)

土的类别	铲斗容量(m^3)			
	0.5	1.0	1.5	2.0
一、二	1.5	2.0	2.5	3.0
三	2.0	2.5	3.0	3.5
四	2.5	3.0	3.5	4.0

挖土机挖土装车时,回转角度对生产率的影响数值,见表 5-6。

表 5-6 影响生产效率参考表

土的类别	回转角度		
	90°	130°	180°
一～四	100%	87%	77%

3)分层开挖法。将开挖面按机械的合理高度分为多层开挖[图 5-3(a)]；当开挖面高度不能成为一次挖掘深度的整数倍时，则可在挖方的边缘或中部先开挖一条浅槽作为第一次挖土运输的线路[图 5-3(b)]，然后再逐次开挖直至基坑的底部。用于开挖大型基坑或沟渠，工作面高度大于机械挖掘的合理高度时采用。

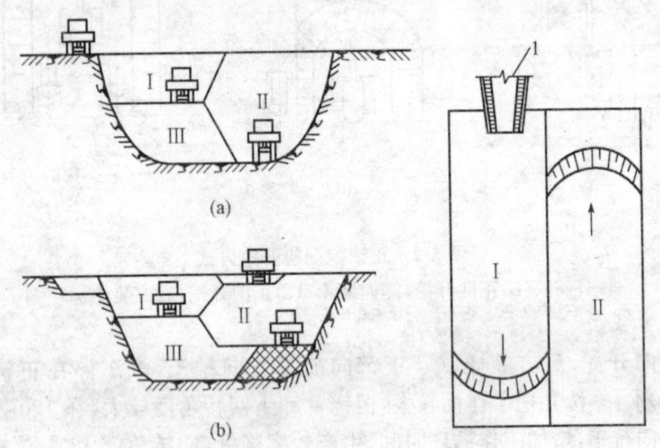

图 5-3 分层挖土法

(a)分层挖土法；(b)设先锋槽分层挖土法

1—下坑通道；Ⅰ、Ⅱ、Ⅲ——一、二、三层

4)多层挖土法。将开挖面按机械的合理开挖高度，分为多层同时开挖，以加快开挖速度，土方可以分层运出，亦可分层递送，至最小层(或下层)用汽车运出(图 5-4)。但两台挖土机沿前进方向，上层应先开挖，与下层保持 30～50m 距离。适于开挖高边坡或大型基坑。

5)中心开挖法。正铲先在挖土区的中心开挖，当向前挖至回转角度超过 90°时，则转向两侧开挖，运土汽车按八字形停放装土(图 5-5)。本法开挖移位方便，回转角度小(<90°)。挖土区宽度宜在 40m 以上，以便于汽车靠近正铲装车。适用于开挖较宽的山坡地段或基坑、沟渠等。

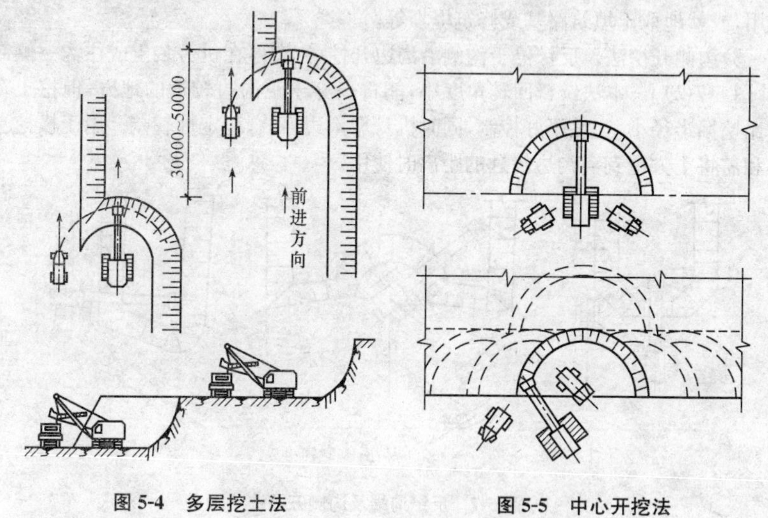

图 5-4　多层挖土法　　　图 5-5　中心开挖法

(2)反铲挖掘机。

1)多层接力开挖法。用两台或多台挖土机设在不同作业高度上同时挖土,边挖土边将土传递到上层,由地表挖土机连挖土带装土(图 5-6);上部可用大型反铲,中、下层用大型或小型反铲,进行挖土和装土,均衡连续作业。一般两层挖土可挖深 10m,三层可挖深 15m 左右。本法开挖较深基坑,一次开挖到设计标高,一次完成,可避免汽车在坑下装运作业,提高生产效率,且不必设专用垫道。适于开挖土质较好、深 10m 以上的大型基坑、沟槽和渠道。

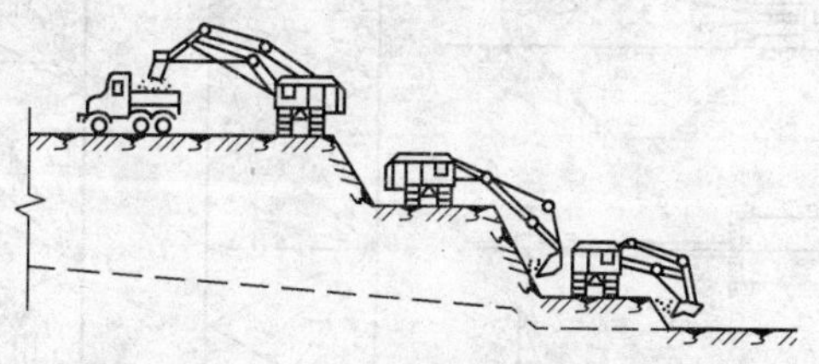

图 5-6　反铲多层接力开挖法

2)沟端开挖法。反铲停于沟端,后退挖土,同时往沟一侧弃土或装汽车运走[图 5-7(a)]。挖掘宽度可不受机械最大挖掘半径的限制,臂杆回转半径仅 45°~90°,同时可挖到最大深度。对较宽的基坑可采用图 5-7(b)的方法,其最大一次挖掘宽度为反铲有效挖掘半径的两倍,但汽车须停在机身后面装土,生产效率降低。或采用几次沟端开挖法完成作业。适于一次成沟后退挖土,挖出土方随即运走时采用，或就地取土填筑路基或修筑堤坝等。

3)沟侧开挖法。反铲停于沟侧沿沟边开挖，汽车停在机旁装土或往沟一侧卸土[图 5-7(c)]。本法铲臂回转角度小，能将土弃于距沟边较远的地方，但挖土宽度比挖掘半径小，边坡不好控制，同时机身靠沟边停放，稳定性较差。用于横挖土体和需将土方甩到离沟边较远的距离时使用。

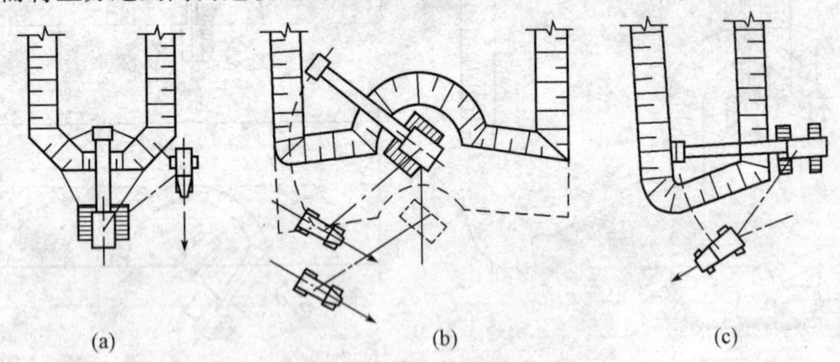

图 5-7　反铲沟端及沟侧开挖法

(a)、(b)沟端开挖法；(c)沟侧开挖法

4)沟角开挖法。反铲位于沟前端的边角上，随着沟槽的掘进，机身沿着沟边往后作“之”字形移动(图 5-8)。臂杆回转角度平均在 45°左右，机身稳定性好，可挖较硬的土体，并能挖出一定的坡度。适于开挖土质较硬，宽度较小的沟槽(坑)。

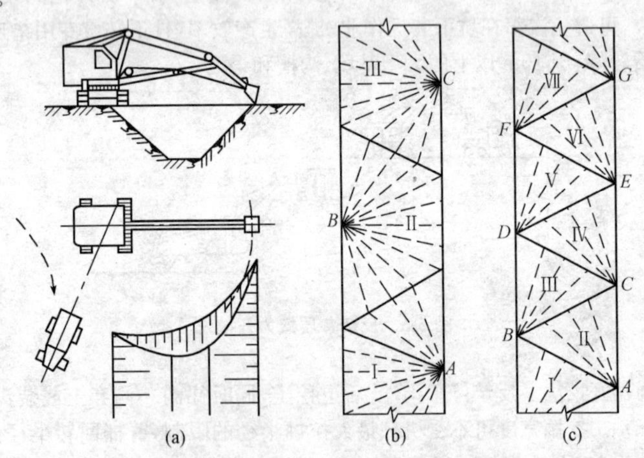

图 5-8　反铲沟角开挖法

(a)沟角开挖平剖面；(b)扇形开挖平面；(c)三角开挖平面

(3)抓铲挖掘机。对小型基坑，抓铲立于一侧抓土；对较宽的基坑，则在两侧或四侧抓土。抓铲应离基坑边一定距离，土方可直接装入自卸汽车运走(图 5-9)，或堆弃在基坑旁或用推土机推到远处堆放。挖淤泥时，抓斗易被淤泥吸住，应避免用力过猛，以防翻车。抓铲施工，一般均需加配重。

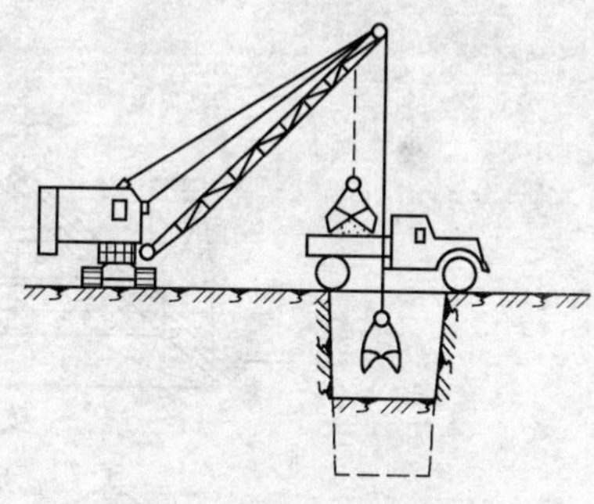
图 5-9　抓铲挖土机挖土

(4)拉铲挖掘机。拉铲挖掘机主要用于开挖停机面以下的土料，适用于坑槽挖掘，尤其适合于深基坑水下作业，在大型渠道、基坑及水下砂卵石开挖中应用较广。

由于拉铲挖掘机是靠铲斗的自重切入土中的，铲土力较小，不能开挖硬土；但是拉铲的臂杆较长，且可利用回转通过钢索将铲斗抛至较远距离，所以它的挖掘半径、卸土半径和卸载高度均较大，最适于直接向弃土区弃土。

根据挖方宽度的大小，拉铲挖掘机可分为正向开行和侧向开行两种。正向开行的挖掘宽度较小，挖掘机可沿挖掘轴线方向移动开挖，并将土卸在挖方体两侧；侧向开行的挖掘宽度较大，挖掘机分别沿挖方两侧开行，将挖出的土直接卸在堆放的地方，不再转运，根据挖方宽度的不同，可再调分为侧向一次开行、侧向二次开行及侧向开行转运等方法。

2. 多斗挖掘机

多斗挖掘机是有多个铲土斗的挖掘机械，它能够连续地挖土，是一种连续工作的挖掘机械，按其工作方式不同，分为链斗式和斗轮式两种。

链斗式挖掘机最常用的形式是采砂船，采砂船的工作性能见表 5-7。采砂船是一种构造简单、生产率高、适用于规模较大的工程、可以挖河滩及水下砂砾料的多斗挖掘机(图 5-10)。

表 5-7　　采砂船工作性能

项　目	链　斗　容　量(L)			
	160	200	400	500
理论生产率(m^3/h)	120	150	250	750
最大挖掘深度(m)	6.5	7.0	12.0	20.0
船身外廓尺寸(长×宽×高)(m)	28.05×8×2.4	31.9×8×2.3	52.2×12.4×3.5	69.9×14×5.1
吃水深度(m)	1.0	1.1	2.0	3.1

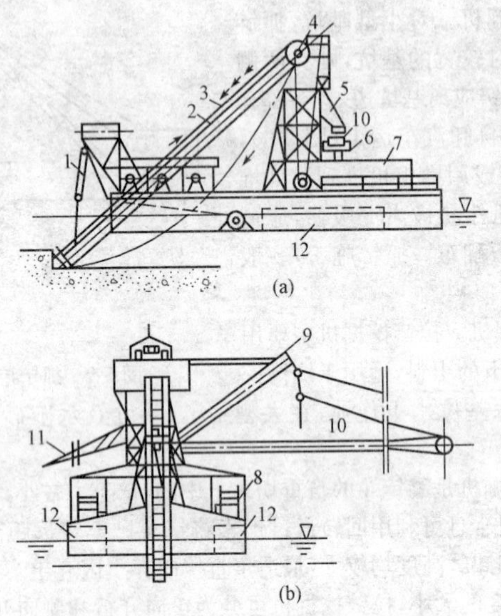

图 5-10　链斗式采砂船

(a)侧视图；(b)正视图

1—斗架提升索；2—斗架；3—链条和链斗；4—主动链轮；5—泄料漏斗；6—回转盘；7—主机房；8—卷扬机；9—吊杆；10—皮带机；11—泄水槽；12—平衡水箱

(二)铲运机械

铲运机械是水利工程常用的兼有铲土和运土功能的机械，主要有铲机和推土机。

1. 铲运机

铲运机是一种能综合完成全部土方施工工序(挖土、装土、运土、卸土、平土和压土)的机械。按行走方式分为拖式铲运机(图 5-11)和自行式铲运机(图 5-12)两种。常用的铲运机斗容量为 2.5m^3、6m^3、7m^3 等几种，按铲斗的操纵形式又可分为钢丝绳操纵和液压操纵两种。

铲运机操纵简单灵活，行驶速度快，生产率高，且运转费用低，在土方工程中常用于坡度为 20°以内的大面积场地平整，大型基坑开挖和堤坝、路基的填筑等。它适用于开挖含水量不超过 27%的一～三类土。

铲运机的基本作业是铲土、运土、卸土三个工作行程(图 5-13)和一个空载回驶行程。在施工中，由于挖填区的分布情况不同，为了提高生产效率，应根据不同施工条件(工程大小、运距长短、土的性质和地形条件等)，选择合理的开行路线和施工方法。

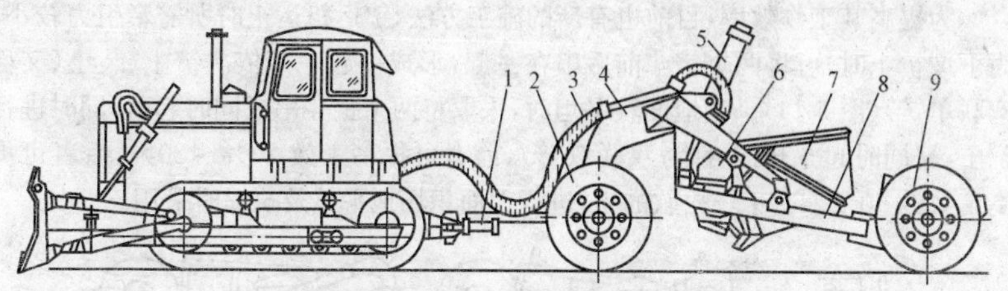

图 5-11　拖式铲运机的构造

1—拖把；2—前轮；3—油管；4—辕架；

5—工作油缸；6—斗门；7—铲斗；8—机架；9—后轮

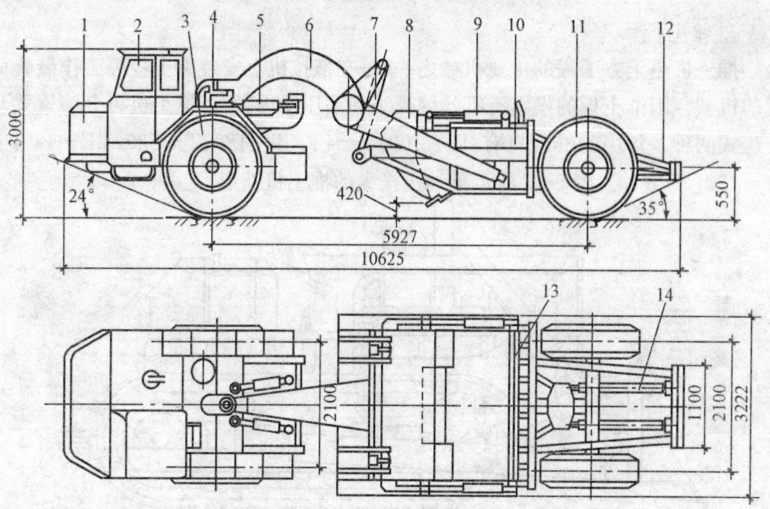

图 5-12　自行式铲运机(mm)

1—发动机；2—单轴牵引车；3—前轮；

4—转向支架；5—转向液压缸；6—辕架；7—提升油缸；8—斗门；

9—斗门油缸；10—铲斗；11—后轮；12—尾架；13—卸土板；14—卸土油缸

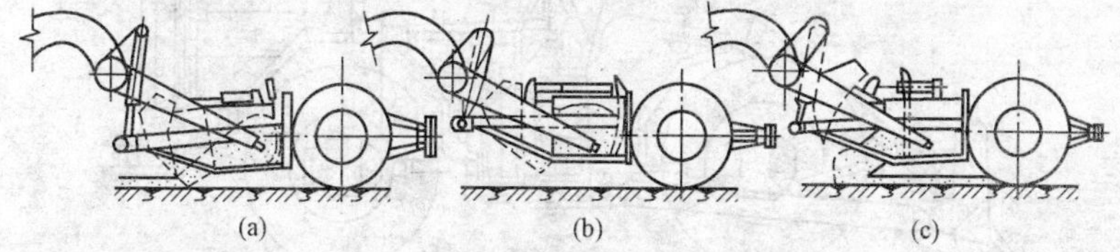

图 5-13　铲运机工作过程

(a)铲土；(b)运土；(c)卸土

为提高其工作效率，目前也有新的施工方法，铲运机运土时所需牵引力较小，当下坡铲土时，可将两个铲斗前后串在一起，形成一起一落依次铲土、装土（又称双联单铲）（图 5-14）。当地面较平坦时，采取将两个铲斗串成同时起落，同时进行铲土，又同时起斗开行（称为双联双铲），前者可提高工效 20%～30%，后者可提高工效约 60%。适于较松软的土，进行大面积场地平整及筑堤时采用。

图 5-14　双联铲运法

2. 推土机

推土机是土方工程的主要机械之一，是在拖拉机上安装推土板等工作装置而成的机械。因推土板的操纵有钢丝绳操纵和油压操纵，所以推土机可分为索式和液压式两种。常用的推土机有 T_3－100，T－120，T－180，T－220，TL－180，上海－120_A 等数种。图 5-15 所示是油压操纵的推土机外形。

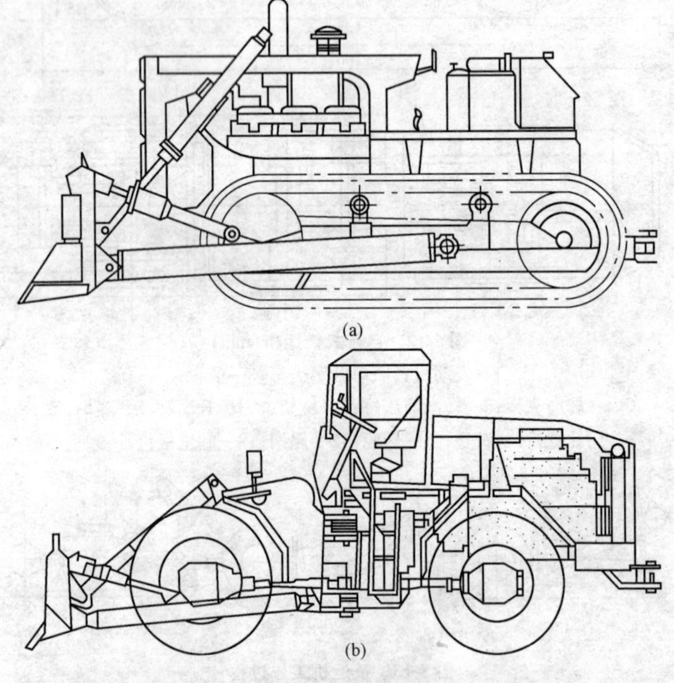

(a)

(b)

图 5-15　推土机

(a)履带式推土机；(b)轮胎式推土机

推土机开挖的基本作业是铲土、运土和卸土三个工作行程和空载回驶行程。铲土时应根据土质情况，尽量采用最大切土深度在最短距离（6～10m）内完成，以便缩短低速运行时间，然后直接推运到预定地点。回填土和填沟渠时，铲刀不得超出土坡边沿。上下坡坡度不得超过35°，横坡不得超过10°。几台推土机同时作业，前后距离应大于8m。

（三）运输机械

1. 装载机

装载机是一种短程装运结合的运输机械。常用斗容量为1～3m³，运行灵活方便，在水利工程中使用广泛。

装载机根据行走装置的不同可分为轮式和履带式两种，如图5-16、图5-17所示。

图5-16　履带式装载机

图5-17　轮式装载机

2. 胶带运输机

胶带输送机的结构简单，操作安全，使用方便，易于保管和维修，因此在工程中广泛用于输送混凝土骨料（砂子和碎石）或大面积沟槽中开挖出来的泥土和回填素土等。根据胶带输送机的结构特点，分为移动式、固定式和节段式三种。

图5-18为固定式胶带输送机的基本结构简图。

固定式胶带输送机，常用的型号有TD62、TD72、TD75型等；根据胶带宽度有300mm、400mm、500mm、650mm、800mm、1000mm、1200mm、1400mm、1600mm等九种规格，每种规格的长度和带速可根据使用要求选配；可布置成水平式、倾斜式、曲线式以及混合式。

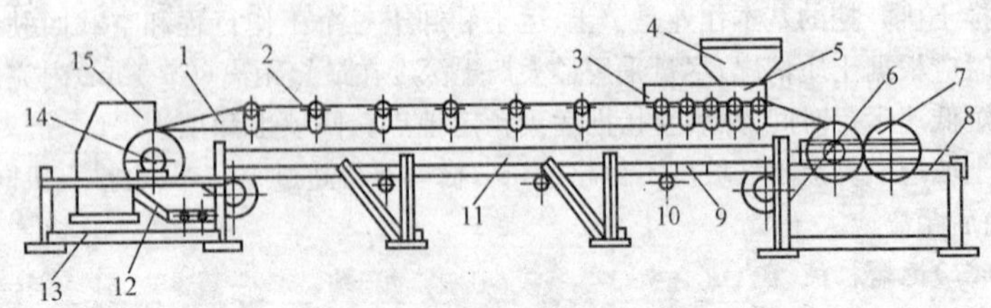

图 5-18　固定式胶带输送机结构简图

1—胶带；2—上托辊；3—缓冲托辊；4—料斗；
5—导料拦板；6—变向滚筒；7—张紧滚筒；8—尾架；
9—空段清扫器；10—下托辊；11—中间架；12—弹簧清扫器；
13—头架；14—驱动滚筒；15—头罩

二、挖掘、运输机械的生产能力

1. 挖掘机械生产能力

无论是循环式单斗挖掘机，还是多斗挖掘机，它的实际小时生产率 P(m^3/h) 可按下式确定：

$$P=60qnK_HK'_pK_BK_t \tag{5-7}$$

式中　q——土斗的几何容积，m^3；

n——对于单斗挖掘机系指每分钟循环工作次数，对于多斗挖掘机系指每分钟倾倒的土斗数量；

K_H——土斗的充盈系数，表示实际装料容积与土斗几何容积的比值，对于正向铲可取 1，对于索铲可取 0.9；

K'_p——土的松散影响系数，指挖土前的实土与挖后松土体积的比值，其大小与土料的等级有关，对于Ⅰ级土约为 0.913～0.83，Ⅱ级土约为 0.88～0.78，Ⅲ级土约为 0.81～0.71，Ⅳ级土约为 0.79～0.73；

K_B——时间利用系数，表示挖掘机工作时间利用程度，可取0.8～0.9；

K_t——联合作业延误系数，考虑运输工具影响挖掘的工作时间，有运输工具配合时，可取 0.9，无运输工具配合时，可取 1。

由此可见，若要提高挖掘机械的实际生产率，必须提高循环式挖掘机的循环次数，即缩短每一循环的工作时间，如加长土斗的中间斗齿以减少切土阻力和切土时间，减少挖卸之间的转角等。

此外，当挖掘松散土料时，可更换较大的土斗以增大土斗容积；加强机械的现场维修，合理布置掌子面，协调并改善回车和错车场地，改善挖运设备的配合等，都将有利于提高挖掘机械的实际生产率。

2. 运输机械的生产能力

运输机械分为循环式运输机械和连续式运输机械。

(1)循环式运输机械

1)循环式运输机械数量 n 的确定。

$$n=\frac{Q_T t}{q(T_1-T_2)} \tag{5-8}$$

式中　Q_T——运输强度(一昼夜或一班运载的总方量);

q——运输工具装载的有效方量;

T_1——昼夜或一班的时间,min;

T_2——昼夜或一班内运输工具的非工作时间,min;

t——运输工具周转一次的循环时间,min。

2)工地常用的汽车、拖拉机,t 值为:

$$t=t_1+t_2+\frac{2L}{v}\times 60 \tag{5-9}$$

式中　t_1——装车时间,min;

t_2——卸车时间,min;

L——运距,km;

v——平均行驶速度,km/h,拖拉机取 3.5～5km/h;在一般工地道路上开行的汽车取15～20km/h,在经改善路面后的道路上开行的汽车可取25～35km/h。

3)每昼夜或每班运输循环次数为:

$$m=\frac{T_1-T_2}{t} \tag{5-10}$$

4)生产能力 P_T 为:

$$P_T=\frac{q(T_1-T_2)}{t} \tag{5-11}$$

(2)连续式运输机械

带式运输机的生产率取决于带宽、带速及带上物料的装满程度。带的装满程度与带的形状、所装物料性质和运输机布置的倾角有关。

带式运输机的实际小时生产率 P_T(m^3/h)可按下式计算:

$$P_T=KB^2 vK_B K_H K'_p K_d K_a \tag{5-12}$$

式中　K——带形系数,对于平面带,$K=200$;对于槽形带,$K=400$;

B——带宽,m;

v——带的运行速度,m/s,通常可取 1～2m/s;

K_B——时间利用系数,可取 0.75～0.8;

K_H——充盈系数,与装料特性和运载情况有关,砂土取 0.85,岩石取 0.70;

K'_p——土的松散影响系数;

K_d——土石粒径系数,粒径为 0.1～0.3 倍带宽者,$K_d=0.75$;粒径为 0.05～0.09 倍带宽者,$K_d=0.9$;对细粒径材料,$K_d=1$;

K_a——倾角影响系数，当 $\alpha=11°\sim15°$时，$K_a=0.95$；当 $\alpha=16°\sim18°$时，$K_a=0.90$；当 $\alpha=19°\sim22°$时，$K_a=0.85$。

三、土石料开挖运输方案

开挖运输方案主要根据坝体结构布置特点、坝料性质、填筑强度、料场特性、远距远近、可供选择的机械设备型号等多种因素，综合分析比较确定。

(一)挖运强度的确定

土石坝施工的挖运强度取决于土石坝的上坝强度。在施工组织设计中，一般根据施工进度计划各个阶段要求完成的坝体方量来确定上坝和挖运强度。合理的施工组织管理应有利于实现均衡生产，避免生产大起大落，造成不必要的浪费。

1. 上坝强度

上坝强度主要取决于施工中的气象水文条件、施工导流方式、施工分期、工作面的大小、劳动力、机械设备、燃料动力供应情况等因素。对于大中型工程，平均日上坝强度通常为1～3万 m^3，高的达到10万 m^3 左右。

上坝强度是指单位时间填筑到坝面上的土方量，可按实方计算

$$Q_d=\frac{Vk_ak}{Tk_1} \tag{5-13}$$

式中 Q_d——压实方，m^3/d；

V——某时段内填筑到坝面上的土方量，m^3；

k_a——坝体沉陷影响系数，一般取1.03～1.05；

k——施工不均衡系数，可取1.2～1.3；

k_1——坝面作业土料损失系数，可取0.90～0.95；

T——施工分期时段的有效工作日数，等于该时段的总日数扣除法定节假日和因雨停工日数，d。

2. 运输强度

运输强度指为满足上坝强度要求，单位时间内应运输到坝面上的土方量，可按松方计算：

$$Q_T=\frac{Q_dk_c}{k_2} \tag{5-14}$$

$$k_c=\frac{\gamma_d}{\gamma_y} \tag{5-15}$$

式中 Q_T——松方，m^3/d；

k_c——压实影响系数；

k_2——运输损失系数，可取0.95～0.99；

γ_d——坝体设计干密度；

γ_y——土料运输松散密度。

3. 开挖强度

开挖强度是指为了满足坝面土方填筑要求，料场土料开挖应达到的强度。

$$Q_c=\frac{Q_d k'_c}{k_2 \cdot k_3} \tag{5-16}$$

$$k'_c=\frac{\gamma_d}{\gamma_n} \tag{5-17}$$

式中　Q_c——自然方，m^3/d；

γ_n——料场土料自然干密度；

k_3——土料开挖损失系数，随土料特性和开挖方式而异，一般取0.92～0.97。

(二)挖运机械数量的确定

1. 挖掘机数量

土石坝工程施工中，采用正向铲与自卸汽车配合是最普遍的挖运方案。挖掘机需要量可按下式计算：

$$N_c=\frac{Q_c}{P_c} \tag{5-18}$$

式中　N_c——挖掘机需要量；

P_c——每台挖掘机的生产率，m^3/h。

2. 自卸汽车数量

与一台挖掘机配套的自卸汽车的数量，应满足当第一辆汽车装满离开挖掘机到再次回到挖掘地点所消耗的时间，等于下辆汽车在装车点所消耗的时间。通常，一台挖掘机所需的汽车数量所对应的生产能力略大于此挖掘机的生产率，以便充分发挥挖掘机的生产潜力。按工艺要求，挖掘机装一车所需斗数要适当，一般为3～5斗。

(三)常见的开挖运输方案

坝料的开挖运输方案很多，在土石坝施工中，常见的开挖运输方案主要有以下几种：

1. 正向铲开挖，自卸汽车运输上坝

采用该开挖运输方案时，即用正向铲开挖、装载，自卸汽车直接运输上坝。自卸汽车可运各种坝料，运输能力高，机动灵活，转弯半径小，爬坡能力较强，在国内外的高土石坝施工中已获得了广泛的应用。

在施工布置上，正向铲一般都采用立面开挖，汽车运输道路可布置成循环路线，装料时停在挖掘机一侧的同一平面上，即汽车鱼贯式地装料与行驶。这种布置形式，可避免或减少汽车的倒车时间，正向铲采用60°～90°的转角侧向卸料，回转角度小，生产率高，能充分发挥正向铲与汽车的效率。

2. 正向铲开挖，带式运输机运输上坝

带式运输机的爬坡能力大，架设简易，运输费用较低，比自卸汽车可降低运输费用1/3～1/2，运输能力也较高。带式运输机合理运距小于10km，可直接从料场运输上坝；也可与自卸汽车配合，作长距离运输。在坝前经漏斗由汽车转运上坝；也可与有轨机车配合，用带式运输机转运上坝作短距离运输。

3. 斗轮式挖掘机开挖，带式运输机运输，转自卸汽车上坝

对于填筑方量大、上坝强度高的土石坝，若料场储量大而集中，可采用斗轮式挖掘机开挖。斗轮式挖掘机可连续挖掘与装料，生产率较高。挖掘机可直接将坝料转入移动式带式运输机。其后接长距离的固定式带式运输机至坝面或坝面附近经自卸汽车运至填筑面。这种方案，可使挖、装、运连续进行，简化了施工工艺，提高了机械化水平和生产率。

4. 采砂船开挖，有轨机车运输

在一些大型水利水电工程施工中，有时采用采砂船开采水下的砂石料，配合有轨机车运输。在大型载重汽车尚不能满足要求的情况下，可采用有轨机车进行运输。它具有机械结构简单、修配容易的优点。当料场集中、运输量大、运距较远(大于 10km)时，也可用有轨机车进行水平运输。

但是，有轨机车运输的临建工程量大，设备投资较高，对线路坡度、转弯半径等的要求也较高，况且有轨机车不能直接上坝，可在坝脚经卸料装置卸至带式运输机或自卸汽车转运上坝。

无论采用何种方案，都应结合工程施工的具体条件，组织好挖、装、运、卸的机械化联合作业，提高机械利用率，减少坝料的转运次数；各种坝料铺筑方法及设备应尽量一致，减少辅助设施；充分利用地形条件，进行统筹规划和布置。

第三节　土料压实

土料的压实是保证土石坝施工质量的关键。由于土是松散颗粒的集合体，其自然的稳定性主要取决于土粒的内摩擦力和凝聚力；而土料的内摩擦力、凝聚力和抗渗性都与土的密实性有关，密实性越大，其物理力学性能就越好。

一、土料压实原理

由于土体是三相体，即土体是由固相的土粒、液相的水和气相的空气所组成。通常土粒和水是不会被压缩的，土料压实的实质是将水包裹的土粒挤压填充到土粒间的空隙里，排走空气占有的空间，使土料的空隙率减少，密实度提高。所以，土料压实的过程实际上就是在外力作用下土料的三相重新组合的过程。

土料的压实效果，与土料本身的性质、颗粒组成情况、级配特点、含水量大小以及压实功能等有关。一般黏性土料的黏结力较大，摩擦力较小，具有较大的压缩性，但由于其透水性小，排水困难，压缩过程慢，所以很难达到固结压实。而非黏性土料黏结力小，摩擦力大，具有较小的压缩性，但由于透水性大，排水容易，压缩过程快，能很快达到密实。

土料颗粒的大小与组成也影响压实效果。颗粒愈细，孔隙比就愈大，所含矿物分散度愈高，愈不容易压实。所以黏性土的压实干表观密度低于非黏性土的压实干表观密度。颗粒不均匀的砂砾料比颗粒均匀的砂砾料达到的干表观密度要

大一些。

土料的含水量也是影响压实效果的重要因素之一。当压实功能一定时，黏性土的干表观密度随含水量的增加而增大，当含水量增大到某一临界值时，干表观密度达到最大，此时如进一步增加土体含水量，干密度反而减小，此临界含水量值称为土体的最优含水量，即相同压实功能时压实效果最大的含水量。对于每一种土料，在一定的压实功能下，只有在最优含水量范围内，才能获得最大的干表观密度，且压实也较经济。非黏性土料的透水性大，排水容易，不存在最优含水量，故对含水量不作专门控制。

压实功能的大小，也影响着土料干表观密度的大小。压实功能增大，干表观密度也随之增大，而最优含水量随之减小。说明同一种土料的最优含水量和最大干表观密度，随压实功能的改变而变化，一般说来，增加压实功能可增加干表观密度，这种特性对于含水量过低或过高的土料更为突出。

二、土料压实方法

土料不同其物理力学性质也不相同，因而使之密实的作用外力也不相同。对于黏性土来说，黏性土料的黏结力是主要的，这就要求压实作用外力能够克服其黏结力；对于砂性土料、石渣料、砾石料等非黏性土料，其内摩擦力是主要的，要求压实作用外力能克服颗料间的内摩擦力。

不同的压实机械产生的压实作用外力不同，按其作用原理，大体上可以分为碾压、夯击和振动三种基本类型。碾压的作用力是静压力，其大小不随作用时间变化，如图 5-19(a)所示。夯击的作用力为瞬时动力，具有瞬时脉冲作用，其大小随时间和落高而变化，如图 5-19(b)所示。振动的作用力为周期性的重复动力，其大小随时间呈周期性变化，振动周期的长短，随振动频率的大小而变化，如图 5-19(c)所示。

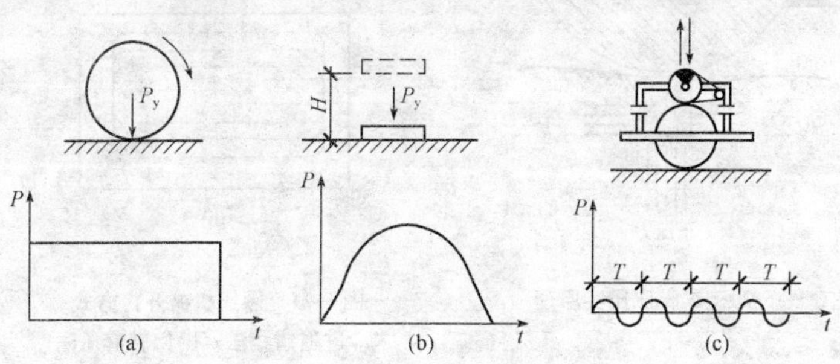

图 5-19　土料压实作用外力示意图

(a)碾压；(b)夯击；(c)振动

三、土料压实机械

常用的土料压实机械有羊脚碾、气胎碾、振动碾和夯实机械等。

（一）羊脚碾

羊脚碾就是在碾压滚筒表面设有交错排列的截头圆锥体，状如羊脚，仅适用于黏性土的压实。

碾压时，羊脚插入土料内部，使羊脚底部土料受到正压力，羊脚四周侧面土料受到挤压力，如图 5-20 所示，碾筒转动时，土料受到羊脚的揉搓力，从而使土料层均匀受压。对于非黏性土料，由于土颗粒易产生竖向及侧向移动，故而碾压效果较差。

1. 压实方法

(1)进退错距法。即沿直线前进后退压实，反复行驶，达到要求后错距，重复进行。此种方式压实质量好，遍数好控制，但后退操作不便，适用于狭窄的工作面，见图 5-21(a)。

(2)回转套压法。即先沿填土一侧开始，逐圈错距以螺旋形开行，逐渐移动进行压实，机械始终前进开行，生产率高，适用于宽阔的工作面，并可多台羊脚碾同时前进工作。但拐角处及错距交叉处易产生重压和漏压。当转弯半径小时，容易引起土层扭曲，产生剪力破坏，在转弯的四角容易漏压，质量难以保证，其开行方式如图 5-21(b)所示。

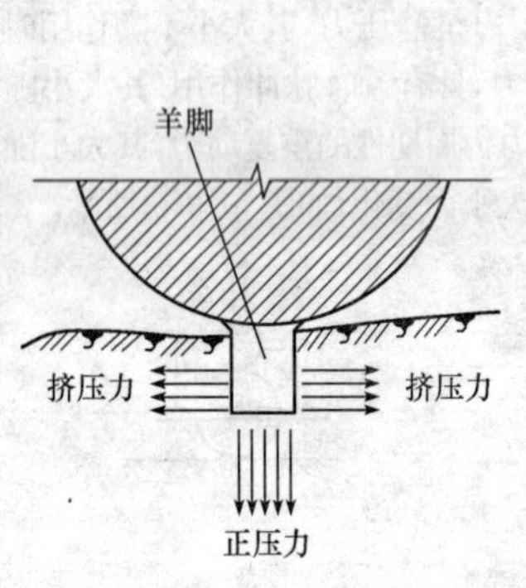

图 5-20　羊脚碾压实原理

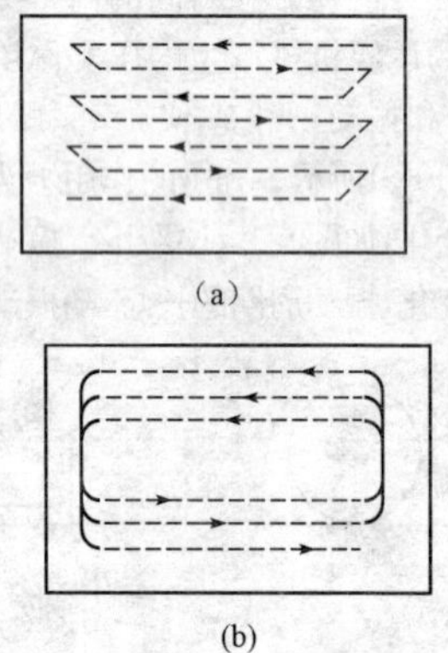

图 5-21　碾压机械开行方式

(a)进退错距法；(b)回转套压法

2. 压实遍数

羊脚碾的压实遍数，可按下式进行计算：

$$N=KS/(MF) \tag{5-19}$$

式中　S——碾筒表面面积，cm^2；

F——羊脚的端面积，cm^2；

M——羊脚的数量；

K——碾压时羊脚在土料表面分布不均匀修正系数，一般取 1.3。

(二)气胎碾

气胎碾是由拖拉机牵引，以充气轮胎作为压实构件，利用碾的重量来压实土料的一种碾压机械。这种碾子是一种柔性碾，碾压时碾和土料共同变形，其原理见图 5-22。胎面与土层表面的接触压力与碾重关系不大，可通过改变轮胎气压的方法来调节接触压力的大小，增加碾重。一般气胎碾的重量为 8～30t，重型的可达到 50～200t。与刚性平碾相比，气胎碾压实效果较好。缺点是需加刨毛等工序，以加强碾压上下层的结合。

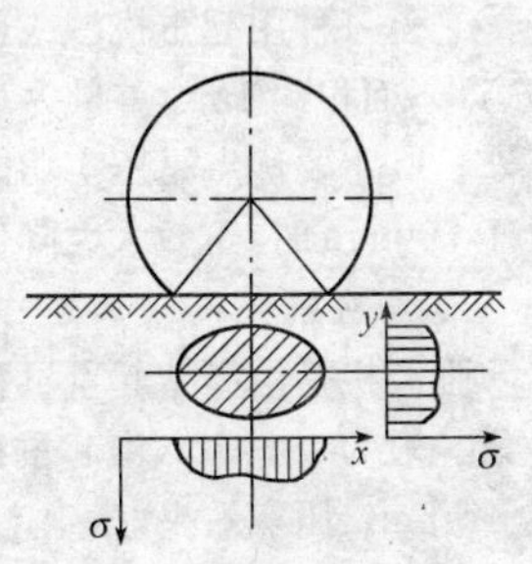

图 5-22　气胎碾压实原理

气胎碾的适应范围广，对黏性土和非黏性土都能压实，在多雨地区或含水量较高的土料更能突出它的优点。其与羊脚碾联合作业效果更佳。

(三)振动碾

振动碾是一种具有静压和振动双重功能的复合型压实机械，它是由起振柴油机带动碾滚内的偏心轴旋转，通过连接碾面的隔板，将振动力传至碾滚表面，然后以压力波的形式传到土体内部。适用于非黏性土料和黏粒含量、含水量不高的黏性土料的压实。

振动碾可以有效地压实堆石体、砂砾料和砾质土，是土坝砂壳、堆石坝碾压必不可少的工具，其构造见图 5-23。在振动力的作用下，土中的应力可提高 4～5 倍，压实层达 1m 以上，有的高达 2m。

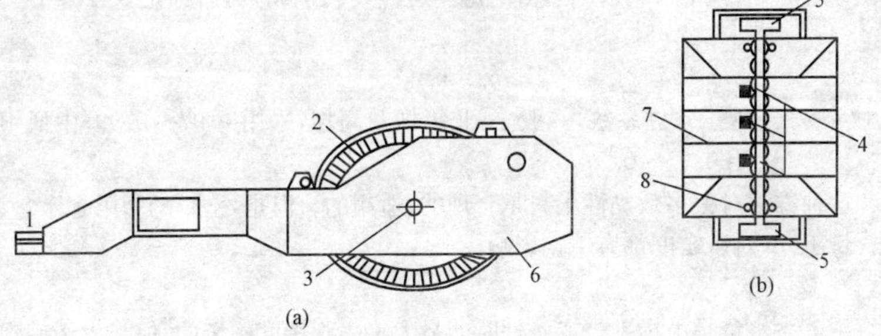

图 5-23　振动碾构造示意图

(a)外形图；(b)滚碾构造图

1—牵引挂钩；2—碾滚；3—轴；4—偏心块；5—轮；6—车架侧壁；7—隔板；8—弹簧悬架

(四)夯实机械

夯实机械是利用夯实机具的冲击力来压实土料的，既可以用来夯实砂砾土料，也可用来夯实黏性土料，常用的机械有挖掘机夯板和强夯机。

1. 挖掘机夯板

它是一种用起重机械或正向铲挖掘机改装而成的夯实机械。夯板多为圆形或方形，面积约 1m²，重量为 1～2t，提高高度为 3～4m，利用冲击作用对土体进行压实。其主要优点是压实功能大，生产率高，有利于雨期、冬期施工。当石块直径大于 500mm 时，工效大大降低，压实黏性土料时，表层容易发生剪切破坏。

2. 强夯机

强夯机是由高架起重机和铸铁块或钢筋混凝土块做成的夯砣组成。夯砣的重量一般为 10～40t，由起重机提升 10～40m 高后自由下落冲击土层，影响深度达 4～5m。压实效果好，生产率高，用于杂土填方、软基及水下地层。

四、土料压实标准

土石料压实得越好，物理力学性能指标就越高，坝体填筑质量就越有保证。但土石料的过分压实，不仅提高了压实费用，而且会产生剪切破坏，反而达不到应有的技术经济效果。因此，应确定合理的压实标准。

一般，黏性土的压实标准主要是以压实干表观密度 γ_d 和施工含水量这两个指标来控制的；非黏性土料(如砂土及砂砾石)是以相对密度 D_r 来控制的；而石渣或堆石体则可用孔隙率作为压实指标。

(一)黏性土料

1. 压实干表观密度

黏性土料的压实干表观密度常用击实试验来确定。

我国采用击实仪 25 击[89.75(t · m)/m³]作为标准压实功能，得出一般不少于 25～30 组最大干密度的平均值 γ_{dmax}(t/m³)作为依据，从而确定设计干密度 γ_d(t/m³)：

$$\gamma_d = m\gamma_{dmax} \tag{5-20}$$

式中　m——施工条件系数，一般Ⅰ、Ⅱ级坝及高坝，采用 0.97～0.99，中低坝采用 0.95～0.97。

这种方法对大多数黏性土料是合理的、适用的。但是，土料的塑限含水量、黏粒含量不同，对压实度都有一定影响。

2. 施工含水量

施工含水量是由标准击实条件时的最大干表观密度确定的，但最大干表观密度对应的最优含水量是一个点值。而实际的天然含水量总是在某一范围内变化，为适应施工的要求，必须围绕最优含水量规定一个范围，即含水量的上下限。

(二)非黏性土料

非黏性土料的压实程度与颗粒级配及压实功能关系密切，一般用相对密度

D_r 表示。

$$D_r = \frac{(e_{max} - e)}{(e_{max} - e_{min})} \tag{5-21}$$

式中　e_{max}——非黏性土料的最大孔隙比；

e_{min}——非黏性土料的最小孔隙比；

e——设计孔隙比。

（三）相对密度与干表观密度换算

在现场用相对密度来控制施工质量不太方便，通常将相对密度转换成对应的干表观密度 γ_d 来控制，其大小按非黏性土不同砾石含量，分别确定不同标准。其换算公式为：

$$\gamma_d = \frac{\gamma_1 \gamma_2}{\gamma_2 (1 - D_r) + \gamma_1 D_r} \tag{5-22}$$

式中　γ_1、γ_2——分别为土料极松散和极紧密时的干表观密度，t/m^3。

在填方工程中，一级建筑物可取 $D_r = 0.7 \sim 0.75$，二级建筑物可取 $D_r = 0.65 \sim 0.7$。

五、土料压实参数的确定

在确定土料压实参数前必须对土料场进行充分调查，全面掌握各料场土料的物理力学指标，在此基础上选择具有代表性的料场进行现场试验，作为施工过程的控制参数。当所选料场土性差异较大时，应分别进行碾压试验。如试验不能完全与施工条件吻合，在确定压实标准的合格率时，应略高于设计标准。

（一）压实参数

土料填筑压实参数主要包括碾压机具的重量、含水量、碾压遍数及铺土厚度等，对于振动碾还应包括振动频率及行走速率等。

（二）试验方法

压实试验前，应选择具有代表性的料场，通过理论计算并参照已建类似工程的经验，初选几种碾压机械和拟定几组碾压参数，采用逐步收敛法进行试验。先以室内试验确定的最优含水量进行现场试验。

所谓逐步收敛法系指固定其他参数，变动一个参数，通过试验得到该参数的最优值。将优选的此参数和其他参数固定，再变动另一个参数，用试验确定其最优值。以此类推，得到每个参数的最优值。待各项参数选定后，用选定参数进行复核试验。若试验结果满足设计、施工要求，便可作为现场使用的施工碾压参数。

(1)黏性土料含水量。黏性土料压实含水量可取 $w_1 = w_p(1+2\%)$；$w_2 = w_p$；$w_3 = w_p(1-2\%)$三种进行试验。w_p 为土料的塑限。

(2)铺土厚度和碾压遍数。试验的铺土厚度和碾压遍数应根据所选用的碾压设备型号确定。试验测定相应的含水量和干表观密度，作出对应的关系曲线如图 5-24所示。根据上述关系，再作出铺土厚度、压实遍数与最大干表观密度、最优含水量关系曲线，如图 5-25 所示。

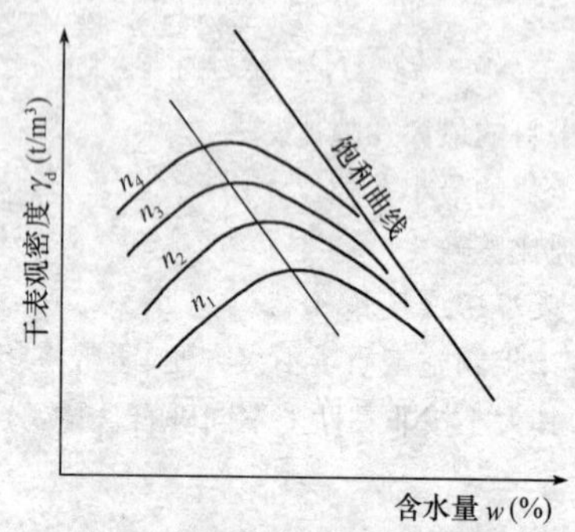

图 5-24　不同铺土厚度、不同压实遍数土料含水量和干表观密度的关系曲线

从图 5-25 的曲线中，根据设计干表观密度 γ_d，可分别查出不同铺土厚度所需的碾压遍数 a、b、c 及相应的最优含水量 d、e、f。然后再以单位压实遍数的压实厚度进行比较，即比较$\frac{h_1}{a}$、$\frac{h_2}{b}$、$\frac{h_3}{c}$，其中单位压实遍数的压实厚度最大者为最经济合理。

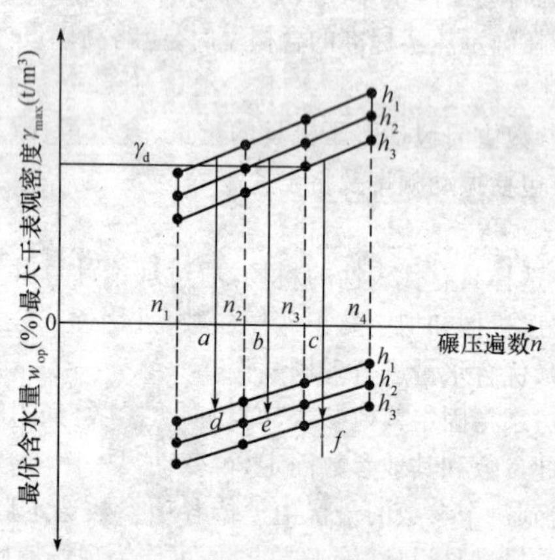

图 5-25　铺土厚度、压实遍数、最优含水量和最大干表观密度的关系曲线

(3)非黏性土料试验。非黏性土料含水量的影响不如黏性土显著，只需作铺土厚度、相对密度（或干表观密度）与压实遍数的关系曲线，如图 5-26 所示。

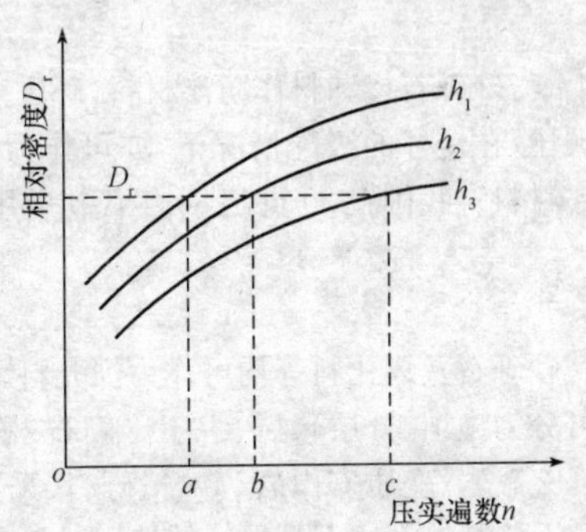

图 5-26　非黏性土的不同铺土厚度、相对密度与压实遍数关系曲线

根据设计要求的相对密度 D_r，求出不同铺土厚度的压实遍数 a、b、c，然后比较$\frac{h_1}{a}$、$\frac{h_2}{b}$、$\frac{h_3}{c}$，其最大值即为经济的铺土厚度和压实遍数。最后再结合施工情况，综合分析选定铺土厚度和压实遍数。

第四节　土石坝施工

土石坝包括各种碾压式土坝、堆石坝和土石混合坝，具有就地取材，对坝基地质条件要求不高，结构简单，节约三材和易于施工等特点。按施工方法可以分为干填碾压、水中填土、水力冲填以及定向爆破筑坝等类型，但是，目前国内外仍以机械压实土石料的施工方法为多。

一、土石坝材料

(一)防渗材料

细粒土是我国采用最多的防渗材料，其最大粒径不超过 5mm。只要坝址附近有数量足够、天然含水量适中的细粒土，采用细粒土作为防渗料经常是较好的选择。

作为防渗材料的土料，不仅要具有防渗性，还要具有一定的抗剪强度，有较好的渗透稳定性，有适应坝体变形的塑性，有良好的施工性和低压缩性，不存在影响坝体稳定的膨胀性或收缩性等。通常，当土料的渗透系数不大于 1×10^{-5} cm/s 时，即可满足坝体的抗渗要求。渗流稳定性则是指防渗料的抗管涌能力与抗冲蚀能力，一般认为塑性大的细粒土抗管涌能力强；砾类土抗冲蚀能力强，可以使心墙裂缝自愈。在施工性方面，一般要求土料的天然含水量在最优含水量附近，无影响压实的超径材料，压实后的坝面有较高的承载力，以便于施工机械正常作业。只要渗透系数满足要求，作好反滤保护，无塑性的粉质砂土也可以作为高坝的防渗材料。

此外,也可采用黏土与砂砾石掺和料作防渗材料;砾质土有很高的承载力,可以采用中型机械进行碾压,在良好的级配情况下,亦可作为防渗材料。高土石坝有时采用风化料作防渗材料。我国在20世纪80年代初曾用风化料作100m以上的土石坝的防渗体。

(二)坝壳材料

工程实践中,堆石、砂砾石及风化料等均可作为坝壳料。

堆石按施工方式可分为抛填、分层碾压、手工干砌石、机械干砌石等;按其材料及来源可分为采石场玄武岩、变质安山岩、砂岩、砾岩、采石场花岗岩、片麻岩、石灰岩、冲积的漂卵石、石渣料等。堆石是最好的筑坝材料,现广泛用作高土石坝的坝壳料。

我国已建的土石坝坝壳多采用砂砾石;混凝土面板堆石坝中,不少也以砂砾石为筑坝材料,如小干沟等。碾压砂砾石压缩性低,抗剪强度高,但往往细粒含量大,易冲蚀,易管涌,因此需加强渗流控制措施。

风化料属于抗压强度小于30MPa的软岩类,往往存在湿陷问题,用作坝壳料时,其填筑含水量必须大于湿陷含水量,压实到最大密度,以改善其工程性质。

(三)反滤材料

反滤料一般要满足坚固度要求,要求级配严格,一般采用混凝土砂石料生产系统生产,但不要求冲洗。也可采用天然冲积层砂砾石经筛分生产。

二、土石料场规划

土石坝用料量很大,在选坝阶段需对土石料场做全面调查,施工前配合施工组织设计,对料场作深入勘测,并从空间、时间、质量和数量等方面进行全面规划。

(一)时间上的规划

所谓时间规划,就是要考虑施工强度和坝体填筑部位的变化。随着季节及坝前蓄水情况的变化,料场的工作条件也在变化。在用料规划上应力求做到上坝强度高时用近料场,上坝强度低时用较远的料场,使运输任务比较均衡。对近料和上游易淹的料场应先用,远料和下游不易淹的料场后用;含水量高的料场旱季用,含水量低的料场雨季用。在料场使用规划中,还应保留一部分近料场供合龙段填筑和拦洪度汛高峰强度时使用。此外,还应对时间和空间进行统筹规划,否则会产生事与愿违的后果。

(二)空间上的规划

所谓空间规划,系指对料场位置、高程的恰当选择,合理布置。土石料的上坝运距尽可能短些,高程上有利于重车下坡,减少运输机械功率的消耗。近料场不应因取料影响坝的防渗稳定和上坝运输;也不应使道路坡度过陡引起运输事故。坝的上下游、左右岸最好都选有料场,这样有利于上下游左右岸同时供料,减少施工干扰,保证坝体均衡上升。用料时原则上应低料低用,高料高用,当高料场储量有富裕时，亦可高料低用。同时料场的位置应有利于布置开采设备、交通及排水通畅。对石料场尚应考虑与重要建筑物、构筑物、机械设备等保持足够的防爆、防震安全距离。

(三)质与量上的规划

料场质与量的规划，是料场规划最基本的要求，也是决定料场取舍的重要因素。在选择和规划使用料场时，应对料场的地质成因、产状、埋深、储量以及各种物理力学指标进行全面勘探和试验。勘探精度应随设计深度加深而提高。在施工组织设计中，进行用料规划，不仅应使料场的总储量满足坝体总方量的要求，而且应满足施工各个阶段最大上坝强度的要求。

料尽其用，充分利用永久和临时建筑物基础开挖碴料是土石坝料场规划的又一重要原则。为此应增加必要的施工技术组织措施，确保碴料的充分利用。若导流建筑物和永久建筑物的基础开挖时间与上坝时间不一致时，则可以调整开挖和填筑进度，或增设堆料场储备料渣，供填筑时使用。

料场规划还应对主要料场和备用料场分别加以考虑。前者要求质好、量大、运距近，且有利于常年开采；后者通常在淹没区外，当前者被淹没或因库区水位抬高，土料过湿或其他原因中断使用时，则用备用料场保证坝体填筑不致中断。

在规划料场实际可开采总量时，应考虑料场查勘的精度、料场天然容重与坝体压实容重的差异，以及开挖运输、坝面清理、返工削坡等损失。实际可开采总量与坝体填筑量之比一般为：土料 2～2.5；砂砾料 1.5～2；水下砂砾料 2～3；石料 1.5～2；反滤料应根据筛后有效方量确定，一般不宜小于 3。另外，料场选择还应与施工总体布置结合考虑，应根据运输方式、强度来研究运输线路的规划和装料面的布置。料场内装料面应保持合理的间距，间距太小会使道路频繁搬迁，影响工效；间距太大影响开采强度，通常装料面间距取 100m 为宜。整个场地规划还应排水通畅，全面考虑出料、堆料、充料的位置，力求避免干扰以加快采运速度。

三、土石坝填筑施工

(一)土石坝施工作业

对于碾压式土石坝，由于坝顶一般不允许过水，必须在一个枯水期内填筑到拦洪高程，施工强度较高，故而必须制定相应的施工技术措施，研究料场的合理规划和土石料的挖运组织方案，以保证抢修拦洪高程时的施工强度。通常，土石坝的施工作业主要包括准备作业、基本作业、辅助作业和附加作业等内容。

(1)准备作业。准备作业主要包括“一平三通”，即场地平整、通电、通水、通车；同时，还需修建施工临时设施，施工生活福利设施及施工排水与清基等准备工作。

(2)基本作业。基本作业包括料场土石料开采，挖装运输，坝面铺平、碾压、质检等项作业。

(3)辅助作业。辅助作业是指保证准备及基本作业顺利进行，创造良好工作条件的作业，包括清除施工场地及料场的覆盖，从上坝土料中剔除超径石块，杂物，坝面排水、层间刨毛和加水等。

(4)附加作业。附加作业包括坝坡修整，护坡砌石和铺植草皮等为保证坝体长期安全运行的防护和修整工作。

(二)坝基与岸坡处理

坝基与岸坡处理为隐蔽工程，必须按设计要求并遵循有关规定认真施工。

坝壳与岸坡、地基接触部分的清基，主要是把坝基范围内的所有草皮、树根、坟墓、乱石以及各种建筑物等全部清除，并认真做好对水井、泉眼地道、洞穴等的处理；对地表和岸坡的粉土、细砂、淤泥、腐殖土、泥炭等按设计要求清除。对于风化岩石、坡积物、残积物、滑坡体等按设计要求和有关规定处理；对勘察用的试坑，应把坑内积水与杂物全部清除，并用筑坝土料回填夯实。

防渗体或均质坝与岸坡结合部，岸坡应削成斜坡，不得有台阶、急剧变坡和反坡，岩石开挖清理坡度不陡于1：0.75，土坡不陡于1：1.15。凡坝基和岸坡易风化、易崩解的岩石和土层，开挖后不能及时回填者，应留保护层，或喷水泥砂浆或喷混凝土保护。对于局部凹坑、反坡以及不平顺岩面，可用混凝土填平补成正坡。

防渗体和反滤过渡区部位的坝基和岸坡岩面的处理，包括断层、破碎带以及裂隙等处理，尤其是顺河流方向的断层、破碎带必须按设计要求处理。对于高坝的防渗体与坝基及岸坡结合面，设置有混凝土盖板时宜在填土前自下而上一次浇筑完成。坝基范围内的软黏土、湿陷性黄土、软弱夹层、中细砂层、膨胀土、岩溶构造等，应按设计要求进行认真处理。

(三)坝体施工

当基础开挖和基础处理基本完成后，就可进行坝体的铺筑、压实施工。

1. 施工组织规划

根据施工方法、施工条件及土石料性质的不同，土石坝坝面作业施工工序主要包括卸料、铺料、整平、压实和质量检查等。坝面作业时，由于工作面狭窄，工种多，工序多，机械设备多，故而，施工时需有妥善的施工组织规划。为避免坝面施工中的干扰，延误施工进度，土石坝坝面作业宜采用分段流水作业施工。

流水作业施工组织应先按施工工序数目对坝面分段，然后组织相应专业施工队依次进入各工段施工。一般可将填筑坝面划分为若干工作段或工作面。工作面的划分，应尽可能平行坝轴线方向，以减少垂直坝轴线方向的交接。同时还应考虑平面尺寸适应于压实机械工作条件的需要。

对同一工段而言，各专业队应按工序依次连续施工；对各专业施工队而言，应依次连续在各工段完成固定的专业作业。同时，各工段都应有专业队固定的施工机具，从而保证施工过程中人、机、地三不闲，避免施工干扰，有利于坝面作业多、快、好、省、安全地进行。其结果是实现了施工专业化，提高了工人劳动熟练程度，有利于提高劳动效率和工程施工质量。

2. 卸料与铺料

卸料和铺料有三种方法，即进占法、后退法和综合法。一般采用进占法，厚层填筑也可采用混合法铺料，以减小铺料工作量。进占法铺料层厚易控制，表面容易平整，压实设备工作条件较好。一般采用推土机进行铺料作业，铺料应保证随卸随铺，确保设计的铺料厚度铺料宜沿平行坝轴线的方向进行，铺土厚度要匀，超径不合格的料块应打碎，杂物应剔除。进入防渗体内铺料，自卸汽车卸料宜用进占法倒退铺土，使汽车始终在松土上行驶，避免在压实土层上开行，造成超压，引起剪力破坏。

汽车穿越反滤层进入防渗体，容易将反滤料带入防渗体内，造成防渗土料与反滤料混杂，影响坝体质量。因此，应在坝面设专用"路口"，既可防止不同土料混杂，又能防止超压产生剪切破坏，倘万一在"路口"出现质量事故，也便于集中处理，不影响整个坝面作业。

按设计厚度铺料平料是保证压实质量的关键，常采用带式运输机或自卸汽车上坝集中卸料。为保证铺料均匀，需用推土机或平土机散料平料。国内不少工地采用"算方上料、定点卸料、随卸随平、定机定人、铺平把关，插杆检查"的措施，使平料工作取得良好的效果。铺填中不应使坝面起伏不平，避免降雨积水。

3. 洒水

当黏性土料含水量偏低，主要应在料场加水，若需在坝面加水，应力求"少、勤、匀"，以保证压实效果。对非黏性土料，为防止运输过程脱水过量，加水工作主要在坝面进行。石碴料和砂砾料压实前应充分加水，确保压实质量。

4. 压实

坝面压实作业时，应按一定次序进行，以免发生漏压或过分重压。只有在压实合格后，才能铺填新料。

(1)压实机械。坝体压实是填筑的最关键工序，压实设备应根据砂石土料性质选择。不同的压实机械设备产生的压实作用外力不同，因此，对压实机械进行选择时，应遵循如下原则：

1)可能取得的设备类型；

2)能够满足设计压实标准；

3)与压实土料的物理力学性质相适应；

4)满足施工强度要求；

5)设备类型、规格与工作面的大小、压实部位相适应；

6)施工队伍现有装备和施工经验等。

(2)压实方法。碾压方法应便于施工，便于质量控制，避免或减少欠碾和超碾，一般采用进退错距法和圈转套压法。碾压遍数和碾压速度应根据碾压试验确定。

目前，国内外多采用进退错距法。采用这种开行方式，为避免漏压，可在碾压带的两侧先往复压够遍数后，再进行错距碾压。错距宽度 b(m)按下式计算：

$$b=\frac{B}{n} \tag{5-23}$$

式中 B——碾滚净宽，m；

n——为设计碾压遍数。

在错距时，为便于施工人员控制，也可前进后退仅错距一次，则错距宽度可增加一倍。对于碾压起始和结束的部位，按正常错距法无法压到要求的遍数，可采用前进后退不错距的方法，压到要求的碾压遍数，或铺以其他方法达到设计密度的要求。

5. 特殊部位处理

(1)接缝处理。坝体分期分块填筑时，会形成横向或纵向接缝。由于接缝处坡面临空，压实机械有一定安全距离，坡面上有一定厚度不密实层，另外铺料不可避免的溜滑，也增加了不密实层厚度，这部分在相邻块段填筑时必须处理，一般采用留台法或削坡法。

(2)岸坡部位处理。坝壳靠近岸坡部位施工，用汽车卸料及推土机平料时，大粒径料容易集中，碾压机械压实时，碾滚不能靠近岸坡，因此，需采取一定措施保证施工质量。坝壳与岸坡接合填筑带的质量保证措施一般有限制铺料层厚、限制粒径、充填细料、采用夯击式机械夯实。

(3)压实土层处理。对于汽车上坝或光面压实机具压实的土层，应刨毛处理，以利层间结合。通常刨毛深度 30～50mm，可用推土机改装的刨毛机刨毛，工效高、质量好。

(四)结合部位施工

对结合部位的施工，必须采取可靠的技术措施，加强质量控制和管理，确保坝体的填筑质量满足设计要求。

1. 坝基结合部位施工

对于基础部位的填土，一般用薄层、轻碾的方法，不允许用重型碾或重型夯，以免破坏基础，造成渗漏。当填筑厚度达到 2m 以后，才可使用重型压实机械。施工时，对黏性土、砾质土坝基，应将其表层含水量调节至施工含水量上限范围，用与防渗体土料相同的碾压参数压实，然后刨毛深 30～50mm，再铺土压实。非黏性土地基应先压实，再铺第一层土料，含水量为施工含水量的上限，采用轻型机械压实，压实干表观密度可略低于设计要求。

与岩基接触面，应首先把局部凹凸不平的岩石修理平整，封闭岩基表面节理、裂隙，防止渗水冲蚀防渗体。若岩基干燥可适当洒水，并使用含水量略高的土料，以便容易与岩基或混凝土紧密结合，碾压前，对岩基凹陷处，应用人工填土夯实。

2. 接坡及接缝施工

在土石坝施工中，几乎在任何部位都可以适当设置纵横向接坡。由于坝体接坡具有高差较大，停歇时间长，要求坡身稳定等特点，故而对于接合坡度的大小和高差多有争论。一般情况下，填筑面应力争平起，斜墙及窄心墙不应留有纵向接缝，如临时度汛需要设置时，应进行技术证论。

在坝体填筑中，层与层之间分段接头应错开一定距离，同时分段条带应与坝轴线平行布置，各分段之间不应形成过大的高差。接坡坡比一般缓于 1∶3。均质坝的纵向接缝，宜采用不同高度的斜坡和平台相间形式，坡度及平台宽度根据施工要求确定，并满足稳定要求，平台高差不大于 15m。

坝体施工临时设置的接缝相对接坡来讲，其高差较小，通常以不超过铺土厚度的 1～2 倍为宜，分缝在高程上应适当错开。坝体接坡面可用推土机自上而下削坡，并适当留有保护层，配合填筑上升，逐层清至合格层。接合面削坡合格后，要控制其含水量为施工含水量范围的上限。

3. 与岸坡或混凝土建筑物结合部位施工

施工时，在岸坡、混凝土建筑物与砾质土、掺和土结合处，应填筑 1～2m 宽塑性较高而透水性低的土料，以避免直接与粗料接触。在混凝土齿墙或坝下埋管两侧及顶部 0.5m 范围内填土时，其两侧填土应保持均衡上升，并且必须用小型机具压实。

填土前，先将结合面的污物冲洗干净，清除松动岩石，在结合面上洒水湿润，涂刷一层厚约 5mm 左右的浓黏土浆或浓水泥黏土浆或水泥砂浆。为了提高浆体凝固后的强度，防止产生危险的接触冲刷和渗透，涂刷浆体时，应边涂刷、边铺土、边碾压，涂刷高度与铺土厚度一致，注意涂刷层之间的搭接，避免漏涂。要严格防止泥浆干固(或凝固)后再铺土。

防渗体与岸坡结合处，宽度 1.5～2.0m 范围内或边角处，不得使用羊脚碾、夯板等重型机具，应以轻型机具压实，并保证与坝体碾压搭接宽度 1m 以上。

(五)防渗体施工

1. 填筑方法

坝体施工中，常用的填筑方法有削坡法、挡板法及土、砂松坡接触平起法三类。

土、砂松坡接触平起法能适应机械化施工，填筑强度高，可以做到防渗体、反滤层与坝壳料平起填筑，均衡施工，是被广泛应用的施工方法。根据防渗体土料和反滤层填筑的次序、搭接形式的不同，又可分成先砂后土法、先土后砂法、土砂平起法几种。

2. 塑性心墙坝或斜墙坝填筑

坝体填筑中，为了保护黏土心墙或黏土斜墙不致长时间暴露在大气中遭受影响，一般都采用土、砂平起的施工方法。土、砂平起填筑常采用两种施工方法：一种是先土后砂法，即先填土料后填砂砾反滤料；另一种是先砂后土法，即先填砂砾反滤料后填土料。

(1)先土后砂法。先土后砂法是先填压三层土料再铺一层反滤料，并将反滤料与土料整平，然后对土砂边沿部分进行压实，如图 5-27(a)所示。由于土料表面高于反滤料，土料的卸、散、平、压都是在无侧限的情况下进行的，很容易形成超坡。在采用羊角碾压实时，要预留 300～500mm 的松土边，应避免因土料伸入反滤层而加大清理工作。这种施工方法，在遇连续晴天时，土料上升较快，反滤料往往供不应求，必须注意克服。

(2)先砂后土法。先砂后土法是先在反滤料的控制边线内用反滤料堆筑一小堤，如图 5-27(b)所示。为了便于土料收坡，保证反滤料的宽度，每填一层土料，随即用反滤料补齐土料收坡留下的三角体，并进行人工捣实，以利于土砂边线的控制。由于土料在有侧限的情况下压实，松土边很少，仅 200～300mm，故采用较多。

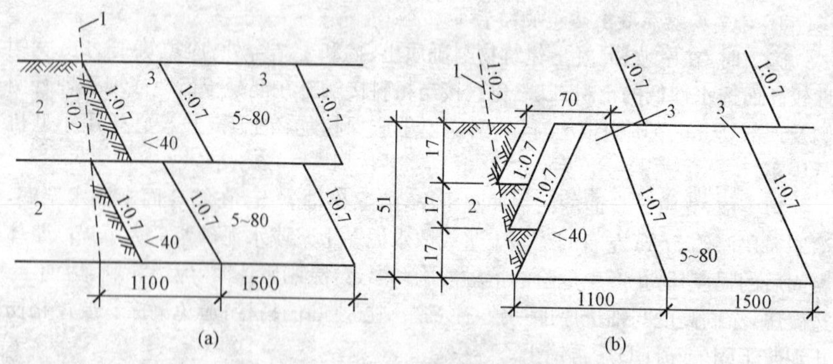

图 5-27　土砂平起施工示意图(单位:mm)

(a)先土后砂法；(b)先砂后土法

1—土砂设计边线；2—心墙；3—反滤料

无论是先砂后土法还是先土后砂法，土料边沿仍有一定宽度未压实合格，所以需要每填筑三层土料后用夯实机具夯实一次土砂的结合部位，夯实时宜先夯土边一侧，合格后再夯反滤料一侧，切忌交替夯实，以免影响质量。

3. 反滤料压实

反滤料的压实，应包括接触带土料与反滤料的压实。

当防渗体土料用气胎碾碾压时，反滤料铺土厚度可与黏土铺土厚度相同，并同时用气胎碾碾压，这是施工中压实接触带最好的方法。若防渗体土料采用羊脚碾碾压时，对于土压砂的情况，两者应同时平起，羊脚碾压到距土砂结合边 0.3～0.5m 为止，以免羊脚碾将土下之砂翻出来。然后用气胎碾碾压反滤层，其碾迹与羊脚碾碾迹至少应重叠 0.5m 以上，如图 5-28(a)所示。若砂压土时，土、砂亦同时平起，同样先用羊脚碾压土料，且羊脚碾压到反滤料上至少 0.5m 宽，以便把反滤料之下的土料压实，然后用气胎碾碾压反滤料，并压实到土料上的宽度至少为0.5m，如图 5-28(b)所示。

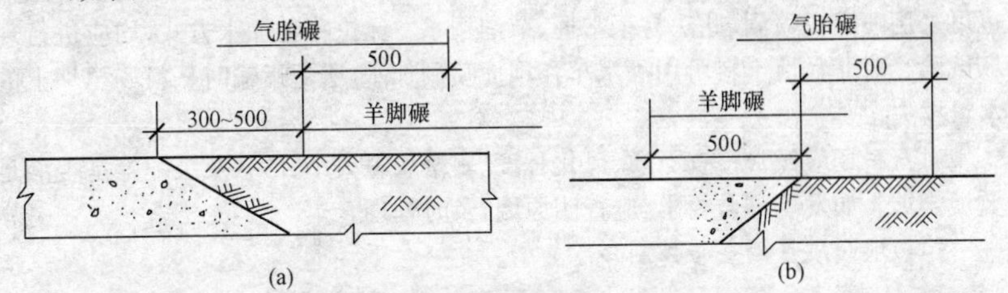

图 5-28　土、砂结合带的压实(单位:mm)

(a)土压砂；(b)砂压土

无论是先土后砂法或是先砂后土法，土砂之间必然出现犬牙交错的现象。反滤料的设计厚度，不应将犬牙厚度计算在内，不允许过多削弱防渗体的有效断面，反滤料一般不应伸入心墙内，犬牙大小由各种材料的休止角所决定，且犬牙交错带不得大于其每层铺土厚度的 1.5～2.0 倍。

四、施工质量控制

施工质量的检查与控制是土石坝安全的重要保证，它贯穿于土石坝施工的各个环节和施工全过程。

(一)料场质量检查与控制

对土料场应经常检查所取土料的土质情况、土块大小、杂质含量和含水量是否符合规范规定。其中含水量的检查和控制尤为重要。

若土料的含水量偏高，一方面应改善料场的排水条件和采取防雨措施，另一方面需将含水量偏高的土料进行翻晒处理，或采取轮换掌子面的办法，使土料含水量降低到规定范围再开挖。若以上方法仍难满足要求，可以采用机械烘干法烘干。

当土料含水量不均匀时，应考虑堆筑“土牛”(大土堆)，使含水量均匀后再外运。当含水量偏低时，对于黏性土料应考虑在料场加水。料场加水量 Q_0 可按下式计算：

$$Q_0 = \frac{Q_D}{K_p}\gamma_e(w_0 + w - w_e) \tag{5-24}$$

式中　Q_D——土料上坝强度；

K_p——土料的可松性系数；

γ_e——料场的土料表观密度；

w_0、w、w_e——坝面碾压要求的含水量、装车和运输过程中含水量的蒸发损失以及料场土料的天然含水量。w 值通常取0.02～0.03，最好在现场测定。

料场加水的有效方法是采用分块筑畦埂，灌水浸渍，轮换取土。地形高差大也可采用喷灌机喷洒，此法易于掌握，节约用水。无论哪种加水方式，均应进行现场试验。对非黏性土料可用洒水车在坝面喷洒加水，避免运输时从料场至坝上的水量损失。

对石料场应经常检查石质、风化程度、爆落块料大小、形状及级配等是否满足上坝要求。如发现不合要求，应查明原因，及时处理。

(二)坝面质量检查与控制

1. 土料检控

在坝面作业中，应对铺土厚度、填土块度、含水量大小、压实后的干表观密度等进行检查，并提出质量控制措施。

对黏性土含水量的检测，可通过"手检法"。所谓"手检"，即手握土料能成团，手指撮可成碎块，则含水量合适。手试法靠经验估计，不十分可靠；工地多用取样烘干法，如酒精灯燃烧法、红外线烘干法、高频电炉烘干法、微波含水量测定仪等；对于Ⅰ、Ⅱ级坝的心、斜墙，测定土料干表观密度的合格率应不小于90%；Ⅲ、Ⅳ级坝的心、斜墙或Ⅰ、Ⅱ级均质坝应达到80%～90%。不合格干表观密度不得低于设计干表观密度的98%，且不合格样不得集中。

压实表观密度的测定，黏性土一般可用体积为200～500cm^{3}的环刀测定；砂可用体积为500cm^{3}的环刀测定；砾质土、砂砾料、反滤料用灌水法或灌砂法测定。堆石因其空隙大，一般用灌水法测定。当砂砾料因缺乏细料而架空时，也用灌水法测定。

2. 施工特征部位检控

根据地形、地质、坝料特性等因素，在施工特征部位和防渗体中，选定一些固定取样断面，沿坝高5～10m，取代表性试样(总数不宜少于30个)进行室内物理力学性能试验，作为核对设计及工程管理之根据。

此外，还须对坝面、坝基、削坡、坝肩接合部、与刚性建筑物连接处以及各种土料的过渡带进行检查。对土层层间结合处是否出现光面和剪力破坏应引起足够重视，认真检查。对施工中发现的可疑问题，如上坝土料的土质、含水量不合要求，漏压或碾压遍数不够，超压或碾压遍数过多，铺土厚度不均匀及坑洼部位等应进行重点抽查，不合格者返工。

3. 填筑质量检控

对于反滤层、过渡层、坝壳等非黏性土的填筑，主要应控制压实参数，如不符要求，施工人员应及时纠正。在填筑排水反滤层过程中，每层在25m×25m的面积内取样1～2个；对条形反滤层，每隔50m设一取样断面，每个取样断面每层取样不得少于4个，均匀分布在断面的不同部位，且层间取样位置应彼此对应。对于反滤层铺填的厚度、是否混有杂物、填料的质量及颗粒级配等应全面检查。通过颗粒分析，查明反滤层的层间系数(D_{50}/d_{50})和每层的颗粒不均匀系数

(d_{60}/d_{10})是否符合设计要求。如不符要求,应重新筛选,重新铺填。

4. 堆石体质量检查

土坝的堆石棱体与堆石体的质量检查大体相同,主要应检查土坝石料的质量、风化程度、石块的重量、尺寸、形状、堆筑过程有无离析、架空现象发生等。对于堆石的级配、孔隙率大小,应分层分段取样,检查是否符合规范要求。随坝体的填筑应分层埋设沉降管,对施工过程中坝体的沉陷进行定期观测,并作出沉陷随时间的变化过程线。

5. 质量检查记录整理

对于填筑土料、反滤料、堆石等的质量检查记录,应及时整理,分别编号存档,编制数据库,既作为施工过程全面质量管理的依据,也作为坝体运行后进行长期观测和事故分析的佐证。

第五节　面板堆石坝施工

混凝土面板堆石坝是近期发展起来的一种新坝型,它具有工程量小、工期短、投资省、施工简便、运行安全等优点。近 30 年来,由于设计理论和施工机械、施工方法的发展,更显出面板堆石坝在各类坝型中的竞争优势。

一、坝体分区

面板堆石坝上游面有薄层防渗面板,面板可以是刚性钢筋混凝土的,也可以是柔性沥青混凝土的。坝身主要是堆石结构,良好的堆石材料,可以减少堆石体的变形,为面板正常工作创造条件,是坝体安全运行的基础。

坝体部位不同,受力状况不同,对填筑材料的要求也不同,根据面板堆石坝不同部位的受力情况,可将坝体分为如下几部分,如图 5-29 所示。

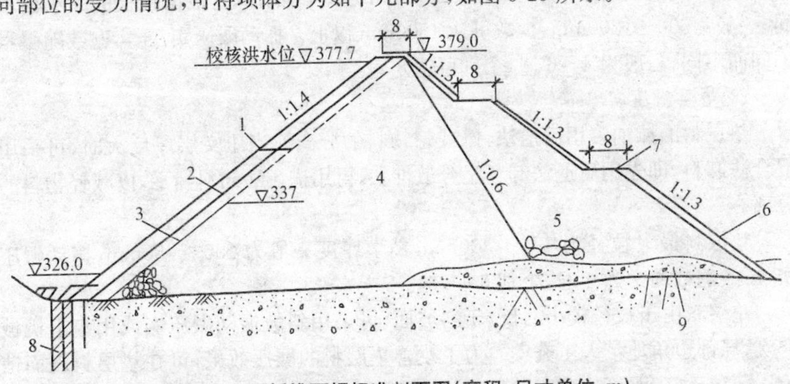

图 5-29　面板堆石坝标准剖面图(高程、尺寸单位:m)

1—混凝土面板;2—垫层区;3—过渡区;4—主堆石区;5—下游堆石区;6—干砌石护坡;7—上坝公路;8—灌浆帷幕;9—砂砾石

(1)垫层区。其垫层区主要作用是为面板提供平整、密实的基础,将面板承受的水压力均匀传递给主堆石体。要求用石质新鲜、级配良好的碎石料填筑。

(2)过渡区。其过渡区主要作用是保护垫层区在高水头作用下不产生破坏。其粒径、级配要求符合垫层料与主堆石料间的反滤要求。一般最大粒径不超过350～400mm。

(3)主堆石区。主堆石区主要作用是维持坝体稳定。要求石质坚硬,级配良好,允许存在少量分散的风化料,该区粒径一般为600～800mm。

(4)次堆石区。次堆石区主要作用是保护主堆石体和下游边坡的稳定。要求采用较大石料填筑,允许有少量分散的风化石料,粒径一般为1000～1200mm。由于该区的沉陷对面板的影响很小,故对填筑石料的要求可放宽一些。

二、填筑工艺

(一)进料

堆石坝填筑可采用自卸汽车后退法或进占法卸料,推土机摊平。

(1)后退法。汽车在压实的坝面上行驶,可减轻轮胎磨损,但推土机摊平工作量很大,影响施工进度。垫层料的摊铺一般采用后退法,以减少物料的分离。

(2)进占法。自卸汽车在未碾压的石料上行驶,轮胎磨损较严重,卸料时会造成一定分离,但不影响施工质量,推土机摊平工作量可大大减小,施工进度快。

(二)压实

主堆石体、次堆石体和过渡料一般采用自行式或拖式振动碾压实。据统计,不同部位的堆石料压实干密度均在2.10～2.30g/cm^{3}之间。压实参数应根据设计压实效果,在施工现场进行压实试验后确定。

1. 填料压实

堆石体填料粒径一般在600～1200mm之间,铺填厚度根据粒径的大小而不同,一般为600～1200mm,少数可达1500mm以上。振动碾压实,压实遍数随碾重不同而不同,一般为4～6遍,个别可达8遍。

2. 垫层料压实

垫层料的摊铺多用后退法,以减轻物料的分离。当压实层厚度大时,可采用混合法卸料,即先用后退法卸料呈分散堆状,再用进占法卸料铺平,以减轻物料的分离。

垫层料最大粒径为150～300mm,铺填厚度一般为250～450mm,振动碾压实,压实遍数通常为4遍,个别6～8遍。

垫层料由于粒径较小,且位于斜坡面,可采用斜坡振动碾压实或用夯击机械夯实,局部边角地带人工夯实。为了改善垫层料的碾压效果,可在垫层料表面铺填一薄层砂浆,既可达到固坡的目的,同时还可利用碾压砂浆进行临时度汛,以争取工期。

3. 坝壳石料压实

堆石坝坝壳石料粒径较大，一般为1000～1500mm，铺填厚度在1m以上，压实遍数为2～4遍。

三、坝体施工

堆石坝填筑的施工设备、工艺和压实参数的确定，和常规土石坝非黏性料施工没有本质区别。堆石坝填筑质量控制关键是要对填筑工艺和压实参数进行有效控制。

(一)施工程序

一般面板坝的施工程序为：岸坡坝基开挖清理，趾板基础及坝基开挖，趾板混凝土浇筑，基础灌浆，分期分块填筑主堆石料，垫层料必须与部分主堆石料平起上升，填至分期高度时用滑模浇筑面板，同时填筑下期坝体，再浇混凝土面板，直到坝顶。

(二)垫层施工

垫层为堆石体坡面上最上游部分，可用人工碎石料或级配良好的砂砾料填筑。垫层须与其他堆石体平起施工，要求垫层坡面必须平整密实，坡面偏离设计坡面线最大不应超过±30～50mm，以避免面板厚薄不均，有利于面板应力分布。

垫层系采用水平铺填水平碾压，由于振动碾不能行走在上游坡的边缘上，故在上游边缘约1m的范围内往往不能被压实到设计要求，需要在上游坡面上再沿坡面进行碾压与平整，碾压与平整后，必须防止人与机械使坡面遭受破坏。

为减少面板混凝土超浇量，改善面板的应力条件，对上游垫层坡面必须修整和压实。一般水平填筑时向外超填150～300mm，斜坡长度达到10～15m时修整、压实一次。修整可采用人工或激光制导反铲进行。在坡面修整后即进行斜坡碾压。一般可利用为填筑坝顶布置的索吊牵引振动碾上下往返运行。也可使用平板式振动压实器进行斜坡压实。

对于未浇筑面板之前的上游坡面，尽管经斜坡碾压后具有较高的密实度，但其抗冲蚀和抗人为因素破坏的性能很差，一般须进行垫层坡面的防护处理。一般采用喷洒乳化沥青保护，喷射混凝土或摊铺和碾压水泥砂浆防护。混凝土面板或面板浇筑前的垫层料，施工期不允许承受反向水压力。

(三)趾板施工

对于河床段的趾板，应在基岩开挖完毕后立即进行浇筑，在大坝填筑之前浇筑完毕；岸坡部位的趾板必须在填筑之前一个月内完成。

通常，趾板施工的步骤是清理工作面、测量与放线、锚杆施工、立模安止水片、架设钢筋、预埋件埋设、冲洗仓面、开仓检查、浇筑混凝土、养护。混凝土浇筑可采用滑模或常规模板进行。

为减少工序干扰和加快施工进度，可随趾板基岩开挖出一段之后，立即由顶部自上而下分段进行施工。如工期和工序不受约束，也可在趾板基岩全部开挖完以后，再进行趾板施工。

(四)面板施工

混凝土防渗面板包括主面板及混凝土底座，是刚性面板堆石坝的主要防渗结构，厚度薄、面积大，在满足抗渗性和耐久性条件下，要求具有一定的柔性，以适应堆石体的变形。

1. 面板分缝止水

混凝土面板的主要作用是防渗，由于其面积大、厚度薄，为使其适应堆石体的变形、温度、应力变化以及施工等方面的要求，一般用垂直于坝轴线方向的纵缝将面板分为若干块，中间为宽块，两侧为窄块，见图 5-30。其中，垂直缝、周边缝和底座伸缩缝为永久伸缩缝；而水平施工缝为临时缝。

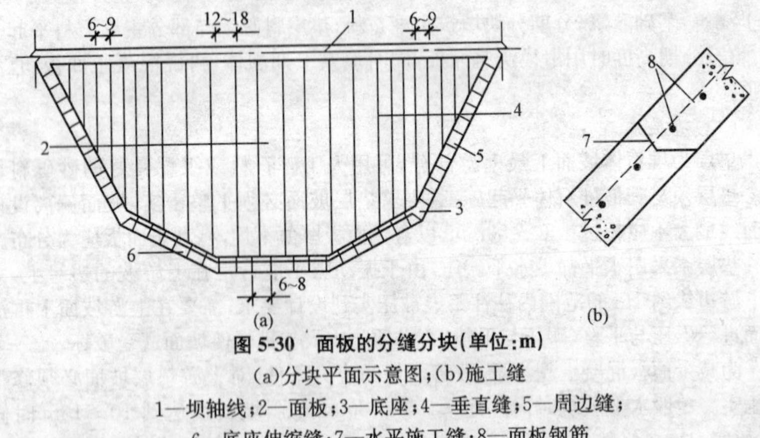

图 5-30　面板的分缝分块(单位:m)

(a)分块平面示意图；(b)施工缝

1—坝轴线；2—面板；3—底座；4—垂直缝；5—周边缝；

6—底座伸缩缝；7—水平施工缝；8—面板钢筋

垂直缝从面板顶到底布置。垂直缝在面板中部受压区的分缝间距一般为12～18m；在两岸受拉区分缝间距则减半布置。受拉区设有上下两道止水设施，以增加止水效果；受压区仅在接缝底部设有一道止水。

同一块面板若分期施工，在水平施工缝中，一般都不设止水，面板中的纵向钢筋应穿过施工缝连成整体。

2. 混凝土面板施工

对于中低坝，混凝土面板一般是在堆石体填筑全部结束后进行，这主要是考虑到施工期产生沉陷的影响，避免面板产生较大的沉陷与位移，以减少面板开裂的可能性；对于 80～100m 以上的高坝或需拦洪度汛等，面板也可分期施工。

(1)面板钢筋。混凝土面板钢筋可采用钢筋网分片绑扎，由运输台车运至现场安装，也可在现场直接绑扎或焊接。

(2)金属止水片。金属止水片的成型主要有冷挤压成型、热加工成型或手工成型。一般成型后应进行退火处理。现场拼接方式有搭接、咬接、对接；对接一般用在止水接头异型处，应在加工厂内施焊，以保证质量。

(3)混凝土浇筑。面板浇筑一般在堆石坝体填筑完成或至某一高度后，气温适当的季节内集中进行，由于汛期限制，工期往往很紧。面板由起始板及主面板组成。起始板可以采用固定模板或翻转模板浇筑，也可用滑模浇筑。当坝高不大时，可在坝脚及坝顶设置起重机运输混凝土；若坝高较大时，可用溜槽、混凝土泵输送混凝土，也可设置喂料车，由侧卸汽车运至坝顶，喂料车装混凝土后沿斜面下放至浇筑面。

1)溜槽法。采用溜槽输送混凝土时，溜槽搁置在面板钢筋网上，上端与坡顶前沿的骨料斗相连，中间可设"Y"型叉槽分支，分支的下端为摆动溜槽进入混凝土浇筑仓面。溜槽内安置缓冲挡板，控制混凝土离析。溜槽之间用挂钩搭接，搭接长度为50mm，并用尼龙绳固定在钢筋上，随着混凝土不断上升，溜槽从下向上逐节拆除。为防止骨料飞逸或天气炎热散失混凝土中水分等，溜槽上可铺盖麻袋；

2)滑模法。钢筋混凝土面板一般采用滑模法施工，滑模分有轨滑模和无轨滑模两种。无轨滑模是近几年来在面板坝施工实践中提出来的，它克服了有轨滑模的缺点，减轻了滑动模板自身重量，提高了工效，节约了投资，在国内广泛使用。滑模上升速度一般1～2.5m/h，最高可达6m/h。

(4)养护。面板混凝土的坍落度一般为80～100mm；低流态混凝土坍落度一般为50～70mm，浇筑完成后，可采用电动软轴振捣棒振捣。混凝土出模后人工抹面处理，并及时用塑料薄膜或草袋覆盖，以防雨水冲淋，坝顶用花管长流水养护至蓄水前。

四、堆石坝施工质量检验

(一)坝料压实检查项目、取样次数及试验方法

(1)检查项目和取样次数见表5-8。

表5-8　坝料压实检测项目和取样次数

坝料		检查项目	检查次数
垫层料	坝面	干密度、颗料级配	1次/($500m^3$～$1000m^3$)，每层至少一次
	上游坡面	干密度、颗料级配	1次/($1500m^2$～$3000m^2$)
	小区	干密度、颗料级配	1次/(1层～3层)
过渡料		干密度、颗料级配	1次/($3000m^3$～$6000m^3$)
砂砾料		干密度、颗料级配	1次/($5000m^3$～$10000m^3$)
堆石料		干密度、颗料级配	1次/($10000m^3$～$100000m^3$)

注：渗透系数按设计要求进行检测。

(2)检查方法。垫层料、过渡料和堆石料压实干密度检测方法，宜采用挖坑灌水(砂)法，或辅以其他成熟的方法。垫层料也可用核子密度仪法。

垫层料试坑直径不小于最大料径的4倍，试坑深度为碾压层厚。

过渡料试坑直径为最大料径的3倍～4倍，试坑深度为碾压层厚。

堆石料试坑直径为坝料最大料径的2倍～3倍，试坑直径最大不超过2m。

试坑深度为碾压层厚。

(二)趾板和面板混凝土浇筑质量检验

(1)面板混凝土浇筑质量检查、检测项目和要求,见表5-9和表5-10。

表5-9　面板混凝土浇筑质量检查项目和要求

项　目	质　量　要　求	检查方法
入仓混凝土料	不合格料不入仓	试验与观察检查
平　仓	厚度不大于300mm,铺设均匀,分层清楚,无骨料集中现象	量测与观察检查
混凝土振捣	振捣器应垂直下插至下层50mm,有次序,无漏振	观察检查
浇筑间歇时间	符合要求,无初凝现象	观察检查
积水和泌水	无外部水流入,仓内泌水应及时排除	观察检查
混凝土养护	在规定的时间内,混凝土表面保持湿润,无时干时湿现象	观察检查

表5-10　面板混凝土浇筑质量检测项目和技术要求

项　目	质　量　要　求	检测方法
混凝土表面	表面基本平整,局部凹凸不超过±20mm	2m直尺检查
麻　面	无	观察检查
蜂窝空洞	无	观察检查
露　筋	无	观察检查
表面裂缝	表面裂缝已按设计要求处理	观察和测量检查
深层及贯穿裂缝	无或已按要求处理	观察检查
抗压强度	符合设计要求	试验
均匀性	按DL/T 5144执行	统计分析
抗冻性	符合设计要求	试验
抗渗性	符合设计要求	试验

(2)检查数量。趾板每浇筑一块或每$50m^3$～$100m^3$至少有一组抗压强度试件,抗冻、抗渗检验试件每$200m^3$～$500m^3$成型一组。

面板浇筑,每班每仓取一组抗压强度试件,抗渗检验试件每$500m^3$～$1000m^3$成型一组,抗冻检验试件每$1000m^3$～$3000m^3$成型一组,不足以上数量者,也应取一组样。

第六章 爆破工程

第一节 爆破原理及炸药种类

在现代水利水电工程施工过程中，常常采用爆破方法来完成一些特定的施工任务。如基坑开挖、地下建筑施工、定向爆破筑坝、渠道开挖、水下爆破等，都要用爆破施工。因此，施工员要不断学习和研究爆破知识，掌握各种爆破技术以保证工程质量，加快施工进度。

一、爆破原理

爆破是炸药爆炸对周围介质的作用，主要利用炸药爆炸瞬时释放的巨大能量，对周围的介质产生很大的压力与冲击力，使介质压缩、松动、破碎或抛掷等，以达到开挖或拆毁目的的手段。冲击波通过介质产生应力波，如果介质为岩土，当产生的压应力大于岩土的压限时，岩土被粉碎或压缩，当产生的拉应力大于岩土的拉限时，岩土产生裂缝，爆炸气体的气刃效应则产生扩缝作用。

（一）有限均匀介质中的爆破

1. 自由面

土岩介质与空气介质的交界面往往称为自由面（也称临空面）。当自由面在爆破作用的影响范围以内时，自由面将对爆破产生聚能作用和反射拉力波作用。

假若在无限介质中有两个空穴，A 装有球形药包，B 为空孔。药孔 A 爆破后，由于空孔 B 表面没有阻力，冲击波不再呈球状向四周扩散，而是向 B 孔集中，犹如空孔成了吸引介质的中心。若将药包视为阳极，空孔视为阴极，二者相当于静电学上的电偶关系，所以聚能作用也称爆炸偶极子作用。自由面可看作是无限大的空穴。

冲击波由岩石介质到空气介质，越过临空面时将产生反射，形成拉力波。此拉力波形成的拉应力与由药包传来的压力波产生的压应力之差超过岩石抗拉强度时，便从临空面向药包反射，引起弧状裂缝。与此同时，压力波在岩石中的传播，其波阵面产生切向拉应力，从而引起径向裂缝。于是，环向裂缝和径向裂缝将岩石切割成碎块。加之天然岩体本身存在不规则的节理和裂缝，且与药包距离不等，能量分布不均，使实际爆后的岩石成为形状各异、大小不等的块体。

2. 爆破漏斗

当埋设在地下的药包爆破后，地面就会出现一个爆破坑，一部分炸碎了介质被抛至坑外，一部分仍坠落在坑内。由于爆破坑形如漏斗，所以叫它为爆破漏斗，如图 6-1 所示。

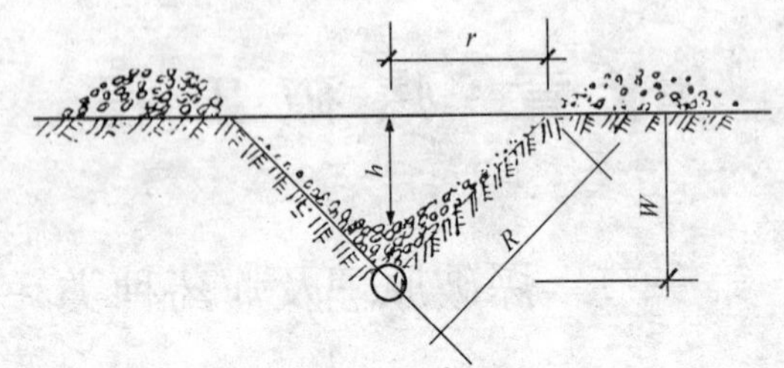

图 6-1　爆破漏斗

爆破漏斗的几何特征参数包括：

(1)最小抵抗线 W。即从药包中心到临空面的最短距离。

(2)爆破漏斗半径 r。即漏斗上口的圆周半径。

(3)最大可见深度 h。即从坠落在坑内的介质表面到临空面最大的距离。

(4)爆破作用半径 R。即从药包中心到漏斗上口边沿的距离。

爆破漏斗的实际形状，是多种多样的，它随着土的性质、炸药性能和药包的大小、药包的埋置深度而不同。爆破漏斗的大小一般以爆破作用指数(n)来表示，即：

$$n=\frac{r}{W} \tag{6-1}$$

当 $n=1$，称为标准抛掷爆破；

当 $n>1$，称为加强抛掷爆破；

当 $0.75<n<1$，称为减弱抛掷爆破；

当 $0.33<n<0.75$，称为松动爆破；

当 $n<0.33$，称为隐藏式爆破。

以上各类爆破的药包分别称为标准抛掷药包、加强抛掷药包、减弱抛掷药包、松动药包和炸胀药包。

(二)无限均匀介质中的爆破

当爆破在无限均匀(所谓“无限”是相对的，当炸药埋置很深或药量很少时，爆炸影响范围内无其他介质；“均匀”则是理想状态)的理想介质中进行时，冲击波经药包中心为球心，呈同心球向四周传播。爆破时介质距离爆破中心愈近，受到的破坏愈大。通常将爆破影响的范围分为以下几个爆破作用圈(图 6-2)。

1. 压缩圈(粉碎圈)

这个圈距离爆破中心最近，在这个范围内的介质直接承受巨大的爆破作用的影响。如果是可塑性的泥土，便会遭到压缩而形成孔穴。如果是坚硬的岩石，便会被粉碎。所以压缩圈又叫做粉碎圈。

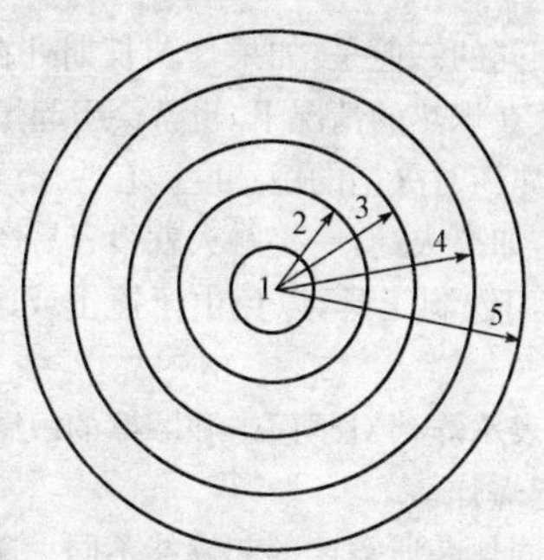

图 6-2 爆破作用圈示意图

1—药包;2—压缩圈;3—抛掷圈;4—破坏圈;5—震动圈

2. 抛掷圈

这个范围内的介质受到的破坏力较压缩圈为小。但介质的原有结构受到破坏,分裂成各种尺寸和形状的碎块,而且由于爆破作用力尚有余力,足以使这些碎块获得运动速度。如果这个范围的某一部分处在具有临空面的条件下,这些碎块便会产生抛掷现象。

3. 破坏圈

这个范围内的介质,虽然其结构受到不同程度的破坏,但没有余力使之产生抛掷运动。工程上为了实用起见,一般把这个范围内被破碎成为独立碎块的部分叫做松动圈,而把只是形成裂缝、互相间仍然连成整体的一部分叫做裂缝圈或破裂圈。

4. 震动圈

破裂圈外的部分介质,随着冲击波作用的进一步衰减,爆炸冲击波产生的压应力和拉应力都分别小于岩土的压限和拉限,只能使这部分介质产生震动,称为震动圈。

以上各圈只为说明爆破作用而划分的,并无明显界限,其作用半径的大小与炸药特性、炸药用量、药包结构、爆炸方式以及介质特性等密切相关。

二、常用工程炸药

(一)炸药的主要性能指标

1. 敏感度

炸药在外界能量(如温度、火焰、摩擦、爆炸等)的作用下发生爆炸的难易程度,称为炸药的敏感度。

不同的炸药对不同的外界能量的敏感度是不尽相同的。炸药的敏感度常用爆燃点、发火性、撞击敏感度和起爆敏感度等来表示。

(1)爆燃点。爆燃点是使炸药爆炸的最低温度,它说明炸药对温度的敏感度。

不同炸药的爆燃点是不相同的。但是,如果炸药长期处在高温下(即使这个温度低于爆燃点),或是局部处在炽热的情况下,也常会引起爆炸。

(2)发火性。它表示炸药对火焰的敏感度。有些炸药虽然对温度的作用反应迟钝,但对火焰却很敏感,如黑火药,一接触火就很容易燃烧或引起爆炸,因此,在操作这类炸药时,不可使用铁制工具,以免由于撞击或摩擦产生火花,发生爆炸事故。

(3)撞击敏感度。它表示炸药对于撞击和摩擦的敏感度。撞击和摩擦都能使炸药受到局部加热而引起爆炸。

(4)起爆敏感度。不同炸药所需要的起爆能不同。通常是以能够引起爆炸的最小起爆药量来表示。有些炸药用 6 号雷管就可以起爆,有些炸药要用 8 号雷管才能起爆,还有些炸药要用几个雷管或起爆药包才能起爆。对于同一种炸药,装药密度的大小会使起爆敏感度发生变化。例如,硝铵炸药装药密度过大时,就会出现钝感,甚至出现拒爆。

2. 威力

为比较各种炸药的威力,一般用爆力和猛度来表示。

(1)爆力。爆力是指炸药爆炸时对土或岩石破坏和抛掷的能力。一般地说,爆热、爆温、爆压越高的炸药,其爆力也就越大,对土或岩石的破坏作用就越强,破坏的范围也就越大。

(2)猛度。它是指炸药爆炸时对周围岩石的粉碎程度。猛度越大,这部分岩石被粉碎得越细。

3. 安定性

安定性是指炸药在长期贮存和运输过程中,保持自身物理和化学性质稳定不变的能力。物理安定性主要有吸湿、结块、挥发、渗油、老化、冻结、耐水等性能。化学安定性取决于炸药的化学性能。例如:硝化甘油类炸药在 50℃时开始分解,如果热量不能及时散发,可能引起自燃或爆炸。

4. 氧平衡

在炸药的成分中,大都有氧(O)、碳(C)、氢(H)、氮(N)等四种元素。炸药爆炸时,这些元素可以化合生成水蒸气(H_2O)、二氧化碳(CO_2)、氮气(N_2)、一氧化碳(CO)、一氧化氮(NO)和二氧化氮(NO_2)等气体。如果炸药爆炸后,炸药中的氧恰好能够使碳、氢完全氧化生成水蒸气和二氧化碳,而无剩余的氧,则称为零氧平衡。如果有多余的氧,则称为正氧平衡。如果氧的含量不够,则称为负氧平衡。

零氧平衡的炸药在爆炸效果和安全方面都是比较好的。正氧平衡的炸药爆炸时会生成一氧化碳、二氧化氮,负氧平衡的炸药会生成一氧化碳,这些气体都要吸收一部分热量,使爆破效果降低。而且这些气体都有毒性,爆破后如果不能及时排除爆烟,就完易中毒。因此在配制炸药时,必须注意接近零氧平衡,或是具有不大的正氧平衡。

例如 TNT 炸药是负氧平衡，掺入正氧平衡的硝酸铵，使之达到微量的正氧平衡。对于正氧平衡的炸药药卷，也可增加包装纸爆炸燃烧达到零氧平衡。

5. 殉爆距

殉爆是由于一个药包的爆炸引起与之相距一定距离的另一药包爆炸的现象。殉爆距是能够连接三次使该药包出现殉爆现象的最大距离。

6. 稳定性

炸药起爆后，若能以恒定不变的速度自始至终保持完整的爆炸反应，称为稳定的爆炸。在钻孔爆破中影响稳定性的因素有药包直径(d)和炸药密度(ρ)。

(二)常用炸药的种类

炸药一般分为起爆炸药和主炸药。起爆炸药是用于制造起爆器材的炸药，其主要特点有：敏感度高；爆速增加快，易由燃烧转为爆轰；安定性好，特别是化学安定性好；有很好的松散性和压缩性。常用的起爆药主要有：雷贡 $Hg(CNO)_2$，50℃开始分解，$C_6H_2O_5N_4$，安定性好，起爆能力强，相对安全，价格便宜等。

主炸药是产生爆破作用的炸药。其主要特点有：威力大，能被普通雷管引爆；成本低，种类多(适用于各种条件)，安全可靠。常用的主炸药主要有三硝基甲苯、硝化甘油、铵锑炸药、铵油炸药、浆状炸药、乳化炸药和黑火药等。

1. 三硝基甲苯(TNT)

TNT 是一种烈性炸药，呈黄色粉末或鱼鳞片状，热安定性好，遇火能燃烧(特别条件下能转为爆炸)，机械敏感度低，难溶于水，可用于水下爆破。爆炸后呈负氧平衡，故一般不用于地下工程。爆破爆速 7000m/s，焊热 3977.46J/kg (950kcal/kg)，价格昂贵。由于威力大，常用来做副起爆药(雷管加强药)。

2. 胶质炸药

主要成分是硝化甘油，威力大、密度大、抗水性强、可做副起爆炸药，可用于水下和地下爆破工程。它价格昂贵，爆力 500mL，猛度 22～23mm。如国产 SHJ—K 水胶炸药，不仅威力大，抗水性好，且敏感度低，运输、贮存和使用均较安全。

3. 硝铵类炸药

硝铵类炸药的一般特性是：对冲击、摩擦不敏感，长时间加热后会慢慢燃烧，离火即熄灭；吸潮能力强，潮湿后呈固结状态，湿度达 3%后即拒爆，吸潮后爆炸将产生大量有毒气体，须干燥后才能使用；对铜、铅、铁有腐蚀作用，因此，插入药包的雷管如超过一昼夜以上，应加防护。

硝铵类炸药主要品种有：

(1)煤矿铵锑炸药，又名安全炸药，有 1＃、2＃、3＃、4＃之分。由于掺有一定的食盐，可以吸收热量，降低爆炸温度，使爆炸反应变慢，但不降低起爆敏感性，适宜用于有煤尘沼气爆炸危险的井下爆破。

(2)岩石铵锑炸药,有1#、2#两种。由于不含食盐,宜用于没有煤尘沼气爆炸危险的井下和岩石爆破。

(3)露天铵锑炸药,有1#、2#两种。这种炸药爆炸后产生有毒气体较多,只可在露天爆破工程中使用。

(4)普通铵油炸药是由硝酸铵、柴油和锯末三种物质混合而成,成本低廉,造价仅为2#岩石铵锑炸药的1/3~1/4,而且生产和使用简单、安全。

(5)铝镁合金粉铵油炸药,是一种技术性能比普通铵油炸药有极大改善的岩石炸药。它威力大,易贮存,不易结块,用于坚硬的岩石爆破,可以获得较好的效果。铝镁合金粉铵油炸药是由硝酸铵、柴油、木粉、石墨粉、铝镁合金粉所组成。

4. 乳化炸药

乳化炸药是以氧化剂水溶液与油类经乳化而成的油包水型的乳胶体作爆炸性基质,再添加少量氯酸盐和过氯酸盐作辅助氧化剂。乳化剂胶体是乳化炸药中的关键组成部分。乳化剂是一种表面活性剂,用来降低水油的表面张力,形成水包油或油包水的乳化物。乳化炸药的爆速较高,且随药柱直径增大、炸药密度增大而提高。其抗水性能强,爆炸性能好。

5. 黑火药

由60%~70%硝石加10%~15%硫磺再加15%~25%木炭掺合而成,制作简单、成本低廉、易受潮、威力小,适用于爆破松软岩石和做导火索。

第二节 爆破基本方法

水利水电工程施工中一般多采用炮眼法爆破,其施工程序大体为:炮孔位置选择、钻孔、制作起爆药包、装药与堵塞、起爆等。

一、炮孔位置

爆破施工前,首先应选好炮孔位置。在选择炮孔位置时,应充分利用地形或利用其他方法增加爆破的临空面,以提高爆破效果。炮孔应尽量垂直于岩石的层面、节理与裂隙,且不要穿过较宽的裂缝以免漏气。炮孔方向尽量不要与最小抵抗线方向重合,以免产生冲天炮。

选好炮孔位置后,应进行钻孔。工程中多用机械钻孔,人工打眼仅适用于钻设浅孔。在水利水电工程中,使用最多的是风动冲击式凿岩机。风动冲击式凿岩机简称风钻,其结构如图6-3所示,其型号与性能见表6-1。施工过程中,风钻用空心钻钎送入压缩空气将孔底凿碎的岩粉吹出,叫做干钻;用压力水将岩粉冲出叫做湿钻。根据其应用条件及架持方法,可分为手持式、柱架式和伸缩式等。

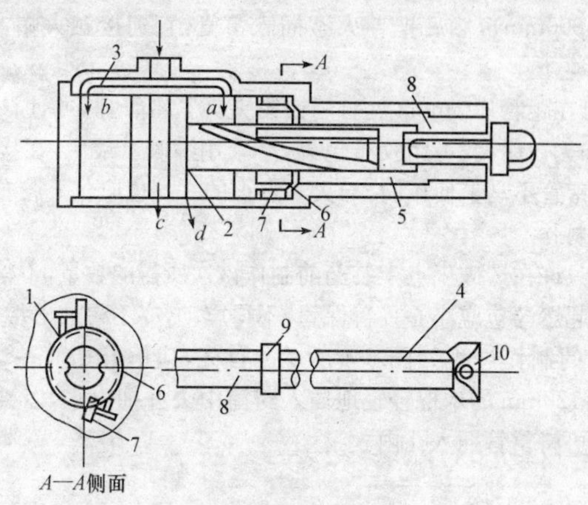

图 6-3 风动冲击凿岩机结构示意图

1—气缸；2—活塞；3—配气孔道；4—钎杆；
5—转动套管；6—棘轮；7—棘爪；8—钎尾；9—凸环；10—钻头

表 6-1　　风钻型号与性能

型号 性能	Y—30(01～03)	YT—25	YT—23(7655)
重量(kg)	28	23	23
耗气量(m^3/min)	2.4	<2.6	<3.6
使用风压(kPa)	392～588	490～588	490
钻孔直径(mm)	40～45	34～38	34～38
钻孔深度(m)	4	4	5
钻机长度(mm)	635	660	628
冲击频率(次/min)	1600	>1800	2100

在大型水利工程中，潜孔钻也是一种较常见的钻孔设备，其工作机构(冲击器)可直接潜入炮孔内进行凿岩。钻孔时，既有回转也有冲击，构造简单，效率较高。

二、起爆药包制作

(一)火线雷管制作

将导火索和火雷管连接在一起，叫火线雷管。

制作火线雷管应在专用房间内，禁止在炸药库、住宅、爆破工点进行。制作时，应首先检查雷管和导火索，并按照需要长度，用锋利小刀切齐导火索(最短导火索不应少于 600mm)，然后把导火索插入雷管，直到接触火帽，但不要猛插和转动。

固定时，可在距管口 5mm 以内，用铰钳夹夹紧雷管口，并使该钳夹的侧面与雷管口相平；如无铰钳夹，可用胶布包裹，严禁用嘴咬。最后，在接合部包上胶布防潮。当火线雷管不马上使用时，导火索点火的一端也应包上胶布。

(二)药包制作

起爆药包只许在爆破工点于装药前制作该次所需的数量，不得先做成成品备用。制作好的起爆药包应小心妥善保管，不得震动，亦不得抽出雷管。

起爆药包的制作过程如图 6-4 所示。首先，应解开药筒一端，然后用直径 5mm，长 100～120mm 的木棍轻轻地插入药筒中央并抽出来，以检查药筒内部是否堵塞，随后，可将雷管插入孔内。

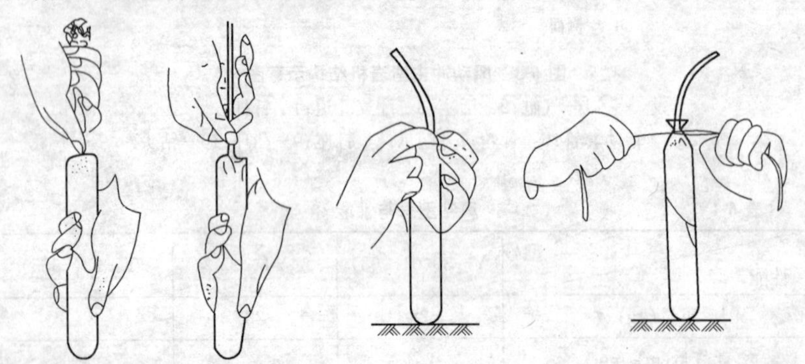

图 6-4　起爆药包制作

在插入电雷管前，应先对电雷管作外观检查，把有擦痕、生锈、铜绿、裂隙或其他损坏的雷管剔除，再用爆破电桥或小型欧姆计进行电阻及稳定性检查。为了保证安全，测定电雷管的仪表输出电流不得超过 50mA。如发现有不导电的情况，应作为不良的电雷管处理。然后把电阻相同或电阻差不超过 0.25Ω 的电雷管放置在一起，以备装药时串联在一条起爆网路上。

雷管插入药筒的深度，因采用主炸药的不同而异，如采用易燃的硝化甘油炸药作主炸药，雷管只须全部插入即可；对于其他不易燃炸药，雷管应埋在接近药筒的中部。最后，可将包皮纸收拢起来，并用绳子扎起来，如用于潮湿处则加以防潮处置，防潮时防水剂的温度不超过 60℃。

(三)装药与堵塞

在装药前首先了解炮孔的深度、间距、排距等，由此决定装药量；并根据孔中是否有水决定药包的种类或炸药的种类，同时还要清除炮孔内的岩粉和水分。

在干孔内可装散药和药卷。在装药前，先用硬纸或铁皮在炮孔底部架空，形成聚能药包。炸药要分层用木棍压实，雷管的聚能穴指向孔底，雷管装在炸药全长的中部偏上处。在有水炮孔中装吸湿炸药时，注意不要将防水包装捣破，以免炸药受潮而拒爆。当孔深较大时，药包要用绳子吊下，不允许直接向孔内抛投，以免发生爆炸危险。

装药后即进行堵塞。对堵塞材料的要求是与炮孔壁摩擦作用大，材料本身能结成一个整体，充填时易于密实，不漏气。可用1∶2的黏土粗砂堵塞，堵塞物要分层用木棍压实。在堵塞过程中，要注意不要将导火线折断或破坏导线的绝缘层。

三、起爆

(一)起爆方法

常用的起爆方法包括电力起爆和非电起爆两大类，后者又包括火花起爆、导爆管起爆和导爆索起爆。

1. 电力起爆

电力起爆法就是利用电能引爆电雷管进而起爆炸药的起爆方法，它所需的起爆器材有电雷管、导线和起爆源等。电力起爆的电源，可用普通照明电源或动力电源；当缺乏电源而爆破规模又较小和起爆的雷管数量不多时，也可用干电池或蓄电池组合使用。另外还可以使用电容式起爆电源，即发爆器起爆。

导线一般采用绝缘良好的铜线和铝线。在大型电爆网络中的常用导线按其位置和作用划分为端线、连接线、区域线和主线。端线用来加长电雷管脚线，使之能引出孔口或洞室之外。端线通常采用断面0.2～0.4mm^2的铜芯塑料皮软线。连接线是用来连接相邻炮孔或药室的导线，通常采用断面为1～4mm^2的铜芯或铝芯线。主线是连接区域城与电源的导线，常用断面为16～150mm^2的铜芯或铝芯线。

2. 非电起爆

(1)火花起爆。火花起爆为最早使用的起爆方法，它是将剪截好的导火索插入火雷管插索腔内，制成起爆雷管，再将其插入药卷内成为起爆药卷，而后将起爆药卷放入药包内，通过导火索和火雷管来引爆炸药。导火索的长度应保证点火人员安全撤离，且不短于1.2m，一般可用点火线、点火棒或自制导火索点火。

由于采用火花起爆要受到安全性、爆破规模及爆破延迟时间等方面的限制，目前仅用于起爆非电起爆网路、大块石解炮或小规模的边坡修整爆破等。

(2)导爆索起爆。导爆索起爆法是用导爆索爆炸时产生的能量直接引爆药包的起爆方法，该起爆方法所用的起爆器材有雷管、导爆索、继爆管等。其优点是导爆速度高，可同时起爆多个药包，准爆性好，连接形式简单，无复杂的操作技术；缺点是成本较高，不能用仪表来检查爆破线路的好坏，多适用于瞬时起爆多个药包的炮孔、深孔或洞室爆破。

在导爆索起爆网路中，导爆索既传递爆轰波，又直接起爆炸药；首先用雷管侧向起爆导爆索，而后导爆索再侧向起爆药卷。

(3)导爆管起爆。导爆管起爆法是20世纪70年代发展起来的一种新型非电起爆方法，它是利用塑料导爆管来传递冲击波引爆雷管，然后使药包发生爆炸。导爆管起爆网路通常由激发元件，传爆元件，起爆元件和连接元件组成，该起爆方法导爆速度高，可同时起爆多个药包，作业较简单、安全，可适用于露天、井下、深水、杂散电流大和一次起爆多个药包的微差爆破作业。

(二)起爆网络

起爆网络又称爆破网络，是指在采用群药包进行爆破时，为了达到增强爆破效果、控制爆破震动等目的，用起爆材料将各药包连接成既可统一赋能起爆、又能控制各药包起爆延迟时间的网路。

工程爆破中采用的起爆网路按起爆方法可分为电力起爆网路、导爆管起爆网路、导爆索起爆网路及混合起爆网路等。

1. 电力起爆网路

电力起爆网路适用于远距离同时或分段起爆大规模药包群，可用仪表检测电雷管和起爆网路，保证起爆的安全可靠性。

(1)对电雷管的要求。为了安全准爆，要求通过每个电雷管的最小准爆电流：直流电流为1.8A，交流电流为2.5A；雷管电阻为1.0～1.5Ω之间，成组串联的电雷管电阻差最大不得大于0.25Ω；不同种类的即发和延发雷管不能串联在同一支路上，只能分类串联，各支路间可以相互并连接入主线，但各支路电阻必须保持平衡。

(2)网路连接方法。常用的电爆网络连接方法有串联法、并联法和混合联。

1)采用串联法连接时，施工操作简单，要求的电压大而电流小，导线损耗小，网路检测容易；其缺点是只要有一处脚线或雷管断路，整个网路的雷管将都拒爆，见图6-5(a)；

2)采用并联法连接时，只要主线不断损，各支路的故障不会影响其他支路；其缺点是要求较大的网路总电流，导线损耗大，见图6-5(b)；

3)在工程爆破中，单纯的串联或并联网路只适用于小规模爆破。为了准爆和减少电线消耗，施工中多采用混合连接网路，如串并联或并串联网路。见图6-5(c)、(d)。对于分段起爆的网路，若各段分别采用即发或某一延迟雷管时，则宜采用并一串一并联网路，如图6-5(e)所示。

(3)注意事项。电力起爆只允许在无雷电天气、感应电流和杂散电流小于30mA的区域使用。爆破器材进入爆破区前，现场所有带电的设备、设施、导电的管与线设备必须切断电源；起爆电源开关须专用且在危险区内人员未撤离、避炮防护工作未完前禁止打开起爆箱。

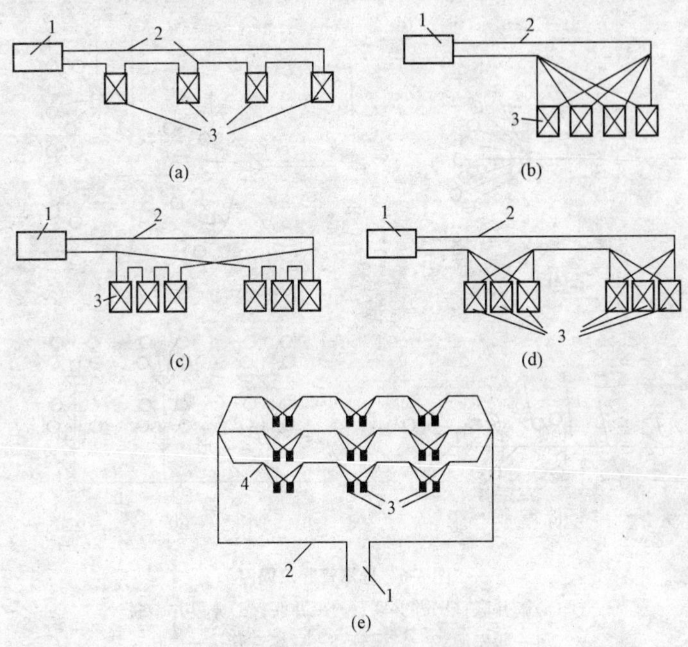

图 6-5　电爆网络连接示例

(a)串联法;(b)并联法;(c)串并联法;(d)并串联法;(e)并一串一并联法

1—电源;2—输电线路;3—药包;4—支路

2. 导爆管起爆网路

导爆管起爆网路不受外电场干扰,比较安全,但其准爆性无法检查。可根据导爆管长度、药包数量、炮孔间距、雷管段别和延迟方法等诸多因素进行选择,其基本形式如图 6-6 所示。

隧洞开挖时,采用孔内微差,当药包数量不多或一次爆破面积不很大时,往往选用簇并联网路,见图 6-6(a);当药包数量很多,或开挖断面积很大时,可采用并并联网路,见图 6-6(b);对狭长爆区,可采用串并联,见图 6-6(c);大面积爆区则采用分段并串联,如图 6-6(d)所示。

3. 导爆索起爆网路

由于导爆索起爆无需用雷管,故其安全性最高。导爆索的传爆速度快,网路齐爆性好,其缺点是网路成本高,准爆性无法检查,目前该种网路主要用于光面爆破和预裂爆破等齐爆性要求高的网路。导爆索起爆网路的基本连接方式有分段并联和簇并联网路两种。

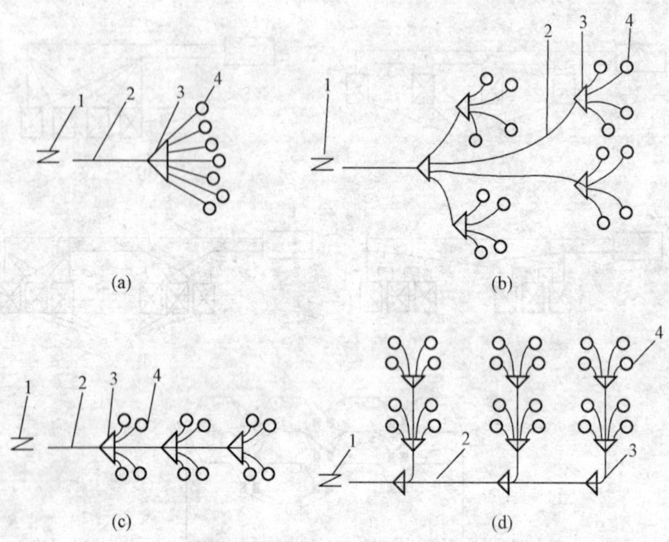

图 6-6　导爆管起爆网路

(a)簇并联;(b)并并联;(c)串并联;(d)分段并串联

1—激发源;2—导爆管;3—导爆雷管;4—炮孔

4. 延迟起爆网路

施工中为了增强爆破破碎效果和控制爆破震动强度,往往需要采用各种延迟起爆网路。延迟起爆网路一般有三种基本形式,即孔内延迟网路、孔外延迟网路和孔内外延迟网路,如图 6-7 所示。

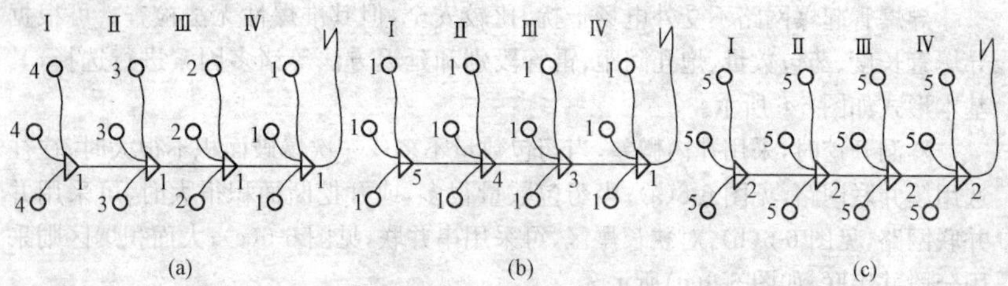

图 6-7　延迟起爆网路

(a)孔内延迟;(b)孔外延迟;(c)孔内外延迟

Ⅰ,Ⅱ,Ⅲ,Ⅳ—炮孔排号;1,2,…,5—雷管段别

图 6-7(a)为孔内延迟网路,钻孔内药包按设计的起爆顺序放入相应段别的延

迟雷管,孔外传爆则全部采用即发雷管。此种网路的准爆可靠度最高,但要求有足够的雷管段别,延迟雷管耗用量大,网路成本高。

图 6-7(b)为孔外延迟网路,网路的起爆顺序由传爆雷管的段别控制,而孔内雷管则全部采用即发雷管。此种网路连接方便,网路成本低,但容易产生网路的超前破坏。

孔内外延迟网路,如图 6-7(c)所示,是在孔内和孔(排)间均采用延迟雷管,适合于大规模爆破网路。

四、爆破基本方法

工程爆破的基本方法有裸露爆破、孔眼爆破、洞室爆破和药壶爆破等。孔眼爆破又分为浅孔爆破和深孔爆破。工程爆破方法取决于工程规模、开挖强度和施工条件。

(一)裸露爆破法

裸露爆破法又称表面爆破法,是将药包直接放置于岩石的表面进行爆破。该爆破方法不需钻孔设备,操作简单迅速,但炸药消耗量大(比炮孔法多 3～5 倍),破碎岩石飞散较远,适于地面上大块岩石、大孤石的二次破碎及树根、水下岩石与改建工程的爆破。

爆破时,可将药包放在块石或孤石的中部凹槽或裂隙部位,体积大于 $1m^3$ 的块石,药包可分数处放置,或在块石上打浅孔或浅穴破碎。为提高爆破效果,表面药包底部可做成集中爆力穴,药包上护以草皮或是泥土沙子,其厚度应大于药包高度或以粉状炸药敷 300mm 厚。用电雷管或导爆索起爆。

(二)浅孔爆破法

浅孔爆破法系在岩石上钻直径 25～50mm、深 0.5～5m 的圆柱形炮孔,装延长药包进行爆破。它适用于各种地形条件和工作面情况,有利于控制开挖面的形状和规格,使用的钻孔机具较简单,操作方便,但劳动强度大,生产效率低,孔耗大,不适合大规模的爆破工程。

1. 炮孔布置

炮孔布置合理与否,直接关系到爆破效果,设计时要充分利用天然临空面或积极创造更多的临空面。为使有较多临空面,常按阶梯型爆破使炮孔方向尽量与临空面成 30°～45°角。炮孔位置是交错梅花状分布,依次逐排起爆;同时起爆多个炮孔应采用电力起爆或导爆索起爆。浅孔法阶梯开挖布置,如图 6-8 所示。

2. 技术参数计算

(1)抵抗线长度 W_p(m):　$W_p=K_w d$　(6-2)

(2)阶梯高度 H(m):　$H=K_h W_p$　(6-3)

(3)炮孔深度 L(m):　$L=K_L H$　(6-4)

(4)炮孔间距 a(m):　$a=K_a W_p$　(6-5)

(5)炮孔排距 b(m):　$b=(0.8\sim1.2)W_p$　(6-6)

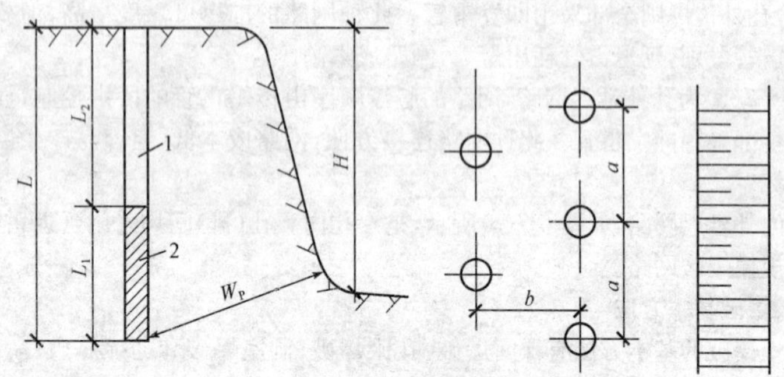

图 6-8　浅孔法阶梯开挖布置

L_1—装药深度；L_2—堵塞深度；L—炮孔深度

1—堵塞物；2—药包

(6)装药长度 $L_{药}$(m)：　　$L_{药}=(1/3\sim1/2)L$　　(6-7)

式中　K_w——岩石性质对抵抗线的影响系数，常采用 15～30；

K_h——防止爆破顶面逸出的系数，常采用 1.2～2.0；

K_L——岩性对孔深的影响系数，坚硬岩石取 1.1～1.15，中等坚硬岩石取 1.0，松软岩石取 0.85～0.95；

K_a——起爆方式对孔距的影响系数，火花起爆取 1.0～1.5，电气起爆取 1.2～2.0；

d——炮孔直径，m。

(三)深孔爆破法

深孔爆破法是将药包放在直径大于 75mm，深度大于 5m 的圆柱形深孔中爆破。爆前宜先将地面爆成倾角大于 55°的梯形，然后采用轻、中型露天潜孔钻进行钻孔。由于深孔爆破具有爆破单位体积岩体所耗的钻孔工作量和炸药量少、爆破控制性差，对保留岩体影响大等特点，适用于料场、深基坑的松爆，场地整平以及高阶梯中型爆破各种岩石。

1. 深孔布置

采用深孔爆破时，炮孔在平面上多采用梅花状布置，其垂直方向上主要有垂直孔和倾斜孔两种，如图 6-9 所示。倾斜孔由于 W_p 全等均匀，所以具有堆渣高和宽度容易控制、爆后坡面平整等优点，但倾斜孔技术复杂，装药也相对较难。装药宜分段或连续。爆破时，边排先爆，后排依次起爆。为避免爆后残埂和简化计算，在深孔爆破中，一般不用最小抵抗线，而采用底盘抵抗线。底盘抵抗线(W_d)是指炮孔中心线至台阶坡脚的水平距离。

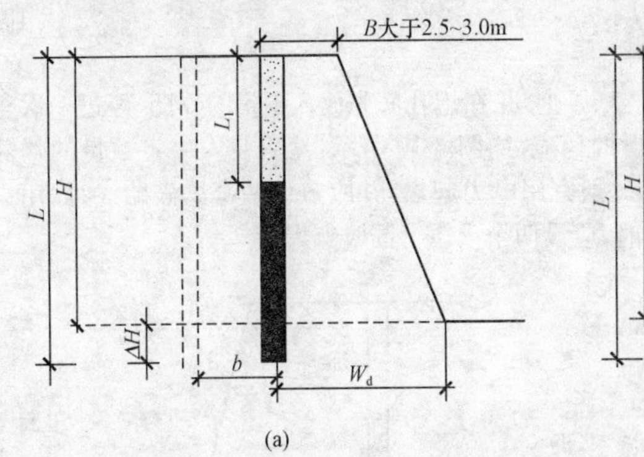

(a)

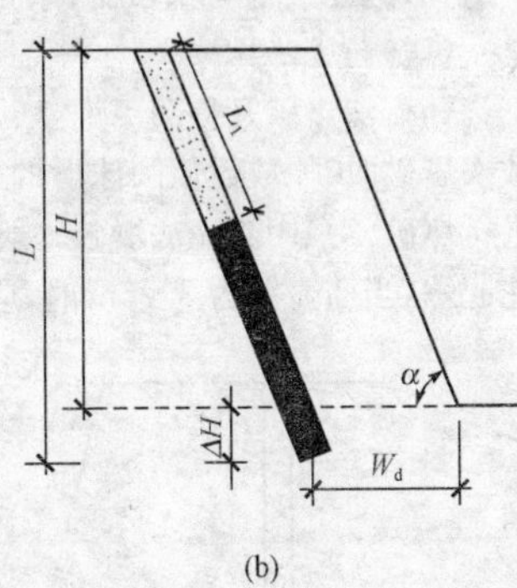

(b)

图 6-9　露天深孔布置图

(a)垂直孔布置；(b)倾斜孔布置

2. 技术参数计算

(1)炮孔深度 L(m)

$$L=H+\Delta H \tag{6-8}$$

式中　H——阶梯高度，m，一般取 10～12m；

ΔH——超钻深度，m，$\Delta H=(0.15\sim0.35)W_d$

(2)底盘抵抗线 W_d(m)

$$W_d=HD\eta d/150 \tag{6-9}$$

式中　D——岩石硬度影响系数，一般取 0.46～0.56；

η——阶梯高度系数，见表 6-2；

d——炮孔直径，mm；

表 6-2　　阶梯高度系数 η 值

H (m)	10	12	15	17	20	22	25	27	30
η	1.0	0.85	0.74	0.67	0.6	0.56	0.52	0.47	0.42

(3)炮孔间距 a(m)　　$a=(0.8\sim2.0)W_d$　　(6-10)

(4)炮孔排距 b(m)　一般双排布孔呈等边三角形，多排呈梅花形。

$$b=a\sin60°=0.87a \tag{6-11}$$

(5)药包重量 Q(kg)。工程中多采用群孔松动爆破，考虑孔间联合作用，单孔装药量可用式(6-12)计算：

$$Q=0.33KHW_pa \tag{6-12}$$

式中　K——系数：坚硬岩 0.54～0.6，中坚岩 0.3～0.45，松软岩 0.15～0.3。

(6)炮孔最小堵塞长度 $L_{\min}$：　　$L_{\min} \geqslant W_{p}$　　(6-13)

(四)药壶法爆破

药壶法爆破又称葫芦炮，坛子炮，是在炮孔底先放入少量的炸药，经过一次至数次爆破，扩大成近似圆球形的药壶，如图 6-10 所示，然后装入一定数量的炸药进行爆破。采用药壶法爆破一般宜用电力起爆，并应敷设两套爆破路线；如用火花起爆，当药壶深为 3～6m 时，应设两个火雷管同时点爆。

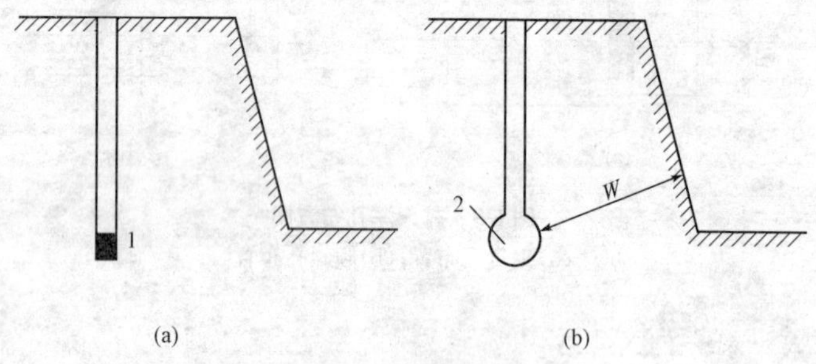

图 6-10　药壶法爆破

(a)装少量炸药炸药壶；(b)构成的药壶

1—药包；2—药壶

爆破前，地形宜先造成较多的临空面，最好是立崖和台阶。一般取 $W=(0.5\sim0.8)H$；$a=(0.8\sim1.2)W$；$b=(0.8\sim2.0)W$；堵塞长度为炮孔深的 0.5～0.9 倍。

每次爆扩药壶后，须间隔 20～30min。扩大药壶用小木柄铁勺掏渣或用风管通入压缩空气吹出。当土质为黏土时，可以压缩，不需出渣。药壶法一般宜与炮孔法配合使用，以提高爆破效果。

采用药壶法爆破可减少钻孔工作量，多装炸药；当炮孔较深时，将延长药包变为集中药包，可大大提高爆破效果。适用于露天爆破阶梯高度3～8m 的软岩石和中等坚硬岩层；坚硬或节理发育的岩层不宜采用。

(五)洞室法爆破

洞室法爆破又称竖井法、蛇穴法爆破，是指在岩石内部开挖导洞(横洞或竖井)和药室进行爆破的施工方法。根据地形条件，一般洞室爆破的药室常用平洞或竖井相连，装药后须按要求将平洞或竖井堵塞，以确保爆破施工质量和效果，如图 6-11 所示。

洞室爆破法适于六类以上的较大量的坚硬石方爆破；竖井适于场地整平、基坑开挖松动爆破；蛇穴适于阶梯高不超过 6m 的软质岩石或有夹层的岩石松爆。

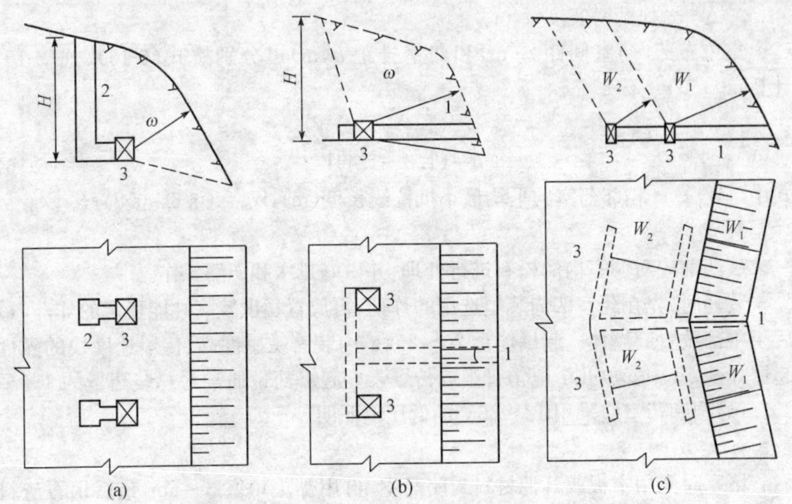

图 6-11　洞室爆破洞室布置示意图

(a)竖井布置;(b)平洞布置;(c)条形药包布置

1—平洞;2—竖井;3—药室

1. 药室开挖

药室应选择在最小抵抗线 W_P 比较大的地方或整体岩层内,并离边坡 1.5m 左右。导洞可以是平洞或竖井,平洞截面一般取 1.2m×1.8m,竖井取 1.5m×1.5m,以满足最小工作面需要。平洞不宜太长,竖井深度也应不大于 30m,以利自然通风。对于截面小于 0.6m×0.6m 的平洞称为蛇穴。洞的长度一般为 5~7m,其间距为洞深的 1.2~1.5 倍。药室应在离底 0.3~0.7m 处,再开挖浅横洞装集中药包。

导洞及药室用人力或机械打炮孔爆破方法进行,横洞用轻轨小平板车出渣;竖井用卷扬机、绞车或桅杆吊斗出渣。横洞堵塞长度不应小于洞高的 3 倍,堵塞材料用碎石和黏土(或砂)的混合物,靠近药室处宜用黏土或砂土堵塞密实。

2. 药室布置

对于群孔药包,为了减少开挖量,连接药室的洞井宜布置成 T 形或倒 T 形。对条形布药,可利用与自由面平行的平洞作为药室。集中装药的药室以接近立方体为好。药室容积 $V(m^3)$ 可按式(6-14)计算:

$$V=CQ/\Delta \tag{6-14}$$

式中　C——炸药的装填系数,它与药室支护及装药方式有关:有支护可取 1.5~1.8,无支护可取 1.1~1.25,散装取小值,袋装取大值;

Q——装药量,t;

Δ——炸药密实度，t/m^3。

集中布药，药室间距 a(m)和药室排距 b(m)可分别按式(6-15)、式(6-16)计算：

$$a=(1.1\sim1.2)W_p \tag{6-15}$$

$$b=(1.3\sim1.4)W_p \tag{6-16}$$

式中 W_p——相邻药室的平均最小抵抗线长度(m)，$W_p=(0.6\sim0.8)H$。

3. 装药

装药前应对洞室内的松石进行处理，并做好排水和防潮工作。

装药时，先在药室四周装填选用的炸药，再放置猛度较高性能稳定的炸药，最后于中部放置起爆体。起爆体重 20～25kg，内装有敏感度高、传爆速度快的烈性起爆炸药，其中安放几个电雷管组或传爆索。起爆药量通常为总装药量的 1%～2%。导洞和药室应采用 12～36V 的低压电照明。

4. 堵塞

堵塞时先用木板或其他材料封闭药室，再用黏土填塞 3～5m，最后用石渣料堵塞。总的堵塞长度不能小于最小抵抗线长度的 1.2～1.5 倍。对 T 形导洞可适当缩小堵塞长度。

5. 起爆系统

起爆网络可用复式并串联，即药室内雷管间用并联，药室间用串联，同样的并串联网路设两套，最终并联在同一条主线上。起爆电源的电压要稳定，电流不应低于安全准爆电流。

第三节 特种爆破施工技术

现代爆破技术的应用越来越广泛。根据不同工程的安全、精度、效率和工艺要求，常需进行特种爆破。如：定向爆破、预裂爆破、光面爆破、岩塞爆破、微差控制爆破、拆除爆破、静态爆破、燃烧剂爆破等。特种爆破实质上是在某一特殊条件下的控制爆破。在水利水电工程中，常用的有以下几种：

一、定向爆破

定向爆破是一种加强抛掷爆破技术，它是利用炸药爆炸能量的作用，在一定的条件下，可将一定数量的土岩经破碎后，按预定的方向，抛掷到预定地点，形成具有一定质量和形状的建筑物或开挖成一定断面的渠道的目的。

在水利水电建设中，可以用定向爆破技术修筑土石坝、围堰、截流戗堤以及开挖渠道、溢洪道等。在一定条件下，采用定向爆破方法修建上述建筑物，较之用常规方法可缩短施工工期、节约劳力和资金。

(一)爆破原理

爆破工程中，药包与临空面的关系，相当于爆炸偶极子，由于临空面对抛掷速度有明显的影响，当进行抛掷爆破时，介质从爆破漏斗中抛出。介质流主要沿药包中心至临空面的最短距离，即沿最小抵抗线 W 方向向外抛射。

向外弯曲的临空面及曲心被称为“定向坑”和“定向中心”，是单药包爆破时设计的关键。定向爆破主要是使抛掷爆破最小抵抗线方向符合预定的抛掷方向，并且在最小抵抗线方向事先造成定向坑，利用空穴聚能效应，集中抛掷，这是保证定向的主要手段。造成定向坑的方法，在大多数情况下，都是利用辅助药包，让它在主药包起爆前先爆，形成一个起走向坑作用的爆破漏斗。如果地形有天然的凹面可以利用，也可不用辅助药包。

群药包定向爆破，绝大部分介质流的运动是沿着几个药包联合作用所决定的方向。只要药包布置得当，群药包定向爆破的效果比单药包好。因此，爆破时应尽量利用天然地形布置药包，或利用辅助药包创造人工临空面，以满足工程定向抛掷的要求。

(二)爆破参数

1. 药量计算

定向爆破多采用加强松动爆破及抛掷爆破，对于单个集中药包药量常用如下公式计算：

$$Q=Kw^3(0.4+0.6n^3)\sqrt{\frac{W}{25}} \tag{6-17}$$

对于条形药包以单位长度装药量即线装药密度的公式计算：

$$Q=\frac{Kw^3(0.4+0.6n^3)\sqrt{\frac{W}{25}}}{0.55(n+1)} \tag{6-18}$$

2. 爆破作用指数

一般爆破作用指数 n 采用 1～1.75，岸坡陡、河谷窄时取小值。若采用双排或双层布药，后排和下层的 n 值应比前排和上层的 n 值大0.25～0.5。

3. 最小抵抗线长度

最小抵抗线长度 W 主要取决于抛掷方向和抛距的要求，同时应满足爆落和抛掷方量。若爆落抛掷方量已满足设计要求，只是抛距不够，则 W 值可不变，只需加大 n 值，通常 n 值不应大于 2，否则抛掷堆积过分分散。当采用双排药包时，前排药包的最小抵抗线应为后排最小抵抗线的 0.5～0.8 倍。W 与药包埋深之比 W/H 应在 0.6～0.8 间选取。

4. 药包间距

药包的水平间距 a 和垂直间距(层距)b，应分别满足如下关系：

$$0.5W(n+1)\leqslant a\leqslant nW \tag{6-19}$$

$$nW\leqslant b\leqslant W\sqrt{1+n^2} \tag{6-20}$$

式中　W——相邻药包最小抵抗线的平均值，m；

n——爆破作用指数的最大值。

(三)药包布置

在已建成的定向爆破筑坝工程中，有20%左右采用的是崩塌爆破，只是目前能直接采用崩塌爆破的地形很少，多采用单岸或双岸布药爆破。

在条件允许时应尽可能采用双岸爆破，双岸爆破一般一岸为主爆区，另一岸为副爆区，即使在很平缓的岸坡上也可以布置几个药包作为副爆区；如果一岸不具备条件或河谷特窄，一岸山体雄厚，爆落方量已能满足需要，则单岸爆破也是可行的。药包布置如图6-12所示。

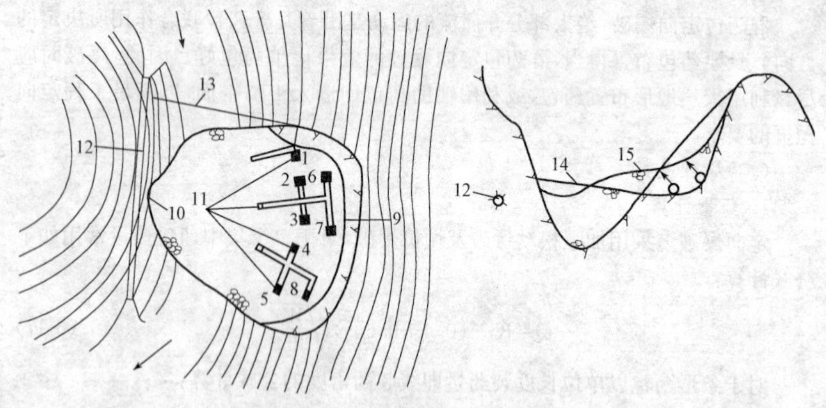

图6-12　定向爆破筑坝一岸布置药包图

1～5—前排药包；6～8—后排药包；9—爆破漏斗边线；
10—堆积轮廓线；11—爆破定向中心；12—导流隧洞；
13—截水墙轴线；14—设计坝顶高程；15—堆积体顶坡线

在保证安全的前提下，为了提高抛掷上坝方量，减少人工加高培厚的工作量，方便施工，药包布置应尽可能地低。但是，为了防止爆破后基岩破坏造成绕坝渗漏等问题，药包应位于正常水位以上，且大于垂直破坏半径。药包与坝肩的水平距离应大于水平破坏半径。

在实际工程中，定向爆破筑坝一般都采用群药包布置方案。药包布置应充分利用天然凹岸，在同一高程按坝轴线对称布置单排药包。当河段平直，则布置双排药包，利用前排的辅助药包创造人工临空面，利用后排的主药包保证上坝堆积方量。

(四)爆破筑坝和挖渠

采用定向爆破堆筑堆石坝时，药包应设在坝顶高程以上的岸坡上，根据地形情况，可从一岸爆破或两岸爆破，如图6-13(a)所示。

采用定向爆破开挖渠道时，可在渠底埋设边行药包和主药包。边行药包应先起爆，主药包的最小抵抗线应指向两边；在两边岩石尚未下落时，起爆主药包，中间岩体就连同原两边爆起的岩石一起抛向两岸，如图 6-13(b)所示。

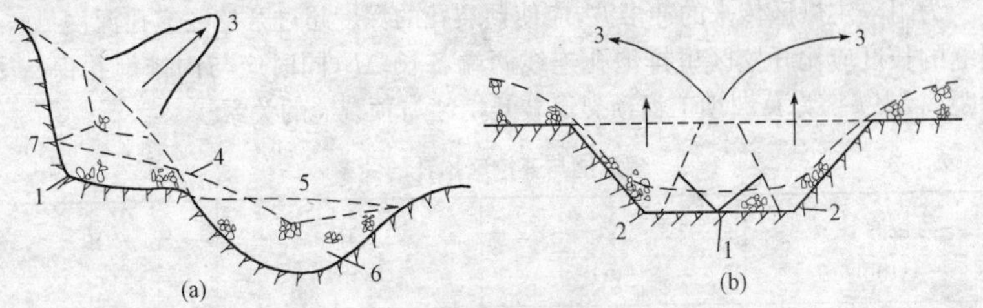

图 6-13　定向爆破筑坝挖渠示意图

(a)筑坝；(b)挖渠

1—主药包；2—边行药包；3—抛掷方向；4—堆积体；

5—筑坝；6—河床；7—辅助药包

二、预裂爆破

在水利水电工程施工中，开挖往往有一定的范围，习惯上将这一范围称为开挖区，开挖区以外的部分则称为保留区。爆破施工时，除了能崩落和破碎开挖区的岩石外，还会对保留区造成一定程度的破坏，同时由于岩体的不均匀性，爆后开挖线很难与人们的期望一致，不可避免地出现超挖和欠挖。

为此，在开挖区主体爆破之前，先沿设计轮廓线先爆出一条具有一定宽度的贯穿裂缝，以缓冲、反射开挖爆破的振动波，控制其对保留岩体的破坏影响，使之获得较平整的开挖轮廓，此种爆破技术为预裂爆破，如图 6-14 所示。

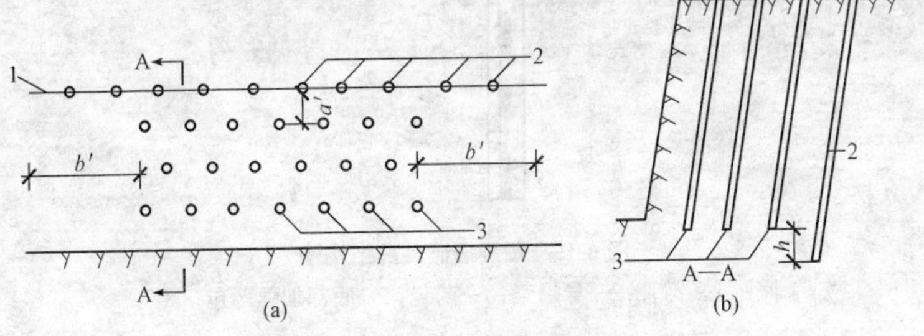

图 6-14　预裂爆破布孔

(a)平面图；(b)剖面图

1—预裂线(设计开挖线)；2—预裂孔；3—开挖区炮孔

这样，在预裂缝的“屏蔽”下，在进行主体爆破时，冲击波的能量通常可被预裂缝削减 70%，保留区的震动破坏得到控制，设计边坡稳定平整，同时避免了不必要的超挖和欠挖。预裂爆破常用于大劈坡、基础开挖、深槽开挖等爆破施工中。

(一)预裂缝

为阻隔主爆区传来的冲击波,应使预裂孔的深度超过开挖区炮孔深度 Δh,预裂缝的长度应比开挖区里排炮孔连线两端各长 ΔL,同时应与内排炮孔保持 Δa 的距离,表 6-3 为葛洲坝工程预裂爆破开挖区与预裂缝的关系。

表 6-3　预裂缝与开挖区炮孔的关系

药包直径 d (mm)	Δa (m)	ΔL (m)	Δh (m)
55	0.8～1.0	6	0.8
90	1.5～2.0	9	1.3
100～150	2.5～6.0	10～15	1.3

开挖区里排炮孔宜用小直径药包,远离预缝的炮孔可采用大直径药包,前者为了减震,后者可以改善爆破效果。所用药包的结构形式为一种不耦合装药结构,药卷直径小于炮孔直径,可将药卷分散绑扎在传爆线上(图 6-15)。分散药卷的相邻间距不宜大于 500mm 和不大于药卷的殉爆距离。

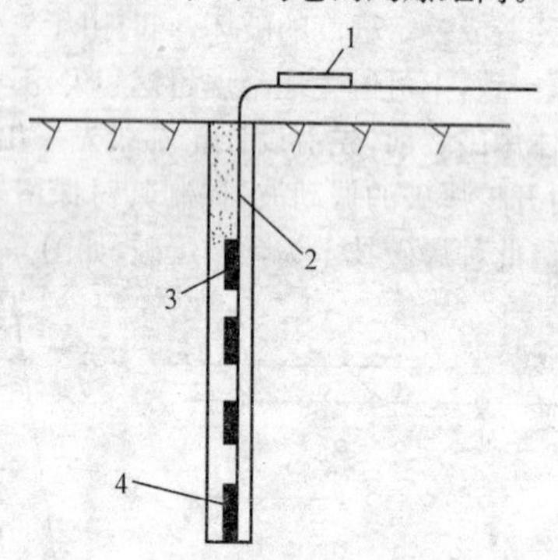

图 6-15　预裂爆破装药结构图

1—雷管;2—导爆索;3—药包;4—底部加强药包

(二)预裂爆破技术

(1)炮孔直径。预裂爆破孔径通常为 50～200mm,浅孔爆破用小值,深孔爆破用大值。

(2)不耦合系数。为避免孔壁破坏,采用不耦合装药,不耦合系数一般取 $\eta=2\sim4$。

(3)炮孔间距。与岩石特性、炸药性质、装药情况、缝壁平整度要求、孔径等有关，通常为$a=(8\sim12)D$，小孔径取大值，大孔径取小值，岩石均匀完整取大值，反之取小值。

(4)线装药密度。预裂炮孔内采用线状分散间隔装药，单位长度的装药量称为线装药密度，根据不同岩性，一般$Q_{线}=200\sim400$g/m。为克服岩石对孔底的夹制作用，孔底药包采用线装药密度的2～5倍。

(5)钻孔工艺。钻孔质量是保证预裂面平整度的关键。钻孔轴线与设计开挖线的偏离值应控制在150mm之内。

(6)堵塞与起爆。装药时距孔口1m左右的深度内不要装药，可用粗砂填塞，不必捣实。填塞段过短，容易形成漏斗，过长则不能出现裂缝。起爆时差控制在10ms以内，以利用微差爆破提高爆破效果。

(三)预裂爆破质量

(1)预裂缝要贯通且在地表有一定开裂宽度。对于中等坚硬岩石，缝宽不宜小于10mm；坚硬岩石缝宽应达到5mm左右；但在松软岩石上缝宽达到10mm以上时，减振作用并未显著提高，应多做些现场试验，以利总结经验。

(2)预裂面开挖后的不平整度不宜大于150mm，钻孔偏斜度小于1°。预裂面不平整度通常是指预裂孔所形成之预裂面的凹凸程度，它是衡量钻孔和爆破参数合理性的重要指标，可依此验证、调整设计数据。

(3)预裂面上的炮孔痕迹保留率，对于坚硬岩石应不小于85%；中等坚硬岩石不小于70%；软弱岩石不小于50%。

三、光面爆破

光面爆破即沿开挖周边线按设计孔距钻孔，采用不耦合装药毫秒爆破，在主爆孔起爆后起爆，使开挖后沿设计轮廓获得保留良好边坡壁面的爆破技术。

从原理上看预裂爆破与光面爆破并没有什么区别，它与预裂爆破的不同之处在于光爆孔的爆破顺序是在开挖主爆孔的药包爆破之后，利用布置在设计开挖线上的光爆孔，将作为保护层的"光爆层"爆除，使爆裂面光滑平顺，超欠挖均很少，能近似形成设计轮廓要求的爆破。光面爆破一般多用于地下工程的开挖，露天开挖工程中用得比较少，只是在一些有特殊要求或者条件有利的地方使用。

(一)光面爆破技术

(1)炮孔直径。对于隧洞，常用的孔径为$D=35\sim45$mm，光面爆破的周边孔与掘进作业的其他炮孔直径一致。

(2)不耦合系数。一般$D=62\sim200$mm时，$\eta=2\sim4$；$D=35\sim45$mm，$\eta=1.5\sim2.0$。

(3)周边炮孔间距。a值过大，W值大则须加大装药量，从而增大围岩的损坏和震裂，W值小则周边会凹凸不平；a值过小而W值取大，则爆后难以成缝。通常$a=(12\sim16)D$，具体视岩石硬度而定。如果在两炮孔间加一不装药的导向孔效果更好。

(4)线装药密度。一般当露天光面爆破 $D\geqslant 50$mm、$W>1$m 时，$Q_{线}=100\sim300$g/m，完整坚硬的取大值，反之取小值。全断面一次起爆时适当增加药量。

(5)光爆层厚度 W 与周边孔密集系数 m。光爆层是周边炮孔与主爆区最边一排炮孔之间的那层岩石，其厚度就是周边炮孔的最小抵抗线 W，一般等于或略大于炮孔间距 a，在隧洞爆破中取 $W=700\sim800$mm 较好。a 与 W 的比值称为炮孔密集系数 m，它随岩石性质、地质构造和开挖条件的不同而变化，一般 $m=a/W=0.8\sim1.0$。

(6)周边孔的深度和角度。对于隧洞开挖，从光爆效果来说周边孔越深越好，但受岩壁的阻碍，一般深度为 1.5～2.0m，采用钻孔台车作业时为 3～5m，以一个工作班能进行一个掘进循环为原则。钻孔要求“准、平、直、齐”，但受岩壁的阻碍，凿岩机钻孔时不得不甩出一个小角度，一般要求将此角度控制在 4°以内。

(7)装药结构。常用的装药结构有三种：一是普通标准药卷(ϕ32)空气间隔装药，二是小直径药卷径向空气间隙连续装药，三是小直径药卷($\phi20\sim\phi25$)间隔装药。

(二)光面爆破质量

(1)周边轮廓尺寸符合设计要求，岩石壁面平整。露天光爆壁面不平整度控制在±200mm 以内；隧洞工程欠挖不大于 50mm，超挖不大于 50mm；岩石起伏差控制在 150～200mm 以内。

(2)光爆后岩面上残留半孔率，对坚硬岩石不小于 80%；中等坚硬岩石不小于 65%；软弱岩石不小于 50%。

(3)光爆后，地质好的无危石，地质差的无大危石，保留面上无粉碎和明显的新裂缝。

(4)两排炮孔衔接处的“台阶”，露天大直径深孔光爆应控制在 300～500mm 以内，地下隧洞工程应控制在 100～150mm 以内。

四、岩塞爆破

岩塞爆破是一种水下控制爆破。通常，从隧洞出口沿逆水流方向正常开挖，待掌子面接近进水口位置时，预留一定厚度的岩石，称为岩塞。待隧洞和进口控制闸门全部完建后，采用爆破将岩塞一次炸除，形成进水口，使隧洞和水库连通。

(一)岩塞布置

岩塞的布置应根据隧洞的使用要求、地形、地质因素来确定。岩塞宜选择在覆盖层薄、岩石坚硬完整且层面与进口中线交角大的部位，特别应避开节理、裂隙、构造发育的部位。岩塞的开口尺寸应满足进水流量的要求；岩塞厚度应为开口直径的 1～1.5 倍，太厚则难于一次爆通，太薄则不安全。

(二)岩塞爆破装药量

岩塞爆破可以是钻孔爆破，也可以是洞室爆破。由于岩塞爆破属于水下爆破，用药量计算应考虑静水压力的阻抗，比常规抛掷爆破药量增大 20%～

30%,即:

$$Q=(1.2\sim1.3)KW^3(0.4+0.6n^3) \tag{6-21}$$

式中 n——爆破作用指数,一般取1~1.5。

通常,用浅孔小炮开挖药室,另钻少量超前孔。药室在岩塞内宜呈“王”字形布置。在开挖过程中,若发现岩塞渗水且比较集中时,可用胶管将水排出洞外;当漏水量小而分散时,可进行灌浆处理。为了控制进口形状,岩塞周边采用预裂爆破以减震防裂。

(三)石渣处理

对于岩塞爆破后落下的石渣,常采用集渣和泄渣两种处理方法,如图6-16所示,前者为爆前在洞内正对岩塞的下方挖一容积相当的集渣坑,让爆落的石渣大部分抛入坑内,且保证运行期坑内石渣不被带走;后者为爆破时闸门开启,借助高速水流将石渣冲出洞口。

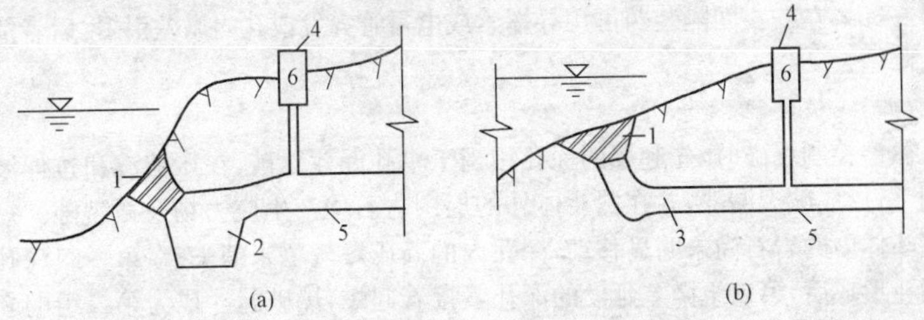

图6-16 岩塞爆破岩塞布置图

(a)设集渣坑集渣;(b)设缓冲坑泄渣

1—岩塞;2—集渣坑;3—缓冲坑;4—闸门井;5—引水隧洞;6—操作室

当采用泄渣方式处理爆落石渣时,除了要严格控制岩渣块度、对闸门埋件和门楣作必要的防护处理外,为避免瞬间石渣堵塞,正对岩塞可设一流线型缓冲坑,其容积相当于爆落石渣总量的1/4~1/5。泄渣处理方式适用于灌溉、供水、防洪隧洞一类的取水口岩塞爆破。

五、微差控制爆破

微差控制爆破是指在大规模的深孔爆破中,用一种特制的毫秒延期雷管,以毫秒级时差顺序起爆各个(组)药包的爆破技术。在深孔爆破中,微差控制爆破具有增加自由面、应力波叠加、岩块相互碰撞和挤压、地震效应减弱等优点,故而在水利水电工程基坑开挖中被广泛采用。

(一)时间间隔

微差控制爆破采用毫秒延迟雷管,最佳微差间隔时间一般取(3~6)W(W为最小抵抗线,m),刚性大的岩石取下限。相邻两炮孔爆破时间间隔宜控制在20~30ms,不宜过大或过小。

(二)爆破网路

爆破网路宜采取可靠的导爆索与继爆管相结合的爆破网路，每孔至少一根导爆索，确保安全起爆；非电爆管网路要设复线，孔内线脚要设有保护措施，避免装填时把线脚拉断；导爆索网路联结要注意搭接长度、拐弯角度、接头方向，并捆扎牢固，不得松动。

(三)爆破布孔

为了降低地震效应，把爆破振动控制在给定水平之下，爆破布孔和起爆顺序有成排顺序式、排内间隔式(又称V形式)、对角式、波浪式、径向式等，或由它组合变换成的其他形式，其中以对角式效果最好，成排顺序式最差。

采用对角式时，应使实际孔距与抵抗线比大于2.5以上，对软石可为6～8；相同段爆破孔数根据现场情况和一次起爆的允许炸药量而定装药结构，一般采用空气间隔装药或孔底留空气柱的方式，所留空气间隔的长度通常为药柱长度的20%～35%左右。间隔装药可用导爆索或电雷管齐发或孔内微差引爆，后者能更有效降震。

(四)爆破过程

微差控制爆破时，先起爆的深孔相当于单孔漏斗爆破，在压缩波和拉伸波的作用下，形成破裂漏斗，并在漏斗体外的周围岩石中产生应力场及微裂隙。短时内漏斗体内的岩石尚未明显移动，深孔内的高压爆气也未消失；在第一组深孔爆破漏斗形成后，第二组微差延发的深孔紧接着起爆，爆破漏斗成为第二组的新增临空面，爆破效果提高；若先爆一组的应力波和高压爆气在周围岩体中尚未消失，将与后一组的相互叠加，加强岩石的破碎效果；前一组爆碎的岩石在后一组爆碎岩石的挤压作用下更加破碎，前后两次产生的少量飞散岩石也相互碰撞产生补充破碎，使爆堆集中，飞散较远的碎石量也较少。

第四节　爆破安全控制

在水利等基建工程施工中，爆破技术的使用范围日益广泛。由于炸药在土岩中爆炸时释放出的巨大能量，只有10%～25%用于破坏土岩，其余大部分能量都消耗于土岩的过分粉碎、抛掷以及质点振动引起的地震波和空气冲击波等方面，而爆破又往往与其他工程施工同时进行，所以爆破作业对施工现场的人员、机械设备和周围建筑物的安全构成威胁，必须认真对待和加以重视。

一、爆破作业安全防护措施

1. 严格规章制度，加强安全教育

严格爆破作业的规章制度，对施工人员进行安全教育，是保证施工安全的重要环节；一般起爆器材与炸药要分开运输、贮存和保管；爆破器材在运输中不得抛掷、撞击、严防明火接近；炸药贮存地点相互应有足够的殉爆安全距离；装药洞室内应用 36V 以内的低压照明。

2. 提高工艺水平，增加技术含量

爆破作业应尽可能采用分段延期和毫秒微差爆破，减少一次起爆药量，调整震动周期和减少震动；通过打防震孔、挖防震槽或进行预裂爆破，以保护有关建筑物、构筑物和重要设施；尽量避免采用裸露爆破，以节约炸药，减少飞石和空气冲击波压力；水下爆破可采用气幕防震，利用气泡压缩变形吸收能量，减轻水中冲击波被保护目标的破坏；尽可能选择小的爆破作用指数和孔距小、孔深浅的爆破，减小抛掷距离和飞石；也可以采用调整布孔和起爆顺序的方法来改变最小抵抗线的方向，避免最小抵抗线正对居民区、重要建筑物、主要施工机械设备以及其他重要设施。

3. 加强保护措施，防止飞石破坏

对飞石的防护措施可根据被保护对象的特征和施工条件而异。在平地开挖宽度不大于 4m 的沟槽，可采用拱式或壳式覆盖；挡板式覆盖的架设拆除费时费工，要求架设在高于爆破对象的天然或人工支承上，距爆破表面不小于 0.3～0.5m；网式和链式覆盖多用于对房屋建筑的拆除爆破；浅孔爆破在孔口压土袋，大量爆破用填土覆盖被保护建筑物，对防止飞石破坏有明显效果。

二、爆破施工的安全措施

(1)装药必须用木棒把炸药轻轻压入炮孔，严禁冲捣和使用金属棒；堵塞炮泥时，切不可击动雷管。

(2)炮孔深度超过 4m 时，须用两个雷管起爆；如深度超过 10m，则不得用火花起爆。

(3)在闪电鸣雷时，禁止装药、安装电雷管和连接电线等操作，应迅速将雷管的脚线和电线的主线两端连成短路。此时，所有工作人员应即离开装药地点，隐蔽于安全区。

(4)放炮前必须划出警戒范围，立好标志，并有专人警戒。裸露药包、深孔、洞室爆破法的安全距离不小于 400m；浅孔、药壶爆破法不小于 200m。

三、瞎炮的安全处理

(1)应由原装炮人员当班处理，如不可能时，原装炮人员应在现场将装炮的详细情况交待给处理人员。

(2)如果炮孔外的电线、导火索或导爆索经检查完好，可以重新起爆。

(3)可用木制或竹制工具将堵塞物轻轻掏出，另装入雷管或起爆药卷重新起爆。绝对禁止拉动导火索或雷管脚线，以及掏出炸药内的雷管。

(4)如系硝铵炸药，可在清除部分堵塞物后，向炮孔内灌水，使炸药溶解，或用压力水冲洗，重新装药爆破。

(5)距炮眼近旁 40cm 以上(深孔时不少于 2m)处打一平行于原炮孔的炮孔，装药爆破。但如果不知道原炮孔的位置，或附近可能有其他瞎炮时，此法不得采用。

四、爆破器材储存和运送的安全措施

爆破器材仓库必须干燥、通风，温度保持在 18～30℃之间，其周围 5m 范围内，须清除一切树木和干草。仓库内须有消防设备。仓库必须离工厂和住宅区 800m 以上。炸药和雷管须分开存放，不同性质的炸药也不要放在一起，尤其是硝化甘油类炸药必须单独储存。仓库要有专人保卫，严防发生事故。

雷管和炸药必须分开运送，搬运人员须彼此相距 10m 以上，严禁把雷管放在口袋内，中途不得在非规定的地点休息或逗留。如为汽车运输时，相距不小于 50m，行驶速度不得超过 20km/h。中途停车地点须离开民房、桥梁、铁路 200m 以上。

第七章 地基处理

第一节 地基分类与处理方法

一、地基分类

地基一般泛指支承建筑物基础的那部分地层。

在水利水电工程中，由于天然地基的构造地质和水文地质作用的影响，往往存在不同形式和程度的缺陷，需要经过人工处理，才能作为修筑水工建筑物的地基。水工建筑物的地基一般分为岩基和软基两大类型。

(一)岩基

岩基，也称岩石地基，又称硬基，是指由岩石构成的地基。

岩石是由一种或数种矿物组成的集合体，即岩石可以由一种矿物组成，如石英岩由石英组成，也可以由多种矿物组成，如花岗岩由石英、正长石、云母组成。地球表面以由多种矿物组成的岩石为多。岩石的工程性质对地基建筑条件的好坏有直接影响。

对于岩基的一般地质缺陷，常采用开挖、灌浆等方法进行处理；但对于一些比较特殊的地质缺陷，如断层破碎带、缓倾角的软弱夹层、层理以及岩溶地区较大的空洞和漏水通道等，须采用一些特殊的处理措施。

(二)软基

软基是指由淤泥、壤土、砂、砂砾石、砂卵石等构成的地基。根据其特点的不同，可进一步细分为软土地基和砂砾石地基。

1. 软土地基

软土地基是由淤泥、壤土、细流砂等细微粒子构成的地基。它的承载力低、沉陷量大、触变性强，同时，还具有孔隙率大、压缩性大、渗透系数小、含水量大、水分不易排出等特点，在外力的作用下很容易发生变形。常用的处理方法，按其原理不同，可分为置换、夯实、排水、固结等几种类型。

2. 砂砾石地基

砂砾石地基是由砂砾石、砂卵石等颗粒材料构成的地基，具有空隙率大、透水性强的特点，须进行防渗处理后，方可作为水工建筑物的地基。常用的处理方法有开挖、防渗墙、桩基、灌浆、设排水通道等几种类型。

二、地基处理基本方法

由于天然地基的性状复杂多样，各种类型的水工建筑物对地基的要求又各不相同，因而在实际工程中，形成了各种不同的地基处理方案和措施。水利水电工程地基处理的常用方法有开挖、灌浆、防渗墙、桩基础、置换、排水、挤实和锚固等。

地基处理的目的是根据水工建筑物对地基的要求,采用多种科技手段,尽可能消除某些天然缺陷,加强改善地基性状,使建筑物地基具有足够的强度、整体性、稳定性、抗侵性和耐久性,以确保水工建筑物安全正常运行。

(一)岩基处理

对于表层岩石存在的缺陷,可采用爆破开挖处理,当基岩在较深的范围内存在风化、节理裂隙、破碎带及软弱夹层等地质问题时,常采用专门的处理方法。

1. 断层破碎带处理

断层是岩石或岩层受力发生断裂并向两侧产生显著位移而出现的破碎发育岩体,有断层破碎带和挤压破碎带两种。一般情况下,破碎带的长度和深度比较大,且风化强烈,岩块极易破碎,常夹有泥质充填物,强度、承载能力和抗渗性不能满足设计要求,必须予以处理。

对于较浅的断层破碎带,通常可采用开挖和回填混凝土的办法进行处理。处理时将一定深度范围内的断层及其两侧的破碎风化岩石清理干净,直到新鲜岩石,然后回填混凝土。

对于深度较大的断层破碎带,可开挖一层,回填一层,回填混凝土时预留竖井或斜井,作为继续下挖的通道,直到预定深度为止。

对于贯通水工建筑物上下游的宽而深的断层破碎带或深厚覆盖层的河床深槽,处理时,既要解决地基承载能力,又要截断渗透通道。为此可采用支承拱和防渗墙法。

2. 软弱夹层处理

软弱夹层是指基岩出现层面之间强度较低,已泥化或遇水容易泥化的夹层,尤其是缓倾角软弱夹层,处理不当会对坝体稳定带来严重影响。

对于陡倾角的夹层,如不与水库连通,可采用开挖和回填混凝土的方法处理。如夹层和库水相通,除对基础范围内的夹层进行开挖回填外,还必须在夹层上游库水入口处,进行封闭处理,切断通路。

对于缓倾角夹层,而埋藏不深,开挖量不很大,最好是彻底挖除。如夹层埋藏较深,或夹层上部有足够厚度的支撑岩体,能维持基岩的深层抗滑稳定,可以只挖除上游部位的夹层,并进行封闭处理。如果夹层埋藏很深,且没有深层滑动的危险,处理的目的主要是加固地基,可采用一般的灌浆方法进行处理。

3. 岩溶的处理

岩溶是指可溶性岩层(石灰岩、白云岩)长期受地表水或地下水溶蚀作用产生的溶洞、溶槽、暗沟、暗河、溶泉等现象。这些地质缺陷削弱了地基承载力,形成漏水的通道,危及水工建筑物的正常运行。对岩溶处理的目的是防止渗漏,保证蓄水,提高地基承载能力,确保建筑物的稳定安全。

对岩溶的处理可采取堵、铺、截、围、导、灌等措施。堵就是堵塞漏水的洞眼;

铺就是在漏水地段做铺盖;截就是在漏水处修筑截水墙;围就是将间歇泉、落水洞围住;导就是将下游的泉水导出建筑物;灌就是进行固结灌浆和帷幕灌浆,对于大裂隙破碎岩溶地段,采取群孔水气冲洗,高压灌浆;对于松散物质的大型溶洞,可对洞内进行高压旋喷灌浆。

(二)软基处理

1. 挖除置换法

挖除置换法是指将建筑物基础底面以下一定范围内的软土层挖除,换填无侵蚀性及低压缩性的散粒材料,这些材料可以是粗砂、砾(卵)石、灰土、石屑、煤渣等。通过置换,减小沉降,改善排水条件,加速固结。

当地基软土层厚度不大时,可全部挖除,并换以砂土、黏土、壤土或砂壤土等回填夯实,回填时应分层夯实,严格控制压实质量。

2. 重锤夯实法

重锤夯实法是用一带有自动脱钩装置的履带式起重机,将重锤吊起到一定高度脱钩让其自由下落,利用下落的冲击能把土夯实。

当地基软土层厚度不大时,可以不开挖,采用重锤夯实法进行处理。当夯锤重为5～7t、落距5～9m时,夯实深度2～3.5m;夯锤重为8～40t、落距14～40m时,夯实影响深度达20～30m。此法可以省去大开大挖,节省成本,能耗少,机具简单;只是机械磨损大,震动大,施工不易控制。

3. 振动水冲法

振动水冲法是用一种类似插入式混凝土振捣器的振冲器(图7-1),在土层中振冲造孔,并以碎石或砂砾填成碎石或砂砾桩,达到加固地基的一种方法。这种方法不仅适用于松砂地基,也可用于黏性土地基,因碎石承担了大部分传递荷载,同时又改善了地基排水条件,加速了地基的固结,提高了地基的承载能力。一般碎石桩的直径为0.6～1.1m,桩距视地质条件在1.2～2.5m范围内选择。

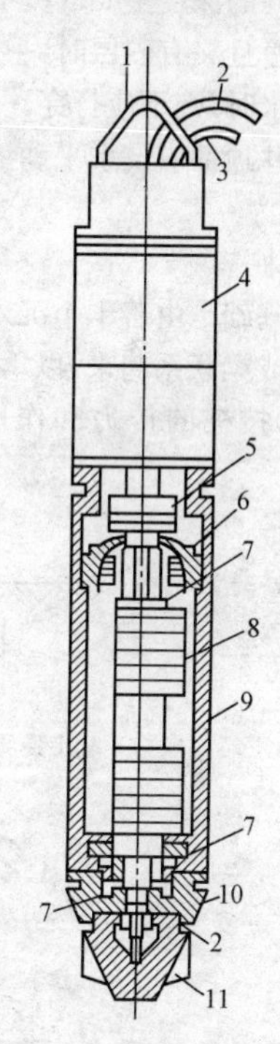

图7-1　振冲器构造示意图

1—吊具;2—水管;3—电缆;4—电动机;5—联轴器;6—轴;7—轴承;8—偏心块;9—壳体;10—头部;11—叶片

4. 排水法

排水法是指采取相应措施如砂垫层、排水井、塑料多孔排水板等,使软基表层或内部形成水平或垂直排水通道,然后在土壤自重或外荷作用下，加速土壤中水分的排除，使土壤固结，从而提高强度的一种方法。排水法又可分为水平排水法和垂直排水法。

(1)水平排水法在软基的表面铺一层粗砂或级配好的砂砾石作排水通道，在垫层上堆土或其他荷载，使孔隙水压力增高，形成水压差，孔隙水通过砂垫层逐步排出，孔隙减小，土被压缩，密度增加，强度提高。

(2)垂直排水法，也叫砂井预压法，是指在软土层中建若干排水井，灌入砂子，形成竖向排水通道，在堆土或外荷载作用下达到排水固结、提高强度的地基处理方法 。

一般，砂井的直径多采用200～300mm，井距采用6～10倍井径，常用范围为2～4m。由于排水距离短，从而大大缩短排水和固结时间。

砂井的深度主要取决于土层情况。当软土层较薄时，砂井宜贯穿软土层；软土层较厚且夹有砂层时，一般可设在砂层上；软土层较厚又无砂层时，或软土层下有承压水时，则不应打穿。一般砂井深度以10～20m为宜。

砂井顶部应设水平砂垫层，厚度一般为0.3～0.5m，以连通各砂井并引出井中渗水。

5. 桩基础

桩基础是由若干个沉入土中的单桩组成的一种深基础，在各个单桩的顶部再用承台或梁联系起来，以承受上部建筑物重量的地基处理方法。

(1)按桩的传力和作用性质的不同，可分端承桩和摩擦桩两种，如图7-2所示。

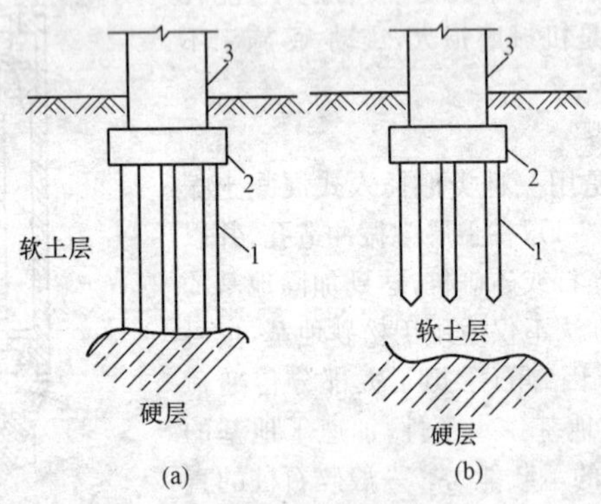

图7-2 桩基础示意图

(a)端承桩；(b)摩擦桩

1—桩；2—承台；3—上部结构

1)端承桩就是穿过软弱土层并将建筑物的荷载直接传递给坚硬土层的桩；

2)摩擦桩是沉至软弱土层一定深度，将软弱土层挤密实，提高了土层的密实度和承载能力，上部结构的荷载主要由桩身侧面与土之间的摩擦力承受，桩尖阻力也承受少量的荷载。

(2)按桩的施工方法分为预制桩和灌注桩两类。

1)预制桩是在工厂或施工现场用不同的建筑材料制成的各种形状的桩，如钢筋混凝土桩、钢桩、木桩；桩的形状有方形、圆形等，然后再用打桩设备将预制好的桩沉入地基土中。沉桩的方法有锤击打入、静力压桩、振动沉桩等；

2)灌注桩是在设计桩位先成孔、然后放入钢筋骨架、再浇筑混凝土而成的桩。灌注桩按其成孔方法的不同，可分为泥浆护壁成孔灌注桩、干作业成孔灌注桩、套管成孔灌注桩、爆扩成孔灌注桩、人工挖孔护壁灌注桩等。

桩基础的作用就是将上部建筑物的重量传到地基深处承载力较大的土层中，或将软弱土挤密实以提高地基的承载能力。在软弱土层上建造建筑物或上部结构荷载很大，天然地基的承载能力不满足时，采用桩基础可以取得较好的经济效果。

此外，在处理松散饱和的砂土地基时，也可采用深孔爆破加密法，利用人工进行深层爆破，使饱和松砂液化，颗粒重新排列组合成为结构紧密、强度较高的砂。

第二节 防渗墙施工技术

防渗墙是一种修建在松散透水地层或土石坝(堰)中起防渗作用的地下连续墙，具有结构可靠、防渗效果好、修建深度较大、施工进度快等优点，在国内外得到了广泛的应用。近年来防渗墙已成为我国水利水电工程覆盖层及土石围堰防渗处理的首选方案。

一、墙体材料

防渗墙的墙体材料，按其抗压强度和弹性模量，一般分为刚性材料和柔性材料。

(一)刚性材料

刚性材料包括普通混凝土、黏土混凝土和掺粉煤灰混凝土等，其抗压强度大于5MPa，弹性模量大于10000MPa。防渗墙混凝土是在泥浆中浇筑的，无法振捣，因此要求其有在自重作用下自行流动的性能，有抗离析的性能以及保持水分不易析出的性能，具有良好的流动性。

1. 普通混凝土

普通混凝土是指其强度在7.5～20MPa，不加其他掺合料的高流动性混凝土。在材料的选用方面，水泥强度等级不应低于32.5级，石子的粒径不宜大于40mm，砂以中、粗砂为宜。在材料的配合比方面，水泥用量不宜低于300kg/m³，砂率以35%～40%为宜，水灰比宜控制在0.55～0.7之间，坍落度一般为180～220mm，扩散度为340～380mm。

2. 黏土混凝土

在混凝土中掺入一定量的黏土，一般以总量的12%～20%为宜，不仅可以节省水泥，还可以降低混凝土的弹性模量，改变其变形性能，增加其和易性，改善其易堵性。如果以干土的形式掺入黏土，则必须将黏土风干、碾碎、磨细，否则混凝土不易搅拌均匀。由于此种工艺过于复杂，施工中常将黏土制成泥浆后再加入。一般黏土混凝土的强度在10MPa左右，抗渗性相对普通混凝土要差。

所掺用黏土中，黏粒的含量应不低于40%，塑性指数不应小于17，含砂量小于5%，有机物含量小于3%。

3. 粉煤灰混凝土

在混凝土中掺加一定比例的粉煤灰，能改善混凝土的和易性，降低混凝土发热量，提高混凝土密实性和抗侵蚀性，并具有较高的后期强度。这对于防渗墙的施工和运行都是十分有利的。

(二)柔性材料

防渗墙体中，柔性材料的抗压强度则小于5MPa，弹性模量小于10000MPa，包括塑性混凝土、自凝灰浆和固化灰浆等。

1. 塑性混凝土

塑性混凝土是指以黏土和(或)膨润土取代普通混凝土中的大部分水泥所形成的一种柔性墙体材料。其抗压强度不高，一般为0.5～2MPa，弹性模量为100～500MPa，渗透系数10^{-6}～10^{-7}cm/s。

塑性混凝土的水泥用量仅为80～100kg/m^3，使其强度低，特别是弹性模量值低到与周围介质(基础)相接近时，墙体适应变形的能力大大提高，几乎不产生拉应力，减少了墙体出现开裂现象的可能性。

2. 自凝灰浆

自凝灰浆是在固壁浆液(以膨润土为主)中加入水泥和缓凝剂所制成的一种灰浆。凝固前作为造孔用的固壁泥浆，槽孔造成后则自行凝固成墙。由于自凝灰浆减少了墙身的浇筑工序，简化了施工程序，使建造速度加快、成本降低。在水头不大的堤坝基础及围堰工程中使用较多。

自凝灰浆每立方固化体需水泥200～300kg，膨润土30～60kg，水850kg，采用糖蜜或木质素磺酸盐类材料作为缓凝剂。其强度在0.2～0.4MPa，变形模量40～300MPa，与土层和砂砾石层比较接近，可以很好地适应墙后介质的变形，墙身不易开裂。

3. 固化灰浆

固化灰浆是在槽段造孔完成后，向固壁的泥浆中加入水泥等固化材料，砂子、粉煤灰等掺合料，水玻璃等外加剂，经机械搅拌或压缩空气搅拌后，凝固成墙体。其强度在0.5MPa左右，弹性模量100MPa，渗透系数10^{-6}～10^{-7}cm/s，一般能够满足中低水头对抗渗的要求。

以固化灰浆作墙体材料，可省去导管法混凝土浇筑工序，提高造接头孔工效，减少泥浆废弃，使劳动强度减轻，施工进度加快。

另外，现在有些工程开始使用强度大于 25MPa 的高强混凝土，以适应高坝深基础对防渗墙的技术要求。

二、防渗墙的结构

防渗墙的类型较多，但从其构造特点来说，主要是两类：槽孔（板）型防渗墙和桩柱型防渗墙。前者是我国水利水电工程中混凝土防渗墙的主要形式。

1. 立面布置形式

防渗墙系垂直防渗措施，其立面布置有两种形式：封闭式与悬挂式。

封闭式防渗墙是指墙体插入到基岩或相对不透水层一定深度，以实现全面截断渗流的目的；而悬挂式防渗墙，墙体只深入地层一定深度，仅能加长渗径，无法完全封闭渗流。

对于高水头的坝体或重要的围堰，有时设置两道防渗墙，共同作用，按一定比例分担水头。水头应合理分配，避免造成单道墙承受水头过大而破坏，这对另一道墙也是很危险的。

2. 防渗墙的厚度

防渗墙的厚度主要由防渗要求、抗渗耐久性、墙体的应力与强度及施工设备等因素确定。其中，防渗墙的耐久性是指抵抗渗流侵蚀和化学溶蚀的性能，这两种破坏作用均与水力梯度有关。不同的墙体材料具有不同的抗渗耐久性，其允许水力梯度值 J_P 值也就不同。如普通混凝土防渗墙的 J_P 一般在 80～100，而塑性混凝土因其抗化学溶蚀性能较好，J_{max} 可达 300，J_P 一般在 50～60。

目前，防渗墙厚度 δ(m)的确定主要是从水力梯度考虑的，即：

$$\delta = H/J_P \tag{7-1}$$

$$J_P = J_{max}/K$$

式中　H——防渗墙的工作水头；

J_p——防渗墙的允许水力梯度；

J_{max}——防渗墙破坏时的最大水力梯度；

K——安全系数。

3. 槽孔长度

对于槽孔型防渗墙，为了保证防渗墙的整体性，应尽量减少槽孔间的接头，尽量采用较长的槽孔。但槽孔过长，可能影响混凝土墙的上升速度，导致产生质量事故。为此，槽孔长度必须满足下述条件：

$$L \leqslant \frac{Q}{kBV} \tag{7-2}$$

式中　L——槽孔长度，m；

Q——混凝土生产能力，m^3/h；

B——防渗墙厚度，m；

V——槽孔混凝土上升速度，m/h；

k——墙厚扩大系数，可取 1.2～1.3。

槽孔长度应综合分析地层特性、槽孔深浅、造孔机具性能、工期要求和混凝土生产能力等因素，一般为 5～9m。深槽段、槽壁易塌段宜取小值。

三、槽孔型防渗墙施工

槽孔型防渗墙是由一段段槽孔套接而成的地下墙，其施工过程包括平整场地、挖导向槽、做导墙、安装挖槽机械设备、制备泥浆、注入导向槽、成槽、混凝土浇筑成墙等。

（一）导向槽施工

导向槽沿防渗墙轴线设在槽孔上方，用以控制造孔的方向，支撑上部孔壁。它对于保证质量，预防孔壁坍塌，保证地面土体稳定具有很大的作用。

导向槽可用木料、条石、灰拌土或混凝土制成。施工时，应根据防渗墙的设计要求和槽孔长度进行划分，作好槽孔的测量定位工作，并在此基础上，设置导向槽。导向槽的净宽一般等于或略大于防渗墙的设计厚度，高度以 1.5～2.0m 为宜。为了维持槽孔的稳定，要求导向槽底部高出地下水位 0.5m 以上。为了防止地表积水倒流和便于自流排浆，其顶部高程应比两侧地面略高。

（二）导墙施工

对于钢筋混凝土导墙，常用现场浇筑法，其施工顺序是：平整场地、测量位置、挖槽与处理弃土、绑扎钢筋、支模板、灌注混凝土、拆模板并设横撑、回填导墙外侧空隙并碾压密实。导墙的施工接头位置，应与防渗墙的施工接头位置错开。另外还可设置插铁以保持导墙的连续性。

（三）安装钻机

导向槽安设好后，即可在槽侧铺设造孔钻机的轨道，安装钻机；同时，修筑运输道路，架设动力和照明路线以及供水供浆管路，作好排水排浆系统，并向槽内充灌泥浆，保持泥浆液面在槽顶以下 300～500mm。做好这些准备工作以后，就可开始造孔。

（四）泥浆制备

在防渗墙施工中，由于泥浆具有特殊的重要性，故而在国内外工程建设中，对泥浆的制浆土料、配比以及质量控制等方面均有严格的要求。泥浆的制浆材料主要有膨润土、黏土、水以及改善泥浆性能的掺和料，如加重剂、增粘剂、分散剂和堵漏剂等。制浆材料通过搅拌机进行拌制，经筛网过滤后，放入专用储浆池备用。

根据大量的工程实践，制浆土料的基本要求是黏粒含量大于 50%，塑性指数大于 20，含砂量小于 5%，氧化硅与三氧化二铝含量的比值以 3～4 为宜。

配制而成的泥浆，其性能指标应根据地层特性、造孔方法和泥浆用途等，通过试验选定。表 7-1 所列为新制黏土泥浆性能指标，可供参考。

表 7-1　　新制黏土泥浆性能指标

漏斗黏度(s)	密度(g/cm^3)	含砂量(%)	胶体率(%)	稳定性[$g/(cm^3 \cdot d)$]
18～25	1.1～1.2	≤5	≥96	≤0.03

失水量(mL/30min)	1min 静切力(Pa)	泥饼厚(mm)	pH 值
<30	2.0～5.0	2～4	7～9

(五)泥浆固壁作业

在松散透水的地层和坝(堰)体内进行造孔成墙时,如何维持槽孔内孔壁的稳定是防渗墙施工的关键,工程实践中,常采用泥浆固壁作业,来解决这类问题。

泥浆固壁作业的施工原理是由于槽孔内的泥浆压力要高于地层的水压力,使泥浆渗入槽壁介质中,其中较细的颗粒进入空隙,较粗的颗粒附在孔壁上,形成泥皮。泥皮对地下水的流动形成阻力,使槽孔内的泥浆与地层被泥皮隔开。泥浆一般具有较大的密度,所产生的侧压力通过泥皮作用在孔壁上,就保证了槽壁的稳定。

泥浆除了固壁作用外,在造孔过程中,尚有悬浮和携带岩屑、冷却润滑钻头的作用;成墙以后,渗入孔壁的泥浆和胶结在孔壁的泥皮,还对防渗起辅助作用。在施工过程中,要注意及时调整泥浆性能。

泥浆的造价一般可占防渗墙总造价的15%以上,故应尽量做到泥浆的再生净化和回收利用,以降低工程造价,同时也有利于环境的保护。泥浆在重复使用前,必须进行净化和恢复其性能,保持性能稳定,这样可以节省大量造浆费用。

(六)成槽工艺

造孔成槽工序约占防渗墙整个施工工期的一半,槽孔的精度直接影响防渗墙的质量。选择合适的造孔机具与挖槽方法对于提高施工质量、加快施工速度至关重要。

开挖槽孔用的钻挖机械形式很多,主要有冲击钻机、回转钻机、钢绳抓斗及液压铣槽机等。就钻挖方式来看,主要有冲击式、回转式和抓挖式三种以及这三种方式的组合。为提高工效常将一个槽段划分成主孔和副孔,然后采用钻劈法、钻抓法或分层钻进等方法成槽。

1. 钻劈法

钻劈法又称"主孔钻进,副孔劈打"法,如图 7-3 所示。把一个槽孔划分成奇数个主孔,主孔长度等于终孔钻头直径;副孔长度通过施工试验确定,一般等于1.5～1.6 倍主孔长度。

利用冲击式钻机的钻头自重，首先钻凿主孔，当主孔钻到一定深度后，就为劈打副孔创造了临空面。然后用同样的机械劈打副孔两侧，打至距主孔底 1m 处停止，再继续钻主孔，如此交替进行，直至设计深度。此法适用于砂卵石、全风化或半风化基岩。

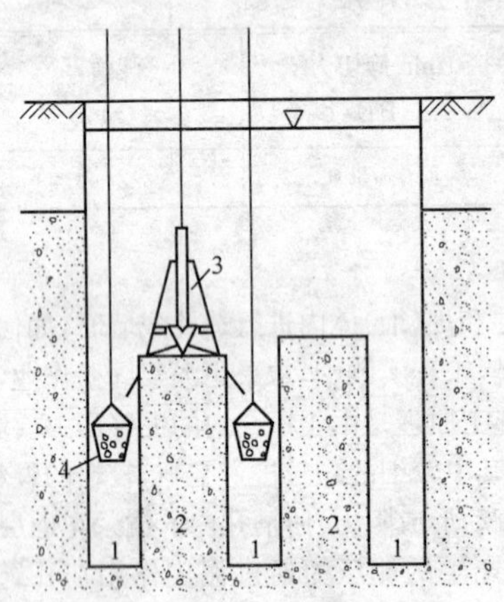

图 7-3　钻劈法成槽工艺示意图

1—主孔；2—副孔；3—冲击钻头；4—接砂斗

使用冲击钻劈打副孔产生的碎渣，通常有两种出渣方式：一是利用泵吸设备将泥浆连同碎渣一起吸出槽外，通过再生处理后，泥浆可以循环使用；二是利用抽砂筒及接砂斗出渣，钻进与出渣间歇性作业。

2. 钻抓法

钻抓法又称“主孔钻进，副孔抓取”法，如图 7-4 所示。主、副孔的划分与钻劈法基本相同，主孔长度等于终孔钻头直径，副孔长度等于抓斗的有效抓取长度。先用冲击钻或回转钻钻凿主孔，然后用抓斗抓挖副孔。

该方法可以充分发挥两种机具的优势，抓斗的效率高，而钻机可钻进不同深度地层。具体施工时，可以两钻一抓、也可三钻两抓、四钻三抓形成不同长度的槽孔，适合于粒径较小的松散软弱地层。

3. 分层钻进法

分层钻进也叫分层平打法，如图 7-5 所示。它是利用钻具的重量和钻头的回转切削作用，分层钻进，每层深度一般等于半根或一根钻杆的长度。为防止槽孔两端发生孔斜，两端钻孔应先行超前钻进，比预计要钻进的层深超深 3～5m。分层下挖时，用砂泵经空心钻杆将土碴连同泥浆排出槽外。分层钻进法适用于细砂层或胶结的土层，不适于含有大粒径卵石或漂石的地层。

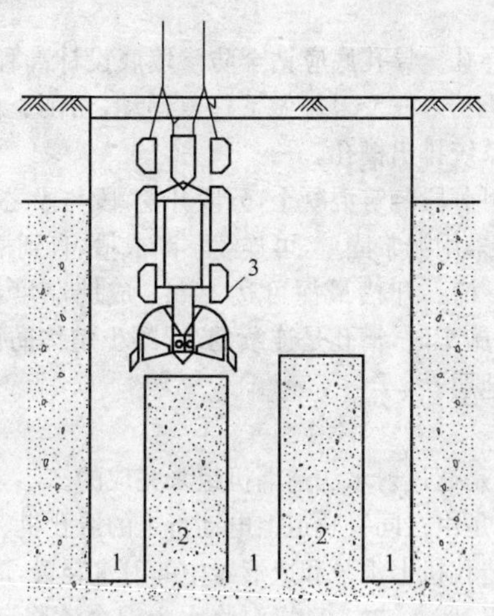

图 7-4　钻抓法成槽工艺示意图

1—主孔;2—副孔;3—液压导板式抓斗

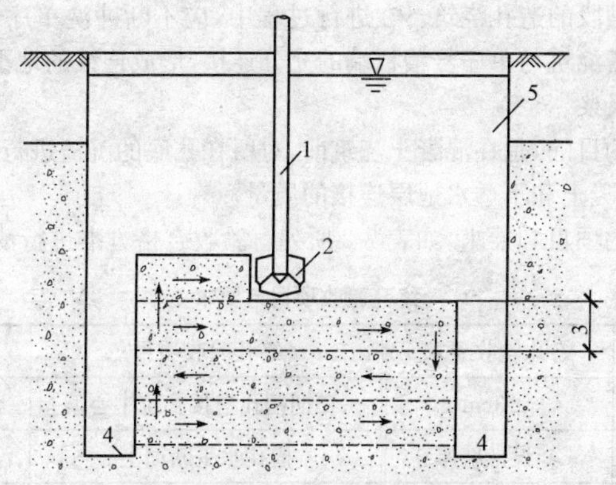

图 7-5　分层钻进法成槽工艺示意图

1—钻杆;2—钻头;3—每层深度;
4—超前端孔;5—孔内泥浆

4. 锯槽法

采用锯槽法施工时,所用的设备是由液压系统、工作装置(刀排刀杆)、排渣系统、起重和电气系统组成。利用钻槽机开挖成槽后,再浇筑混凝土,修建混凝土防渗墙。

开槽前，应先打导孔。导孔底应钻至防渗墙底设计高程，然后把刀杆吊入导孔。在液压装置带动下，刀杆及刀排做下往复运动，切削土体。被切掉的土体及土渣，由反循环排渣系统排出槽孔。

在开挖过程中，可分段浇筑混凝土，分段开挖，段与段之间可采用柔性或刚性隔离体隔开。槽内多采用泥浆固壁，可连续不断成槽，直到槽的设计末端，开挖成规则而连续的长方形槽。开槽最深可达 40m。成墙厚度最小 180mm，最厚达 400mm。采用该方法施工时，槽孔是连续的，混凝土整体防渗性好，适用于壤土、砂壤土、粉土等软土地层。

5. 射水法

射水法造墙主要是通过射水法造墙机组来完成的。

射水法造墙机组是由在同一轨道上电动行走的造孔机、混凝土浇筑机和混凝土搅拌机组成，利用造孔机上水泵和成形器中的射水装置，形成高速泥浆射流，切割破碎原地层的砂、土、卵石结构；砂石泵将水土混合渣浆反循环抽吸出槽孔，排入沉淀池；同时利用卷扬机带动成槽器作上下往复冲击运动，再由成槽器下沿的刀具切割修整槽孔壁，形成具有一定规格尺寸的槽孔后，使用导管法在水下进行混凝土浇筑。在造孔浇筑过程中，应先跳槽完成单序号槽段造孔浇筑；待初凝后，再进行双序号槽段的造孔浇筑。在进行过程中，应不断冲洗单序号槽板的端面，以利于双序号槽浇筑与单序号槽板端的充分连接，形成连续的地下防渗墙体。

(七)清孔换浆

清孔换浆的目的，是在混凝土浇筑前，对留在孔底的沉渣进行清除，换上新鲜泥浆，以保证混凝土和不透水地层连接的质量。

终孔验收的项目和要求，如表 7-2 所列。验收合格方准进行清孔换浆。

表 7-2　　终孔验收项目与要求

终孔验收项目	终孔验收要求	终孔验收项目	终孔验收要求
槽位允许偏差	±3cm	一、二期槽孔搭接孔位中心偏差	≤1/3 设计墙厚
槽宽要求	≥设计墙厚	槽孔水平断面上	没有梅花孔、小墙
槽孔孔斜	≤4‰	槽孔嵌入基岩深度	满足设计要求

清孔换浆应该达到的标准是经过 1h 后，孔底淤积厚度不大于 100mm，孔内泥浆密度不大于 1.3，粘度不大于 30s，含砂量不大于 10%。一般要求清孔换浆以后 4h 内开始浇筑混凝土。如果不能按时浇筑，应采取措施，防止落淤，否则，在浇筑前要重新清孔换浆。

(八)墙体浇筑

混凝土防渗墙是在泥浆下进行混凝土浇筑的，与一般混凝土浇筑不同。泥浆下混凝土浇筑的主要特点是混凝土应连续浇筑，一气呵成，决不允许泥浆与混凝土掺混形成泥浆夹层，确保混凝土与基础以及一、二期混凝土之间的结合。泥浆下浇筑混凝土常用直升导管法。

1. 导管布置

布置导管时，应有利于全槽混凝土面的均衡上升，有利于一、二期混凝土的结合，并可防止混凝土与泥浆掺混。

导管由若干节 ϕ20～ϕ25 的钢管连接而成，沿槽孔轴线布置，相邻导管的间距不宜大于 3.5m，一期槽孔两端的导管距端面以 1.0～1.5m 为宜，开浇时导管口距孔底 100～250mm。当孔底高差大于 250mm 时，导管中心应布置在该导管控制范围的最低处，如图 7-6 所示。

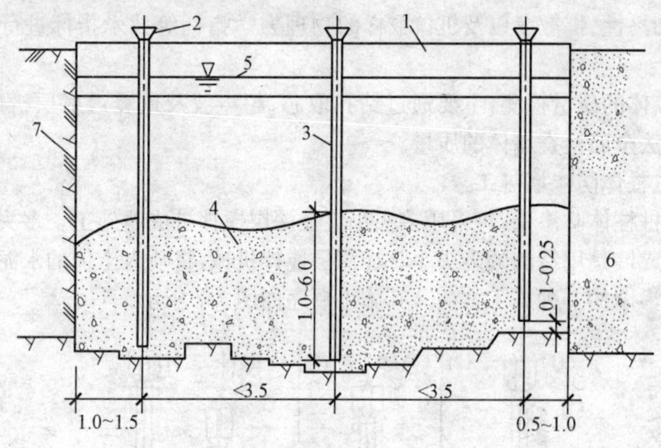

图 7-6　导管布置图(单位:m)

1—导向槽；2—受料斗；3—导管；4—混凝土；
5—泥浆液面；6—已浇槽孔；7—未挖槽孔

2. 浇筑工艺

(1)槽孔浇筑应严格遵循先深后浅的顺序，即从最深的导管开始，由深到浅一个一个导管依次开浇，待全槽混凝土面浇平以后，再全槽均衡上升。

(2)导管开浇时，先下入导注塞，并在导管中灌入适量的水泥砂浆，准备好足够数量的混凝土，将导注塞压到导管底部，使管内泥浆挤出管外。然后将导管稍微上提，使导注塞浮出，一举将导管底端被泻出的砂浆和混凝土埋住，保证后续浇筑的混凝土不致与泥浆掺混。

(3)在浇筑过程中，应保证连续供料，一气呵成；保持导管埋入混凝土的深度不小于 1m，但不超过 6m，以防泥浆掺混和埋管；维持全槽混凝土面均衡上升，上升速度不应小于 2m/h，高差控制在 0.5m 范围内。

(4)浇筑过程中应注意观测,作好混凝土面上升的记录,防止堵管、埋管、导管漏浆和泥浆掺混等事故的发生。槽孔混凝土的浇筑,必须保持均衡、连续、有节奏,直到全槽成墙为止。

(九)施工质量检查

对混凝土防渗墙的质量检查应按规范及设计要求进行,主要有如下几个方面:

(1)槽孔的检查,包括几何尺寸和位置、钻孔偏斜、入岩深度等。

(2)清孔检查,包括槽段接头、孔底淤积厚度、清孔质量等。

(3)混凝土质量的检查,包括对混凝土浇筑时导管的位置以及导管埋深、浇筑速度和浇筑高程、混凝土原材料等方面进行检查和控制,浇筑时还应对混凝土的坍落度、和易性、扩散度以及机口取样的物理力学指标等技术指标进行严格检查和控制。

(4)墙体的质量检测,主要通过钻孔取芯、超声波及地震透射层析成像(CT)技术等方法全面检查墙体的质量。

四、桩柱体防渗墙施工

对于桩柱体防渗墙,可采用多头小直径深层搅拌桩成墙施工。多头小直径深层搅拌桩成墙是用特制的多头小直径深层搅拌机械,将喷入土体的水泥搅拌形成水泥土防渗墙的一种施工方法。其施工顺序如图 7-7 所示。

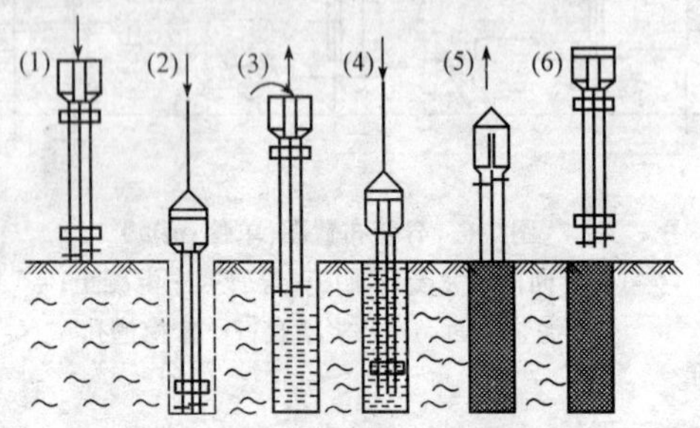

图 7-7 深层搅拌桩成墙施工顺序

1—就位;2—贯入;3—提升;4—重复贯入;5—重复提升;6—结束

施工时,先将多头小直径深层搅拌桩机械定位、调平,由主机动力装置带动多个并列的钻杆转动,并以一定的推进力使钻头向土层推进至设计深度,然后进行有控制的提升。提升过程中喷射水泥浆进行搅拌,使土体与水泥浆充分混合,形成桩形墙段。

机械不断地平移定位、调平,重复上述过程,并注意与上一段间的搭接施工,又形成新的桩形墙段,最终形成一道连续的防渗墙。

桩柱体防渗墙也可采用高压旋喷注浆成墙施工。

第三节　灌浆施工技术

所谓灌浆就是利用灌浆机施加一定的压力，将配置的某种浆液通过预先设置的钻孔和灌浆管，灌入岩石地基、土或建筑物中，使其充填胶结成坚固、密实而不透水的整体。

近年来，灌浆技术在水利水电工程中应用愈来愈广泛，特别是国内外水工建筑物灌浆的技术和实践又有新的进展。

一、灌浆压力

灌浆压力是指作用在灌浆段中部的压力，也是控制灌浆质量和效果的重要因素，应根据工程和地质情况进行分析计算并结合工程类比拟定，必要时进行灌浆试验论证。

(一)灌浆压力计算

灌浆压力大小与孔深、灌浆要求、地质条件及有无压重等因素有关。工程中也常采用下式计算：

$$P=P_0+mD+K\gamma gh \tag{7-3}$$

式中　P——灌浆压力，MPa；

P_0——基岩表层的允许压力，MPa，可参考表 7-3；

m——灌浆段以上岩层每增加 1m 所能增加的灌浆压力，MPa，可参考表 7-3；

D——灌浆段以上岩层的厚度，m；

K——系数，可选用 1～3，在压重层松散时取低值；

γ——压重的密度，kg/m^3；

g——重力加速度，m/s^2；

h——灌浆孔以上压重的厚度，m。

表 7-3　P_0 和 m 值选用表

岩石分类	岩　性	m (MPa)	P_0 (MPa)	常用压力 (MPa)
Ⅰ	具有陡倾斜裂隙、透水性低的坚固大块结晶岩、岩浆岩	0.2～0.5	0.3～0.5	4～10
Ⅱ	风化的中等坚固的块状结晶岩、变质岩或大块体弱裂隙的沉积岩	0.1～0.2	0.2～0.3	1.5～4
Ⅲ	坚固的半岩性岩石、砂岩、黏土页岩、凝灰岩、强或中等裂隙的成层的岩浆岩	0.05～0.1	0.15～0.2	0.5～1.5

续表

岩石分类	岩　　性	m (MPa)	P_0 (MPa)	常用压力 (MPa)
Ⅳ	坚固性差的半岩性岩石、软质石灰岩、胶结弱的砂岩及泥灰岩、裂隙发育的较坚固的岩石	0.025～0.05	0.05～0.15	0.25～0.5
Ⅴ	松软的未胶结的泥砂土壤、砾石、砂、砂质黏土	0.015～0.025	0	0.05～0.25

注：1. 采用自下而上分段灌浆时，m 应选用较小值。

2. Ⅴ类岩石在外加压重情况下，才能有效地灌浆

（二）灌浆压力控制

工程中灌浆压力的控制有一次升压法和分级升压法。

1. 一次升压法

一次升压法即灌浆开始时，一次将压力升高到预定的压力，并在此压力下灌注由稀到浓的浆液。适用于透水性不大，裂隙不甚发育，岩层较坚硬完整和灌浆压力不高的地层中。

2. 分级升压法

分级升压法是将整个灌浆压力分为几个阶段，逐级升压直到预定的压力。根据工程中的应用，分级不宜过多，一般以三级为限，如分为 $0.4P$、$0.7P$ 及 P 三级，逐级升压。一般用于岩层破碎、透水性较大或有渗透途径与外界连通的孔段。

当灌浆压力大于 3～4MPa 或能使岩体中基本裂隙扩大的压力灌浆，则称为高压灌浆。工程中，在采用高压灌浆时，应以不引起岩面抬动或抬动值不超过允许的范围为准，必须进行灌浆试验，并加以科学分析和论证。如果遇到较大的孔洞或裂隙时，应按特殊情况进行处理，一般采用低压浓浆，间歇停灌。

二、灌浆施工

（一）固结灌浆

固结灌浆是在岩体中通过向钻孔中灌浆以改善岩体物理力学性能的一种工程技术处理措施。其主要作用是提高岩体的整体性、抗压强度与弹性模量，减小岩体变形与上部建筑物的不均匀沉降。

1. 孔的布置

灌浆孔的排距、孔距、孔深等主要应根据地质条件、坝型、坝高以及水工建筑物对基岩的要求而定。孔距一般为 2.5～5m，排距略小于孔距，可布置为方格形、梅花形、六角形。孔深一般小于或等于 10m，有特殊要求时进行深孔固结灌浆。

2. 灌浆方式

常用的灌浆方式有循环式和纯压式两种。

为保证灌浆质量，固结灌浆常应在基岩表面浇筑的混凝土达到一定高度以起到盖重作用后进行，并应做好固结灌浆与坝体混凝土浇筑的安排。当基岩段小于6m时，全孔一次灌注；大于6m时，分段进行灌注。

3. 灌浆施工

固结灌浆多采用水泥浆，灌注浆液也应遵循由稀到浓、逐级变换的原则。浆液水灰比可选用3∶1、2∶1、1∶1、0.8∶1或0.6∶1；也可选用2∶1、1∶1、0.8∶1、0.6∶1或0.5∶1等4个比级。注入率大时可越级变浓或灌注水泥砂浆。

灌浆施工时应遵循逐渐加密的原则，排间分序，排内加密。每一灌浆孔段的施工程序一般为：钻孔一钻孔冲洗一孔内压力水裂隙冲洗一部分钻孔进行简易压水一灌浆。特殊地质条件下需要进行群孔冲洗。

灌浆前应安设抬动观测装置，施工过程中不允许混凝土盖板发生抬动或抬动值不大于0.2mm，并随时注意观察有无冒浆及串降现象发生。注浆的灌浆压力，浅孔一般为0.2～0.5MPa，深孔灌浆压力与基岩帷幕灌浆选用压力的方法相同。在规定的压力下，当注入率不大于0.4L/min，延续30min，或不大于1L/min，延续60min，灌浆可以结束，灌浆结束后应做好封孔工作。

4. 适应范围

(1)混凝土重力坝多在坝基全面进行固结灌浆，有时为增加坝基的抗滑稳定，还在坝基上、下游一定范围内进行固结灌浆。

(2)混凝土拱坝或重力拱坝，除坝基进行固结灌浆外，对受力大的坝肩拱座岩体尤需进行固结灌浆。

(3)水工隧洞常在混凝土衬砌四周进行围岩固结灌浆。

(4)对位于地下水丰富区、岩体破碎地段，或地质条件非常复杂地段的水工隧洞，在开挖前，有时需先在大于洞径一定范围内钻放射形斜孔进行超前固结灌浆，以有利于开挖。

(5)土石坝在斜墙或心墙底部设置混凝土盖板，对盖板下的基岩进行固结灌浆，混凝土面板堆石坝对趾板下的基岩进行固结灌浆等。

(二)帷幕灌浆

帷幕灌浆是指为建造水工建筑物地基防渗帷幕而进行的灌浆。帷幕灌浆是水工建筑物岩石地基防渗处理的主要手段。

1. 灌浆材料

常用的帷幕灌浆材料主要有水泥浆、水泥黏土浆和化学浆液等。水泥浆效果可靠，灌浆设备和工艺比较简单，材料成本不高，是最常用的灌浆浆液；水泥黏土浆成本低廉，但强度不高，多用于砂砾石层的防渗灌浆或强度要求不高的岩基灌浆；化学浆液成本较高，一般只在特殊情况下使用。

2. 灌浆方式

常用的帷幕灌浆方式有纯压式和循环式两种。纯压式帷幕灌浆浆液流动速度相对较小，容易产生沉淀，并堵塞岩层缝隙和管路，影响灌浆效果，多用于吸浆量大、并有大裂隙存在和孔深不超过15m的情况。循环式帷幕灌浆一方面使浆液始终保持循环流动状态，可以防止泥浆沉淀；另一方面又可以根据进浆浆液比重的差值，判断岩层的吸浆情况。工程中多采用循环式帷幕灌浆。

3. 灌浆方法

帷幕灌浆方法主要有自上而下分段灌浆法和自下而上分段灌浆法两种，有时也采用综合灌浆法及孔口封闭灌浆法。

进行帷幕灌浆时，坝体混凝土和基岩的接触段应先进行单独灌浆，其在岩石中的长度不得大于2m。以下各灌浆段的长度一般为5～6m，最大不超过10m。帷幕灌浆施工应遵循逐渐加密的原则，三排孔先灌边排孔，再灌中间排孔；双排孔一般先灌下游排孔，再灌上游排孔。每一排与灌浆孔的分序，一般为：单排孔时可分为3序；双排孔时可分为2序或3序；三排孔时可分为2序。

4. 灌浆施工

每一灌浆孔段的施工程序一般为：钻孔—钻孔冲洗—孔内裂隙压力水冲洗—简易压水—灌浆。

灌浆压力是控制灌浆质量的重要指标，与孔深、岩层性质和灌浆段上有无压重等因素有关，可根据不同的计算公式得出参考值，也可参考类似工程所用值进行设计，再根据现场灌浆试验确定。灌浆开始后常用一次升压法，将灌浆压力尽快升到规定值。但当注入率大时，需采用分级升压法。

灌注浆液应遵循由稀到浓，逐级变换的原则，开始灌注水灰比较大的水泥浆，当此浓度的水泥浆累计灌入量达到规定数量而注入率没有改变或改变不显著时，需将灌浆液变浓一级，以后逐级加浓，直至达到规定的结束标准。帷幕灌浆浆液水灰比可采用5∶1、3∶1、2∶1、1∶1、0.8∶1、0.6∶1或0.5∶1等6个比级，遇注入率大时，也可越级变浓。对可灌性差的岩基，在必要时应采用加细水泥或化学材料灌浆。

5. 灌浆结束标准

帷幕灌浆采用自上而下分段灌浆方法时，在规定的压力下，当注入率不大于0.4L/min，延续灌注60min；或不大于1L/min，延续灌注90min，灌浆可以结束。采用自下而上分段灌浆法时，延续灌注的时间可相应地减少为30min和60min，灌浆可以结束。全孔灌浆结束后应采用压力灌浆法进行封孔。

6. 质量检查

帷幕灌浆质量检查的主要方法是钻检查孔，自上而下分段进行压水试验，采用单点法或五点法，求得透水率g值。岩基中帷幕灌浆的防渗标准主要根据地质条件、坝型、坝高、水工设计对岩基防渗的要求等而定，一般多为透水率$1Lu \leqslant g \leqslant 5Lu$[1Lu＝1L/(m·MPa·min)]。为了解灌浆压力对地基上抬的影响，一般宜进行地基抬动监测。

(三)接触灌浆

接触灌浆是指为密实混凝土与钢管或钢板结构物之间以及混凝土与岩石之间的缝隙进行的灌浆。水利水电工程进行接触灌浆的通常有下列两种：

1. 钢管或钢板结构物之间接触灌浆

在钢管或钢板结构物四周浇筑混凝土时，当混凝土硬化干缩后，两者之间会产生缝隙，对此缝隙需进行接触灌浆，其主要作用是填充缝隙，增加黏着力；加强接触面间的密实性，防止渗漏水。

接触灌浆施工时，首先应在钢板上锤击检查，画出脱空区，然后视脱空区面积大小确定孔数，布置孔位。每个脱空区至少布置两孔，其中一个为灌浆孔，靠近脱空区底部；另一个为排气孔，位于脱空区顶部。接着用电钻开始钻孔，有时可在压力钢管上预留灌浆孔。

灌注水灰比为 0.6 或 0.5 的浓水泥浆，必要时可在浆液中掺加高效减水剂。灌浆结束后，作好封孔工序。接触灌浆结束 7～14d 后，应采用锤击法进行灌浆质量检查，脱空范围和程度应满足设计要求。

2. 混凝土与岩石之间接触灌浆

在岩石地基上修建混凝土坝时，当混凝土硬化干缩后，两者之间也会产生缝隙，也常需进行接触灌浆，其主要作用是加强两者间的紧密结合；加强基础的整体性，提高岩体的抗滑稳定；并增强岩体固结和防渗性能。

在岩面比较平缓部位，接触灌浆常结合坝基帷幕和固结灌浆进行。帷幕灌浆将坝体混凝土与岩石之间的接触面作为一个灌浆段，基岩段长不超过 2m，单独进行灌浆。固结灌浆当钻孔孔隙在基岩中不大于 6m 时，常全孔一次进行灌浆；大于 6m 时，常将接触面单独分为一段，进行分段灌浆。

在坝肩岩石边坡陡于 45°的部位，接触灌浆的设计和灌浆方法与坝体接缝灌浆类似，可采用分层浇筑混凝土后再钻孔的方法、预埋灌浆盒法或其他有效的方法，主要是需在接触面上形成出浆点或出浆线，并设置有类似进浆、回浆、出浆和排气的设施，各管路可引到就近廊道或其他合适地点，待混凝土温度达到设计规定值后进行接触灌浆。

(四)化学灌浆

1. 化学灌浆材料

化学灌浆材料的品种很多，每种材料都具有特殊的性能，应根据工程处理要求进行选用。按灌浆目的可分为防渗堵漏和固结补强两大类：前者有丙烯酰胺类、水玻璃、木质素类和聚氨酯类等；后者有环氧树脂类、甲基丙烯酸酯类等。

(1)丙烯酰胺类。丙烯酰胺类亦称丙凝，它的浆液以丙烯酰胺为主剂，与常用的交联剂NN′－甲基双丙烯酰胺，引发剂过硫酸铵，促进剂三乙醇胺或硫酸亚铁，缓凝剂铁氰化钾与水配制而成。丙烯酰胺类浆液的粘度很小，与水接近，可灌性好，适用于细微裂隙和孔隙的地层进行防渗堵漏处理。但胶凝体的强度较低，在干燥情况下会失水、收缩,只适用于地下水位以下的工程部位。如防渗帷幕灌浆处理软基细砂层的固结处理等。

(2)水玻璃。灌浆用的水玻璃是硅酸钠的水溶液,不同浓度的水玻璃和相应的胶凝剂(如氯化钙或铝酸钠等),配制成的浆液,灌入地层,经化学反应生成硅酸凝胶,能起到防渗和固结作用。由于胶凝体的强度较低,在干燥环境下有干缩现象,只适用于岩基、砂层水下部位的防渗或堵漏处理。

(3)木质素类。木质素类浆液是以纸浆废液为主剂,加入一定数量的胶凝剂重铬酸钠和促凝剂氯化铁、硫酸亚铁等组成,促凝剂可缩短浆液的胶凝时间,提高胶凝体的抗压强度。

木质素浆液粘度低,浆体本身又具有表面活性,可灌性好,胶凝体的抗渗性较强,但强度低,多用于砂基的防渗帷幕灌浆。

(4)聚氨酯类。聚氨酯类是聚氨基甲酸酯的简称,可由多异氰酸酯和多羟基化合物反应而成,由于两者的品种较多,所以能配制出多种不同特性的聚氨酯浆材。油溶性聚氨酯灌浆材料的可灌性好,浆液不溶于水,灌入地基内不会被水稀释或冲走,固化后的聚合物强度高。主要用于岩基防渗帷幕和有特殊要求地段的固结灌浆以及细砂层的防渗和固结、建筑物的堵漏补强等处理。水溶性聚氨酯灌浆材料是水溶性聚氨酯与水以各种比例混溶成乳浊液,并与水反应成具有弹性的含水胶凝体,具有遇水膨胀的特性。可用于地基帷幕防渗处理、变形缝的防渗堵漏、岩基和细砂层的防渗堵漏加固等。

(5)环氧树脂类。环氧树脂是一种高分子材料,它具有强度高、黏结力强、收缩小、化学稳定性好,并能在常温下固化的特点。环氧树脂浆液通常是由主剂、固化剂、促进剂和稀释剂等材料配制而成,常用于岩基固结灌浆、加固地基和处理混凝土裂缝等方面。

(6)甲基丙烯酸酯类。甲基丙烯酸酯类浆材,简称甲凝。它具有黏度低、可灌性好、低温可聚合固化、聚合体强度高和耐久性好等优点。缺点是浆液配比复杂、价格昂贵和聚合时体积收缩较大等。多用于地下水位以上的混凝土细缝补强。

上述几种化学灌浆材料的主要性能,见表 7-4 所列。

表 7-4　几种化学灌浆材料的主要性能

浆材类别	浆液初始黏度(cp)	可灌地层		浆液胶凝时间可控制范围	抗压强度(MPa)	聚合体或固砂体的渗透系数(cm/s)	灌浆方法
		最小粒径(mm)	渗透系数(cm/s)				
丙烯酰胺类	1.2	0.01	$\geqslant 10^{-5}$	瞬时～数十分钟	0.3～0.8(固砂体)	10^{-8}～10^{-10}	单液或双液

续表

浆材类别	浆液初始黏度(cp)	可灌地层		浆液胶凝时间可控制范围	抗压强度(MPa)	聚合体或固砂体的渗透系数(cm/s)	灌浆方法
		最小粒径(mm)	渗透系数(cm/s)				
水玻璃	2～10	0.1～0.5	$\geqslant 10^{-3}$	瞬时～数十分钟	0.3～3(固砂体)	10^{-5}～10^{-7}	双液
木质素类	2～10	0.03	$\geqslant 10^{-4}$	数秒钟～数十分钟	0.3～0.9(固砂体)	10^{-7}～10^{-9}	单液
聚氨酯类	10～200	0.015～0.03	$\geqslant 10^{-4}$	数分钟～数十分钟	0.5～20(聚合体)	10^{-6}～10^{-9}	单液
环氧树脂类	6～150	0.1(裂隙宽度)		数小时～数十小时	40～100(聚合体)		单液
甲基丙烯酸酯类	0.6～1.0	(0.05)(裂隙宽度)		数分钟～数小时	60～80(聚合体)		单液

2. 化学灌浆方式

化学灌浆,基本上是在水泥灌浆的基础上发展起来的一种新型灌浆施工技术。化学灌浆的工艺,可基本沿用水泥灌浆的工艺,但由于化学灌浆的特点和材料性质的不同,故而化学灌浆均采用纯压式灌浆。

按浆液混合方式的不同,化学灌浆工艺可以分为单液法与双液法。

(1)单液法是在灌浆之前,浆液的各组成材料按规定一次配成,经过气压和泵压压到孔段内,见图 7-8(a)。这种方法的浆液配合比较准确,设备及操作工艺均较简单,但在灌浆中要调整浆液的比例,很不方便,余浆不能再使用。此法适用于胶凝时间较长的浆液。

(2)双液法是将预先已配置好的两种浆液分别盛在各自的容器内,不相混合,然后用气压或泵压按规定比例送浆,使两液在孔口附近的混合器中混合后送到孔段内,两液混合后即起化学反应,浆液固化成聚合体,见图 7-8(b)。这种方法在施工过程中,可根据实际情况调整两液用量的比例,适应性强,储浆筒中的剩余浆液分别放置,不起化学反应,还可继续使用。此法适用于胶凝时间较短的浆液。

3. 化学灌浆压送方式

化学灌浆压送浆液的方式有气压法和泵压法两种。

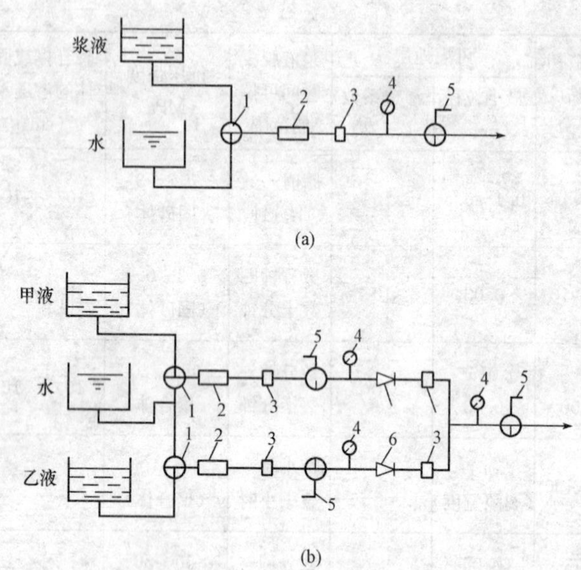

图 7-8　单液法和双液法布置示意图

(a)单液法;(b)双液法

1—三通旋塞;2—灌浆泵;3—活接头;4—压力表;5—取样或冲洗管;6—逆止阀

(1)气压法。采用气压灌浆时,一般压力较低但易稳定,在渗透性较小、孔浅,采用单液法灌浆比较适用。

(2)泵压法。采用泵压灌浆时,多采用比例泵。比例泵就是由两个排浆量能任意调整,使之按规定的比例进行压浆的活塞泵所构成的化学灌浆泵;也可用两台同型的灌浆泵加以组装,两泵按规定的排浆量关系进行灌浆。

化学灌浆浆液的胶凝时间,较水泥要短得多,因此在灌浆过程中,对各项工序的要求,较之水泥灌浆更为严格,技术要求也更高。

(五)高压喷射灌浆

高压喷射灌浆法就是利用钻机造孔,然后将带有特制合金喷嘴的灌浆管下到地层预定位置,以高压把浆液或水、气高速喷射到周围地层,对地层介质产生冲切、搅拌合挤压等作用,同时被浆液置换、充填和混合,待浆液凝固后,就在地层中形成一定形状的凝结体。各个孔的凝结体连接起来,可以形成板式或墙式的结构,不仅可以提高基础的承载力,而且可成为一种有效的防渗体。

由于高压喷射灌浆具有对地层条件适用性广、浆液可控性好、施工简单等优点,近年来在国内外都得到了广泛应用。

1. 高喷灌浆材料

高喷多采用水泥浆，地基加固的高喷施工一般采用纯水泥浆。为增加浆液的稳定性，可在水泥浆液中加入少量的膨润土；若对凝结体性能有特殊要求时，也可加入较多的膨润土或其他掺和料。

影响凝结体抗压强度的主要因素是地层的成分、颗粒强度和级配。通常使用水灰比不大于1∶1的浓浆。实践表明，浆液水灰比在0.8∶1～1∶1范围内对凝结体的抗压、抗折强度影响不大。

2. 凝结体的形式

工程中一般有定喷、旋喷和摆喷三种方式。单孔高喷形成凝结体的形状和喷射的形式有关。

在高压喷射过程中，钻杆边提升，边旋转，称为旋喷，可形成圆柱形固结体；高压喷射过程中，钻杆只进行提升运动，钻杆不旋转，称为定喷，可形成片状固结体；高压喷射过程中，钻杆边提升，边左右旋转某一角度，称为摆喷，可形成扇形固结体，如图7-9所示。

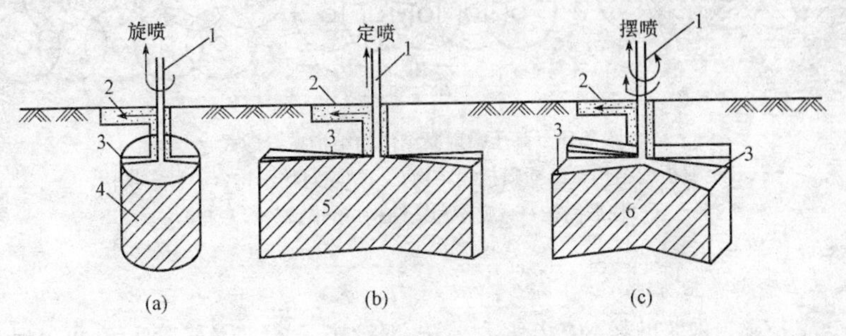

图7-9　旋喷、定喷和摆喷示意图

(a)旋喷形成圆柱形固结物；(b)定喷形成片状固结物；(c)摆喷形成扇形固结物

1—喷射注浆管；2—冒浆；3—射流；

4—旋转成桩；5—定喷成板；6—摆喷成墙

3. 凝结体结构布置形式

为了保证高压喷射防渗板(墙)的连续性与完整性，必须使各单孔凝结体在其有效范围内相互可靠连接，这与设计的结构布置形式及孔距有很大关系。孔距一般应根据地质条件、防渗要求、施工方法和工艺、结构布置形式、孔深等因素确定，常用的结构布置形式有定喷折线结构、摆喷折线结构、摆喷对接结构、柱定结构、柱摆结构和旋喷套接结构，见图7-10，其中以柱摆结构和旋喷套接结构的防渗效果较好。

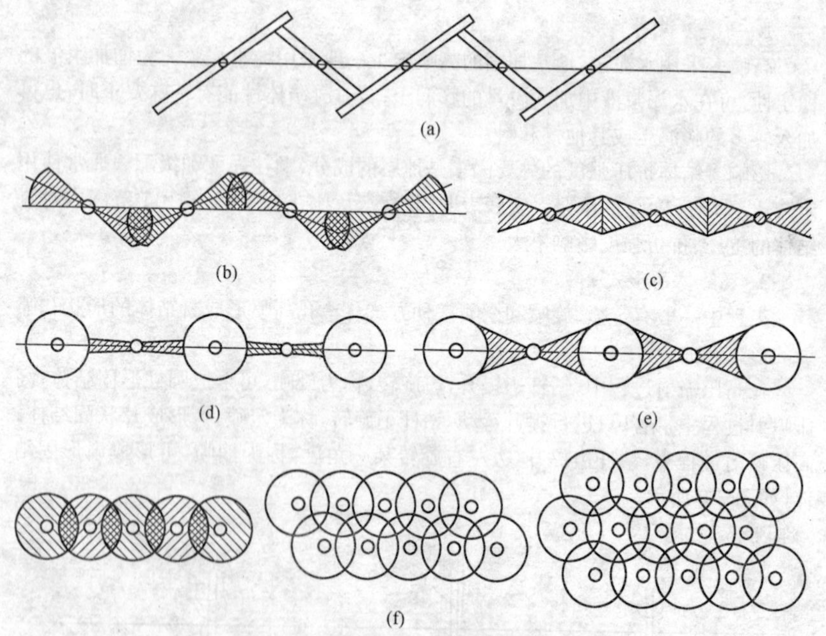

图 7-10　高压喷射凝结体的结构布置形式

(a)定喷折线结构;(b)摆喷折线结构;(c)摆喷对接结构;(d)柱定结构;(e)柱摆结构;(f)旋喷套接结构(单排、双排、三排)

4. 高喷施工方法

高压喷射灌浆的基本方法有:单管法、双管法、三管法及多管法等,可根据工程要求和地层条件选用。

(1)单管法。采用高压灌浆泵以大于 20MPa 的高压将浆液从喷嘴喷出,冲击、切割周围地层,并充填和渗入地层空隙,与强烈搅动地层中的土石颗粒、碎屑掺混搅和,硬化后形成凝结体。该方法施工简易,但有效范围较小,在防渗工程中较少采用。

(2)双管法。即并列安装浆、气两管,在浆压 45~50MPa,气压 1~1.5MPa 的情况下,将浆液和压缩空气直接射入地层。由于射浆具有足够的射流强度和比能,对地层内细小颗粒的升扬置换作用明显,喷出浆液不易被水稀释相应地凝结体内水泥含量多,强度较高。此法工效高,质量优,效果好,可适用于处理地下水丰富、含大粒径块石、孔隙率大的地层。

(3)三管法。即用水管、气管、浆管组成喷射杆,在杆底部设置有喷嘴,使气、水喷嘴在上,浆液喷嘴在下。高喷时(水压 38~40MPa,气压 0.6~0.8MPa,浆压

0.3～0.5MPa)，随着喷射杆的旋转和提升，先是高压水和气的射流冲击扰动地层土体，随后以低压注入浓浆掺混搅拌，硬化后形成凝结体。目前我国高喷施工多采用此法，施工设备价廉易购，质量一般可满足设计要求。

有的工程先采用高压水和气冲击切割地层土体，然后再用高压浆对地层土体进行二次切割和喷入，该施工方法被称为新三管法，它不仅能增大喷射半径，使浆液均匀注入被喷射地层，而且使实际灌入量增多，有利提高凝结体的结石率和强度，可适用于含较多密实性充填物的大粒径地层。

(4)多管法。多管法的喷管包含输送水、气、浆管、泥浆排出管和探头导向管。采用超高压水射流(40MPa)切削地层，所形成的泥浆由管道排出，用探头测出地层中形成的空间，最后由浆液、砂浆、砾石等置换充填。多管法可在地层中形成直径较大的柱状凝结体。

5. 施工程序

高压喷射灌浆的施工程序，按施工顺序依次为钻机就位、钻孔插管、喷射作业和回填注浆。

(1)钻机就位。进行高压喷射灌浆的设备由造孔、供水、供气、供浆和喷灌等五大系统组成。常用的造孔机具有回转式钻机、冲击式钻机等，但目前用得较多的是立轴式液压回转钻机。

(2)钻孔插管。在软弱透水的地层进行造孔，应采用泥浆固壁或跟管(套管法)的方法确保成孔。同时，为了保证钻孔的质量，孔位偏差应不大于10～20mm，孔斜率小于1%，见图7-11(a)。

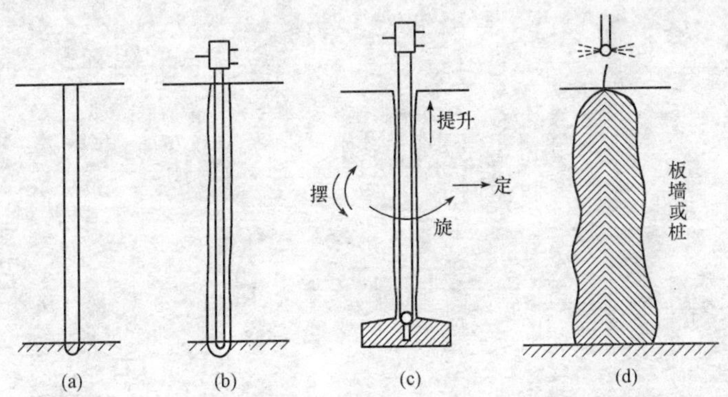

图7-11　高压喷射灌浆施工程序

(a)造孔；(b)下喷射管；(c)喷射提升(旋转或摆动)；(d)成桩或成墙

对于用泥浆固壁的钻孔，可以将喷射管直接下入孔内，直到孔底；用跟管钻进的孔，可在拔管前向套管内注入密度大的塑性泥浆，边拔边注，并保持液面与孔口齐平，直至套管拔出，再将喷射管下到孔底，见图 7-11(b)。在下管的过程中，应将喷嘴对准设计的喷射方向，不偏斜，以确保喷射灌浆成墙。

(3)喷射作业。根据设计的喷射方法与技术要求，将水、气、浆送入喷射管，喷射 1～3min；待注入的浆液冒出后，按预定的速度自上而下边喷射边转动、摆动，逐渐提升到设计高度，见图 7-11(c)。

(4)回填注浆。随着高度的不断增加，应向喷射管内不断地加注浆液，直至达到预期目的，如成桩或成墙，见图 7-11(d)。

6. 质量检查

高喷灌浆质量检查内容包括凝结体的整体性、均匀性和垂直度；有效直径或加固长度、宽度；强度特性(包括轴向压力、水平推力、抗酸碱性、抗冻性和抗渗性等)；溶蚀和耐久性能等几个方面。

常用的检测方法有开挖检查、室内试验、钻孔检查、载荷试验以及其他非破坏性试验方法等。

钻孔检查是指在高喷凝结体达到一定强度后，钻取岩芯，观测浆液注入和胶结情况，测试岩芯密度、抗压强度、抗折强度、弹性模量及渗透系数、渗压比降等防渗性能；通过注水或压水试验，实测凝结体的渗透参数等。

第八章　混凝土坝工程

第一节　模 板 工 程

模板作业是钢筋混凝土工程的重要辅助作业，模板工程量大，材料和劳动力消耗多，因此正确选择材料组成和合理组织施工，对加快施工速度和降低工程造价意义重大。模板的基本作用是对新浇的塑性混凝土起成型和支撑作用，同时还具有保护和改善混凝土表面质量的作用。

一、模板类型

按照不同的标准，模板具有不同的类型。按模板的制作材料，可以分为木模板、钢模板、混凝土模板和混合模板；按形状可分为平面模板和曲面模板；按受力条件模板可分为承重模板和侧面模板。按架立和工作特征，模板可分为固定式、拆移式、移动式和滑动式。

固定式模板多用于起伏的基础部位或特殊的异形结构如蜗壳或扭曲面，因大小不等，形状各异，难以重复使用。拆移式、移动式和滑动式模板可重复或连续在形状一致或变化不大的结构上使用，有利于实现标准化和系列化。

（一）固定式模板

固定式模板是指在预制构件厂或现场按构件形状、尺寸制作的位置固定的模板。预制构件厂生产大批量形状尺寸固定的构件（如平板），可多次重复使用固定式模板。现场预制数目较少、形状不规则的构件一般为一次性使用。又如预制重力式素混凝土模板及厚仅 80～100mm 的钢筋混凝土模板，其外表面与结构外表形状一致，安装于建筑物的表面或廊道、竖井等处或大跨度承重结构的底部，浇筑混凝土后不再拆除。

固定式模板可节约大量木材、支架，减少现场施工干扰和立模困难，加快施工进度。

（二）拆移式模板

拆移式模板是模板在一处拼装，待混凝土达到适当强度后拆除，可以移至他处继续使用的模板。

1. 拆移式模板规格

拆移式模板在水利工程中应用较广，适应于浇筑块表面为平面的情况，可做成定型的标准模板。其标准尺寸，大型的为 1m×(3.25～5.25)m，小型的为 (0.75～1)m×1.5m，前者适用于3～5m高的浇筑块，需小型机具吊装；后者用于薄层浇筑，可人力搬运，如图 8-1 所示。

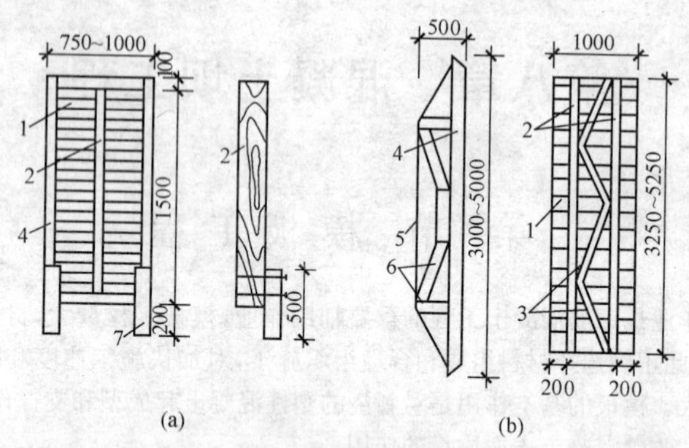

图 8-1　平面标准模板(单位:mm)

1—面板;2—肋木;3—加劲肋;4—方木;5—拉条;6—桁架木;7—支撑木

2. 拆移式模板类型

一般拆移式模板是由事先制好的钢、木或钢木组合定型模板和相应的支撑及紧固件组成。

(1)木模板。平面木模板由面板、加劲肋和支架三个基本部分组成。加劲肋(板样肋)把面板连接起来,并由支架安装在混凝土浇筑块上。

(2)组合钢模板。目前,拆移式模板多为组合钢模拼装而成。组合钢模既可以组拼成各种尺寸和形状的平面模板,也可以组拼成折线形模板,以适应建筑物的板、梁、柱、墙及大块体结构、构件的需要。

1)悬臂钢模板由面板、支撑柱和预埋连接件组成。面板采用定型组合钢模板拼装或直接用钢板焊制。支撑模板的立柱有型钢梁和钢桁架两种,视浇筑块高度而定。预埋在下层混凝土内的连接件有螺栓式和插座式(U形铁件)两种。

采用悬臂钢模板,由于仓内无拉条,模板整体拼装为大体积混凝土机械化施工创造了有利条件。但模板重量大(每块模板重 0.5～2t),需要起重机配合吊装。浇筑高度一般为 1.5～2m;用钢桁架作支撑柱时,高度也不宜超过 3m;

2)半悬臂模板,常用高度有 3.2m 和 2.2m 两种,结构简单,装拆方便,但支撑柱下端固结程度不如悬臂模板,故仓内需要设置短拉条,对仓内作业有影响。

3. 拆移式模板架设

架立模板的支架,常用围囹和桁架梁,如图 8-2(a)、(b)所示。桁架梁多用方木和钢筋制作。立模时,将桁架梁下端插入预埋在下层混凝土块内 U 形埋件中。当浇筑块薄时,上端用钢拉条对拉;当浇筑块大时,则采用斜拉条固定,以防模板变形。钢筋拉条直径大于 8mm,间距为 1～2m,斜拉角度为 30°～45°。

一般标准大模板的重复利用次数即周转率为 5～10 次,而钢木混合模板的周转率为 30～50 次，木材消耗减少 90％以上。由于是大块组装和拆卸，故劳力、材料、费用大为降低。

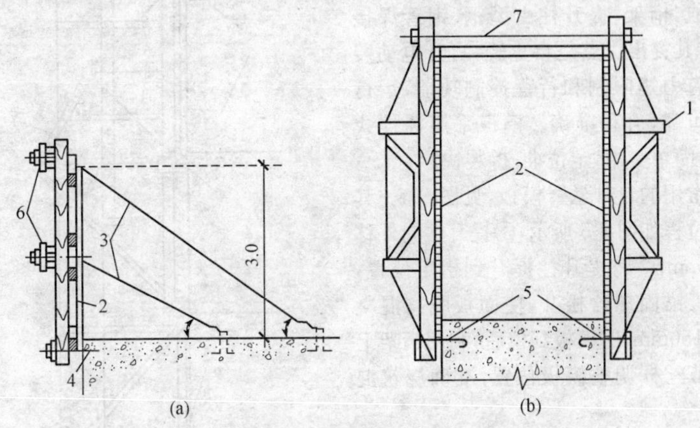

图 8-2　拆移式模板的架立图（单位：m）

（a）围囹斜拉条架立；（b）桁架梁架立

1—钢木桁架；2—木面板；3—斜拉条；4—预埋锚筋；

5—U 形埋件；6—横向围囹；7—对拉条

（三）移动式模板

对定型的建筑物，根据建筑物外形轮廓特征，做一段定型模板，在支撑钢架上装上行驶轮，沿建筑物长度方向铺设轨道分段移动，分段浇筑混凝土。

移动时，只需将顶推模板的花篮螺丝或千斤顶收缩，使模板与混凝土面脱开，模板即可随同钢架移动到拟浇混凝土部位，再用花篮螺丝或千斤顶调整模板至设计浇筑尺寸，如图 8-3 所示。移动式模板多用钢模板，作为浇筑混凝土墙和隧洞混凝土衬砌使用。

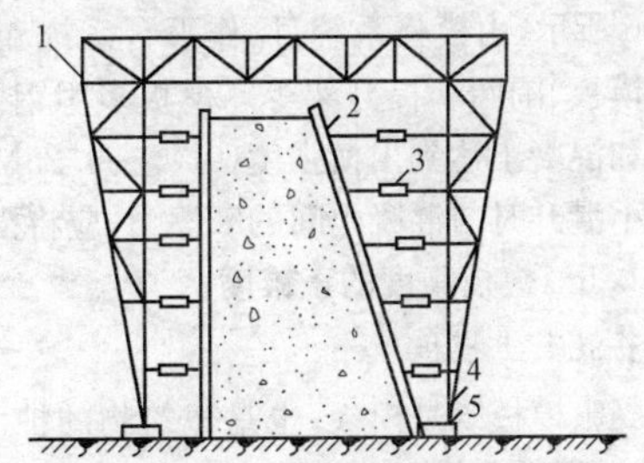

图 8-3　移动式模板浇筑混凝土墙

1—支撑钢架；2—钢模板；3—花篮螺丝；4—行驶轮；5—轨道

(四)自升式模板

自升式模板的面板由组合钢模板安装而成,桁架、提升柱由型钢、钢管焊接而成,其突出优点是自重轻,自升电动装置具有力矩限制和行程控制功能,运行安全可靠,升程准确。模板采用插挂式锚钩,简单实用,定位准,拆装快。

常用的自升悬臂模板,见图 8-4。其自升过程如图 8-5 所示,①提升柱向外移动 50mm;②将提升柱提升到指定位置;③面板锚固螺栓松开,使面板脱离混凝土面 150mm;④模板到位后,利用桁架上的调节丝杆调整模板位置,准确浇筑混凝土。

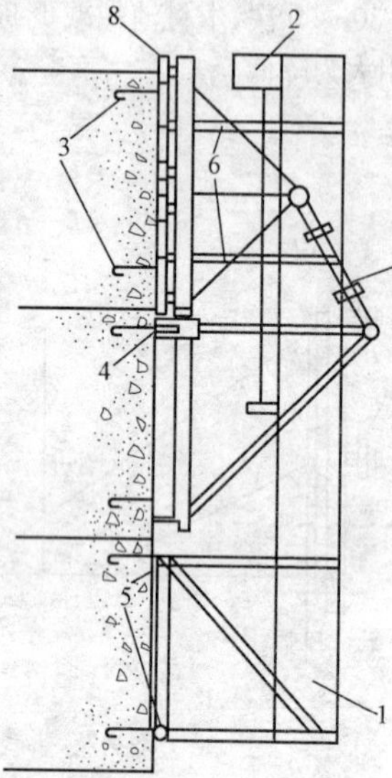

图 8-4　自升悬臂模板

1—提升柱;2—提升机械;3—预定锚栓;4—模板锚固件;5—提升柱锚固件;6—柱模板连接螺栓;7—调节丝杆;8—模板

(五)滑动式模板

滑动式模板也称滑模,是在混凝土浇筑过程中,利用液压提升设备,模板系统随浇筑而滑移(滑升、拉升或水平滑移)的模板,以竖向滑升模板应用最广。

滑模施工机械化程度高,可以节约模板和支撑材料,加快施工进度,改善施工条件,保证结构的整体性,提高混凝土表面质量,降低工程造价;其缺点是滑模系统一次性投资大,耗钢量大,且保温条件差,不宜于低温季节使用。

滑模施工最适于断面形状尺寸沿高度基本不变的高耸建筑物,如竖井、沉井、墩墙、烟囱、水塔、筒仓、框架结构等的现场浇筑,也可用于大坝溢流面、双曲线冷却塔及水平长条形规则结构、构件施工。

滑升模板如图 8-6 所示,由模板系统、操作平台系统和液压支撑系统三部分组成。模板系统包括模板、围圈和提升架等。模板多用钢模或钢木混合模板,其高度取决于滑升速度和混凝土达到出模强度(0.05～0.25MPa)所需的时间,一般高 1.0～1.2m。为减小滑升时与混凝土间的摩擦力,应将模板自下向上稍向内倾斜,做成单面 0.2%～0.5%模板高度的正锥度。

(六)混凝土及钢筋混凝土模板

混凝土及钢筋混凝土模板既是模板,也是建筑物的护面结构,浇筑后作为建筑物的外壳,不予拆除。混凝土模板分重力式素混凝土模板(厚板)和钢筋混凝土模板(薄板)两种。

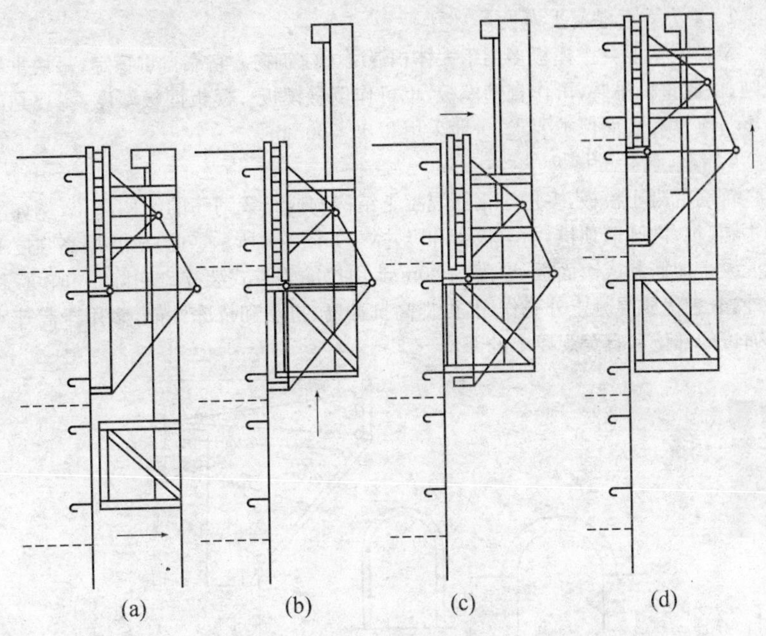

图 8-5　模板自升过程

(a)提升架外移;(b)提升架提升;(c)模板外移;(d)模板提升

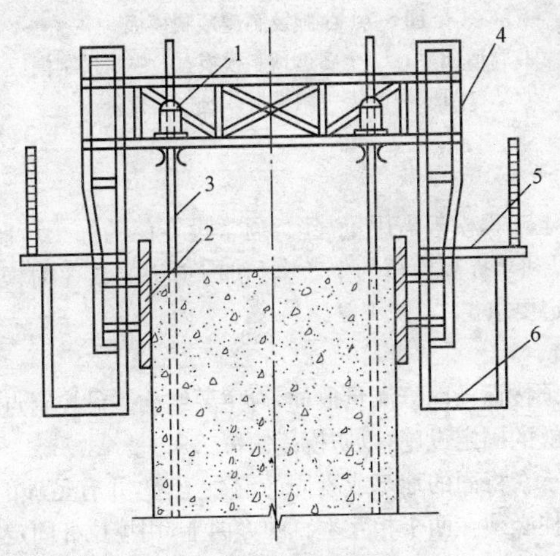

图 8-6　滑升模板

1—液压千斤顶;2—钢模板;3—金属爬杆;4—提升架;5—操作平台;6—吊架

1. 重力式素混凝土模板

重力式素混凝土模板多用于大体积混凝土建筑物。它靠自重稳定，每块重约数吨，由起重机吊装，可作直壁模板，也可作倒悬模板。模板面板厚度，主要是满足本身刚度和表面保护要求，一般采用250～300mm。

2. 钢筋混凝土模板

钢筋混凝土模板，多用于钢筋混凝土结构物或布置钢筋的结构部位，例如坝面牛腿、坝内廊道顶拱，承重板梁和竖井等，如图8-7所示。此外，常用高强度等级混凝土加筋制成镶面板，厚度约80mm，用拉筋等方式架立。它除了起模板作用外，兼有优质混凝土外壳作用，可提高抗冲磨、抗渗和抗冻性能，多用于高速水流通过的部位和有美观要求的部位。

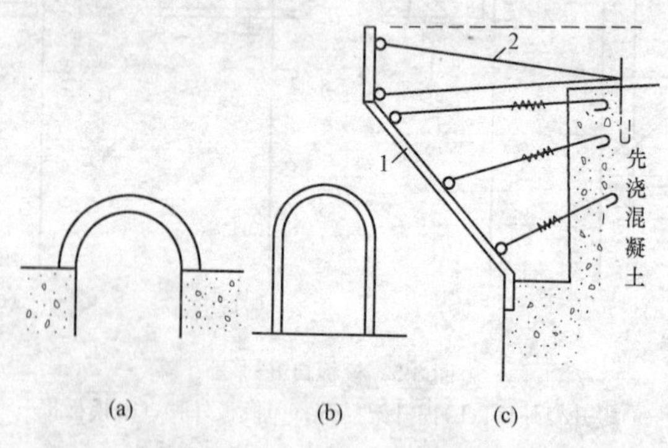

图8-7　牛腿及廊道预制模板

(a)廊道顶拱；(b)全廊道预制模板；(c)牛腿预制模板

1—混凝土预制模板；2—钢筋拉条

二、模板制作

大中型混凝土工程模板需用量甚大，通常设专门的加工厂制作模板，采用机械化流水作业，以利于提高模板的生产率和加工质量。加工时模板的允许误差应符合表8-1的规定要求。

三、模板安装

模板安装必须按设计图纸测量放样，对主要结构多设控制点，以利检查校正，且应经常保持足够的固定设施，以防模板倾覆。

支架必须支承在稳固的地基或凝固的混凝土上，并有足够的支承面积，防止滑动。支架的立柱必须在两个相互垂直的方向上，用撑拉杆固定，以确保稳定。

对于大体积混凝土浇筑块，成型后的偏差，不应超过木模安装允许偏差的50％～100％，取值大小视结构的重要性而定。木模安装的允许偏差，应符合表8-2的要求。

表 8-1　　模板制作的允许偏差

模板类型	偏差名称	允许偏差(mm)
木模	小型模板，长和宽	±3
	大型模板(长、宽大于 3m)，长和宽	±5
	模板面平整度(未经刨光)	1
	相邻两板面高差	1
	局部不平(用 2m 直尺检查)	5
	面板缝隙	2
钢模	模板，长和宽	±2
	模板面局部不平(用 2m 直尺检查)	2
	连接配件的孔眼位置	±1

表 8-2　　大体积混凝土木模安装的允许偏差　　(mm)

项次	偏差项目		混凝土结构的部位	
			外露表面	隐蔽内面
1	平板平整度	相邻两面板高差	3	5
2		局部不平(用 2m 直尺检查)	5	10
3	结构物边线与设计边线		10	15
4	结构物水平截面内部尺寸		±20	
5	承重模板标高		±5	
6	预留孔洞尺寸及位置		10	

四、模板拆除

在拆除时应使用专门工具，减少对模板和混凝土的损伤，防止模板跌落。立模后，混凝土浇筑前，应在模板内表面涂以脱模剂，以利拆除。对拆下的模板应及时清洗，除去模板面的水泥浆，分类妥为堆存，以备再用。

模板的拆模时间应根据设计要求、气温和混凝土强度增长情况而定，对非承重模板，混凝土强度应达到 25×10^5 Pa 以上，其表面和棱角不因拆模而损坏方可拆除；对于承重板，要求达到表 8-3 所规定的混凝土设计强度等级的百分率后才能拆模。

拆模的迟早，直接影响混凝土质量和模板使用的周转率。提高模板使用的周转率，是降低模板成本的关键。为此，从设计、制作、安装到拆除模板的各个环节都应在提高模板重复利用次数上下功夫，设计、制作、安装要有利于拆除。

表 8-3 承重模板拆模时混凝土的强度要求

悬臂板、梁		其他梁、板、拱		
跨度不大于 2m	跨度大于 2m	跨度不大于 2m	跨度 2～8m	跨度大于 8m
70%	100%	50%	70%	100%

第二节　钢 筋 工 程

一、钢筋冷加工

(一)钢筋冷拉

工程中将钢材于常温下进行冷拉使之产生塑性变形，从而提高钢材屈服强度，这个过程称为冷拉强化。产生冷拉强化的原理是：钢材在塑性变形中晶格的缺陷增多，而缺陷的晶格严重畸变对晶格进一步滑移将起到阻碍作用，故钢材的屈服点提高，塑性和韧性降低。

1. 钢筋冷拉参数及控制方法

钢筋的冷拉应力和冷拉率是影响钢筋冷拉质量的两个主要参数。钢筋的冷拉率就是钢筋冷拉时包括其弹性和塑性变形的总伸长值与钢筋原长的比值(%)。在一定限度范围内，冷拉应力或冷拉率愈大，则屈服强度提高愈多，而塑性也愈降低。但钢筋冷拉后仍有一定的塑性，其屈服强度与抗拉强度之比值(屈服比)不宜太大，以使钢筋有一定的强度储备。

钢筋冷拉可采用通过控制应力来控制冷拉率的方法。用作预应力筋的钢筋，冷拉时宜采用控制应力的方法，或采用既控制应力，又控制冷拉率的方法。不能分清炉批号的热轧钢筋的冷拉不应采用控制冷拉率的方法。

$$\text{冷拉应力}=\frac{\text{冷拉力}}{\text{钢筋公称面积}} \tag{8-1}$$

$$\text{冷拉率}=\frac{\text{钢筋冷拉伸长值}}{\text{钢筋原有长度}} \tag{8-2}$$

$$\text{钢筋冷拉伸长值}=\text{钢筋冷拉后长度}-\text{钢筋原有长度} \tag{8-3}$$

(1)控制应力的方法。采用控制应力的方法冷拉钢筋时，其冷拉控制应力及最大冷拉率应符合表 8-4 的规定，冷拉时应随时检查钢筋的冷拉率，当超过表 8-4 的规定时，应进行力学性能检验。

冷拉多根连接的钢筋，冷拉率可按总长计算，但冷拉后每根钢筋的冷拉率，应符合表 8-4 的规定。

表 8-4　　　　　　　　　　　　冷拉控制应力及最大冷拉率

钢筋级别	钢筋直径(mm)	冷拉控制应力(MPa)	最大冷拉率(%)
HPB235	≤12	280	10.0
HRB335	≤25	450	5.5
	28～40	430	5.5
HRB400	8～40	500	5.0

(2)控制冷拉率的方法。采用控制冷拉率的方法冷拉钢筋时,其冷拉率应由试验确定。即在同炉批的钢筋中切取试样(不少于 4 个),按表 8-5 冷拉应力拉伸钢筋,测定各试样的冷拉率,取其平均值作为该批钢筋实际采用的冷拉率。冷拉率确定后,便可根据钢筋的长度求出钢筋的冷拉长度。

表 8-5　　　　　　　　　　　测定冷拉率时钢筋的冷拉应力

钢筋级别	钢筋直径(mm)	冷拉应力(MPa)
HPB235	≤12	310
HRB335	≤25	480
	28～40	460
HRB400	8～40	530

注:当钢筋平均冷拉率低于 1%时,仍应按 1%进行冷拉。

2. 钢筋冷拉操作

钢筋冷拉主要工序有钢筋上盘、放圈、切断、夹紧夹具、冷拉开始、观察控制值、停止冷拉、放松夹具、捆扎堆放。

冷拉设备主要由拉力装置、承力结构、钢筋夹具及测量装置等组成。拉力装置一般由卷扬机、张拉小车及滑轮组等组成。当缺乏卷扬机时,也可采用普通液压千斤顶、长冲程千斤顶或预应力用的千斤顶等代替。但用千斤顶冷拉时生产率较低,且千斤顶容易磨损。承力结构可采用钢筋混凝土压杆;当拉力较小或在临时性工程中,可采用地锚。

冷拉长度测量可用标尺,测力计可用电子秤或附有油表的液压千斤顶或弹簧测力计。测力计一般宜设置在张拉端定滑轮组处,若设置在固定端时,应设防护装置,以免钢筋断裂时损坏测力计。

为安全起见,冷拉时钢筋应缓缓拉伸,缓缓放松,并应防止斜拉,正对钢筋两端不允许站人,冷拉时人员不得跨越钢筋。

冷拉操作要点如下:

(1)对钢筋的炉号、原材料的质量进行检查,不同炉号的钢筋分别进行冷拉,不得混杂。

(2)冷拉前,应对设备,特别是测力计进行校验和复核,并做好记录,以确保冷拉质量。

(3)钢筋应先拉直(约为冷拉应力的10%),然后量其长度再行冷拉。

(4)冷拉时,为使钢筋变形充分发展,冷拉速度不宜快,一般以0.5~1m/min为宜,当达到规定的控制应力(或冷拉长度)后,须稍停(约1~2min),待钢筋变形充分发展后,再放松钢筋,冷拉结束。钢筋在负温下进行冷拉时,其温度不宜低于−20℃,如采用控制应力方法时,冷拉控制应力应较常温提高30MPa;采用控制冷拉率方法时,冷拉率与常温相同。

(5)钢筋伸长的起点应以钢筋发生初应力时为准。如无仪表观测时,可观测钢筋表面的浮锈或氧化皮,以开始剥落时起计。

(6)预应力钢筋应先对焊后冷拉,以免后焊因高温而使冷拉后的强度降低。如焊接接头被拉断,可切除该焊区总长约为200~300mm,重新焊接后再冷拉,但一般不超过两次。

(7)钢筋时效可采用自然时效,冷拉后宜在常温(15~20℃)下放置一段时间(一般为7~14d)后使用。

(8)钢筋冷拉后应防止经常雨淋、水湿,因钢筋冷拉后性质尚未稳定,遇水易变脆,且易生锈。

3. 冷拉钢筋质量要求

冷拉后,钢筋表面不得有裂纹或局部颈缩现象,并应按施工规范要求进行拉力试验和冷弯试验。其质量应符合表8-6的各项指标。冷弯试验后,钢筋不得有裂纹、起层等现象。

表8-6　冷拉钢筋质量指标

项次	钢筋级别	钢筋直径(mm)	屈服强度(MPa)	抗拉强度(MPa)	伸长率 δ_{10}(%)	冷弯	
			不小于			弯曲角度	弯曲直径
1	HPB235	≤12	280	370	11	180°	$3d$
2	HRB335	≤25	450	510	10	90°	$3d$
		28~40	430	490	10	90°	$4d$
3	HRB400	8~40	500	570	8	90°	$5d$

(二)钢筋冷拔

1. 钢筋冷拔原理及应用

冷拔是使直径6~8mm的HPB235钢筋在常温下强力通过特制的直径逐渐减小的钨合金拔丝模孔,使钢筋产生塑性变形,以改变其物理力学性能,见图8-8。钢筋冷拔后横向压缩纵向拉伸,内部晶格产生滑移,抗拉强度可提高40%~90%;塑性降低,硬度提高。这种经冷拔加工的钢丝称为冷拔低碳钢丝。与冷拉相比,冷拉是纯拉伸应力,而冷拔既有拉伸应力又有压缩应力。冷拔后冷拔低碳钢丝没有明显的屈服现象，按其材质特性可分甲、乙两级，甲级钢丝适用于作预应力筋，乙级钢丝适用于作焊接网，焊接骨架、箍筋和构造钢筋。

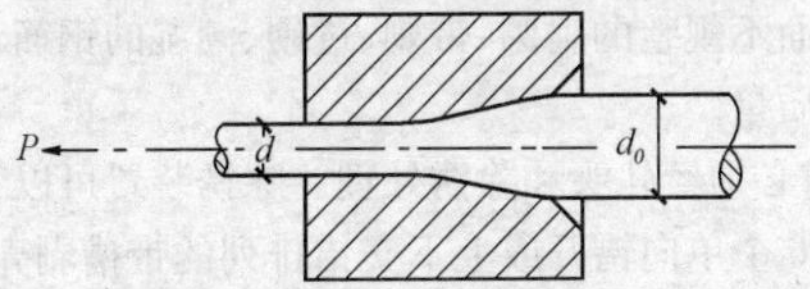

图 8-8 钢筋冷拔示意图

2. 钢筋冷拔工艺

冷拔工艺过程如下：

轧头⟶剥壳⟶通过润滑剂盒⟶进入拔丝模孔。

轧头在轧头机上进行，目的是将钢筋端头轧细，以便穿过拔丝模孔。剥壳是通过 3～6 个上下排列的辊子，以除去钢筋表面坚硬的渣壳，润滑剂常用石灰、动植物油、肥皂、白蜡和水按一定比例制成。

剥壳和通过润滑剂能使铁渣不致进入拔丝模孔口，以提高拔丝模的使用寿命，并消除因拔丝模孔存在铁渣，使钢丝表面擦伤的现象。剥壳后，钢筋再通过润滑剂盒润滑，进入拔丝模进行冷拔。

拔丝机有立式和卧式两种见图 8-9，其鼓筒直径一般为 500mm，冷拔速度约为 0.2～0.3m/s，速度过大易断丝。

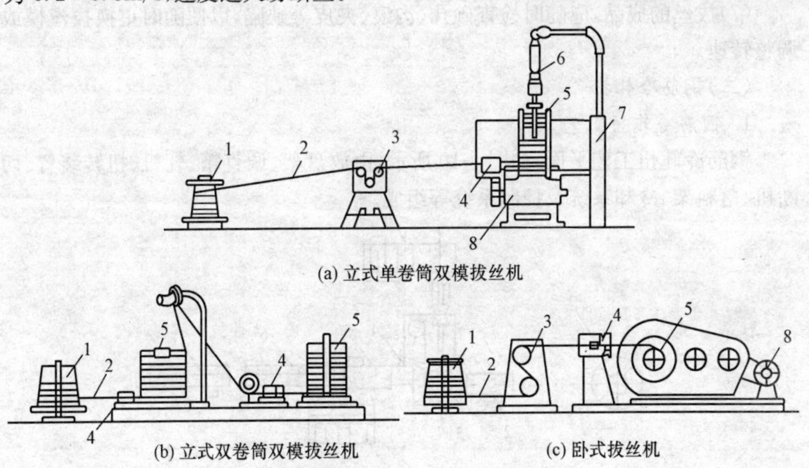

(a) 立式单卷筒双模拔丝机

(b) 立式双卷筒双模拔丝机

(c) 卧式拔丝机

图 8-9 钢筋冷拔加工装置

1—圆盘架；2—钢筋；3—剥壳装置；4—拔丝模；5—绕丝筒；6—导向轮；7—支座；8—电动机

3. 钢筋冷拔操作

(1)冷拔前应对原材料进行必要的检验。对钢号不明或无出厂证明的钢材，应取样检验。遇截面不规整的扁圆、带刺、过硬、潮湿的钢筋，不得用于冷拔，以免损坏拔丝模和影响质量。

(2)钢筋冷拔前必须经轧头和除锈处理。除锈装置可以利用拔丝机卷筒和盘条转架，其中设3～6个单向错开或上下交错排列的带槽剥壳轮，钢筋经上下左右反复弯曲，即可除锈。亦可使用与钢筋直径基本相同的废拔丝模以机械方法除锈。

(3)为方便钢筋穿过丝模，钢筋头要轧细一段(约长150～200mm)，轧压至直径比拔丝模孔小0.5～0.8mm，以便顺利穿过模孔。为减少轧头次数，可用对焊方法将钢筋连接，但应将焊缝处的凸缝用砂轮锉平磨滑，以保护设备及拉丝模。

(4)在操作前，应按常规对设备进行检查和空载运转一次。安装拔丝模时，要分清正反面，安装后应将固定螺栓拧紧。

(5)为减少拔丝力和拔丝模孔损耗，抽拔时须涂以润滑剂，一般在拔丝模前安装一个润滑盒，使钢筋粘滞润滑剂进入拔丝模。润滑剂的配方为：动物油(羊油或牛油)∶肥皂∶石蜡∶生石灰∶水＝(0.15～0.20)∶(1.6～3.0)∶1∶2∶2。

(6)拔线速度宜控制在0.2～0.3m/s。钢筋连拔不宜超过三次，如需再拔，应对钢筋消除内应力，采用低温(600～800℃)退火处理使钢筋变软。加热后取出埋入砂中，使其缓冷，冷却速度应控制在150℃/h以内。

(7)拔丝的成品，应随时检查砂孔、沟痕、夹皮等缺陷，以便随时更换拔丝模或调整转速。

(三)钢筋冷轧扭

1. 钢筋冷轧扭工艺

钢筋冷轧扭工艺平面，如图8-10所示，由放盘架、调直箱、轧机、扭转装置、切断机、落料架、冷却系统及控制系统等组成。

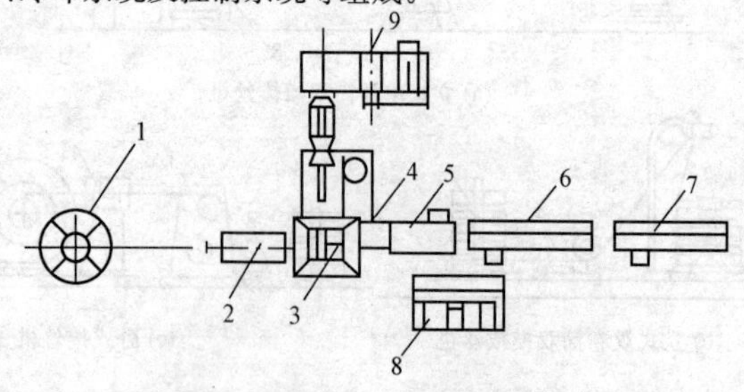

图8-10　钢筋冷轧扭机工艺平面

1—放盘架；2—调直箱；3—轧机；4—扭转装置；5—切断机；6—落料架；7—冷却系统；8—控制系统；9—传动系统

加工工艺程序为：圆盘钢筋从放盘架上引出后，经调直箱调直并清除氧化铁皮，再经轧机将圆筋轧扁；在轧辊推动下，强迫钢筋通过扭转装置，从而形成表面为连续螺旋曲面的麻花状钢筋，再穿过切断机的圆切刀刀孔进入落料架的料槽，当钢筋触到定位开关后，切断机将钢筋切断，落到架上。

钢筋长度的控制可调整定位开关在落料架上的位置获得。钢筋调直、扭转及输送的动力均来自轧辊在轧制钢筋时产生的摩擦力。

2. 钢筋冷轧扭质量控制

为保证达到要求的抗拉强度和保证不小于3%的延伸率，加工时应严格控制以下几点：

(1)原材料必须经过检验，应符合《普通碳素结构钢技术条件》及《普通低碳钢热轧圆盘条》的规定。

(2)轧扁厚度对机械性能的影响很大，应控制在允许范围内，螺距亦应符合要求。

(3)轧制品的检验应按《冷轧扭钢筋》的有关规定进行，严格检验成品，把好质量关。

(4)成品钢筋不宜露天堆放，以防止锈蚀。储存时间不应过长，尽可能做到随轧制随使用。

二、钢筋连接

(一)钢筋焊接

在钢筋混凝土预制加工及现场施工中，钢筋成型加工常应用焊接的方法。通过钢筋的焊接，既可保证钢筋接头质量，又可节省钢材。目前普遍采用的焊接方法有：闪光对焊、电阻点焊、电弧焊、窄间隙电弧焊、电渣压力焊、气压焊、预埋件钢筋埋弧压力焊等。

各种焊接方法的适用范围见表8-7。

表8-7　钢筋焊接方法的适用范围

焊接方法	接头形式	适用范围	
		钢筋牌号	钢筋直径(mm)
电阻点焊		HPB235 HRB335 HRB400 CRB550	8～16 6～16 6～16 4～12

续表

焊接方法			接头形式	适用范围	
				钢筋牌号	钢筋直径（mm）
闪光对焊			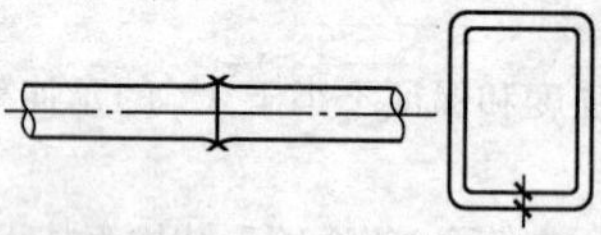	HPB235 HRB335 HRB400 RRB400 HRB500 Q235	8～20 6～40 6～40 10～32 10～40 6～14
电弧焊	帮条焊	双面焊	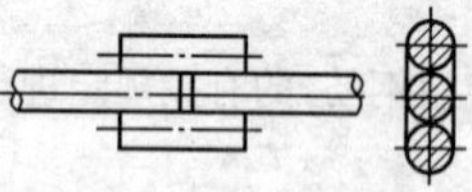	HPB235 HRB335 HRB400 RRB400	10～20 10～40 10～40 10～25
		单面焊	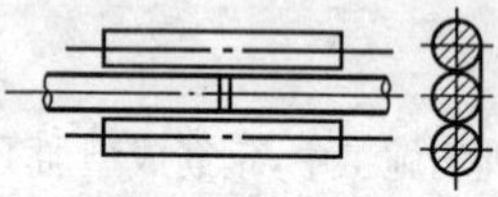	HPB235 HRB335 HRB400 RRB400	10～20 10～40 10～40 10～25
	搭接焊	双面焊	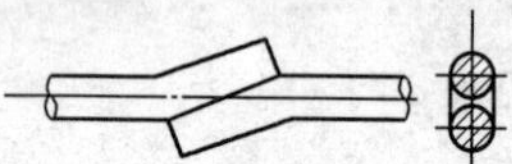	HPB235 HRB335 HRB400 RRB400	10～20 10～40 10～40 10～25
		单面焊	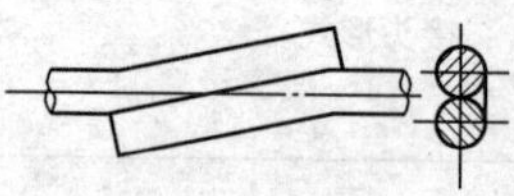	HPB235 HRB335 HRB400 RRB400	10～20 10～40 10～40 10～25
	熔槽帮条焊		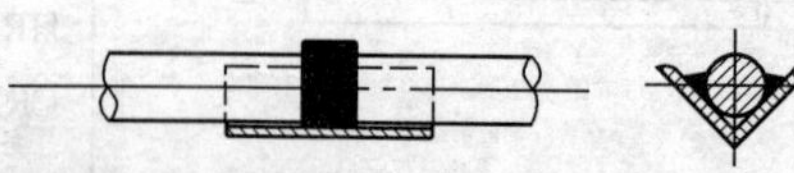	HPB235 HRB335 HRB400 RRB400	20 20～40 20～40 20～25

续表

焊接方法		接头形式	适用范围	
			钢筋牌号	钢筋直径（mm）
电弧焊·坡口焊	平焊	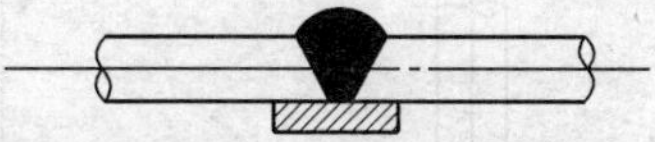	HPB235 HRB335 HRB400 RRB400	18～20 18～40 18～40 18～25
电弧焊·坡口焊	立焊	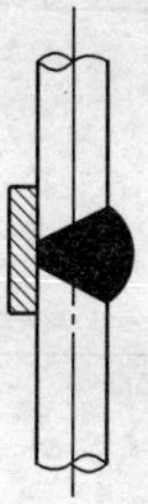	HPB235 HRB335 HRB400 RRB400	18～20 18～40 18～40 18～25
电弧焊	钢筋与钢板搭接焊	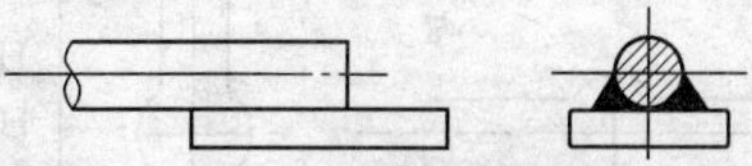	HPB235 HRB335 HRB400	8～20 8～40 8～25
电弧焊	窄间隙焊	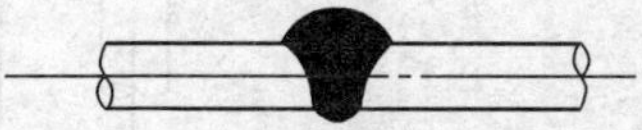	HPB235 HRB335 HRB400	16～20 16～40 16～40
电弧焊·预埋件电弧焊	角焊	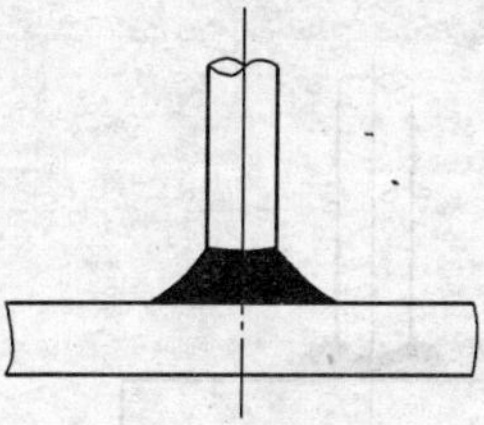	HPB235 HRB335 HRB400	8～20 6～25 6～25
电弧焊·预埋件电弧焊	穿孔塞焊	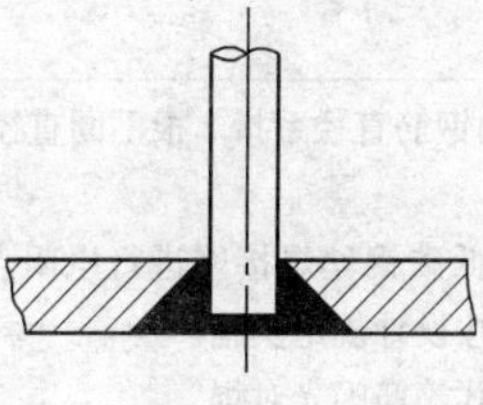	HPB235 HRB335 HRB400	20 20～25 20～25

续表

焊接方法	接头形式	适用范围	
		钢筋牌号	钢筋直径(mm)
电渣压力焊	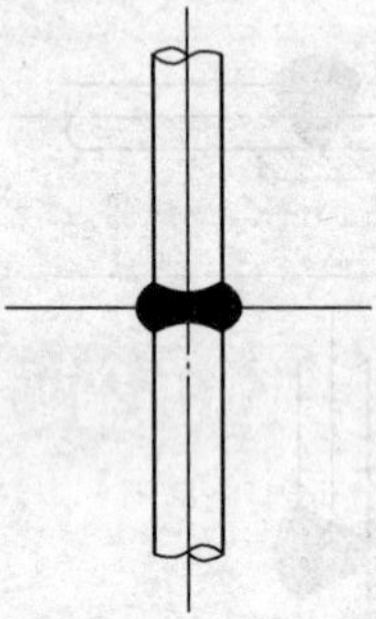	HPB235 HRB335 HRB400	14～20 14～32 14～32
气压焊	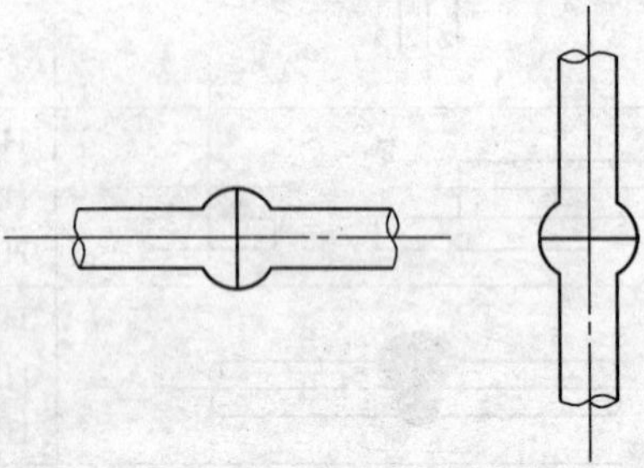	HPB235 HRB335 HRB400	14～20 14～40 14～40
预埋件钢筋埋弧压力焊	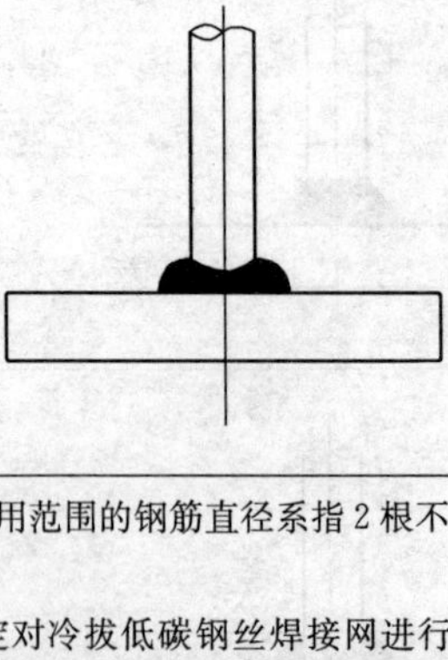	HPB235 HRB335 HRB400	8～20 6～25 6～25

注:1. 电阻点焊时,适用范围的钢筋直径系指 2 根不同直径钢筋交叉叠接中较小钢筋的直径。

2. 当设计图纸规定对冷拔低碳钢丝焊接网进行电阻点焊,或对原 RL540 钢筋(Ⅳ级)进行闪光对焊时,可按设计规定实施。

3. 钢筋闪光对焊含封闭环式箍筋闪光对焊。

1. 电弧焊

钢筋电弧焊是最常见的焊接方法。电弧焊是利用电弧产生的高温，集中热量溶化钢筋端面和焊条末端，使焊条金属过渡到熔化的焊缝内，金属冷却凝固后，便形成焊接接头。

钢筋电弧焊的主要设备是电焊机，电焊机可分为焊接变压器、焊接发电机和焊接整流器三大类。

钢筋电弧焊所采用的焊条有碳钢焊条及低合金钢焊条。焊条型号根据熔敷金属的抗拉强度、焊接位置和焊接形式选用。

焊条应符合现行国家标准《碳钢焊条》(GB/T 5117—1995)或《低合金钢焊条》(GB/T 5118—1995)的规定，其型号应根据设计确定；若设计无规定时，可按表 8-8 选用。

表 8-8　钢筋电弧焊焊条型号

钢筋牌号	电弧焊接头形式			
	帮条焊 搭接焊	坡口焊熔槽帮条焊 预埋件穿孔塞焊	窄间隙焊	钢筋与钢板搭接焊 预埋件 T 型角焊
HPB235	E4303	E4303	E4316 E4315	E4303
HRB335	E4303	E5003	E5016 E5015	E4303
HRB400	E5003	E5503	E6016 E6015	E5003
RRB400	E5003	E5503	—	—

钢筋电弧焊包括帮条焊、搭接焊、坡口焊、窄间隙焊和熔槽帮条焊 5 种接头形式。焊接时，应符合下列要求：

(1)应根据钢筋牌号、直径、接头形式和焊接位置，选择焊条、焊接工艺和焊接参数；

(2)焊接时，引弧应在垫板、帮条或形成焊缝的部位进行，不得烧伤主筋；

(3)焊接地线与钢筋应接触紧密；

(4)焊接过程中应及时清渣，焊缝表面应光滑，焊缝余高应平缓过渡，弧坑应填满。

2. 闪光对焊

闪光对焊是两根钢筋沿着整个接触端面熔焊连接的方法。它适用于水平钢筋非施工现场连接。闪光对焊工艺对钢筋端面要求不严格，可以免去钢筋端面磨平工序，因而简化了操作，提高了工效。由于在闪光时接触面积小，接触点电流密度大，热量集中，加热迅速，所以热影响区小，接头质量好；又因采用了预热方法，在较小功率的对焊机上能焊接较大截面的钢筋，所以闪光对焊是目前普遍采用的焊接方法。

对焊机是利用电流通过焊件时产生的电阻热作为热源,并施加一定压力而使金属焊合的电阻焊机。

对焊机按焊接方式分为电阻对焊、连续闪光对焊和预热闪光对焊。按结构形式分为弹簧顶锻式、杠杆挤压弹簧顶锻式、电动凸轮顶锻式、气压顶锻式。钢筋加工中最常用的是 UN1－75 型手动对焊机,见图 8-11。

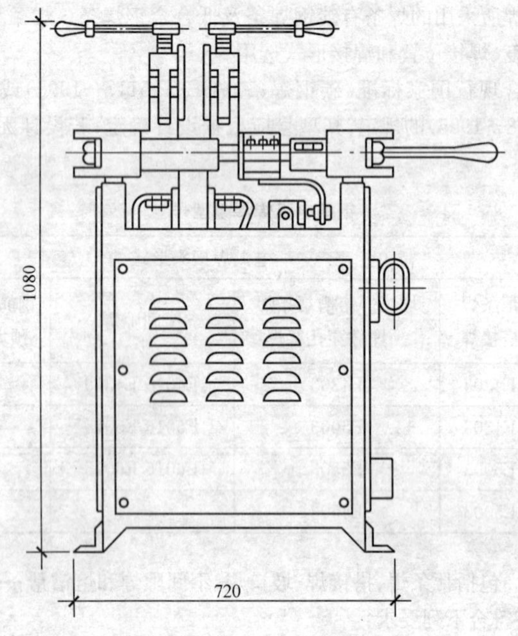

图 8-11　UN1－75 型手动对焊机

(1)闪光对焊时,应选择合适的调伸长度、烧化留量、顶锻留量以及变压器级数等焊接参数。连续闪光焊时的留量应包括烧化留量、有电顶锻留量和无电顶锻留量;闪光-预热闪光焊时的留量应包括:一次烧化留量、预热留量、二次烧化留量、有电顶锻留量和无电顶锻留量。

(2)变压器级数应根据钢筋牌号、直径、焊机容量以及焊接工艺方法等具体情况选择。

(3)RRB400 钢筋闪光对焊时,与热轧钢筋比较,应减小调伸长度,提高焊接变压器级数,缩短加热时间,快速顶锻,形成快热快冷条件,使热影响区长度控制在钢筋直径的 0.6 倍范围之内。

(4)HRB500 钢筋焊接时,应采用预热闪光焊或闪光-预热闪光焊工艺。当接头拉伸试验结果发生脆性断裂，或弯曲试验不能达到规定要求时，尚应在焊机上进行焊后热处理。

(5)当螺丝端杆与预应力钢筋对焊时，宜事先对螺丝端杆进行预热，并减小调伸长度；钢筋一侧的电极应垫高，确保两者轴线一致。

(6)采用 UN2－150 型对焊机(电动机凸轮传动)或 UN17－150－1 型对焊机(气－液压传动)进行大直径钢筋焊接时，宜首先采取锯割或气割方式对钢筋端面进行平整处理；然后，采取预热闪光焊工艺。

(7)封闭环式箍筋采用闪光对焊时，钢筋断料宜采用无齿锯切割，断面应平整。当箍筋直径为 12mm 及以上时，宜采用 UN1－75 型对焊机和连续闪光焊工艺；当箍筋直径为 6～10mm，可使用 UN1－40 型对焊机，并应选择较大变压器级数。

(8)在闪光对焊生产中，当出现异常现象或焊接缺陷时，应查找原因，采取措施，及时消除。

3. 电渣压力焊

钢筋电渣压力焊是将两根钢筋安放成竖向对接形式，利用焊接电流通过两根钢筋端面间隙，在焊剂层下形成电弧过程和电渣过程，产生电弧热和电阻热，熔化钢筋，加压完成的一种压焊方法。这种焊接方法比电弧焊节省钢材，工效高、成本低，适用于现浇钢筋混凝土结构中竖向或斜向(倾斜度在 4∶1 范围内)钢筋的连接。

电渣压力焊在供电条件差、电压不稳、雨季或防火要求高的场合应慎用。

(1)焊接夹具的上下钳口应夹紧于上、下钢筋上；钢筋一经夹紧，不得晃动。

(2)引弧可采用直接引弧法与铁丝圈(焊条芯)引弧法。

(3)引燃电弧后，应先进行电弧过程，然后，加快上钢筋下送速度，使钢筋端面与液态渣池接触，转变为电渣过程，最后在断电的同时，迅速下压上钢筋，挤出熔化金属和熔渣。

(4)接头焊毕，应稍作停歇，然后方可回收焊剂和卸下焊接夹具；敲去渣壳后，四周焊包凸出钢筋表面的高度不得小于 4mm，见图 8-12。

(5)在焊接生产中焊工应进行自检，当发现偏心、弯折、烧伤等焊接缺陷时，应查找原因和采取措施，及时消除。

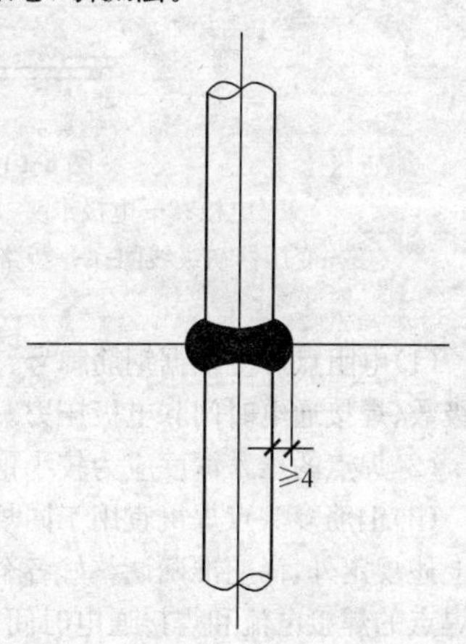

图 8-12　钢筋电渣压力焊接头

4. 电阻点焊

电阻点焊是将表面清理好的钢筋叠

合在一起，放在两个电极间预压夹紧，使两根钢筋连接点紧密接触，然后接通电流，使接触点处产生电阻热，把钢筋加热到熔化状态而形成熔核，周围加热到塑性状态，在压力下形成了紧密的塑性金属环，将熔核围起来，使其不致外溢，这时切断电流，使熔核在压力下冷凝，即获得牢固的焊点。混凝土结构中的钢筋焊接骨架和钢筋焊接网，宜采用电阻点焊制作。

钢筋点焊应用点焊机进行。点焊机是利用电流通过焊件时产生的电阻热作为热源，并施加一定压力而使金属焊合的电阻焊机，多用于钢筋交叉连接。

点焊机主要由点焊变压器、时间调节器、电极和加压机构等部分组成。按结构形式，分为固定式、悬挂式；按电源类别，分为工频、电容储能、次级整流、直流冲击波式；按压力传动方式，分为杠杆式、气压式、液压式；按电极类型，分为单头、双头、多头等。点焊机的工作原理如图 8-13 所示。

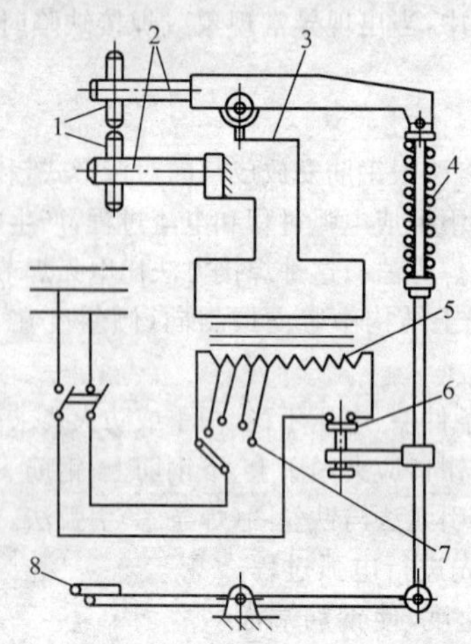

图 8-13　点焊机工作原理

1—电极；2—电极卡头；3—变压器次级线圈；4—压紧机构；
5—变压器初级线圈；6—断路器；7—变压器调节级数开关；8—脚踏板

（1）电阻点焊应根据钢筋牌号、直径及焊机性能等具体情况，选择合适的变压器级数、焊接通电时间和电极压力。

（2）焊点的压入深度应为较小钢筋直径的 18%～25%。

（3）钢筋多头点焊机宜用于同规格焊接网的成批生产。当点焊生产时，除符合上述规定外，尚应准确调整好各个电极之间的距离、电极压力，并应经常检查各个焊点的焊接电流和焊接通电时间。

当采用钢筋焊接网成型机组进行生产时，应按设备使用说明书中的规定进行安装、调试和操作，根据钢筋直径选用合适电极压力和焊接通电时间。

(4)在点焊生产中，应经常保持电极与钢筋之间接触面的清洁平整；当电极使用变形时，应及时修整。

(5)钢筋点焊生产过程中，随时检查制品的外观质量，当发现焊接缺陷时，应查找原因并采取措施，及时消除。

5. 气压焊

钢筋气压焊是采用氧-乙炔火焰或其他火焰对两钢筋对接处加热，使其达到塑性态，加压完成的一种压焊方法。由于加热和加压使接合面附近金属受到镦锻式压延，被焊金属产生强烈的塑性变形，促使两接合面接近到原子间的距离，进入原子作用的范围内，实现原子间的互相嵌入扩散及键合，并在热变形过程中，完成晶粒重新组合的再结晶过程而获得牢固的接头。

钢筋气压焊工艺具有设备简单、操作方便、质量好、成本低等优点，但对焊工要求严，焊前对钢筋端面处理要求高。气压焊可用于钢筋在垂直位置、水平位置或倾斜位置的对接焊接。当两钢筋直径不同时，其两直径之差不得大于7mm。

气压焊按加热温度和工艺方法的不同，可分为熔态气压焊(开式)和固态气压焊(闭式)两种；在一般情况下，宜优先采用熔态气压焊。

6. 埋弧压力焊

埋弧压力焊是利用焊剂层下的电弧燃烧将两焊件相邻部位熔化，然后加压顶锻使两焊件焊合，如图8-14所示。它分为手工埋弧压力焊和自动埋弧压力焊两种。

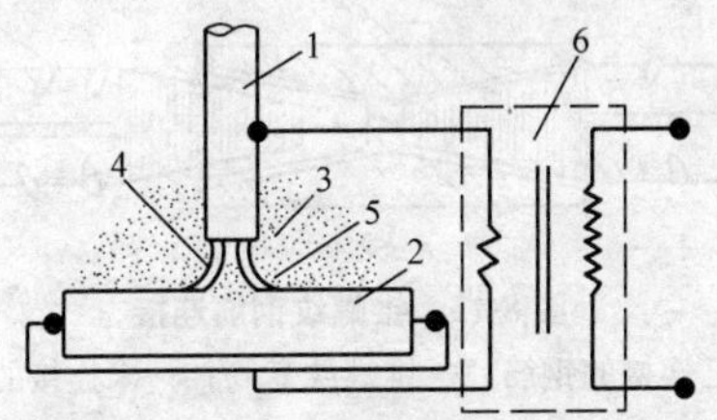

图8-14　预埋件钢筋埋弧压力焊示意图

1—钢筋；2—钢板；3—焊剂；4—电弧；5—熔池；6—焊接变压器

(1)钢板应放平，并与铜板电极接触紧密。

(2)将锚固钢筋夹于夹钳内夹牢，并放好挡圈，注满焊剂。

(3)接通高频引弧装置和焊接电源后，应立即将钢筋上提，引燃电弧，使电弧稳定燃烧，再渐渐下送。

(4)迅速顶压时不得用力过猛。

(5)敲去渣壳，四周焊包凸出钢筋表面的高度不得小于4mm。

(6)在埋弧压力焊生产中，引弧、燃弧(钢筋维持原位或缓慢下送)和顶压等环节应密切配合；焊接地线应与铜板电极接触紧密；并应及时消除电极钳口的铁锈和污物，修理电极钳口的形状。

(二)钢筋机械连接

钢筋机械连接是通过连接件的机械咬合作用或钢筋端面的承压作用，将一根钢筋中的力传递至另一根钢筋的连接方法。具有施工简便、工艺性能良好、接头质量可靠、不受钢筋焊接性能的制约、可全天候施工、节约钢材和能源等优点。常用的机械连接接头类型有：挤压套筒接头、锥螺纹套筒接头、直螺纹套筒接头、熔融金属充填套筒接头、水泥灌浆充填套筒接头和受压钢筋端面平接头等。

1. 带肋钢筋套筒挤压连接

带肋钢筋套筒挤压连接是将需要连接的带肋钢筋，插于特制的钢套筒内，利用挤压机压缩套筒，使之产生塑性变形，靠变形后的钢套筒与带肋钢筋之间的紧密咬合来实现钢筋的连接。适用于钢筋直径为 16～40mm 的热轧 HRB335、HRB400 带肋钢筋的连接。

2. 钢筋锥螺纹套筒连接

锥螺纹钢筋接头是利用锥形螺纹能承受轴向力和水平力以及密封性能较好的原理，依靠机械力将钢筋连接在一起。

操作时，先用专用套丝机将钢筋的待连接端加工成锥形外螺纹；然后，通过带锥形内螺纹的钢连接套筒将两根待接钢筋连接；最后利用力矩扳手按规定的力矩值使钢筋和连接钢套筒拧紧在一起(图 8-15)。

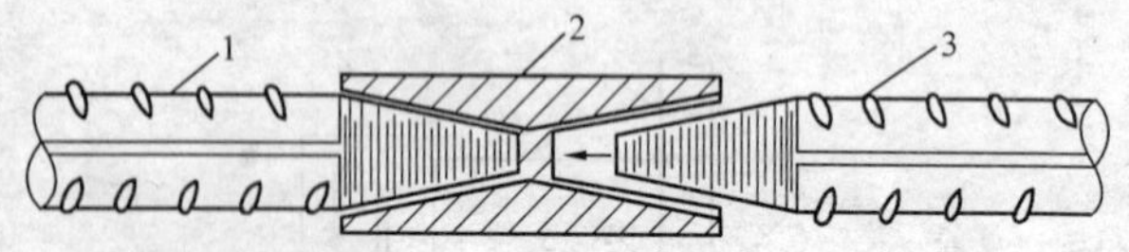

图 8-15　锥螺纹钢筋连接

1—已连接的钢筋；2—锥螺纹套筒；3—未连接的钢筋

这种接头工艺简便，能在施工现场连接直径 16～40mm 的热轧 HRB335、HRB400 级同径和异径的竖向或水平钢筋，且不受钢筋是否带肋和含碳量的限制。适用于按一、二级抗震等级设施的工业和民用建筑钢筋混凝土结构的热轧 HRB335、HRB400 级钢筋的连接施工。但不得用于预应力钢筋的连接。对于直接承受动荷载的结构构件，其接头还应满足抗疲劳性能等设计要求。

锥螺纹连接套筒的材料宜采用 45 号优质碳素结构钢或其他经试验确认符合要求的钢材制成，其抗拉承载力不应小于被连接钢筋受拉承载力标准值的 1.10 倍。

3. 钢筋冷镦粗直螺纹套筒连接

镦粗直螺纹接头工艺是先利用冷镦机将钢筋端部镦粗，再用套丝机在钢筋端部的镦粗段上加工直螺纹，而后用连接套筒将两根钢筋对接。由于钢筋端部冷镦后，不仅截面加大；而且强度也有提高。加之，钢筋端部加工直螺纹后，其螺纹底部的最小直径，应不小于钢筋母材的直径。因此，该接头可与钢筋母材等强。其工艺流程见图8-16。

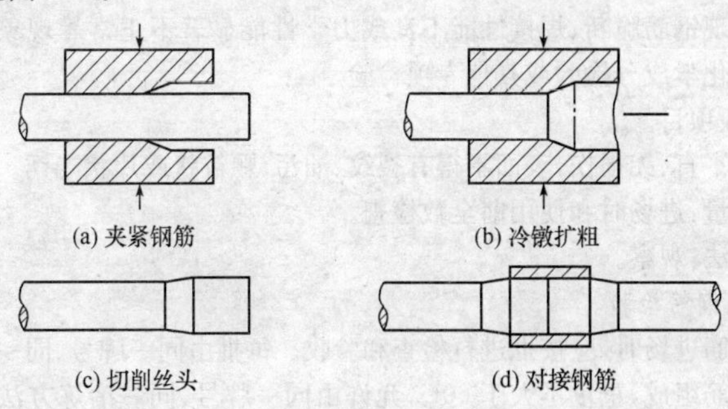

图8-16　镦粗直螺纹工艺简图

（三）钢筋绑扎

(1)绑扎时将多根钢筋端部对齐，防止钢筋绑扎偏斜或骨架扭曲。

(2)将导致骨架外形尺寸不准的个别钢筋松绑，重新安装绑扎。切忌用锤子敲击，以免骨架其他部位变形或松扣。

(3)对成型好的曲线钢筋认真检查其外形，搬移时注意轻抬轻放。

(4)钢筋骨架外形往往是依靠箍筋尺寸和间距来控制的(如鱼腹式吊车梁)，因此，应按照图纸细部要求绑扎，一丝不苟；在绑扎钢筋骨架场地上预先放出实样，再按照实样外形绑扎；当同类型曲线件任务较大时，可采取特制的模架或样板作为工具胎进行绑扎。

(5)曲线钢筋形状不准的不能入模，必须将骨架拆卸，校正不合格的曲线钢筋，再按图纸要求的外形重新绑扎。

三、钢筋质量检验与保管

（一）钢筋质量检验

1. 检查项目和方法

(1)主控项目。

1)钢筋进场时，应按现行国家标准《钢筋混凝土用钢 第2部分：热轧带肋钢筋》(GB 1499.2—2007)等的规定抽取试件作为力学性能检验，其质量必须符合有关标准的规定。

检查数量：按进场的批次和产品的抽样检验方案确定。

检验方法：检查产品合格证、出厂检验报告和进场复验报告。

2)对有抗震设防要求的框架结构，其纵向受力钢筋的强度应满足设计要求；当设计无具体要求时，对一、二级抗震等级，检验所得的强度实测值应符合下列规定：

①钢筋的抗拉强度实测值与屈服强度实测值的比值不应小于 1.25。

②钢筋的屈服强度实测值与强度标准值的比值不应大于 1.3。

检查数量与方法同 1)。

3)当发现钢筋脆断、焊接性能不良或力学性能显著不正常等现象时，应对该批钢筋进行化学成分检验或其他专项检验。

(2)一般项目。

钢筋应平直、无损伤，表面不得有裂纹、油污、颗粒状或片状老锈。

检查数量：进场时和使用前全数检查。

检查方法：观察。

2. 热轧钢筋检验

热轧钢筋进场时，应按批进行检查和验收。每批由同一牌号、同一炉罐号、同一规格的钢筋组成，重量不大于 60t。允许由同一牌号、同一冶炼方法、同一浇筑方法的不同炉罐号组成混合批，但各炉罐号含碳量之差不得大于 0.02%，含锰量之差不大于 0.15%。

(1)外观检查。从每批钢筋中抽取 5%进行外观检查。钢筋表面不得有裂纹、结疤和折叠。钢筋表面允许有凸块，但不得超过横肋的高度，钢筋表面上其他缺陷的深度和高度不得大于所在部位尺寸的允许偏差。

钢筋可按实际重量或公称重量交货。当钢筋按实际重量交货时，应随机抽取 10 根(6m 长)钢筋称重，如重量偏差大于允许偏差，则应与生产厂交涉，以免损害用户利益。

(2)力学性能试验。从每批钢筋中任选两根钢筋，每根取两个试件分别进行拉伸试验(包括屈服点、抗拉强度和伸长率)和冷弯试验。

拉伸、冷弯、反弯试验试件不允许进行车削加工。计算钢筋强度时，采用公称横截面面积。反弯试验时，经正向弯曲后的试件应在 100℃温度下保温不少于 30min，经自然冷却后再进行反向弯曲。当供方能保证钢筋的反弯性能时，正弯后的试件也可在室温下直接进行反向弯曲。

如有一项试验结果不符合设计或供货合同要求，则从同一批中另取双倍数量的试件重做各项试验。如仍有一个试件不合格，则该批钢筋为不合格品。

对热轧钢筋的质量有疑问或类别不明时，在使用前应做拉伸和冷弯试验。根据试验结果确定钢筋的类别后，才允许使用。抽样数量应根据实际情况确定。这种钢筋不宜用于主要承重结构的重要部位。

余热处理钢筋的检验同热轧钢筋。

3. 冷轧带肋钢筋检验

冷轧带肋钢筋进场时，应按批进行检查和验收。每批由同一钢号、同一规格和同一级别的钢筋组成，重量不大于 50t。

(1)每批抽取5%(但不少于5盘或5捆)进行外形尺寸、表面质量和重量偏差的检查。检查结果应符合设计或供货合同的要求,如其中一盘(捆)不合格,则应对该批钢筋逐盘或逐捆检查。

(2)钢筋的力学性能应逐盘、逐捆进行检验。从每盘或每捆取两个试件,一个做拉伸试验,一个做冷弯试验。试验结果如有一项指标不符合设计或供货合同的要求,则该盘钢筋判为不合格;对每捆钢筋,尚可加倍取样复验判定。

4. 冷轧扭钢筋检验

冷轧扭钢筋进场时,应分批进行检查和验收。每批由同一钢厂、同一牌号、同一规格的钢筋组成,重量不大于10t。当连续检验10批均为合格时检验批重量可扩大一倍。

(1)外观检查。从每批钢筋中抽取5%进行外形尺寸、表面质量和重量偏差的检查。钢筋表面不应有影响钢筋力学性能的裂纹、折叠、结疤、压痕、机械损伤或其他影响使用的缺陷。钢筋的压扁厚度和节距、重量等应符合设计或供货合同的要求。当重量负偏差大于5%时,该批钢筋判定为不合格。当仅轧扁厚度小于或节距大于规定值时,仍可判为合格,但需降直径规格使用,例如公称直径为$\phi^t 14$降为$\phi^t 12$。

(2)力学性能试验。从每批钢筋中随机抽取3根钢筋,各取一个试件。其中,两个试件做拉伸试验,一个试件做冷弯试验。试件长度宜取偶数倍节距,且不应小于4倍节距,同时不小于500mm。

当全部试验项目均符合设计或供货合同的要求,则该批钢筋判为合格。如有一项试验结果不符合设计或供货合同的要求,则应加倍取样复检判定。

(二)钢筋的保管

钢筋运到使用地点后,必须妥善保存和加强管理,否则会造成极大的浪费和损失。

钢筋入库时,材料管理人员要详细检查和验收;在分捆发料时,一定要防止钢筋窜捆。分捆后应随时复制标牌并及时捆扎牢固,以避免使用时错用。

钢筋在贮存时应做好保管工作,并注意以下几点:

(1)钢筋入库要点数验收,要认真检查钢筋的规格等级和牌号。库内划分不同品种、规格的钢筋堆放区域。每垛钢筋应立标标签,每捆钢筋上应挂标牌;标牌和标签应标明钢筋的品种、等级、直径、技术证明书编号及数量等。

(2)钢筋应尽量放在仓库或料棚内。当条件不具备时,应选择地势较高、土质坚实、较为平坦的露天场地堆放。在仓库、料棚或场地周围,应有一定的排水设施,以利排水。钢筋垛下要垫以枕木,使钢筋离地不小于20cm。也可用钢筋存放架存放。

(3)钢筋不得和酸、盐、油等类物品存放在一起。存放地点应远离产生有害气体的车间,以防止钢筋被腐蚀。

(4)钢筋存储量应和当地钢材供应情况、钢筋加工能力以及使用量相适应,周转期应尽量缩短,避免存储期过长,否则,既占压资金,又易使钢筋发生锈蚀。

第三节 混凝土的制备与运输

混凝土工程施工，在水利水电建设中占有重要的地位，特别是以混凝土坝为主体的枢纽工程，其施工速度直接影响整个工程的建设工期，施工质量直接关系到工程的安危，关系到国家和人民生命财产的安全。

一、混凝土骨料制备

砂石骨料是混凝土最基本的组成成分，通常 $1m^3$ 混凝土需要 $1.3 \sim 1.5m^3$ 松散砂石骨料。对于混凝土用量很大的混凝土坝工程，砂石骨料的需求量也相当大，其质量的好坏直接影响混凝土强度、水泥用量和温控的要求，从而影响大坝的质量和造价。

(一)骨料生产过程

水利水电工程中骨料来源分为三种：

(1)天然骨料。天然砂、砾石经筛分、冲洗而制成的混凝土骨料；

(2)人工骨料。开采的石料经过破碎、筛分、冲洗而制成的混凝土骨料；

(3)组合骨料。以天然骨料为主，人工骨料为辅，配合使用的混凝土骨料。

确定骨料来源时，应以就地取材为原则，优先考虑采用天然骨料。只有在当地缺乏天然骨料，或天然骨料中某一级骨料的数量或质量不符合要求时，或综合开采加工运输成本高于人工骨料时，才考虑采用人工骨料。

骨料生产的基本过程和作业内容如图 8-17 所示。对于组合骨料，可以分成两条独立的流水线，也可以在天然骨料生产过程中，辅以超径石的破碎和筛分，以补充短缺粒径的不足。

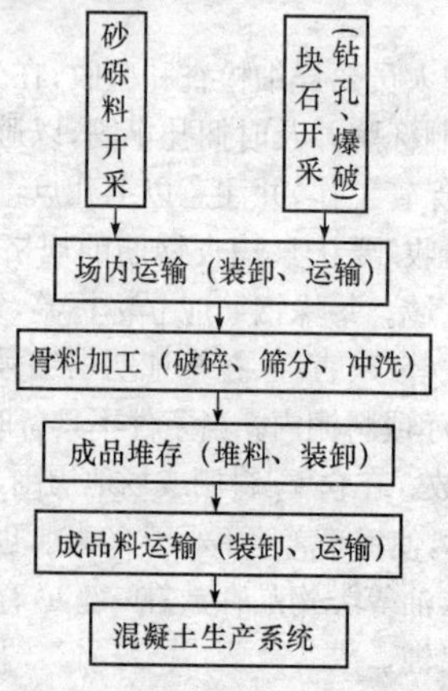

图 8-17 骨料生产的基本过程

（二）骨料料场规划

骨料料场的规划应根据料场的分布，开采条件，可利用料的质量、储量、天然级配、加工要求，以及弃料多少、运输方式、运距远近、生产成本等因素综合考虑；并结合工程实际进行综合技术经济论证，采用最优方案。

砂石骨料的质量是料场选择的首要前提。其质量应满足《水工混凝土施工规范》(DL/T 5144—2001)的要求，一般应避免采用含有碱活性的原料。对天然砂砾料而言，要认真研究其自然级配，对骨料级配调整和混凝土配料调整进行比较，以取得最佳的综合经济效果。人工骨料级配易于达到设计要求，通常可按最佳级配供料。砂子通常分为粗砂和细砂两级，其大小级配由细度模数控制，合理取值天然砂为2.2～3.0，人工砂宜为2.4～2.8。增大骨料颗粒尺寸、改善级配，对于减少水泥用量、提高混凝土质量，特别是对大体积混凝土的控温防裂具有积极意义。

（三）骨料开采

1. 开采方法

(1)水下开采天然砂砾料。从河床或河滩开挖天然砂砾料宜用索铲挖掘机和采砂船。在我国水利水电工程中多采用采砂船，主要有120m^3/h、250m^3/h、750m^3/h等三种链斗式采砂船；与之配合使用的有60m^3、180m^3砂驳。选用大型采砂船时，应考虑设备进场，撤退及下一工程预接使用的可能性。

(2)陆上开采天然砂砾料。陆上开采天然砂砾料所用设备与生产工艺和一般土石方开挖工程相同，主要使用挖掘机。至于运输方式则随料场条件而异，有的采用标准轨矿车或窄轨矿车，有的采用自卸汽车。

(3)碎石开采。采石场的开采可用洞室爆破和深孔爆破。进行爆破设计时要注意开采石块的最大粒度与挖装、破碎设备相适应。

洞室爆破比深孔爆破原岩破碎平均粒度大，超径量多，二次爆破量大，挖掘机生产率下降，粗碎负荷加重。洞室巷道施工条件差、劳动强度大。当深孔爆破的台阶尚未形成时，用洞室爆破进行削帮、揭顶并提供初期用料。深孔爆破，尤其是深孔微差挤压爆破应作为采石场的主要爆破方法。

2. 采石场开采量

骨料开采量应根据混凝土中各种粒径料的需要量和开挖料的可利用量来确定。

$$V_r=\frac{(1+K)\alpha V}{\beta\gamma} \tag{8-4}$$

式中　V_r——采石场总开采量(以天然方计)，m^3；

K——人工骨料损耗系数。对碎石，加工损失为0.02～0.06，运输储存损失为0.02～0.04；对人工砂，加工损失为0.08～0.20，运输储存损失为0.02～0.06；

α——每 $1m^3$ 混凝土的骨料用量，t/m^3；

V——混凝土总工程量，m^3；

β——块石开采成品获得率，0.8～0.9；

γ——块石表观密度，t/m^3。

若基础开挖的石料可以利用，在采石场开采量中应予扣除。

3. 生产能力的确定

骨料加工厂的生产能力应满足高峰时段的平均月需要量，即

$$Q_d = K_s(Q_c A + Q_0) \tag{8-5}$$

式中 Q_d——骨料加工厂的月处理能力，t；

Q_c——高峰时段的混凝土月平均浇筑强度，m^3；

Q_0——工程其他骨料的月需要量，t；

A——每立方米混凝土的砂石用量，t/m^3，一般可取 $2.15 \sim 2.20t/m^3$；

K_s——计及骨料加工、转运损耗及弃料在内的综合补偿系数，一般可取 1.2～1.3，天然砂石料还应考虑级配不平衡引起的弃料补偿。

当高峰强度持续时间较长时，骨料生产能力可根据储存量和混凝土浇筑强度确定；当持续时间短时，可根据累计生产、使用量确定。

（四）骨料破碎

为了将开采的石料破碎到规定的粒径，往往需要经过几次破碎才能完成。一般可将骨料破碎过程分为粗碎（将原石料破碎到 300～70mm）、中碎（破碎到 70～20mm）和细碎（20～1mm）三种。

水利水电工程工地常用的破碎设备有颚式破碎机、旋回破碎机、圆锥破碎机、反击式破碎机和立轴式冲击破碎机。

1. 颚式破碎机

颚式破碎机的工作部分主要由两块颚板组成。活动颚板对固定颚板作周期性的往复运动，时而靠近，时而分开，由此使装在二颚板间的石块受到挤压、劈裂和弯曲作用而破碎。

颚式破碎机的优点是结构简单可靠，外形尺寸较小，安装操作和维修都较容易，常用作粗碎和中碎，其缺点是破碎石料中扁平形状的较多，颚板需经常更换。

2. 旋回破碎机

旋回破碎机的工作部分是动锥、固定锥及二者构成的破碎腔。动锥围绕破碎机中心线作旋摆运动，动锥时而靠近、时而离开定锥，由此使破碎腔内的石块不断受到挤压和弯曲作用而破碎。具有连续破碎的特点，其生产率比同功率的颚式破碎机的生产率高 1～2 倍；但它的高度为颚式破碎机的 1.5 倍，重量也重得多，多在规模大的骨料系统中作粗碎设备使用。

3. 锥式破碎机

锥式破碎机的工作部分是外部固定锥和内部活动锥以及它们之间的破碎腔。

当活动锥绕固定点作偏心旋摆运动时，活动锥表面上的任何一点都时而向固定锥靠近又时而分开，由此使装进破碎腔内的石块不但受到挤压、弯曲和碾磨作用，并且受到由于动锥具有较高的转速和较大的冲程所产生的冲击作用而迅速破碎。

锥式破碎机的优点是破碎比大，效率高，功耗少，产品粒度均匀，产量大，运转平稳；其缺点是构件复杂，重要零件不易检修，机器较高且重，多用于中碎和细碎。

(五)骨料筛分

为了分级，需将采集的天然毛料或破碎后的混合料筛分，一般有机械筛分和水力筛分两种。

1. 机械筛分

机械筛分是利用机械力作用经不同孔眼尺寸的筛网对骨料进行分组。筛网多用高碳钢条焊接成方筛孔，筛孔边长分别为 112mm、75mm、38mm、19mm、5mm，用以筛分 120mm、80mm、40mm、20mm、5mm 的各组粗骨料。当筛网倾斜时，为保证筛分粒径，可将筛孔尺寸适当加大，筛分粗骨料常用振动筛，主要有偏心振动筛和惯性振动筛。

(1)偏心振动筛。偏心振动筛又称为偏心筛，如图 8-18 所示。它主要由固定机架、活动筛架、筛网、偏心轴及电动机等组成。偏心轴安装在固定机架上的一对滚珠轴承中，由电动机通过皮带轮带动，可在轴承中旋转。活动筛架通过另一对滚珠轴承悬装在偏心轴上。筛架上装有两层不同筛孔的筛网，利用偏心轴旋转时的惯性作用产生振动，以筛分三级不同粒径的骨料。

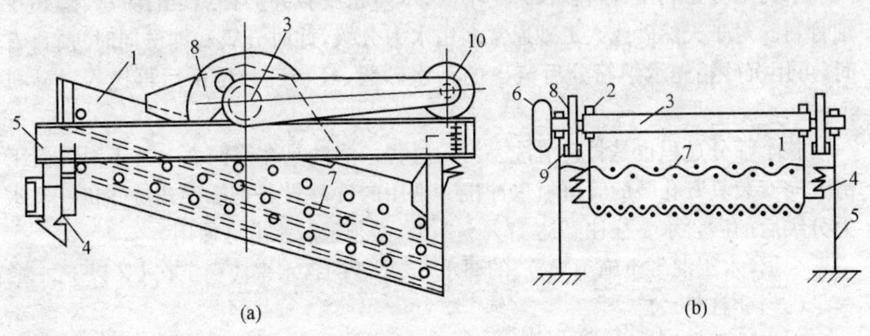

图 8-18　偏心振动筛

1—活动筛架；2—筛架上的轴承；3—偏心轴；4—弹簧；5—固定机架；
6—皮带轮；7—筛网；8—平衡轮；9—平衡块；10—电动机

偏心筛的特点是刚性振动，振幅固定(3～6mm)，不因来料多少而变化，也不易因来料过多而堵塞筛孔。其振动频率为 840～1200 次/min。偏心筛适用于筛分粗、中粒径的骨料，常用来完成第一道筛分任务。

(2)惯性振动筛。惯性振动筛又称为惯性筛，如图 8-19 所示。它的偏心轴

(带偏心块的旋转轴)安装在活动筛架上,利用马达带动旋转轴上的偏心块,产生离心力而引起筛网振动。

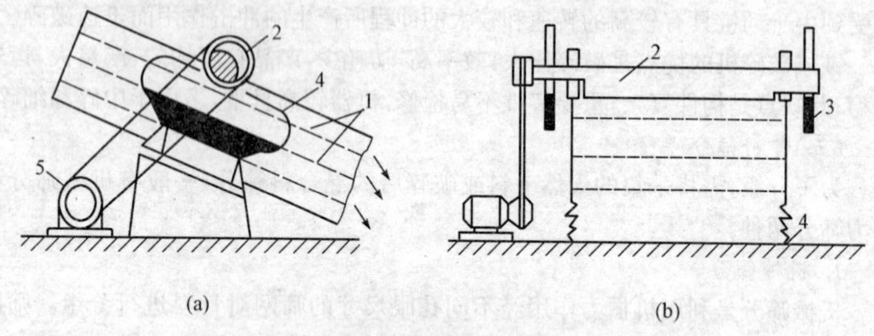

图 8-19　惯性振动筛

(a)构造简图;(b)工作原理图

1—筛网;2—筛架上的偏心轴;3—调整振幅用的配重盘;4—消振弹簧;5—电动机

惯性筛的特点是弹性振动,振幅大小随来料多少而变化,容易因来料多而堵塞筛孔,故要求来料均匀。其振幅为 1.6～6mm,振动频率为1200～2000 次/min。适用于中、细颗粒筛分,常用来完成第二道筛分任务。

2. 水力筛分

水力筛分是利用骨料颗粒大小不同、水力粗度各异的特点进行分级,适用于细骨料。对于天然砂或人工砂通常多用水力分级,此时分级和冲洗同时进行;有时,可用沉砂箱先承纳筛分后流出的污水砂浆,经初洗和排污后再送入洗砂机清洗。

整个筛分过程也是骨料清洗去污的过程。清洗是在筛网面上方正对骨料下滑方向安装具有孔眼的管道喷水冲洗。常用的洗砂设备是螺旋式洗砂机。经水力分级后的砂含水率往往高达 17%～24%,必须经脱水方可使用。

根据《水工混凝土施工规范》的要求,成品砂的含水率应稳定在 6%以下。

(六)骨料加工厂

大规模的骨料加工,常将加工机械设备按工艺流程布置成骨料加工工厂,以筛分为主的加工厂则称为筛分楼。

骨料加工厂的布置,原则上应综合考虑工程施工总布置、料源情况、水文、地质、环境保护等因素,根据地形情况、料场位置、工程分期、施工标段等条件综合比较选定。做好主要加工设备、运输线路、净料和弃料场的布置。骨料加工厂宜尽可能靠近混凝土生产系统,以便共用成品堆料场。

三峡下岸溪人工砂生产系统是目前世界上最大的专门用于生产人工砂的系统,其工艺流程如图 8-20 所示。

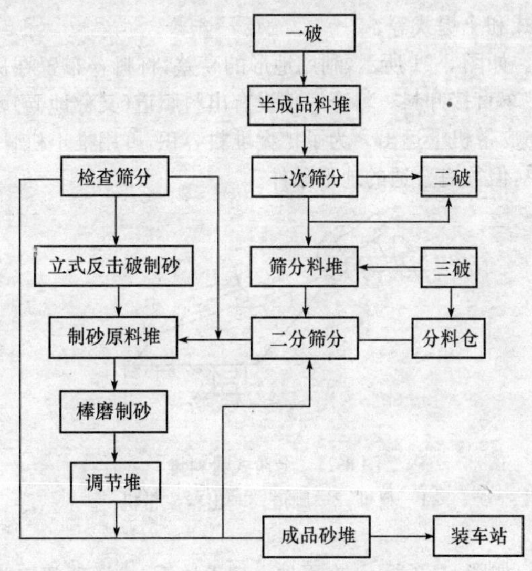

图 8-20 下岸溪人工砂生产工艺流程图

(七)骨料堆存

为了保证混凝土连续生产的用料要求,解决骨料供求不平衡的矛盾,需要一定数量的骨料储存。储存量的大小,主要取决于施工条件和管理水平。

一般情况下,粗细骨料的总储量可按高峰时段月平均值的 50%~80%考虑。天然砂砾料场若汛期和冰冻期停采,则总储量需按停采期骨料需用量外加 20%裕度校核。

1. 骨料堆存质量要求

防止粗骨料跌碎和分离是骨料堆存质量控制的首要任务。卸料时,粒径大于 40mm 的骨料的自由落差大于 3m 时,应设置缓降设施。皮带机接头处高差控制在 1.5m 以下。堆料时,应分层进行,逐层上升。储料仓除有足够的容积外,还应维持不小于 6m 的堆料厚度。要重视细骨料脱水,并保持洁净和一定湿度。细骨料在进入拌合机前,其表面含水率应控制在 5%以内,湿度以 3%~8%为宜,因过干容易分离。

设计料仓时,料仓的位置和高程应选择在洪水位之上,周围应有良好的排水、排污设施,地下廊道内应布置集水井、排水沟和冲洗皮带机污泥的水管。料仓有关结构设计要符合安全、经济和维修方便的要求,尽量减少骨料转运次数,防止栈桥排架变形和廊道不均匀沉陷。

2. 骨料堆存形式

骨料堆场形式与地形条件、堆料设备和进出料方式有关,大中型工程常见的有台阶式、栈桥式和土堤式等。

(1)台阶式。如图 8-21 所示,利用地形的高差,将料仓布置在进料线路下方,由汽车或铁路矿车直接卸料。料仓底部设有出料廊道(又称地弄),砂石料通过卸料弧形阀门卸在皮带机上运出。为了扩大堆料容积,可用推土机骨料或散料。这种料仓设备简单,但须有合适的地形条件。

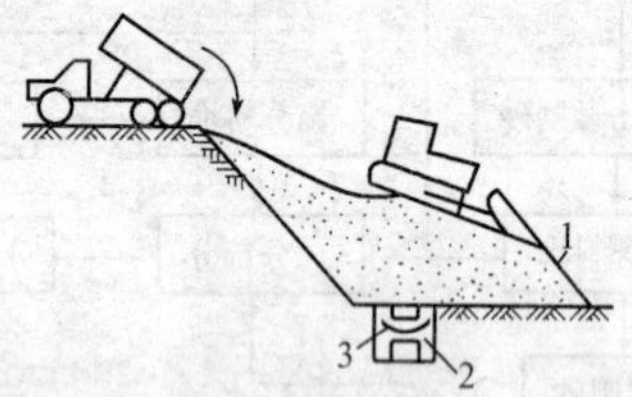

图 8-21　台阶式骨料堆

1—料堆;2—廊道;3—出料皮带机

(2)栈桥式。如图 8-22 所示,在平地上架设栈桥,栈桥顶部安装有皮带机,经卸料小车向两侧卸料。料堆呈棱柱体,由廊道内的皮带机出料。这种堆料的方式,可以增大堆料高度(可达 9～15m),减少料堆占地面积。但骨料跌落高度大,易造成逊径和分离,而且料堆自卸容积(位于骨料自然休止角斜线中间的容积)小。

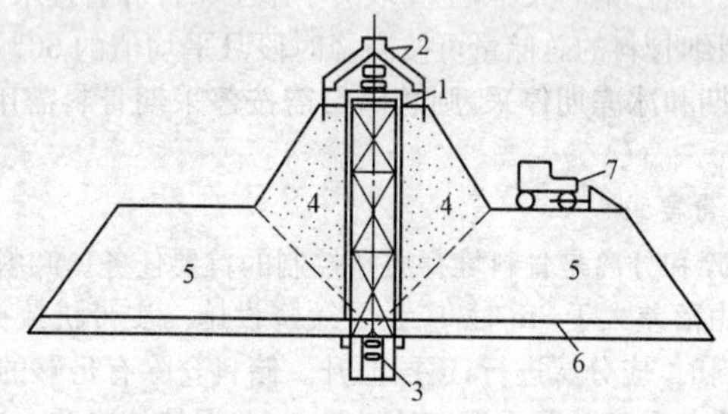

图 8-22　栈桥式骨料堆

1—进料皮带机栈桥;2—卸料小车;3—出料皮带机;

4—自卸容积;5—死容积;6—垫底损失容积;7—推土机

(3)土堤式。也称堆料机堆料。堆料机是可以沿轨道移动,有悬臂扩大堆料范围的专用机械。双悬臂堆料机如图 8-23(a)所示。动臂堆料机如图 8-23(b)所示,动臂可以旋转和仰俯(变幅范围在±16°之间),能适应堆料位置和堆料高度的变化,避免骨料跌落过高而产生逊径。

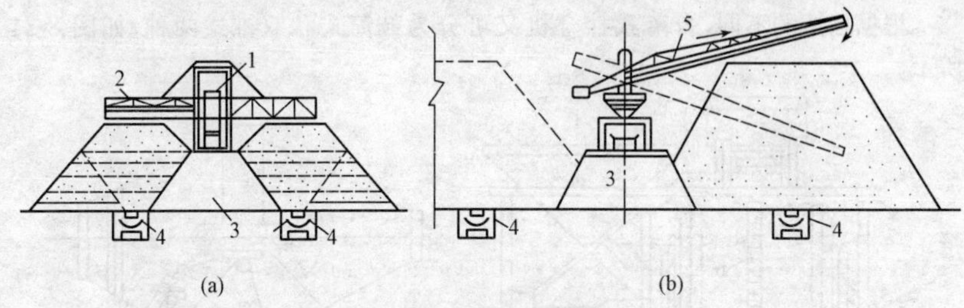

图 8-23　堆料机堆料

(a)双悬臂式；(b)动臂式

1—进料皮带机；2—可两侧移动的梭式皮带机；3—路堤；

4—出料皮带机廊道；5—动臂式皮带机

为了增大堆料高度，常将其轨道安装在土堤顶部，出料廊道则设于土堤两侧。

成品料仓各级骨料的堆存，必须设置可靠的隔墙，以防止骨料混级。隔墙高度按骨料自然休止角(34°～37°)确定，并超高 0.8m 以上。成品堆场容量尚应满足砂石料自然脱水要求。

二、混凝土制备

混凝土制备的过程包括储料、供料、配料和拌合，其中配料和拌合是主要生产环节，也是质量控制的关键。

(一)混凝土配料

常用的配料方法有重量配料法和体积配料法两种。由于体积配料法难以满足配料精度的要求，故而水利工程广泛采用重量配料法。

重量配料法是将砂、石、水泥和掺和料按质量称量，水和外加剂溶液按体积计量。规范要求的精度是水泥、外加剂、水和掺和料为±1%，砂石料为±2%。

配料器是用于称量混凝土原材料的专门设备，按所称料物的不同，可分为骨料配料器、水泥配料器和量水器等。在自动化配料器中，装料、称量和卸料的全部过程都是自动控制的，动作迅速，称量准确，在混凝土拌合楼中应用广泛。

(二)混凝土拌合

常用的混凝土拌合方法有人工拌合与机械拌合两种。在缺乏机械设备的小型工程或工程量小时可采用人工拌合，只是质量不易保证。为保证质量和供料强度，工程中多采用机械拌合。按时拌合机的工作原理，可分为自落式和强制式两种。

1. 自落式拌合机

自落式拌合机是一种利用可旋转的拌合筒上的固定叶片，将混凝土料带至筒顶，自由跌落拌制，其特点是结构简单，单位产量成本低，多适用于拌制骨料粒径较大的混凝土；不适于搅拌轻骨料、干硬性以及高强度混凝土。

根据构造的不同，自落式拌合机又可分为鼓筒式和双锥式两种，如图 8-24 所示。

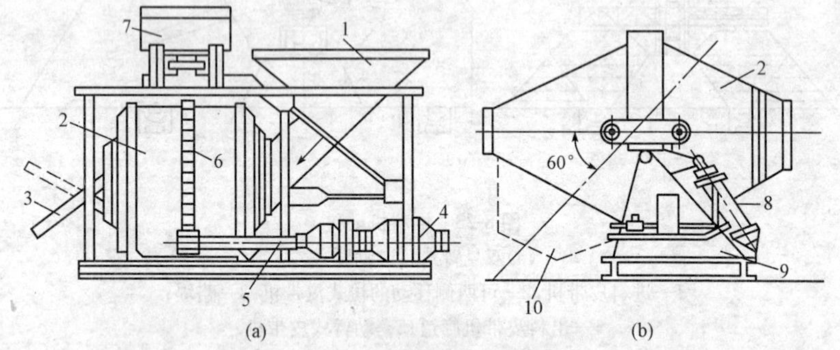

图 8-24　自落式混凝土拌合机

(a)鼓形拌合机；(b)双锥形拌合机

1—装料机；2—拌合筒；3—泄料槽；4—电动机；5—传动轴；

6—齿圈；7—量水器；8—气顶；9—机座；10—泄料位置

(1)鼓筒式拌合机。鼓筒两侧开口，一侧用于装料，另一侧用于卸料。由于鼓筒只能旋转拌合，而不能倾翻卸料，故需利用插入筒内的卸料槽进行卸料。

鼓形拌合机构造简单，装拆方便，使用灵活，如装上车轮便成为移动式拌合机；只是容量较小(400～800L)，生产率不高，多用于中小型工程或大型工程施工初期。

(2)双锥式拌合机。按出料方式不同，可分为反转出料式和倾翻出料式两种。拌合机拌合时，拌合筒开口端微微向上翘起，大部分材料在筒的中、后部进行拌合。同时，叶片的形状能使材料交叉翻动，增强了拌合效果。卸料时，利用气顶或机械传动使拌合筒倾翻约 60°，将拌合料迅速卸出。

双锥式拌合机容量较大，有 800L、1000L、1600L、3000L 等，拌合效果好、间歇时间短、生产率高，多用于大、中型工程。

2. 强制式拌合机

强制式拌合机是装料鼓筒不旋转，利用固定在轴上的叶片带动混凝土进行强制拌合。其特点是拌合时间短，搅拌质量好，但拌制低坍落度碾压混凝土易磨损叶片和衬板。

强制式拌合机大多是立轴水平旋转的，通过盘底部旋转开放的卸料口卸料。卸料迅速但关闭时难于密封，水泥浆易损失，所以不宜用于搅拌塑性混凝土，主要用于混凝土构件预制厂、大中型水利工程混凝土拌合站或城市商品混凝土拌合厂。卧式双轴强制式搅拌机多用于生产各种坍落度的中、小骨料混凝土。

(三)拌合机生产能力

拌合机生产能力主要取决于拌合机的容量、台数和生产率等因素。拌合机按拌合实方体积(L 或 m^3)来确定拌合机的工作容量(又称出料体积),其出料系数是出料体积与装料体积之比,一般为 0.6～0.7。装料体积是指每拌合一次装入拌合筒内各种材料松散体积之和。

每台拌合机的小时生产率 P 可按下式计算。

$$P=K\frac{3600V}{t_1+t_2+t_3+t_4} \tag{8-6}$$

式中　V——拌合机出料容量,m^3;

t_1——进料时间,自动化配料为 10～15s,半自动化配料为15～30s;

t_2——拌合时间,随拌合机容量、坍落度、气温而异,一般自落式为 90～150s,强制式拌合机为 60～120s;

t_3——出料时间,一般倾翻式为 15s,非倾翻式为 25～30s;

t_4——必要的技术间歇时间,对双锥式为 3～5s;

K——时间利用系数,视施工条件件定,一般为 0.85～0.95。

(四)拌合时间与质量控制

混凝土拌合时间应通过试验确定,其最少拌合时间可参考表 8-9。

表 8-9　混凝土最少拌合时间

拌合机容量 Q (m^3)	最大骨料粒径 (mm)	最少拌合时间(s)	
		自落式拌合机	强制式拌合机
$0.8\leqslant Q\leqslant 1$	80	90	60
$1<Q\leqslant 3$	150	120	75
$Q>3$	150	150	90

注:1. 入机拌合量应在拌合机额定容量的 110%以内。

2. 加冰混凝土的拌合时间应延长 30s(强制式 15s),出机的混凝土拌合物中不应有冰块。

在混凝土拌合生产中,应对各种原材料的配料称量进行检查记录,每 8h 不应少于 2 次;混凝土的拌合时间每 4h 检查一次;混凝土组成材料的偏差按《水工混凝土施工规范》(DL/T 5144—2001)有关规定;混凝土的坍落度每 4h 检测 1～2 次,偏差应符合规范规定;引气混凝土的含气量,每 4h 检测一次,含气量偏差允许范围为±1.0%;混凝土拌合物的温度、气温和原材料温度每 4h 检测一次。

(五)混凝土拌合站

工程中通常将骨料堆场、水泥仓库、拌合机等集中布置,组成拌合站,或采用先进的混凝土拌合楼来制备混凝土,有利于提高生产率,也有利于工程管理。

混凝土拌合楼是一套集配料、搅拌等混凝土生产过程于一体的自动化设备(图 8-25),由进料层、储料层、配料层、拌合层和出料层组成。全套设备生产率高,能制备各种级配的混凝土,便于管理,混凝土拌制质量好。但对地基要求高,安装复杂,价格高,且需要连续的砂、石、水泥输送系统配合。

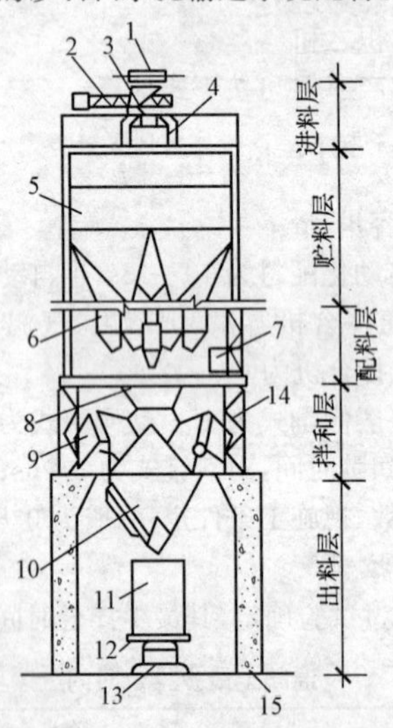

图 8-25　单阶式混凝土拌合楼

1—进料皮带;2—水泥螺旋输送机;3—旋转料斗;4—分料器;
5—贮料斗;6—配料斗;7—量水器;8—骨料斗;
9—拌合机;10—混凝土料斗;11—混凝土罐;
12—平台车;13—出料轨道;
14—钢架;15—混凝土柱

布置时,拌合站(楼)应尽可能靠近浇筑地点,并满足爆破安全距离的要求;妥善利用地形来减少工程量。如工程较小,可采用简易拌合站,整个拌合站位于同一平面上。当地形狭窄时,也可将骨料堆场布置在拌合站附近,利用皮带机或者装载机将骨料送至拌合站。

当破堤(坝)建闸,在深基坑内浇筑建筑物或有其他斜坡可以利用的工地,可采用顺坡布置的"斜坡式"搅拌站(图 8-26)。

三、混凝土运输

混凝土运输设备及运输能力,要与拌合、浇筑能力、仓面具体情况相适应;施工运输时要求混凝土不发生离析,运抵仓面后混凝土还应有足够的有效浇筑时间。

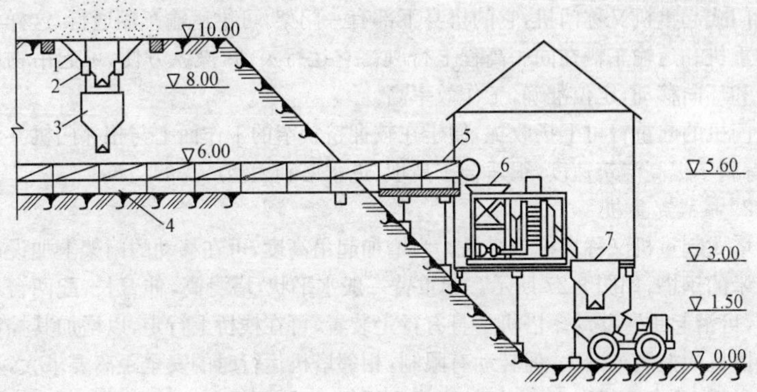

图 8-26　斜坡式拌合站布置示意图(高程:m)

1—贮料斗;2—电子秤传感器;3—配料斗;
4—带式运输机廊道;5—配料皮带机;6—骨料斗;7—分料斗

(一)混凝土运输要求

由于运输中的振动,极易引起粗骨料下沉而砂浆上浮的分离现象;混凝土自由下落高度过大,会使粗骨料互相击碎,并造成砂浆与粗骨料分离;风吹日晒会损失水分降低和易性;暴露在低温中会使混凝土受冻破坏。故施工中运输时间应尽量短(表 8-10);运输工具行驶要平稳,不漏浆,应防晒、防雨、防风、防冻,转运次数要少,自落高度要小(混凝土的自由下落高度不应超过 1.5m);落差大时,要设置溜槽、溜管等缓降装置。

表 8-10　混凝土运输时间

运输时段的平均气温(℃)	混凝土运输时间(min)
20～30	45
10～20	60
5～10	90

(二)混凝土运输机械

混凝土运输通常有水平和垂直两种,运输工具和机械可根据运输量、运距及设备条件合理选用。水平运输可选用手推车、混凝土搅拌运输车、皮带机、机动翻斗车、自卸汽车、轻轨斗车和标准轨平台车等;垂直运输工具可选用门机、塔机、井架、各类起重机、缆机及混凝土泵等。

1. 门式起重机

门式起重机又称门机，它的机身下部有一门架，可供运输车辆通行，这样便可使起重机和运输车辆在同一高程上行驶。它运行灵活，操纵方便，可起吊物料作径向和环向移动，定位准确，工作效率高。

门机的起重臂可上扬收拢，便于在较拥挤狭窄的工作面上与相邻门机共浇一仓，有利于提高浇筑速度，很适合于高坝、进水塔和大型厂房的浇筑。

2. 塔式起重机

塔式起重机又称塔机或塔吊。为增加起吊高度，可在移动的门架上加设高达数十米的钢塔，如图 8-27 所示。起重臂一般水平状，塔身高，伸臂长，配两台起重小车，可沿起重臂移动。塔机本身有行走装置，可在栈桥上行走，以增加其控制范围。塔机的控制范围大，但转动有限制，相邻塔机运行时的安全距离要求大，不如门机灵活，且在 6 级以上大风时，应停止运行，以防倒塌。

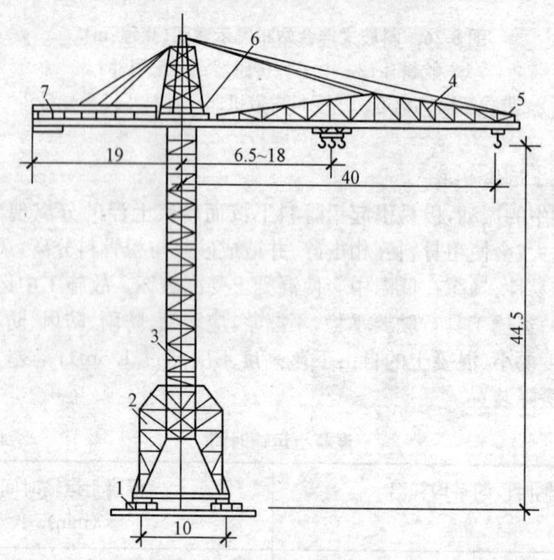

图 8-27　10/25t 塔机(单位:m)

1—车轮；2—门架；3—塔身；4—起重臂；5—起重小车；6—回转塔架；7—平衡重

3. 缆式起重机

缆式起重机(缆机)主要由缆索系统、起重小车、主副塔架等组成，如图 8-28 所示。缆索系统为缆机的主要组成部分；牵引索牵引起重小车在承重绳上移动；主副塔架为三角形空间结构，分别布置在两岸高处。

缆机的类型，按塔架的移动情况分为固定式、平移式和辐射式三种。缆机的起重量一般在 10～25t 最大可达 50t,跨度在 400～1300m 左右,起重小车水平移动速度 360～670m/min,吊钩的垂直升降速度 100～670m/min,吊运混凝土立罐 8～12 次,最大可吊运 24 罐,浇筑强度一般在 50～120m³/h。

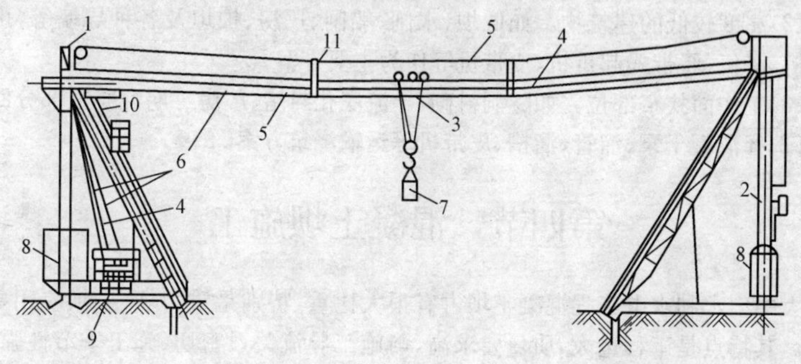

图 8-28　缆式起重机结构图

1—主塔;2—副塔;3—起重小车;4—承重索;5—牵引索;6—起重索;
7—重物;8—平衡重;9—机房;10—操纵室;11—索夹

缆机适用于狭窄河床的混凝土浇筑。它的主要优点是:缆机安装工期灵活,和主体工程的干扰较小,不占浇筑部位;受水流控制的影响小,全年有效施工时间多;控制范围大,使用时间长,生产率高。但投资大,钢索容易损坏,通用性差,对地形要求高。

(三)混凝土运输方案

1. 影响运输方案的因素

混凝土运输方案对工程进度、质量、工程造价将产生直接影响,需综合各方面的因素,经过技术、经济比较后选定。在方案选择时,一般需考虑下列因素:

(1)枢纽布置,水工建筑物类型、结构和尺寸,特别是坝的高度。

(2)工程规模、工程量和总进度拟定的施工阶段控制性浇筑进度、强度及温度控制要求。

(3)施工现场的地形、地质条件和水文特点。

(4)导流方式及分期和防洪度汛措施。

(5)混凝土拌合楼(站)的布置和生产能力。

(6)起重机具的性能和施工队伍的技术水平、熟练程度及设备状况。

上述各种因素互相依存、互相制约。因此,必须结合工程实际,拟出几个可行性方案进行全面的技术经济比较,最后选定技术上先进、经济上合理、设备供应现实的方案。

2. 混凝土运输方案的选择

(1)高度较大的建筑物。其工程规模和混凝土浇筑强度较大,混凝土垂直运输占主要地位。常以门、塔机—栈桥、缆机、专用皮带机为主要方案，以履带式起重机及其他较小机械设备为辅助措施。在较宽河谷上的高坝施工，常采用缆机与门、塔机（或塔带机）相结合的混凝土运输浇筑方案。

（2）高度较低的建筑物。如低坝、水闸、船闸、厂房、护坦及各种导墙等，可选用门机、塔机、履带式起重机、皮带机等作为主要方案。

（3）工作面狭窄部位。如隧洞衬砌、导流底孔封堵、厂房二期混凝土部分回填等，可选择混凝土泵、溜管、溜槽、皮带机等运输浇筑方案。

第四节　混凝土坝施工

大中型水利水电工程混凝土坝占有很大比重，特别是重力坝、拱坝应用更为普遍。其特点是工程量大、质量要求高、与施工导流关系密切、施工季节性强、浇筑强度大、温度控制严格、施工条件复杂等。

一、施工工艺

在混凝土坝施工中，大量砂石骨料的采集、加工，水泥和各种掺合料、外加剂的供应是基础，混凝土制备、运输和浇筑是施工的主体，模板、钢筋作业是必要的辅助。

混凝土坝工程其坝体的施工工艺流程如图 8-29 所示。

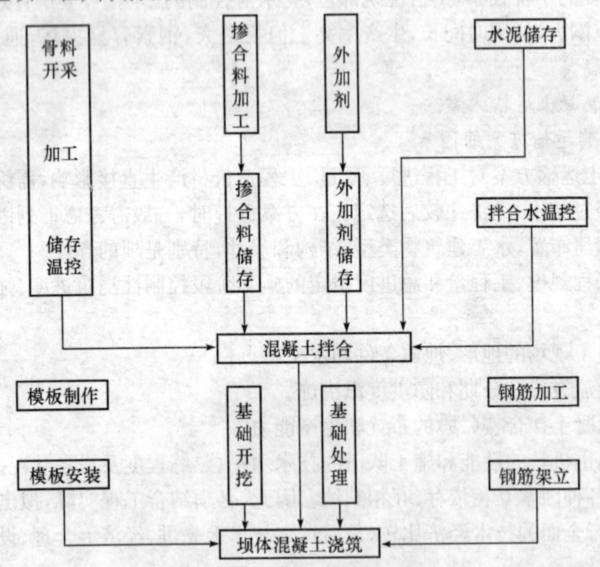

图 8-29　混凝土坝的施工工艺流程图

二、坝体施工分缝分块

由于各种条件限制，不可能将整个坝体连续不断地一次浇筑完毕；需要采用便于处理的规则缝，将坝体划分成许多浇筑块进行混凝土浇筑，以防止发生影响坝体整体性且难于处理的不规则裂缝。坝体浇筑块的划分称为坝体施工的分缝分块。

(一)分缝分块形式

混凝土坝的分缝分块主要有四种类型，如图 8-30 所示。

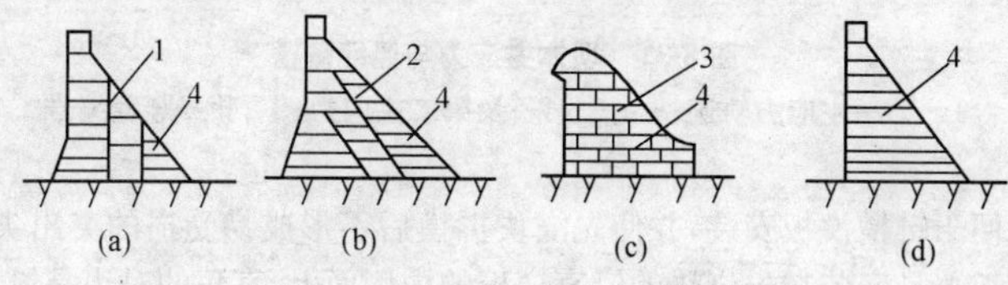

图 8-30 分缝分块形式

(a)竖缝分块；(b)斜缝分块；(c)错缝分块；(d)通仓浇筑

1—竖缝；2—斜缝；3—错缝；4—水平施工缝

沿坝轴线方向，将坝的全长划分为 15～20m 左右的若干坝段。坝段之间的缝称为横缝。重力坝的横缝一般与伸缩沉陷缝结合而不需要接缝灌浆，故称为永久缝。拱坝的横缝由于有传递应力的要求，需要进行接缝灌浆，故称为临时缝。其次，每个坝段又用纵缝划分成若干坝块，或者整个坝段不再设缝而进行通仓浇筑。

在垂直方向，常因不能一次从基础浇到坝顶，需分块上升，上下块之间就形成了水平施工缝。非结构性的横缝、坝段纵缝、浇筑块之间的垂直缝和水平缝均是临时缝，也称施工缝，均需进行处理。

(二)竖缝分块

竖缝分块是用平行于坝轴线的铅直缝把坝段分成为若干柱状体，所以又称为柱状分块。在施工中习惯于将一个坝段的几个柱状体从上游到下游依次编号为：1 仓、2 仓……。这种分缝分块形式始于 20 世纪 30 年代末美国胡佛坝的施工，因而被称为传统的分缝分块形式，也是我国使用最广泛的一种分缝分块形式。

1. 键槽设置

为了恢复因竖缝而破坏的坝体整体性，竖缝须设置键槽，并进行接缝灌浆处理。键槽的两个斜面应尽可能分别与坝体的两组主应力相垂直，从而使两个斜面上的剪应力接近于零，如图 8-31 所示。键槽的形式有不等边直角三角形和不等边梯形两种。不等边梯形是三角形键槽的直角顶用铅直线切除一部分而成的，在我国很少采用。为了施工方便，各条竖缝的键槽往往做成统一的形式。

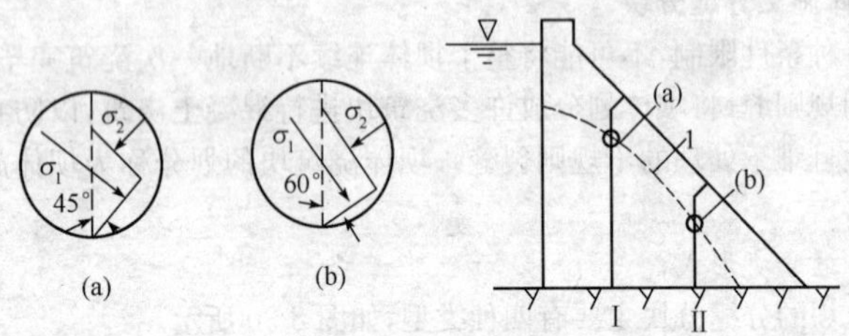

图 8-31　坝体主应力与竖缝键槽

1—第一主应力轨迹；σ、σ_2—第一及第二主应力；Ⅰ、Ⅱ—竖缝编号

为了便于键槽模板安装，并使先浇块拆模后不形成易受损的突出尖角，三角形键槽模板总是安装在先浇块的铅直模板的内侧面上，直角的对边是铅直的。为了使键槽面与主应力垂直，若上游块先浇，则应使键槽直角的短边在上、长边在下；反之，下游块先浇，则应长边在上、短边在下（图 8-32）。施工中应注意这种键槽长短边随浇筑顺序而变的关系。

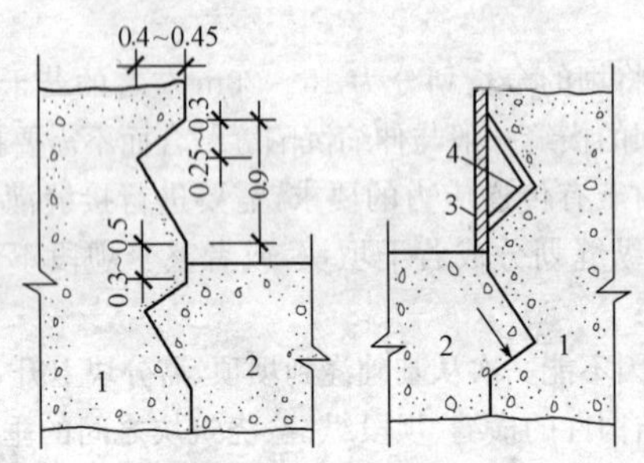

图 8-32　键槽模板（单位：m）

（a）上游块先浇；（b）下游块先浇

1—先浇块；2—后浇块；3—模板；4—键槽模板

2. 相邻块高差

混凝土浇筑后会发生冷却收缩和压缩沉降导致的变形，如果相邻块高差过大，当后浇块浇筑后，因为先浇块的变形已大部分完成而后浇块的变形才刚刚开始发生，于是在相邻块之间出现了较大的变形差，使得键槽的突缘及上斜边拉开，下斜边挤压，如图 8-33 所示。挤压可引起两种恶果：一是接缝灌浆时浆路不通，影响灌浆质量；二是键槽被剪断，所以，相邻块高差要作适当控制。

相邻坝块的高差控制，除了与坝块温度及分缝间距等有关以外，还与先浇块键槽下斜边的坡度密切相关。当长边在下，坡度较陡，对避免挤压有利；当短边在下，坡度较缓，容易形成挤压。所以，有些工程施工时，把相邻块高差区分为正高差和反高差两种。上游块先浇（键槽长边在下）形成的高差称为正高差，一般按 10～12m 控制；下游块先浇（键槽短边在下）形成的高差称为反高差，从严控制为 5～6m。我国《重力坝设计规范》和《水工混凝土施工规范》都规定，相邻坝块的高差一般不超过 10～12m。

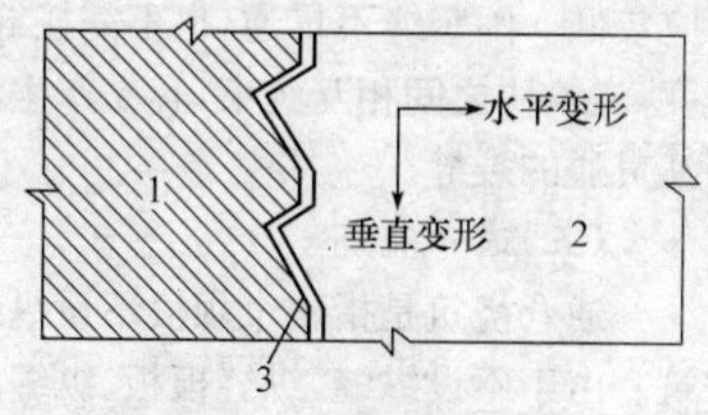

图 8-33　键槽面的挤压

1—先浇块；2—后浇块；3—键槽挤压面

3. 分缝间距

采用竖缝分块时，分缝间距越大，块体水平断面越大，竖缝数目和缝的总面积越小，接缝灌浆及模板作业工作量越少；但温度控制要求越严。如何处理它们之间的关系，要视具体条件而定，应尽可能减少竖缝数量，以提高坝体的质量。

4. 浇筑块高度

关于浇筑块高度，我国曾采用过高块浇筑，浇筑块高达到 10m 甚至 20m 以上，优点是可以减少了水平施工缝及其处理工作量；但立模困难，对温控不利，所以没有推广应用。目前浇筑块高度多在 3m 以下。

（三）斜缝分块

斜缝分块是大致沿两组主应力之一的轨迹面设置斜缝，缝是向上游或下游倾斜的。斜缝分块的主要优点是缝面上的剪应力很小，使坝体能保持较好的整体性；其主要缺点是坝块浇筑的先后顺序受到限制，如倾向上游的斜缝就必须是上游块先浇、下游块后浇，不如竖缝分块那样灵活。

斜缝分块的缝面上出现的剪应力很小，为使坝体能保持较好的整体性，斜缝可以不进行接缝灌浆，如柘溪大头坝倾向上游的斜缝只作了键槽，加插筋和凿毛处理；但也有灌浆的，如桓仁大头坝的斜缝。通常，斜缝不能直通到坝的上游面，以避免库水渗入缝内。在斜缝终止处应采取并缝措施，如布置骑缝钢筋或设置并缝廊道，以免因应力集中导致斜缝沿缝端向上发展。

施工中，斜缝分块同样要注意均匀上升和控制相邻块高差，高差过大则两块温差过大，容易在后浇块上出现温度裂缝；遇特殊情况，如作临时断面挡水，下游块进度赶不上而出现过大高差时，则应在下游块采取较严的温控措施，减少两块温差，避免裂缝，保持坝体整体性。

（四）错缝分块

错缝分块是早期建坝时，根据砌砖方法沿高度错开的竖缝进行分块，又叫砌砖法，目前已很少采用。

通常，浇筑块不大，长 20m 左右，块高 1.5～4m，对浇筑设备及温控的要求相应较低。因竖缝不贯通，也不需接缝灌浆，然而施工时各块相互干扰，影响施工速度；浇筑块之间相互约束，容易产生温度裂缝，尤其容易使原来错开的竖缝变为相互贯通的裂缝。

(五)通仓浇筑

通仓浇筑是指整个坝段不设纵缝，一个坝段只有一个仓，以一个坝段进行浇筑。由于不设纵缝，纵缝模板、纵缝灌浆系统以及为达到灌浆温度而设置的坝体冷却设施都可以取消，因而是一个先进的分缝分块方式。

通仓浇筑时，由于浇筑块尺寸大，对于浇筑设备的性能，尤其对于温度控制的水平提出了更高的要求。一般，混凝土浇筑温度限制在4.4～7.2℃之间，为此采用以预冷骨料为主的混凝土降温措施。基础混凝土最高温度不超过24℃，从最高温度下降到稳定温度不允许超过16.7℃。不同高程应有不同的设计强度，从基础部位的90d龄期19.9MPa变化到顶部10.3MPa，严格控制水泥用量，掺粉煤灰54～41kg/m^3。浇筑块厚度1.5m，最大间歇期短于14d。同时，要严格限制相邻坝段高差：3月1日至11月30日，不超过6m；其余各月不超过4.5m。基础部位埋水管须进行初基通水冷却，并注意坝体表面保护。

三、混凝土浇筑

混凝土浇筑是保证混凝土工程质量的最重要环节。混凝土浇筑过程包括浇筑前的准备工作，混凝土浇筑及养护等。

(一)施工准备

浇筑前的准备作业包括基础面的处理、施工缝处理、立模、钢筋及预埋件安设和全面检查与验收等。

1. 基础面处理

对于土基，应将预留的保护层挖除，并清除杂物；然后铺碎石，再覆盖湿砂，进行压实。对于砂砾石地基，应先清除有机质杂物和泥土，平整后浇筑一层100～200mm厚的C15混凝土，以防漏浆。

对于岩基，必须首先对基础面的松动、软弱、尖角和反坡部分作彻底清除，然后用高压水冲洗岩面上的油污、泥土和杂物。岩面不得有积水，且保持岩面呈湿润状态。浇筑前一般先铺浇一层10～30mm厚的砂浆，以保证基础与混凝土的良好结合。如遇地下水时，应作好排水沟和集水井，将水排走。

2. 施工缝处理

施工缝是指浇筑块之间临时的水平和垂直结合缝，即新老混凝土之间的结合面。对需要接缝处理的纵缝面，只需冲洗干净可不凿毛，但须进行接缝灌浆。水平缝的处理，必须将老混凝土面的软弱乳皮清除干净，形成石子半露而不松动的清洁表面，以利新老混凝土结合。常用的施工缝处理方法有如下几种：

(1)高压水冲毛。高压水冲毛技术是一项高效、经济而又能保证质量的缝面处理技术，其冲毛压力为20～50MPa，冲毛时间以收仓后24～36h为宜，冲毛延时以每平方米 0.75～1.25min 效果最佳。

掌握开始冲毛的时间是施工的关键，过早将会浪费混凝土，并造成石子松动；过迟却又难以达到清除乳皮的目的，可根据水泥的品种、混凝土的强度等级和外界气温等进行选择。

(2)风砂枪喷毛。用粗砂和水装入密封的砂箱，再通过压缩空气(0.4～0.6MPa)将水、砂混合后，经喷射枪喷向混凝土面，使之形成麻面，最后再用水清洗冲出的污物。一般在混凝土浇筑后 24～48h 内进行。

(3)钢刷机刷毛。这是一种专门的机械刷毛方式，类似街道清扫机，其旋转的扫帚是钢丝刷，其质量和工效高。

(4)人工或风镐凿毛。对坚硬混凝土面可采用人工或风镐凿除乳皮，施工质量好，但工效较低。风镐是利用空气压缩机提供的风压力驱动震冲钻头，震动力作用于混凝土面层，凿除乳皮；人工则是用铁锤和钢钎敲击。

3. 仓面检查

混凝土开仓浇筑前，必须按照设计和规范要求，对仓面进行全面的质量检查与验收，重点是模板、钢筋和预埋件，应特别注意模板体形，钢筋的规格、尺寸和接头，预埋件不得漏顶，预留孔洞位置正确等，风、水、电及照明布置妥当，经质检部门全面检查，发给准浇证后，即可开仓浇筑。一经开仓则应连续浇筑，避免因中断而出现冷缝。

(二)入仓铺料

浇筑混凝土时为避免发生离析现象，混凝土自高处倾落的自由高度不宜过大。混凝土多采取分层铺料、分层振捣的方式进行浇筑。

混凝土入仓铺料多用平浇法，它是沿仓面某一边逐条逐层有序连续铺填，每一层都是从仓面的同一端一直铺到另一端，周而复始，水平上升，如图 8-34 所示。铺料层厚与振动设备性能、混凝土稠度、来料强度和气温高低有关。为保证浇筑层间不出现冷缝，且有利于迅速振捣密实，层厚一般为 300～600mm，当采用振捣器组振捣时，层厚可达 700～800mm。

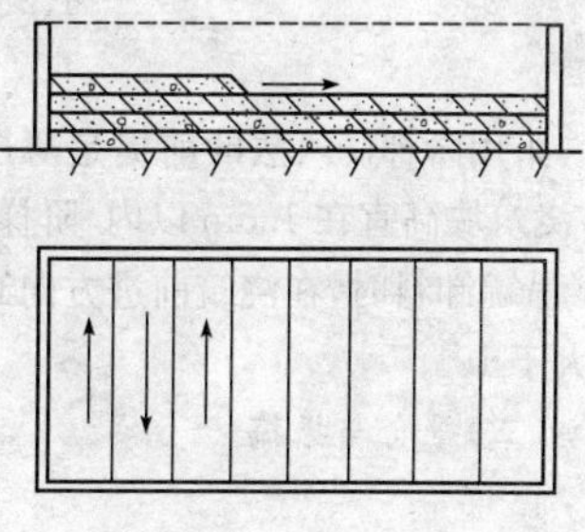

图 8-34　平浇法示意图

1. 层间间歇

层间间歇超过混凝土初凝时间，会出现冷缝，使层间的抗渗、抗剪和抗拉能力明显降低；如气温一定，仓面尺寸和浇筑铺层厚度应与混凝土运输浇筑能力相适应。

当允许层间间隔时间 t(h)已定后，为不出现冷缝，应满足以下条件：

$$KP(t-t_1)\geqslant BLh$$

或
$$P \geqslant \frac{BLh}{K(t-t_1)} \tag{8-7}$$

式中　K——混凝土运输延误系数，取 0.8～0.85；

P——浇筑仓要求的混凝土运浇能力；

t_1——混凝土从出机到入仓的时间，h；

B、L——浇筑块的宽度和长度，m；

h——铺料层厚度，m。

2. 分块尺寸与铺层厚度

分块尺寸和铺层厚度受混凝土运浇能力的限制。若分块尺寸和铺层厚度已定，要使层间不出现冷缝，应采取措施增大运浇能力；若设备能力难以增加，则应考虑改变浇筑方法，将平浇法改变为斜层浇筑或阶梯浇筑，如图 8-35 所示，以避免出现冷缝。为避免砂浆流失，骨料分离，宜采用低坍落度混凝土。

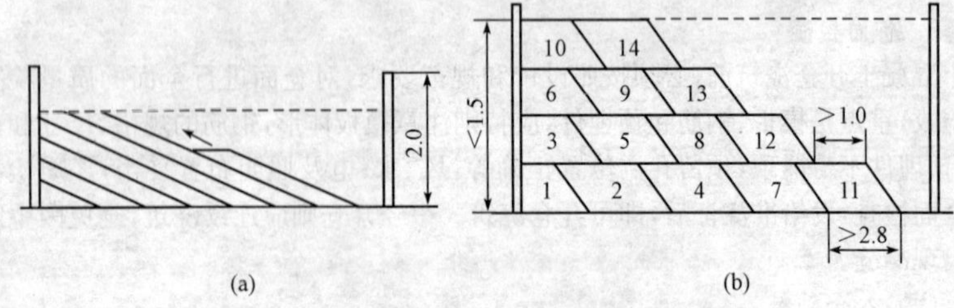

图 8-35　斜层浇筑法和阶梯浇筑法(单位:m)

(a)斜层浇筑法；(b)阶梯浇筑法

1、2、3、…—阶梯浇顺序

采用阶梯浇筑法的前提是薄层浇筑；根据吊运混凝土设备能力和散热的需要，浇筑块高宜在 1.5m 以内，阶梯宽不小于 1.0m，斜面坡度不小于 1∶2；当采用 $3m^3$ 吊罐卸料时，在浇筑前进方向卸料宽不小于 2.8m。对斜层浇筑，层面坡度不宜大于 10°。

(三)平仓与振捣

1. 平仓

平仓是指将卸入浇筑仓内的混凝土拌合物按一定厚度用平仓机或推土机进行均匀摊铺的工序。平仓是大体积混凝土施工的一个重要环节，平仓不好将会造成混凝土的骨料架空、分离和漏振等质量事故。

对于入仓的混凝土应及时平仓，不得堆积，当仓内有粗骨料堆叠时，应均匀分散至砂浆较多处，但不得以水泥砂浆覆盖以免造成蜂窝。对于坍落度小的混凝土、仓面较大且无模板拉条干扰时，可吊入小型履带式推土机平仓。如在平仓机上挂振捣器组，先平仓，后振捣，则可一机多用；当用移动带式输送机直接向仓内卸料时，如能布料均匀，可代替平仓机，简化平仓工作。

2. 振捣

振捣是指对卸入浇筑仓内的混凝土拌合物进行振动捣实的工序。振捣按其工作方式分为插入振捣、表面振捣、外部振捣3种，常用的为插入式振捣。

插入式振捣器工作部分长度与铺料厚度比为1∶(0.8～1)，应按一定顺序和间距振捣。间距为振动影响半径的1.5倍，插入下层混凝土5cm，每点振捣时间约15～25s。以振捣器周围见水泥浆为准，振捣时间过短，得不到密实；振捣时间过长，粗骨料下沉影响质量的均匀性。

(四)混凝土养护

混凝土浇筑完毕后，为使其有良好的硬化条件，在一定的时间内，对外露面保持适当的温度和足够的湿度所采取的相应措施。养护时间一般从浇筑完毕后12～18h开始，在炎热干燥天气情况下还应提前进行。持续养护14～28d，具体要求根据当地气候条件、水泥品种和结构部位的重要性而定。

在常温下，混凝土的养护方法通常是在垂直面定时洒水或自动喷水，水平面用水或潮湿的麻袋、草袋、木屑及湿沙等物覆盖。还可在混凝土表面，喷涂一层高分子化学溶液养护剂，阻止混凝土表面水分的蒸发，该层养护剂在相邻层浇筑以前用水冲洗掉，有时也能在以后自行老化脱落。在寒冷地区的严寒季节，为防止混凝土表层冻害，应在温度不低于5℃下养护5～7d，采取的保温措施有暖棚法、表面喷涂一定厚度的水泥珍珠岩、表面覆盖聚乙烯气垫膜和延缓拆模时间等。

四、大体积混凝土温度控制

(一)温度控制标准

混凝土块体的温度应力、抗裂能力、约束条件，是影响混凝土发生裂缝的主要原因。而温度应力的大小与各类温差的大小和约束条件有关，因此温度控制就是要根据混凝土的抗裂能力和约束条件，确定一般不致发生温度裂缝的各类允许温差，此允许温差即为相应条件下的温度控制标准。

1. 基础温差

基础温差是在基础约束范围内，混凝土最高温度与设计最终温度之差。温度控制的首要任务是防止由于基础约束产生的贯穿裂缝，贯穿裂缝危害最大，可根据现行设计标准，并结合工程的实际情况确定。

2. 上下层温差

上下层温差是指在龄期超过28d的老混凝土面上下各1/4浇筑块长边(L)范围内，上层新混凝土最高平均温度与新混凝土开始浇筑时下层实际平均温度之差。控制上下层温差是防止在老混凝土上浇筑的混凝土发生内部温度裂缝。当上层混凝土短间歇均匀上升的浇筑高度(h)大于$0.5L$时，控制温差为15～20℃，浇筑块侧面长期暴露时，宜采用较小值。

3. 内外温差

内外温差是混凝土浇筑块内部中心温度与外界日平均气温之差。控制内外温差是为了防止表面裂缝。中国 20 世纪 80 年代后制定的规范中未提出控制允许内外温差标准，但规定了混凝土浇筑初期当日平均气温在 2～4d 内连续下降 6～9℃时，混凝土表面应有保护措施。

4. 通水温差

通水温差是在混凝土坝块初期通水冷却时，混凝土块体温度与通水水温之差，其控制标准为 20～22℃，以防止冷却水管周围混凝土产生温度裂缝。

混凝土坝施工中，对气温、骨料温度、出机口温度、浇筑温度、浇筑块内部温度、坝体冷却水温度、混凝土及其表面保护后的热交换系数等，定时进行观测和专门记录。

(二)温度控制措施

温度控制的具体措施通常从混凝土的减热和散热两方面入手。

所谓减热就是减少混凝土内部的发热量，如通过降低混凝土的拌合出机温度来降低入仓浇筑温度；或者通过减少混凝土的水化热温升来降低混凝土可能到达的最高温度；所谓散热就是采取各种散热措施，如增加混凝土的散热面，在混凝土温升期采取人工冷却降低其最高温升。当到达最高温度后，采取人工冷却措施，缩短降温冷却期，将混凝土块内的温度尽快地降到灌浆温度，以便进行接缝灌浆。

1. 减少混凝土的发热量

(1)减少每立方米混凝土的水泥用量。其主要措施有如下几种：

1)根据坝体的应力场对坝体进行分区，对于不同分区采用不同强度等级的混凝土；

2)采用低流态或无坍落度干硬性贫混凝土；

3)改善骨料级配，增大骨料粒径，对少筋混凝土可埋放大块石，以减少每立方米混凝土的水泥用量；

4)大量掺粉煤灰，掺和料的用量可达水泥用量的 25%～40%；

5)采用高效外加减水剂不仅能节约水泥用量约 20%，使 28d 龄期混凝土的发热量减少25%～30%，且能提高混凝土早期强度和极限拉伸值。常用的减水剂有酪木素、糖蜜、MF 复合剂等。

(2)采用低发热量的水泥。当前多用中热水泥。近年已开始生产低热微膨胀水泥，它不仅水化热低，且有微膨胀作用，对降温收缩还可以起到补偿作用，减小收缩引起的拉应力，有利于防止裂缝的发生。

2. 降低混凝土的入仓温度

(1)合理安排浇筑时间。在施工组织上安排春、秋季多浇，夏季早晚浇，正午不浇，这是最经济有效降低入仓温度的措施。

(2)采用加冰或加冰水拌合。混凝土拌合时，将部分拌合水改为冰屑，利用冰的低温和冰融解时吸收潜热的作用，这样，最大限度可将混凝土温度降低约20℃。规范规定加冰量不大于拌合用水量的80%。加冰拌合，冰与拌合材料直接作用，冷量利用率高，降温效果显著；但加冰越多，拌合时间越长，尽可能采用冰水拌合或地下低温水拌合。

(3)对骨料进行预冷。当加冰拌合不能满足要求时，通常采取骨料预冷的办法。常用的方法有水冷、风冷和真空气化冷却法等。

1)水冷。使粗骨料浸入循环冷却水中30～45min，或在通入拌合楼料仓的皮带机廊道、地弄或隧洞中装设喷洒冷却水的水管。喷洒冷却水皮带段的长度，由降温要求和皮带机运行速度而定；

2)风冷。可在拌合楼料仓下部通入冷气，冷风经粗骨料的空隙，由风管返回制冷厂再冷。细骨料砂难以采用冰冷，若用风冷，又由于砂的空隙小，效果不显著，故只有采用专门的风冷装置吹冷；

3)真空气化冷却。利用真空气化吸热原理，将放入密闭容器的骨料，利用真空装置抽气并保持真空状态约半小时，使骨料气化降温冷却。

此外，也可采取在浇筑仓面上搭凉棚，料堆顶上搭凉棚，限制堆料高度，由底层经地垅取低温料，采用地下水拌合等措施。

3. 加速混凝土散热

(1)采用自然散热冷却降温。采用低块薄层浇筑可增加散热面，并适当延长散热时间，即适当增长间歇时间。在高温季节已采用预冷措施时，则应采用厚块浇筑，缩短间歇时间，防止因气温过高而热量倒流，以保持预冷效果。

(2)在混凝土内预埋水管通水冷却。

1)水管布置。水管通常采用直径20～25mm的薄钢管或薄铝管，每盘管长约200mm。为了节约金属材料，可用塑料软管。其布置在平面上呈蛇形，断面上呈梅花形，如图8-36所示，也可布置成棋盘形。蛇形管弯头由硬质材料制作，当塑料软管放气拔出后，弯头仍留于混凝土内；

2)通水冷却。在混凝土内预埋蛇形冷却水管后，可通两期循环冷水进行降温冷却，一期通水冷却通常在混凝土浇后几小时便开始，持续十天半月，其目的在于削减温升高峰，减小最大温差，防止贯穿裂缝发生。二期通水冷却可以充分利用一期冷却系统，冷却时间一方面取决于实际最大温差，受到降温速率不应大于1.5℃/d的影响，同时与通水流量大小、冷却水温高低密切相关。通常二期冷却应保证至少有10～15℃的温降，使接缝张开度有0.5mm，以满足接缝灌浆对灌缝宽度的要求。

五、混凝土坝施工质量控制

混凝土施工质量检测和控制主要包括原材料的质量检测和控制，新拌混凝土的检测与控制，浇筑过程中混凝土的检测与控制，硬化混凝土试样及芯样的检测。

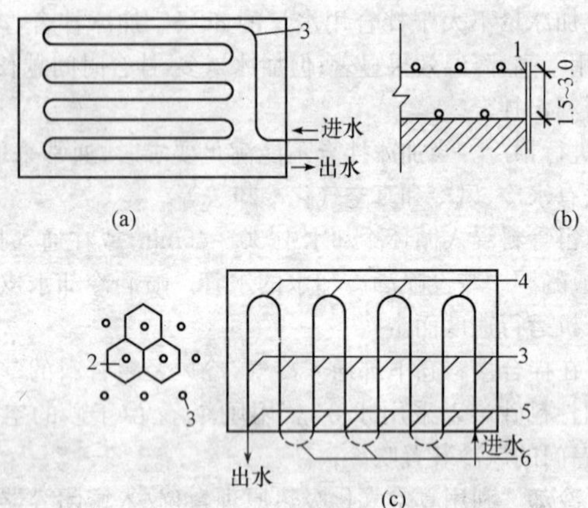

图 8-36 冷却水管平面布置图(单位:m)

(a)蛇形水管平面布置;(b)冷却水管分层排列;(c)塑料拔管平面布置

1—模板;2—每一根冷却水管冷却的范围;3—冷却水管;

4—钢弯管;5—钢管(l=200~300mm);6—胶皮管

(一)原材料的质量检测和控制

混凝土原材料的质量应满足国家颁发或部颁发的水泥、混合材料、砂石骨料和外加剂的质量标准。对原材料进行检测,其目的是检查原材料的质量是否符合标准,并根据检测结果调整混凝土配合比和改善生产工艺,评定原材料的生产控制水平。根据有关规范并参考施工经验,原材料的检测项目和抽样频数列于表 8-11。

表 8-11 混凝土各组分称量的允许偏差

材料	允许偏差(%)
水泥、混合料	±1
砂、石	±2
水、外加剂溶液	±1

(二)新拌混凝土的检测和控制

混凝土质量检测与控制的重点是出拌合机后未凝固的新拌混凝土的质量,目的是及时发现施工中的失控因素,加以调整,避免造成质量事故。同时也成型一定数量的强度检测试件,用以评定混凝土质量是否满足设计要求和评定混凝土施工质量控制水平。

水泥、砂、石和混合材料应按重量计，水和外加剂可按重量折成体积计，称量误差不应超过表 8-12 的规定。

表 8-12　　原材料检测项目一览表

材料名称	检测项目	取样地点	抽样频数	检测目的	控制目标
水泥	强度等级，凝结时间，安定性，稠度，细度	水泥库	1/(200～400)t	检定出厂水泥质量是否符合国家标准	
	快速检定强度等级	拌合厂	1/浇筑块，或 1/400t	验证水泥活性	
混合材料	细度，需水量比，烧失量，密度，强度比	仓库	1/(200～400)t，1/d	检定活性，评定均匀性	
砂	表面含水率	拌合厂	1/2h	调整混凝土加水量筛分厂生产控制，调整配合比	±0.5%
	细度模数	拌合厂，筛分厂	1/班		
	含泥量	拌合厂，筛分厂	必要时		±0.2%
石	超逊径	拌合厂，筛分厂	1/班	筛分厂生产控制，调整配合比	
	含泥量	拌合厂，筛分厂	必要时	筛分厂生产控制	
	表面含水率	拌合厂	1/2h	调整混凝土加水量	
外加剂	有效物含量(或密度)	拌合厂	1/班	调整加入量	

混凝土检测项目和抽样次数列于表 8-13。

表 8-13　　混凝土检测项目和抽样次数

检测对象	检测项目	取样地点	抽样频数	检测目的
新拌混凝土	坍落度 水灰比 含气量 湿度	拌合机口	1 次/2h 1 次/2h 1 次/2h 根据需要	检测和易性 控制强度 调整剂量 冬夏季施工及温度控制
硬化混凝土	抗压强度(以 28d 龄期为主,适量 7d、90d 强度)	拌合机口	1 次/4h 或 1 次/(150～300m^3)	验收混凝土强度,评定混凝土生产控制水平

(三)浇筑过程中混凝土的检测和控制

1. 坍落度检测和控制

混凝土出拌合机以后,需经运输才能到达仓内,不同环境条件和不同运输工具对于混凝土的和易性产生不同的影响。由于水泥水化作用的进行,水分的蒸发以及砂浆损失等原因,会使混凝土坍落度降低。如果坍落度降低过多,超出了所用振捣器性能范围,则不可能获得振捣密实的混凝土。因此,仓面应进行混凝土坍落度检测,每班至少 2 次,并根据检测结果,调整出机口坍落度,为坍落度损失预留余地。

2. 混凝土初凝质量检控

在混凝土振捣后,上层混凝土覆盖前,混凝土的性能也在不断发生变化。如果混凝土已经初凝,则会影响与上层混凝土的结合。因此,检查已浇混凝土的状况,判断其是否初凝,从而决定上层混凝土是否允许继续浇筑,是仓面质量控制的重要内容。此外,混凝土温度的检测也是仓面质量控制的项目,在温控要求严格的部位则尤为重要。

(四)混凝土的强度检验

混凝土养护后,应对其抗压强度通过留置试块做强度试验判定。强度检验以抗压强度为主,当混凝土试块强度不符合有关规范规定时,可以从结构中直接钻取混凝土试样或采用非破损检验方法等其他检验方法作为辅助手段进行强度检验。

常用的检查和监测的方法有:

(1)用物理方法(超声波、γ 射线、红外线等)检测裂缝、孔隙和弹模等。

(2)钻孔压水,并对芯样进行抗压、抗拉、抗渗等各种试验。

(3)大钻孔取样,1m 或更大直径的钻孔不仅可把芯样加工后进行各种试验,而且人可进入孔内检查。

(4)由坝内埋设的仪器(如温度计、测缝计、渗压计、应力应变计、钢筋计等)观测建筑物运行时各种性状的变化。

在整个建筑物施工完毕交付使用前,还须进行竣工测量,所得资料作为与设计对比、运行期备查的重要竣工文件。

(五)混凝土坝质量缺陷及修补

当混凝土拆模后,如发现有缺陷,应及时分析原因,采取适当措施加以修补。水利工程中混凝土的常见缺陷有:

(1)麻面。造成混凝土麻面的主要原因是模板吸水、模板没有刷“脱模剂”、振捣不够(尤其邻近模板的混凝土)。修补的方法一般是先用钢丝刷或压力水清除麻面松软的表面,再用强度高的水泥砂浆或环氧树脂砂浆填满抹平,并加强养护。

(2)蜂窝。蜂窝主要是由于材料配比不当、混凝土混合物均匀性差(搅拌不均或分层离析)、模板漏浆或振捣不密实造成的。处理方法是首先去掉附近不密实的混凝土及突出的和松动的骨料颗粒并冲洗干净,然后抹高强度等级水泥砂浆结合层,再用比原强度等级高一级的细石混凝土填塞,并用钢筋人工捣实,并加强养护。

(3)孔洞。孔洞往往是由于钢筋非常密集架空混凝土或漏振造成的。处理方法是首先清除孔洞表面不密实的混凝土及突出的和松动的骨料颗粒并冲洗干净,架设模板(必要时加设钢筋)浇筑同强度等级或高一级强度等级的混凝土,并振捣密实,加强养护。当孔洞较隐蔽时可用压力灌浆法进行修补。

(4)裂缝。混凝土发生裂缝的原因较复杂,裂缝的类别主要有表面干缩裂缝和温度裂缝。应根据裂缝的种类分析原因。当裂缝较细、较浅且所在的部位不重要时,可将裂缝加以冲洗用水泥砂浆或环氧树脂砂浆抹补。当裂缝较宽、较深且所在的部位重要(如过高速水流的部位)时应沿裂缝凿去薄弱部分然后采用水泥或化学灌浆。

第五节　碾压混凝土坝施工

近年来,碾压混凝土施工技术在工程中已经得到了非常快的应用和发展。我国对碾压混凝土的研究始于1979年,1986年坑口水电站采用碾压混凝土修筑的重力坝是我国第一座碾压混凝土重力坝。碾压混凝土施工技术就是用土石坝的施工方法(分层铺填、碾压)施工一种特殊的混凝土——碾压混凝土(干贫混凝土)。普通混凝土与之相对应称为常态混凝土。

一、碾压混凝土拌合料

碾压混凝土单位水泥用量(30～150kg)和用水量较少,水胶(灰)比宜小于0.70,但掺和材料(粉煤灰、火山灰质材料等)的掺量较大(掺合料的掺量宜取30%～65%)。碾压混凝土粗骨料的粒径不宜大于80mm,一般不采用间断级配;

碾压混凝土的坍落度等于零。

该混凝土由于其坍落度为零，混凝土浆量又小，对振动碾压机械既有足够的承载力，不至于像普通塑性混凝土那样受振液化而失去支持力；同时，由于水泥用量少，水化热总量较小，多采用250～700mm薄层浇筑，有利于混凝土散热，可有效地降低大体积混凝土的水化热温升，温控措施简单，可节省大量投资。采用碾压的施工方法，可以大大的提高施工速度，所以碾压混凝土最适用于大体积结构特别是重力坝的施工。

为了确保重力坝的坝面质量，国内普遍采用一种"金包银"式碾压混凝土重力坝。所谓的"金包银"就是在重力坝的上下游一定范围内和孔洞及其他重要结构的周围采用常态混凝土(称为"金")，重力坝的内部采用碾压混凝土(称为"银")，见图8-37。

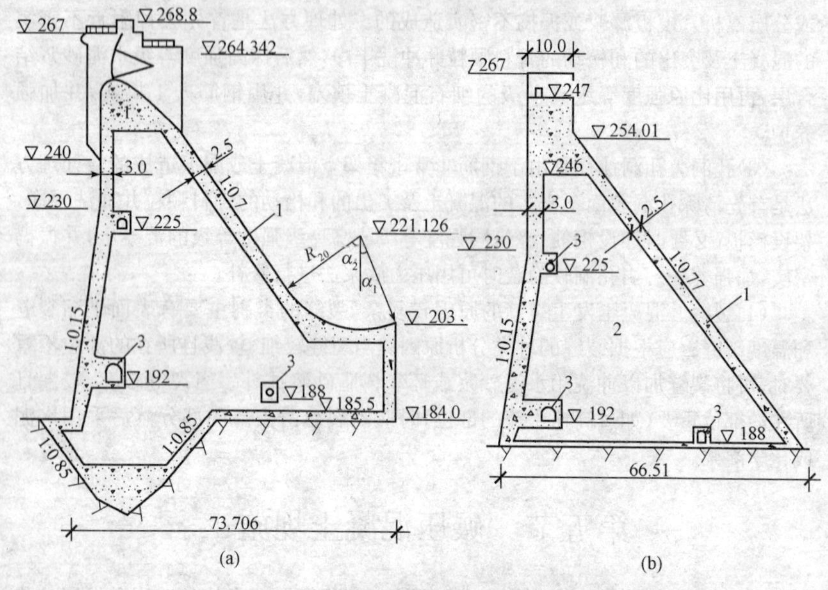

图8-37 "金包银"断面形式(高程:m,尺寸:m)

(a)溢流坝;(b)挡水坝

1—常态混凝土;2—碾压混凝土;3—廊道

二、碾压混凝土施工程序

碾压混凝土坝通常的施工程序是先在下层块铺砂浆，汽车运输入仓，平仓机平仓，振动压实机压实，在拟切缝位置拉线，机械对位，在振动切缝机的刀片上装铁皮并切缝至设计深度，拔出刀片，铁皮则留在混凝土中，切完缝再沿缝无振碾压两遍。这种施工工艺在国内具有普遍性，其主要过程如图8-38所示。

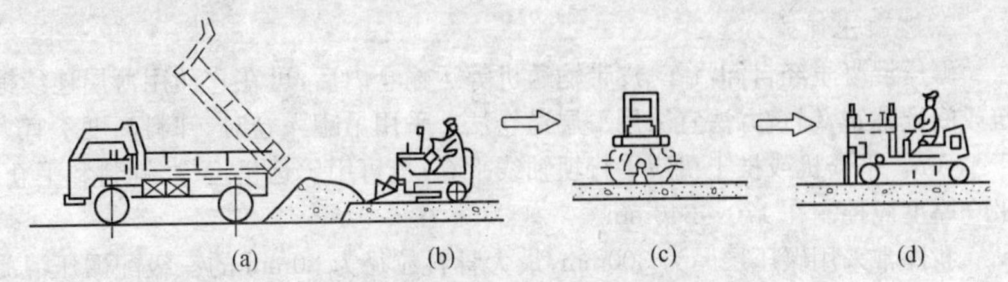

图 8-38　碾压混凝土坝施工工艺流程图

(a)自卸汽车供料；(b)平仓机平仓；(c)振动碾压实；(d)切缝机切缝

三、碾压混凝土施工工艺

(一)碾压混凝土运输

与常态混凝土相似，碾压混凝土入仓方式也分为水平与垂直运输。但碾压混凝土运输的特点是要有连续性，要求速度快，所以常采用自卸汽车和胶带机，也可用负压溜管转运混凝土入仓。

1. 自卸汽车运输

利用自卸汽车运输碾压混凝土直接入仓是最简单的办法，但需随坝面上升不断改建道路，同时为了防止仓面污染，要求冲洗轮胎，仓面进口处还需注意排水。自卸汽车入仓后要注意碾压混凝土卸料方式，防止骨料分离。

2. 胶带机运输

利用胶带机输送碾压混凝土比较方便，可以省去道路工程，但必须有足够的塔架随仓面上升；另外，必须与拌合机配套，才能连续运料。由于碾压混凝土是干硬性的，沿程损失砂浆较少；同时，碾压混凝土在胶带上骨料不易分离，在料斗转向或下落时也能基本保持拌合后的良好状态。但是，在采用胶带机转向料斗时，需注意防止料斗出口被堵塞。

3. 负压溜管转料

当拌合楼位置较高，并有道路通过坝肩时，碾压混凝土垂直运输可采用负压溜管转料。采用该方法设备简单，投资节省。施工中，通常是先用自卸汽车将碾压混凝土运到坝肩处，倒入开放性料箱，下连溜管至仓面，自卸汽车在仓面上接料，再运往坝面摊铺。

(二)碾压混凝土铺摊

1. 铺摊常态混凝土垫层

在摊铺碾压混凝土前，通常先在建基面上铺一层常态垫层混凝土找平，其厚度根据坝高、坝址地质及建基面起伏状态而定，一般厚 1.0～2.0m，在常态混凝土中可布置灌浆廊道和排水廊道。但由于垫层混凝土受岩基约束过大，极易开裂，宜尽可能减薄。例如大朝山工程，建基面上仅用 0.5m 厚常态混凝土找平，即开始碾压混凝土铺筑。

2. 混凝土铺摊

碾压混凝土经自卸汽车、皮带输送机等运输仓内后，可在仓面用薄层连续铺筑或间歇铺筑，铺筑方法宜采用平层通仓法。采用吊罐入仓时，卸料高度不宜大于1.5m。平仓机或推土机应平行坝轴线平仓；也可用铲运机运输、铺料和平仓，平仓厚度应控制在170～340mm。

我国常采用碾压层厚为300mm，最大骨料粒径为80mm的三级配碾压混凝土。卸料时如发现大骨料滚落集中，需用人工及时将其铲开，铺在砂浆较多处，以免碾压后大骨料集中于层面，形成漏水通道。摊料时应注意防止骨料分离。

3. 仓面找平

仓面常用推土机摊铺找平，宜平行坝轴线方向摊铺，其宽度与自卸汽车相近。为了保证推平后没有凹凸不平现象，普定碾压混凝土拱坝对D85推土机履带板进行了削齿处理，台班产量达600m^3。较小仓面曾用D35平仓推土机，效果较好。

4. 布置其他设施

在碾压混凝土坝中，常需布置廊道和泄水设施。若廊道设置在底部常态混凝土中，则与一般施工方法无大差别。若廊道设置于碾压混凝土中，则以采用预制混凝土廊道模板为好，吊装就位后，在廊道模板周边小心摊铺碾压混凝土，用手扶振动碾压实。

在设置泄水钢管时要特别注意管壁与碾压混凝土的结合，通常在管壁周围浇筑常态混凝土，以保证结合紧密。

(三)碾压混凝土碾压

碾压混凝土施工最重要的环节是碾压。可根据碾压层厚度、仓面尺寸、碾压混凝土和易性、骨料最大粒径和性质，振动碾的机动性、压力、碾的尺寸、频率、振幅、速度等，以及其他方面的因素选择碾压设备。采用人工骨料，由于骨料间阻力较大，宜选择较重的振动碾。

我国碾压混凝土多采用BW系列振动碾压实。这种碾有各种不同重量，重型碾用于坝体内部；在靠近模板特别是上游面二级配碾压混凝土防渗区，常用轻型或其他手扶小型振动碾。碾压方式可采用“无振—有振—无振”的方法，振动碾的行进速度控制在1.0～1.5km/h。在推土机平仓后，先无振碾压2遍，然后再有振碾压6～8遍，达到设计密度后，再无振碾压2遍。靠近模板处用轻碾(重1.5t)有振碾压10～20遍。在碾压过程中，一般都是顺坝轴线方向纵向碾压，每次压边150mm，以防漏压，保证碾压后碾压混凝土的密度都能达到标准。

(四)碾压混凝土层面处理

碾压混凝土坝一般有两种层面：一种是正常的间歇面，层面处理采用刷毛或冲毛清除乳皮，露出无浆膜的骨料，再铺厚10～15mm砂浆或灰浆，可继续铺料碾压；另一种是连续碾压的临时施工层面，一般不进行处理，但在全断面碾压混凝土坝上游面防渗区，必须铺砂浆或水泥浆，防止层面漏水。

为了保证层面胶结处于最佳状态，务必在下层碾压混凝土初凝前完成上层铺料碾压，以便上层的骨料有可能嵌入到下层，形成犬牙交错，提高层间抗剪强度。在高温季节，碾压混凝土初凝时间缩短，需要在碾压混凝土中掺缓凝外加剂，以延长初凝时间。特别是仓面面积较大，上层碾压混凝土拌合物铺满一层需时较长，如果气温过高，还需要采用特殊的高温缓凝外加剂。

(五)碾压混凝土养护

和常态混凝土一样，碾压混凝土浇筑后必须养护，并采取恰当的防护措施，保证混凝土强度迅速增长，达到设计强度。碾压混凝土受气候条件的限制较常态混凝土更加严格，从施工组织安排上应尽量避免夏季和高温时段施工。

四、碾压混凝土施工质量控制

碾压混凝土施工时，主要有原材料、新拌碾压混凝土、现场质量检测与控制等。

铺筑时，振动压实指标是碾压混凝土的一个重要指标。碾压时拌合物合适的 *VC* 值是碾压密实的先决条件。为了掌握仓内拌合物的 *VC* 值，可以在仓面设置 *VC* 值测试仪，也可采用核子水分密度仪测定拌合物的含水率。碾压混凝土 *VC* 值波动范围，以控制在±5s 为宜，当超出控制界限时，应调整碾压混凝土的用水量，并保持水胶比不变。

碾压混凝土现场压实质量的检测采用表面核子水分密度仪或压实密度计。每铺筑 100～200m^2 碾压混凝土至少应有一个检测点，每层应有 3 个以上检测点。测试在压实后 1h 内进行。

第六节 特殊季节的混凝土施工

一、混凝土冬期施工

混凝土是一种应用极其广泛的工程材料，由于混凝土自身的特点，环境温度对工程质量的影响极大。在我国北方广大地区，冬季时间长，气温低，为了使工程业实现常年均衡施工，以推动经济建设的发展，必须组织冬季施工。根据当地多年气温资料，室外日平均气温连续 5d 稳定低于 5℃时，混凝土结构工程应按冬期施工要求组织施工。

冬期施工时，水泥与水的化学反应，在低温条件下进行缓慢，在4～5℃时尤其如此。因此，寒冷的冬季气候对混凝土工程影响很大。新浇筑的混凝土对温度非常敏感，在低温条件下，混凝土强度的增长要比常温下慢得多。如果温度降至4℃以下，尤其当温度降至－0.5～2℃时，混凝土中的水即开始膨胀，这对于新形成的脆弱的混凝土结构会产生永久性损害。如果混凝土温度降至水的冰点(－2.5℃)以下，由于结冰的水不能与水泥化合，在混凝土内，水化反应停止，所产生的新复合物就大为减少。一旦冻结时，不只是水化作用不能进行，其后即使给以适宜的温度养护，也会对强度、耐久性、抗渗性等性能带来不利影响。因此，在混凝土凝结硬化初期，当预计到日平均气温在4℃以下时，必须以适当的方法保护混凝土，使其不受到冻害。

(一)混凝土冬期施工要求

(1)混凝土受到冻害影响之前，应给予加热或进行保温养护，或掺加防冻外加剂。特别是从养护结束到开春之前，混凝土须具有充分的抗冻融性能。

(2)施工过程中的各阶段，对预想的各种荷载，应具有足够的强度。

(3)竣工的结构物，应满足使用时所要求的强度、耐久性和抗渗性。

(4)混凝土的冬期施工是寻求一种混凝土的施工方法，使之在室外气温低于冰点的气候条件下，也能达到所需要的强度和耐久性。

(5)按当地多年气温资料，当室外的平均气温连续5d稳定低于5℃时，必须遵守冬期施工混凝土的有关规定。

(6)尚未硬结的混凝土在－0.5℃时就冻结，混凝土强度将因冻结而明显受到损害。故冬期施工混凝土在受冻前的抗压强度(临界强度)不得低于下述规定：

1)硅酸盐水泥和普通硅酸盐水泥配制的混凝土为设计强度等级的30%，但C15以下的混凝土，其强度不得低于3.5MPa。

2)矿渣硅酸盐水泥、火山灰质硅酸盐水泥和粉煤灰硅酸盐水泥配制的混凝土为设计强度等级的40%，但C15以下的混凝土不得低于5.0MPa。

一般说来，当抗压强度达到3.5～5.0MPa时，有1～3次冻结，混凝土不会受到很大冻害。寒冷地区，暴露在露天的结构物，从保温养护结束到开春之前，有1～3次以上的冰冻是常事，故上述强度是不够的。

(二)混凝土冬期施工的材料要求

1. 水泥

(1)水泥品种的选择。对于不同的养护方式，不同的构筑物，应采用不同的水泥。

1)在冬期混凝土的一般施工方法中，如掺早强防冻剂法、蓄热法、暖棚法等，除厚大结构物外，应选用活性高而水化热大的水泥品种，因此，应优先选用硅酸盐水泥和普通硅酸盐水泥。

2)对于厚大体积的结构物，如水坝、反应堆、高层建筑物大体积基础等，则选用水化热较小的水泥，以避免温差应力对结构产生的影响。

(2)水泥强度等级和用量的选择。冬期施工混凝土一般采用强度等级不低于32.5级的水泥；水泥用量最低不少于300kg/m^3。

2. 骨料

混凝土骨料分细骨料和粗骨料。细骨料宜选用中砂，含泥量小于3%；粗骨料须选用经15次冻融值试验合格(总质量损失小于5%)的坚实级配花岗岩或石英岩碎石，不应有风化的颗粒，含泥量小于1%。

骨料多处于露天堆场，因此，要提前清洗和储备，做到骨料清洁。要使用冰雪完全融化了的骨料，不宜使用冻结的或是掺有冰雪的骨料，否则，会降低混凝土的温度。另外在混凝土中，冰雪的融化会留下孔隙。为了有利于骨料的加热，特别要注意在运输和贮存过程中，不要混入冰雪，以免冰融化时吸热降温。

冬期施工混凝土所用骨料的堆场，应选地势较高、不积水的地方。

3. 水灰比

混凝土的冻结，主要是由于其中的水分结冰所致。

混凝土中，孔隙率和孔结构特征（大小、形状、间隔距离）对抵抗冻害起着明显的作用，而水灰比又直接影响混凝土的孔结构，故冬期施工混凝土的水灰比应不大于0.60。

4. 早强防冻剂

掺有早强防冻剂的混凝土，可以在负温下硬化而不需要保温或加热，最终能达到与常温养护的混凝土相同的质量水平。

目前，比较理想的防冻剂应同时具备下列特点：

(1)具有良好的早强作用。可使混凝土在较短的时间内达到临界强度，从而增强混凝土的抗冻能力。

(2)具有高效减水作用。可有效地减少每$1m^3$混凝土的用水量，细化毛细孔径，亦即减少了冰胀的内因。

(3)具有显著降低混凝土冰点的作用。可使混凝土在较低的环境温度条件下保持一定数量的液态水存在，为水泥的持续水化提供条件，保证混凝土强度的持续发展。

(4)对钢筋无锈蚀作用。

另外，许多资料认为，防冻剂应具有一定的引气作用，以缓和因游离水冻结而产生的冰晶应力。但实践证明，含气量对混凝土的早期抗冻能力并无益处，从冬季施工的要求出发，防冻剂无须包含引气组分。如果设计方面对混凝土的抗冻融性能有特殊要求，可再掺入引气剂。

(三)混凝土冬期蓄热施工

蓄热法工艺的基本特点是：对拌合水和骨料适当加热，用热的拌合物浇筑，浇筑完成的构件用保温材料覆盖围护。利用在原材料中预加的热量和水泥放出的水化热，使混凝土缓慢冷却，于温度降至0℃前获得早期抗冻能力或达到预定的强度目标。

蓄热法比较简单，在混凝土周围，不需要特殊的外加热设备和外表加热设施，因此，各期施工费用比较低廉，故混凝土工程在冬季施工时，应首先考虑用蓄热法。只有当确定蓄热法不能满足要求时，才考虑选择其他方法。

蓄热法适用于气温不太寒冷的地区或是初冬和冬末季节，室外气温在－10℃以上时，或是厚大结构建筑物其表面系数为6～8的构件。经验表明，对大型深基础和地下建筑,如地下室、挡土墙、地基梁以及室内地坪等,均能取得良好效果。因为它易于保温,热量损失较少,并能利用地下土壤的热量。对于表面系数大的结构(大于 6.0 者)和气候较寒冷地区(在－10℃以下)也可以应用。但对于保温,则特别要注意,如增加保温材料厚度或使用早强剂,则较为有利。这样,可以防止混凝土的早期冻结,但要经过热工计算。

使用蓄热法除与上述各项因素有关外,还与下列条件有关:

(1)混凝土拆模时,所需达到的强度愈小,愈宜采用此法;

(2)室外气温愈高,风力愈小时,也愈宜用此法;

(3)当水泥强度等级愈高,发热量愈大或用量愈多时,愈宜采用此法施工,同时,也应考虑经济效果。

(四)材料的加热方法

1. 水的加热方法

水的加热方法有:

(1)用锅炉或锅直接烧水;

(2)直接向水箱内导入蒸汽;

(3)在水箱内装置螺形管传导蒸汽的热量;

(4)水箱内插入电极加热。

2. 砂、石骨料的加热方法

(1)直接加热。直接将蒸汽管通到需要加热的骨料中去。其优点是加热迅速,并能充分利用蒸汽中的热量,有效系数高。缺点是骨料中的含水量增加,不易控制搅拌时的用水量。

(2)间接加热。在骨料堆、贮料斗或运输骨料工具中,安装气盘管间接地对砂、石送汽加热。这种方法加热较慢,但易控制搅拌时的用水量。

(3)用大锅或大坑进行加热。此法设备简单,但热量损失较大,有效系数低,加热不均匀,一般用于小型工程。

原材料不论用何种方法加热,在设计加热设备时,必须先求出每天的最大用料量和要求达到的温度。根据原材料的初温和比热,求出需要的总热量,考虑到加热过程中的热量损失,求出总需热量。有了总需热量,即可决定采用热源的种类、规模和数量。

(五)混凝土冬期施工中外加剂的应用

在混凝土中加入适量的抗冻剂、早强剂、减水剂及加气剂(又称冷混凝土),使混凝土在负温下能继续水化,增长强度,这样能使混凝土冬期施工工艺简化,节约能源,降低冬期施工费用,是冬期施工有发展前途的施工方法。

混凝土冬期施工中外加剂的使用,应满足抗冻、早强的需要,对结构钢筋无锈蚀作用,对混凝土后期强度和其他物理力学性能无不良影响,同时应适应结构工作环境的需要。单一的外加剂常不能完全满足混凝土冬期施工的要求,一般宜采用复合配方。

冷混凝土允许在外界气温－15℃以内浇筑，同时要求浇筑后在15d内混凝土内部温度不低于－15℃。施工时，应注意以下几点：

(1)采用冷混凝土时，混凝土强度等级不得低于C10，每立方米混凝土水泥用量不小于250kg，水灰比要求小于0.65。当抗冻等级大于等于F50时，水灰比要小于0.50。

(2)冷混凝土宜采用机械搅拌、机械振捣。混凝土入模温度应控制在5℃以上。混凝土运到浇筑地点应立即浇筑，尽量减少热损失。浇筑与振捣要衔接好，间歇时间不得超过15min。为了避免冷混凝土在浇筑后迅速冷却和失去水分，应覆盖养护，并防止水和雪直接落到混凝土上，直至混凝土获得规定强度后，方可拆除覆盖材料。

(3)如果混凝土在浇筑后的15d内，温度低于计算温度，且强度尚未达到设计强度等级的30%，则必须通过热工计算进行保温处理。

(六)混凝土冬期施工养护

1. 蓄热法养护

混凝土浇筑后，利用原材料加热及水泥水化热的热量，通过适当保温延缓混凝土冷却，使混凝土冷却到0℃以前达到预期要求强度的养护方法称蓄热法养护。蓄热法施工比较简单，混凝土养护不需要外加热源，冬施费用比较低廉，故在冬期施工时应优先考虑采用。当日平均气温在－10℃，最低温度不低于－15℃的期间，混凝土表面系数不大于5或地面以下结构都适宜采用蓄热法养护。

2. 掺外加剂混凝土的冬期养护

(1)氯盐冷混凝土。它是用氯盐溶液配制的混凝土。在性能上它具有防冻早强的明显效果，在工艺上除水之外其他材料不进行加热，浇筑后只采取适当保温覆盖措施，可在严寒条件下施工，由于它有使钢筋锈蚀的危险性，故只能在无筋混凝土中应用。

(2)低温早强混凝土。由无氯盐的低温早强剂配制的混凝土。在性能上它既具有低温早强效果，又避免了钢筋锈蚀的缺点；在工艺上它主要采用低温早强剂、原材料加热和保温覆盖等综合措施，使混凝土在低温养护期间达到受冻临界强度或受荷强度。

(3)负温混凝土。由亚硝酸盐、硝酸盐、碳酸盐、氯盐或以这些盐类为防冻组分，与早强、减水、引气、阻锈等组分复合配制的混凝土。在工艺上它主要采用复合防冻剂，并采用原材料加热和浇筑后的混凝土表面做防护性的简单覆盖，使混凝土在负温养护期间硬化，并在规定时间内达到一定的强度。

3. 混凝土冬期蒸汽养护

对于表面系数较大，养护时间要求很短的混凝土工程，当自然气温降低，在技术上有困难时，可以利用蒸汽养护新浇筑的混凝土。它既能加热，使混凝土在较高的温度下硬化，又供给一定的水分，使混凝土不致蒸发过量而干燥脱水。在工艺上它比短时加热复杂，在混凝土强度增长上它可根据要求达到拆模或受荷强度，这是一种快速湿热养护方法。尽管如此，要通过蒸汽加热得到质地优良的混凝土仍然是一个很复杂的问题，其中最关键的是要选择一套合理的蒸养制度，见表8-14，进行严格控制，否则很容易出现质量问题。蒸汽养护法的分类见表8-15。

表8-14　蒸汽加热养护混凝土升温和降温速度

结构表面系数(m^{-1})	升温速度(℃/h)	降温速度(℃/h)
≥6	15	10
<6	10	5

注：厚大体积的混凝土，应根据实际情况确定。

表8-15　混凝土蒸汽养护法的适用范围

方法	简　述	特　点	适用范围
棚罩法	用帆布或其他罩子扣罩，内部通蒸汽养护混凝土	设施灵活，施工简便，费用较小，但耗汽量大，温度不易均匀	预制梁、板、地下基础、沟道等
蒸汽套法	制作密封保温外套，分段送汽养护混凝土	温度能适当控制，加热效果取决于保温构造，设施复杂	现浇梁、板、框架结构，墙、柱等
热模法	模板外侧配置蒸汽管，加热模板养护	加热均匀、温度易控制，养护时间短，设备费用大	墙、柱及框架结构
内部通汽法	结构内部留孔道，通蒸汽加热养护	节省蒸汽，费用较低，入汽端易过热，需处理冷凝水	预制梁、柱、桁架，现浇梁、柱、框架单梁

4. 暖棚法养护

暖棚法是将被养护的构件或结构置于棚中，内部安设散热器、热风机或火炉等，作为热源加热空气，使混凝土获得正温养护条件。

暖棚法适用于下列工程：

(1)地下结构工程；

(2)混凝土量比较集中的结构；

(3)有抗渗要求的钢筋混凝土；

(4)混凝土表面装修工程。

（七）混凝土冬期施工的质量检查

冬期施工时，混凝土质量检查除应遵守常规施工的质量检查规定之外，尚应符合冬期施工的规定。

1. 混凝土的温度测量

为了保证冬期施工混凝土的质量，必须对施工全过程的温度进行测量监控。对施工现场环境温度每天在 2：00，8：00，14：00，20：00 定时测量四次；对水、外加剂、骨料的加热温度和加入搅拌机时的温度，混凝土自搅拌机卸出时和浇筑时的温度每一工作班至少应测量四次；如果发现测试温度和热工计算要求温度不符合时，应马上采取加强保温措施或其他措施。

在混凝土养护时期除按上述规定监测环境温度外，同时应对掺用防冻剂的混凝土养护温度进行定点定时测量。采用蓄热法养护时，在养护期间至少每 6h 一次；对掺用防冻剂的混凝土，在强度未达到3.5N/mm^2 以前每 2h 测定一次，以后每 6h 测定一次；采用蒸汽法时，在升温、降温期间每 1h 一次，在恒温期间每 2h 一次。

常用的测温仪有温度计、各种温度传感器、热电偶等。

2. 混凝土的质量检查

冬期施工时，混凝土质量检查除应遵守常规施工的质量检查规定之外，尚应符合冬期施工的规定。要严格检查外加剂的质量和浓度；混凝土浇筑后应增加两组与结构同条件养护的试块，一组用以检验混凝土受冻前的强度，另一组用以检验转入常温养护 28d 的强度。

混凝土试块不得在受冻状态下试压，当混凝土试块受冻时，对边长为 150mm 的立方体试块，应在 15～20℃室温下解冻 5～6h，或浸入 10℃的水中解冻 6h，将试块表面擦干后进行试压。

二、混凝土夏期和雨期施工

（一）混凝土夏期施工

我国长江以南广大地区夏期气温较高，月平均气温超过 25℃的时间有三个月左右，日最高气温有的高达 40℃以上。所以，应重视夏期混凝土的施工。高温环境对混凝土拌合物及刚成型的混凝土的影响见表 8-16；混凝土在高温环境下的施工技术措施，见表 8-17。

表 8-16　　高温环境对混凝土拌合物及刚成型的混凝土的影响

序号	因　素	对混凝土的影响
1	骨料及水的温度过高	（1）拌制时，水泥容易出现假凝现象； （2）运输时，工作性损失大，振捣或泵送困难
2	成型后直接曝晒或干热风影响	表面水分蒸发快，内部水分上升量低于蒸发量，面层急剧干燥，外硬内软，出现塑性裂缝
3	成型后白昼温差大	出现温差裂缝

表 8-17　混凝土在高温环境下的施工技术措施

序号	项　目	施工技术措施及做法
1	材　料	(1)掺用缓凝剂,减少水化热的影响; (2)用水化热低的水泥; (3)将贮水池加盖,将供水管埋入土中,避免太阳直接暴晒; (4)当天用的砂、石用防晒棚遮盖; (5)用深井冷水或在水中加碎冰,但不能让冰屑直接加入搅拌机内
2	搅拌设备	(1)送料装置及搅拌机不宜直接暴晒,应有荫棚遮挡; (2)搅拌系统尽量靠近浇筑地点; (3)运送混凝土的搅拌运输车,宜加设外部洒水装置,或涂刷反光涂料
3	模　板	(1)应及时填塞因干缩出现的模板裂缝; (2)浇筑前应充分将模板淋湿
4	浇　筑	(1)适当减小浇筑层厚度,从而减少内部温差; (2)浇筑后立即用薄膜覆盖,不使水分外逸; (3)露天预制场宜设置可移动荫棚,避免制品直接曝晒
5	养　护	(1)自然养护的混凝土,应确保其表面的湿润; (2)对于表面平整的混凝土表面,可采用涂刷塑料薄膜养护
6	质量要求	主控项目、一般项目和允许偏差必须符合施工规范的规定

(二)混凝土雨期施工

在运输和浇捣过程中,雨水会增大混凝土的用水量,改变水灰比,导致混凝土强度降低;刚浇筑好尚处于凝结或硬化阶段的混凝土,强度很低,在雨水冲刷和冲击作用下,表面的水泥浆极易流失,产生露石现象,若遇暴雨,还会使砂粒和石子松动,造成混凝土表面破损,导致构件受压截面积的削弱,或受拉区钢筋保护层的破坏,影响构件的承载能力。雨期进行混凝土施工,无论是在浇捣、运输过程中的混凝土的拌合物,还是刚浇好之后的混凝土,都不允许受雨淋。雨期混凝土施工,应做好下列工作:

(1)模板隔离层在涂刷前要及时掌握天气情况,以防隔离层被雨水冲掉。

(2)遇到大雨应停止浇筑混凝土,已浇部位应加以覆盖。浇筑混凝土时应根据结构情况和可能,多考虑几道施工缝的留设位置。

(3)雨期施工时,应加强对混凝土粗细骨料含水量的测定,及时调整混凝土的施工配合比。

(4)大面积的混凝土浇筑前,要了解 2～3d 的天气预报,尽量避开大雨。混凝土浇筑现场要预备大量防雨材料,以备浇筑时突然遇雨进行覆盖。

(5)模板支撑下部回填土要夯实,并加好垫板,雨后及时检查有无下沉。

第九章　地下建筑工程

地下建筑工程施工，受地质、水文地质、建筑物形式及施工条件的影响较大，其施工方法与露天作业有很大的差别，因而往往是整个枢纽工程中控制施工进度的工程项目。

第一节　地下工程概述

地下工程是把建筑物修建在地表以下一定深度处，为水利水能资源开发利用服务的工程。

一、地下工程的类型

（一）按是否过水分类

水利水电工程中的地下建筑物，一般可以分为过水和不过水两大类。过水地下建筑物，主要包括引水隧洞、导流隧洞、泄洪隧洞、排沙隧洞、尾水洞及调压井等；不过水地下建筑物则包括交通运输洞、地下厂房、变压器室、母线室、地下洞库。

（二）按工程用途分类

按地下工程的用途可分为勘探井洞、施工支洞、主体洞室。

（1）勘探井洞。勘探井洞这类地下工程用于地质勘探，从体型上看有平洞、斜井和竖井，一般断面尺寸较小，工程量不大，是不过水的地下工程。

（2）施工支洞。施工支洞是为进入主体工程工作面而设置的临时通道，施工完毕即被堵塞。从体型上有平洞、斜井及竖井之分。这些通道有时还兼作通风道之用。

（3）主体洞室。主体洞室这类工程是地下工程的主体部分，又可分为过水洞室与不过水洞室两类。引水隧洞、导流隧洞、泄洪隧洞、调压井、压力斜井和竖井等均属于过水洞室；地下厂房、主变压器室、交通运输洞或井、出线洞或井、通风井或洞等，则属于不过水洞室。

（三）按工程断面大小分类

根据地下工程断面的大小，可将其分为小断面、中断面、大断面和特大断面四类，具体尺寸见表 9-1。

表 9-1　　按断面尺寸的洞室分类

地面分类	断面积（m^2）	等效直径（m）	地面分类	断面积（m^2）	等效直径（m）
小断面	＜20	＜4.5	大断面	35～120	6.5～12
中断面	20～35	4.5～6.5	特大断面	＞120	＞12

二、围岩地质特征

水工建筑物地下开挖工程，根据围岩地质特征，常将围岩分为五类，见表 9-2。

表 9-2　　洞室开挖围岩分类表

级别	围岩名称	外表特征	结构特征	地下水活动状况
Ⅰ类	稳定围岩	岩石新鲜完整，受地质构造影响轻微、节理裂隙不发育或稍发育，多系闭合且延伸不长，没有或仅有宽度一般小于 0.1m 的软弱结构面	结构面无不稳定组合，断层走向与洞线正交，岩体呈块状整体结构或块状砌体结构	地下水活动轻微
Ⅱ类	基本稳定围岩	岩石新鲜或微风化，受地质构造影响一般，节理裂隙稍发育或发育，有少数宽度不大于 0.5～0.6m 的软弱结构面，层间结合差，岩体呈块状砌体或层状砌体结构	结构面组合基本稳定，仅局部有不稳定组合，断层等软弱结构面走向与洞线斜交或正交	洞壁潮湿有渗水或滴水
Ⅲ类	稳定性较差的围岩	岩石微风化或弱风化，受地质构造影响严重，节理裂隙发育，部分张开且充泥，软弱结构面分布较多，宽度小于 1.0m，岩体呈碎石状镶嵌结构	结构面组合不利于围岩稳定的较多，断层等主要软弱结构面走向与洞线斜交或近平行	地下水活动显著，沿结构面有渗水、滴水或线状涌水
Ⅳ类	稳定性差的围岩	围岩岩体状态同第Ⅲ类，但软弱结构面分布较多，宽度小于 2.0m，节理裂隙局部极发育，岩体呈碎石状镶嵌结构，局部呈碎石状压碎结构	结构面组合不利于围岩稳定，断层等软弱结构面走向与洞线近平行	地下水活动显著，沿结构面有渗水、滴水或线状涌水
Ⅴ类	极不稳定围岩	强风化或全风化岩体，受地质构造影响严重，节理裂隙极发育，断层破碎带宽度大于 2m，裂隙中多充泥。岩体呈角砾、泥沙、岩屑状散体结构	结构面呈零乱状不稳定组合，断层等主要软弱结构面走向与洞线近平行；或松散土层、砂层、滑坡堆积层及一些碎、卵石土等；挤压强烈的大断层带，裂隙杂乱，呈土夹石或石夹土状	地下水活动强烈，有较大涌水量，常引起不断塌方

三、地下工程开挖

地下工程主要采用钻孔爆破方法进行开挖，使用机械开挖则有掘进机开挖法、盾构法和预管法。

(一)钻孔爆破开挖

地下工程开挖最常用的方法是钻孔爆破法。所谓钻孔爆破就是利用钻孔机具开凿炮孔，然后装药引爆破碎岩石的开挖方法。其主要工序有钻孔、装药、堵塞、起爆、通风散烟、安全检查、支护、出渣等。

施工前，应根据设计图纸、地质条件、爆破器材性能及凿岩机械设备性能等条件进行钻爆设计。设计内容包括：钻孔作业布置及设备；炮孔种类及布置；单位耗药量及装药量；炮孔数目及钻孔深度的确定；有关钻爆参数的选择；起爆方式及网络设计等。其中钻孔作业是钻爆设计、施工中的关键工作。

1. 炮孔类型

开挖工作面上的炮孔，按其作用性质和位置可分为掏槽孔、崩落孔和周边孔三类。

(1)掏槽孔。掏槽孔的主要作用是把工作面上某部分岩石先破碎并抛出，使工作面上形成第二个自由面，从而为其余炮孔爆破创造有利条件。一般布置在开挖断面中部，常见的形式有楔形、锥形和平行掏槽等形式，如图 9-1 所示。

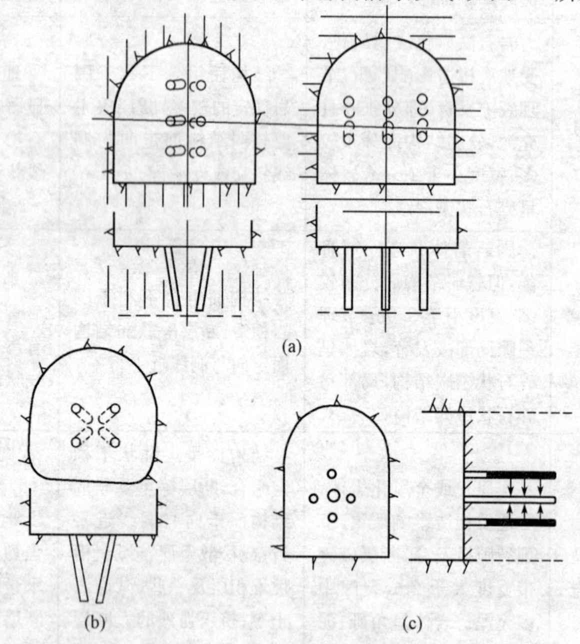

图 9-1　各种掏槽孔示意

(a)楔形掏槽孔；(b)锥形掏槽孔；(c)平行掏槽孔

1)楔形掏槽是以互成一定角度的对称炮孔为基础的掏槽,适用于中等硬度的岩层,当有水平层理时,采用水平楔形掏槽;有垂直层理时采用垂直掏槽,楔形掏槽孔底夹角一般60°左右,在窄隧洞中受一定限制,其钻进长度一般小于锥形掏槽和平行掏槽;

2)锥形掏槽孔适用较紧密的均质岩体,洞室高宽相差不大,钻斜孔精度有保证的情况。锥形掏槽一般靠多装药来掏槽,锥形中央没有聚能空孔,实用效果不如平行掏槽;

3)平行掏槽是打若干个相互靠近又平行的钻孔,一般在群孔中央钻设直径较大的孔,这种孔内不装炸药,称为聚能孔,直径通常为76～127mm,数目1～3个。已成为现在最常用的方法,适用于各种断面尺寸的致密岩体。

(2)崩落孔。崩落孔是洞室断面开挖的主要炮眼,其作用是崩落岩石,可均匀地分布在掏槽孔外围。崩落孔通常与开挖断面垂直,为保证一次钻爆掘进的深度和掘进后工作面比较平整,崩落孔深度应当相同。

(3)周边孔。周边孔则是用来爆落靠近断面周边的岩石并形成设计要求的断面轮廓。为保证开挖断面的规格尺寸,减少爆破对围岩的破坏作用及减少衬砌工作量,应按光面爆破和预裂爆破的原理及技术要求来确定周边孔的布置及有关爆破参数。

2. 炮孔数量

地下洞室工作面炮孔数量,与岩石强度、断面形状和大小等因素有关,直接影响爆破的质量与效果。实际工程中,往往是根据公式先计算出一个指标,然后结合具体工程进行现场试验来确定炮孔数目,要求一个开挖循环中,洞室的炮孔数目正好能容纳爆破一定体积岩石时所必需的炸药量,即

$$N=\frac{Q}{L\gamma\beta}=\frac{qSW}{\gamma\beta W}=\frac{qS}{\gamma\beta} \tag{9-1}$$

$$\gamma=\frac{\alpha}{h}\times G \tag{9-2}$$

式中　N——一个掘进循环开挖面炮孔数目;

Q——每一个循环的全部装药量,kg;

L——每循环进尺炮孔深度,m;

γ——单个炮孔每米装药量,kg/m;

S——开挖面面积,m^2;

q——单位耗药量,kg/m^3;

h——药卷长度,m;

α——炮孔填充系数,即装药长度与钻孔长度之比,详见表9-3;

G——每个药卷重量,kg;

β——炸药威力不同的炮孔装药影响系数,其值可参考表9-4。

表 9-3 炮孔填充系数 α 值

岩石坚硬系数 f	3～6	8～10	12～15	15～20
α	0.2～0.25	0.25～0.33	0.33～0.5	0.5～0.66

表 9-4 炮孔装药影响系数 β 值

炸药威力 / 岩石坚固系数 f	炸药威力（猛度）		
	低级 猛度 10～12mm	中级 猛度 13～15mm	高级 猛度 16～17mm
掏槽孔			
12～15	0.72～0.75	0.70～0.72	0.68～0.70
8～11	0.70～0.72	0.68～0.70	0.66～0.68
5～7	0.68～0.70	0.65～0.68	0.62～0.66
3～4	0.65～0.68	0.63～0.65	0.60～0.62
1.5～2.0	0.63～0.65	0.60～0.63	0.58～0.60
崩落孔与周边孔			
12～15	0.64～0.65	0.62～0.64	0.60～0.62
8～10	0.62～0.64	0.60～0.62	0.58～0.60
5～7	0.60～0.62	0.58～0.60	0.56～0.58
3～4	0.54～0.56	0.52～0.54	0.50～0.52
1.5～2.0	0.52～0.54	0.50～0.52	0.48～0.50

3. 炮孔装药量

爆破开挖的单位耗药量与岩体坚固程度、裂隙发育程度、岩体风化程度、钻孔形式及分布、炸药性能及起爆方法等因素有关。合理确定单位耗药量，是核算整个工作面进尺装药量的基础。

(1)总装药量。每排炮进尺总装药量可由下式计算：

$$Q=qV=qLS\mu \tag{9-3}$$

式中 Q——每排炮进尺总装药量，kg；

q——单位耗药量，kg/m^3

V——每进尺爆破下岩石的体积(实方)，m^3；

L——实际钻孔深度，m；

S——开挖断面面积，m^2；

μ——炮孔利用率，$\mu=l'/L$；

l'——爆破后的实际深度，m。

(2)掏槽孔炸药用量。

$$q_{cut}=(1.15\sim1.25)\frac{Q}{N} \tag{9-4}$$

式中　q_{cut}——掏槽孔平均每孔装药量，kg/孔；

Q——每排炮进尺的炸药用量，kg；

N——开挖断面上的总钻孔数。

(3)周边孔炸药用量。

$$q_p=(0.5\sim0.9)aWL_pq \tag{9-5}$$

式中　q_p——周边孔炸药用量，kg/孔；

a——周边孔的孔距，m；

W——周边孔的最小抵抗线，m；

L_p——周边孔的孔深，m；

q——单位耗药量，kg/m³。

(4)崩落孔炸药用量。

$$q_n=\frac{Q-(q_{cut}N_{cut}+q_pN_p+q_fN_f)}{N-(N_{cut}+N_p+N_f)} \tag{9-6}$$

式中　q_n——崩落孔炸药用量，kg/孔；

N_{cut}——掏槽孔数；

N_p——周边孔数；

N_f——底板孔数；

q_f——底板孔装药量，kg/孔。

$$q_f=(1.1\sim1.2)\frac{Q}{N} \tag{9-7}$$

4. 炮孔深度

炮孔深度是掘进循环中最重要的技术参数之一，与开挖面尺寸、岩层性质、掏槽孔形式、钻机性能、岩层性质、自由面数目、排炮循环中各工序的时间分配等因素有关。

实际生产中，大多数炮孔深度为 2.5～4m 左右，少数多臂钻机可钻深 5m 以上。实践表明，适当加大炮孔深度，能加快掘进速度，提高钻爆效率，降低开挖费用。

5. 炮孔布置

炮孔布置包括分区和布孔。首先要作好钻爆开挖炮孔分区布置，即周边孔、崩落孔、掏槽孔的各自范围，然后再具体确定各类炮孔的位置，同时确定有关钻爆开挖参数。

在炮孔布置前，周边孔应尽量靠近设计轮廓线，一般距轮廓线 100～200mm，并向周边略有倾斜。孔底位置对于软岩则落在设计边线上，对于硬岩孔底应落在边线外 100～150mm 处。进尺深度与掌子面崩落孔同深，孔底在同一垂直于洞纵轴线的平面上。

掏槽孔比崩落孔深 10%～15%，可以提高爆破效率。在断面的拐角处，都应布置炮孔，以便控制开挖轮廓线。

(二)掘进机开挖

掘进机是一种专用的隧洞掘进设备，依靠机械的强大推力和剪切力破碎岩石，同时出渣，具有比钻爆法更高的掘进速度。

1. 掘进机的类型

掘进机的种类很多，按照其破碎岩石的方式，可分为切削式、挤压式两类。

(1)切削式掘进机是借助安装在转盘上的若干个削刀的剪拉作用破坏岩石。

(2)挤压式掘进机则靠机械推力，使装在机头上的 20～60 把滚刀旋转和推顶，使岩石在切割和挤压双重作用下破碎。

此外，按照掘进机的作业面是否封闭，还可将其分为开敞式和护盾式掘进机。一般，开敞式掘进机适用于围岩稳定性好的场合，护盾式掘进机适合于围岩较软弱、需进行混凝土(钢)管片安装的场合。

掘进机是一个全套高度机械化的设备，由刀盘、机架、推进缸、套架、支撑缸、皮带机及动力间等部分组成。

2. 掘进机的工作原理

掘进时，通过推进缸给刀盘施加压力，滚刀旋转切碎岩体，由装在刀盘上的骨料斗转至顶部通过皮带机将岩渣运至机尾，卸入其他运输设备运走。为了避免粉尘危害，掘进机头部装有喷水及吸尘设备，在掘进过程中连续喷水、吸尘，其工作循环如图 9-2 所示。

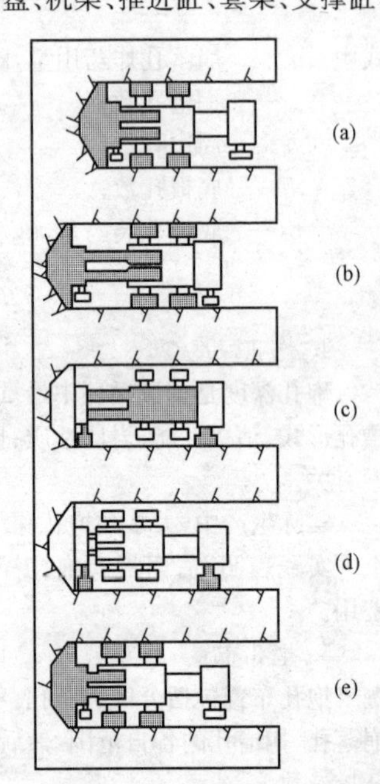

图 9-2 掘进机的工作循环图

图 9-2(a)为掘进机用支撑板撑住，前后下支撑回缩，推进缸推压刀盘钻掘开始；图 9-2(b)为掘进一个行程，钻掘终止；图9-2(c)为前后下支撑伸出到洞底部，支撑板回缩；图 9-2(d)为外机体前移，用后下支撑调整机器方位；图 9-2(e)为支撑板撑住洞壁，前后下支撑回缩，为下一个工作循环做好准备。

3. 掘进机的适用范围

从理论上说，可适用于各种水平和倾斜隧洞的施工。但从经济和技术的综合角度考虑，其使用范围尚受到一定的限制。

(1)地质条件。掘进机对岩性和地质构造

有一定的选择，围岩岩性以中硬岩石为佳，岩石抗压强度以30～150MPa为最经济合理。

(2)工程条件。掘进机适用于圆形隧洞和城门洞形隧洞施工。要求洞线比较顺直，无较大弯道的长隧洞。国外经验认为隧洞直径以5～10m为最佳，其直径在2～4m时隧洞长度应大于800m；直径大于4m时隧洞长度宜2000m以上，或认为开挖长度大于600倍洞径是较经济合理的。单机掘进最佳长度为10km左右。

(3)使用条件。由于掘进机施工单位工程量的开挖成本较钻爆法高，临时性隧洞或衬砌要求低的隧洞，采用掘进机施工就不经济。对于永久性长隧洞、承压或衬砌要求较高的隧洞，使用掘进机就有优势。

与传统钻爆法相比，掘进机开挖可实现多种工序的综合机械化联合作业，具有成洞质量优、施工速度快、劳动工效高等优点；但初期设备投资大，刀具损坏快，岩石太硬时开挖较困难。

四、地下工程施工要点

地下工程多系隐蔽性工程，其施工作业主要是在地表以下有限空间内进行的，工序交叉多，互相干扰大；对于长度较大的隧洞工程，为了满足施工进度的要求，常需开挖临时支洞以增加施工工作面，因此，工程施工质量必须按规范和设计要求，一次达到标准。

由于地质条件的不可预见性，施工方法直接受到工程地质、水文地质和施工条件的制约，因此，施工过程中常需根据围岩情况的变化，相应调整设计，及时采取有效的支护措施。

此外，在地下工程施工过程中，围岩既是开挖的对象，又是成洞的介质，这就需要充分了解围岩性质和合理运用洞室体型特征，以发挥围岩自承稳定能力，既可保证施工安全，又可节省支护工程量。

按地下工程的体形和布置形式可分为平洞、斜井、竖井和地下厂房，其施工的主要内容包括测量放线、开挖、通风排烟、出渣、支护衬砌以及其他辅助工作。

(一)平洞开挖

平洞一般指坡度平缓的高低压引水隧洞、导流洞、尾水洞等，其开挖方法的选定，应根据工程地质条件、断面大小、施工机械作业高度和范围、平洞长度及施工期限等因素综合考虑。主要开挖方法有如下几种：

1. 全断面开挖法

全断面开挖法是指采用机械化或半机械化进行全断面一次开挖成型的施工方法。一般适用于围岩自稳能力好、断层裂隙少的地层中修建地下洞室。

全断面开挖法的特点是施工净空大，可布置大型高效施工机械，便于机械化施工，施工组织比较简单。平洞的衬砌或支护，可在全洞贯通后进行，也可在掘进相当距离后进行。

当地质条件较好，围岩坚固稳定，不需要临时支护或仅需局部支护的大小断面平洞中，又有完善的机械设备时，均可采用全断面开挖法，如图 9-3 所示。全断面开挖对洞轴线方向岩体性状的预见性较差，须事先做好地质勘测工作。目前，全断面开挖可控制高度一般为 8～10m，这是由于国内外多采用多钻臂液压凿岩机和全断面隧道掘进机的工作高度决定的。

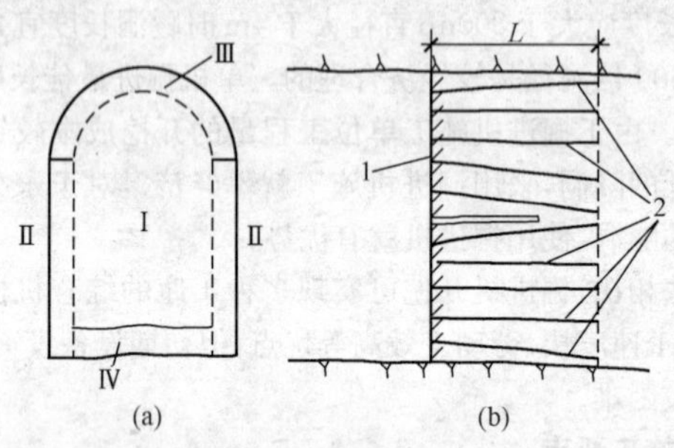

图 9-3　全断面钻爆开挖法

(a)开挖方法

Ⅰ—开挖；Ⅱ、Ⅲ、Ⅳ—衬砌顺序；

(b)隧洞纵轴向进尺

1—掌子面；2—钻孔；L—进尺深度

对于一个进尺深度的岩体爆破而言，炸药用量多于分部开挖的用量，因此爆破震动相对也较大，但完成一个进尺只扰动围岩一次，而分部开挖每次用药量虽较少，但完成一个进尺深度的开挖需要多次钻爆，对围岩的扰动次数增多。全断面开挖之后，如支护不及时，则围岩变位往往较大，因此对中软质且裂隙发育的岩体的围岩稳定不利；若能采取科学合理的技术措施，严格遵循开挖与支护协调进行，在中软质岩体中进行较大断面的全断面开挖，也是可行的。

在岩石比较完整的条件下，对断面小于 90m² 的洞室，可使用多臂钻车钻孔、无轨运输方式出渣；当洞室断面小于 20m²，跨度及高度小于 5m 以下时，大多使用气腿式手风钻钻孔，配以有轨运输方式出渣。

2. 台阶开挖法

当缺乏大型施工机械设备而无法进行全断面开挖时，可采用台阶开挖法。根据工作面施工状况的不同，可分为正台阶法和反台阶法。

(1)正台阶法。正台阶施工法即将工作面分为上下两层，上层超前2～4m，上下层同时掘进，如图 9-4 所示。具体施工顺序是爆破散烟及安全检查后，清理上层台阶的石渣，进行上层工作面的钻孔，同时下台阶出渣，清渣后下层工作面钻孔；钻孔完成后，上下层炮孔同时装药，一起爆破，保持上下工作面掘进深度一致。

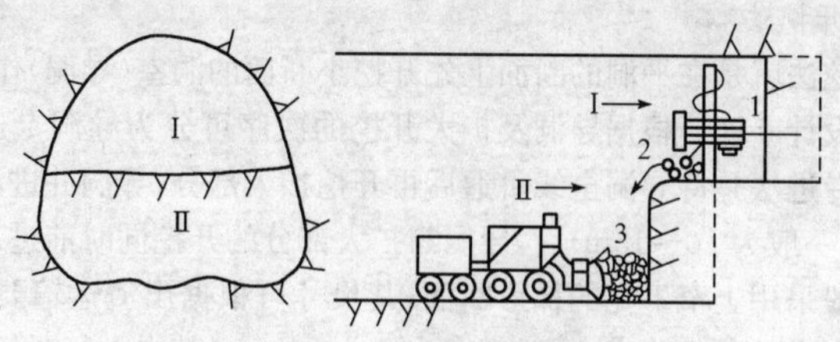

图 9-4　正台阶法掘进示意图

Ⅰ—上台阶；Ⅱ—下台阶

1—上台阶钻孔；2—扒落石渣；3—出渣后再钻孔

(2)反台阶法。反台阶法是一种自下而上的分部开挖方法，在形态上与正台阶法相反，适用于岩质较坚硬，完整的地层中开挖隧洞，松软破碎的岩层中不用或慎用。

反台阶法的下部断面的开挖与全断面法基本相同，上部反台阶因有多个倒悬临空面，钻爆时可利用自重作用来提高爆破效果。施工时，要防止上部台阶崩落的石渣堵塞下部已掘进的坑道，从而影响其他作业。主要处理措施有：在上部台阶开挖段下沿设置漏斗棚架，使上部台阶的石渣堆集在棚架上，通过漏斗溜入底层运输工具运出洞外；将下部断面延伸到施工支洞处，或全部打通下部断面，从另一洞口出渣，如图 9-5 所示。

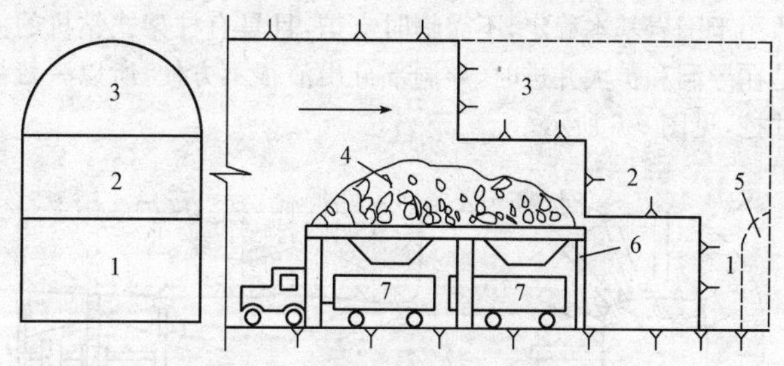

图 9-5　反台阶法施工示意

1、2、3—台阶序号；4—上台阶堆渣；

5—施工支洞；6—漏渣棚架；7—运渣工具

反台阶法的特点是工作面较宽敞，排水条件好，施工布置较方便，可利用爆破料堆钻上部台阶钻孔，无需搭设或少搭设作业平台，临空面多，爆破效率较高，施工速度快。

3. 导洞开挖法

导洞开挖法就是在平洞的断面上先开挖小断面的洞室(导洞)作为先导,然后扩大至整个设计断面。根据导洞及扩大开挖的次序可分为导洞专进法和导洞并进法。导洞专进法是待导洞全线贯通后再开挖扩大部分;导洞并进法是待导洞开挖一定距离(一般为 10～15m)后,导洞与扩大部分的开挖同时前进。

导洞一般采用上窄下宽的梯形断面;其尺寸可根据出渣运输要求、临时支护形式和人行安全的条件确定,一般底宽为 2.5～4.5m(其中人行通道宽取 0.7m),高度为 2.2～3.5m。根据导洞在整个断面中的不同位置,可分为上导洞、下导洞、中导洞、双导洞等开挖方法。

(1)下导洞开挖法。适用于围岩基本稳定的大断面隧洞或机械化程度较低的中小断面平洞。其施工顺序是,先开挖下导洞,并架设漏斗棚架,然后向上拉槽至拱顶,再由拱部两侧向下开挖。上部岩渣可经漏斗棚架装车出渣,所以又称为漏斗棚架法。其优点是出渣线路不必转移,工序之间施工干扰小;但遇地质条件较差时,施工不够安全。

(2)上导洞开挖法。适用于稳定性差的围岩。导洞布置在断面顶拱中央,其施工顺序是先开挖顶拱中部,再向两侧扩拱,及时衬砌拱顶,然后再转向下部开挖衬砌。缺点是需重复铺设风、水管道及出渣线路,排水困难,施工干扰大,衬砌整体性差,尤其是下部开挖时影响拱圈稳定,所以下部岩体开挖时常采用马口开挖法。

(3)中心导洞法。导洞布置在断面中央,导洞全线贯通后向四周辐射钻孔开挖。此法适用于围岩基本稳定,不需临时支护,且具有柱架式钻机的大中断面的平洞。只是在导洞和扩大并进时,导洞部分出渣很不方便,所以一般待导洞贯通后再扩大并挖,见图 9-6 所示。

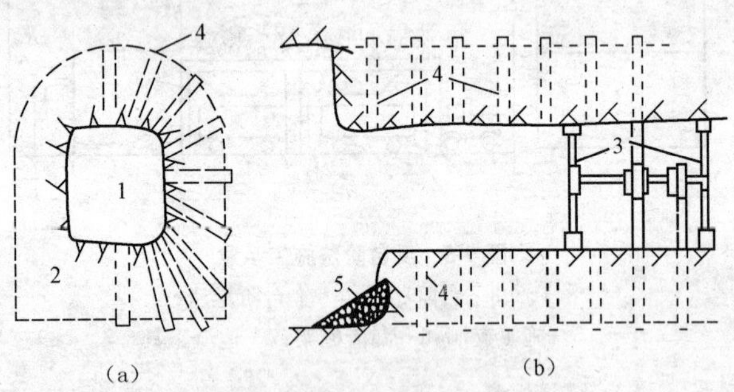

图 9-6　中心导洞开挖

(a)横断面;(b)纵断面

1—导洞;2—四周扩大部分;3—柱架;4—钻孔;5—石渣

(4)双导洞开挖法。双导洞开挖有上、下导洞和双侧导洞两种开挖法。

上、下导洞法适用于围岩稳定性好,但缺少大型开挖设备的较大断面平洞。下导洞出渣排水,上导洞扩大并对顶拱衬砌。为了便于施工,上、下导洞用斜洞或竖井连通。

双侧导洞法适用于围岩稳定性差、地下水较严重、断面较大需要边开挖边支护的平洞,其施工顺序如图9-7所示。

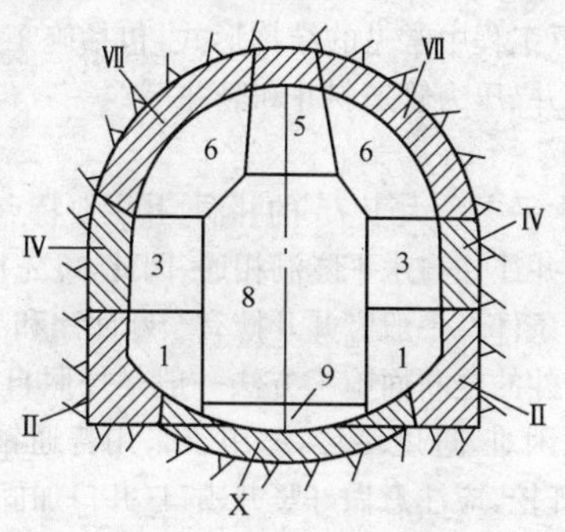

图9-7　双侧导洞施工顺序

1、3、5、6、8、9—开挖顺序;Ⅱ、Ⅳ、Ⅵ、Ⅹ—衬砌顺序

(二)地下厂房开挖

水利水电工程地下厂房开挖实质是大断面洞室开挖。由于其规模一般较大,结构也较复杂,因而施工难度也较大,一般采取分部开挖的方法。

地下厂房这类大断面洞室施工时,一般都应考虑变高洞为低洞,变大跨度为小跨度的原则,采取先拱部后底部,先外缘后核心,自上而下分部开挖与衬砌支护的施工方法,以保证施工过程中围岩的稳定。

地下厂房分部开挖时,常将厂房总体分为三部分,即拱顶部分,基本部分,蜗壳、尾水洞及交叉洞室部分。

顶拱的开挖应根据围岩条件和断面大小,可采用全断面法开挖或先开挖中导洞两侧跟进的分部开挖。在Ⅰ~Ⅱ类围岩中,可先以全断面进行顶拱部位开挖,然后对顶拱进行喷锚支护。在进行顶拱支护的同时,可进行下部开挖(若跨度大于1m以上时,可视地质裂隙情况再行分块),最后再开挖中部,使断面成型;或先开挖洞室顶拱,当顶拱支护后,再逐层开挖下部。当洞室围岩为Ⅲ~Ⅳ类岩石时,先在顶拱处开挖导洞,然后进行顶拱扩大开挖,并及时进行支护。在此同时,可进行下导洞开挖,最后进行中部扩大开挖。

若围岩稳定性很差(即当洞室围岩为Ⅳ类或Ⅴ类岩石时),可采用肋墙肋拱法施工,即先开挖上下侧壁导洞,沿导洞跳格开挖并衬砌边墙(肋墙);然后利用上部侧壁导洞,跳格开挖并衬砌顶拱(肋拱);最后再挖除拱肋墙之间的岩体,完成肋拱、肋墙之间的衬砌。

在松散破碎的不良地层中施工时，宜采用插钎、插板、喷锚支护或预灌浆等方法，先加固以后，再分部开挖，分部衬砌，并注意尽量减少对岩体的扰动。用小型机械开挖中导洞，在导洞中用潜孔钻或钻车钻辐射孔并用简易台车钻周边预裂孔，这种方法适用于Ⅰ、Ⅱ类围岩。

（三）竖井和斜井开挖

斜井和竖井是地下工程中常见的结构形式，包括施工期间的工作通道，永久建筑物的调压井、闸门井、压力管道斜井和竖井等。

1. 竖井开挖

竖井是指井线与水平夹角大于75°的井洞，其主要特点是竖向作业，进行竖向开挖、出渣和衬砌。竖井往往与水平隧洞相通，因此，可先挖通与竖井相通的水平通道，为竖井施工创造条件。一般竖井开挖有全断面法和导井法两种。

(1)全断面法。竖井的全断面施工方法一般是按照自上而下的程序进行的。由于是竖向作业，施工困难，进度缓慢，适用于采用普通钻爆法开挖的小断面竖井。采用全断面竖井开挖，应注意做好竖井锁口(井口加固措施)，确保提升安全，并做好井内外排水、防水设施。要注意观测围岩情况，采取相应措施确保安全施工。

全断面竖井开挖也可采用深孔爆破法，即按设计要求，断面炮孔一次钻孔，再自下而上分层爆破(或一次爆破)，由下部平洞出渣。此法适用于深度不大、围岩稳定的竖井。

(2)导井法。导井法即在竖井中部先开挖导井(断面面积4～5m^2)，然后扩大的施工方法。导井有自上而下和自下而上两种开挖方法，前者可用普通钻爆法，也可用大钻机施工；后者常用吊罐法(也称吊篮法)或爬罐法施工。扩大开挖时，既可自上而下逐层下挖，也可自下而上倒井上挖，扩挖的石渣可由井底的水平通道运至洞外。

目前，多采用爬罐来开挖导井。爬罐是一个带有驱动机构沿特制轨道上下爬升的吊笼。

吊笼上有作业平台，可进行放线、钻孔、装药、安全处理等作业。此外，反井钻机导井施工也是一种常见的方法。

2. 斜井开挖

斜井是指井线与水平夹角为6°～75°的斜洞，当倾角大于45°时，其施工条件与竖井相近，可按竖井开挖方法施工；倾角小于30°的斜井，一般采用自下而上的全断面开挖法，用卷扬机提升出渣，开挖完成后衬砌。倾角为30°～45°的斜井，可采用自下而上挖导井，自上而下扩大开挖，利用重力溜渣，由下部通道出渣。

斜井开挖方法与竖井类似，可以自上而下，也可以自下而上，或上下结合，施工具体情况可参见表9-5所列。

表 9-5　　斜井开挖方法

	方法	适用范围	施工特点	施工程序
小断面斜井	自上而下全断面开挖	施工斜支洞	用机械运输人员和工具坡度小于25°用斗车出渣;大于25°用笼斗出渣	先做好洞口支护、安装提升设施及外部出渣道,然后自上向下开挖
	自下而上全断面爬罐法开挖	倾角大于42°,没有通道的斜井	利用爬罐作提升工具和操纵平台,自下向上钻孔爆破	先挖下部通道,安装爬罐及钢轨,随开挖上延,逐段向上开挖
斜井扩大	自上而下正向扩挖	倾角大于45°,可以自行溜渣的斜井	由上到下分层钻孔爆破导井溜渣,临时支护与开挖平行进行,以保证施工安全,短洞设人行道,长洞机械运输	先挖导井,然后由上向下扩大,边开挖边铺设钢板,以满足溜槽的要求
	自下而上反向扩挖	倾角35°左右,不能自行溜渣的斜井或倾角虽大但长度较短的斜井	采用专门措施,设法增大溜渣能力,减少摩擦系数,如底部铺设密排钢轨	先开挖导井,然后自下向上扩大,边开挖边铺设钢板,以满足溜槽的要求

第二节　衬砌施工

地下工程开挖成型之后,为了承受山岩压力或其他形式的作用力,保持围岩稳定,防止风化,封堵洞壁渗漏水,形成整齐平顺的洞室轮廓,保证建筑物的正常使用,往往要在开挖后进行现浇混凝土衬砌。现浇衬砌施工,与一般混凝土及钢筋混凝土施工基本相同。

一、平洞衬砌分段及浇筑顺序

(一)衬砌分段

平洞衬砌时,通常要在纵向上分段进行浇筑。一般情况下,可按照施工安全的要求,确定衬砌长度。如围岩稳定,分段长度可以长一些,但应注意围岩对衬砌的约束力;若围岩不稳定,开挖后要求尽快衬砌时,从施工安全出发,不允许分段太长。

当结构上有永久伸缩缝时,可以利用永久缝分段,当永久缝间距过大或无永久缝时,应设施工分缝分段。分段长度一般 9～18m 为宜。对于引水隧洞,若有较高防渗要求时，分段长度一般为 9～12m 为宜；如果采用光面爆破或预裂爆破，洞壁比较平整，降低了围岩对衬砌的约束作用，分段长度也可适当增加。当采用双层钢筋混凝土衬砌，分段可以适当延长。

在隧洞围岩条件显著变化段和结构断面变化段，应设伸缩缝，并以此作为分段界线。

(二)浇筑顺序

分段确定后，为争取分段浇筑混凝土的连续性，常采用的浇筑顺序有跳仓浇筑、分段流水浇筑和分段留空档浇筑等不同方式。

1. 跳仓浇筑

跳仓浇筑，即间隔浇筑，如图 9-8(a)所示，先浇①、③、⑤…段，后浇②、④、⑥…段，间隔跳跃式进行浇筑。

2. 分段流水浇筑

分段流水浇筑是先将全洞分成若干个大段(Ⅰ、Ⅱ、Ⅲ…)；每个大段又分成若干个小段(①、②、③…)；

按照一定的次序组织流水施工，如先浇①、④、⑦…段，再浇②、⑤、⑧…段，最后浇③、⑥、⑨…段，见图 9-8(b)。

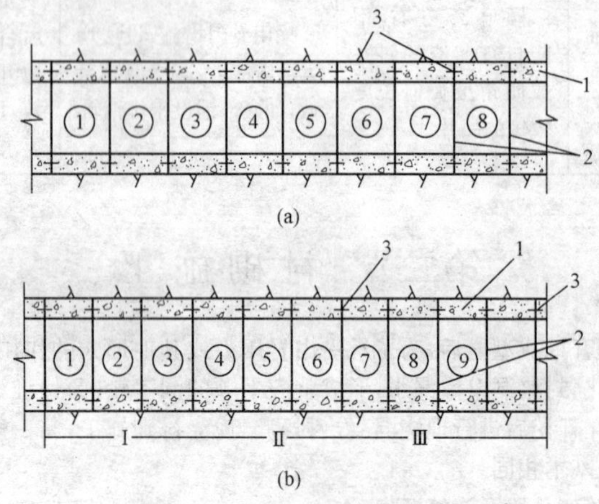

图 9-8　平洞衬砌分段浇筑顺序

(a)跳仓浇筑；(b)分段流水浇筑

1—衬砌混凝土；2—段间的分缝；3—止水

①，②…为小段序号；Ⅰ，Ⅱ…为大段序号

3. 分段留空档浇筑

分段留空档浇筑是指在浇筑段之间先预留一定宽度的空档，一般为 1m 左右，这样浇筑，虽然增加了施工缝面的处理工作，但相邻段的浇筑施工时可互不干扰，有利于及时做好大面积衬砌，防止围岩风化、掉块和坍落。由于施工较为麻烦，只在地质条件不好时采用。

二、衬砌分块

(一)横断面分块

衬砌施工在横断面上可以一次浇筑，也可分块浇筑，主要取决于施工设备、技术条件和断面大小。当采用分块浇筑时，一般情况下分成底拱(底板)、边拱(边墙)和顶拱。具体分缝界面一般设在衬砌结构的转折点附近，或结构内力较小的部位，如图 9-9 所示。

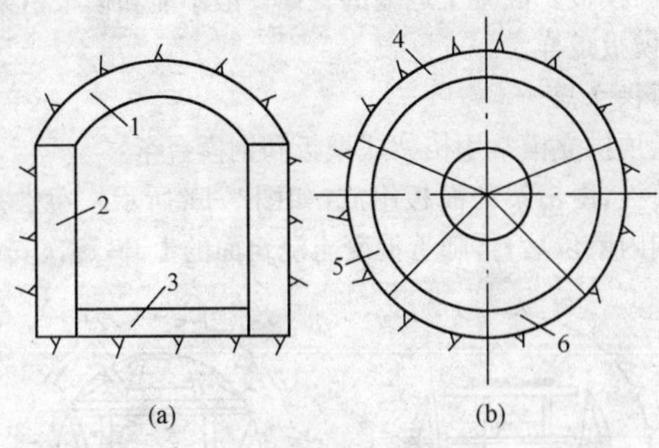

图 9-9　平洞衬砌分块

(a)圆拱直墙形；(b)圆形

1，4—顶拱；2—边墙；3—底板；5—边拱；6—底拱

(二)横断面浇筑

横断面上浇筑的顺序是先底拱(底板)，后边拱(边墙)和顶拱；在地质条件较差时，可先浇顶拱，后浇边拱和底拱；有时为了满足开挖与衬砌平行作业的要求，在洞底还未清理成形以前，先浇好边拱和顶拱，最后浇筑底拱。

采取后两种浇筑顺序，由于在浇筑了顶拱、边拱时，下方无支托的混凝土体，应注意防止衬砌的位移和变形，在下方应设有足够刚度的模板及支撑并做好分块接头处反缝的处理，必要时作灌浆处理，以确保缝面结合良好。

三、平洞衬砌模板

平洞衬砌模板的形式依隧洞洞型、断面尺寸、施工方法和浇筑部位等因素而定。

(一)底拱立模

当底拱中心角不大，比较平缓时，可只架设两边端头模板，不用表面模板，在混凝土浇筑后，用弧形板将表面刮成圆弧即可；当中心角较大时，一般采用悬吊式模板，如图 9-10。

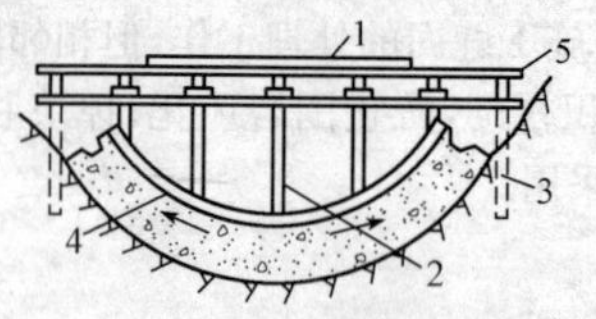

图 9-10　底拱模板

1—仓面板；2—模板桁架；3—桁架支柱；4—弧形模板；5—纵梁(架在仓面板支撑上)

施工时先立端部模板，再立弧形模板的桁架，然后随着混凝土的浇筑，逐渐自中间向两旁安悬吊模板。混凝土运输的支撑一般不能和模板桁架连在一起，以免仓面震动而引起模板走样。

(二)边拱、顶拱立模

边拱(边墙)、顶拱立模常用桁架式模板和钢模台车。

(1)桁架式模板，由桁架和面板组成，如图 9-11 所示。通常是在洞外先将桁架拼装好，运入洞内就位后，再随着混凝土浇筑面的上升，逐次安设模板。

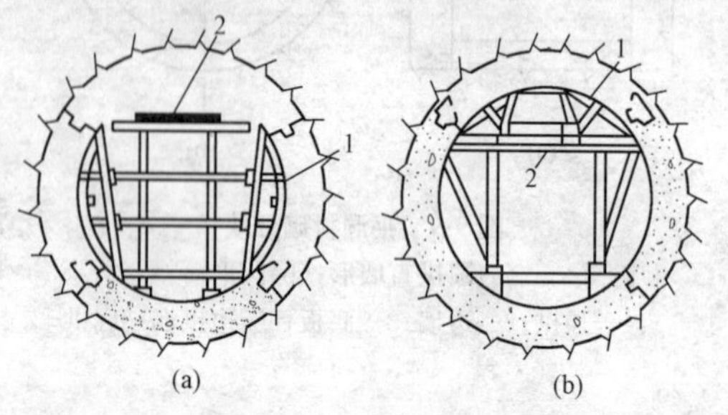

图 9-11　桁架式模板

(a)边拱桁架式模板；(b)顶拱桁架式模板

1—桁架式模板；2—工作平台或脚手架

(2)钢模台车是一种可移动的多功能隧洞衬砌模板车。根据需要，它可作顶拱钢模、边拱(墙)钢模以及全断面模板使用。用台车进行钢模的安装、运输和拆卸时，部台车可配几套钢模板进行流水作业，施工效率高。

圆形隧洞衬砌的全断面一次浇筑，可采用针梁式钢模台车。针梁式钢模板是新型隧洞全断面浇筑衬砌的一种专用模板设备，其特点是不需要铺设轨道，模板的支撑、收缩和移动，均依靠一个伸出的针梁。针梁既是模板的受力支撑，也是模板的移动轨道，同时起克服底拱混凝土浮力的作用。

四、平洞衬砌浇筑工具

平洞衬砌混凝土浇筑的有效工具是混凝土泵，它能适应洞内狭窄的施工条件，完成混凝土的运输和浇筑。常用的混凝土泵有柱塞式混凝土泵、风动输送混凝土泵、挤压式混凝土泵等。

对中小型隧洞，混凝土一般采用斗车或轨式混凝土搅拌运输车，由电瓶车牵引运至浇筑部位；对于大中型隧洞，多采用 3～6m³ 的轮式混凝土搅拌运输车运输。在浇筑部位，用混凝土泵将混凝土压送并浇入仓内。

隧洞衬砌多采用二级配混凝土。泵送混凝土的配合比，应使混凝土具有良好的和易性及流动性，配合比设计后，应进行压送试验。混凝土坍落度一般 80～160mm，(若掺外加剂可达 200mm 以外)；水泥用量不小于 280kg/m³；水灰比约 0.5～0.6(一般不大于 0.8)；砂率在 40%左右。

五、平洞衬砌封拱

所谓平洞的衬砌封拱就是在混凝土浇筑即将完毕前将拱顶未充满混凝土的空隙和预留的进出窗口予以封堵填实。封拱工作对于保证衬砌与围岩紧密接触，提高衬砌的可靠性是很重要的。常用的封拱方法有封拱盒和混凝土泵封拱。

(一)封拱盒封拱

在封拱前，可先在拱顶留一小面积窗口，应尽量把能浇筑的两侧部分浇好，然后从窗口退出人和机具，并在窗口四周立侧模，待混凝土达到 20MPa 强度后，将侧模拆去，凿毛之后安装封拱盒。

封堵时，先将混凝土料从盒侧活门装入，再用千斤顶顶起活动封门板，将盒内混凝土压入待封部位即告完成，见图 9-12。

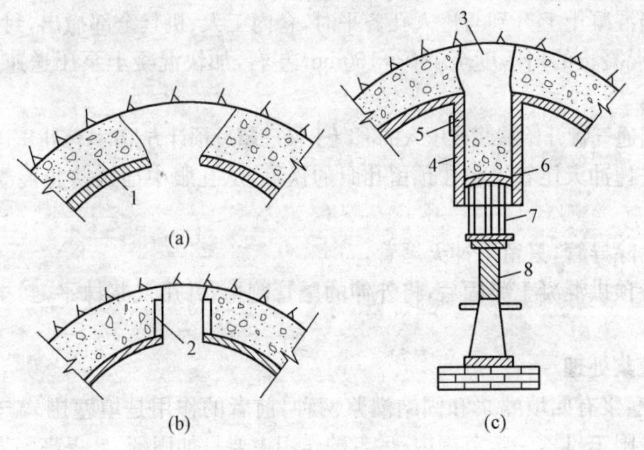

图 9-12　封拱盒封拱示意

(a)工人退出窗口时的混凝土浇筑面；(b)装侧模后预留方孔；(c)用封拱盒封拱

1—已浇混凝土；2—模框；3—封拱部分；4—封拱盒；5—进料活门；6—活动封中板；7—顶架；8—千斤顶

(二)混凝土泵封拱

1. 施工布置

混凝土泵封拱也称混凝土泵尾管封拱，其布置见图 9-13。

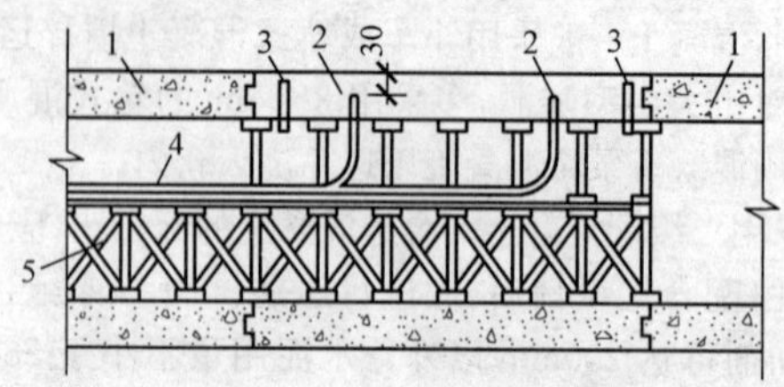

图 9-13 混凝土泵垂直封拱示意

1—已浇段；2—冲天尾管；3—通气管；4—导管；5—脚手架

(1)在混凝土泵导管末端接上短的冲天尾管。冲天尾管的间距一般为 4～6m，垂直穿过底模板伸入仓内，离浇筑段端部约 1.5m 左右。冲天尾管口距岩面的距离应保证压出的混凝土能自由扩散，一般 200mm 左右。

(2)排气管应设置在仓内岩面最高处；在仓的中部设置进人孔，以便进入仓内进行必要的辅助工作。

2. 封拱程序

混凝土泵垂直冲天尾管的封拱程序是：

(1)当混凝土浇至顶拱仓面时，撤出仓内各种器材，尽量筑高两端混凝土。

(2)当混凝土上升到与进人孔齐平时，仓内工人、机具全部撤出，封闭进人孔，同时增加混凝土的坍落度至 140～160mm 左右，加快混凝土泵压送速度，连续压送混凝土。

(3)当通气管开始漏浆或压入的混凝土量已超过预计方量时，停止压送混凝土。

(4)去掉冲天尾管上包住预留孔眼的铁箍，从孔眼中插入防止混凝土下落的钢筋。

(5)拆除导管，只留下冲天尾管。

(6)待顶拱混凝土凝固后，将外伸的尾管割掉，并用灰浆抹平，封拱工作即全部结束。

六、灌浆处理

隧洞灌浆有回填灌浆和固结灌浆两种，前者的作用是填塞围岩与衬砌间空隙，所以只限于拱顶一定范围内；后者的作用主要是加固围岩，提高围岩的整体性和强度，所以其范围包括断面四周的围岩。

灌浆孔可在衬砌时预留，孔径为 38～50mm。灌浆孔沿洞轴线 2～4m 布置一排，各排孔位宜交叉排列；同时还需布置一定数量的检查孔，用以检查灌浆质量。水工隧洞灌浆应按先回填后固结的顺序进行，回填灌浆应在衬砌混凝土达到 70％设计强度后尽早进行。

第三节　喷锚支护技术

喷锚支护是喷混凝土支护、锚杆支护及喷混凝土与锚杆、钢筋网联合支护的统称，它是地下工程支护的一种新形式，也是新奥地利隧洞工程法(简称新奥法)的主要支护措施。

喷锚支护的施工特点是，在洞室开挖后，将围岩冲洗干净，适时喷上一层厚30～80mm的混凝土，防止围岩松动；如发现围岩变形过大，可视需要及时加设锚杆或加厚混凝土，使围岩稳定。所以喷锚支护既可以作临时支护，也可以作永久支护。它适用于各种地质条件、不同断面大小的地下洞室，但不适用于地下水丰富的地区。

采用喷锚支护，可以减少衬砌工程量50%以上，节约水泥1/2～1/3，减少劳动力和工程投资50%左右，缩短工期50%以上。喷锚支护不需要安装模板，也不需要进行回填灌浆，操作方便，施工安全。

一、喷锚支护原理

喷锚支护是充分利用围岩的自承能力和具有弹塑性变形的特点，有效控制和维护围岩稳定的、最大限度发挥围岩自承能力的新型支护形式。

它的原理是把岩体视为具有黏性、弹性和塑性等物理性质的连续介质，洞室开挖后，洞室周围的岩体(围岩)将向着临空面变形，变形随时间而增大，增大到一定程度，围岩将产生坍塌。因此，在围岩产生一定变形前，应及时采用既有一定刚度又有一定柔性的薄层支护结构，使支护与围岩紧密地黏结成一个整体，既限制围岩变形又可与围岩“同步变形”，从而加固和保护围岩，使围岩成为支护的主体，充分发挥围岩自身的承载能力，增加围岩的稳定性。

近年来，凡是正确应用喷锚支护，并且与新奥法紧密相连，都收到了良好的技术经济效益。与传统的现浇混凝土衬砌相比，它只适用于围岩非常松散破碎的洞室衬砌。

二、锚杆支护

锚杆是为了加固围岩而锚固在岩体中的金属杆件，锚杆支护是一种有效的内部加固方式。

锚杆插入岩体后，将岩块串联起来，改善了围岩的原有结构性质，使不稳定的围岩趋于稳定，锚杆与围岩共同承担山岩压力。

(一)锚杆分类

工程中常用的锚杆，按锚杆种类，可分为有钢筋锚杆和钢丝索锚索；按锚杆的受力条件，可分为不加预应力锚杆和加预应力锚杆；按锚固方式的不同，可分为张力锚杆(集中锚固)和砂浆锚杆(全长锚固)两类。

1. 张力锚杆

张力锚杆有楔缝式锚杆和胀圈式锚杆两种，如图9-14(a)(b)所示。

(1)楔缝式锚杆。楔缝式锚杆由楔块、锚栓、垫板和螺帽等 4 部分组成。

在锚栓的端部有一条楔缝,安装时将钢楔块少许楔入其内,将楔块连同锚栓一起插入钻孔,再用铁锤冲击锚栓尾部,使楔块深入楔缝内,楔缝张开并挤压孔壁岩石,锚头便锚固在钻孔底部。然后在锚栓尾部安上垫板并用螺帽拧紧,在锚栓内便形成了预应力,从而将附近的岩层压紧。

(2)胀圈式锚杆。胀圈式锚杆的端部有四瓣胀圈和套在螺杆上的锥形螺帽,其中锚杆上的凸头的作用是当锚杆插入钻孔时,阻止锚杆下落。胀圈式锚杆除锚头外,其他部分均可回收。

安装时,可将胀圈和螺帽同时插入钻孔,因胀圈撑在孔壁上,锥形螺帽卡在胀圈内不能转动,当用扳手在孔外旋转锚杆时,螺杆就会向孔底移动,锥形螺帽作向上的相对移动,促使胀圈张开,压紧孔壁,锚固螺杆。

2. 砂浆锚杆

砂浆锚杆是全长锚固的一种,见图 9-15,其施工顺序是:在清孔后,孔内注入砂浆(如注入树脂,则形成树脂锚杆)后,再插入锚杆;也可先插锚杆后注砂浆,待砂浆凝结硬化后即形成砂浆锚杆。通过水泥砂浆在杆体和孔壁之间的摩擦力来进行锚固,是全长锚固,故而锚固力比张力锚杆大,同时,砂浆还能防止锚杆锈蚀,延长锚杆寿命,多用作永久支护,而张力锚杆多用作临时支护。

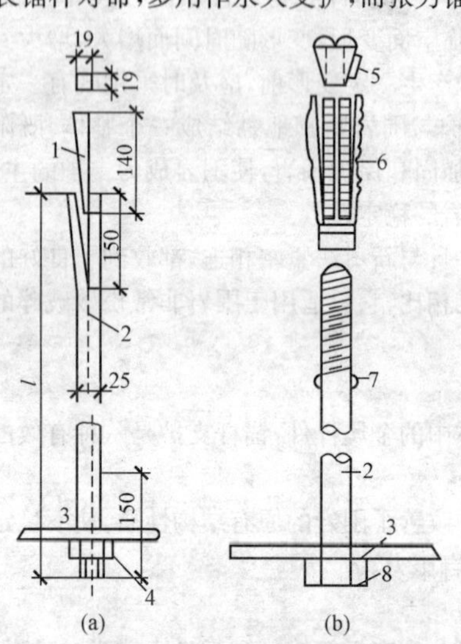

图 9-14　张力锚杆(单位:mm)

(a)楔缝式;(b)胀圈式

1—楔块;2—锚栓;3—垫板;4、8—螺帽;

5—锥形螺帽;6—胀圈;7—凸头

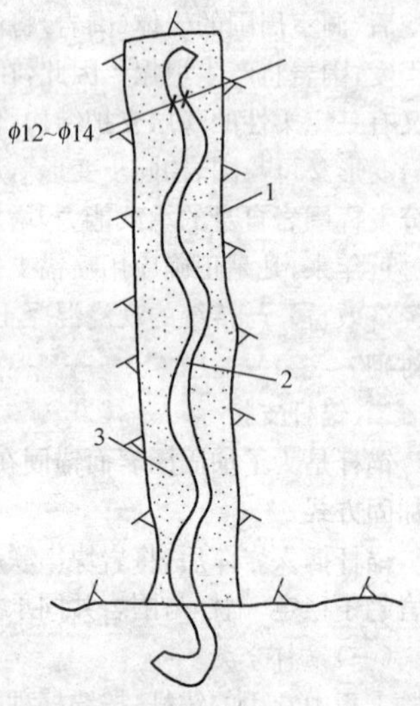

图 9-15　钢筋砂浆锚杆(单位:mm)

1—钻孔;2—钢筋;3—水泥砂浆

砂浆锚杆可用钢筋,也可用钢丝索或钢丝绳。为了充分发挥锚杆强度,尤其是用钢丝索或钢丝绳作锚杆时,可对锚杆施加预应力而成为预应力锚杆。

(二)锚杆布置

锚杆的布置主要是确定锚杆的插入深度、间距及布置形式,一般可分为局部锚杆和系统锚杆。

局部锚杆主要用于加固危石,防止掉块;系统锚杆是用于提高围岩的承载能力,顶拱的系统锚杆可在顶拱围岩中形成连续压缩带,提高围岩的承载能力。

锚杆布置时,锚杆的方向应尽量与岩体结构面垂直,当结构面不明显时,可与周边轮廓垂直;圆断面隧洞可采用径向布置;平面上的布置要求呈梅花形或方格形。

锚杆的布置参数主要是通过工程类比和现场试验选择,一般加固危岩的锚杆必须插入稳定的岩体中,插入深度和间距视危岩的质量(或滑动力)确定,若锚孔深度大于 5m 时应作专门设计;系统锚杆一般按梅花形排列,锚杆长度视洞室跨度、围岩特性和锚固部位而定,通常插入深度为1.5～3.5m,间距约为锚固深度的1/2。

(三)施工技术

锚杆施工时,应按施工工艺严格控制各工序的施工质量,以水泥砂浆锚杆和预应力锚杆的施工为例。

1. 水泥砂浆锚杆施工

水泥砂浆锚杆施工可分为先注砂浆后插锚杆和先插锚杆后注入砂浆两种。先注砂浆后插锚杆的施工程序一般为钻孔、清洗钻孔、压注砂浆和安插锚杆。

(1)钻孔与洗孔。钻孔时,孔位、孔径、孔向、孔深均应符合设计要求,一般要求孔位误差不大于 200mm,孔径比锚杆直径大 10mm 左右,孔深误差不大于 50mm。钻孔清洗要彻底,可用压气将孔内岩粉、积水冲洗干净,以保证砂浆与孔壁的黏结强度。

(2)压注砂浆。由于向钻孔内压注砂浆比较困难,所以钢筋砂浆锚杆的砂浆常采用风动压浆灌灌注。灌浆时,为了保证压注质量,注浆管必须插至孔底,确保孔内注浆饱满密实。注满砂浆的钻孔,应采取措施将孔口封堵,以免在插入锚杆前砂浆流失。

(3)安插锚杆。安插锚杆时,应将锚杆徐徐插入,以免砂浆被过量挤出,造成孔内砂浆不密实而影响锚固力。锚杆插到孔底后,应立即楔紧孔口,24h 后才能拆除楔块。

先设锚杆后注砂浆的施工工艺与之基本相同,只是注浆时多采用真空压力法。

2. 预应力锚杆施工

预应力锚杆是利用高强钢丝束或钢绞线穿过滑动面或不稳定区深入岩体深

层，利用锚索体的高抗拉强度增大正向拉力，改善岩体的力学性质，增加岩体的抗剪强度，并对岩体起加固作用，增大岩层间的挤压力。其基本施工工序为造孔、编束、穿束、内锚段灌浆、垫座混凝土浇筑、张拉、封孔灌浆、外锚头保护。在破碎地层造孔时，可增加压水试验和固结灌浆两道工序。

(1)编索。编索时，应根据锚具、垫座混凝土和钻孔长度进行锚索下料，用机械切割机精确切割；根据锚索级别和设计要求，确定每束锚索所需钢绞线根数。

对穿锚索时，可将钢绞线对号穿过架线环，并用无锌铅丝绑扎架线环。对穿锚索上设有止浆环、充气管及进、出浆管。止浆环内用环氧树脂与丙酮封填密实。对穿锚锚索结构见图 9-16。无粘结端头锚固段钢绞线应先去皮清洗，再将钢绞线、止浆环与进、出浆管和架线环一一对号。

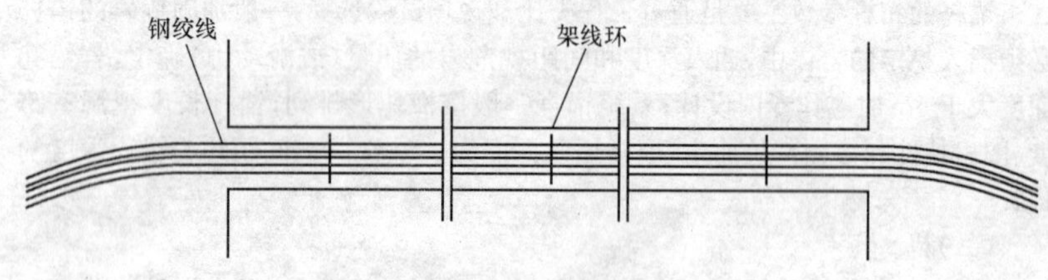

图 9-16 对穿锚锚索结构图

(2)张拉。张拉一般采用适当的超张拉。反复超张拉能调整应力趋于均匀，减少松弛损失；但对机械式锚根不得进行反复超张拉，以免外夹片齿槽被岩粉填平后失效，反而增大预应力损失。最后一次超张拉后，控制卸荷到安装吨位；待早期预应力损失基本完成后再进行补偿张拉。

三、喷混凝土支护

喷混凝土就是将水泥、砂、石等干料按一定比例拌合后装入喷射机中，再用压缩空气将混合料送到喷嘴处与高压水混合，喷射到岩石表面，经凝结硬化而成的一种薄层支护结构。

它是一种不用模板就能成型的新型支护结构，喷射到岩面上的混凝土，能填充围岩的缝隙，将分离的岩面粘结成整体，提高围岩的强度，增强围岩抵抗位移和松动的能力，具有生产效率高，施工速度快，支护质量好的特点。

(一)喷混凝土原材料

喷混凝土原材料与普通混凝土基本相同，但在技术上有一些差别。

(1)水泥。喷混凝土的水泥宜选用普通硅酸盐水泥，强度等级不低于 42.5 级，以使喷射混凝土在速凝剂的作用下，早期强度增长，干硬收缩小，保水性能好。

(2)砂子。一般采用中砂或中、粗混合砂，平均粒径 0.35～0.5mm。砂子过粗，容易产生回弹；过细，不仅使水泥用量增加，而且还会引起混凝土的收缩，降低强度，在喷射中产生大量粉尘。砂子的含水量应控制在 4%～6%之间，含水量过低，混合料在管路中容易分离而造成堵管；含水量过高，混合料有可能在喷射罐中就已凝结，无法喷射。

(3)石料。卵石、碎石均可作为喷混凝土骨料。石料粒径为5～20mm，其中大于15mm的颗粒应控制在20%以内，以减少回弹。石子的最大粒径不能超过管路直径的1/2。石料使用前应经过筛洗。

(4)水。喷混凝土用水与一般混凝土对水的要求基本相同，混浊水和一切酸、碱性侵蚀水不能使用。

(5)速凝剂。为了加快喷混凝土的凝结硬化速度，防止在喷射过程中坍落，减少回弹，增加喷射厚度，提高喷混凝土在潮湿地段的适应能力，一般要在喷混凝土中掺入水泥重量2%～4%的速凝剂。速凝剂应符合国家标准，初凝时间不大于5min，终凝时间不大于10min。

(二)施工工艺

喷混凝土的施工方法有干喷、潮喷、湿喷和半湿喷四种，其主要区别是投料的程序不同，尤其是加水和速凝剂的时机不同。

1. 干喷和潮喷

(1)干喷是将骨料、水泥和速凝剂按设计比例干拌均匀，然后装入喷射机，用压缩空气将混合的干骨料压送到喷枪，再在喷嘴处与高压水混合，以较高速度喷射到岩面上。其优点是喷射机械较简单，机械清洗和故障处理容易；其缺点是产生的粉尘量大，回弹量大，水灰比不易控制。

其施工工艺流程如图9-17所示。

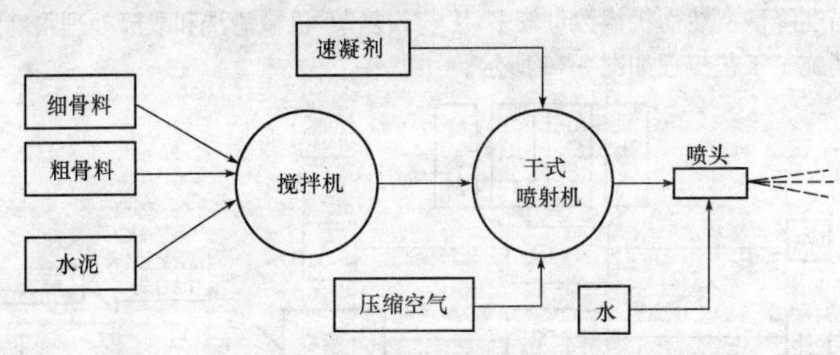

图9-17　干喷工艺流程

(2)潮喷只是在骨料中预加少量水，从而降低了上料、拌合和喷射时的粉尘，其余与干喷工艺一样。由于潮喷可降低一定的粉尘，目前使用较多。

2. 湿喷

湿喷是将骨料、水泥和水按设计比例拌合均匀，用湿式喷射机压送到喷头处，再在喷头上添加速凝剂后喷出。其优点是粉尘少、回弹量小、混凝土质量容易控制，应当发展应用；缺点是对喷射机械要求较高，机械清洗和故障处理较麻烦。

其施工工艺流程如图 9-18 所示。

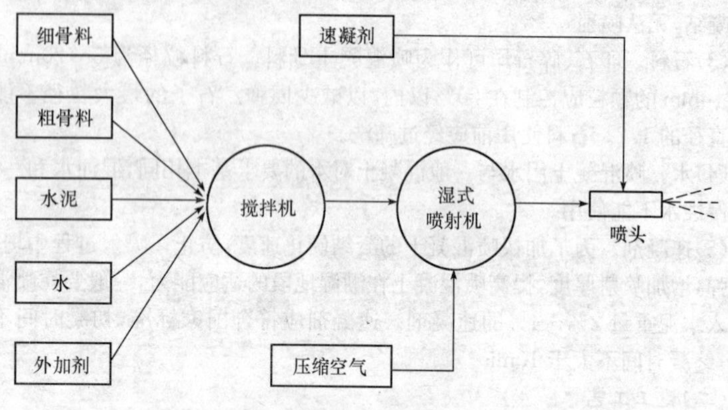

图 9-18 湿喷工艺流程

3. 半湿喷

半湿喷又称混合喷射或水泥裹砂造壳喷射法,所使用的主要机械设备与干喷基本相同。先将一部分砂加第一次水拌湿,再投入全部水泥预制搅拌造壳,然后加第二次水和减水剂拌合成 SEC 砂浆,同时将另一部分砂和石强制搅拌均匀,然后分别用砂浆泵和干式喷射机压送到混合管后喷出。

由于半湿喷是分次投料搅拌,混凝土的质量较干喷时要好,粉尘和回弹率也有大幅度降低。然而机械数量较多,工艺较复杂,机械清洗和故障处理很麻烦。

其施工工艺流程如图 9-19 所示。

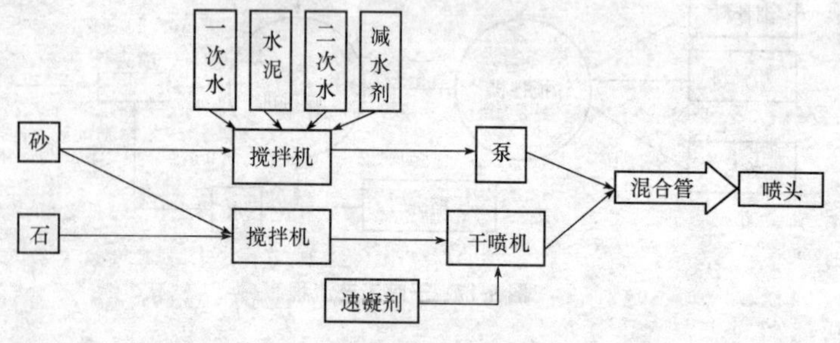

图 9-19 混合喷射工艺流程

(三)施工技术要求

1. 风压和水压

正常作业时,喷射机工作室内的风压一般为 0.2MPa。风压过大,喷射速度高,混凝土回弹量大,粉尘多,水泥耗量大;风压过小,则混凝土不密实。

喷射机喷头处的水压必须大于该处风压，并要求水压稳定，保证喷射水具有较强的穿透骨料能力。水压不足时，可设专用水箱，用压缩空气加压，以保证骨料能充分湿润。

2. 喷射位置

喷头与受喷面应尽量垂直，偏角宜控制在20°以内，利用喷射料束抑阻骨料的回弹，以减少回弹量。喷头与受喷面的距离，与风压和喷射速度有关。据试验，当喷射距离为1.0m左右时，对于提高喷射质量、减少骨料回弹都比较理想。

3. 喷射顺序

喷射作业应分区段进行，区段长度一般为4～6m。喷射时，通常先墙后拱，自下而上，先凹后凸，顺序进行，以防溅落的灰浆粘附于未喷岩面，影响喷混凝土的粘结强度。

4. 分层喷射与间歇

当喷混凝土设计厚度大于100mm时，一般应分层喷射。一次喷射厚度，边墙控制在60～100mm，顶拱30～60mm，局部超挖处可稍厚20～30mm，掺速凝剂时可厚些，不掺时应薄些。一次喷射太厚，容易因自重而引起分层脱落或与岩面脱开；一次喷射太薄，若喷射厚度小于最大骨料粒径，则回弹率又会迅速提高。

分层喷射时，后一层喷射应在前一层混凝土终凝后进行，但也不宜间隔过久，若终凝1～2h后再进行喷射，应用风水清洗混凝土表面，以利层间结合。当喷混凝土紧跟开挖面进行时，从混凝土喷完到下一次循环放炮的时间间隔，一般不小于4h，以保证喷混凝土强度有一定增长，避免引起爆震裂缝。

5. 喷混凝土养护

喷混凝土单位体积的水泥用量比较大，凝结硬化快，为使混凝土强度均匀增长，减少或防止不正常的收缩，必须加强养护。一般喷完后2～4h开始洒水养护，并保持混凝土的湿润状态，养护时间不少于14d。

第十章　堤防及疏浚工程

第一节　堤 防 工 程

堤防的施工与土坝相似，应根据批准的设计文件进行施工，若有重大设计变更应报请原审批单位批准。

一、筑堤材料

（一）堤料选择

开工前，应根据设计要求、土质、天然含水量、运距、开采条件等因素选择取料区。淤泥土、杂质土、冻土块、膨胀土、分散性黏土等特殊土料，一般不宜用于筑堤身；若必须采用时，应有技术论证，并需制定专门的施工工艺。

土石混合堤、砌石墙（堤）以及混凝土墙（堤）施工所采用的石料和砂（砾）料质量，应符合要求。拌制混凝土和水泥砂浆的水泥、砂石骨料、水、外加剂的质量，应符合《水工混凝土施工规范》的规定。

（二）堤料开采与选购

开挖前，陆上料区必须将其表层的杂质和耕作土、植物根系等清除；水下料区开挖前应将表层稀软淤土清除。

1. 土料开采

土料的开采应根据料场具体情况、施工条件等因素选定，并应符合下列要求：

（1）料场建设。料场周围布置截水沟，并做好料场排水措施；遇雨时，坑口坡道宜用防水编织布覆盖保护。取土坑壁应稳定，立面开挖时，严禁掏底施工。

（2）开采方式。土料的天然含水量接近施工控制下限值时，宜采用立面开挖；若含水量偏大，宜采用平面开挖。当层状土料有须剔除的不合格料层时，宜用平面开挖；当层状土料允许掺混时，宜用立面开挖。冬季施工采料，宜用立面开挖。

2. 反滤料选购

不同粒径组的反滤料应根据设计要求筛选加工或选购，并需按不同粒径组分别堆放；用非织造土工织物代替时，其选用规格应符合设计要求或反滤准则。

3. 其他堤料选购

对于堤身和堤基结构采用的土工织物、加筋材料、土工防渗膜、塑料排水板及止水带等土工合成材料，应根据设计要求的型号、规格、数量选购，并应有相应的技术参数资料、产品合格证和质量检测报告。

采集或选购的石料，除应满足岩性、强度等性能指标外，砌筑用石料的形状、尺寸和块重，还应符合表 10-1 的质量标准。

表 10-1　　石料形状尺寸质量标准表

项目	质量标准		
	粗料石	块石	毛石
形状	棱角分明，六面基本平整，同一面上高差小于 10mm	上下两面平行，大致平整，无尖角、薄边	不规则（块重大于 25kg）
尺寸	块长大于 500mm 块高大于 250mm 块长：块高小于 3	块厚大于 200mm	块厚大于 150mm

二、堤基施工

堤基施工前，应根据勘测设计文件、堤基的实际情况和施工条件制订有关施工技术措施与细则。若堤基冻结并有明显冰夹层和冻胀现象时，未经处理，不得在其上施工。若基坑内有积水时，应及时抽排；对于泉眼，则应在分析其成因和对堤防的影响后予以封堵或引导。当开挖较深时，应防止滑坡。

（一）堤基清理

堤基基面的清理范围包括堤身、铺盖和压载的基面，其边界应在设计基面边线外 300～500mm。堤基表层不合格土、杂物等必须清除，堤基范围内的坑、槽、沟等，应按堤身填筑要求进行回填处理。堤基开挖、清除的弃土、杂物、废碴等，均应运到指定的场地堆放。

基面清理平整后，应及时报验。基面验收后应抓紧施工，若不能立即施工时，应做好基面保护，复工前应再检验，必要时须重新清理。

（二）软弱堤基施工

在软弱堤基施工时，如采用挖除软弱层换填砂、土时，应按设计要求用中粗砂或砂砾，锚填后及时予以压实。在流塑态淤质软黏土地基上，采用堤身自重挤淤法施工时，应放缓堤坡、减慢堤身填筑速度、分期加高，直至堤基流塑变形与堤身沉降平衡、稳定。在软塑态淤质软黏土地基上，当在堤身两侧坡脚外设置压载体处理时，压载体应与堤身同步、分级、分期加载，保持施工中的堤基与堤身受力平衡。

采用抛石挤淤法施工时，应使用块径不小于 300mm 的坚硬石块，当抛石露出土面或水面时，可改用较小石块填平压实，再在上面铺设反滤层并填筑堤身。若采用排水砂井、塑料排水板、碎石桩等方法加固堤基时，应符合有关标准的规定。

（三）透水堤基施工

对于透水堤基，可用黏性土做铺盖或用土工合成材料进行防渗，并按照有关规定进行施工。在铺盖分片施工时，应加强接缝处的碾压和检验。如用黏性土截水槽施工时，宜采用明沟排水或井点抽排；回填黏性土应在无水基底上，并按设计要求进行施工。对于砂性堤基，可采用振冲法进行处理。

常采用槽型孔或高压喷射等方法，对截渗墙进行施工。施工时，应先往开槽孔内灌注混凝土、水泥黏土浆等，然后往开槽孔内插埋土工膜，并高压喷射水泥粉浆等，以形成截渗墙。

（四）多层堤基施工

对于多层堤基，如无渗流稳定安全问题，施工时仅需将经清基的表层土夯实后即可填筑堤身；如采用盖重压渗、排水减压沟及减压井等措施处理，应根据设计要求与有关规定执行。若堤基下有承压水的相对隔水层，施工时应保证保留设计要求厚度的相对隔水层。

当堤基的面层为软弱或透水层时，可按软弱堤基或透水堤基的施工要求进行处理。

（五）岩石堤基施工

对于强风化岩层堤基，除按设计要求清除松动岩石外，筑砌石堤或混凝土堤时基面应铺水泥砂浆，层厚宜大于 30mm；筑土堤时基面应涂黏土浆，层厚宜为 3mm，然后进行堤身填筑。对于裂缝或裂隙比较密集的基岩，应采用水泥固结灌浆或帷幕灌浆进行处理。

三、堤身填筑

（一）填筑作业

(1)地面起伏不平时，应按水平分层由低处开始逐层填筑，不得顺坡辅填；堤防横断面上的地面坡度陡于 1∶5 时，应将地面坡度削至缓于1∶5。

(2)分段作业面的最小长度不应小于 100m；人工施工时段长可适当减短。

(3)作业面应分层统一铺土、统一碾压，并配备人员或平土机具参与整平作业，严禁出现界沟。

(4)在软土堤基上筑堤时，如堤身两侧设有压载平台，两者应按设计断面同步分层填筑，严禁先筑堤身后压载。

(5)相邻施工段的作业面宜均衡上升，若段与段之间不可避免出现高差时，应以斜坡面相接，并按相关规定执行。

(6)已铺土料表面在压实前被晒干时，应洒水湿润。

(7)用光面碾碾压实黏性土填筑层，在新层辅料前，应对压光层面作刨毛处理。填筑层检验合格后因故未继续施工，因搁置较久或经过雨淋干湿交替使表面产生疏松层时，复工前应进行复压处理。

(8)若发现局部“弹簧土”、层间光面、层间中空、松土层或剪切破坏等质量问题时，应及时进行处理，并经检验合格后，方准铺填新土。

(9)施工过程中应保证观测设备的埋设、安装和测量工作的正常进行，并保护观测设备和测量标志完好。

(10)在软土地基上筑堤，或用较高含水量土料填筑堤身时，应严格控制施工速度，必要时应在地基、坡面设置沉降和位移观测点，根据观测资料分析结果，指导安全施工。

(11)对占压堤身断面的上堤临时坡道作补缺口处理，应将已板结老土刨松，与新铺土料统一按填筑要求分层压实。

(12)堤身全断面填筑完毕后，应作整坡压实及削坡处理，并对堤防两侧护堤地面的坑洼进行铺填平整。

(二)铺料作业

(1)应按设计要求将土料铺至规定部位，严禁将砂(砾)料或其他透水料与黏性土料混杂，上堤土料中的杂质应予清除。

(2)土料或砾质土可采用进占法或后退法卸料，砂砾料宜用后退法卸料；砂砾料或砾质土卸料时如发生颗粒分离现象，应将其拌合均匀。

(3)铺料厚度和土块直径的限制尺寸，宜通过碾压试验确定；在缺乏试验资料时，可参照表 10-2 的规定取值。

(4)铺料至堤边时，应在设计边线外侧各超填一定余量：人工铺料宜为 100mm，机械铺料宜为 300mm。

表 10-2　　铺料厚度和土块直径限制尺寸表

压实功能类型	压实机具种类	铺料厚度（mm）	土块限制直径（mm）
轻型	人工夯、机械夯	150～200	≤50
	5～10t 平碾	200～250	≤80
中型	12～15t 平碾 斗容 2.5m³ 铲运机 5～8t 振动碾	250～300	≤100
重型	斗容大于 7m³ 铲运机 10～16t 振动碾 加载气胎碾	300～500	≤150

(三)压实作业

(1)施工前应先做碾压试验，验证碾压质量能否达到设计干密度值。若已有相似条件的碾压经验也可参考使用。

(2)分段填筑，各段应设立标志，以防漏压、欠压和过压。上下层的分段接缝位置应错开。

(3)碾压施工应符合下列规定：

1)碾压机械行走方向应平行于堤轴线；

2)分段、分片碾压,相邻作业面的搭接碾压宽度,平行堤轴线方向不应小于0.5mm;垂直堤轴线方向不应小于3m;

3)拖拉机带碾磙或振动碾压实作业,宜采用进退错距法,碾迹搭压宽度应大于100mm;铲运机兼作压实机械时,宜采用轮迹排压法,轮迹应搭压轮宽的1/3;

4)机械碾压时应控制行车速度,以不超过下列规定为宜:平碾为2km/h,振动碾为2km/h,铲运机为2档。

(4)机械碾压不到的部位,应辅以夯具夯实,夯实时应采用连环套打法,夯迹双向套压,夯压夯1/3,行压行1/3;分段、分片夯实时,夯迹搭压宽度应不小于1/3夯径。

(5)砂砾料压实时,洒水量宜为填筑方量的20%～40%;中细砂压实的洒水量,宜按最优含水量控制;压实施工宜用履带式拖拉机带平碾、振动碾或气胎碾。

(四)防渗工程施工

1. 黏土防渗体施工

黏土防渗体施工时,可在清理过的无水基底上进行。黏土防渗体应与坡脚截水槽和堤身防渗体协同铺筑,并尽量减少接缝;分层铺筑时,上下层接缝应错开,每层厚以150～200mm为宜,层面间应刨毛、洒水;分段、分片施工时,相邻工作面搭接碾压应符合有关规定。

2. 土工膜防渗施工

土工膜防渗施工时,铺膜前应将膜下基面铲平,土工膜质量应检验合格。大幅土工膜拼接时,宜采用胶接法粘合或热元件法焊接,胶接法搭接宽度为50～70mm,热元件法焊接叠合宽度为10～15mm。施工时,应自下游侧开始,依次向上游侧平展铺设,以避免土工膜打皱。对于已铺土工膜上的破孔应及时粘补,粘贴膜大小应超出破孔边缘100～200mm;土工膜铺完后应及时铺保护层。

沥青混凝土和混凝土防渗施工,也应符合相关规定。

(五)反滤、排水工程施工

1. 反滤层施工

铺反滤层前,应将基面用挖除法整平,对个别低洼部分,应采用与基面相同土料或反滤层第一层滤料填平,并做好场地排水、设好样桩、备足反滤料。不同粒径组的反滤料层厚度必须符合设计要求。

铺筑应由底部向上按设计结构层要求逐层铺设,并保证层次清楚,互不混杂,不得从高处顺坡倾倒;分段铺筑时,应使接缝层次清楚,不得发生层间错位、缺断、混杂等现象。对于陡于1∶1的反滤层,施工时应采用挡板支护铺筑。已铺筑反滤层的工段,应及时铺筑上层堤料,严禁人车通行。下雪天应停止铺筑,雪后复工时,应严防冻土、冰块和积雪混入料内。

土工织物作反滤层、垫层、排水层,在铺设前应进行复验,质量必须合格,有扯裂、蠕变、老化的土工织物均不得使用。在土工织物上铺砂时，织物接头不宜用搭接法连接；长边宜顺河铺设，并应避免张拉受力、折叠、打皱等情况发生。土工织物层铺设完毕，应尽快铺设上一层堤料。

2. 排水工程施工

堆石排水体应按设计要求分层实施，施工时不得破坏反滤层，靠近反滤层处用较小石料铺设，堆石上下层面应避免产生水平通缝。

排水减压沟应在枯水期施工，沟的位置、断面和深度均应符合设计要求。排水减压井应严格按设计要求并参照有关规范的要求施工。钻井宜用清水固壁，并随时取样、绘制地质柱状图，钻完井孔要用清水洗井，经验收合格后安装井管，每口井均应建立施工技术档案。

（六）接缝、堤身与建筑物接合部施工

1. 接缝施工

土堤碾压施工，分段间有高差的连接或新老堤相接时，垂直堤轴线方向的各种接缝，应以斜面相接，坡度可采用 1∶3～1∶5，高差大时宜用缓坡。土堤与岩石岸坡相接时，岩坡削坡后不宜陡于 1∶0.75，严禁出现反坡。

2. 结合面施工

在土堤的斜坡结合面上填筑时，应随填筑面上升进行削坡，直削至质量合格层。削坡合格后，应控制好结合面土料的含水量，边刨毛、边铺土、边压实。垂直堤轴线的堤身接缝碾压时，应跨缝搭接碾压，其搭接宽度不小于 3.0m。

3. 与建筑物接合部位施工

土堤与刚性建筑物（涵闸、堤内埋管、混凝土防渗墙等）相接时，宜在建筑物强度达到设计强度 50%～70%的情况下，在建筑物周边回填土方。填土前，应将建筑物表面的乳皮、粉尘及油污等清除；对表面的外露铁件（如模板对销螺栓等）宜割除，必要时可对铁件残余露头用水泥砂浆覆盖保护。

填筑时，须先将建筑物表面湿润，边涂泥浆、边铺土、边夯实，涂浆高度应与铺土厚度一致，涂层厚宜为 3～5mm，并应与下部涂层衔接；严禁泥浆干固后再铺土、夯实。制备的泥浆应采用塑性指数大于 17 的黏土，泥浆的浓度为 1∶2.5～1∶3.0（土水重量比）。建筑物两侧填土，应保持均衡上升；贴边填筑宜用夯具夯实，铺土层厚度宜为 150～200mm。

四、防护工程施工

堤（岸）坡防护包括护脚、护坡、封顶三部分，一般施工时应先护脚、次护坡、后封顶。

（一）护脚施工

根据设计要求采用抛石、抛土袋、抛柴枕、抛石笼、混凝土沉井和土工织物软体沉排等方式护脚时，应根据护脚工程部位的实际情况，采取相应的措施。

1. 抛石护脚

石料尺寸和质量应符合设计要求；抛投时机宜在枯水期内选择；抛石前，应测量抛投区的水深、流速、断面形状等基本情况；必要时应通过试验掌握抛石位移规律；抛石应从最能控制险情的部位抛起，依次展开；船上抛石应准确定位，自下而上逐层抛投，并及时探测水下抛石坡度、厚度；水深流急时，应先用较大石块在护脚部位下游侧抛一石埂，然后再逐次向上游侧抛投。

2. 抛土袋护脚

装土(砂)编织袋布的孔径大小，应与土(砂)粒径相匹配；编织袋装土(砂)的充填度以70%～80%为宜，每袋重不应少于50kg，装土后封口绑扎应牢固；岸上抛投宜用滑板，使土袋准确入水叠压；船上抛投土(砂)袋，如水流流速过大，可将几个土袋捆绑抛投。

3. 抛石笼护脚

石笼大小视需要和抛投手段而定，石笼体积以1.0～2.5m^3为宜；应先从最能控制险情的部位抛起，依次扩展，并适时进行水下探测，坡度和厚度应符合设计要求；抛完后，须用大石块将笼与笼之间不严密处抛填补齐。

4. 混凝土沉井护脚

施工前应将质量合格的混凝土沉井运至现场；将沉井按设计要求在枯水时河滩面上准确定位；人工或机械挖除沉井内的河床介质，使沉井平稳沉至设计高程；向混凝土沉井中回填砂石料，填满后，顶面应以大石块盖护。

(二)护坡施工

护坡工程常见的结构形式有浆砌块石护坡、干砌块石护坡、混凝土板护坡、框架水泥土板护坡和模袋混凝土护坡等。

1. 砌石护坡

砌石护坡时，应按设计要求削坡，并铺好垫层或反滤层。干砌石护坡，应由低向高逐步铺砌，要嵌紧、整平，铺砌厚度应达到设计要求；浆砌石护坡，应做好排水孔的施工，并确保混凝土砂浆质量；灌砌石护坡，要确保混凝土的质量，并做好削坡和灌入振捣工作。

2. 模袋混凝土护坡

模袋混凝土护坡施工时，可先清除坡面杂物，并平整浇筑面。开挖模袋埋固沟后，即可将模袋从坡一往坡下铺放。充填模袋时，可用灌浆泵自下而上，按左、右、中灌入孔次序充填。充填约1小时后，清除模袋表面漏浆，设渗水孔管，回填埋固沟，并按规定要求养护。

3. 草皮护坡

草皮护坡应按设计要求选用适宜草种，铺植要均匀，草皮厚度不应小于30mm，并注意加强草皮养护，提高成活率。护堤林、防浪林应按设计选用林带宽度、树种和株、行距，适时栽种，保证成活率，并应做好消浪效果观测点的选择。

第二节　疏浚工程

疏浚主要是利用挖泥船等疏浚机械开挖水下土石方，以达到疏通河道、浚深港池和锚地水域等目的。

一、挖泥船

挖泥船是用以挖取水下泥沙及经过爆破或机械冲击形成的水下碎石，以达到疏浚目的的工程船，是主要的疏浚机械。常用于疏浚港口、航道、河道、开挖运河以及清除水下障碍等。

（一）挖泥船类型

根据航行方式的不同，挖泥船分为自航式挖泥船和非自航式挖泥船。按照挖泥机具所采用的不同动力，挖泥船又可分为机械式挖泥船、水力式挖泥船和气动式挖泥船3类。

（1）机械式挖泥船由机械传动机构带动挖掘机具完成泥沙的水下挖掘、提升和输送，主要有链斗式挖泥船、抓斗式挖泥船、铲扬式挖泥船等形式。

（2）水力式挖泥船是运用水的运动来完成疏浚任务，它将水下土层经过机械或水力切割破碎松动，将泥土与水混合形成泥浆，再由挖泥船上的泥泵通过吸泥管将其吸到泥舱或泥驳，或经输泥管输送到卸泥区，主要有绞吸式挖泥船、耙吸式挖泥船、吸扬式挖泥船等形式。

（3）气动式挖泥船是利用空气形成的压力差，将水下切割松动后的土层混合成泥浆并经管道吸出，主要有气动泵挖泥船和空气提升挖泥船等。

（二）链斗式挖泥船

链斗式挖泥船是利用顺序排列在挠性链条上的多个链斗连续挖取水下泥沙的机械式挖泥船，其挖泥机构由斗桥、斗链和泥斗构成，见图10-1。

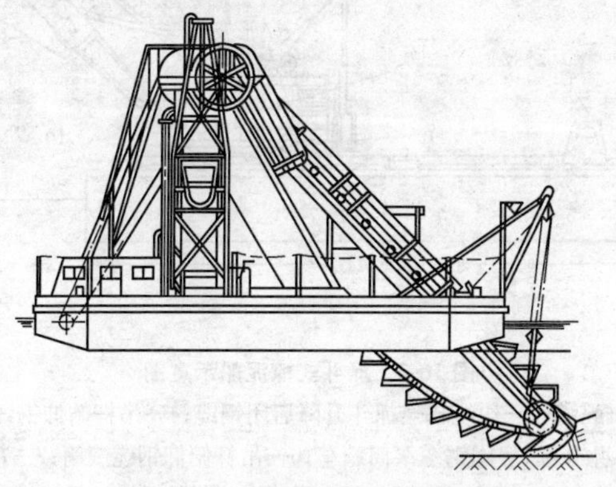

图10-1　链斗式挖泥船结构示意图

1. 工作原理

链斗式挖泥船的工作原理简单，由起升机构钢缆将斗桥前端落至水下挖泥位置，由上导轮驱动斗链连续运转，斗链上安装的各个泥斗随斗链转动而挖掘泥沙、提升、传送至斗桥上端的斗塔、翻转卸泥。泥斗卸出的泥沙经溜泥槽送出舷外或卸入舷旁的泥驳中。这一系列动作可连续循环进行，具有较高的生产率。

2. 挖泥作业

大多数的链斗式挖泥船安装有可改变链斗速度的装置，可在作业过程中自动改变斗速和切削力，以适应不同的土质。通过调节起升机构钢缆升降可调节挖深，也有的挖泥船采用伸缩式斗桥调节挖深。船体前进和左右移动分别依靠拖船的首锚和边锚绞车收放来完成。每次挖泥宽度一般在 60～100m。

3. 适用范围和施工特点

链斗式挖泥船的适用范围较广，能挖掘各种淤泥、黏土、砂和砂质黏土等，且其挖槽平整度好，开挖质量高，广泛适用于海港、河港、码头、航道、滩地等的清淤疏浚施工。缺点是振动大、噪声大、磨损大；在波浪较大时，船体颠簸剧烈，不能工作。

(三)抓斗式挖泥船

抓斗式挖泥船是机械挖泥船中最常见的一种形式，以吊杆和钢缆控制抓斗抓取水下土石。其挖泥系统由吊杆、抓斗、钢缆系统(包括升降钢缆、启闭钢缆、吊杆俯仰钢缆及其动力装置)、回转台等组成(图 10-2)。

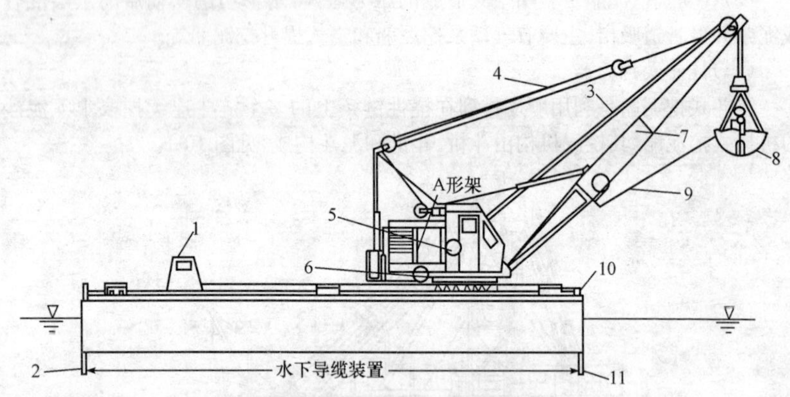

图 10-2　抓斗式挖泥船示意图

1—艉缆；2—边缆；3—抓斗升降启闭钢缆；4—吊杆俯仰钢缆；
5—抓斗升降、启闭钢缆滚筒绞车；6—吊杆俯仰钢缆滚筒；7—吊杆；
8—抓斗；9—抓斗稳定索；10—艏缆；11—边缆

抓斗挖泥船有非自航式和自航式2种，自航式一般均自带泥舱，泥舱满载后，自航至排泥区卸泥；非自航式则利用泥驳装泥和卸泥。挖泥船的斗容通用的，有0.5m^3、1.0m^3、2.0m^3 和 4.0m^3；较大的斗容有 8m^3、13m^3；最大的斗容已达30m^3，最大起重量达150t。

抓斗式挖泥船一般用于航道、港池及水下基础，工程的挖泥工作，以一个主锚和四个边锚定位挖泥。挖泥的宽度以抓斗的工作半径来决定，一般为8～10m。抓斗固定在升降钢缆的末端，挖泥时，将抓斗升至挖泥位置的水面上方，依靠抓斗自重冲入水中，打开的斗体插入水下泥土中，然后提升钢缆，关闭抓斗，抓取泥土。再通过升降钢缆提升抓斗至水面一定高度，并旋转吊杆至挖泥船舷旁的泥驳上方，放松启闭钢缆，打开抓斗，卸泥于泥驳中。抓斗再返回至挖泥点上方，完成一个作业循环，如此周而复始的作业。如欲改变挖掘半径，可通过收放俯仰钢缆的办法。

(四)铲扬式挖泥船

铲扬式挖泥船是利用回转式铲斗挖掘机挖掘水下泥沙，以达到疏浚目的的非自航式机械挖泥船，主要由铲斗、斗柄、变幅吊杆、主起升装置及回转台等组成。

铲扬式挖泥船的挖泥主体机构与陆用挖掘机的机构和工作原理基本相同。铲扬式挖泥船多为单斗式，铲斗的斗容根据工作要求的不同相差很大，最小的0.4m^3，最大可达20m^3 以上，一般斗容为2～4m^3，大型铲扬式挖泥船常用斗容为8m^3；最大挖深可达18～20m，驱动功率在3000kW以上。

铲扬式挖泥船具有较大的切削力，可直接挖掘抗压强度小于4～5MPa的胶结紧密的卵石、砾石、重黏土、砂质土、夹有大石块和其他异物的混合土，及经过破碎后的各种基岩或海洋中的岩状珊瑚礁，还可用于清理围堰，清除水下障碍物等。

(五)绞吸式挖泥船

绞吸式挖泥船是应用最为广泛的挖泥船之一，它是用绞刀绞切水下泥土，使之与水混合成泥浆，用离心式泥泵通过吸泥管吸出泥浆，以达到疏浚目的的水力式挖泥船。

绞吸式挖泥船一般由挖泥系统、吸扬系统、行走和定位系统、操作控制系统四部分组成，其中，挖泥系统包括绞刀、轴、桥架、绞刀吊架、绞刀回转及升降机构；吸扬系统包括吸泥管、泥泵和排泥管；而行走和定位系统则包括定位桩和工作绞车(或液压装置)。绞刀是绞吸式挖泥船的重要挖泥机具，其形式和性能的选择对挖泥效率有很大影响。常用的绞刀有开式、闭式和齿式3种；另有一种斗轮式绞刀，它综合了绞刀及链斗式挖泥船泥斗的优点，综合挖掘能力优于其他形式的绞刀。

绞吸式挖泥船一般为非自航式，多依靠设置在船体上的定位桩交替插入河底泥层中作为摆动中心，由左、右摆动缆的收放进行横向移动。挖泥时，由机械式绞刀绞切水下泥土，在绞刀回转的同时，将挖掘的泥土与水混合成泥浆，离心式泥泵产生一定的真空度，将泥浆由吸泥管吸出，通过浮式输泥管，送至岸上泥塘。在内河挖深一般为 4～8m,海港挖深一般为 8～30m。

绞吸式挖泥船输泥成本低,疏浚后的槽底比较平整,生产过程中停工时间少,生产率高,辅助机具少;缺点是可吸挖的土壤受到较大限制,水上浮管排泥,影响水上交通,所以不宜在船只往来频繁的航道和港区内使用。

(六)耙吸式挖泥船

耙吸式挖泥船适用于开挖水下淤泥、流沙、黏土等,挖泥能力强、效率高,广泛用于海港、河港清淤。耙吸式挖泥船在行走过程中,拖曳耙头挖取泥沙,同时将其混合成泥浆,通过耙臂(吸泥管)吸出,卸入本船储泥舱内,储泥舱满后行至抛泥区排泥。因工作方式的限制,耙吸式挖泥船多采用纵挖法。根据排泥方式的不同,施工方法可以分为溢流旁通法、边抛旁通法、装舱法和吹填法等。

耙吸式挖泥船主要有泥耙、泥泵、泥舱以及闸阀和管道系统等,见图 10-3。

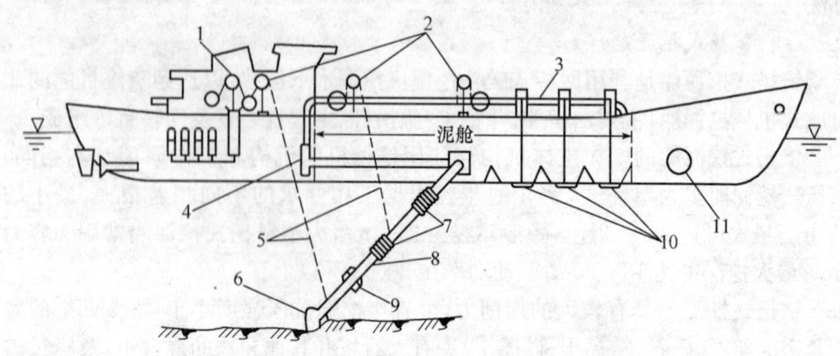

图 10-3　自航耙吸式挖泥船示意图

1—波浪补偿器;2—耙头提升吊架;3—按岸排泥管;4—泥泵;5—耙头起落钢缆;6—耙头;7—橡胶软管;8—吸泥管;9—万向节;10—泥门;11—船首横向推进器

(1)泥耙。泥耙由耙头和挠性吸泥管组成,按照泥耙的设置位置分为边耙、中耙、尾耙和混合耙 4 种类型。其中边耙形式的泥耙设置在挖泥船的两舷,耙臂为由橡胶软管连接起来的挠性管道,作为吸泥管,这种形式最为常用;中耙和尾耙型的耙头设置在船体的开槽处,采用刚性吸泥管;混合耙是指在同一挖泥船上同时设有边耙和中耙。耙头是耙吸式挖泥船直接挖松泥沙的机具,作用是松动泥沙,并将泥浆经吸泥管吸出。

(2)泥泵。泥泵属于低水头大流量离心泵,一般每 1 泥耙只设 1 台泥泵;双边耙挖泥船设 2 台泥泵,泥泵之间也可以串连。

(3)泥舱。泥舱是装载吸泥管排出的淤泥的舱体,一般位于挖泥船的中部或前部,其容量范围在 100～12000m³ 之间,常用舱容在 500～3500m³ 之间。

泥舱底部沿纵向排列有2行泥门，泥门从2扇到几十扇不等，可以单独开启也可同时操纵。由于受抛泥区水深的限制，泥门的形式除普通的铰链式外，还有滑门式(抽屉门式)或锥形活塞式。泥舱上部两侧有对称的溢流槽，可用以溢出上部低浓度泥浆，以增加泥舱的有效装载量。

二、施工设备调遣

施工设备调遣分为水上调遣和陆上调遣两种。

(一)水上调遣

施工船舶调遣前，应查勘调遣线路，制定调遣计划及安全措施，向当地港航监督部门提出申请，按照船舶设计使用说明书及有关部门规定进行封舱与船舶编队，落实调遣组织等准备工作。

施工船舶在内河长途调遣时，除应遵守港船监督部门有关规定外，对调遣线路，事先应作详细调查，除必须具有足够的航行尺度外，对沿途桥闸，电力、通信线路和水底电缆等跨河建筑物的净空及水位变化等尺寸，应取得可靠数据。施工船舶上的游动及可拆卸部件，应妥善置放或系牢。浮筒应分段组排，系牢后拖运。在被拖船舶上，应派有经验的船员值班，负责检查和联系。挖泥船上应备有抛锚设备，并能随时抛锚。机舱排水系统要保持完好。

施工船舶拖带编队时，船队的外围尺寸不得超过航道允许尺度，且应使航行的水流阻力最小。最大最坚固的船只应安排在队首，其余船只按大小顺序向后排列。当采用双排或多排一列式编队时，船队后面的宽度不得超过前面的宽度。船队内各船舶之间应联结牢固，横向缆绳必须拉紧，纵向缆绳应处于松弛状态。长距离拖带时，宜将挖泥船的绞刀桥架、泥斗桥放在与行驶方向相反的一面。海上调遣宜采用一列式吊拖方式；内河调遣宜采用吊拖、傍拖、顶推等方式。

(二)陆上调遣

小型挖泥船、辅助工程船舶、拼装式挖泥船、浮筒、排泥管以及索铲、推土机、铲运机等设备，当不具备水上调遣条件或经济上不合理时，可采用陆上调遣。陆上土方施工机械不宜作长距离自行转移。

在设备调遣前，应根据可拆卸设备的部件尺寸、重量及运输条件，选择合理的运输方式和工具，落实运输组织，制定运输计划，申请运输车辆。主要设备拆卸前，应按设计图纸绘制拆卸部件组装图。设备拆卸后，应核定组装件的尺寸及重量，并编号、登记、造册。对精密部件、仪表及传动部件，应按设备使用说明书规定，清洗加油，包扎装箱。

采用公路运输时，应对运输线路进行查勘，查明公路的等级、弯道半径、坡度、路面情况、桥涵承载等级和结构状况，以及所穿越的桥梁、隧道及架空设施的净空尺寸等，对不能满足大件运输要求的路段和设施，应采取切实可行的措施，并报请有关部门核准。设备装车系缚必须牢固、稳妥，载运途中应严格遵守交通运输部门的有关规定。

三、挖泥船施工

(一)施工标志的设立

1. 测量

施工前,应对勘测单位提供的测量控制点、水准点进行查对复核;对丢失的控制点、水准点应当补全,必要时应增设辅助导线。放样测站点的高程精度,不得低于五等水准测量精度的要求;疏浚放样点相对于测站点的点位误差不应超过表 10-3规定。

表 10-3　疏浚放样点位误差要求

序　号	项	目	平面位置误差(m)
1	疏浚开挖边线	岸边	±0.5
		水下	±1.0
2	各种管线安装		±0.5
3	挖槽中心线		±1.0
4	疏浚机械定位		±1.0

2. 标志

(1)挖槽设计位置应以明显标志显示,标志可采用标杆、浮标或灯标。纵向标志应设在挖槽中心线和设计上开口边线上;横向标志应设在挖槽起讫点、施工分界线及弯道处。平直河段每隔 50～100m 设立一组横向标志,弯道处应适当加密。

(2)在沿海、湖泊以及开阔水域施工时,各组标志应以不同形状的标牌相间设置。为便于夜间区分标志,同组标志上应安装颜色相同的单面发光灯,相邻组标志的灯光,应以不同的颜色区别。

(3)水下卸泥区应设置浮标、灯标或岸标等标志,指示卸泥范围和卸泥顺序。

(4)在挖泥区通往卸泥区、避风锚地的航道上,应设置临时性航标,指示航行路线。在水道狭窄、航行条件差、船舶转向特别困难时,应在转向区增设转向标志。

在施工船舶避风水域内,应设置泊位标,并在岸上埋设带缆桩或在水上设置系缆浮筒,以利船舶紧急停泊。

3. 设置水尺

在施工作业区内必须设置水尺。水尺应设置在便于观测、水流平稳、波浪影响最小和不易被船艇碰撞的地方,必要时应加设保护桩和避浪设备。

水尺间距应视水面比降、地形条件、水位变化及开挖质量要求而定,当水面比降小于1/10000时,宜每公里设置一组;当水面比降不小于 1/10000 时,宜每 0.5km 设置一组。水尺零点宜与挖槽设计底高程一致,施工水尺应满足五等水准精度要求。

(二)排泥管线的架设

排泥管线应平坦顺直,弯度力求平缓,避免死弯;出泥管口伸出围堰坡脚以外的度不宜小于5m,并应高出排泥面0.5m以上。排泥管支架必须牢固可靠,不得倾斜和摇动;水陆排泥管连接应采用柔性接头,以适应水位的变化。排泥管接头应紧固严密,整个管线和接头不得漏泥漏水。当排泥管线跨越通航河道或受气候、海况等条件限制不能使用水上浮筒管线进行疏浚或吹填作业时,可采用潜管。潜管宜在水流平稳、河槽稳定、河床横向变化平缓的水域内敷设。

(三)挖泥船定位施工

1. 挖泥船定位

(1)绞吸式挖泥船采用定位桩施工。在驶近挖槽起点20～30m时,航速应减至极慢,待船停稳后,应先测量水深,然后放下一个定位桩,并在船首抛设两个边锚,逐步将船位调整到挖槽中心线起点上,严禁在行进中落桩。绞吸式挖泥船的横移地锚必须牢固;逆流向施工时,横移地锚的超前角不宜大于30°,落后角不宜大于15°。

(2)抓斗、链斗、铲扬式挖泥船分别由锚缆、斗桥和定位桩定位。当挖泥船驶进挖槽时,其航速应减至极慢,顺流开挖时先抛尾锚;逆流开挖时先抛首锚;无强风强流时,可将斗桥、铲斗或抓斗下放至泥面,辅助船舶定位。

挖泥船抛锚时,宜先抛上风锚,后抛下风锚;收锚时,应先收下风锚,后收上风锚。斗式挖泥船施工抛锚时,主锚应抛在挖槽中心线上,顺流施工时,尾锚必须抛设,边锚可抛在挖泥船侧后方;逆流施工时,尾锚可不抛设,边锚则应抛在挖泥船侧前方。

2. 挖泥船开挖

(1)工作条件。挖泥船的工作条件,应根据船舶使用说明书和设备状况确定,一般可参照表10-4规定执行。当实际工作条件指标大于表列数值之一时,应停止施工。

表10-4　挖泥船工作条件限制表

船舶类型		风(级)		浪高(m)	流速(m/s)	雾级(级)
		内河	沿海			
绞吸式	$500m^3/h$以上	6	5	0.6	1.6	2
	$200\sim500m^3/h$	5	4	0.6	1.5	2
	$200m^3/h$以下	5		0.6	1.2	2
链斗式	$250m^3/h$及以上	6	6	1.0	2.5～3.0	2
	$250m^3/h$以下	5		0.8	1.8	2

续表

船舶类型		风(级)		浪高(m)	流速(m/s)	雾级(级)
		内河	沿海			
铲扬式	斗容 $4m^3$ 以上	6	5	0.6	3.0	2
	斗容 $4m^3$ 及以下	6	5	0.6	2.0	2
抓斗式	斗容 $4m^3$ 以上	6	5	0.8～1.0	3.0	2
	斗容 $4m^3$ 及以下	5	5	0.6	1.5	2
自航耙吸式		7	6	1.0	2.0	2
拖轮拖带泥驳	294kW 以上	6	5～6	0.8	1.5	4
	294kW 及以下	6		0.8	1.3	4

注:大中型湖泊参照“沿海”一栏规定采用。

(2)开挖方向。当流速小于0.5m/s时,绞吸式挖泥船宜采用顺流开挖;当流速不小于0.5m/s时,宜采用逆流开挖。链斗式挖泥船宜采用逆流开挖;而抓斗、铲扬式挖泥船宜采用顺流开挖。

(3)分层或分条开挖。挖泥船遇到下列情况,应按下列规定分层或分条开挖:

1)泥层厚度超过挖泥船一次最大挖泥厚度时,应分层开挖,上层宜厚,下层宜薄;

2)水面以上的土体高度不宜大于4m,否则应采取措施降低其高度,以策安全;

3)当挖槽断面方量较大,又确有需要提前发挥工程效益时,可分层或分条开挖,即先挖子槽使河道先通后畅;

4)当高潮位水深大于挖泥船最大挖深,而低潮位水深又小于挖泥船吃水时,可通过预测潮位具体安排施工时间和程序,即利用高潮位先挖上层,利用低潮位再挖下层,以保证设计挖深,减少停工时间和防止船舶搁浅;

5)当设计挖槽宽度大于挖泥船的最大挖宽时,应分条开挖。绞吸式挖泥船分条开挖时,为保持有一个相对稳定的排泥距离,宜从距排泥区远的一侧开始,依次由远到近分条开挖,条与条之间应重叠一个宽度,以免形成欠挖土埂。

四、索铲施工

对小型河道、渠道、建筑物基槽进行疏浚、开挖时,可用索铲施工。小型河渠开挖,可自一岸开挖或两岸对挖,一次成河。水上开挖弃土的土质和含水量适宜时,可直接用于筑堤。

(一)索铲行走线

施工前,必须修筑索铲行走线(工作路面)。索铲行走线应高出水面1.5m左右;行走线宽度,$1.0m^3$ 索铲应不小于7m,$4m^3$ 索铲(步行式)应不小于14m;索铲履带外缘(或支座底盘外缘)距开挖上口边线不小于 2m。行走线路面应力求平整,并具有足够的承载能力。行走线的承载力与土质和土的含水量密切相关,应通过试验确定。在雨期、汛期施工时,应经常检查行走线路面,当发现有塌陷迹象,应及时将索铲撤离工作面或采取防陷措施。

(二)索铲施工

索铲开挖前,必须修筑挡淤堤或预挖弃土坑。挡淤堤的高度应与弃土量相适应;中心线与索铲走行线间的距离,除满足弃土半径要求外,还应保证机身回转和卸泥时牵引绳不受影响。

施工时,索铲应采用顺水流方向开挖。扒杆轴线与索铲前进方向之夹角宜大于 90°,控制在 120°~150°之间;当走行线土质较差容易塌陷时,宜用大值控制。在开挖河道时,索铲宜布置在河滩地上,汛期施工时,必须注意防洪和索铲及时安全转移。索铲走行线在汛期有可能被洪水淹没的地段,可沿河堤每隔一段距离填筑防洪土台。

五、吹填施工

吹填法是将挖出的泥土利用泥泵输送到填土地点,以使泥土综合利用。吹填法处理疏浚泥土,不仅能使泥土综合利用,为国民经济多方面服务,而且避免了疏浚泥土回淤航道的可能性,特别是在某些河口地区,是一种较优的方案。

(一)排泥区

1. 排泥区容积

排泥区容积按下式计算

$$V_p = K_s \cdot V_\omega + (h_1 + h_2) A_p \qquad (10\text{-}1)$$

式中 V_p——排泥区容积,m^3;

K_s——土壤松散系数,由试验确定,无试验资料时,细粒土可取 1.10~1.25,粗粒土可取 1.05~1.20;

V_ω——挖方量,m^3;

h_1——沉淀富裕水深,可取 0.5m;

h_2——风浪超高,风浪不大时可取 0.5m;

A_p——排泥区面积,m^2。

2. 排泥区最小水深

链斗、铲扬、抓斗及耙吸式挖泥船施工,如配备泥驳排泥,排泥区的最小水深可按下式确定

$$h \geqslant h_1 + h_2 + h_3 + \delta \qquad (10\text{-}2)$$

式中 h——排泥区最小水深,m;

h_1——拖轮或自航泥驳的最大吃水深度,m;

h_2——泥门最大开启时低于航底以下的深度,m;

h_3——航行富裕水深,m,视土质而定:淤泥 $h_3 \geqslant 0.2$m;中等密实的砂 $h_3 \geqslant$

0.3m；坚硬或胶结土 $h_3 \geqslant 0.4$m；

δ——排泥区的堆泥厚度，m。

3. 排泥区布置

(1)陆上排泥区布置。陆上排泥区布置，应满足挖泥船输泥性能的要求，使设备处于最优效率工作状况，排泥区应充分利用坑洼、荒地，有利于造田，尽量少占耕地，并注意不打乱当地已有的排灌系统；其容积应与挖方量相适应。同时，排泥区内的积水应易于排除，流回河槽。

疏浚与吹填工程的排泥区应按工程目的和要求设计。对疏浚土应作为一种资源加以利用，如造田、填筑建筑物地基、用作建筑材料、加固堤防等，同时注意表层土的覆盖，以保护环境，防止污染。

(2)水下排泥区布置。水下排泥区布置，应选择在流速小、容积大及对挖槽、航道、码头、水工建筑物等不产生淤积水的水域。向内河、湖泊中排泥时，应利用非航道深潭及死河汊作为排泥区。排泥区的容积应与挖泥量相适应。此外，排泥区还要有足够的水深，满足拖轮最大吃水和泥驳在泥门开启时的水深要求。

(二)泄水口

吹填工程的泄水口不应少于两个，其位置应根据吹填区的几何形状、容量、排泥管布置以及对邻近建筑物和环境影响等具体情况选定，要避免泄水对施工区附近水域、桥涵、村镇等可能造成的淤积、冲刷和污染的影响。通常情况下，泄水口宜设在吹填区内泥浆不易流到的死角处，同时应远离排泥管出口和码头前沿。泄水口的结构应稳固、经济、易于维护，并能调节吹填区水位；小型吹填工程的泄水口还要易于拆迁，便于重复使用。

1. 泄水口数量

泄水口的数量。主要取决于泄水总流量和每个泄水口的泄水能力，其计算公式为

$$n \geqslant \frac{K_2 Q_{泄}}{Q_1} \tag{10-3}$$

$$Q_{泄} = K_1 Q(1-P) \tag{10-4}$$

式中　n——泄水口的数量；

$Q_{泄}$——泄水总流量，m^3/s；

Q——挖泥船排泥管排出的总流量，m^3/s；

Q_1——每个泄水口的泄流量，m^3/s；

P——吹填时的泥浆浓度，体积比，%；

K_1——修正系数，可取 1.1～1.3；

K_2——流量修正系数(考虑渗透、蒸发等影响)，可取 0.7～0.85。

2. 泄水口底部标高

确定泄水口底部标高时，应考虑吹填区原地面标高、吹填厚度及江、河、湖、

海、沟渠的各特征水位等因素。泄水入潮汐河港及感潮水域时，应保障在高潮延续时间内泄水通畅。无闸门控制的泄水口底部标高，应随吹填厚度的增加而抬高，每次向上抬高的高度应与吹填厚度相适应。

为减少吹填区的泥沙流失，排出水流的泥浆浓度应控制在挖泥船设计泥浆浓度的10%以内。

(三)吹填施工

1. 吹填细粒土

吹填细粒土时，应设置两个或两个以上排泥区，轮流交替吹填，必要时还应采取措施加速排水固结。

2. 吹填粗粒土

吹填粗粒土时，应尽量从陆域向水域吹填，避免在吹填区内形成洼坑水塘，同时，还应防止少量细粒土在吹填区内聚积成淤泥。通常，吹填区的泥面宜高出水面2～3m，以利排水。对于吹填区平整度要求较高的工程，应不断变更排泥管出口的位置。排泥管出口之间的距离宜根据土料的粗细控制在20～80m，如仍不能满足平整度要求，可配备陆上土方机械加以平整。

在超软地基上分层吹填时，第一层吹填高度宜高出最高水位0.5～1.0m左右，其后逐层加高，每层厚度宜控制在1.0m左右。

第十一章　水闸和渠系建筑物工程

第一节　水 闸 工 程

水闸是一种低水头建筑物，在水利水电工程中应用相当广泛，可用于完成灌溉、排涝、防洪、给水等多种任务，多建于河道、渠系及水库、湖泊岸边，尤其适合在平原河流上修建。

一、水闸的类型

水闸有多种类型，根据闸室的结构形式，可分为开敞式、胸墙式及涵洞式三种；根据水流过闸量的大小，也可将水闸分为大、中、小三种形式，一般，过闸流量在 $1000m^3/s$ 以上的为大型水闸；在 $100 \sim 1000m^3/s$ 之间的为中型水闸；小于 $100m^3/s$ 的为小型水闸。根据水闸在工程中承担的任务，也可作如下分类：

(1)节制闸。节制闸的主要任务是用于拦洪、调节水位或控制下泄流量，多修建在河道或渠道上。修建在河道上的节制闸，也称拦河闸。

(2)进水闸。也称取水闸，多修建在河道、水库或湖泊的岸边，用来控制引水流量。

(3)排水闸。多修建于江河沿岸，用来排除内河或低洼地区对农作物有害的渍水。

(4)分洪闸。多修建于有洪汛河道的一侧，用来将超过下游河道安全泄量的洪水泄入分洪道或滞洪区。

(5)挡潮闸。多修建在入海河口附近。涨潮时关闸，防止海水倒灌；退潮时开闸泄水，使水向海内泄流。具有双向挡水的功能。

此外，还有用于排除进水闸、节制闸前或渠道内沉积的泥砂的排沙闸，和为排除冰块、漂浮物等而设置的排冰闸、排污闸等。

二、水闸的组成

水闸一般由上游连接段、闸室段和下游连接段三部分组成，见图 11-1。

(一)上游连接段

水闸上游连接段主要包括两岸的翼墙、护坡和河床部分的铺盖，有时为保护河床免受冲刷加做防冲槽和护底。用以引导水流平顺地进入闸室，保护两岸及河床免遭冲刷，并与闸室等共同构成防渗地下轮廓，确保在渗流作用下两岸和闸基的抗渗稳定性。

1. 翼墙

水利水电工程中，常用的翼墙布置形式有曲线式、扭曲面式和斜降式等几种，见图 11-2。可根据地基条件，做成重力式、悬臂式、扶臂式或空箱式等形式。在松软地基上，为减少小边荷载对闸室底板的影响，在靠近边墩的一段用空箱式。如果水闸边墩不挡土，可不设翼墙，采用引桥与两岸相连，并在岸坡与引桥桥墩间设固定的挡水墙。

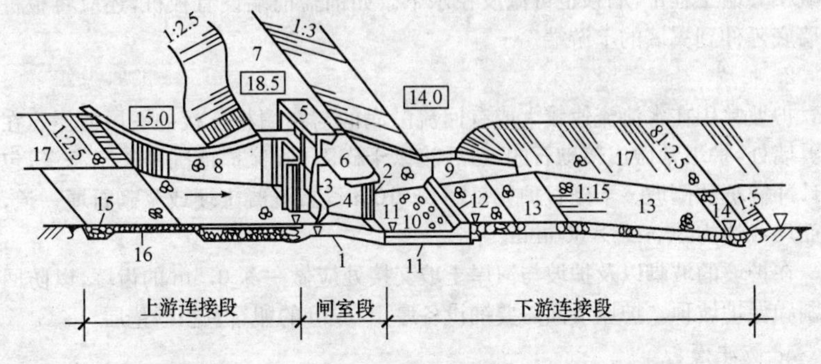

图 11-1　水闸组成

1—闸室底板；2—闸墩；3—胸墙；4—闸门；5—工作桥；6—交通桥；7—堤顶；8—上游翼墙；9—下游翼墙；10—护坦；11—排水孔；12—消力坎；13—海漫；14—下游防冲槽；15—上游防冲槽；16—上游护底；17—上、下游护坡

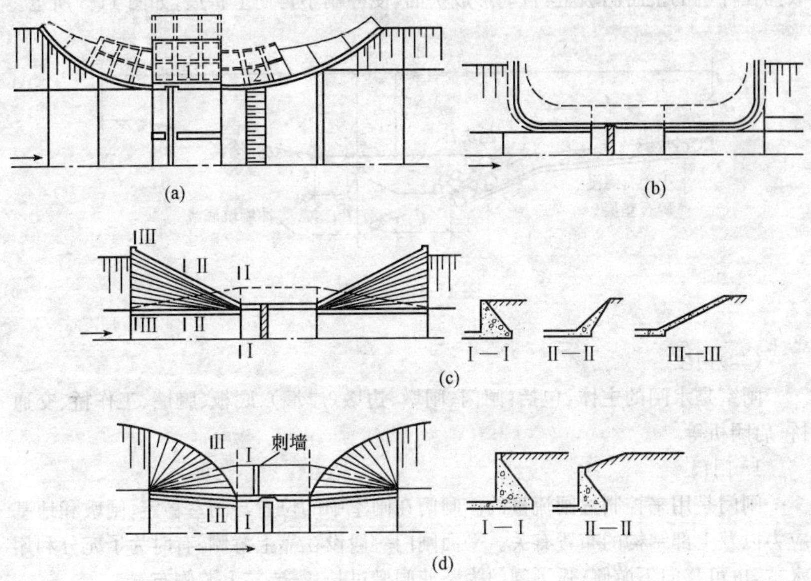

图 11-2　翼墙形式

(a)(b)曲线式；(c)扭曲面式；(d)斜降式

1—空箱岸墙；2—空箱翼墙

通常，上游翼墙的平面布置要与上游进水条件和防渗设施相协调，上端插入岸坡，墙顶要超出最高水位至少 0.5～1.0m。当泄洪过闸落差很小，流速不大时，为减小翼墙工程量，墙顶也可淹没在水下。如铺盖前端设有板桩，还应将板桩顺翼墙底延伸到翼墙的上游端。

2. 护坡

护坡常用在水流流速较大或有回流漩涡的与翼墙相连接的一段河岸。在靠近翼墙处，护坡常做成浆砌石的，然后接以干砌石的，保护范围稍长于海漫，包括预计冲刷坑的侧坡。干砌石护坡每隔 6～10m 设置混凝土埂或浆砌石埂一道，其断面尺寸约为 300mm×600mm。

在护坡的坡脚以及护坡与河岸土坡交接处应做一深 0.5m 的齿墙，以防回流淘刷和保护坡顶。护坡下面需要铺设各厚 100mm 的卵石及粗砂垫层。

3. 防冲槽

为保证安全和节省工程量，常在海漫末端设置防冲槽、防冲墙或采用其他加固设施。

在海漫末端预留足够的粒径大于 300mm 的石块。当水流冲刷河床时，冲刷坑向预计的深度逐渐发展，预留在海漫末端的石块将沿冲刷坑的斜坡陆续滚下，散铺在冲坑的上游斜坡上，自动形成护面，使冲刷不再向上扩展，如图 11-3 所示。

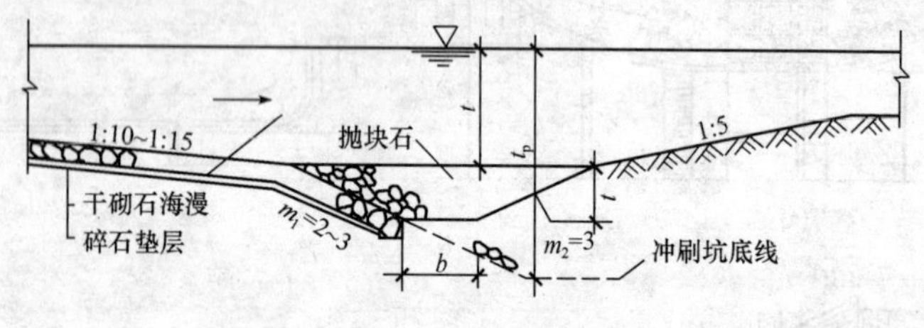

图 11-3　防冲槽

(二)闸室

闸室是水闸的主体，包括：闸门、闸墩、边墩（岸墙）、底板、胸墙、工作桥、交通桥、启闭机等。

1. 闸门

闸门是用来控制过闸流量的。闸门在闸室中的位置与闸室稳定、闸墩和地基应力以及上部结构的布置有关。平面闸门一般设在靠上游侧，有时为了充分利用水重，也可移向下游侧；弧形闸门为不使闸墩过长，需要靠上游侧布置。

平面闸门的门槽深度决定于闸门的支承形式，检修门槽与工作门槽之间应留有 1.0～3.0m 净距，以便检修。

2. 闸墩

闸墩是用来分隔闸孔和支承闸门、胸墙、工作桥和交通桥的。采用浆砌块石闸墩时，为保证墩头的外形轮廓，并加快施工进度，可采用预制构件。大、中型水闸因沉降缝常设在闸墩中间，故墩头多采用半圆形，有时也采用流线型闸墩。近年来，我国有些地区采用框架式闸墩。

3. 底板

底板是闸室的基础，用以将闸室上部结构的重量及荷载传至地基，并兼有防渗和防冲的作用。常用的闸室底板有水平底板和反拱底板两种类型。

为适应地基不均匀沉降和减小底板内的温度应力，常沿水流方向用横缝将闸室分成若干段，形成多孔水闸，每个闸段可分为单孔、两孔或三孔。如地基较好，相邻闸墩之间不致出现不均匀沉降的情况下，还可将横缝设在闸孔底板中间，如图 11-4 所示。

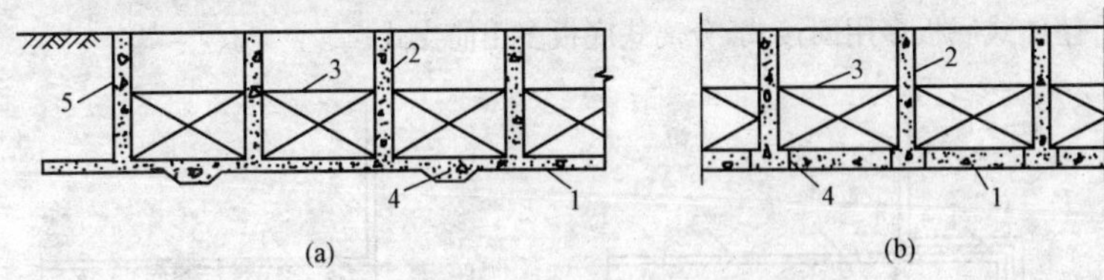

图 11-4　水平底板

1—底板；2—闸墩；3—闸门；4—横缝(温度沉降缝)；5—边墩

根据横缝的位置，可将底板分为整体式和分离式两种：

(1)整体式底板。整体式底板的横缝设在闸墩中间，闸墩与底板连在一起。整体式底板常用实心结构；当地基承载力较差，如只有 30～40kPa 左右时，则需考虑采用刚度大、重量轻的箱式底板。整体式底板闸孔两侧闸墩之间不会出现过大的不均匀沉降，对闸门启闭有利，用得较多。

(2)分离式底板。分离式底板多用在坚硬、紧密或中等坚硬、紧密的地基上。单孔底板上设双缝，将底板与闸墩分开，分离式底板闸室上部结构的重量将直接由闸墩或连同部分底板传给地基。底板可用混凝土或浆砌块石建造，当采用浆砌块石时，应在块石表面再浇一层厚约 150mm、强度等级为 C15 的混凝土或加筋混凝土，以使底板表面平整并具有良好的防冲性能。

4. 胸墙

(1)胸墙结构。胸墙一般有板式或梁板式等结构形式，如图 11-5 所示。通常，板式胸墙适用于跨度小于 5.0m 的水闸，墙板可做成上薄下厚的楔形板；梁板式胸墙适用于跨度大于 5.0m 的水闸，由顶梁、墙板和底板三部分组成。当胸墙高度大于 5.0m，且跨度较大时，可增设中梁及竖梁构成肋形结构。

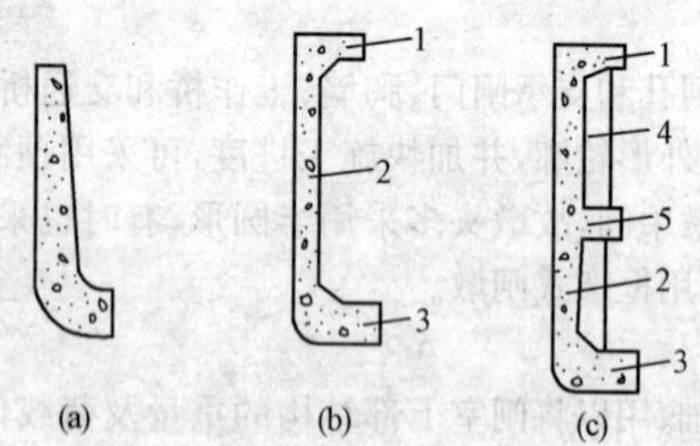

图 11-5 胸墙结构形式

a—楔形式；b—梁板式；c—肋形式

1—顶梁；2—墙板；3—底梁；4—竖梁；5—中梁

(2)胸墙支承形式。胸墙的支承形式分为简支式和固接式两种，如图 11-6 所示。整体式底板多用固接式，分离式底板多用简支式。

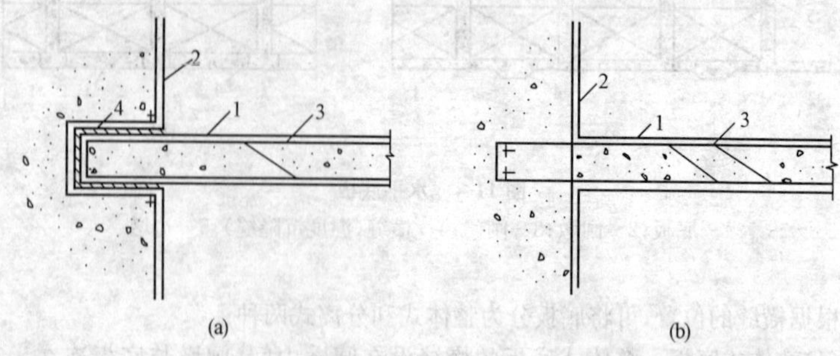

图 11-6 胸墙的支承形式

(a)简支式；(b)固接式

1—胸墙；2—闸墩；3—钢筋；4—涂沥青

简支胸墙与闸墩分开浇筑，缝间涂沥青；也可将预制墙体插入闸墩预留槽内，做成活动胸墙。固接式胸墙与闸墩同期浇筑，胸墙钢筋伸入闸墩内，形成刚性连接，截面尺寸较小，可以增强闸室的整体性，但受温度变化和闸墩变位影响，容易在胸墙支点附近的迎水面产生裂缝。

5. 交通桥及工作桥

交通桥和工作桥是用来安装启闭设备、操作闸门和联系两岸交通。一般，交通桥多设在水闸下游一侧，可采用板式、梁板式或拱形结构。为了安装闸门启闭机和便于操作管理，需要在闸墩上设置工作桥。小型水闸的工作桥一般采用板式结构；大、中型水闸多采用装配式梁板结构。

（三）下游连接段

下游连接段包括：护坦、海漫、防冲槽以及两岸的翼墙和护坡等，用以消除过闸水流的剩余能量，引导出闸水流均匀扩散，调整流速分布和减缓流速，防止水流出闸后对下游的冲刷。

海漫是设置在护坦后面的一种防冲加固设施、用以使水流均匀扩散，并将流速分布逐步调整到接近天然河道的水流形态。常用的海漫结构有干砌石海漫、浆砌石海漫、混凝土板海漫、钢丝石笼海漫及其他形式海漫。

海漫的起始段一般做成 5～10m 长的水平段，其顶面高程可与护坦齐平或在消力池尾坎顶以下 0.5m 左右。水平段后做成不陡于 1∶10 的斜坡，以便水流均匀扩散，以保护河床不受冲刷，见图 11-7。

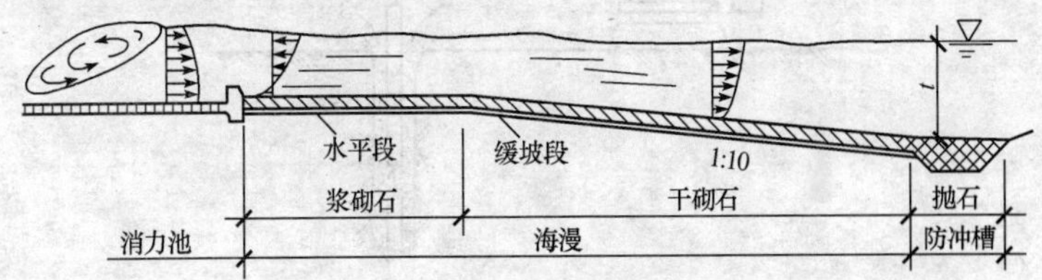

图 11-7　海漫布置及其流速分布示意图

三、水闸主体结构施工

一般大、中型水闸的闸室多为混凝土及钢筋混凝土工程，其施工原则是以闸室为主，岸翼墙为辅，穿插进行上下游连接段的施工。施工中，应遵循先深后浅、先高后低、先重后轻、相互间隔跳仓浇筑的原则。

（一）闸基开挖与处理

1. 闸基开挖

水闸地基多为软土地基，其施工方法与一般土方开挖相同，可选用人工挖运、推土机配合皮带机或斗车挖运、反向铲或铲运机挖运、正向铲开挖配合自卸汽车等。开挖时施工排水较困难，要注意尽量减少渗入基坑的水量，使边坡保持稳定。

2. 闸基处理

闸基处理比较复杂，常用的处理方法有换土法、排水法、振冲法、钻孔灌注法及旋喷法等。

(1)换土法。当软土层厚度不大时可全部挖除，换填砂土或重粉质壤土，分层夯实。施工时要注意排水，保证干地作业。

(2)排水法。通常采用砂井排水法。砂井直径一般为 300～500mm，井距为井径的 4～10 倍。打设砂井的方法很多，以水射法为最好。有时也可采用塑料板排水法，层中的固结渗流水通过滤膜渗入到沟槽内，并通过沟槽从顶部的排水砂垫层中排出。塑料排水板采用导管式震动插板机埋入地层。

(3)振冲法。振冲法是用振冲器在土层中振冲成孔,同时填以最大粒径不超过 50mm 的碎石(或砾石),形成碎(砾)石桩以达到加固地基的目的。振冲法所需主要机具有吊车或卷扬机、振冲器、供水泵、地面电器控制设备及排污设备等。边振边往孔内填料,每次填料厚度不大于 800mm。振密一段上提一段,如此分层填料与振实,即形成密实的桩柱(图 11-8)。

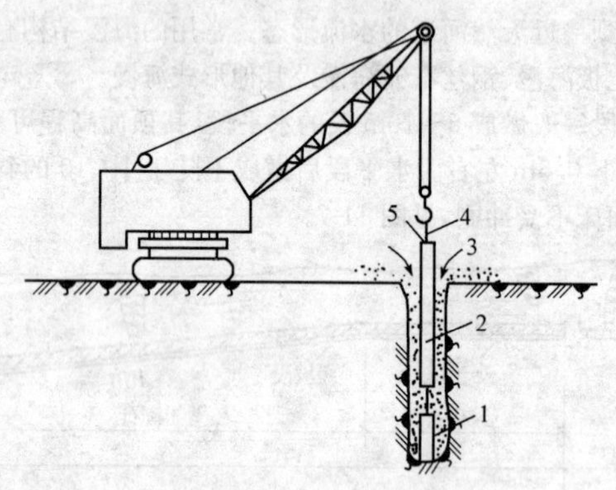

图 11-8 振冲法施工示意图

1—振冲器;2—吊杆;3—填料;4—高压水管;5—电源线

(4)钻孔灌注法。施工时用大锅锥或水冲法造孔,在孔中放入预制好的钢筋骨架,水下浇筑混凝土即成灌注桩;再连接各桩顶成一整体,作为建筑物的承台。桩基不仅解决了软基的承载力不足的问题,同时也增强了建筑物的抗滑稳定。

(二)浇筑块划分

混凝土水闸常由沉陷缝、温度缝分为许多结构块,施工时应尽量利用永久性接缝分块。若划分浇筑块面积太大,混凝土拌合运输能力或浇筑能力难以满足要求时,则可设置一些施工缝。

浇筑块的大小必须根据混凝土的生产能力、运输浇筑能力等,对浇筑块的体积、面积和高度等进行控制。

1. 浇筑块的面积

浇筑块的面积应能保证在混凝土浇筑中不发生冷缝,浇筑块的面积:

$$A \leqslant \frac{Qk(t-t_1)}{h} \tag{11-1}$$

式中 Q——浇筑仓面混凝土的实际生产能力,m^3/h;

A——浇筑块平面面积,m^2;

k——时间利用系数,可取 0.80～0.85;

t——混凝土的初凝时间,h;

t_1——混凝土的运输、浇筑所占的时间，h；

h——混凝土铺料厚度，m。

当采用斜层浇筑法时，浇筑块的面积可以不受限制。

2. 浇筑块的体积

浇筑块的体积不应大于混凝土拌合站的实际生产能力（当混凝土浇筑工作采用昼夜三班连续作业时，不受此限制），则浇筑块的体积：

$$V \leqslant Qm(m^3) \tag{11-2}$$

式中　m——系按一班或二班制施工时拌合站连续生产的时间，h。

3. 浇筑高度

浇筑块的高度可视建筑物结构尺寸、季节施工要求及架立模板情况而定。若每日不采用三班连续生产时，还要受混凝土浇筑相应时间的生产量的限制，即满足下式要求：

$$H \leqslant \frac{Qm}{A} \tag{11-3}$$

式中　H——浇筑块高度，m；

在划分筑块时，要考虑施工缝的位置。施工缝的位置和形式应在无害于结构的强度及外观的原则下设置。浇筑块的数量不宜过多，应尽可能少一些，以利于确保混凝土的质量和加快施工速度。

（三）底板施工

1. 平底板施工

水闸平底板浇筑时，一般采用逐层浇筑法；当底板厚度不大，拌合站的生产能力受到限制时，亦可采用斜层浇筑法。

(1)搭设脚手架。运输混凝土入仓前，必须在仓面上搭设纵横交错的脚手架。混凝土柱间距视脚手架横梁的跨度而定，柱顶高程应低于闸底板表面。底板立模如图 11-9 所示。

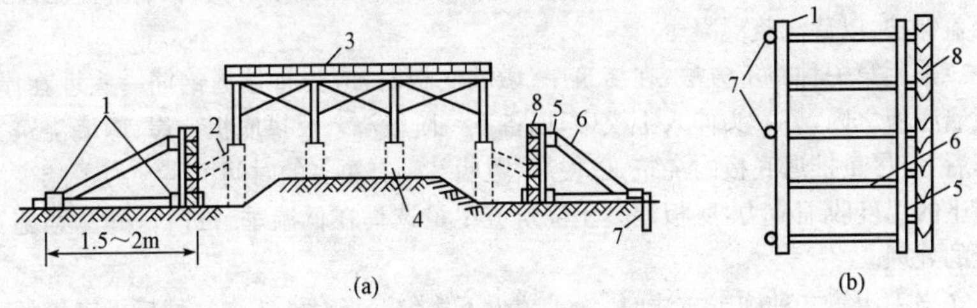

图 11-9　底板立模与仓面脚手

(a)剖面图；(b)模板平面

1—地龙木；2—内撑；3—仓面脚手；4—混凝土柱；

5—横围图木；6—斜撑；7—木桩；8—模板

(2)底板浇筑。底板混凝土浇筑时,一般应先浇上、下游齿墙,然后再从一端向另一端浇筑。

当底板混凝土方量较大,且底板顺水流长度在12m以内时,可安排两个作业组分层浇筑。首先两组同时浇筑下游齿墙;待齿墙浇平后,将第二组调至上游浇齿墙,此时第一组则从下游向上游浇第一坯混凝土。

当底板浇筑接近完成时,可将脚手架拆除,并立即把混凝土表面抹平,混凝土柱则埋入浇筑块内作为底板的一部分。

为了节省水泥,可在底板混凝土中埋入大块石,但要注意勿砸弯钢筋或使钢筋错位。抛块石时,最好在一定部位临时抽掉一些面层钢筋,采取固定位置抛块石,为了使块石埋入一定部位,可用滚动的办法就位。混凝土浇至接近面层钢筋位置时,应将原钢筋按设计要求复位。

2. 反拱底板施工

(1)施工方法。由于反拱底板对地基的不均匀沉陷反应较为敏感,故常采用以下两种施工方法:

1)先浇闸墩及岸墙后浇反拱底板。为了减少水闸各部分在自重作用下的不均匀沉陷,可将自重较大的闸墩岸墙等先行浇筑,并在控制基底不致产生塑性开展的条件下,尽快均衡上升到顶。对于岸墙还应考虑尽量将墙后还土夯填到顶,这样使闸墩岸墙预压沉实,然后再浇反拱底板,从而底板的受力状态得到改善。目前采用此法较多,对于黏性土或砂性土均可采用;

2)反拱底板与闸墩岸墙底板同时浇筑。此法适用于地基较好的水闸,虽对于反拱底板的受力状态不利,但保证了建筑的整体性,同时减少了施工工序,便于施工安排。对于缺少有效排水措施的砂性土地基,采用此法较为有利。

(2)施工要点。由于反拱底板采用土模,因此必须做好排水工作;尤其是砂土地基,不做好排水工作,拱模控制将很困难。挖模前,必须将基土夯实;放样时,要严格控制曲线。土模挖出后,应先铺一层100mm厚的砂浆,待其具有一定强度后加盖保护,以待浇筑混凝土。

采用第一种施工方法,在浇筑岸、墩墙底板时,应先将接缝钢筋一头埋在岸、墩墙底板之内,另一头伸入土模中,以备下一阶段浇入反拱底板。岸、墩墙浇筑完毕后,应尽量推迟底板的浇筑,以便岸、墩墙基础有更多的时间沉实。为了减少混凝土的温度收缩应力,底板混凝土浇筑应尽量选择在低温季节进行,并注意施工缝的处理。

当采用第二种施工方法时,为了减少不均匀沉降对整体浇筑的反拱底板的不利影响,可在拱脚处预留一缝。缝底设临时铁皮止水,缝顶设“假铰”,待大部分上部结构荷载施加以后,在低温期用二期混凝土封堵。

为了保证反拱底板的受力性能,在拱腔内浇筑的门槛、消力坎等构件,需在底板混凝土凝固后浇制二期混凝土,且不应使两者成为一个整体。

(四)闸墩施工

由于闸墩高度大、厚度小、门槽处钢筋密、预埋件多、闸墩相对位置要求严格，所以闸墩的立模与混凝土浇筑是施工的关键。

1. 闸墩模板安装

为使闸墩混凝土一次浇筑达到设计高程，闸墩模板不仅要有足够的强度而且要有足够的刚度。所以闸墩模板安装常采用“铁板螺栓、对拉撑木”的立模支撑方法。近年来，滑模施工技术日趋成熟，闸墩混凝土浇筑逐渐采用滑模施工。

(1)“铁板螺栓，对拉撑木”模板安装。

1)立模准备。立模前，应准备好两种固定模板的对销螺栓(见图 11-10)：一种是两端都绞丝的圆钢，直径可选用 12mm、16mm 或 19mm，长度大于闸墩厚度并视实际安装需要确定；另一种是一端绞丝，另一端焊接一块 5mm×40mm×400mm 扁铁的螺栓，扁铁上钻两个圆孔，以便固定在对拉撑木上。此外，还需准备好等于墩墙厚度的毛竹管或预制空心的混凝土撑头；

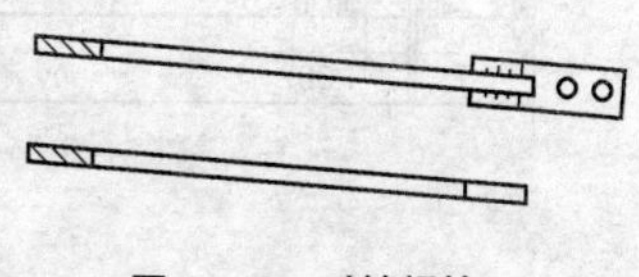

图 11-10 对销螺栓

2)立模工艺。

①闸墩立模时，其两侧模板要同时相对进行，先立平直模板，次立墩头模板。

②在闸底板上架立第一层模板时，上口必须保持水平；在闸墩两侧模板上，每隔 1m 左右钻与螺栓直径相应的圆孔，并于模板内侧对准圆孔撑以毛竹管或混凝土撑头，然后将螺栓穿入，且端头穿出横向双夹围囹见图 11-11 和竖直围囹木，然后用螺帽拧紧在竖直围囹木上。

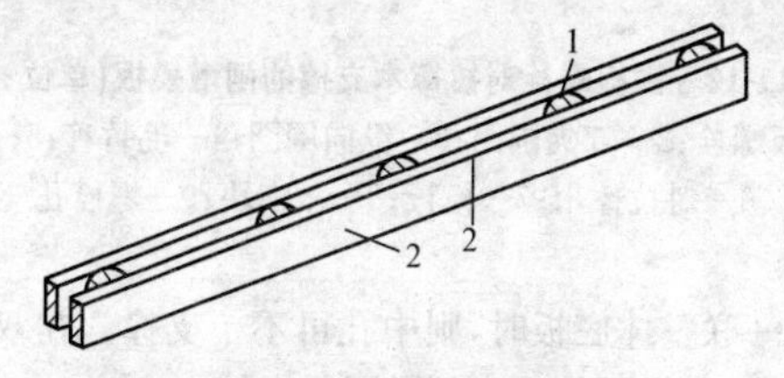

图 11-11 双夹围囹

1—每隔 1m 一块的 25mm 小木块；2—两块 50mm×150mm 的木板

③铁板螺栓带扁铁的一端与水平对拉撑木相接，与两端均绞丝的螺栓要相间布置。

④在对拉撑木与竖直围囹木之间要留有 100mm 空隙，以便用木楔校正对拉撑木的松紧度。

⑤对拉撑木是为了防止每孔闸墩模板的歪斜与变形。若闸墩不高，每隔二根对销螺栓放一根铁板螺栓，见图 11-12。

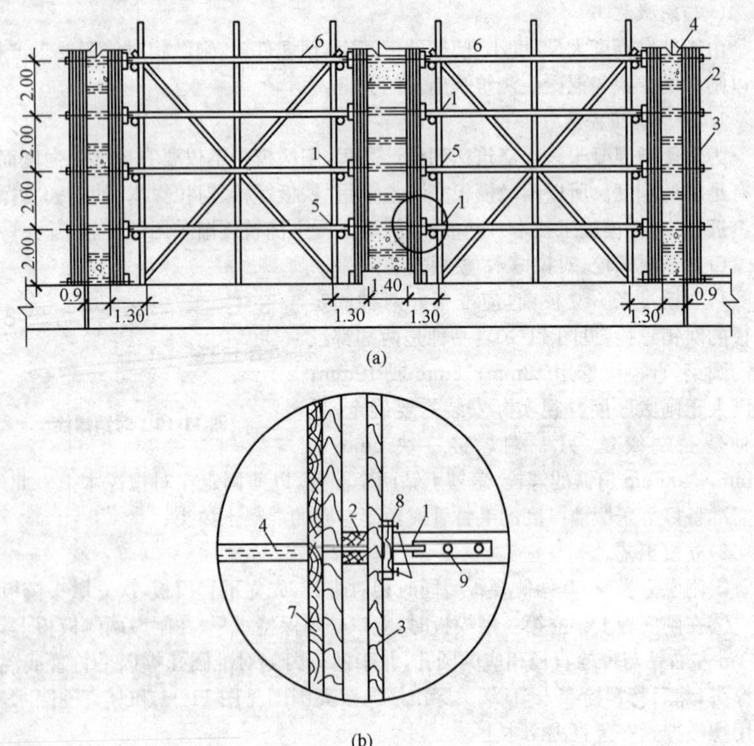

图 11-12　铁板螺栓对拉撑木支撑的闸墩模板(单位:m)

1—铁板螺栓;2—双夹围囹;3—纵向围囹;4—毛竹管;5—马钉;
6—对拉撑木;7—模板;8—木楔块;9—螺栓孔

当水闸为三孔一联整体底板时,则中孔可不予支撑。在双孔底板的闸墩上,则宜将两孔同时支撑,这样可使三个闸墩同时浇筑;

(2)翻模施工。钢模板在水利水电工程中得到广泛应用,施工人员依据滑模的施工特点,发展形成了用于闸墩施工的翻模施工法。

立模时一次至少立 3 层,当第二层模板内混凝土浇至腰箍下缘时,第一层模板内腰箍以下部分的混凝土须达到脱模强度(以 98kPa 为宜),这样便可拆掉第一层,架立第四层模板,并绑扎钢筋。以此类推,不断向上施工,既保持了混凝土浇筑的连续性,并避免产生次缝。

2. 混凝土浇筑

模板立好后,应进行清仓。通常,用压力水冲洗模板内侧和闸墩底面,使污水从底层模板上的预留孔排出。清仓完毕后堵塞小孔，即可进行混凝土浇筑。

闸墩混凝土浇筑时，应保持每块底板上的混凝土均衡上升，运送混凝土入仓时应很好地组织，使在同一时间运到同一底块各闸墩的混凝土量大致相同。为防止流态混凝土自 8～10m 高度下落时产生离析，常采用溜管运输，可每隔 2～3m 设置一组。

由于仓内工作面窄，浇捣人员走动困难，可把仓内浇筑面分划成几个区段，每区段内固定浇捣工人，这样可提高工效。每坯混凝土厚度可控制在 300mm 左右。小型水闸闸墩浇筑施工时，工人可在模板外侧，浇筑组织较为简单。

(五)止水设施施工

为了适应地基的不均匀沉降和伸缩变形，在水闸设计中均设置温度缝与沉陷缝，并常用沉陷缝代温度缝作用。缝有铅直和水平的两种，缝宽一般为 10～25mm。缝中填料及止水设施，在施工中应按设计要求确保质量。

1. 沉陷缝填料施工

沉陷缝的填充材料，常用的有沥青油毛毡、沥青杉木板及沥青芦席等多种。其安装方法有以下两种。

(1)将填充料用铁钉固定在模板内侧后再浇混凝土，这样拆模后填充材料即可贴在混凝土上，然后立沉陷缝的另一侧模板和浇混凝土，具体过程见图 11-13。如果沉陷缝两侧的结构需要同时浇灌，则沉陷缝的填充材料在安装时要竖立得平直，浇灌时沉陷缝两侧流态混凝土上升高度要一致。

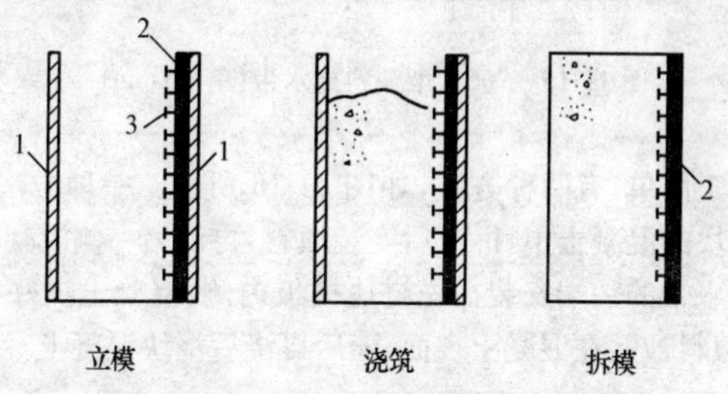

图 11-13　先装填料后浇混凝土的填料施工

1—模板；2—填料；3—铁钉

(2)先在缝的一侧立模浇混凝土，并在模板内侧预先钉好安装填充材料的长铁钉数排，并使铁钉的 1/3 留在混凝土外面，然后安装填料、敲弯铁尖，使填料固定在混凝土面上，再立另一侧模板和浇混凝土，具体过程见图 11-14。

若闸墩沉陷缝两侧的混凝土要同时浇筑，可借固定模板用的预制混凝土块和对销螺栓夹紧，使填充材料竖立平直，浇筑时混凝土上升要均衡。

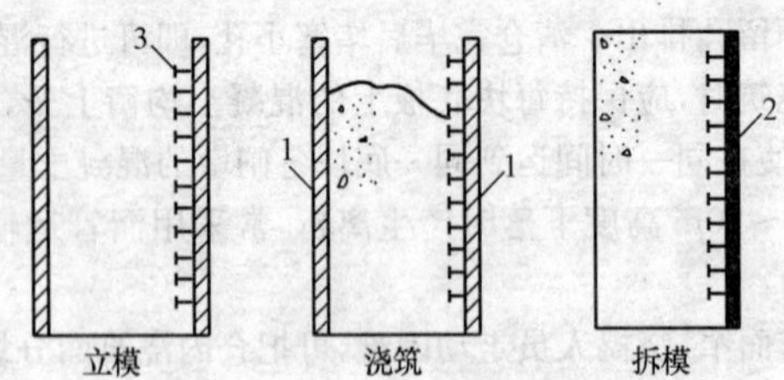

图 11-14　先浇混凝土后装填料的填料施工

1—模板；2—填料；3—铁钉

2. 止水施工

凡是位于防渗范围内的缝，都有止水设施。止水设施分垂直止水和水平止水两种。

(1)水平止水施工。水平止水大多利用塑料止水带或橡皮止水带，近年来广泛采用塑料止水带。塑料止水带止水性能好，抗拉强度高，韧性好，适应变形能力强，耐久且易黏结，价格便宜。国产"651"型塑料止水带如图 11-15 所示。其他还有 652 型、653 型、654 型等，形式大同小异，宽度分别为 180mm、230mm、350mm，可根据实际情况采用。

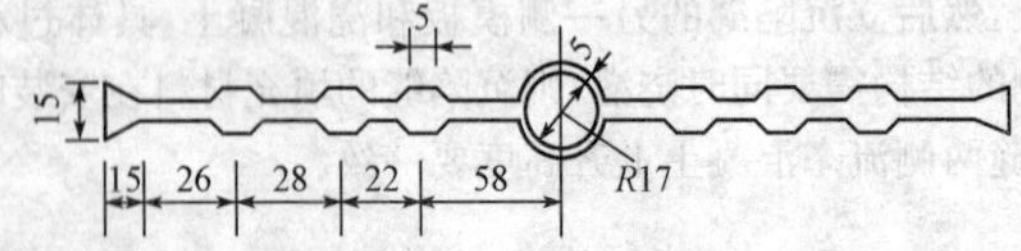

图 11-15　"651"型塑料止水带(单位：mm)

水平止水施工简单，有两种方法，如图 11-16 所示。一种方法是先将止水带的一端埋入先浇块的混凝土中，拆模后安装填料，再浇另一侧混凝土；另一种方法是先将填料及止水带的一端安装在先浇块模板内侧，混凝土浇好拆模后，止水带嵌入混凝土中，填料被贴在混凝土表面，随后再浇后浇块混凝土。

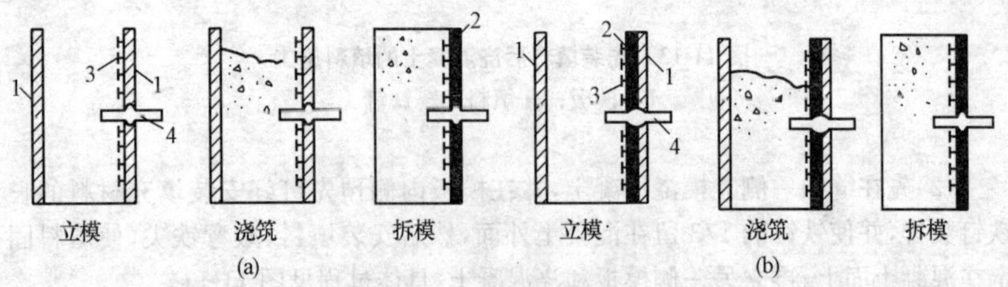

图 11-16　水平止水安装示意

(a)先浇混凝土后装填料；(b)先装填料后浇混凝土

1—模板；2—填料；3—铁钉；4—止水带

(2)垂直止水施工。垂直止水多用金属止水片,重要部分用紫铜片,一般可用铝片、镀锌或镀铜铁皮。重要结构要求止水片与沥青井联合使用,沥青井与垂直止水的施工过程如图 11-17 所示。

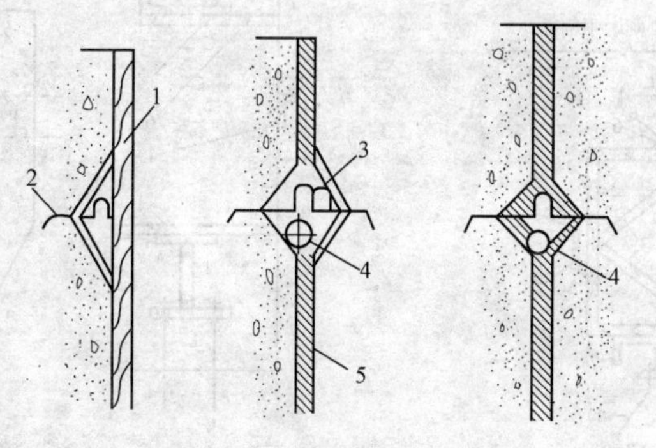

图 11-17　垂直止水施工过程示意

1—模板;2—金属止水片;3—预制混凝土块;
4—灌热沥青;5—填料

沥青井可采用预制混凝土块砌筑,用水泥砂浆胶结,每隔 2～3m 分为一段,与混凝土接触面应凿毛以利于结合。沥青要在后浇块浇筑前随预制块的接长分段灌注。井内灌注的沥青胶,可采用沥青∶水泥∶石棉粉为 2∶2∶1 的配合比。沥青的加热方式有蒸汽管加热和电加热两种,多采用电加热。

(六)门槽施工

1. 平板闸门门槽施工

采用平板闸门的水闸,闸墩部位都设有门槽,门槽部分的混凝土中埋有导轨等铁件,如滑动导轨,主轮、侧轮及反轮导轨、止水座等。这些铁件的埋设有以下两种方法:

(1)直接预埋、一次浇筑混凝土。在闸墩立模时,先将导轨等铁件直接预埋在模板内侧,如图 11-18 所示,施工时可一次浇筑成型。这种方法适用于小型水闸,在导轨较小时施工方便,且能保证质量。

施工中,要严格控制门槽垂直度。在立模及浇筑过程中应随时用垂球校核,发现偏斜时应及时予以调整。当门槽较高时,垂球易于晃动,可在垂球下部放一桶油,把垂球浸于黏度较大的油中。垂球应选用 0.5～1.0kg 的大垂球。

(2)留槽二次浇筑混凝土。中型以上水闸,在闸墩立模时,可在门槽部位留出大于门槽尺寸的凹槽,同时将导轨基础螺栓预埋在凹槽的模板上。这样,闸墩第一次浇筑拆模后,导轨基础螺栓即埋入混凝土中,如图 11-19 所示。

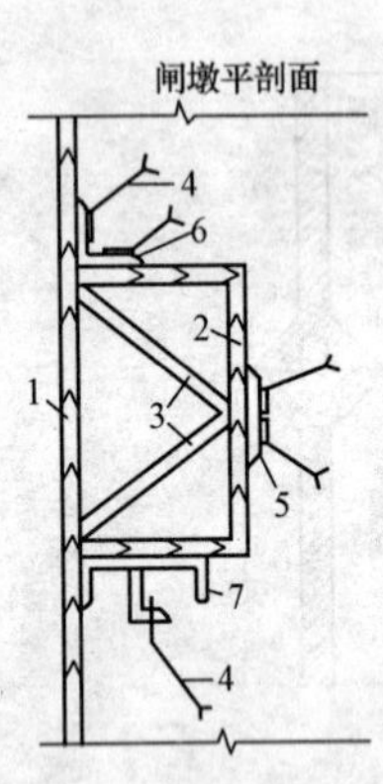

图 11-18　直接预埋、一次浇筑混凝土

1—闸墩模板；2—门槽模板；3—撑头；4—开脚螺栓；5—侧导轨；6—门槽角铁；7—滚轮导轨

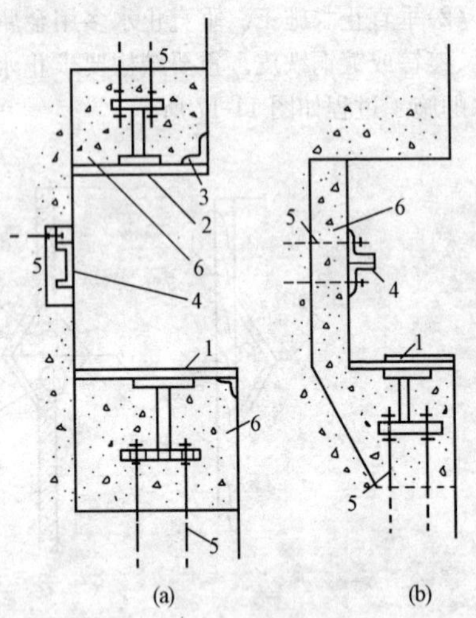

图 11-19　门槽二期混凝土

(a)平面滚轮闸门的门槽；(b)平面滑动闸门的门槽

1—主轮(或滑动)导轨；2—反轮导轨；3—侧水封座；4—侧导轨；5—预埋基础螺栓；6—二期混凝土

导轨安装前，应对基础螺栓进行校正。导轨安装过程中，应随时用垂球控制其垂直度。埋件安装检查合格后，宜立即浇筑二期混凝土；如间隔时间过长或遇有碰撞，应进行复测，合格后方可浇筑。

浇筑二期混凝土时，需用较细骨料的混凝土，振捣时要防止撞击埋件。当门槽较高时，可分段安装和浇筑。二期混凝土拆模后，应对门槽混凝土尺寸和埋件进行复测，并做好记录，同时清除杂物，避免影响闸门启闭。

2. 弧形闸门导轨安装

弧形闸门不设门槽，但因闸门两侧设置有转轮或滑块，故而也需进行导轨安装及二期混凝土施工。

在闸墩立模时，首先根据导轨的设计位置预留弧形凹槽，槽内埋设两排钢筋用于拆模后固定导轨。安装前应对预埋钢筋进行校正，并在预留槽两侧设立垂直于闸墩侧面并能控制导轨安装垂直度的若干对称控制点。安装时，将导轨分段与预埋钢筋焊接固定，并逐一校正设计坐标位置和垂直度，经检验合格后方可浇筑二期混凝土，如图 11-20 所示。

四、闸门和埋件安装

(一)埋件安装

预埋在一期混凝土中的锚栓与锚板，应按设计图样制造；土建施工单位在混凝土开仓浇筑之前应通知安装单位对预埋的锚栓或锚板位置进行检查、核对。埋件安装前，门槽中的模板等杂物必须清除干净。一、二期混凝土的结合面应全部凿毛，二期混凝土的断面尺寸及预埋锚栓或锚杆的位置应符合设计图纸要求。

平面闸门埋件安装时，其允许偏差应符合设计要求；弧门铰座的基础螺栓中心和设计中心的位置偏差应不大于 1.0mm，当弧门铰座钢梁单独安装时，钢梁中心的里程、高程和对孔口中心线距离的允许偏差为±1.5mm。铰座钢梁的倾斜（见图 11-21），按其水平投影尺寸 L 的偏差值来控制，要求 L 的偏差应不大于 $L/1000$。锥形铰座基础环的中心偏差和表面垂直度公差，均应不大于 1.0mm（如表面为非加工面，则垂直度公差为 2.0mm），其表面对孔口中心线距离的允许偏差为－1.0，＋2.0mm。

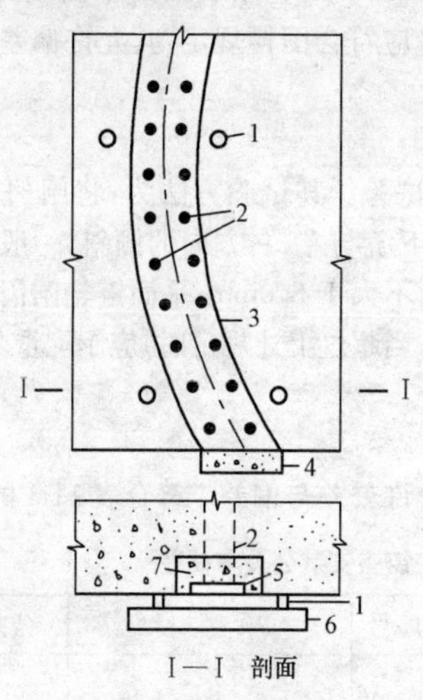

图 11-20　弧形闸门侧轨安装示意

1—垂直平面控制点；2—预埋钢筋；3—预留槽；
4—底坎；5—侧轨；6—样尺；7—门槽二期混凝土

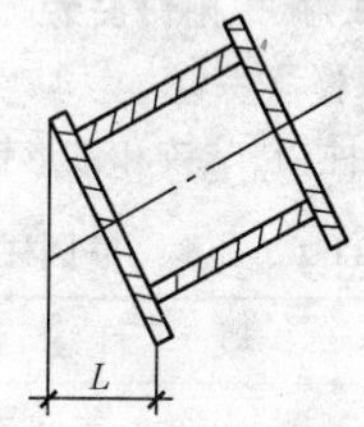

图 11-21　铰座钢梁的倾斜

埋件安装调整好后，应将调整螺栓与锚栓或锚板焊牢，确保埋件在浇筑二期混凝土过程中不发生变形或移位；若对埋件的加固另有要求时，应按设计图样要求予以加固。埋件安装完，经检查合格，应在 5～7d 内浇筑二期混凝土；如过期或有碰撞，应予复测。混凝土一次浇筑高度不宜超过 5.0m；浇筑时，应防止撞击，并采取措施捣实混凝土。

（二）平面闸门安装

平面闸门整体安装前，应对具各项尺寸进行复查。分节闸门组装成整体后，如节间采用螺栓连接时，则螺栓应均匀拧紧，节间橡皮的压缩量应符合设计要求；

如节间采用焊接时，应采取合格的焊接工艺进行焊接和检验。

1. 止水橡皮安装

(1)止水橡皮孔。止水橡皮的螺孔位置应与门叶或止水压板上的螺孔位置一致；孔径应比螺栓直径小1.0mm，并严禁烫孔，当均匀拧紧螺栓后其端部至少应低于止水橡皮自由表面8.0mm。

(2)止水橡皮特征。止水橡皮表面应光滑平直，不得盘折存放。其厚度允许偏差为±1.0mm，其余外形尺寸的允许偏差为设计尺寸的2%。

(3)止水橡皮安装。止水橡皮接头可采用生胶热压等方法胶合，胶合接头处不得有错位、凹凸不平和疏松现象。止水橡皮安装后，两侧止水中心距离和顶止水中心至底止水底缘距离的允许偏差±3.0mm，止水表面的平面度为2.0mm。闸门处于工作状态时，止水橡皮的压缩量应符合图样规定，其允许偏差为－1.0，＋2.0mm。

2. 静平衡试验

平面闸门安装完成后，应作静平衡试验。其试验方法为：将闸门吊离地面100mm，通过滚轮或滑道的中心测量上、下游与左、右方向的倾斜，一般单吊点平面闸门的倾斜不应超过门高的1/1000，且不大于8.0mm；平面链轮闸门的倾斜应不超过门高的1/1500，且不大于3.0mm；当超过上述规定时，应予配重。

(三)弧形闸门安装

1. 铰座安装

圆柱铰、球铰和锥形铰铰座安装的允许公差与偏差应符合表11-1的规定。

表11-1　　圆柱铰、球铰和锥形铰铰座安装公差与偏差　　(mm)

序号	项　　目	公差与偏差	序号	项　　目	公差与偏差
1	铰座中心对孔口中心线的距离	±1.5	4	铰座轴孔倾斜	1/1000
2	里　　程	±2.0	5	两铰座轴线的同轴度	2.0
3	高　　程	±2.0			

注：铰座轴孔倾斜系指任何方向的倾斜。

2. 弧门安装

(1)支臂两端的连接板和铰链、主梁组装焊接时，应采取措施减少变形，焊接后其组合面应接触良好。抗剪板应和连接板顶紧。

(2)铰轴中心至面板外缘的曲率半径 R 的允许偏差：露顶式弧门为±8.0mm，两侧相对差应不大于5.0mm；潜孔式弧门±4.0mm，两侧相对差应不大于3.00mm；采用突扩式门槽的高水头弧门(包括偏心铰弧门)为±3.0mm，其偏差应与门叶面板外弧的曲率半径偏差方向一致，侧止水座基面至弧门外弧面的间隙公差应不大于 3.0mm，同时两侧半径的相对差应不大于 1.5mm。

(四)人字闸门安装

1. 底枢装置安装

底枢装置(图 11-22)安装应符合下列规定：蘑菇头中心的允许偏差应不大于 2.0mm，高程允许偏差±3.0mm，左、右两蘑菇头标高相对差应不大于 2.0mm。底枢轴座的水平偏差应不大于 1/1000。

2. 顶枢装置

顶枢装置(图 11-23)安装应符合下列规定：

(1)顶枢埋件应根据门叶上顶枢轴座板的实际高程进行安装，拉杆两端的高差应不大于 1.0mm。两拉杆中心线的交点与顶枢中心应重合，其偏差应不大于 2.0mm。

(2)顶枢轴线与底枢轴线应在同一轴线上，其同轴度公差为 2.0mm。顶枢轴两座板要求同心，其倾斜度应不大于 1/1000。

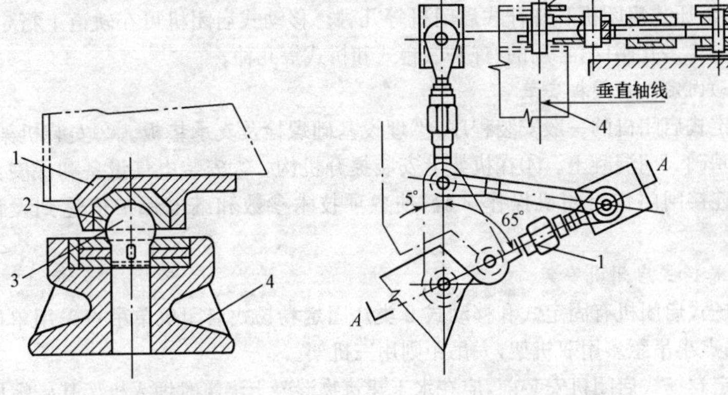

图 11-22　底枢装置

1—底枢顶盖；2—轴套；3—蘑菇头；4—底枢轴座

图 11-23　顶枢装置

1—拉杆；2—轴；3—座板；4—门叶

3. 支、枕座安装

支、枕座安装时，应以顶、底支座或枕座中心的连线检查中间支、枕座的中心线，其对称度公差应不大于 2.0mm，且与顶枢、底枢轴线的平行度公差应不大于 3.0mm。

支、枕垫块(图 11-24)调整后，不做止水的支、枕垫块间不应有大于 0.2mm 的连续间隙，局部间隙不大于 0.4mm；兼做止水的支、枕垫块间，应有不大于 0.15mm 的连续间隙，局部间隙不大于 0.3mm；间隙累计长度应不超过支、枕垫块长度的 10%。每对相接触的支、枕垫块中心线的对称度公差 C 应不大于 5.0mm。

支、枕垫块与支、枕座间浇筑填料时，如浇筑环氧垫料，环氧垫料的厚度应不小于20.0mm；如浇筑巴氏合金，则当支、枕垫块与支、枕座间的间隙小于7.0mm时，应将垫块和支、枕座均匀加热到200℃后方可浇筑，禁用氧－乙炔火焰加热。

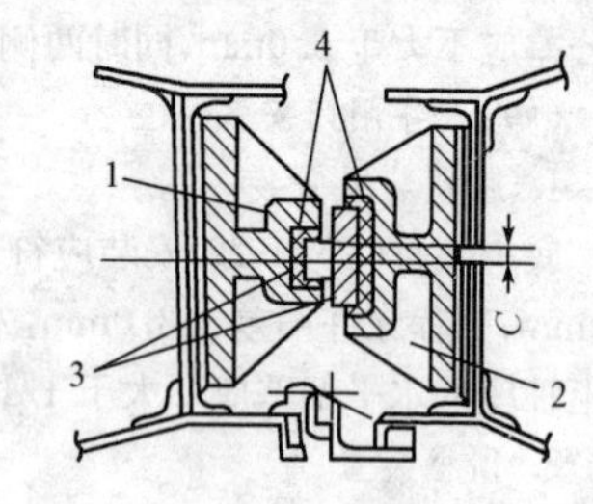

图11-24 支、枕座垫块

1—支座；2—枕座；3—垫块；4—填层

人字闸门安装后，单扇门叶底横梁在斜接柱一端的下垂值应不大于5.0mm。当单扇门叶全关、各项止水橡皮的压缩量为2.0～4.0mm时，门底的止水橡皮应与闸门底槛角钢的竖面均匀接触。

五、启闭机安装

闸门启闭机安装分固定式启闭机安装和移动式启闭机安装两类。固定式启闭机用于主要工作闸门和事故闸门，每扇闸门配备一台启闭机，常用的有卷扬式启闭机、液压式启闭机和螺杆式启闭机等几种。移动式启闭机可在轨道上行走，适用于操作多孔闸门，常用的有门式、台式和桥式等几种。

(一)固定式启闭机安装

固定式启闭机的一般安装程序：①埋设基础螺栓及支承垫板。②安装机架。③浇筑基础二期混凝土。④在机架上安装提升机构。⑤安装电气设备和保安元件。⑥连接闸门作启闭机操作试验，使各项技术参数和继电保护值达到设计要求。

1. 卷扬式启闭机安装

卷扬式启闭机有固定式和移动式2类。固定卷扬式启闭机单吊点采用单机架，双吊点小吊距多用双机架，大吊距则用三机架。

固定卷扬式启闭机安装前，应在水工建筑物混凝土浇筑时埋入机架基础螺栓和支承垫板，在支承垫板上放置调整用楔形板，然后安装机架。按闸门实际起吊中心线找正机架的中心、水平、高程，拧紧基础螺母，浇筑基础二期混凝土，并固定机架。最后，在机架上安装、调整传动装置，包括电动机、弹性联轴器、制动器、减速器、传动轴、齿轮联轴器、开式齿轮、轴承、卷筒等。

2. 螺杆启闭机安装

螺杆式启闭机是通过旋转螺母迫使螺杆带动闸门提升或下降的，在小型闸门上广泛使用。

(1)安装准备。安装前，应检查启闭机各传动轴、轴承及齿轮的转动灵活性和啮合情况，着重检查螺母螺纹的完整性。对螺杆螺母应进行全面检查，不得有损伤；螺纹配合应合适，螺杆应经过校直处理，每米弯曲超过0.2mm或有明显弯曲处可用压力机进行机械校直。

在螺杆外表面涂以润滑油脂，并将其拧入螺母，如无异状，可整体竖立，将它吊入机架或工作桥上就位，使螺杆保持垂直状态。

(2)安装工艺。螺杆式启闭机可利用机架或工作桥将其固定在闸门槽顶部，其基础中心位置应按闸门吊耳实际中心位置来调整，误差不大于3mm。对配有导向滑块的深孔闸门，还应严格控制螺杆和滑块槽的垂直度和运行轨迹。

对双吊点的螺杆式启闭机，当两侧螺杆找正后，安装中间同步轴，最后把机座固定；同步轴的轴线与两螺杆的轴线应在同一平面内并与螺杆轴线垂直。对电动螺杆式启闭机，安装电动机及其操作系统后应作电动操作试验及行程限位整定等。

3. 液压式启闭机安装

液压式启闭机分单向和双向两种。单向液压式启闭机活塞上升靠压力油推动，活塞下降是在油缸下腔卸压后靠闸门自重、水压力及下吸力快速降落，常用于进水口快速闸门；双向液压启闭机活塞的往复移动都靠压力油推动，通常用于需加压才能关闭的深孔闸门和水平移动的人字闸门。

(1)安装程序。液压式启闭机由机架、油缸、油泵、阀门、管路、电机和控制系统等组成，油缸拉杆下端与闸门吊耳铰接。其安装程序为：安装基础螺栓，浇筑混凝土；安装和调整机架；油缸吊装于机架上，调整固定；安装液压站与油路系统；滤油和充油；启闭机调试后与闸门联调。

(2)安装工艺。液压式启闭机通常由制造厂总装并试验合格后整体运到工地，若运输保管得当，且出厂不满1年，可直接进行整体安装，否则要在工地进行分解、清洗、检查、处理和重新装配。液压启闭机经常多台并列，由液压站集中提供压力油。当由两台液压启闭机共同启闭一扇双吊点闸门时，要严格调整其启闭速度与行程的同步以及自动纠偏装置。

(二)移动式启闭机安装

移动式启闭机安装在坝顶或尾水平台上，能沿轨道移动，用于启闭多台工作闸门和检修闸门。常用的移动式启闭机有门式、台式和桥式等几种。

1. 安装程序

移动式启闭机的一般安装程序：埋设轨道基础螺栓；安装行走轨道，并浇筑二期混凝土；在轨道上安装大车构架及行走台车；在大车梁上安装小车轨道、小车架、小车行走机构和提升机构，敷设电源电缆或滑触线；安装电气设备和保安元件；进行空载运行及负荷试验，使各项技术参数和继电保护值达到设计要求。

2. 安装工艺

(1)行走轨道安装。

移动式启闭机行走轨道均采取嵌入混凝土方式，先在一期混凝土中埋入基础调节螺栓，经位置校正后，安放下部调节螺母及垫板，然后逐根吊装轨道，调整轨道高程、中心、轨距及接头错位，再用上压板和夹紧螺母紧固，最后分段浇筑二期混凝土。

(2)门式移动启闭机安装。门式移动启闭机在已固定的轨道上安装，其步骤为：

1)按门架轮距在 2 条轨道上划出 4 条支腿行走车轮的安装控制线；将 4 组均衡台式车轮吊放到轨道安装位置控制线上，并找平、垫稳；

2)把已连接成整体的 2 根下端梁吊装到均衡台车架上，并用螺栓组合在一起。在 2 根下端梁内侧，用 2 根大的型钢临时点焊连成整体框架，使其稳定；

3)分别将 4 条门腿吊装在下端梁的两端，调整门腿垂直度，紧固组合螺栓；

4)把 2 根已连接的主梁吊装到 4 条门腿上端部进行组装；在 2 根主梁间吊装 2 根上端梁，使其成为完整的主体门架，并对整体门架进行全面测量和调整，使其各部分几何尺寸和装配误差达到规定要求，然后对各个组合接头进行正式铆接、焊接或螺栓连接；

5)门架全部安装完毕，若为双向门架，还需吊装双向门架行走小车，调整小车行走机构和提升机构；若为单向门架则在门架上直接吊装卷扬机。门架行走机构的传动装置安装，均以各自主动轮的开式齿轮或联轴器为基准，依次调整减速器、电动机、制动器的位置。

6)安装电气设备，并进行检验。

(3)其他启闭机安装。台式移动启闭机相当于一台无腿结构的单向门架，卷扬机直接安装在可移动的平台式结构上；桥式移动启闭机类似无门腿结构的双向门架，安装在较高的横梁轨道上，其安装方法与门式移动启闭机相似。

第二节　渠系建筑物施工

渠系建筑物是在渠道及其上修建的水工建筑物的统称。一般规模不大，但数量多，其总的工程量和造价在整个工程中所占比重较大。

一、渠道施工

渠道施工的特点是工程量大，施工路线长，场地分散，工作面宽，可以同时组织较多的劳力施工，但工种单一，技术要求较低，主要包括渠道开挖、渠堤填筑和渠道衬砌三部分。

(一)渠道开挖

渠道开挖的施工方法有人工开挖、机械开挖和爆破开挖等，具体采用什么开挖方法取决于技术条件、土壤种类、渠道纵断面和横断面尺寸以及地下水位等因素。

1. 人工开挖

在干地施工，应自中心向外分层开挖，先深后宽，边坡处可按边坡比挖成台阶状，待挖至设计要求时，再进行削坡。如有条件应尽可能做到挖填平衡；必须弃土时，应先规划堆土区，力争做到远挖近倒、近挖远倒、先平后高。开挖时，可根据土质、地下水和地形条件，分别采用不同的施工方法。

(1)龙沟一次到底法。龙沟一次到底法适用于开挖土质较好(如黏性土)、地下水来量小、总挖深 2～3m 的渠道。一次将龙沟开挖到设计高程以下 0.3～0.5m，然后由龙沟向左右扩大，如图 11-25 所示。其中，1～4 为龙沟开挖顺序，1 为排水沟。

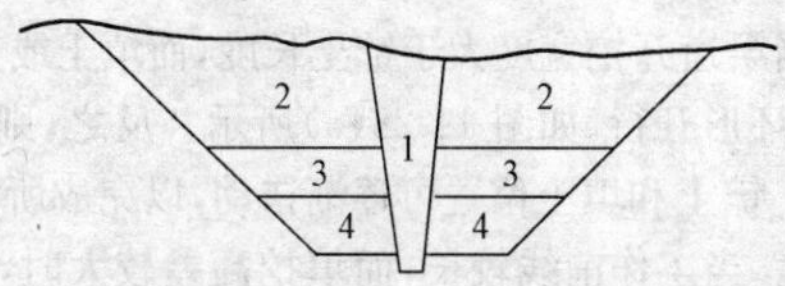

图 11-25　龙沟一次到底法示意

(2)分层开挖法。如开挖深度较深，龙沟一次开挖到底有困难时，可以根据实际施工条件分层开挖，如图 11-26 所示。其中(a)为中心龙沟法，适用于工期短、地下水来量小和平地开挖的工地，1～6 为开挖顺序，1、3、5 为排水沟渠；(b)为滚龙沟法，适用于开挖深度大、土质差、地下水量大，可以双面出土的工地，1～8 为开挖顺序，1、3、5、7 为排水沟渠。

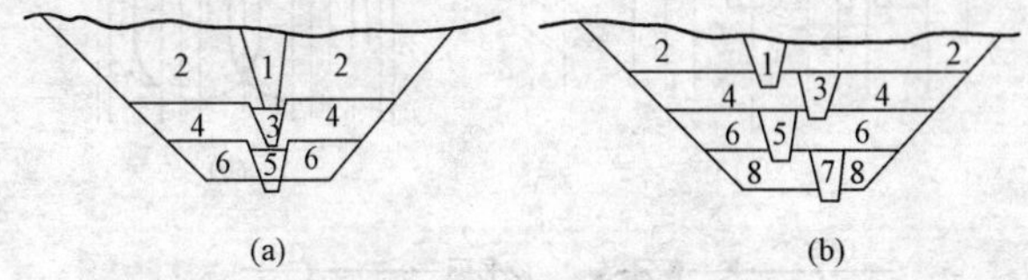

图 11-26　分层开挖法示意

(a)中心龙沟法；(b)滚龙沟法

开挖渠道如一次开挖成坡，将影响开挖进度，因此，一般先按设计坡度要求挖成台阶状，其高宽比按设计坡度要求开挖，最后进行削坡。

2. 机械开挖

(1)推土机开挖渠道。采用推土机开挖渠道，其深度一般不宜超过 1.5～2.0m，填筑渠道高度不宜超过 2.0～3.0m，其边坡不宜陡于 1∶2(图 11-27)。在渠道施工中，推土机还可以平整渠底、清除植土层、修整边坡、压实渠道等。

(2)铲运机开挖渠道。半挖半填渠道或全挖方渠道就近弃土时，采用铲运机开挖最为有利。需要在纵向调配土方的渠道，如运距不远，也可用铲运机开挖。铲运机开挖渠道的开行方式有环形开行和“8”字形开行两种。

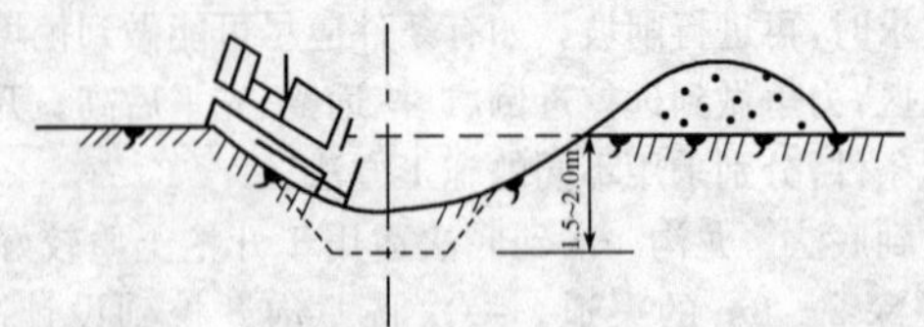

图 11-27　推土机开挖渠道

1)环形开行。当渠道开挖宽度大于铲土长度,而填土或弃土宽度又大于卸土长度时,可采用横向环形开行,如图 11-28(a)所示。反之,则采用纵向环形开行,中图 11-28(b)所示。铲土和填土位置可逐渐错动,以完成所需要的断面。

2)“8”字形开行。当工作前线较长,而填挖高差较大时,则应采用“8”字形开行[如图 11-28(c)所示]。其进口坡道与挖方轴线间的夹角以 40°～60°为宜,夹角过大则载重较大的车转弯不便,夹角过小则加大运距。

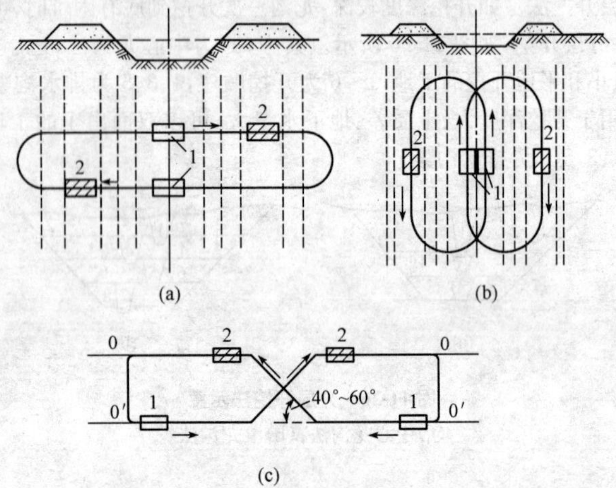

图 11-28　铲运机的开行路线示意

(a)横向环形开行;(b)纵向环形开行;(c)“8”字形开行

1—铲土;2—填土;0—0—填方轴线;0′—0′—挖方轴线

采用铲运机工作时,应本着挖近填远、挖远填近的原则施工,即铲土时先从填土区最近的一端开始,先近后远;填土则从铲土区最远的一端开始,先远后近,依次进行。

(3)反向挖掘机开挖渠道。当渠道开挖较深时,采用反向挖掘机开挖是较为理想的选择。该方案有方便快捷、生产率高的特点，在生产实践中应用相当广泛，其布置方式有沟端开挖和沟侧开挖两种。

3. 爆破开挖

对于开挖岩基渠道和盘山渠道，宜采用爆破开挖法。其开挖程序是先挖平台再挖槽。一般采用抛掷爆破开挖平台，尽量将待开挖土体抛向预定地方，形成理想的平台。挖槽爆破时，先采用预裂爆破或预留保护层，再采取浅孔小炮或人工清边清底。

(二)渠堤填筑

1. 填筑材料

渠堤填筑用土料，一般以黏土略含砂质为宜。土料中不得掺有杂质，并应保持一定的含水量，以利于压实，如果采用几种透水性不同的土料，可将透水性较小的土料填筑在迎水坡，透水性大的土料填筑在背水坡。

2. 填筑工艺

铺土前应先清理地基，将基面略加平整，然后进行刨毛。填筑取土宜采用先远后近的原则，并留有斜坡以便于运土。对于半填半挖渠道应尽量利用挖方筑堤。只有在土料不足或土质不适用时，才在取土坑取土。取土坑与堤脚应保持一定距离，挖土深度不宜超过 2m，且中间应留有土埂。铺土厚度一般为 200～300mm，并应铺平铺匀。每层铺土宽度应略大于设计宽度，以免削坡后断面不足。填筑高度一般应预加 5％的沉陷量。堤预应做成坡度为 2％～5％的坡面，以利于排水。

3. 渠堤夯实

填筑完成后，即可对渠堤进行夯实处理。通常，对于小型渠道土堤可采用人力夯和蛙式夯击机夯实；对于砂卵石填堤，在水源充沛时可用水力夯实，否则可选用轮胎碾或振动碾。例如，在四川某工程的砂卵石填筑中，即采用轮胎式装载机进行碾压夯实。

(三)渠道衬护

渠道衬护是渠道施工的重要组成部分，其目的是防止渗漏，保护渠基不风化，减小糙率，美化建筑物。

常见的渠道衬护的类型有灰土、砌石、混凝土、沥青材料及塑料薄膜等。在选择渠道的衬护类型时，应充分考虑渠道的防渗效果、衬护材料、渠道的抗渗和抗冲能力、造价成本、管理养护及维修费用等多方面的因素。

1. 砌石衬护

在砂砾石地区，坡度大、渗漏性强的渠道多采用浆砌卵石衬护。它是一种较为经济的抗冲防渗措施，一般可减少渗漏量的 80％～90％，同时，还具有较高的抗磨能力和抗冻性。

施工时，应先按设计要求铺设垫层，然后再砌卵石。砌卵石的基本要求是使卵石的长边垂直于边坡或渠底，并砌紧、砌平，错缝坐落在垫层上，如图 11-29 所示。渠底卵石缝应垂直于水流主向，以便取得较好的抗冲效果。不论是渠底还是渠坡，砌石缝面必须用水泥砂浆勾缝，以保证施工质量。

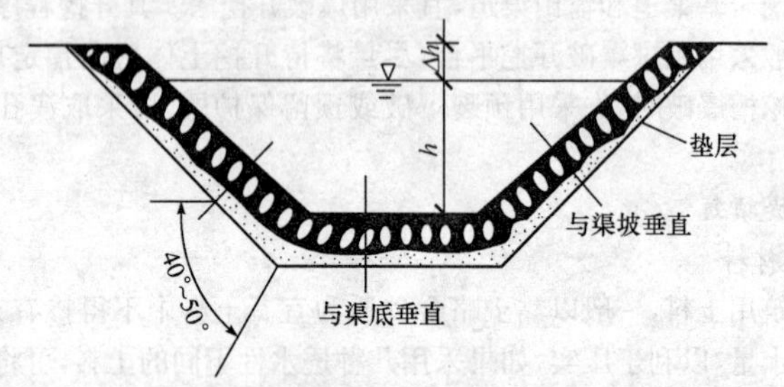

图 11-29　浆砌卵石渠道衬砌示意

为了防止砌面被局部冲毁并不断扩大，每隔 10～20m 用较大的卵石砌一道隔墙。渠坡隔墙可砌成平直形；渠底隔墙可砌成拱形，其拱顶迎向水流方向，以加强抗冲能力。隔墙深度可根据渠道可能冲刷深度确定。

2. 混凝土衬护

混凝土衬护的防渗效果较好，一般能减少 90%以上的渗漏量，且耐久性强、糙率小、强度高、便于管理、适应性强，所以成为一种广泛采用的衬护方法。

(1)混凝土衬护类型。目前，渠道混凝土衬砌多采用板型结构，常见的有素混凝土板和钢筋混凝土板；小型渠道有时也采用槽型结构。素混凝土板常用于水文地质条件较好的渠段；钢筋混凝土板则用于地质条件较差和防渗要求较高的重要渠道。钢筋混凝土板按其截面形状的不同，又有矩形板、楔形板、肋梁板等不同类型。矩形板适用于无冻胀地区的各种渠道；楔形板、肋梁板多用于冻胀地区的各种渠道。

(2)混凝土衬砌浇筑。大型渠道的混凝土衬砌多为就地浇筑。装配式混凝土衬砌是在预制场制作混凝土板，再运至现场安装和灌筑填缝材料。由于装配式衬砌的接缝较多，防渗、抗冻性能差，一般仅在中、小型渠道中采用。

1)渠道在开挖和压实处理以后，先设置排水，铺设垫层，然后再浇筑。渠底跳仓浇筑，但也有依次连续浇筑的。渠坡分块浇筑时，先立两侧模板，然后随混凝土的升高，边浇筑边安设表面模板；如渠坡较缓，用表面振动器振实混凝土时，则可不安设表面模板。在浇筑中间块时，应按伸缩缝宽度设立两边的缝子板；缝子板在混凝土凝固后拆除，以便灌浇沥青等填缝材料；

2)装配式衬砌施工时，制板的尺寸应与起吊运输设备的能力相适应。装配式衬砌预制板的施工受气候影响条件较小；在已运用的渠道上施工，可减少施工与放水间的矛盾。

3. 沥青材料衬护

沥青材料渠道衬护有沥青薄膜和沥青混凝土两类。

(1)沥青薄膜衬护。按施工方法,沥青薄膜类防渗可分为现场浇筑和装配式两种,现场浇筑又可分为喷洒沥青和沥青砂浆两种。

1)喷洒沥青。现场喷洒沥青薄膜施工,首先要将渠床整平、压实,并洒水少许;然后将温度为200℃的软化沥青,在354kPa压力下用喷洒机具均匀地喷洒。沥青层应在两层以上,其厚度一般为6～7mm。各层之间应结合良好。

喷洒沥青薄膜后,应及时进行质量检查和修补工作,并在薄膜表面铺设保护层。一般素土保护层厚度,小型渠道为100～300mm,大型渠道为300～500mm。渠道内坡以不陡于1∶1.75为宜,以免保护层产生滑动。

2)沥青砂浆。沥青砂浆防渗多用于渠底。施工时,将沥青和砂分别加热后再进行拌合。拌合好后的沥青砂浆应保持在160～180℃,随后即可现场铺摊,并用大方铣反复烫压,直至出油。砂浆出油后,即可铺筑保护层。

(2)沥青混凝土衬护。沥青混凝土衬护可分为现场铺筑和预制安装两种施工方法。预制安装多采用矩形预制板。安装时,应将接缝错开;顺水流方向,不应留有通缝;接缝处应处理好,表面应平整。现场铺筑与沥青混凝土面板施工较为相似。

二、渡槽施工

渡槽是一种跨越性的输水建筑物,它是渠道与山谷、河流、道路相交时,为连接渠道而设置的一种过水桥,由进口段、槽身、出口段及支承结构等部分组成。按施工方式可分为装配式渡槽和现浇式渡槽两种。

(一)装配式渡槽施工

装配式渡槽施工包括预制和吊装两个施工过程。它与现浇式渡槽相比,有简化施工、缩短工期、提高质量、减轻劳动强度、节约钢木材、降低工程造价等优点。

1. 构件预制

(1)排架的预制。排架是渡槽的支承构件,为便于吊装,一般在就近槽址的场地预制。可采用地面立模和砖土胎模施工。

1)地面立模。在平坦夯实的地面上,按排架形状放样定位,用配比为1∶3∶8的水泥黏土砂浆抹面厚约5～10mm,压抹光滑作为底模。立上侧模后,涂刷隔离剂,再安放好事先绑扎好的钢筋骨架,即可浇筑混凝土。拆模后,当强度达到70%时,即可移出存放,以便重复利用场地;

2)砖土胎膜。其底模和侧模采用砌砖或夯实土做成,与构件的接触面用水泥黏土砂浆抹面,并涂上脱模剂,即可绑扎钢筋浇制构件。用夯土制作的土模,必须先用木胎作母模夯筑成型。

(2)槽身预制。为了便于槽身预制后直接吊装,如槽身整体预制时,宜在两排架之间或排架一侧进行，槽身的方向可以垂直或平行于渡槽的纵向轴线，具体情况，可根据吊装设备和方法而定。

渡槽有梁式渡槽和拱式渡槽两类。对于U形薄壳梁式渡槽，其槽身的预制，通常有正置和反置两种浇筑方式。正置浇筑是槽口向上，其优点是内模拆除方便，吊装时不必翻身，但底部混凝土不易捣实，适用于大型渡槽或槽身不便翻身的情况。反置浇筑是槽口向下，其优点是易捣实，混凝土质量易保证，缺点是增加了翻身工序。对于矩形渡槽，可以整体预制，也可分块预制。

2. 渡槽吊装

(1)排架吊装。排架吊装常用的吊装方法有滑行法和旋转法两种。

1)滑行法。由吊装机械将排架一端吊起，另端沿地面滑行，竖直后吊离地面，再插入基础杯口中。校正位置后，可按设计要求做好排架与基础的接头；

2)旋转法。排架预制时使架脚靠近基础杯口。吊装时，以起重机吊钩拉吊构件顶部使排架绕架脚旋转，直立后吊起插入基础杯口，再校正、固结。如在杯口一侧留出供架脚滑入的缺口，并于基础和排架适当位置预埋铰圈，则排架脚可在吊装中不离地面而滑入杯口。

(2)槽身吊装。根据起重设备架立位置的不同，槽身吊装通常有以下三种情况：

1)起重设备在渡槽两则的地面上。此法适用于起吊高度不大、地势较平坦的渡槽吊装。常用的吊装方式有独脚扒杆、悬臂扒杆、桅杆式起重机或履带式、汽车式起重机等。其优点是起重设备在地面组装、拆卸、转移都较方便，且稳固安全；但起重设备高度较大，易受地形限制，特别是在跨越河床水面作业时，起重设备的架立、移动都比较困难。

2)起重设备架立在排架或槽身上。常用的吊装方法有在槽身上设置双人字悬臂扒杆吊装或在排架顶上设置龙门架吊装槽身等。此法不受地形限制，起重设备的高度不大，但设备的装拆和移动须在高空进行；有些吊装方法必须对排架结构进行加强。

3)起重设备架立在两岸的高地上。当渡槽横跨峡谷、两岸地形陡峻，构件无法在河谷内预制时，可采用缆机吊装，利用两岸高地架设固定式简易缆索式起重机，如图11-30所示。

(二)现浇式渡槽施工

对于大型U形渡槽，多采用预应力钢筋混凝土结构，它不仅能提高混凝土的抗裂性、抗渗性与耐久性，减轻构件自重，还可节省20%～40%钢筋。其基本施工方法，可分为先张法和后张法两大类。

1. 先张法

先张法就是在浇筑混凝土之前，先将钢筋拉张固定，然后立模浇筑混凝土。混凝土完全硬化后，去掉拉张设备或剪断钢筋，利用钢筋弹性收缩的作用，通过钢

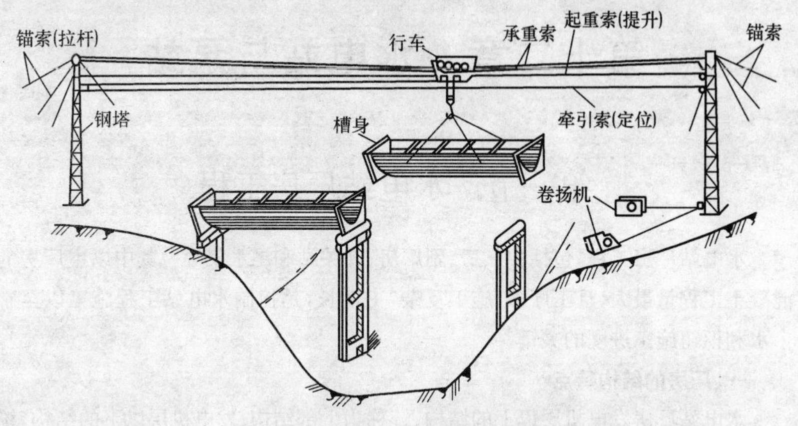

图 11-30　简易缆索起重机吊装槽身

筋与混凝土间的黏结力把压力传给混凝土，使混凝土产生预应力。

常用的先张法施工设备，包括台座、承力架，加拉螺杆和螺母、夹具等，见图 11-31。张拉力是通过螺杆螺母的相对运动而产生的，螺杆的拉力通过螺母作用在承力架上。承力架承受张拉力，并将它传给台座。台座是先张法施工的基本设备，有槽式台座和墩式台座两种。槽式台座加盖后可以进行蒸汽养护以加速周转，并能承受较大荷载。而夹具的主要作用是用来固定钢筋。

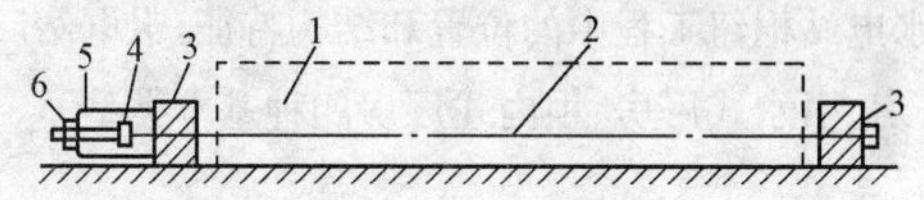

图 11-31　先张法施工

1—待浇混凝土；2—预加应力钢筋；3—台座；4—夹具；5—承力架；6—加拉螺帽

2. 后张法

后张法就是在设计配置预应力钢筋的部位预先留孔道，然后浇筑混凝土，待混凝土达到设计强度后，再穿入钢筋进行张拉。张拉锚固后，混凝土就获得了压应力，此时，即可在孔道内灌注水泥砂浆。如采用不灌浆的无粘结预应力钢筋混凝土施工法，最后应卸去锚固外面的张拉设备。

后张法施工不用台座，可直接利用构件当台座，适用于大型构件制作。预应力钢筋可按曲线布置，能做大型构件的分块制作拼装等。其施工工序较为复杂，较先张法多留孔、穿筋、灌浆等工序。

第十二章　水电站与泵站

第一节　水电站厂房工程

水电站厂房工程，包括主厂房、副厂房、开关站和尾水渠等。其中以主厂房的混凝土工程量最大，且工序多，施工复杂，工期长，是控制水电站工程施工以至整个水利枢纽施工进度的关键。

一、厂房的结构特点

水电站厂房发电机层以上的结构，统称为上部结构；发电机层以下的结构，统称为下部结构。

上部结构由承重构架与不承重的砖墙组成。承重构架多为钢筋混凝土结构，可以现场浇筑或预制安装，如有必要，也可采用钢结构。上部结构的施工方法与一般工业厂房基本相同。

下部结构主要包括基础板、尾水管、蜗壳、机墩和上下游墙等。其特点是结构尺寸大，形状不规则，埋件多，承重的荷载比较复杂，施工技术要求高。

二、厂房的布置形式

根据厂房在水电站枢纽工程中的位置和结构特征，水电站厂房可以分为坝后式厂房、河床式厂房、引水式厂房、坝内式厂房四种基本类型。

(一)坝后式厂房

坝后式厂房位于挡水坝之后，厂、坝之间用永久缝分开，厂房不起挡水作用。由于厂坝分开，两者施工的干扰较小；但压力钢管施工与相应坝段混凝土浇筑的干扰较大。混凝土施工场地的布置及运输浇筑方案可与混凝土坝浇筑结合考虑；也可在厂坝之间和厂房下游侧另行布置。厂房施工对主体工程的工期一般不起控制作用。

(二)河床式厂房

河床式厂房的本身也是挡水建筑物，一般因流量较大，水头较低，大都采用钢筋混凝土蜗壳。这类厂房由于上下游方向尺寸大，因而基础开挖量及高差均较大。为了加快施工进度，需将厂房分段施工，混凝土浇筑运输方案，可与挡水坝(闸)作为一个整体考虑；在厂房的下游侧，一般还另布置浇筑设施。整个枢纽中，厂房的施工难度大，止水设施和二期混凝土施工质量要求较高，工期长，对施工总进度起控制作用。

(三)引水式厂房

引水式厂房一般都远离挡水、取水建筑物，因而，引水建筑物的路线长、工程量较大，对施工工期起控制性作用。厂房、引水和挡水建筑物，可以分别设置施工系统，使其施工互不干扰。

(四)坝内式厂房

坝内式厂房的引水道和尾水道都比较短，同时坝体内留有空腔，可以节省厂房基础大量的开挖量与混凝土工程量，也有利于混凝土的散热，加快坝体冷却。其缺点是钢筋用量较多，施工较困难，封拱要求高(现多采用预制拱块吊装)；厂坝同时施工，相互干扰大；机组埋件安装及二期混凝土在厂房封拱后进行，施工条件较差。

三、混凝土分层分块

水电站厂房的下部结构，是介于大体积混凝土和杆件系统之间的结构形式，其尺寸大、孔洞多、受力条件复杂，必须分层分块进行浇筑。合理的分层分块是减少混凝土温度应力、保证工程质量和结构整体性的重要措施。

(一)分层分块原则

水电站厂房混凝土浇筑分层分块，应根据厂房下部结构的特点、形状及应力情况进行，避免在应力集中、结构薄弱部位分缝。对于可能预见到产生裂缝的薄弱部位，应布置防裂钢筋。

厂房混凝土分层厚度应根据结构特点和温度控制要求确定，基础约束区一般为1～2m，约束区以上可适当加厚。墩、墙侧面可以散热，分层可适当厚些。分块面积的大小应根据混凝土的浇筑能力和温度控制要求确定，块体面积的长宽比不宜过大，一般以小于5∶1为宜。

此外，厂房混凝土分层分块还应考虑土建施工和设备安装的方便、例如尾水管弯管底部应单独分层，以便于模板和钢筋绑扎，又如在钢蜗壳底部以下1m左右要分层，便于钢蜗壳的安装。

(二)分层分块形式

厂房下部结构分层分块可采用通仓、错缝、预留宽槽、封闭块和灌浆缝等形式。

1. 通仓浇筑

分层通仓浇筑，即整个厂房段不设纵缝，逐层浇筑，如图12-1所示。此法可加快施工进度，又有利于结构的整体性。适用于厂房尺寸不大、混凝土浇筑可安排在低温季节或具有一定的温度控制能力的厂房施工。

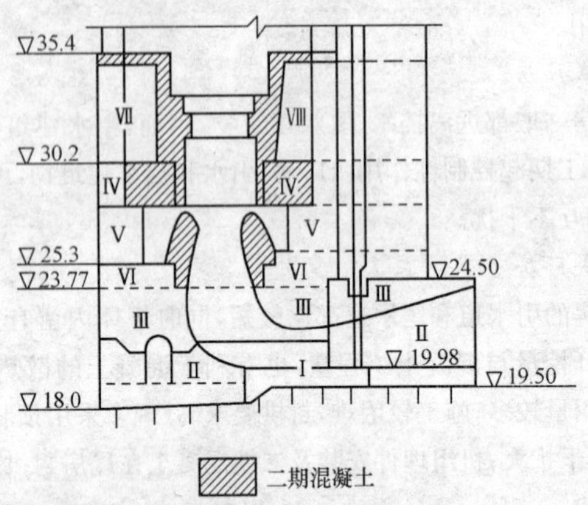

图 12-1　某水电站厂房通仓浇筑分层分块示意图(高程:m)

2. 错缝分块浇筑

错缝分块浇筑又称砌砖法即上、下层浇筑块相互搭接,相邻浇筑块均匀上升的施工方法。错缝分块长度一般为 8～30m,分层厚度 2～4m,下层浇筑块的搭接长度,大约为浇筑块厚度的 1/3～1/2。当采用台阶缝隙施工时,相邻块高差一般不得超过 4～5m。在结构较薄弱部位的垂直或水平施工缝,必要时设置键槽,埋设止浆片及灌浆系统进行灌浆。适用于混凝土浇筑能力小的大型厂房。

3. 预留宽槽

大型水电站厂房,为加快施工进度,减少施工干扰,可在某些部位设置宽槽,宽槽宽度一般为 1m 左右,如葛洲坝二江厂房进口底板以下,在进口段与主机段之间,顺坝轴方向预留了宽槽。

4. 设置封闭块

当厂房框架结构顶板的跨度大或者墩体刚度大时,施工期间会出现较大的温度应力,在采取一般温度控制措施仍不能解决时,应增设封闭块。待水化热散发和混凝土体积变形基本结束后,选择适当时间用微膨胀混凝土回填。

四、水电站厂房施工

(一)施工特点

水电站厂房混凝土施工时,要求基础开挖高程低,施工出渣和基坑排水较困难,因而对混凝土的施工带来一定的影响。厂房结构形状复杂,混凝土品种多,强度等级高,水泥用量多,温度控制要求较严。

混凝土浇筑往往与厂房的机电埋件安装工作平行进行;许多部位断面尺寸小,钢筋密,吊罐不能直接入仓,浇筑混凝土设备综合生产能力较低,约为浇筑大体积混凝土的 50%～70%。

内部结构过流面的平整度和金属结构、机电埋件安装精度要求高。模板量大且形状多，结构复杂，制作安装的要求精度高。设有宽槽、封闭块和灌浆缝时，必须妥善安排施工进度，保证混凝土回填和灌浆时间，否则将影响工期。

这些特点，反映了水电站厂房混凝土施工比坝体混凝土施工更为复杂，要求更为严格。

(二)施工程序

主厂房混凝土施工的一般程序如图 12-2 和图 12-3 所示，其中，主机段蜗壳底板和侧墙浇筑后，即可组织土建施工和电机设备安装的平面交叉作业。一方面浇筑厂房上下游柱、承重墙、吊车梁、屋顶等结构混凝土，完成厂房桥吊的安装；另一方面待一期混凝土的主厂房蜗壳底板和侧墙浇筑后，进行蜗壳、座环、机坑里衬等设备的安装，完成设备外围及相关部位的二期混凝土浇筑；在上述两方面工作都完成后，可利用桥吊安装水轮机、发电机、调速器等设备。

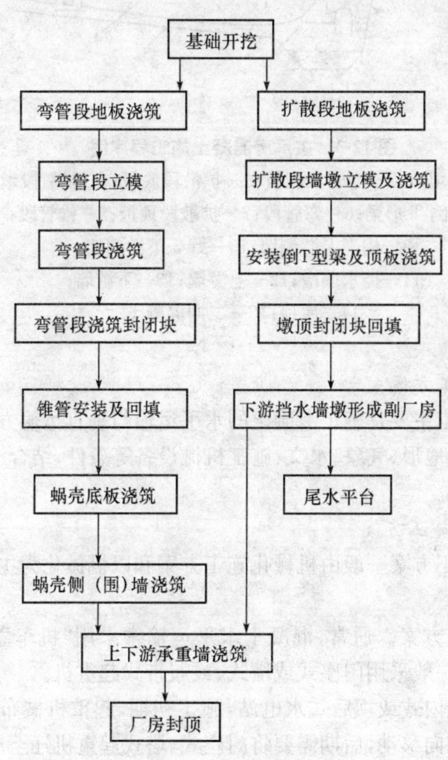

图 12-2　主厂房一期混凝土施工程序图

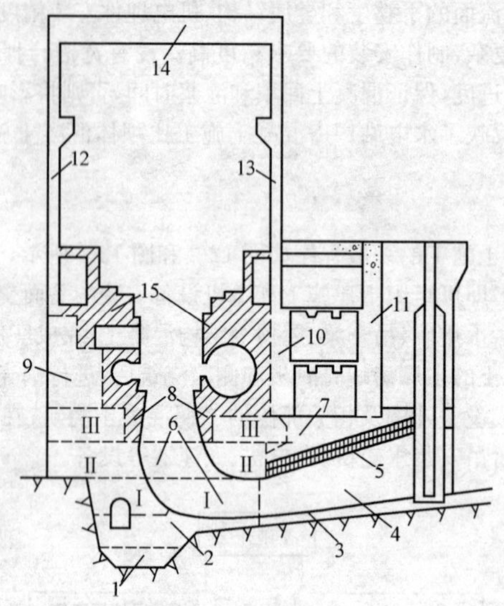

图 12-3　主厂房混凝土施工程序图

1—基础填筑；2—弯管段底板；3—扩散段底板；4—扩散段墩墙；
5—倒 T 形梁；6—弯管段；7—扩散段顶板；8—锥管段；
9—蜗壳上游侧墙；10—蜗壳下游侧墙；
11—挡水墙墩；12—上游墙；13—下游墙；
14—屋顶；15—二期混凝土

(三)混凝土施工方案

厂房混凝土施工主要是确定混凝土的水平运输与垂直运输方案，施工布置应根据厂房形式、厂区地形、气象、水文、施工机械设备等条件，结合施工总布置统筹安排，选择最优方案。

1. 一期混凝土施工方案

一期混凝土施工方案一般由机械化施工方案和以机械化为主、人工为辅的施工方案两种。

(1)机械化施工方案。通常，混凝土水平运输常采用“机车立罐”或“汽车卧罐”方案，垂直运输一般采用门座式或塔式、或履带式起重机。

对于河床式、坝内式或坝后式水电站，施工初期，起重机械布置在厂房上、下游侧，沿厂房轴线方向移动，后期需要将门座式、塔式起重机迁至尾水平台或厂坝间等部位；对于引水式电站厂房，一般厂房靠山布置，厂房上游侧施工场地狭窄，常将起重机布置在厂房下游侧。

在设有缆式起重机的水利枢纽工程中，由于受缆式起重机机械特性和厂房结构特点限制，缆式起重机可用于厂房下部结构混凝土施工。上部结构混凝土施工，仍采用门座式或塔式起重机。

(2)机械为主、人工为辅的施工方案。对于起重设备数量不足的大中型工程，对于混凝土工程量大的部位，或施工困难部位，可采用机械化施工；其他部位可采用活动栈桥等人工施工方案。

对于小型厂房工程，厂房下部结构混凝土施工，常采用满堂脚手架方案，即在厂房基坑中布满脚手架、上面平铺马道板，用胶轮手推车运输混凝土，辅以溜管入仓，但在施工过程中必须控制混凝土拌合物的离析现象；厂房上部结构的混凝土浇筑和屋顶结构的吊装，还是需要配置履带式起重机或采用井架和龙门架等垂直运输设备。

2. 二期混凝土施工方案

各台机组的二期混凝土，如主机段蜗壳底板和侧墙等厂房下部结构的二期混凝土，应在厂房封顶前利用外部设备浇筑。厂房封顶后，则可利用桥或起重机运输混凝土，也可采用混凝土泵、胶带输送机或胶轮手推车运输混凝土入仓，这样既增加了设备，又影响了浇筑速度。在考虑施工方案时应尽量在封顶前利用外部设备浇筑。

(四)尾水管模板

尾水管形式，一般分为圆锥形和肘形两大类。大中型水电站，为了减少基础开挖量，多采用肘形尾水管。肘形尾水管由正圆锥管、弯管段(包括上弯段、下弯段上游部分和下弯段下游部分)、水平扩散段三大部分组成，如图 12-4 所示。

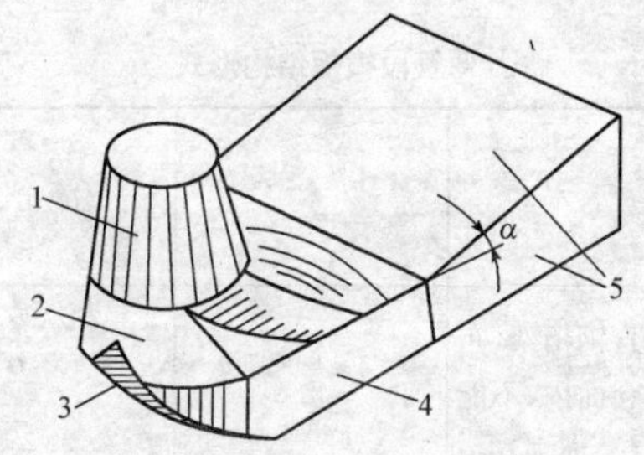

图 12-4　肘形尾水管示意图

1—正圆锥管；2—上弯段；3—下弯段上游部分；
4—下弯段下游部分；5—水平扩散段

1. 模板结构形式

尾水管模板主要是指弯管段模板。因流速较高，尾水管的圆锥管通常采用钢板衬砌，不需要再作模板；水平扩散段为矩形断面，结构较简单，可用定型模板就地安装；但弯管段几何形状多变(图 12-5)，因而模板结构和施工也就比较复杂，其特点是体积庞大、体形多变、精度要求高。

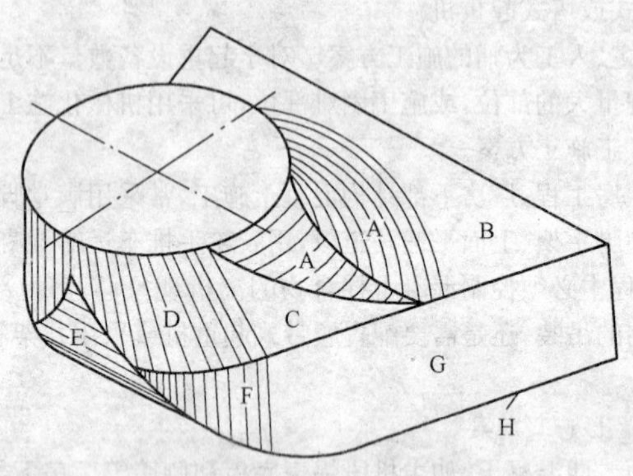

图 12-5　弯管段几何形状图

A—圆环面；B—水平面(平台)；C—一般位置斜平面；D—斜椭圆锥面；
E—水平圆柱面；F—铅垂圆柱面；G—铅垂面；H—水平面(底板)

弯管段模板的结构类型较多，一般是根据当时当地的材料来源、施工单位的起吊运输设备和施工经验而定，以往采用木结构居多。80 年代以来，逐步采用以钢材为主的钢木混合结构，表 12-1 为部分大中型水电站弯管段模板曾采用的结构形式。

表 12-1　　弯管段模板结构形式

主要材料 / 使用部位	钢、木	木	混凝土、木	砖、木
上弯段及下弯段上游部分	垂直钢桁架，布置在仓面内，不能回收(葛洲坝) 钢木撑架加垂直钢桁架(刘家峡，龚咀) 钢木撑架加木支撑(葛洲坝) 钢圆筒撑架加木支撑	水平木桁架(丹江口、湖南镇垂直木桁架)	预制钢筋混凝土薄块(上弯段) 混凝土墙、木支撑(下弯段上游部分)	砖拱支撑，砂浆抹面；砖格支撑，砂浆抹面(青铜峡)，(八盘峡)

续表

使用部位 \ 主要材料	钢、木	木	混凝土、木	砖、木
下弯段 下游部分	型钢柱、组合型钢柱 型钢梁（葛洲坝）	方、圆木柱（刘家峡、龚咀等）组合木柱（丹江口）木轨枕堆柱（三门峡）	混凝土轨枕堆柱、方木梁（丹江口）	砖拱、砂浆抹面（青铜峡）
面　板	垂直平面　钢面板（葛洲坝）	水平面、曲面木面板（葛洲坝）	木面板	

(1)小型整体式模板。当弯管段的高度小于4m时，可采用整体式模板。如陆水电站弯管段系小型整体式模板，高度3.51m，采用水平闭合框架、开敞式框架和竖向支撑，并分成三节安装。其圆环面部的骨架按辐射形排列，支撑于格形梁及立柱上。模板的悬出部位，用混凝土支撑和拉条固定在已浇筑混凝土面的埋件上，见图12-6。为了方便现场拼装和保持一定精度，常在高度方向上分成三节，各节模板在加工厂拼装成独立的整体，在每节的接头处，应设置连接构件，以便用铁件连接固定。带圆弧面的模板，如圆环面模板，可用3～5层板或10mm厚的杉木板条钉成设计曲面，并适当增设弧形带木，增强模板整体性。

(2)分层式模板。对于高度5～8m的弯管段模板，宜分两层制作与安装。第一层为倒悬弧面模板，其承重桁架垂直布置，并用水平梁联成整体，用拉条和混凝土支撑固定，以防模板浮动变形，面板上留出活动仓口，以利混凝土下料和振捣。第二层桁架按径向垂直布置，面层为小方木横梁，双层竖向木面板，同时设置组装式筒形中心体构架，以加强模板结构的整体性。某电站尾水管弯管段全高7.6m，分两层立模，第一层3.44m，第二层4.16m，图12-7所示。

2. 模板尺寸计算

根据水轮机厂家提供的尾水管基本资料（包括体形图及几何尺寸参数等），计算尾水管表面各交线上控制点的坐标，给出一系列水平截面细部轮廓尺寸单线图（图12-8），作为尾水管模板构件制作、模板安装、钢筋加工、质量控制及验收的依据。

尾水管各部分尺寸，多采用图解法或数解法。图解法是运用画法几何的原理，这种方法简便易行，只要作图仔细，其精度能够满足工程设计和施工的需要。数解法是运用初等数学和解析几何的原理，其优点是计算精确，便于测量放线，但计算工作繁琐，花费时间较多。

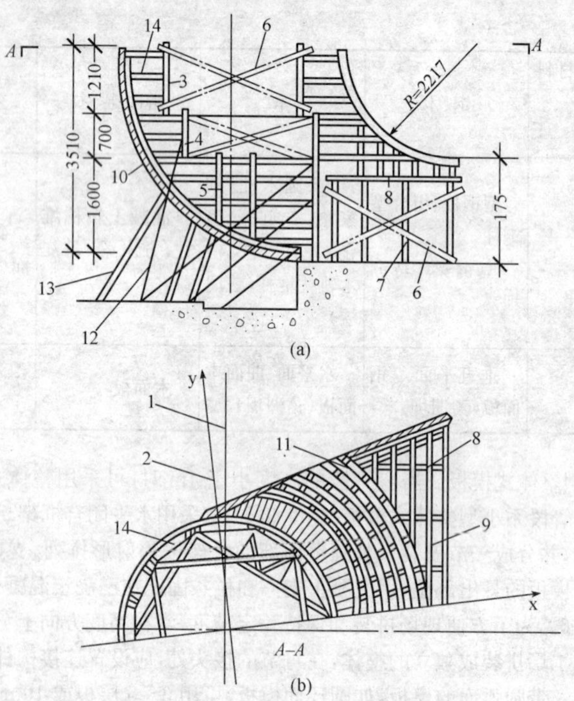

图 12-6　陆水电站弯管段模板结构(单位:mm)

(a)侧视图;(b)平面图

1—机组中心线;2—尾水管中心线;3—第一节;4—第二节;5—第三节;6—剪刀撑;7—立柱;8—主梁;9—次梁;10—面板;11—龙骨架;12—拉条;13—支撑;14—框架

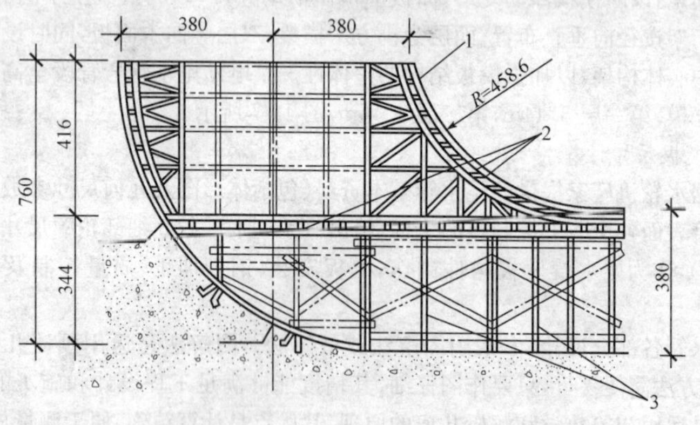

图 12-7　某水电站弯管段模板结构(单位:mm)

1—垂直钢桁架;2—方木;3—方木柱

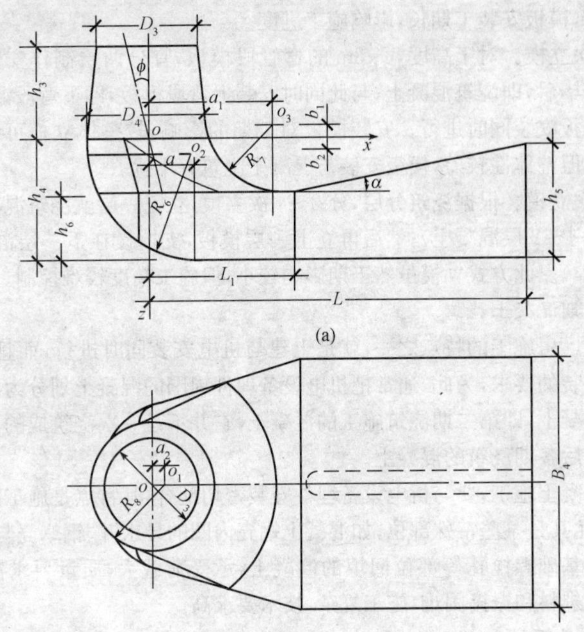

图 12-8　4H 型尾水管单线图

(a)侧视图；(b)平面图

3. 模板构架制作

根据尾水管模板结构设计要求和尺寸，选好构架材料，然后在放样平台上放出大样，按大样取料和裁料，并进行编号，最后在平台上拼装。

构件拼好后，靠模板面的外形轮廓尺寸，按相应的坐标和曲线放出边线，做成要求的形状。模板制作误差，水平桁架不大于±3mm，垂直排架不大于±5mm。

构架加工后，需经过试拼装，检查合格后才可出厂。将各部件按顺序编号，以利安装，构件应妥善存放和保管，防止变形。

4. 模板安装

模板安装前，应先进行测量放样，放出机组中心线和尾水管中心线，并在外围加测检查点和高程点。安装时，应使模板上的机组中心线和尾水管中心线与相应放样的中心线重合，同时控制高程，校正误差，满足安装标准要求。常用的立模方式有以下三种：

(1)一次整体立模。当弯管段高度小于 4m 时，以采用整体式模板为宜，模板一次安装，混凝土多层浇筑。此方式立模，模板整体性好，施工精度容易满足要求。施工经验表明，高度为 12～13m 的弯管段模板，也可设计成整体一次立模，但用料较多，模板安装工期长，影响施工进度。

(2)二次立模。对于高度 5～8m 的弯管段模板，宜分两层制作安装，下弯段模板安装完毕后，即浇筑混凝土；与此同时安装上弯段模板，即下弯段混凝土浇筑与上弯段模板安装同时进行。安装模板对工期的影响，较整体立模可缩短一半，且用料省。但整体性较差，模板安装与混凝土浇筑有干扰。

(3)多次立模。根据浇筑分层，分 3～4 次立模，立完一层就浇筑混凝土(立一次模板浇筑 1～2 层混凝土)；然后再立上一层模板，支撑设在下一层混凝土的仓面上(外支撑)。此方式立模虽然工期影响较小，但施工精度较难控制。

(五)二期混凝土施工

水电站厂房施工的特点之一，就是土建与机电安装同时进行，而且土建必须满足机电安装的要求，为此，通常把机电设备埋件周围的混凝土划分为两期施工。所谓二期混凝土，即第二期浇筑施工的混凝土，它并不是一次浇筑成的，实际上包括了二期以后各期浇筑的混凝土。

二期混凝土施工，要与机电设备埋件安装密切配合，其特点是施工面狭小，互相干扰大，尤其是某些特殊部位，如混凝土蜗壳内圈的导水叶、钢蜗壳与座环相连的阴角处和基础螺栓孔等部位回填的混凝土，承受荷载大，质量要求高；但仓面小，钢筋密，进料和振捣困难，施工复杂，技术要求高。

1. 圆锥里面衬二期混凝土施工

尾水管圆锥段一般都用钢板作里衬，该部位可利用锥管里衬作为模板。为了防止里衬变形，应根据混凝土侧压力的大小，校核里衬钢板刚度是否满足要求，必要时可在里衬内侧布置桁架加强，如图 12-9 所示；或在仓内增设拉杆，支撑加固，如图 12-10 所示。

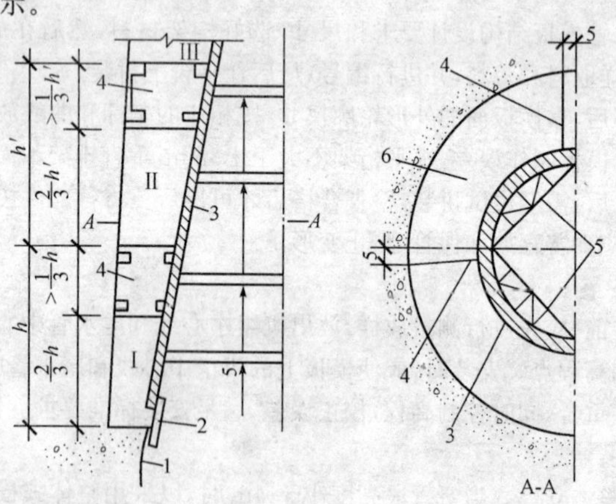

图 12-9 圆锥里衬二期混凝土与引缝片示意图

1—弯管段；2—韧性接头模板；3—钢板里衬；4—引缝钢板；5—桁架；6—二期混凝土

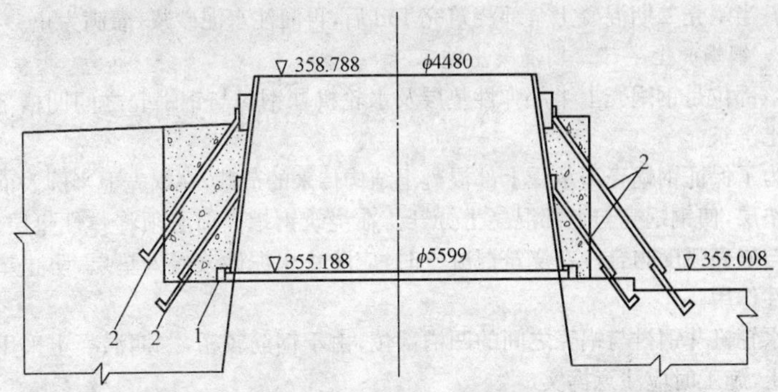

图 12-10　尾水管锥管里衬拉杆布置(高程:mm,尺寸:mm)

1—安装埋件;2—加固埋件

2. 钢蜗壳下半部二期混凝土施工

该部位施工难度最大的是钢蜗壳与座环相连的阴角处,该部位空间狭窄,进料困难,不易振捣,为保证质量,可采取以下专门措施。

(1)在座环和钢蜗壳上开孔进料施工措施。可向厂商提出要求,在座环上和钢蜗壳上预留若干进料孔。蜗壳下部二期混凝土浇筑工艺布置及预留孔口位置,如图 12-11 所示。

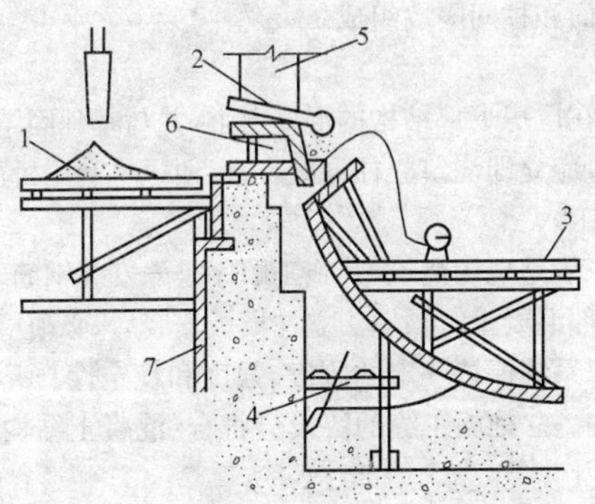

图 12-11　蜗壳阴角部位浇筑工艺布置图

1—转料平台;2—转料工具;3—操作平台;4—操作跳板;
5—导叶;6—座环底板;7—钢板里衬

(2)预填骨料或砌筑混凝土预制块灌浆的施工措施。即在阴角部位预先用骨料填塞或砌筑预制混凝土砌块,预填骨料或预制砌块可用钢筋托位,并埋设灌浆管路。当蜗壳二期混凝土全部浇筑完 15d 后，再灌注水泥砂浆，灌满为止。

3. 钢蜗壳上半部二期混凝土施工

该部位是钢蜗壳上半部弹性垫层及水轮机井钢衬与钢蜗壳之间凹槽部位的混凝土浇筑。

为了保证钢蜗壳不承受上部混凝土结构传来的荷载，在蜗壳上半圆表面设置弹性垫层，使钢蜗壳与上部混凝土分开。在浇筑钢蜗壳前必须将弹性垫层做好，使其与蜗壳弧度吻合。在浇筑混凝土时，应防止水泥砂浆侵入垫层，防止垫层失去弹性作用。

水轮机井钢衬与蜗壳之间的凹槽部位，由于钢筋较密，二期混凝土采用细石混凝土，施工时应注意捣实。

钢蜗壳外围二期混凝土浇筑前，应考虑钢蜗壳承受外压时的刚度和稳定性，一般在蜗壳内设置临时支撑。

4. 发电机机墩及风罩二期混凝土施工

机墩是发电机支承结构，采用圆环形结构。机墩内外侧模板可采用一次或二次架立，需要考虑模板的整体稳定性。通风槽底面积较大，安装模板时应考虑混凝土浇筑时的上浮力。定子地脚螺栓孔模板，应严格控制安装位置。机墩混凝土浇筑时，常采用溜管入仓，薄层振捣，均匀上升。

(六)厂房上部结构施工

水电站厂房上部结构类似于一般工业厂房，主要是由立柱、吊车梁、连系梁、圈梁、预制屋架、屋面和柱间隔墙组成。

1. 立柱施工

厂房立柱布置在厂房下部结构的混凝土上，并与基础固结。一般在立柱基础混凝土浇筑完成后，应立即浇筑立柱混凝土，以便尽早利用桥吊，完成机组埋件安装和二期混凝土施工。

厂房的立柱，一般是现场浇筑，其施工顺序是先安装钢筋，后支模板。立柱钢筋应在浇筑厂房下部混凝土时预埋。立柱模板安装后，必须检查其垂直度和模板尺寸，并使模板支撑系统保持一定的刚度、强度和稳定性。混凝土浇筑时应采用溜管入仓，分层振捣。立柱施工缝的留设应符合《混凝土结构工程施工质量验收规范》的要求。

2. 吊车梁施工

水电站厂房一般采用预制的钢筋混凝土吊车梁。由于吊车梁钢筋较密，所以浇筑的混凝土应采用一级配，最好采用外部式振捣器振捣密实。

吊车梁的安装，大中型厂房可利用浇筑一期混凝土的起重设备。小型厂房可采用履带式起重机，也可采用桅杆式起重机吊装。吊车梁安装校核后，才能与牛腿预埋件焊接固定。

3. 屋架施工

大型或中型水电站厂房屋架，常采用预应力屋架，在厂房附近预制。小型厂房屋架，采用预制薄腹工字梁。由于跨度较大，断面较小，钢筋净距较小，混凝土最大粒径采用 20mm，并且在预制时要振捣密实，有条件的应采用外部式振捣器。

屋架的安装，大中型水电站厂房，可利用浇筑一期混凝土的起重设备。小型厂房可用桅杆式起重机吊装，也可用桥吊配桅杆式起重机吊装。

五、水轮机发电机组安装

（一）水轮机的型号

水轮机发电机组，通常是指水轮机和发电机连接成的整体。水电站水轮机发电机组的安装是机组投产的一项关键工作，安装质量的好坏，直接关系到将来电站的安全经济运行。

根据我国“水轮机型号编制规则”规定，水轮机的型号由三部分组成，每一部分用短横线“—”隔开，各部分符号的表示方法如图 12-12 所示。

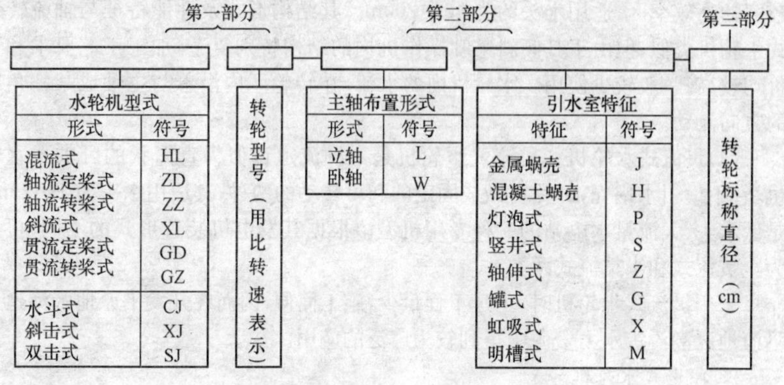

图 12-12　水轮机的型号各部分符号的表示方法

（1）第一部分由汉语拼音字母与阿拉伯数字组成，其中拼音字母表示水轮机形式；阿拉伯数字表示转轮型号，入型谱的转轮的型号为比转速数值，未入型谱的转轮的型号为各单位自己的编号，旧型号为模型转轮的编号。可逆式水轮机在水轮机形式代表符号后加“N”表示。

（2）第二部分由两个汉语拼音字母组成，分别表示水轮机主轴布置形式和水轮机引水室特征。

（3）第三部分是阿拉伯数字，表示以“cm”为单位的水轮机转轮的标称直径。

（二）水轮机的类型

根据水流能量的转换特征，水轮机可分为反击式和冲击式两种。

1. 反击式水轮机

反击式水轮机转轮区内的水流在通过转轮叶片流道时,始终是连续的充满整个转轮的有压流动,并在转轮空间曲面型叶片的约束下,连续不断地改变流速的大小和方向,从而对转轮叶片产生一个反作用力,驱动转轮旋转。按转轮区内水流相对于主轴流动方向的不同,可分为混流式、轴流式、斜流式和贯流式四种。

(1)混流式水轮机。混流式水轮机是现代应用最广泛的一种水轮机,其适用水头约为20~700m,水流从四周沿径向进入转轮,然后近似以轴向流出转轮。该种水轮机结构简单,运行稳定且效率较高。

(2)轴流式水轮机。轴流式水轮机的应用水头约为3~80m,多应用在中低水头、大流量水电站中。根据其转轮叶片在运行中能否转动,又可分为轴流定桨式和轴流转桨式两种。水轮机中,水流在导叶与转轮之间由径向流动转变为轴向流动,而在转轮区内水流保持轴向流动。

(3)斜流式水轮机。斜流式水轮机的转轮叶片大多做成可转动的形式,具有较宽的高效率区,适用水头约为40~200m。其结构形式及性能特征与轴流转桨式水轮机类似,但由于其倾斜桨叶操作机构的结构特别复杂,加工工艺要求和造价均较高,一般较少使用。水轮机内的水流,在转轮区内沿着与主轴成某一角度的方向流动。

(4)贯流式水轮机。贯流式水轮机是一种流道近似为直筒状的卧轴式水轮机,它不设引水蜗壳,叶片可做成固定的和可转动的两种,其适用水头为1~25m,是低水头、大流量水电站的一种专用机型。根据其发电机装置形式的不同,可分为全贯流式和半贯流式两类。

采用贯流式水轮机时,土建工程量少,施工简便,因而在开发平原地区河道和沿海地区潮汐等水力资源中得到较为广泛的应用。

2. 冲击式水轮机

冲击式水轮机的转轮始终处于大气中,来自压力钢管的高压水流在进入水轮机之前已转变成高速自由射流,该射流冲击转轮的部分轮叶,并在轮叶的约束下发生流速大小和方向的改变,从而将其动能大部分传递给轮叶,驱动转轮旋转。按射流冲击转轮的方式不同,可分为水斗式、斜击式和双击式三种。

(1)水斗式水轮机。亦称切击式水轮机,从喷嘴出来的高速自由射流沿转轮圆周切线方向垂直冲击轮叶,多适用于高水头、小流量水电站。大型水斗式水轮机的应用水头约为300~1700m,小型水斗式水轮机的应用水头约为40~250m。

(2)斜击式水轮机。斜击式水轮机从喷嘴出来的自由射流,沿着与转轮旋转平面成一角度的方向,从转轮的一侧进入轮叶再从另一侧流出轮叶,其适用水头一般为20~300m。与水斗式相比,其过流量较大,但效率较低,因此这种水轮机一般多用于中小型水电站。

(3)双击式水轮机。双击式水轮机从喷嘴出来的射流先后两次冲击转轮叶片，其适用水头一般为5～100m。这种水轮机结构简单、制作方便，但效率低、转轮叶片强度差，仅适用于单机出力不超过1000kW的小型水电站。

（三）水轮机安装

水轮机的形式和结构特点不同，安装程序和方法也各不相同，通常分为安装定位、埋件安装、大件预组装和总装配4个阶段。

1. 混流式水轮机安装

(1)安装定位。各种水轮机的安装定位程序基本相同。首先，应根据水工建筑物测量基准点，定出水轮机的安装中心线和标高点。水轮机中心线以水平面坐标x、y轴表示。y轴为机组上、下游水流方向线，上游侧为$+y$，下游侧为$-y$；x轴为贯通厂房的横方向线，左侧为$+x$，右侧为$-x$。x、y轴的交点即为水轮机的中心点，通过中心点的垂直线即为水轮机垂直中心线。

(2)埋件安装。

1)拼接分瓣泄水管里衬，整体吊入机坑预留孔进行调整、定位，浇筑二期混凝土；

2)在混凝土支墩上埋设垫板，安置成对楔形板，将分瓣座环逐一吊入组合成整体，调整其高程、中心、水平、圆度、方位角后，穿入基础螺栓，浇筑基础混凝土；

3)在座环四周挂装蜗壳节，待接缝错位调整后进行焊接，先焊环缝，后焊蝶形边，并采用对称、退步、分段焊接法，严格控制焊接变形和焊接质量，并对已安装的蜗壳及座环用支撑加固，以防浇筑混凝土时发生变形；

4)吊装、调整、固定基础环和锥形环，浇筑蜗壳混凝土；

5)配合土建施工，安装接力器里衬及机坑里衬。

(3)大件预组装。

机坑混凝土浇筑完毕并清理干净后，在座环上进行导水机构的预装。如为分瓣转轮，需先进行拼装、焊接和退火处理。吊水轮机主轴与转轮联结，以主轴为基准测量并磨削转轮上下止漏环，处理不圆度。

(4)总装配。

1)将预装合格并钻有定位销孔的顶盖拆出，吊入水轮机转动部分(若转轮下环直径大于底环，还需吊出活动导水叶和底环)。用3～4对楔形板将其支撑在基础环上，调整主轴的中心、高程和垂直度；

2)复装底环、活动导水叶、顶盖，安装导水叶套筒、拐臂等，调节活动导水叶上下端面和立面间隙；

3)安装调速环、连杆、接力器，调整导水机构的开度和压缩行程；

4)发电机转动部分吊入安装，并单独盘车调整轴线合格后，与水轮机主轴联结，进行机组盘车和总轴线摆度及曲折度的调整；

5)按上下止漏环四周间隙调整主轴中心和垂直位置，并以此为基准安装各部导轴承；

6)安装主轴止水密封、真空破坏阀、吸力补气阀、顶盖排水泵、脚踏板、扶梯栏杆等附件。

2. 轴流式水轮机安装

轴流式水轮机安装与混流式水轮机安装大致相似，但轴流式水轮机还需安装转轮室、转轮体内部桨叶操纵机构、主轴内孔操作油管和位于主轴上端操作压力油管受油器等部件。

3. 贯流式水轮机安装

贯流式水轮机为横轴卧式，安装在坝体厂房内，其安装特点是尾水管、座环(亦称管形座)是随厂房混凝土浇筑同时安装，其中心位置要和厂房 x、y 轴线坐标一致；管口的垂直度和平行度以及管口之间的距离要准确，不允许有超过规定的偏差；外壳的组合面(或焊接缝)和管口的连接面应密封严密，不允许漏水。

4. 冲击式水轮机安装

冲击式水轮机的主要部件有机壳、斗轮、喷嘴组件等，一般有 1～2 个斗轮，每个斗轮有多个喷嘴组件。通常先安装、调整和固定机壳，浇筑基础混凝土；再在机壳上安装主轴与斗轮合成的转动体、喷嘴组件及其他附件等。

安装时要严格控制各部轴承的同轴度和斗轮端面的跳动度，喷针中心线需与斗轮节圆相切，其中心、角度、各喷嘴行程同步误差需符合规程。

水轮机各部件全部安装完毕，向导水机构和转轮叶片的接力器通入压力油，与调速系统一起做开关导水叶及转轮叶片等联动试验，进行水轮机调试。

(四)水轮发电机安装

水轮发电机的布置形式随水轮机而定，通常中小型冲击式水轮机和贯流式水轮机配卧式发电机；大中型混流式水轮机和轴流式水轮机配立式发电机。立式水轮发电机又分悬式水轮发电机和伞式水轮发电机。此外，还有抽水蓄能的可逆双速发电—电动机。

1. 悬式水轮发电机安装

悬式水轮发电机安装方法：

(1)在基坑一期混凝土中预埋下部风洞盖板、下机架及定子的基础件。

(2)在定子基坑内组装定子和下线圈(或在安装间组装定子，整体吊入基坑就位)。

(3)待水轮机大件全部吊入机坑后，吊装下部风洞盖板。

(4)把已组装成整体的下部机架吊入基础找正，浇筑二期混凝土。

(5)在安装间专设的装配台上进行转子装配，然后整体吊入机坑，按水轮机主轴中心、高程、水平进行调整定位。

(6)测量转子与定子间的空气间隙，以转子为基准校正定子中心，使四周空气间隙均匀，并浇筑定子基础二期混凝土。

(7)将装配成整体的上机架吊放于定子机座上，按转子主轴调整中心和水平后，拧紧机座组合螺栓，钻配剪切定位销钉。

(8)装配推力油槽和推力轴承，将转子落到已研刮好的推力轴瓦上，进行发电机主轴单独盘车，测量和调整主轴摆度。

(9)连接发电机和水轮机主轴，进行机组总轴线摆度的测量和调整。

(10)调整推力瓦受力，并按水轮机止漏环间隙，调整机组轴线的中心和垂直度。根据主轴位置和轴颈摆度方向及大小，安装各部已刮好的导轴瓦，装配机组空气冷却器，油、气、水管路及其他附件。

2. 双斗轮大型卧式水轮发电机安装

双斗轮大型卧式水轮发电机安装方法：

(1)基础件埋设。

(2)轴瓦研刮后将轴承座吊放到基础件上。

(3)在安置间进行分瓣定子的下线，并把下半块定子吊放于基础板上。

(4)测量并调整轴承座和定子的同心度。

(5)在安装间组装转子，将其整体吊放于轴承座上。

(6)以水轮机主轴法兰为基准，进一步校正轴承位置，使发电机主轴法兰与水轮机主轴法兰同心和平行，并盘车检查，精刮轴瓦后装配轴承及油管。

(7)将上半块定子吊入与下半块定子组合，进行定子线圈的联结和绝缘包装。

(8)盘车测量并调整机组轴线，进行主轴的联结。

(9)测量转子与定子间的空气间隙，校核定子中心位置，固定基础螺栓。

(10)安装定子端盖及其他附件。小型卧式水轮发电机定子及转子均为整体运到现场，安装时采用定子套转子或转子套定子的方法进行大件安装，其他安装工艺方法与上述卧式发电机相似。

发电机安装过程中，对主轴的摆度和弓形旋转，转动部件的静、动平衡，推力瓦的受力均匀性，各部件轴瓦的同心度，电机空气间隙的均匀性，转子、定子绝缘的可靠性等要进行严格控制。

(五)水电站辅助设备安装

水电站辅助设备安装，主要包括5个系统。

1. 油系统安装

油系统是指供给水轮发电机组的润滑油系统、液压操作油系统及电力变压器和断路器的绝缘油系统。润滑油、液压操作油系统设在发电厂房内，变压器等的绝缘油系统依据主变压器安装位置设在变电站附近或厂房内。

2. 压缩空气系统

压缩空气系统一般有高压和低压2个系统。高压系统分别向油压装置提供蓄能气压及向空气断路器提供操作和灭弧气压。低压系统用于机组停机制动，给主阀及水轮机主轴止水空气围带充气，调相运行时向尾水管充气压水，为厂房内风动工具提供动力，寒冷地区给进水口拦污栅和闸门吹气防冻，向开关站气动隔离开关和少油开关提供操作气压等。我国水电站高压系统额定气压通常为2.5MPa、4MPa、6MPa;低压系统额定气压均为0.7MPa。

3. 供水系统

供水系统主要供给水轮发电机组、主变压器、空气压缩机和深井水泵等设备所需的冷却水和润滑水,以及全厂消防和生活用水。供水压力一般为0.2~0.3MPa。

4. 排水系统

排水系统可排除大坝、厂房、水轮机顶盖的渗漏水,以及水轮机水下部分检修时尾水管内的积存水等。通常由排水管及排水廊道自流到集水井,并用深井水泵抽排至尾水渠中。

5. 通风系统

水电站厂房水轮机层以下建筑物,特别是坝内式厂房和地下式厂房,由于自然通风条件较差,为经常保持设备(特别是电气设备)安全可靠运行,改善水电站厂房的防潮和散热条件及操作人员的工作环境,需设置相应的通风系统。中央控制室、计算机室等可单独增设空气调节设备。

以上各系统所用设备一般都是整机运到现场,安装时先对重要部件进行分解、清洗、检查和注油,然后按设计规定的位置进行基础固定,管道安装连接,电气接线和外壳接地,最后进行系统操作控制试验及自动化整定。管道的弯制要圆滑、平整;明管安装需横平、竖直,整齐美观。

第二节 泵　站

泵站的基本作用就是通过水泵中工作体(固体、液体或气体)的旋转或往复运动,把外加的能量转变为机械能,并传给被抽液体,使液体的位能、压能和动能增加,同时,通过管道把液体提升到高处,或输送到远处。

一、泵站类型

泵站是由泵房、管道、进出水建筑物以及变电站等几部分组成,见图12-13。其中,泵房内常安装有水泵、传动装置和动力机组组成的机组,还有辅助设备和电气设备等。进出水建筑物主要有取水、引水设施以及进水池和出水池(或水塔)等;泵站的管道包括进水管和出水管,进水管把水源和水泵进口连接起来,出水管则是连接水泵出口和出水池的管道。

在泵站投入运行后,水流可经过进水建筑物和进水管进入水泵,通过水泵加压后,将水流送往出水池(或水塔)或管网,从而达到提水或输水的目的。

根据泵站中水泵类型的不同,泵站可分为离心泵站、轴流泵站、混流泵站;按动力的不同,泵站可分为电动泵站、机动泵站、水轮泵站、风力泵站和太阳能泵站;根据泵站功能的不同,可以分为供水泵站、排水泵站、调水泵站、加压泵站、蓄能泵站等。其中,供水泵站主要包括农田灌溉泵站、工业供水泵站以及城乡居民给水泵站等;排水泵站主要包括农田排水泵站、城镇排水泵站、工业排水泵站以及矿山排水泵站等,多在农田水利灌溉和市政给水排水工程中应用。而加压泵站多在以长管道输送水、油、泥浆、灰浆、水煤浆等的情况下,需要中途加压时应用。

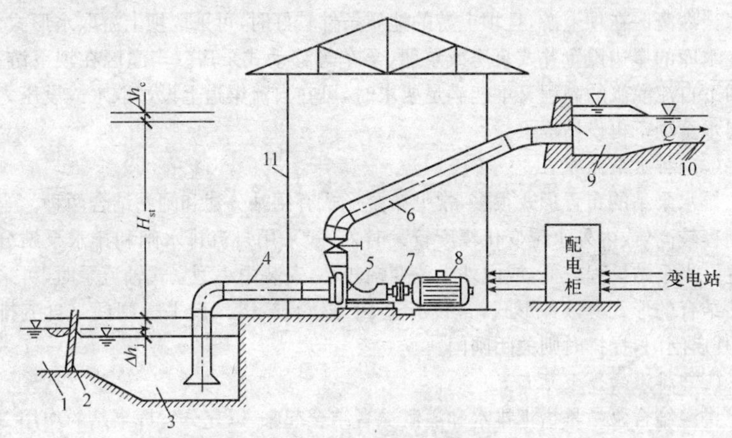

图 12-13　泵站示意图

1—水渠;2—拦污栅;3—进水池;4—进水管;5—水泵;6—出水管;
7—传动装置;8—电动机;9—出水池;10—干渠;11—泵房

二、泵站布置

在布置泵站时,应综合考虑各种条件和要求,确定建筑物种类并合理布置其相对位置和处理相互关系。

泵站工程枢纽布置时,应根据泵站所承担的任务来考虑,不同的泵站,其主体工程(泵房、进出水管道、进出水建筑物等)的布置也有所不同;其相应的涵闸、节制闸等附属建筑物也应与主体工程相适应,此外,在站区内如有公路、航运、过鱼等要求时,还应考虑公路桥、船闸、鱼道等的布置与主体工程的关系。

根据泵站担负的任务不同,泵站枢纽的布置一般有灌溉泵站、排水泵站、排灌结合站等几种。

(一)灌溉泵站布置

根据灌溉区有无拦水坝,灌溉泵站的布置形式可分为无坝引水式泵站和有坝引水式泵站两种。

1. 无坝引水式泵站

无坝引水式灌溉泵站的枢纽布置形式,可以分为有引水渠和无引水渠两种布置形式。当岸坡比较平缓,岸边地面高程比泵站出水池要求的控制高程相差较大时,常在进水闸后设置引水渠,将泵房设在引水渠末端岸坡脚的挖方中。

当岸坡较陡，水源水位变化较大，灌区距水源较近时，可不设引水渠，在进水闸后接泵房。在同样条件下，当水源水位变化较大时，也可将取水建筑物与泵房合建，作为井式取水泵房设置于河床中，或采用泵船、泵车等移动式泵房。

2. 有坝引水式泵站

当灌溉区在坝上游，且坝上游的地质条件较好时，可采取坝上游取水形式，也可在水库的岸边设置井式泵房或泵船、泵车等移动式泵房。当灌区在坝下游，而按坝下自流灌溉的高程又不能满足要求时，可在自流渠道上设站取水或设压力管道引水至坝下再设站提水。

(二)排水泵站布置

排水泵站的布置形式很多，常见布置形式有闸站分建和闸站结合两种。当泵站扬程较高，或内外水位变化幅度较大时，一般采用自流排水闸和排水泵站分开设置。当泵站扬程较低，或内外水位变幅较小，安装中小型立式轴流泵时，可采用闸站结合的形式。该种形式，常设有上、下游涵洞，出口设平板闸门。自流排水时，开启闸门，提排时则关闭闸门。

(三)排灌结合泵站布置

排灌结合泵站是指把排水和灌溉二者结合起来，以充分发挥泵站的作用。通常有三种布置形式，一种是以泵站为主体，附属建筑物相配合；一种是利用排水站的出水建筑物分水，以解决灌溉问题；也可利用双向流道来解决排灌结合问题。

三、泵站施工

(一)泵房施工

对于泵房钢筋混凝土的施工，应做好施工措施设计。水下混凝土宜整体浇筑。对于安装大、中型立式机组的泵房工程，可由下至上分层施工；如出现高低不同的层面时，应设斜面过渡段。

泵房浇筑，在平面上一般不再分块。如泵房较长，需分期分段浇筑时，应以永久伸缩缝为界面，划分数个浇筑单元施工。泵房挡水墙围护结构不宜设置垂直施工缝。泵房内部的机墩、隔墙、楼板、柱、墙外启闭台、导水墙等，可分期浇筑。

1. 底板施工

泵房底板地基，经工程验收合格后，方可进行混凝土施工。地基面上宜先浇一层素混凝土垫层，其厚度可为80～100mm，混凝土强度不应低于C10，垫层混凝土面积应大于底板的面积，以利施工，避免搅动地基土。

混凝土浇筑前应全面检查，经验收合格后，才可开盘浇筑。混凝土中水泥用量应满足设计要求，且不宜低于200kg/m^3。混凝土应分层连续浇筑，不得斜层浇筑。如果浇筑仓面较大，可采用多层阶梯推进法浇筑，其上下两层前后距离不宜小于1.5m，同层的接头部位应充分振捣，不得漏振。在斜面基底上浇筑混凝土时，应从低处开始，逐层升高，并采取措施保持水平分层，防止混凝土向低处流动。

混凝土浇筑过程中，应及时清除粘附在模板、钢筋、止水片和预埋件上的灰浆。混凝土表面泌水过多时，应及时采取措施，设法排去仓内积水，但不得带走灰浆。混凝土表面应抹平、压实、收光，防止松顶和干缩裂缝。

2. 埋件和二期混凝土

各种埋件及插筋在埋设前，应将表面的锈皮、油漆和油污清除干净。各种埋件及插筋、铁件的安装均应符合设计要求，且牢固可靠。埋设的管子应无堵塞现象，外露管口应临时加盖保护。埋设管子的连接接头必须牢固，不得漏水、漏气。管路安装后，应用压力水或充气的方法检查是否畅通，否则应进行处理。混凝土浇筑过程中，应对各种管路进行保护，防止损坏、堵塞或变形。

闸门槽和水泵机座部位，应进行二期混凝土施工。浇筑二期混凝土前，应对一期混凝土表面凿毛清理，刷洗干净。二期混凝土宜采用细石混凝土，其强度等级应等于或高于同部位一期混凝土的强度等级。对于体积较小，可采用水泥沙浆或水泥浆压入法施工。二期混凝土浇筑时，应注意已安装好的设备及埋件，且应振捣密实，收光整理。机、泵座二期混凝土，应保证设计标准强度达到70%以上，才能继续加荷安装。

(二)移动式泵房施工

缆车式泵房的岸坡地基必须稳定、坚实。岸坡开挖验收合格后，才能进行上部结构物的施工。施工时，首先要根据设计施工图标定各台车的轨道、输水管道的轴线位置，然后按设计进行各项坡道工程的施工。对坡道附近上、下游天然河岸应进行平整，满足坡道面高出上、下游岸坡300～400mm的要求。

如果坡轨工程要求延伸到最低水位以下，则应修筑围堰、抽水、清淤，保证能在干燥情况下施工。坡轨工程的位置偏差，如设计图上未作规定时，岸坡轨道基础梁的中心线与泵车拖吊中心线的距离允许偏差为±3mm。钢轨中心线与泵车拖吊中心线的距离允许偏差应为±2mm；同一断面处的轨距偏差不应超过±3mm。轨道梁上固定钢轨的预埋螺栓，宜采用二期混凝土施工；其中心与轨道中心线的距离偏差不应超过±2mm。

输水管道通常沿岸坡敷设，接头应密封、牢固；如设置支墩固定，支墩应坐落在坚硬的地基上。浮船的锚固设施应牢固，承受荷载时不应产生变形和位移。

(三)进、出水建筑物施工

1. 引渠

引渠开挖时，宜从上到下，依次进行。挖、填土方宜求平衡；弃土宜分散处理，如必须在坡顶或山腰大量弃土时，应进行坡体稳定性验算。开挖土质边坡或易于软化的岩质边坡，应采取相应的排水和坡脚、坡面保护措施，不得在影响边坡稳定的范围内积水。冻胀土地区应做好地表水和潜水流的排除。

利用填土作渠道时，不得使用淤泥、耕土、冻土、膨胀性土以及有机物含量大于8%的土作填料。当填料内含有碎石土时，其粒径不应大于200mm。若填料的主要成分为易风化的碎石土，应加强地面排水和表面覆盖等措施。填土渠道的质量检验，必须随施工进程分层分段进行，以 200～500m^2 内有一个检验点为宜。渠道周边表面应平整、光洁，连接处应平顺。

2. 前池及进水池

前池、进水池施工应以泵房进水轮廓为基准，按照先近后远、先深后浅、先边墙后护坦的原则进行。两岸连接结构及护坦的施工，必须分别满足稳定、强度、抗冻、抗侵蚀的要求，其临水面应与泵房边墩平顺连接。

(1)反滤层填筑。进水池填筑反滤层时，应在地基检验合格后进行。反滤层的厚度以及滤料的粒径、级配和含泥量等，均应符合设计要求。铺筑时，滤料宜处于湿润状态，以避免颗粒分离，同时，还应防止杂物和不同规格的料物混入。滤料不得从坡上向下倾倒。各层面均应拍打平整，并保证层次清楚，互不混杂。每层厚度不得小于设计厚度的 85%。分段铺筑时，应将接头处各层铺成阶梯状，防止层间错位、间断和混杂。

滤层与混凝土或浆砌石的交界面应隔离，并应防止砂浆流入。充水前，排水孔应清理，并灌水检查。孔道畅通后，可用小石子填满。

(2)土工织物导渗。进水池如采用土工织物导渗时，铺设应当平整，松紧均匀，端锚着应牢固。连接可采用搭接、对接等方式，搭接长度应根据受力和基土条件确定。铺设和存放均不宜日晒。

3. 出水池

出水池施工宜以泵房流道出口轮廓为基准，按照先近后远、先深后浅、先边墙后护坦的原则进行。

(1)当出水池地基为填方时，每层的厚度应为 300～500mm；碾压应密实，压实系数一般以 0.93～0.96 为宜。填料不得使用淤泥、耕土、冻土、膨胀土以及有机物含量大于 8%的土；如填料内含有碎石时，其粒径一般不应大于 200mm。当填土为黏性土或沙土时，其最大密度应符合设计要求；如设计未要求时，宜采用击实试验确定。当填土为碎石或卵石时，其最大干密度可取 19.6～21.6kN/m。

(2)出水池混凝土或钢筋混凝土护坦施工时，护坦宜分块、间隔浇筑。在荷载相差过大的邻近部位，应等浇筑块沉降基本稳定后，再浇筑交接处的另一块体。在混凝土或钢筋混凝土护坦上行驶重型机械、堆放重物，必须经过设计单位同意。

(3)出水池黏土铺盖的填筑时，应注意减少施工接缝，防止止水破坏；如必须分段填筑时，其接缝的坡度不应陡于 1∶3。采用塑料薄膜等高分子材料组合层或橡胶布作防渗铺盖时，应防止沾染油污；铺筑应平整，并及时覆盖，以避免日晒；接缝粘结应紧密牢固，并有一定的叠合段和搭接长度。

四、水泵机组安装

水泵机组又称主机组，主要包括水泵、动力机和传动设备，是泵站工程的主要设备。泵站的辅助设备、电气设备和泵站中的各种建筑物都是为主机组的运行和维护服务的。

(一)水泵

水泵是泵站工程中的重要设备，可根据生产需要满足的流量和扬程等要求，确定水泵的类型、型号和台数等。水泵应在高效范围内运行；在长期运行中，泵站效率要高，能量消耗少，运行费用要低，且便于安装、维修和运行管理。

1. 水泵的类型

各种类型的水泵有不同的规格，表示规格的参数有口径、转速、流量、扬程、功率、效率及汽蚀余量等。泵站工程中最常用的水泵为叶片泵，按其工作原理可以分为离心泵、轴流泵和混流泵。

(1)离心泵。离心泵是泵站工程中常用的一种水泵，按叶轮进水方向分为单吸式和双吸式；按叶轮的数目分为单级和多级，单级泵只有一个叶轮，多级泵则有两个以上叶轮；按泵轴安装形式分为立式、卧式和斜式。通常情况下，离心泵的比转数 n_s 在 30～300 之间，根据比转数的大小，又可分为低、中、高比转数离心泵，当 n_s＝30～80r/min 的称为低比转数离心泵，n_s＝80～150r/min 的称为中比转数离心泵，n_s＝150～300 r/min的称为高比转数离心泵。

常见的单级单吸离心泵有 IS 和 ISR 两种。过去，我国的单级单吸立式离心泵的型号为 B 型或 BA 型，型号中的数字分别表示水泵进口直径和水泵扬程，B 表示卧式单吸单级离心泵，A 表示叶轮直径车削过一次。近年来推出了一批按国际标准(ISO 2858)制造的 IS 系列，型号中的数字表示水泵进出口的直径和叶轮名义直径。该系列共有七种比转数的水力模型，其流量间隔比 X_Q 为 1.6 或 2，扬程间隔比 X_H 为 1.6。

常见的单级双吸卧式离心泵有三种系列，即 SH、S 和 SA 型，其性能规格可采用综合型谱图表示。

(2)轴流泵。轴流泵通常按泵轴的安装方向和叶片是否可调进行分类。按泵轴的安装方向分为立式、卧式和斜式三种，卧式轴流泵又分轴伸式、猫背式、贯流式和电机泵等；按叶片调节方式分为固定叶片轴流泵、半调节和全调节轴流泵三种。通常，轴流泵的比转数 n_s 在 500r/min 以上，属高比转数低扬程水泵，常用于扬程低于 10m 的泵站。

我国使用的轴流泵型号多为 ZLB、ZLQ、ZWB、ZWQ 等，其 Z 表示轴流泵，L 表示立式，W 表示卧式，X 表示斜式，B 表示半调节，Q 表示全调节。字母前面的数字表示水泵出口的直径(英寸或 mm)，后面的数字乘以 10 后表示水泵的比转数 n。

(3)混流泵。我国混流泵的扬程范围一般为 5～20m，按其结构形式分为立式、卧式、涡壳式和导叶式四种。近些年来，导叶式混流泵大有取代部分扬程较高的轴流泵的趋势，扬程较高的混流泵也有取代扬程很低的离心泵的趋势。

2. 水泵安装

水泵安装前清理混凝土基础上的污物，应再次检查基础尺寸、位置、标高等是否符合设计要求；校对水泵底座尺寸与混凝土基础尺寸、底座地脚螺栓孔与基础地脚螺栓预留孔尺寸、位置是否一致；基础平面的水平度是否符合有关规范的要求。

水泵吊装时，吊钩、索具、钢丝绳等应挂在底座或泵体和电机吊环上；不允许挂在水泵或电机的轴、轴承座及水泵、出口的法兰上。水泵起吊时，吊装应在重心。水泵在吊装过程中应防止泵体碰撞，以及轴和联轴器等加工面的碰损、弯曲等。

吊装水泵就位于基础上，装上地脚螺栓，用平(斜)垫铁找平、找正后将螺母拧上，进行二次灌浆(灌浆混凝土的强度等级不低于C25)。地脚螺栓安装应垂直，各螺母的紧固力应相同。

(二)动力机安装

动力机的选型是以水泵选型为依据，泵站最常见的动力机有电机动和柴油机，在电源方便的地方，应优先考虑选用电动机；在缺电地区，柴油机仍是泵站的重要动力机。此外，还应根据当地的自然条件和经济条件，尽可能利用当地其他能源(如水能、风能、热能和太阳能等)及其相应的动力机。

1. 电动机安装

(1)安装前检查。安装前，应对电动机进行检查。电动机的机体应完好无机械损伤，盘动转子应轻快、灵活，不应有卡阻及异常声响；铁心转子和轴颈应完好无锈蚀缺陷；电动机的附件、备件应齐全、完好，不应有机械损伤；同时，接线端子要齐全完好，无锈蚀现象。

(2)电动机安装。中小型电动机的安装应根据设计要求和工作需要，可安装在墙体的角钢架上、地基的钢架上或混凝土的机座上。安装在钢架上的电动机可用螺栓把电动机紧固在钢架上，后者是紧固在埋入混凝土基础内的地脚螺栓上；并应设置防松动装置。

2. 柴油机组安装

(1)机组基础。柴油发电机组混凝土基础的标高、几何尺寸必须符合设计要求；基础上安装机组地脚螺栓孔，应采用二次灌浆，其孔距尺寸应以机组外形安装图确定；基座的混凝土强度等级必须符合设计要求。

(2)机组就位。柴油发电机组就位之前，首先应对机组进行复查、调整和准备工作。机组就位后，发电机组各联轴节的连接螺栓、机座地脚螺栓和底脚螺栓应当紧固；所设置的仪表应完好齐全，位置应正确；操纵系统应灵活可靠。然后，调整机组的水平度，找正找平；并调校油路、传动系统、发电系统(电流、电压、频率)、控制系统等。

(3)安装附属设备。发电机控制箱(屏)是同步发电机组的配套设备，主要是控制发电机送电及调压。小容量发电机的控制箱一般(经减震器)直接安装在机组上,大容量发电机的控制屏,则固定在机房的地面上,或安装在与机组隔离的控制室内。

开关箱(屏)或励磁箱,各生产厂家的开关箱(屏)种类较多,型号不一,一般500kW以下的机组有柴油发电机组相应的配套控制箱(屏),500kW以上机组,可向机组厂家提出控制屏的特殊订货要求。

第十三章 工程施工管理

第一节 计 划 管 理

计划管理是根据工程施工组织设计和现有技术条件与水平等因素，进行全面的综合性管理工作，确定未来一段时间内应达到的目标，分析和筹划实现目标的一切资源、条件，制定方案和具体时间安排等。一般通过施工计划编制，计划的实施及信息反馈等，适时调整，完成预期目标。

计划管理的职能要求施工单位在组织施工的各个工作环节中进行全员性的科学管理，如施工准备、施工到竣工验收等阶段，使各项工作纳入正常轨道，进而实施有效的管理。

计划管理的任务为利用现代技术和管理手段，科学合理地使用人力、物力和财力，以生产、经营活动为主体，制定各项专业计划，并经平衡协调形成一个完整的综合计划，在执行中不断改善施工生产经营活动的各项技术经济指标，确保施工各环节有计划进行。

一、施工阶段的划分

施工总进度计划应综合反映工程建设各阶段的主要施工项目及其进度安排，并充分体现总工期的目标要求。编制施工进度计划时，应依据我国施工组织管理水平和施工机械化程度，合理安排施工期，同时，对业主关于施工总工期提出的要求应进行分析论证。对于大中型水利水电工程建设，通常将工程建设全过程划分为四个阶段：

(1)工程筹建期。工程正式开工前，业主应完成的对外交通、施工供电和通信系统、征地、移民以及招标、评标、签约等工作，为主体工程施工承包商具备进场开工条件所需时间。

(2)工程准备期。准备工程开工起至关键线路上的主体工程开工或河道截流闭气前的工期；一般包括："四通一平"、导流工程、临时房屋和施工工厂设施建设等。

(3)主体工程施工期。自关键线路上的主体工程开工或一期围堰截流闭气后开始，至第一台机组发电或工程开始发挥效益为止的工期。

(4)工程完建期。自水电站第一台发电机组投入运行或工程开始受益起，至工程竣工的工期。

编制施工总进度时，工程施工总工期应为后三项工期之和。工程建设相邻两个阶段的工作可交叉进行。

二、施工进度的编制原则

(1)认真贯彻执行国家法律法规，主管部门对本工程建设的指示，应满足国家和上级部门对本工程建设的要求。

(2)力求缩短建设周期,加强与施工组织设计的其他各专业设计密切联系,统筹考虑,并以关键性工程的施工工期和施工程序为主导,协调安排好各单项工程的施工进度,经过必要的方案比较,选择最优方案。

(3)在充分掌握和认真分析基本资料的基础上,尽可能采用先进施工技术、设备,最大限度地组织均衡施工,力争全年施工,加快施工进度。同时,应做到实事求是,留有适当余地,保证工程质量和安全施工。当施工情况发生变化时,要及时调整和落实施工总进度。

(4)充分重视和合理安排准备工程的施工进度,在主体工程开工前,相应各项准备工程应基本完成,为主体工程开工和顺利进行创造条件。

(5)对高坝大库工程,应研究分期建设或分期蓄水的可能性,尽可能减少第一批机组投产前的工程投资。

三、施工进度计划的类型

水利水电工程施工进度计划常用施工进度表等形式表示,施工进度表分为两种类型:

(一)横道图进度计划

横道图也称甘特图,通常在横道图上标有各单项工程主要项目的施工时段、施工工期和平均强度,并有经平衡后汇总的主要施工强度曲线和劳动力需要量曲线。由于它具有图面简单明确,使用时直观易懂等优点,故在实际工程中广泛应用。其缺点是不能反映各分项工程间的逻辑关系,不能反映进度安排的工期、投资或资源的相互制约关系,并且进度的调整修改工作十分复杂,优化也十分困难。

(二)网络图进度计划

网络图是指"由箭线和节点组成的,用来表示工作流程的有限、有间、有序的网络图形",是网络计划技术的基本模型。

网络计划技术,也称网络计划,是进行生产组织与管理的一种方法。它的基本原理是应用网络图形来表示一项计划中各项工作的开展顺序及其相互之间的关系;通过网络图进行时间参数的计算,找出计划中的关键工作和关键线路通过不断改进网络计划,寻求最优方案,以最小的消耗取得最大的经济效果。

网络计划包括双代号网络计划、单代号网络计划、双代号时标网络计划和单代号搭接网络计划等多种类型和总体网络、局部网络、专业网络等多个层次,可根据具体情况选用。编制网络计划应符合国家现行标准《网络计划技术常用术语》(GB/T 13400.1～3—1992)和行业标准《工程网络计划技术规程》(JGJ/T 121—1999)的规定。网络图的绘制步骤见图 13-1。

由于网络计划具有各项目之间关系清楚、便于进度计划的优化调整和计算机的应用等优点,所以在水利水电工程编制的各种进度计划中,常采用网络计划技术。

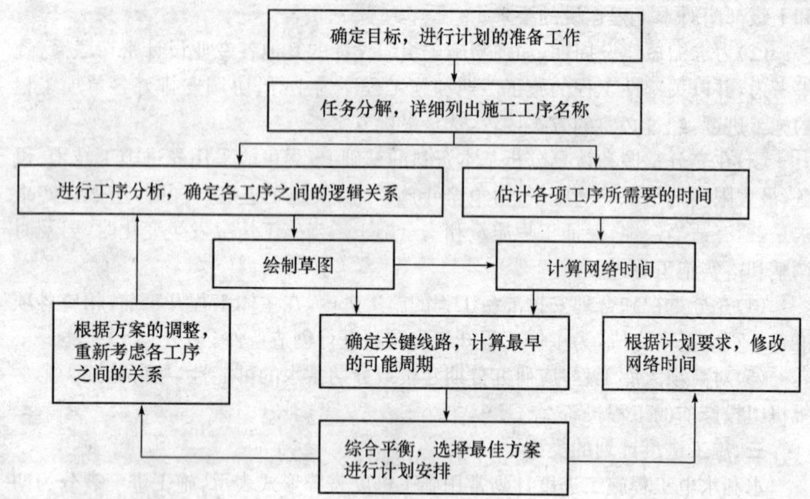

图 13-1　网络图的绘制步骤

1. 双代号网络计划

双代号网络图是由若干表示工作或工序(或施工过程)的箭线和节点组成，每一个工作或工序(或施工过程)都由一根箭线和两个节点表示，根据施工顺序和相互关系，将一项计划用上述符号从左向右绘制而成的网状图形，称为双代号网络图，如图 13-2 和图 13-3 所示。

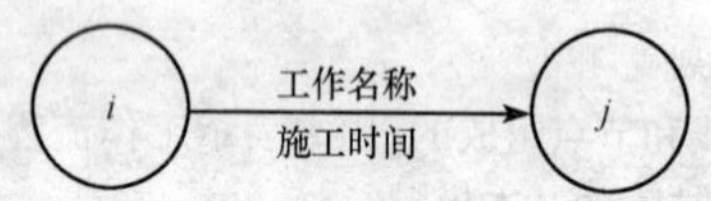

图 13-2　双代号表示法

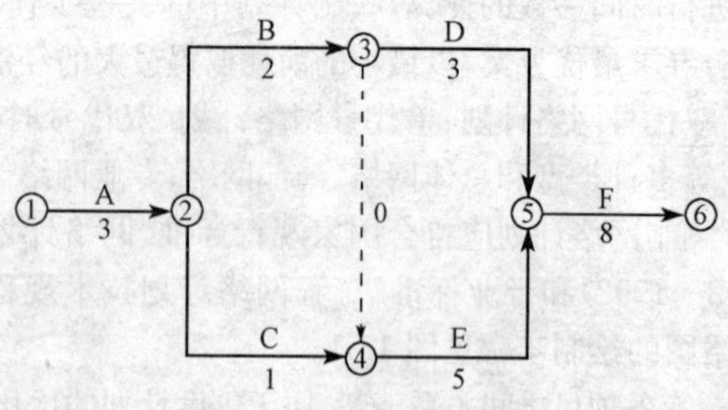

图 13-3　双代号网络图

(1)双代号网络图时间参数的计算。在水利水电工程施工进度计划中,网络计划的时间参数是确定工程计划工期、确定关键线路、关键工作的基础,也是判定非关键工作机动时间和进划优化、计划管理的依据。

计算双代号网络图的时间参数的方法有分析计算法、图上计算法、表上计算法、矩阵计算法、电算法等。图上计算法可适用于工作较少的网络图,其标注方法,如图 13-4 所示。

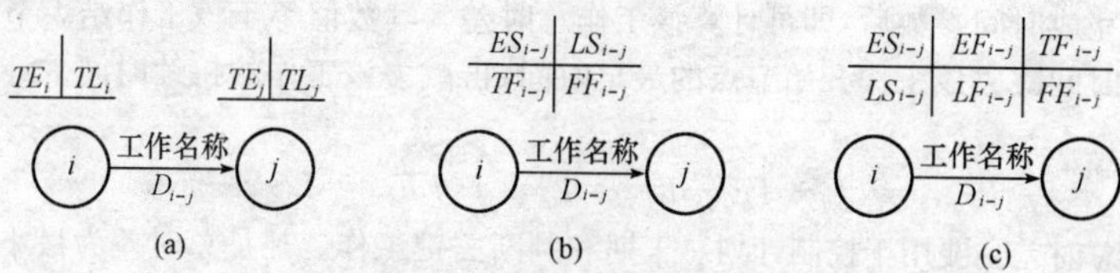

图 13-4　时间参数标注法

(a)节点标注;(b)四时标注;(c)六时标注

1)节点最早时间(TE)。节点时间是指某个瞬时或时点,最早时间的含义是该节点前面工作全部完成后其工作最早此时才可能开始;其计算规则是从网络图的起始节点开始,沿箭头方向逐点向后计算,直至结束节点;其方法是"顺着箭头方向相加,逢箭头相碰的节点取最大值"。计算公式是:

起始节点的最早时间:$TE_i=0$;

中间节点的最早时间:$TE_j=\max[TE_i+D_{i-j}]$;

2)节点最迟时间(TL)。节点最迟时间的含义是其前各工序最迟此时必须完成;其计算规则是从网络图终点节点开始,逆箭头方向逐点向前计算直至起始节点;其方法是"逆着箭线方向相减,逢箭尾相碰的节点取最小值"。计算公式是:

终点节点的最迟时间:$TL_n=TE_n$(或规定工期);

中间节点的最迟时间:$TL_i=\min[TL_j+D_{i-j}]$;

3)工作最早开始时间(ES)。工作最早可能开始时间的含义是该工作最早此时才能开始。它受该工作开始节点最早时间控制,即等于该工作起始节点最早时间。计算公式是:

$$ES_{i-j}=TE_i \tag{13-1}$$

4)工作最早完成时间(EF)。其含义是该工作最早此时才能结束,它受该工作开始节点最早时间控制,即等于该工作起点最早时间加上该项工作的持续时间。计算公式是:

$$EF_{i-j}=TE_i+D_{i-j}=ES_{i-j}+D_{i-j} \tag{13-2}$$

5)工作最迟完成时间(LF)。其含义是该工作此时必须完成。它受工作结束节点最迟时间控制,即等于该项工作结束节点的最迟时间。计算公式是:

$$LF_{i-j}=TL_j \tag{13-3}$$

6)工作最迟开始时间(LS)。其含义是该工作最迟此时必须开始。它受该工作结束节点最迟时间控制,即等于该工作结束节点的最迟时间减去该工作持续时间。计算公式是:

$$LS_{i-j}=TL_i-D_{i-j}=LF_{i-j}-D_{i-j} \tag{13-4}$$

7)工作总时差(TF)。其含义是该工作可能利用的最大机动时间。在这个时间范围内若延长或推迟本工作时间,不会影响总工期。求出节点或工作的开始和完成时间参数后,即可计算该工作总时差。其数值等于该工作结束节点的最迟时间减去该工作开始节点的最早时间,再减去该工作的持续时间。计算公式为:

$$TF_{i-j}=TL_i-TE_i-D_{i-j}=LF_{i-j}-EF_{i-j}=LS_{i-j}-ES_{i-j} \tag{13-5}$$

总时差主要用于控制计划总工期和判断关键工作。凡是总时差为最小的工作就是关键工作,其余工作就是非关键工作。

8)工作自由时差(FF)。其含义是在不影响后续工作按最早可能开始时间开始的前提下,该工作能够自由支配的机动时间。其数值等于该工作结束节点的最早时间减去该工作开始节点的最早时间再减去该工作的持续时间。计算公式是:

$$FF_{i-j}=TE_j-TE_i-D_{i-j}=ES_{j-k}-ES_{i-j}-D_{i-j}=ES_{j-k}-EF_{i-j} \tag{13-6}$$

(2)确定关键线路。计算网络图时间参数的目的是找出关键线路,使得在工作中能抓住主要矛盾。通常,确定关键线路的方法是根据计算的总时差来确定关键工作,将关键工作依次连接起来组成的线路即为关键线路。确定关键线路后,可向关键线路要时间;计算非关键线路上的富余时间,明确其存在多少机动时间,向非关键线路要劳力、要资源;确定总工期,对工程进度做到心中有数,以保证关键工作的按时完工。

2. 单代号网络计划

单代号网络图是网络计划的另一种表示方法。

单代号网络图的一个节点代表一项工作,通常,节点代号、工作名称、作业时间都标注在节点圆圈或方框内,如图13-5所示,而箭线仅表示各项工作之间的逻辑关系,因此,箭线既不占用时间,也不消耗资源,仅用来表示工作之间的顺序关系。用这种表示方法把一项计划中所有工作按先后顺序和其相互之间的逻辑关系,从左至右绘制而成的图形,称为单代号网络图;用这种网络图表示的计划叫做单代号网络计划。

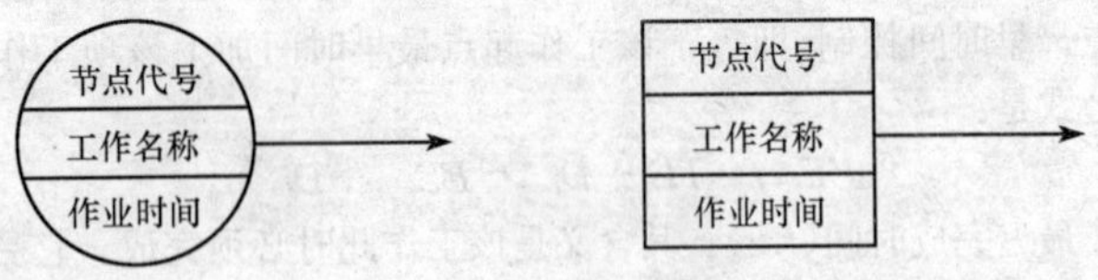

图13-5　单代号表示法

单代号网络图时间参数 ES、LS、EF、LF、TF、FF 的计算与双代号网络图基本相同，只需把双代号改为单代号即可。由于单代号网络图中紧后工作的最早开始时间可能不相等，因而在计算自由时差时，需用紧后工作的最小值作为被减数。

单代号网络计划的时间参数的计算可按下式进行：

$$\left.\begin{aligned}&ES_1=0\\&ES_j=\max\{(ES_i+D_i),1\leqslant i<j\leqslant n\}=\max EF_i\\&LS_i=\min LS_i-D_i=LF_i-D_i\\&TF_i=LF_i-ES_i-D_i=LS_i-ES_i\\&EF_i=\min ES_i-(ES_i+D_i)=\min ES_j-EF_i\end{aligned}\right\}\tag{13-7}$$

式中 D_i——工作的延续时间；

ES_j——工作的最早开始时间；

EF_i——工作的最早完成时间；

LS_i——工作的最迟开始时间；

LF_i——工作的最迟完成时间；

TF_i——工作 i 的总时差。

网络计划结束节点所代表的工作的最迟完成时间应等于计划工期，即 $LF=T$；工作最迟完成时间等于该工作的紧后工作的最迟开始时间的最小值，即

$$LF_i=\min LS_j=\min(LF_j-D_j)\qquad(i<j)\tag{13-8}$$

四、施工进度计划的编制

(一)施工进度计划编制内容

1. 可行性研究阶段

水利水电工程可行性研究阶段，应编制轮廓性施工进度计划。根据工程具体条件和施工特点，对拟定的各种坝址坝型和水工枢纽布置方案，分别进行施工进度的研究工作，提出施工进度资料，参与方案选择和评价水工枢纽布置方案，在既定方案基础上，配合拟定和选择施工导流方案，研究确定主体工程施工分期和施工程序，提出施工控制性进度表及主要工程的施工强度、估算劳动力高峰人数和总工日数。

2. 初步设计阶段

在水利水电工程初步设计阶段，应编制施工总进度计划。根据主管部门对可行性研究报告的审查意见、设计任务书以及实际情况的变化，在参与选择和评价水工枢纽布置方案和配合选择施工导流方案过程中，提出和修改施工控制性进度，对既定水工和施工导流方案的控制性进度，进行方案比较，选择最优方案，以利施工组织设计各专业开展工作。在各专业设计分析研究和论证的基础上，进一步调查、完善、确定施工控制性进度，编制施工总进度和准备工程进度，提出主要施工强度、施工强度曲线、劳动力需要量曲线等资料。

3. 技术设计阶段

在水利水电工程技术设计阶段,应编制单项工程施工总进度计划。根据初步设计编制的施工总进度和水工建筑物形式,工程量的局部修改,结合施工方法和技术供应条件,选择合适的劳动定额,制定单项工程施工进度,并据以调整施工总进度。

(二)施工进度计划编制步骤

1. 收集基本资料

编制施工进度计划一般要具备以下资料:上级主管部门对工程建设开竣工投产的指示和要求;有关工程建设的合同协议;工程勘测和技术经济调查的资料,如水文、气象、地形、地质、水文地质和当地建筑材料等,以及工程所在地区和库区的工矿企业、矿产资源、水库淹没和移民安置等资料;工程规划设计和概预算方面的资料,包括工程规划设计的文件和图纸,主管部门关于投资和定额等资料;国民经济各部门对施工期间防洪、灌溉、航运、放木、供水等方面的要求;施工组织设计其他部分对施工进度的限制和要求,如交通运输能力、技术供应条件、施工分期、施工强度限制等;施工单位施工能力方面的资料等。

2. 编制轮廓性施工进度计划

在进行流域规划阶段和可行性研究阶段,一般基本资料不齐全,但设计方案较多,有些项目尚未进行工作,不可能对主体建筑的施工分期、施工程序进行详细的分析,因此,这一阶段的施工进度,属轮廓性的,称轮廓性施工进度。

在流域规划阶段,轮廓性施工进度计划是最终成果;在可行性研究阶段,是编制控制性施工进度的中间成果,其目的一是为了配合拟定可能成立的导流方案,二是为了对关键性工程项目进行粗略规划,拟定工程的受益日期和总工期,并为编制控制性进度做好准备;在初步设计阶段,可不编制轮廓性进度计划。

轮廓性施工进度,可根据初步掌握的基本资料和水工布置方案,结合其他专业设计的工作,对关键性工程施工分期、施工程序进行粗略的研究之后,参考已建同类工程的施工进度指标,概估工程受益的工期和总工期。

3. 编制控制性施工进度计划

控制性施工进度在可行性设计阶段,是施工总进度的最终成果;在初步设计阶段,是编制施工总进度的重要步骤,并作为中间成果,提供给施工组织设计的有关专业,作为设计工作的初步依据。

控制性施工进度同导流、施工方法设计等专业有密切的联系,在编制过程中,应根据建设总工期的要求,确定施工分期和施工程序,以拦河坝为主要主体建筑的工程,还应解决好施工导流和主体工程施工方法设计之间在进度安排上的矛盾,协调各主体工程在施工中的衔接关系。因此,控制性施工进度的编制必然是一个反复调整的过程。

4. 施工进度方案比较

在可行性研究阶段或初步设计的前期，一般常有几个水工布置方案，对于具有代表性的水工方案，都应编制控制性施工进度计划表，提出施工进度计划指标和对水工方案的评价意见，作为水工布置方案比较的依据之一。有时，对一个水工方案可能做出几种不同的施工方案因而可以编制出多个相应的施工进度方案，需要对施工进度方案进行比较和优选。

5. 编制施工总进度计划表

在初步设计的后期，即选定水工总体布置方案之后，对以拦河坝为主要主体建筑的工程在导流方案确定之后，编制选定方案的施工总进度表。

在编制施工总进度表时，以控制性施工进度为基础，列入非控制性的工程项目，进一步修改、完善控制性施工进度表，并编制各阶段施工形象进度图，绘制劳动力需要量曲线。同时还要提出准备工程施工进度表。准备工程的规模和工程量，由对外交通、施工总布置和辅助企业专业提供。

第二节　成 本 管 理

施工成本控制是施工生产过程中以降低工程成本为目标，对成本的形成所进行的预测、计划、控制、核算、分析等一系列管理工作的总称。

水利水电工程一般投资多，规模庞大，建筑物及设备种类繁多。成本管理应根据国家、水利行业有关工程建设法规、技术规程、技术标准及设计文件和施工合同，以降低工程成本为目标，对成本进行预测、计划和控制。

一、成本控制的原则和依据

（一）项目施工成本控制原则

项目施工成本控制是在成本发生和形成的过程中，对成本进行的监督检查。项目施工成本控制应遵循以下原则。

1. 全面控制原则

（1）项目成本的全员控制。项目成本的全员控制，并不是抽象的概念，而应该有一个系统的实质性内容，其中包括各部门、各单位的责任网络和班组经济核算等等，防止成本控制人人有责又都人人不管；

（2）项目成本的全过程控制。施工项目成本的全过程控制，是指在工程项目确定以后，自施工准备开始，经过工程施工，到竣工交付使用后的保修期结束，其中每一项经济业务，都要纳入成本控制的轨道。

2. 动态控制原则

（1）项目施工是一次性行为，其成本控制应更重视事前、事中控制；

（2）在施工开始之前进行成本预测，确定目标成本，编制成本计划，制订或修订各种消耗定额和费用开支标准；

(3)施工阶段重在执行成本计划，落实降低成本措施实行成本目标管理；

(4)成本控制随施工过程连续进行，与施工进度同步不能时紧时松，不能拖延；

(5)建立灵敏的成本信息反馈系统，使成本责任部门(人员)能及时获得信息、纠正不利成本偏差；

(6)制止不合理开支，把可能导致损失和浪费的苗头消灭在萌芽状态；

(7)竣工阶段成本盈亏已成定局，主要进行整个项目的成本核算、分析、考评。

3. 开源与节流相结合原则

降低项目成本，需要一面增加收入，一面节约支出。因此，每发生一笔金额较大的成本费用，都要查一查有无与其相对应的预算收入，是否支大于收。

4. 目标管理原则

目标管理是贯彻执行计划的一种方法，它把计划的方针、任务、目的和措施等逐一加以分解，提出进一步的具体要求，并分别落实到执行计划的部门、单位甚至个人。

5. 节约原则

(1)施工生产既是消耗资财人力的过程，也是创造财富增加收入的过程，其成本控制也应坚持增收与节约相结合的原则；

(2)作为合同签约依据，编制工程预算时，应“以支定收”，保证预算收入；在施工过程中，要“以收定支”，控制资源消耗和费用支出；

(3)每发生一笔成本费用，都要核查是否合理；

(4)经常性的成本核算时，要进行实际成本与预算收入的对比分析；

(5)抓住索赔时机，搞好索赔、合理力争甲方给予经济补偿；

(6)严格控制成本开支范围，费用开支标准和有关财务制度，对各项成本费用的支出进行限制和监督；

(7)提高施工项目的科学管理水平、优化施工方案，提高生产效率、节约人、财、物的消耗；

(8)采取预防成本失控的技术组织措施，制止可能发生的浪费；

(9)施工的质量、进度、安全都对工程成本有很大的影响，因而成本控制必须与质量控制、进度控制、安全控制等工作相结合、相协调，避免返工(修)损失、降低质量成本，减少并杜绝工程延期违约罚款、安全事故损失等费用支出发生；

(10)坚持现场管理标准化，堵塞浪费的漏洞。

6. 责、权、利相结合原则

要使成本控制真正发挥及时有效的作用，必须严格按照经济责任制的要求。贯彻责、权、利相结合。实践证明，只有责、权、利相结合的成本控制，才是名实相符的项目成本控制。

(二)项目施工成本控制依据

工程项目施工成本控制依据见表13-1。

表13-1 **工程项目施工成本控制依据**

序号	控制依据	说明
1	工程承包合同	施工成本控制要以工程承包合同为依据,围绕降低工程成本这个目标,从预算收入和实际成本两方面,努力挖掘增收节支潜力,以求获得最大的经济效益
2	施工成本计划	施工成本计划是根据施工项目的具体情况制定的施工成本控制方案,既包括预定的具体成本控制目标,又包括实现控制目标的措施和规划,是施工成本控制的指导文件
3	进度报告	进度报告提供了每一时刻工程实际完成量,工程施工成本实际支付情况等重要信息。施工成本控制工作正是通过实际情况与施工成本计划相比较,找出二者之间的差别,分析偏差产生的原因,从而采取措施改进以后的工作。此外,进度报告还有助于管理者及时发现工程实施中存在的隐患,并在事态还未造成重大损失之前采取有效措施,尽量避免损失
4	工程变更	在项目的实施过程中,由于各方面的原因,工程变更是很难避免的。工程变更一般包括设计变更、进度计划变更、施工条件变更、技术规范与标准变更、施工次序变更、工程数量变更等。一旦出现变更,工程量、工期、成本都必将发生变化,从而使得施工成本控制工作变得更加复杂和困难。因此,施工成本管理人员就应当通过对变更要求当中各类数据的计算、分析,随时掌握变更情况,包括已发生工程量、将要发生工程量、工期是否拖延、支付情况等重要信息,判断变更以及变更可能带来的索赔额度等
5	其他	除了上述几种施工成本控制工作的主要依据以外,有关施工组织设计、分包合同文本等也都是施工成本控制的依据

二、施工成本管理的任务及内容

(一)施工成本管理的任务

1. 成本预测

根据成本信息和施工项目的具体情况运用一定的专门方法,对未来的成本水平及其可能的发展趋势作出科学的估计。

2. 成本计划

以货币形式编制施工项目在计划期内的生产费用、成本水平、成本降低率以及为降低成本所采取的措施和规划的书面方案。

3. 成本控制

在施工过程中，坚持按照增收节支、全面控制、责权利相结合的原则对影响施工项目成本的各种因素加强管理，并采取各种有效措施严格控制消耗和费用的支出，及时发现和纠正偏差。

4. 成本核算

按照规定的开支范围对施工期内发生的费用进行归集，并根据成本核算对象，采用适当的方法计算出施工项目的总成本和单位成本。坚持施工形象进度、施工产值统计和实际成本归集“三同步”的原则，以每月作为核算期。

5. 成本分析

在成本形成过程中，对施工项目成本定期进行的对比评价和总结工作。可按照量价分离的原则，用对比法分析影响成本节约或超支的主要因素，也可用连环替代法或差额计算法确定施工项目成本各因素对计划成本的影响程度。

6. 成本考核

施工项目完成后，对施工项目成本形成过程中的责任者，按责任制的规定，将成本的实际指标与计划、定额、预算进行对比和考核，评定施工项目成本计划完成情况和各责任者的业绩，作为奖惩的依据。

（二）施工成本管理的内容

1. 工程投标阶段

(1)根据工程概况和招标文件，联系建筑市场和竞争对手的情况，进行成本预测，提出投标决策意见；

(2)中标以后，应根据项目的建设规模，组建与之相适应的项目经理部，同时以“标书”为依据确定项目的成本目标，并下达给项目经理部。

2. 施工准备阶段

(1)根据设计图纸和有关技术资料，对施工方法、施工顺序、作业组织形式、机械设备选型、技术组织措施等进行认真的研究分析，并运用价值工程原理，制定出科学先进、经济合理的施工方案；

(2)根据企业下达的成本目标，以分部分项工程实物工程量为基础，联系劳动定额、材料消耗定额和技术组织措施的节约计划，在优化的施工方案的指导下，编制明细而具体的成本计划，并按照部门、施工队和班组的分工进行分解，作为部门、施工队和班组的责任成本落实下去，为今后的成本控制做好准备；

(3)间接费用预算的编制及落实。根据项目建设时间的长短和参加建设人数的多少，编制间接费用预算，并对上述预算进行明细分解，以项目经理部有关部门(或业务人员)责任成本的形式落实下去，为今后的成本控制和绩效考评提供依据。

3. 施工阶段

(1)加强施工任务单和限额领料单的管理,特别要做好每一个分部分项工程完成后的验收(包括实际工程量的验收和工作内容、工程质量、文明施工的验收),以及实耗人工、实耗材料的数量核对,以保证施工任务单和限额领料单的结算资料绝对正确,为成本控制提供真实可靠的数据;

(2)将施工任务单和限额领料单的结算资料与施工预算进行核对,计算分部分项工程的成本差异,分析差异产生的原因,并采取有效的纠偏措施;

(3)做好月度成本原始资料的收集和整理,正确计算月度成本,分析月度预算成本与实际成本的差异。对于一般的成本差异要在充分注意不利差异的基础上,认真分析有利差异产生的原因,以防对后续作业成本产生不利影响或因质量低劣而造成返工损失;对于盈亏比例异常的现象,则要特别重视,并在查明原因的基础上,采取果断措施,尽快加以纠正;

(4)在月度成本核算的基础上,实行责任成本核算。也就是利用原有会计核算的资料,重新按责任部门或责任者归集成本费用,每月结算一次,并与责任成本进行对比,由责任部门或责任者自行分析成本差异和产生差异的原因,自行采取措施纠正差异,为全面实现责任成本创造条件;

(5)经常检查对外经济合同的履约情况,为顺利施工提供物质保证。如遇拖期或质量不符合要求时,应根据合同规定向对方索赔;对缺乏履约能力的单位,要采取断然措施,立即中止合同,并另找可靠的合作单位,以免影响施工,造成经济损失;

(6)定期检查各责任部门和责任者的成本控制情况,检查成本控制责、权、利的落实情况(一般为每月一次)。发现成本差异偏高或偏低的情况,应会同责任部门或责任者分析产生差异的原因,并督促他们采取相应的对策来纠正差异,如有因责、权、利不到位而影响成本控制工作的情况,应针对责、权、利不到位的原因,调整有关各方的关系,落实责、权、利相结合的原则,使成本控制工作得以顺利进行。

4. 竣工验收阶段

(1)精心安排,干净利落地完成工程竣工扫尾工作,把竣工扫尾时间缩短到最低限度;

(2)重视竣工验收工作,顺利交付使用。在验收以前,要准备好验收所需要的各种书面资料(包括竣工图)送甲方备查;对验收中甲方提出的意见,应根据设计要求和合同内容认真处理,如果涉及费用,应请甲方签证,列入工程结算;

(3)及时办理工程结算。一般来说,工程结算造价=原施工图预算±增减账,在工程结算时为防止遗漏,在办理工程结算以前,要求项目预算员和成本员进行一次认真全面的核对;

(4)在工程保修期间,应由项目经理指定保修工作的责任者,并责成保修责任者根据实际情况提出保修计划(包括费用计划),以此作为控制保修费用的依据。

三、成本计划的编制方法

施工项目成本计划工作主要是在项目经理负责下,在成本预测、决策基础上进行的。编制中的关键前提是确定目标,这是成本计划的核心,是成本管理所要达到的目的。成本目标通常以项目成本总降低额和降低率来定量地表示。项目成本目标的方向性、综合性和预策性决定了必须选择科学的确定目标的方法。

施工项目成本计划常用的编制方法有定额估算法、直接估算法、计划成本法和定率估算法。

(一)定额估算法

在概、预算编制力量较强、定额比较完备的情况下,特别是施工图预算与施工预算编制经验比较丰富的施工企业,工程项目的成本目标可由定额估算法产生。应用定额估算法编制施工项目成本计划按下列步骤进行:

(1)根据已有的投标、预算资料,求出中标合同价与施工图预算的总价格差以及施工图预算与施工预算的总价格差。

(2)对施工预算未能包括的项目,参照定额进行估算。

(3)对实际成本与定额差距大的子项,按实际支出水平估算出实际与定额水平之差。

(4)考虑价格因素,不可预见和工期制约等风险因素,进行测算调整。

(5)综合计算项目的成本降低额和降低率。

(二)直接估算法

以施工图和施工方案为依据,以计划人工、机械、材料等消耗量和实际价格为基础,由项目经理部各职能部门(或人员)归口计算各项计划成本,据此估算项目的实际成本,确定目标成本。

直接估算法的具体步骤是将施工项目逐级分解为便于估算的小项,按小项自下而上估算,然后进行汇总,即可得到整个施工项目的估算数据。最后,再考虑风险和物价的影响,并予以调整。

(1)人工费的计划成本。由项目管理班子的劳资部门(人员)计算。

$$\text{人工费的计划成本} = \text{计划用工量} \times \text{实际水平的工资率} \tag{13-9}$$

$$\text{计划用工量} = \sum(\text{某项工程量} \times \text{工日定额}) \tag{13-10}$$

工日定额可根据实际水平,考虑先进性,适当提高定额值。

(2)材料费的计划成本。由项目管理班子的材料部门(人员)计算。

$$\begin{aligned}\text{材料费的计划成本} = &\sum(\text{主要材料的计划用量} \times \text{实际价格}) \\ &+ \sum(\text{装饰材料的计划用量} \times \text{实际价格}) \\ &+ \sum(\text{周转材料的使用量} \times \text{日期} \times \text{租赁价格}) \\ &+ \sum(\text{构配件的计划用量} \times \text{实际价格}) + \text{工程用水的水费}\end{aligned} \tag{13-11}$$

(3)机械使用费的计划成本。由项目管理班子的机械管理部门(人员)计算。

机械使用费的计划成本＝∑(施工机械的计划台班×规定的台班单价)

[或＝∑(施工机械的计划使用台班数×机械租赁单价)

＋机械施工用电的电费] (13-12)

(4)其他直接费的计划成本。由项目管理班子的施工生产部门和材料部门(人员)共同计算。计算的内容包括现场搬运费、临时设施摊销费、使用生产工具用具的费用、工程定位复测费、工程交点费以及场地清理费等的费用测算。

(5)间接费用计划成本,由施工项目经理部的财务成本人员计算。一般根据施工项目管理部内的计划职工平均人数按历史成本的间接费用以及压缩费用的措施人均支出数进行测算。

(三)计划成本法

施工项目成本计划中计划成本的编制方法,通常有施工预算法、技术节约措施法。

(1)施工预算法。施工预算法是指主要以施工图中的工程实物量,套以施工工料消耗定额,计算工料消耗量,并进行工料汇总,然后统一以货币形式反映其施工生产耗费水平。

(2)技术节约措施法。技术节约措施法是指该施工项目计划采取的技术组织措施和节约措施所能取得的经济效果为施工项目成本降低额,然后求施工项目的计划成本的方法。用公式表示为:

$$\text{施工项目计划成本}=\text{施工项目预算成本}-\text{技术节约措施计划节约额(降低成本额)} \quad (13\text{-}13)$$

(3)成本习性法。成本习性法是固定成本和变动成本在编制成本计划中的应用,主要按照成本习性,将成本分成固定成本和变动成本两类,以此作为计划成本。具体划分可采用费用分解法。

(四)定率估算法

当项目过于庞大或复杂时,可采用定率估算法。此法先将工程项目分为少数几个子项,然后参照同类项目的历史数据,采用数学平均值法计算子项成本降低率,再算出子项成本降低额,汇总得出整个项目成本降低额、降低率。

四、施工成本分析

施工项目的成本分析,就是根据统计核算、业务核算和会计核算提供的资料,对项目成本的形成过程和影响成本升降的因素进行分析,以寻求进一步降低成本的途径(包括项目成本中的有利偏差的挖潜和不利偏差的纠正);另一方面,通过成本分析,可从账簿、报表反映的成本现象看清成本的实质,从而增强项目成本的透明度和可控性,为加强成本控制,实现项目成本目标创造条件。由此可见,施工项目成本分析,也是降低成本、提高项目经济效益的重要手段之一。

(一)成本分析原则

1. 实事求是的原则

在成本分析中,必然会涉及一些人和事,因此要注意人为因素的干扰。成本分析一定要有充分的事实依据,对事物进行实事求是的评价。

2. 用数据说话的原则

成本分析要充分利用统计核算和有关台账的数据进行定量分析,尽量避免抽象的定性分析。

3. 注重时效的原则

施工项目成本分析贯穿于施工项目成本管理的全过程。这就要求要及时进行成本分析,及时发现问题,及时予以纠正,否则,就有可能贻误解决问题的最好时机,造成成本失控、效益流失。

4. 为生产经营服务的原则

成本分析不仅要揭露矛盾,而且要分析产生矛盾的原因,提出积极有效的解决矛盾的合理化建议。这样的成本分析,必然会深得人心,从而受到项目经理部有关部门和人员的积极支持与配合,使施工项目成本分析更健康地开展下去。

(二)成本分析依据

1. 会计核算

会计核算主要是价值核算。会计是对一定单位的经济业务进行计量、记录、分析和检查,做出预测,参与决策,实行监督,旨在实现最优经济效益的一种管理活动。由于会计记录具有连续性、系统性、综合性等特点,所以它是施工成本分析的重要依据。

2. 业务核算

业务核算是各业务部门根据业务工作的需要而建立的核算制度,它包括原始记录和计算登记表,如单位工程及分部分项工程进度登记,质量登记,工效、定额计算登记,物资消耗定额记录,测试记录等等。业务核算的目的,在于迅速取得资料,在经济活动中及时采取措施进行调整。

3. 统计核算

统计核算是利用会计核算资料和业务核算资料,把企业生产经营活动客观现状的大量数据,按统计方法加以系统整理,表明其规律性。它的计量尺度比会计宽,可以用货币计算,也可以用实物或劳动量计量。它通过全面调查和抽样调查等特有的方法,不仅能提供绝对数指标,还能提供相对数和平均数指标,可以计算当前的实际水平,确定变动速度,可以预测发展的趋势。

(三)成本分析方法

1. 成本分析的基本方法

(1)比较法。比较法,又称“指标对比分析法”,就是通过技术经济指标的对比，检查目标的完成情况，分析产生差异的原因，进而挖掘内部潜力的方法，这种方法，具有通俗易懂、简单易行、便于掌握的特点，因而得到了广泛的应用，但在应用时必须注意各技术经济指标的可比性。

(2)因素分析法。因素分析法又称连环置换法，这种方法可用来分析各种因素对成本的影响程度。在进行分析时，首先要假定众多因素中的一个因素发生了变化，而其他因素则不变，然后逐个替换，分别比较其计算结果，以确定各个因素的变化对成本的影响程度。

(3)差额计算法。差额计算法是因素分析法的一种简化形式，它利用各个因素的目标值与实际值的差额来计算其对成本的影响程度。

(4)比率法。比率法是指用两个以上的指标的比例进行分析的方法。它的基本特点是：先把对比分析的数值变成相对数，再观察其相互之间的关系。

2. 综合成本的分析方法

(1)分部分项工程成本分析。分部分项工程成本分析的对象为已完成分部分项工程，分析的方法是：

1)进行预算成本、目标成本和实际成本的"三算"对比；

2)分别计算实际偏差和目标偏差，分析偏差产生的原因，为今后的分部分项工程成本寻求节约途径。

(2)月(季)度成本分析。月(季)度成本分析的依据是当月(季)的成本报表。分析的方法，通常有以下几个方面：

1)通过实际成本与预算成本的对比，分析当月(季)的成本降低水平；通过累计实际成本与累计预算成本的对比，分析累计的成本降低水平，预测实现项目成本目标的前景；

2)通过实际成本与目标成本的对比，分析目标成本的落实情况，以及目标管理中的问题和不足，进而采取措施，加强成本管理，保证成本目标的落实；

3)通过对各成本项目的成本分析，可以了解成本总量的构成比例和成本管理的薄弱环节；

4)通过主要技术经济指标的实际与目标对比，分析产量、工期、质量、"三材"节约率、机械利用率等对成本的影响；

5)通过对技术组织措施执行效果的分析，寻求更加有效的节约途径；

6)分析其他有利条件和不利条件对成本的影响。

(3)年度成本分析。年度成本分析的依据是年度成本报表。年度成本分析的内容，除了月(季)度成本分析的六个方面以外，重点是针对下一年度的施工进展情况规划提出切实可行的成本管理措施，以保证施工项目成本目标的实现。

(4)竣工成本的综合分析。单位工程竣工成本分析，应包括以下三方面内容：

1)竣工成本分析；

2)主要资源节超对比分析；

3)主要技术节约措施及经济效果分析。

(四)影响施工项目成本的因素

影响施工项目成本变动的因素有两个方面,一是外部的属于市场经济的因素,二是内部的属于企业经营管理的因素。这两方面的因素在一定条件下,又是相互制约和相互促进的。影响施工项目成本变动的市场经济因素主要包括施工企业的规模和技术装备水平,施工企业专业化和协作的水平以及企业员工的技术水平和操作的熟练程度等几个方面,这些因素不是在短期内所能改变的。因此,应将施工项目成本分析的重点放在影响施工项目成本升降的内部因素上,见表 13-2。

表 13-2　影响施工项目成本升降的内部因素

序号	内部因素	说　明
1	材料、能源利用效果	在其他条件不变的情况下,材料、能源消耗定额的高低,直接影响材料、燃料成本的升降。材料、燃料价格的变动,也直接影响产品成本的升降
2	机械设备的利用效果	在机械设备的使用过程中,必须以满足施工需要为前提,加强机械设备的平衡调度,充分发挥机械的效用;同时,还要加强平时的机械设备的维修保养工作,提高机械的完好率,保证机械的正常运转
3	施工质量水平的高低	对施工企业来说,提高施工项目质量水平就可以降低施工中的故障成本,减少未达到质量标准而发生的一切损失费用,但这也意味着为保证和提高项目质量而支出的费用就会增加。可见,施工质量水平的高低也是影响施工项目成本的主要因素之一
4	人工费用水平的合理性	人工费用水平的合理性是指人工费既不过高,也不过低。如果人工费过高,就会增加施工项目的成本,而人工费过低,工人的积极性不高,施工项目的质量就有可能得不到保证
5	其他影响施工项目成本变动的因素	其他影响施工项目成本变动的因素,包括除上述四项以外的措施费用以及为施工准备、组织施工和管理所需要的费用

(五)降低工程施工成本的直接途径和措施

降低工程施工成本的直接途径和措施见表 13-3。

表 13-3　　降低工程施工成本的直接途径和措施

序号	途径与措施	说　明
1	认真审核图纸，积极提出修改意见	(1)施工单位应该在满足用户要求和保证工程质量的前提下，联系项目施工的主客观条件，对设计图纸进行认真的会审，并提出积极的修改意见，在取得用户和设计单位的同意后，修改设计图纸，同时办理增减账； (2)在会审图纸的时候，对于结构复杂、施工难度高的项目，更要加倍认真，并且要从方便施工，有利于加快工程进度和保证工程质量，又能降低资源消耗、增加工程收入等方面综合考虑，提出有科学根据的合理化建议，争取建设单位和设计单位的认同
2	制订先进合理、经济实用的施工方案	(1)施工方案主要包括四项内容：施工方法的确定、施工机具的选择、施工顺序的安排和流水施工的组织。正确选择施工方案是降低成本关键所在； (2)制定施工方案要以合同工期和上级要求为依据，联系项目的规模、性质、复杂程度、现场条件、装备情况、人员素质等因素综合考虑； (3)同时制定两个或两个以上的先进可行的施工方案，以便从中优选最合理、最经济的一个
3	切实落实技术组织措施	落实技术组织措施，走技术与经济相结合的道路，以技术优势来取得经济效益，是降低项目成本的又一个关键。一般情况下，项目应在开工以前根据工程情况制定技术组织措施计划，作为降低成本计划的内容之一列入施工组织设计，在编制月度施工作业计划的同时，也可以按照作业计划的内容编制月度技术组织措施计划
4	组织流水施工，加快施工进度	(1)凡按时间计算的成本费用，在加快施工进度缩短施工周期的情况下，都会有明显的节约。除此之外，还可从用户那里得到一笔提前竣工奖； (2)为加快施工进度，将会增加一定的成本支出。因此在签订合同时，应根据用户和赶工的要求，将赶工费列入施工图预算。如果事先并未明确，而由用户在施工中临时提出要求，则应该请用户签字，费用按实计算； (3)在加快施工进度的同时，必须根据实际情况，组织均衡施工，确实做到快而不乱以免发生不必要的损失

续表

序号	途径与措施	说　明
5	降低材料成本	(1)加强材料采购、运输、收发、保管等工作,减少各环节的损耗,节约采购费用; (2)加强现场材料管理,组织分批进场,减少搬运; (3)对进场材料的数量、质量要严格签收,实行材料的限额领料; (4)推广使用新技术、新工艺、新材料; (5)制定并贯彻节约材料措施,合理使用材料,扩大代用材料、修旧利废和废料回收
6	降低机械使用费	(1)结合施工方案的制定,从机械性能、操作运行和台班成本等因素综合考虑,选择最适合项目施工特点的施工机械,要求做到既实用又经济; (2)做好工序、工种机械施工的组织工作,最大限度地发挥机械效能;同时,对机械操作人员的技能也要有一定的要求,防止因不规范操作或操作不熟练影响正常施工,降低机械利用率; (3)做好平时的机械维修保养工作,使机械始终保持完好状态,随时都能正常运转。严禁在机械维修时将零部件拆东补西,人为地损坏机械
7	以激励机制调动职工增产节约的积极性	(1)对关键工序施工的关键班组要实行重奖; (2)对材料操作损耗特别大的工序,可由生产班组直接承包; (3)实行钢模零件和脚手螺丝有偿回收; (4)实行班组落手清承包
8	加强合同管理,增创工程收入	(1)深入研究招标文件和投标策略,正确编制施工图概预算,在此基础上,充分考虑可能发生的成本费用,正确编制施工图概预算; (2)加强合同管理,及时办理增减账和进行索赔。项目承包方要加强合同的管理,要利用合同赋予的权力,开展索赔工作,及时办理增减账手续,通过工程款结算从业主那里得到补偿

第三节　质量管理

一、质量计划编制

(一)施工项目质量计划的编制内容

施工项目质量计划是指确定施工项目的质量目标和如何达到这些质量目标所规定的必要的作业过程、专门的质量措施和资源等工作。

施工项目质量计划的主要内容包括：

(1)编制依据。

(2)项目概述。

(3)质量目标。

(4)组织机构。

(5)质量控制及管理组织协调的系统描述。

(6)必要的质量控制手段，施工过程、服务、检验和试验程序及与其相关的支持性文件。

(7)确定关键过程和特殊过程及作业指导书。

(8)与施工阶段相适应的检验、试验、测量、验证要求。

(9)更改和完善质量计划的程序。

(二)施工项目质量计划的编制依据

施工项目质量计划编制的主要依据有：

(1)工程承包合同、设计文件。

(2)施工企业的《质量手册》及相应的程序文件。

(3)施工操作规程及作业指导书。

(4)各专业工程施工质量验收规范。

(5)《建筑法》、《建设工程质量管理条例》、环境保护条例及法规；

(6)安全施工管理条例等。

(三)施工项目质量计划的编制要求

施工项目质量计划应由项目经理主持编制。质量计划作为对外质量保证和对内质量控制的依据文件，应体现施工项目从分项工程、分部工程到单位工程的过程控制，同时也要体现从资源投入到完成工程质量最终检验和试验的全过程控制。施工项目质量计划编制的要求主要包括以下几个方面。

1. 质量目标

合同范围内的全部工程的所有使用功能符合设计(或更改)图纸要求。分项、分部、单位工程质量达到既定的施工质量验收统一标准，合格率100%。

2. 管理职责

项目经理是本工程实施的最高负责人，对工程符合设计、验收规范、标准要求负责；对各阶段、各工号按期交工负责。项目经理委托项目质量副经理(或技术负责人)负责本工程质量计划和质量文件的实施及日常质量管理工作；当有更改时，负责更改后的质量文件活动的控制和管理。

3. 资源提供

规定项目经理部管理人员及操作工人的岗位任职标准及考核认定方法。规定项目人员流动时进出人员的管理程序。规定人员进场培训(包括供方队伍、临时工、新进场人员)的内容、考核、记录等。规定对新技术、新结构、新材料、新设备修订的操作方法和操作人员进行培训并记录等。规定施工所需的临时设施(含临建、办公设备、住宿房屋等)、支持性服务手段、施工设备及通讯设备等。

4. 工程项目实现过程策划

规定施工组织设计或专项项目质量的编制要点及接口关系。规定重要施工过程的技术交底和质量策划要求。规定新技术、新材料、新结构、新设备的策划要求。规定重要过程验收的准则或技艺评定方法。

5. 材料、机械、设备、劳务及试验等采购控制

由企业自行采购的工程材料、工程机械设备、施工机械设备、工具等,质量计划作如下规定:

(1)对供方产品标准及质量管理体系的要求。

(2)选择、评估、评价和控制供方的方法。

(3)必要时对供方质量计划的要求及引用的质量计划。

(4)采购的法规要求。

(5)有可追溯性(追溯所考虑对象的历史、应用情况或所处场所的能力)要求时,要明确追溯内容的形成、记录、标志的主要方法。

(6)需要的特殊质量保证证据。

6. 施工工艺过程的控制

对工程从合同签订到交付全过程的控制方法做出规定。对工程的总进度计划、分段进度计划、分包工程的进度计划、特殊部位进度计划、中间交付的进度计划等做出过程识别和管理规定。

7. 搬运、贮存、包装、成品保护和支付过程的控制

规定工程实施过程在形成的分项、分部、单位工程的半成品、成品保护方案、措施、交接方式等内容,作为保护半成品、成品的准则。规定工程期间交付、竣工交付、工程的收尾、维护、验评、后续工作处理的方案、措施,作为管理的控制方式。规定重要材料及工程设备的包装防护的方案及方法。

8. 安装和调试的过程控制

对于工程水、电、暖、电讯、通风、机械设备等的安装、检测、调试、验评、交付、不合格的处置等内容规定方案、措施、方式。由于这些工作同土建施工交叉配合较多,因此对于交叉接口程序、验证哪些特性、交接验收、检测、试验设备要求、特殊要求等内容要做明确规定,以便各方面实施时遵循。

9. 检验、试验和测量的过程控制

规定材料、构件、施工条件、结构形式在什么条件、什么时间必须进行检验、试验、复验,以验证是否符合质量和设计要求,如钢材进场必须进行型号、钢种、炉号、批量等内容的检验,不清楚时要进行取样试验或复验。

10. 检验、试验、测量设备的过程控制

规定要在本工程项目上使用所有检验、试验、测量和计量设备的控制和管理

制度，包括：

(1)设备的标识方法。

(2)设备校准的方法。

(3)标明、记录设备准状态的方法。

(4)明确哪些记录需要保存，以便一旦发现设备失准时，便确定以前的测试结果是否有效。

11. 不合格品的控制

要编制工种、分项、分部工程不合格产品出现的方案、措施，以及防止与合格之间发生混淆的标识和隔离措施。规定哪些范围不允许出现不合格；明确一旦出现不合格哪些允许修补返工，哪些必须推倒重来，哪些必须局部更改设计或降级处理。

二、工程设计质量管理

(一)质量管理内容

(1)正确贯彻执行国家建设法律法规和各项技术标准；

(2)保证设计方案的技术经济合理性、先进性和实用性，满足业主提出的各项功能要求，控制工程造价，达到项目技术计划的要求；

(3)设计文件应符合国家规定的设计深度要求，并注明工程合理使用年限；

(4)设计图纸必须按规定具有国家批准的出图印章及建筑师、结构工程师的执业印章，并按规定经过有效审图程序。

(二)质量控制方法

(1)根据项目建设要求和有关批文、资料，组织设计招标及设计方案竞赛；

(2)对勘察、设计单位的资质业绩进行审查，优选勘察、设计单位，签订勘察设计合同，并在合同中明确有关设计范围、要求、依据及设计文件深度及有效性要求；

(3)根据建设单位对设计功能、等级等方面的要求，根据国家有关建设法规、标准的要求及建设项目环境条件等方面的情况，控制设计输入，做好建筑设计、专业设计、总体设计等不同工种的协调，保证设计成果的质量；

(4)控制各阶段的设计深度，并按规定组织设计评审，按法规要求对设计文件进行审批(如：对扩初设计、设计概预算、有关专业设计等)，保证各阶段设计符合项目策划阶段提出的质量要求，提交的施工图满足施工的要求，工程造价符合投资计划的要求；

(5)组织施工图图纸会审，吸取建设单位、施工单位、监理单位等方面对图纸问题提出的意见，以保证施工顺利进行；

(6)落实设计变更审核，控制设计变更质量，确保设计变更不导致设计质量的下降。并按规定在工程竣工验收阶段，在对全部变更文件、设计图纸校对及施工质量检查的基础上，出具质量检查报告，确认设计质量及工程质量满足设计要求。

三、施工质量控制

(一)施工项目质量控制原则

对施工项目而言,质量控制,就是为了确保合同、规范所规定的质量标准,所采取的一系列检测、监控措施、手段和方法。在进行施工项目质量控制过程中,应遵循以下几点原则:

1. 坚持“质量第一,用户至上”

社会主义商品经营的原则是“质量第一,用户至上”。建筑产品作为一种特殊的商品,使用年限较长,是“百年大计”,直接关系到人民生命财产的安全。所以,工程项目在施工中应自始至终地把“质量第一,用户至上”作为质量控制的基本原则。

2. 以人为核心

人是质量的创造者,质量控制必须“以人为核心”,把人作为控制的动力,调动人的积极性、创造性;增强人的责任感,树立“质量第一”观念;提高人的素质,避免人的失误;以人的工作质量保工序质量、促工程质量。

3. 以预防为主

“以预防为主”,就是要从对质量的事后检查把关,转向对质量的事前控制、事中控制;从对产品质量的检查,转向对工作质量的检查、对工序质量的检查、对中间产品的质量检查。这是确保施工项目的有效措施。

4. 坚持质量标准、严格检查,一切用数据说话

质量标准是评价产品质量的尺度,数据是质量控制的基础和依据。产品质量是否符合质量标准,必须通过严格检查,用数据说话。

5. 贯彻科学、公正、守法的职业规范

建筑施工企业的项目经理,在处理质量问题过程中,应尊重客观事实,尊重科学,正直、公正,不持偏见;遵纪、守法,杜绝不正之风;既要坚持原则、严格要求、秉公办事,又要谦虚谨慎、实事求是、以理服人、热情帮助。

(二)施工项目质量控制程序

建设工程项目施工质量控制程序见图13-6。

(三)施工项目质量控制过程

任何工程项目都是由分项工程、分部工程和单位工程所组成的,而工程项目的建设,则通过一道道工序来完成。所以,施工项目的质量管理是从工序质量到分项工程质量、分部工程质量、单位工程质量的系统控制过程(图13-7);也是一个由对投入原材料的质量控制开始,直到完成工程质量检验为止的全过程的系统过程(图13-8)。

(四)影响施工项目质量的因素

影响施工项目质量的因素主要有五大方面,即4M1E,指:人(man)、材料(material)、机械(machine)、方法(method)和环境(environment),如图13-9所示。事前对这五方面的因素严加控制,是保证施工项目质量的关键。

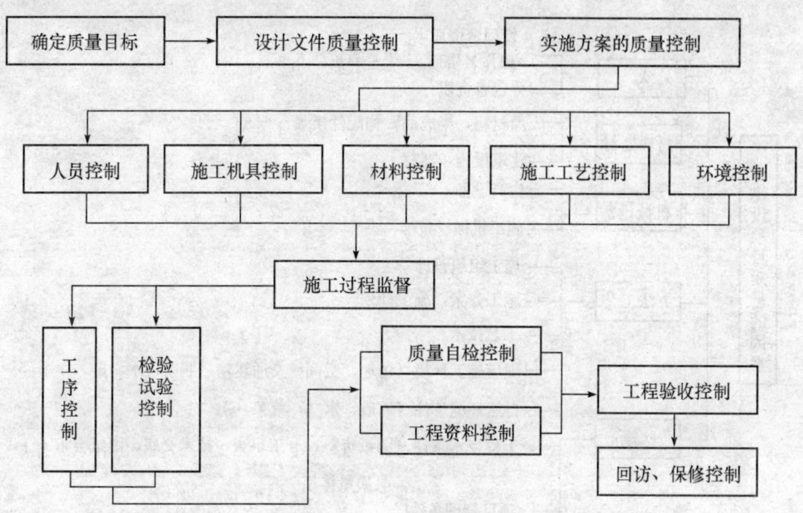

图 13-6　施工质量控制程序

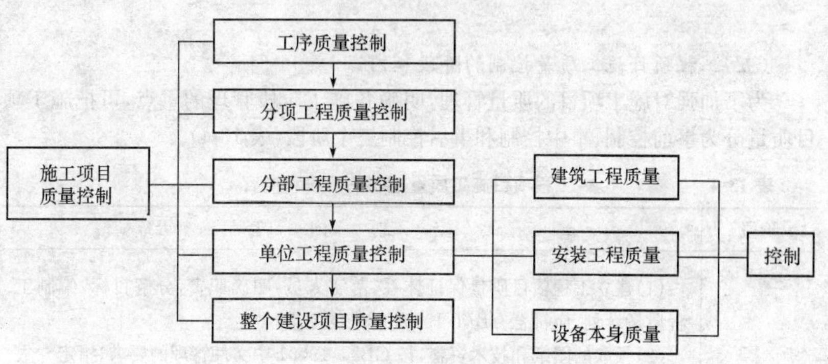

图 13-7　施工项目质量控制过程(一)

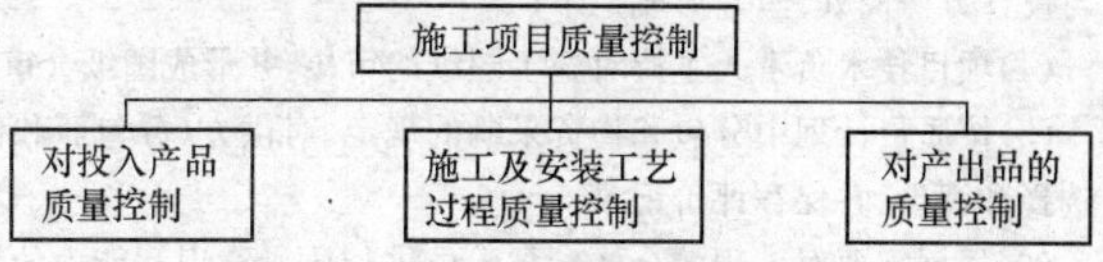

图 13-8　施工项目质量控制过程(二)

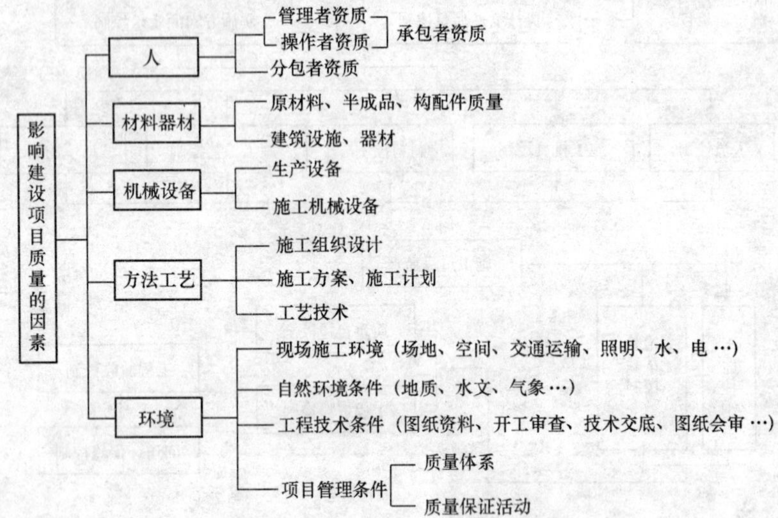

图 13-9　影响工程质量的因素构成

（五）工程项目施工质量控制的阶段和内容

为了加强对施工项目的质量管理，明确各施工阶段管理的重点，可把施工项目质量分为事前控制、事中控制和事后控制三个阶段（表 13-4）。

表 13-4　工程项目施工质量控制的阶段和内容

阶段	控制内容
施工准备（事前控制）	（1）建立工程项目质量保证体系，落实人员，明确职责，分解目标，编制工程质量计划，应符合 GB/T 19001 标准的要求； （2）领取的图纸和技术资料，按 GB/T 19001 中文件管理的要求，指定专人管理文件，并公布有效文件清单； （3）依据设计文件和设计技术交底的工程控制点进行复测。发现问题应与设计方协商处理，并形成记录； （4）项目技术负责人主持对施工图纸的审核，并形成图纸会审记录； （5）按质量计划中分包和物资采购的规定，对供方（分包商和供应商）进行选择和评价，并保存评价记录； （6）根据需要对工程的全体参与人员进行质量意识和能力的培训，并保存培训记录

续表

阶段	控　制　内　容
施工过程（事中控制）	(1)分阶段、分层次在开工前进行技术交底，并保存交底记录； (2)材料的采购、验收、保管应符合质量控制的要求，做到在合格供应商名录中按计划招标采购，做好材料的数量、质量的验收，并进行分类标识、保管，保证进场材料符合国家或行业标准。重要材料要做好追溯记录； (3)按计划配备施工机械，保证施工机具的能力，使用和维护保养应满足质量控制的要求，对机械操作人员的资格进行确认； (4)计量器具的使用、保管、维修和周期检定应符合有关规定； (5)参与项目的所有人员的资格确认，包括管理人员和施工人员。特别是从事特种作业和特种设备操作的人员，应严格按规定经考核后持证上岗； (6)加强工序控制，按标准、规范、规程进行施工和检验，对发现的问题及时进行妥善处理。对关键工序（过程）和特殊工序（过程）必须进行有效控制； (7)工程变更和图纸修改的审查、确认
竣工验收（事后控制）	(1)工程完工后，应按规范的要求进行功能性试验或试车，确认满足使用要求，并保存最终试验和检验结果； (2)对施工中存在的质量缺陷，按不合格控制程序进行处理，确认所有不符合都已得到纠正； (3)收集整理施工过程中形成的所有资料、数据和文件，按要求编制竣工图； (4)对工程再一次进行自检，确认符合要求后申请建设单位组织验收，并作好移交的准备； (5)听取用户意见，实施回访保修

第四节　安全管理

一、施工安全管理的基本要求

水利工程施工安全管理涉及用电、防火、爆破、人员安全、警示性标志及作业场所卫生等方面的要求。针对工程特点、施工方法及机械设备等情况，应编制具体的安全技术措施和安全操作规程，施工前进行技术交底。

（一）施工人员安全要求

施工管理及工程专业技术人员应熟悉水利水电工程建筑安装的安全技术工作规程的各项规定，不同工种施工者必须熟悉本工种的安全操作规程。现场施工人员必须按规定穿戴好防护用品和必要的安全防护用具，严禁穿拖鞋、高跟鞋或赤脚工作。严禁在铁路、公路、洞口或山坡下等不安全地区停留和休息。

对于患有高血压、心脏病、贫血、精神病及其他不适于高处作业病症的人员，不得从事高处作业。在坝顶、陡坡、屋顶、悬崖、杆塔、吊桥脚手架及其他危险边沿进行悬空高处作业时，临空一面必须搭设安全网或防护栏杆。工作人员必须拴好安全带，戴好安全帽。

在带电体附近进行高处作业时，须满足距带电体的最小安全距离；如遇特殊情况，则必须采取可靠的措施确保作业安全。

(二)施工设施(设备)管理要求

施工现场存放的材料、设备，应做到场地安全可靠、存放整齐，必要时设专人看护；各种施工设施、管道线路等，应符合防火、防爆、防洪、防风、防坍塌及工业卫生等要求。施工现场电气设备和线路应配置触电防护器，以防止因潮湿漏电和绝缘损坏引起触电及设备事故。

挖掘机工作时，任何人不得进入挖掘机的危险半径以内。搬运器材和使用工具时，须注意自身安全和四周人员的安全。起重机使用前须试车，检查挂钩、钢丝绳及电气等；使用时禁止任何人员站在吊运物品上或下面停留、行走；物件悬空时，驾驶人员不得离开操作岗位。

此外，施工现场排水设施应进行规划，排水通畅且不妨碍正常交通。

(三)施工防火安全管理要求

工程施工中，施工现场的用火作业区距所建的建筑物和其他区域的距离应不小于 25m，距生活区的距离不小于 15m。修建仓库和选择易燃、可燃材料堆集场时，应确保其距离已修建的建筑物或其他区域的距离大于 20m。易燃废品堆集产生意外事故的可能性更大，易燃废品集中站距所建的建筑物和其他区域的距离应大于 30m。

防火间距中，不应堆放易燃和可燃物质。如在仓库、易燃、可燃材料堆集场与建筑物之间堆放易燃和可燃物质，应确保建筑物距离易燃和可燃物质最近的距离大于防火安全距离。汽油库必须选在安全地点，周围设置围墙，设置“严禁烟火”警示牌，库顶设避雷装置。

(四)施工用电安全要求

施工照明及线路应符合安全技术规程规定的要求。施工现场一般不允许架设高压电线；必须架设时，应与建筑物、工作地点保持安全距离。

施工现场及作业地点应有足够的照明，主要通道应设有路灯。大规模露天施工现场宜采用大功率、高效能灯具。在高温、潮湿、易于导电触电的作业场所使用照明灯具距地面高度低于 2.2m 时，其照明电源电压不得大于 24V。

在存有易燃、易爆等危险物品的场所，或有瓦斯和粉尘的巷道，微小火星都有可能引起火灾、爆炸等危害，照明设备必须采取防爆措施。

(五)警示性标志的要求

水利工程施工现场较为复杂,应对工程现场的危险处或地带进行防护与标示。在施工现场的洞(孔)、井、坑、升降口、漏斗等危险处,应有防护设施或明显标志,特别是在夜间,以防人员和机械设备掉入。在交通频繁的交叉路口,应设置交通指挥亭,并设专人指挥。在有塌方等危险的地段,应悬挂"危险"或"禁止通行"的夜光标志牌。

对于一些大的水利工程,一般由多个施工单位承担施工,应在规定时间进行爆破,并统一各工区的警戒信号及警戒标志,统一划定安全警戒区与警戒点,实行分片负责,明确各警戒点的负责单位与警戒人员。

二、施工安全管理的基本内容

(一)建立安全生产制度

安全生产责任制,是根据"管生产必须管安全","安全工作、人人有责"的原则,以制度的形式,明确规定各级领导和各类人员在生产活动中应负的安全职责。它是施工企业岗位责任制的一个重要组成部分,是企业安全管理中最基本的制度,是所有安全规章制度的核心。

安全生产制度的制定,必须符合国家和地区的有关政策、法规、条例和规程,并结合施工项目的特点,明确各级各类人员安全生产责任制度,要求全体人员必须认真贯彻执行。

(二)贯彻安全技术管理

编制施工组织设计时,必须结合工程实际,编制切实可行的安全技术措施,要求全体人员必须认真贯彻执行。执行过程中发现问题,应及时采取妥善的安全防护措施。要不断积累安全技术措施在执行过程中的技术资料,进行研究分析,总结提高,以利于以后工程的借鉴。

(三)坚持安全教育和安全技术培训

组织全体人员认真学习国家、地方和本企业的安全生产责任制、安全技术规程、安全操作规程和劳动保护条例等。新工人进入岗位之前要进行安全纪律教育,特种专业作业人员要进行专业安全技术培训,考核合格后方能上岗。要使全体职工经常保持高度的安全生产意识,牢固树立"安全第一"的思想。

(四)组织安全检查

为了确保安全生产,必须严格安全督察,建立健全安全督察制度。安全检查员要经常查看现场,及时排除施工中的不安全因素,纠正违章作业,监督安全技术措施的执行,不断改善劳动条件,防止工伤事故的发生。

(五)进行事故处理

人身伤亡和各种安全事故发生后,应立即进行调查,了解事故产生的原因、过程和后果,提出鉴定意见。在总结经验教训的基础上,有针对性地制订防止事故再次发生的可靠措施。

三、施工员安全生产责任

(1)施工员是所管辖区域范围内安全生产的第一责任人,对所管辖范围内的安全生产负直接领导责任。

(2)认真贯彻落实上级有关规定,监督执行安全技术措施及安全操作规程,针对生产任务特点,向班组(外协施工队伍)进行书面安全技术交底,履行签字手续,并对规程、措施、交底要求的执行情况经常检查,随时纠正违章作业。

(3)负责组织落实所管辖施工队伍的三级安全教育、常规安全教育、季节转换及针对施工各阶段特点等进行的各种形式的安全教育,负责组织落实所管辖施工队伍特种作业人员的安全培训工作和持证上岗的管理工作。

(4)经常检查所管辖区域的作业环境、设备和安全防护设施的安全状况,发现问题及时纠正解决。对重点特殊部位施工,必须检查作业人员及各种设备和安全防护设施的技术状况是否符合安全标准要求,认真做好书面安全技术交底,落实安全技术措施,并监督其执行,做到不违章指挥。

(5)负责组织落实所管辖班组(外协施工队伍)开展各项安全活动,学习安全操作规程,接受安全管理机构或人员的安全监督检查,及时解决其提出的不安全问题。

(6)对工程项目中应用的新材料、新工艺、新技术严格执行申报、审批制度,发现不安全问题,及时停止施工,并上报领导或有关部门。

(7)发生因工伤亡及未遂事故必须停止施工,保护现场,立即上报,对重大事故隐患和重大未遂事故,必须查明事故发生原因,落实整改措施,经上级有关部门验收合格后方准恢复施工,不得擅自撤除现场保护设施,强行复工。

四、施工安全控制

(一)施工安全控制的程序

施工安全控制的程序如图 13-10 所示。

(二)施工安全控制的基本要求

(1)必须取得安全行政主管部门颁发的《安全施工许可证》后才可开工。

(2)总承包单位和每一个分包单位都应持有《施工企业安全资格审查认可证》

(3)各类人员必须具备相应的执业资格才能上岗。

(4)所有新员工必须经过三级安全教育,即进厂、进车间和进班组的安全教育。

(5)特殊工种作业人员必须持有特种作业操作证,并严格按规定定期进行复查。

(6)对查出的安全隐患要做到“五定”,即定整改责任人、定整改措施、定整改完成时间、定整改完成人、定整改验收人。

(7)必须把好安全生产“六关”,即措施关、交底关、教育关、防护关、检查关、改进关。

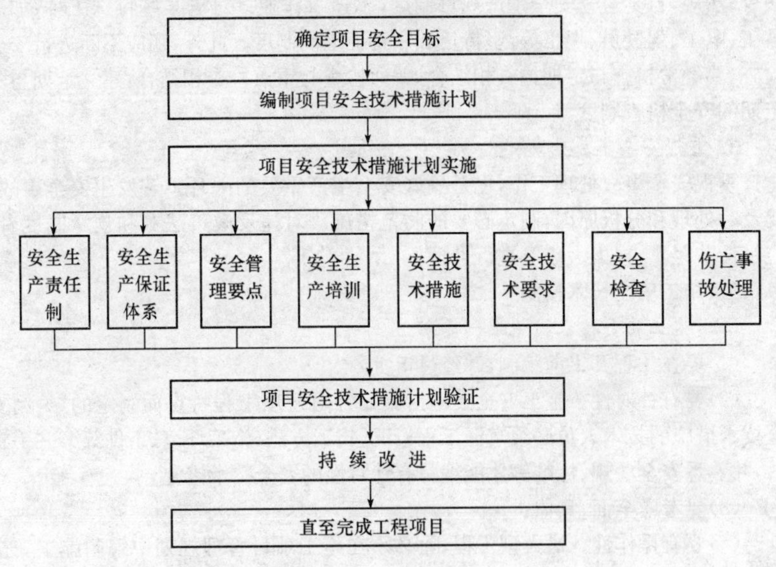

图 13-10　施工安全控制程序

(8)施工现场安全设施齐全,并符合国家及地方有关规定。

(9)施工机械(特别是现场安设的起重设备等)必须经安全检查合格后方可使用。

(三)施工安全控制的主要内容

1. 建立安全生产管理机构

工程实践表明,要安全生产和文明施工,必须从上而下明确各自的安全生产职责,建立安全生产管理机构和安全生产责任制。

实行管生产必须同时管安全的原则,明确各级安全生产负责人。严格按照合同文件、技术规范组织施工。同时,落实安全管理和环境保护的要求。编制施工组织设计及施工计划时,同时编制施工安全技术措施。布置生产任务时,须进行安全技术交底。

此外,也可结合工程情况,设置专职或兼职安全员,如各班组安全员负责本班组安全生产,组织班前、班后的安全检查等。

2. 加强安全教育与检查

施工单位应利用多种形式进行安全宣传教育,提高职工的安全生产知识;同时,对职工进行安全知识教育和安全技术知识的培训工作。特别有针对性组织职工学习安全生产、急救常识等,提高自我保护能力。教育职工遵守国家环境保护法令、法规,自觉遵守安全生产规章制度,不违章作业。对于某些特殊工种,如爆破工、电工、驾驶员、焊工等,坚持培训和持证上岗制度。此外,还应不断进行安全检查,要经常检查与定期检查相结合,普通检查与重点检查相结合,建立定期与不定期的安全检查制度。

3. 重视安全事故处理

重视安全事故处理工作,也是搞好安全生产重要的一环。若发生安全事故,要及时处理和分析原因,制定必要的防范措施。对违反政策法令和规章制度者,应视情节轻重,损失大小等进行处理。

五、施工安全技术措施

(一)施工安全技术措施编制要求

(1)要在工程开工前编制,并经过审批。

(2)要有针对性。施工安全技术措施是针对每项工程特点而制定的,编制安全技术措施的技术人员必须掌握工程概况、施工方法、施工环境、条件等第一手资料,并熟悉安全法规、标准等才能编写有针对性的安全技术措施。

(3)要考虑全面、具体。

(4)要有操作性。对大型工程,除必须在施工项目管理规划中编制施工安全技术总体措施外,还应编制单位工程或分部分项工程安全技术措施,详细地制定出有关安全方面的防护要求和措施,确保该单位工程或分部分项工程的安全施工。

(二)施工安全技术措施的主要内容

1. 安全保证措施

(1)明确安全责任。针对各工种的特点和施工条件,建立健全施工安全管理制度和安全操作规程,要求各级安全员忠于职守,本着对工程高度负责的责任心,对一切违反规定的劳动和违章行为,要坚持原则,及时纠正。

(2)做好安全技术交底工作。各项施工方案、施工工序在付诸实施前,工程师和专职安全员必须事先做好技术交底,强化职工安全保护意识,杜绝违章。特别对于易燃易爆材料,在施工前制定详尽的安全防护措施,确保施工安全。

(3)建立安全生产设施管理制度和劳保用具发放制度,确保工程设施、设备、人员的安全。定期或不定期地对安全生产设施进行检查,发现问题及时进行处理,配备劳保用具和必要的安全生产设施。

(4)密切与业主、当地政府之间的协调联系,及时贯彻执行下达的文件、批示。

2. 施工现场安全措施

(1)施工现场的布置应符合防火、防触电、防雷击等安全规定的要求,现场的生产、生活用房、仓库、材料堆放场、修配间、停车场等临时设施,按监理工程师批准的总平面布置图进行统一部署。

(2)施工场区内的地坪、道路、仓库、加工场、水泥堆放场四周采用砂或碎石进行场地硬化，危险地点悬挂警示灯或警告牌，工作坑设防护围栏和明显的红灯警示，并在醒目的地方设置固定的大幅安全标语及各种安全操作规程牌。

(3)现场实行安全责任人负责制，具体制定各项安全施工规则，检查施工执行情况，对职工进行安全教育，组织有关人员学习安全防护知识，并进行安全作业考试，考试合格的职工才具备进入施工作业面作业的资格。

(4)重视业主和设计提供的气象资料和水文资料，做好抗灾和防洪工作。按照业主和监理要求做好每年的汛前检查工作，配置必要的防汛物资和器材，按要求做好汛情预报和安全度汛工作。若发现有可能危及人身、工程、财产安全的灾害预兆时，应采取切实可行的防灾害措施，确保人身、工程、财产的安全。

(5)定期举行安全会议，适时分析安全工作形势，由项目经理部成员，工区责任人和安全员参加，并做好记录。各作业班组在班前班后对该班的安全作业情况进行检查和总结，并及时处理安全作业中存在的问题。建立和保留有关人员福利、健康和安全的记录档案。

(6)加强安全检查，建立专门安全监督岗，实行安全生产承包责任制。在各自业务范围内，对应实现的安全生产负全责。遇有特别紧急的事故征兆时，停止施工，采取措施确保人员、设备和工程结构安全。

(7)施工现场的生产、生活区按《中华人民共和国消防法》有关规定，配备一定数量常规的消防器材，明确消防责任人，并定期按要求进行防火安全检查，及时消除火灾隐患。

(8)住房、库棚、修理间等消防安全距离应符合《中华人民共和国消防法》有关规定，严禁在室内存放易燃、易爆、有毒等危险品。

(9)氧气瓶不得沾染油脂，乙炔瓶应安装防回火安全装置，氧气瓶与乙炔瓶必须隔离存放，隔离存放的距离应符合有关安全规定的要求。

(10)现场工作人员应佩戴统一的安全帽，高空作业人员应系好安全带。

(11)施工现场临时用电，严格按《施工现场临时用电安全技术规范》中有关的规定办理。

(12)施工现场和生活区应设置足够的照明，其照明度应不低于国家有关规定。对于夜间施工或特殊场所照明应充足、均匀，在潮湿和易触、带电场所的照明供电电压不应大于36V。

六、文明施工管理

实现文明施工，不仅要着重做好现场的场容管理工作，而且还要相应做好现场材料、机械、安全、技术、保卫、消防和生活卫生等方面的管理工作。一个工地的文明施工水平是该工地乃至所在企业各项管理工作水平的综合体现。

(一)现场场容管理

(1)工地主要入口要设置简朴规整的大门，门旁必须设立明显的标牌，标明工程名称，施工单位和工程负责人姓名等内容。

(2)建立文明施工责任制,划分区域,明确管理负责人,实行挂牌制,做到现场清洁整齐。

(3)施工现场场地平整,道路坚实畅通,有排水措施,基础、地下管道施工完后要及时回填平整,清除积土。

(4)现场施工临时水电要有专人管理,不得有长流水、长明灯。

(5)施工现场的临时设施,包括生产、办公、生活用房、仓库、料场、临时上下水管道以及照明、动力线路,要严格按施工组织设计确定的施工平面图布置、搭设或埋设整齐。

(6)工人操作地点和周围必须清洁整齐,做到活完脚下清,工完场地清,丢洒在楼梯、楼板上的砂浆混凝土要及时清除,落地灰要回收过筛后使用。

(7)砂浆、混凝土在搅拌、运输、使用过程中,要做到不洒、不漏、不剩,使用地点盛放砂浆、混凝土必须有容器或垫板,如有洒、漏要及时清理。

(8)要有严格的成品保护措施,严禁损坏污染成品,堵塞管道。高层建筑要设置临时便桶,严禁在建筑物内大小便。

(9)建筑物内清除的垃圾渣土,要通过临时搭设的竖井或利用电梯井或采取其他措施稳妥下卸,严禁从门窗口向外抛掷。

(10)施工现场不准乱堆垃圾及余物。应在适当地点设置临时堆放点,并定期外运。清运渣土垃圾及流体物品,要采取遮盖防漏措施,运送途中不得遗撒。

(11)根据工程性质和所在地区的不同情况,采取必要的围护和遮挡措施,并保持外观整洁。

(12)针对施工现场情况设置宣传标语和黑板报,并适时更换内容,切实起到表扬先进、促进后进的作用。

(13)施工现场严禁居住家属,严禁居民、家属、小孩在施工现场穿行、玩耍。

(二)现场机械管理

(1)现场使用的机械设备,要按平面布置规划固定点存放,遵守机械安全规程,经常保持机身及周围环境的清洁,机械的标记、编号明显,安全装置可靠。

(2)清洗机械排出的污水要有排放措施,不得随地流淌。

(3)在用的搅拌机、砂浆机旁必须设有沉淀池,不得将浆水直接排放下水道及河流等处。

(4)塔吊轨道按规定铺设整齐稳固,塔边要封闭,道渣不外溢,路基内外排水畅通。

总之,要从安全防护、机械安全、用电安全、保卫消防、现场管理、料具管理、环境保护、环境卫生等八个方面进行定期检查。每个方面的检查都有现场状况、管理资料和职工应知三个方面的内容。

(三)施工现场安全色标管理

1. 安全色

安全色是表达信息含义的颜色,用来表示禁止、警告、指令、指示等,其作用在于使人们能迅速发现或分辨安全标志,提醒人们注意,预防事故发生。

(1)红色。表示禁止、停止、消防和危险的意思。

(2)蓝色。表示指令,必须遵守的规定。

(3)黄色。表示通行、安全和提供信息的意思。

2. 安全标志

安全标志是指在操作人员容易产生错误,有造成事故危险的场所,为了确保安全,所采取的一种标示。此标示由安全色,几何图形符合构成,是用以表达特定安全信息的特殊标志,设置安全标志的目的,是为了引起人们对不安全因素的注意,预防事故发生。

(1)禁止标志。是不准或制止人们的某种行为(图形为黑色,禁止符号与文字底色为红色)。

(2)警告标志。是使人们注意可能发生的危险(图形警告符号及字体为黑色,图形底色为黄色)。

(3)指令标志。是告诉人们必须遵守的意思(图形为白色,指令标志底色均为蓝色)。

(4)提示标志。是向人们提示目标的方向,用于消防提示(消防提示标志的底色为红色,文字、图形为白色)。

参考文献

[1] 行业标准. DL/T 5144—2001 水工混凝土施工规范[S]. 北京:中国电力出版社,2002.

[2] 行业标准. DL/T 5129—2001 碾压式土石坝施工规范[S]. 北京:中国电力出版社,2002.

[3] 行业标准. DL/T 5128—2009 混凝土面板堆石坝施工规范[S]. 北京:中国电力出版社,2001.

[4] 行业标准. DL/T 5148—2001 水工建筑物水泥灌浆施工技术规范[S]. 北京:中国电力出版社,2002.

[5] 行业标准. DL/T 5110—2000 水利水电工程模板施工规范[S]. 北京:中国电力出版社,2002.

[6] 行业标准. DL/T 5135—2001 水利水电工程爆破施工技术规范[S]. 北京:中国电力出版社,2002.

[7] 行业标准. SL 174—1996 水利水电工程混凝土防渗墙施工技术规范[S]. 北京:中国水利水电出版社,2006.

[8] 行业标准. DL/T 5115—2008 混凝土面板堆石坝接缝止水技术规范[S]. 北京:中国电力出版社,2001.

[9] 行业标准. DL/T 5019—1994 水利水电工程启闭机制造、安装及验收规范[S]. 北京:中国电力出版社,2006.

[10] 行业标准. SL 27—1991 水闸施工规范[S]. 北京:中国水利水电出版社,2005.

[11] 周克己. 水利水电工程施工组织与管理[M]. 北京:中国水利水电出版社,1998.

[12] 汪朝东. 水利水电工程施工典型事故树及安全检查表[M]. 北京:水利电力出版社,1992.

[13] 曲江. 水利水电工程项目管理实务全书[M]. 北京:中国环境科学出版社,2001.

[14] 魏璇. 水利水电工程施工组织设计手册(上、下)[M]. 北京:中国水利水电出版社,2000.

[15] 巫世晶,胡建钢. 水利水电工程建设设备监理手册[M]. 北京:中国电力出版社,2005.

[16] 毛建平,金文良. 水利水电工程施工[M]. 郑州:黄河水利出版社,2004.

[17] 董邑宁. 水利工程施工技术与组织[M]. 北京:中国水利水电出版社,2005.